“十四五”时期国家重点出版物
出版专项规划项目

磷科学前沿与技术丛书

计算磷化学

Computational Phosphorus Chemistry

蓝　宇
章　慧
魏东辉　等编著

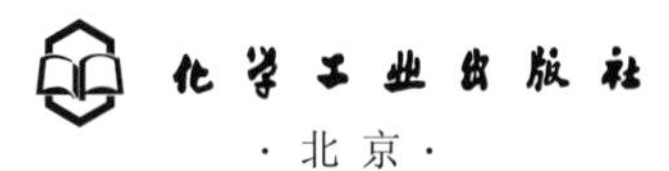

·北京·

内容简介

本书为“磷科学前沿与技术丛书”分册之一。本书根据实验数据，通过理论计算观察磷原子结构及其转化规律，对磷化物及膦参与的化学反应机理进行详细描述。内容包括含磷化合物的合成机理，含磷化合物的手性立体化学、谱学及理论计算，金属有机膦配体计算化学、膦催化有机反应理论，磷的生物化学理论计算方法与实例，含磷药物计算化学，含磷农药计算化学，含磷材料计算化学。适合化学及相关专业大专院校师生、科技人员参考。

图书在版编目（CIP）数据

计算磷化学 / 蓝宇等编著. —北京：化学工业出版社，2023.5
（磷科学前沿与技术丛书）
ISBN 978-7-122-42553-9

Ⅰ.①计… Ⅱ.①蓝… Ⅲ.①磷-计算-化学 Ⅳ.①O613.62

中国版本图书馆CIP数据核字（2022）第214107号

责任编辑：曾照华
文字编辑：杨凤轩 师明远
责任校对：刘曦阳
装帧设计：王晓宇

出版发行：化学工业出版社
（北京市东城区青年湖南街13号 邮政编码100011）
印 装：三河市航远印刷有限公司
710mm×1000mm 1/16 印张25 彩插1 字数428千字
2023年9月北京第1版第1次印刷

购书咨询：010-64518888
售后服务：010-64518899
网 址：http://www.cip.com.cn
凡购买本书，如有缺损质量问题，本社销售中心负责调换。

定 价：198.00元

PHOSPHORUS

磷科学前沿与技术丛书
编委会

《计算磷化学》编著人员

编著者	蓝　宇	章　慧	魏东辉	李世俊	牛林彬
	崔乘幸	李园园	岳　岭	刘吉英	付东民
	杨　恺	汪兴华	乔博霖	师迁迁	吴周杰
	林丽榕	廖黎丽	贾师琦	宋金帅	单春晖
	马英钊	白若鹏			

丛书序

FOREWORD

磷是构成生命体的基本元素，是地球上不可再生的战略资源。磷科学发展至今，早已超出了生命科学的范畴，成为一门涵盖化学、生物学、物理学、材料学、医学、药学和海洋学等学科的综合性科学研究门类，在发展国民经济、促进物质文明、提升国防安全等诸多方面都具有不可替代的作用。本丛书希望通过“磷科学”这一科学桥梁，促进化学、化工、生物、医学、环境、材料等多学科更高效地交叉融合，进一步全面推动“磷科学”自身的创新与发展。

国家对磷资源的可持续及高效利用高度重视，国土资源部于2016年发布《全国矿产资源规划（2016—2020年）》，明确将磷矿列为24种国家战略性矿产资源之一，并出台多项政策，严格限制磷矿石新增产能和磷矿石出口。本丛书重点介绍了磷化工节能与资源化利用。

针对与农业相关的磷化工突显的问题，如肥料、农药施用过量、结构失衡等，国家也已出台政策，推动肥料和农药减施增效，为实现化肥农药零增长“对症下药”。本丛书对有机磷农药合成与应用方面的进展及磷在农业中的应用与管理进行了系统总结。

相较于磷化工在能源及农业领域所获得的关注度及取得的成果，我们对精细有机磷化工的重视还远远不够。白磷活化、黑磷在催化新能源及生物医学方面的应用、新型无毒高效磷系阻燃剂、手性膦配体的设计与开发、磷手性药物的绿色经济合成新方法、从生命原始化学进化过程到现代生命体系中系统化的磷调控机制研究、生命起源之同手性起源与密码子起源等方面的研究都是今后值得关注的磷科学战略发展要点，亟需我国的科研工作者深入研究，取得突破。

本丛书以这些研究热点和难点为切入点，重点介绍了磷元素在生命起源过程和当今生命体系中发挥的重要催化与调控作用；有机磷化合物的合成、非手性膦配体及手性膦配体的合成与应用；计算磷化学领域的重要理论与新进展；磷元素在新材料领域应用的进展；含磷药物合成与应用。

本丛书可以作为国内从事磷科学基础研究与工程技术开发及相关交叉学科的科研工作者的常备参考书，也可作为研究生及高年级本科生等学习磷科学与技术的教材。书中列出大量原始文献，方便读者对感兴趣的内容进行深入研究。期望本丛书的出版更能吸引并培养一批青年科学家加入磷科学基础研究这一重要领域，为国家新世纪磷战略资源的循环与有效利用发挥促进作用。

最后，对参与本套丛书编写工作的所有作者表示由衷的感谢！丛书中内容的设置与选取未能面面俱到，不足与疏漏之处请读者批评指正。

赵玉芬

2023 年 1 月

前言 PREFACE

化学作为一门重要的自然科学，关注的焦点在于物质在原子到分子层面的组成、结构、性质、制备、转化及其变化规律。近两个世纪以来，随着技术进步，人类逐渐拨开笼罩在微观世界的迷雾，对分子结构的认知愈加清晰，这极大促进了化学学科的发展。尽管可以通过各种手段间接观察微观世界，但是不可否认的是，想要直接观察分子的微观结构、运动方式乃至转化过程，仍旧是一件极其困难的事情。这使得化学家无法从微观上认清反应机制，也限制了通过研究转化过程调控反应效率、反应活性、反应选择性。时至今日，构筑新型化学反应时，仍旧需要凭借经验通过多次不断尝试设计路线、催化剂、反应条件，从而获得更温和的反应条件、更高的反应产率、更高的反应选择性。

理论计算化学恰恰是解决这些问题更好的办法。随着量子化学、分子力场、分子动力学等学科的不断发展完善，随着计算机计算能力的指数级提升，化学也就不再只停留在实验室中。化学家可以通过使用计算机模拟分子结构、性质和转化过程，将计算机当作一个特殊的“显微镜”，化学家可以“直接”观察一个分子的微观结构，并全程跟踪其内部结构变化。显然，这样可以更加清晰认知化学的本质。对于有机化学来说，伴随着密度泛函理论的提出和发展，从21世纪初开始，计算化学已经成为研究有机化学反应的重要手段之一。使用计算机对有机分子进行量子化学计算研究，获得有机分子的结构性质、电子性质、能量信息、电磁学性质等相关信息，从而理解和推测有机化学反应机理、副产物产生原因、反应活性差别、立体选择性等，在此基础上设计构建新型有机化学反应。计算化学对有机化学的促进可以归结为递进的3个D：Description（描述）、Design（设计）、Direction（指导）。通过计算化学与实验有机化学的结合，能够更好理解化学反应机理、设计出更优的催化剂，最终指导实验有机化学，使其尝试有明确方向性。

除了碳、氢、氧、氮等元素组成的化合物外，磷元素及其化合物也是有机化学重要的研究对象之一。磷作为生物体重要的组成元素，是对生物体骨骼和牙齿的构成起到重要作用的组成部分，作为生物体内“能量货币”的重要组成部分和遗传物质DNA和RNA的基本组分，对生物的进化和起源都有着非常重要的作用。磷的化合物具有多种多样的性质，所以能够在化学化工、生命活体、生物医药、农业生产、功能材料等诸多研究领域都扮演着十分重要的角色。因此，将计算化学与磷化学结合在一起，通过使用计算手段观察磷原子结构及其转化规律，一定能够推动磷化学向前发展。

本书包括九章的内容，第1章是绪论部分，对磷化物及磷化物参与的有机反应进行介绍，并且阐述了磷化学、计算化学的研究进展。第2章介绍通过使用计算化学方法研究含磷化合物的合成机理。第3章对含磷化合物的手性立体化学、谱学及其理论计算进行介绍，着重探讨如何通过理论计算和实验结合确定磷原子的立体化学。第4章总结了在金属有机化学领域，膦配体结构、活性、选择性调控的理论计算相关研究。第5章中，对膦作为催化剂催化的有机反应机理进行了详细的阐述。在第6章，介绍了生物大分子体系中，含磷化合物的结构和功能研究，主要内容聚焦于通过量子力学/分子力场结合的理论计算探索磷在生物分子中的作用。第7章介绍如何通过理论计算研究和设计含磷药物。第8章主要介绍含磷农药代谢、降解机理的理论研究。第9章聚焦含磷材料的理论计算研究。本书将尝试收集磷化学相关计算研究前沿进展，重点是磷参与的有机反应，磷在材料、生物化学、药物等领域的理论研究。对磷参与反应的机理进行介绍与分析，不仅有助于读者认知磷及其化合物的结构、功能、性质、转化规律，还为今后研究磷化学提供参考方案。

蓝宇

2023 年 2 月

目录

CONTENTS

1 **绪论** 001

参考文献 007

2 **含磷化合物的合成机理** 009

2.1 磷-氢键的构筑原理 010

2.2 磷-碳键的构筑原理 015

2.3 磷-氧键的构筑原理 024

2.4 磷-硫键的构筑原理 026

2.5 磷-氮键的构筑原理 027

2.6 磷-氯键的构筑原理 032

2.7 磷-磷双键的构筑原理 035

2.8 含磷化合物 037

2.8.1 三配位磷化合物 038

2.8.2 四配位磷化合物 039

2.8.3 五配位磷化合物 040

参考文献 041

3 **含磷化合物的手性立体化学、谱学及其理论计算** 045

3.1 五配位磷化合物概述 046

3.2 手性光谱的理论基础及仪器原理 049

3.2.1 电子圆二色光谱 049
3.2.2 振动圆二色光谱 055
3.3 双氨基酸手性五配位氢磷烷的谱学性质 060
3.3.1 双氨基酸手性五配位氢磷烷的 $^{4}J_{H-C-N-P-H}$ 060
3.3.2 双氨基酸手性五配位氢磷烷的 $^{1}J_{P-X}$ 064
3.3.3 双氨基酸手性五配位氢磷烷的 X 射线晶体结构 067
3.3.4 双氨基酸手性五配位氢磷烷的固体 ECD 光谱 069
3.3.5 双氨基酸手性五配位氢磷烷的理论 ECD 光谱研究 074
3.3.6 双氨基酸手性五配位氢磷烷的 VCD 光谱 078
3.3.7 双氨基酸手性五配位氢磷烷的集成手性光谱研究 092
参考文献 094

4 **金属有机膦配体计算化学** 099

4.1 膦配体简介 100
4.2 叔膦配体参与金属催化的有机反应机理 103
4.2.1 单膦配体 103
4.2.2 双膦配体 120
4.2.3 多膦配体 135
4.2.4 膦 / 氮配体 138
4.2.5 膦 / 烯配体 150
4.3 亚磷（磷、次磷）酸衍生物配体参与金属催化的有机反应机理 152
4.3.1 单磷配体 152
4.3.2 磷 / 氮配体 156
4.3.3 磷 / 烯配体 162
4.4 膦酰基衍生物配体参与金属催化的有机反应机理研究 165
4.4.1 有机磷酸 165
4.4.2 氧化膦 167
4.4.3 膦酰胺 169
参考文献 173

5 膦催化有机反应理论 177

5.1 叔膦催化有机反应理论 178

5.1.1 概述 178

5.1.2 叔膦催化联烯活化 180

5.1.3 叔膦催化炔烃活化 204

5.1.4 叔膦催化偶氮活化 215

5.2 磷酸催化有机反应理论 217

5.2.1 概述 217

5.2.2 磷酸催化亚胺活化 221

5.2.3 磷酸催化酮的活化 226

5.2.4 磷酸催化亚硝基化合物的活化 229

参考文献 233

6 磷的生物化学理论计算方法与实例 241

6.1 含磷生物化学体系与过程 242

6.1.1 核苷酸 242

6.1.2 含磷辅酶 244

6.1.3 核酸 245

6.1.4 磷脂 246

6.1.5 磷酸化与脱磷酸化 246

6.2 生物化学过程理论模拟方法 247

6.2.1 常用的理论计算研究方法 248

6.2.2 第一性原理方法 250

6.2.3 分子力学方法 255

6.2.4 量子力学 / 分子力学组合方法 261

6.2.5 分子模拟与自由能计算 265

6.3 含磷生物化学体系理论计算实例 276

6.3.1 酶促 ATP 合成的自由基离子对机理：基于简化模型的 QM 计算 276

6.3.2 辅酶Ⅱ催化氧化脱羧反应机理：基于隐式溶剂模型的 QM 计算 282
6.3.3 酶催化 Baeyer-Villiger 反应：QM/MM 模型的几何优化与微迭代 287
6.3.4 焦磷酸激酶催化磷酸转移反应机理：基于 QM/MM 模型的机理 295
6.3.5 肌动蛋白丝中 ATP 水解机理：QM/MM 模型结合多元动力学模拟 302
6.3.6 核酸聚合的自激活机理：Car-Parrinello MD 结合多元动力学模拟 307
参考文献 313

7 含磷药物计算化学 317

7.1 含磷药物分类 318
7.1.1 磷酰胺类 318
7.1.2 双膦酸类 320
7.1.3 磷酸酯类 321
7.2 含磷药物与纳米材料配合物 323
7.2.1 富勒烯 323
7.2.2 单壁碳纳米管 324
7.3 含磷药物与酶作用的理论计算研究 325
7.3.1 溶菌酶 325
7.3.2 1-脱氧-2-木酮糖-5-磷酸还原异构酶 326
7.3.3 HIV-1 逆转录酶 327
7.3.4 细胞周期依赖性蛋白激酶 CDK9 329
7.3.5 乙酰胆碱酯酶 330
7.3.6 新型氨基磷酸酯作为潜在脲酶抑制剂的 DFT 研究 331
7.3.7 基质金属蛋白酶 333
参考文献 335

8 含磷农药计算化学 337

8.1 含磷农药活性 338

8.2 含磷农药降解机理 339

8.2.1 杀螟硫磷的亲核降解反应机理 340

8.2.2 对硫磷的亲核降解反应机理 341

8.2.3 沙林毒气的亲核降解反应机理 343

8.2.4 吸附金属离子促进含磷农药的亲核降解反应 344

8.2.5 含磷农药的其他降解反应机理 346

8.3 含磷农药与 β-环糊精 348

8.3.1 β-环糊精对含磷农药的分子识别 348

8.3.2 β-环糊精改变含磷有机农药分子的生物活性 349

8.4 含磷农药在无机纳米结构上吸附分离 351

8.4.1 含磷农药在地开石表面的吸附 351

8.4.2 含磷农药在菱镁矿制备的分层多孔氧化镁微球上的吸附 354

8.5 含磷农药与 DNA 作用 355

参考文献 357

9 含磷材料计算化学 359

9.1 含磷材料概述 360

9.2 黑磷类材料的理论研究 361

9.2.1 层数依赖电子结构性质 361

9.2.2 黑磷降解机理及解决办法 364

9.3 磷纳米类材料的理论研究 366

9.3.1 黑磷类纳米材料 367

9.3.2 蓝磷类纳米材料 370

9.3.3 金属磷类纳米材料 370

9.4 含磷聚合物类材料的理论研究 373
9.4.1 单体的结构对聚合反应的影响 373
9.4.2 间隙能对磷聚合物用作腐蚀抑制剂的影响 374
9.4.3 磷聚合物机理的研究 375
9.5 磷掺杂类材料的理论研究 376
9.5.1 磷掺杂石墨烯提高石墨烯电极材料电化学性能 377
9.5.2 磷掺杂钙钛矿改善 **ORR** 和 **OER** 活性 377
9.5.3 磷掺杂 TiO_2 调节 TiO_2 的带隙 378
参考文献 380

索引 382

PHOSPHORUS 磷科学前沿与技术丛书
计算磷化学

1

绪论

李世俊[1,3,4]，蓝宇[1,2,3,4]

[1] 郑州大学化学学院

[2] 重庆大学化学化工学院

[3] 平原实验室

[4] 抗病毒性传染病创新药物全国重点实验室

磷作为生物体重要的组成元素，是构成生物体的骨骼和牙齿的重要组成部分，作为生物体内“能量货币”的重要组成部分和遗传物质 DNA 和 RNA 的基本组分，对生物的进化和起源都有着非常重要的作用[1-5]。除此之外，磷的化合物具有多种多样的性质，因此能够在化学化工、生命活体、生物医药、农业生产、功能材料等诸多研究领域都扮演着十分重要的角色[5-8]。

磷的单质一般都是活泼的，尽管地球上磷元素的含量达到总质量的 0.12% 左右，但大部分以磷酸盐形式存在，其中在骨骼和牙齿中主要以羟基磷酸钙 [$Ca_5(PO_4)_3OH$] 形式存在。自然界中磷元素则以磷酸钙的形式存在，使用加热还原的方法，可以获得磷单质。不同的方法获得的磷单质的结构不同，导致其化学性质和物理性质也相差较大。根据单质的颜色不同，可以将其单质进行简单的分类。单质磷最早起源于德国商人在蒸发尿液后得到的蜡状固体，由于其能够在黑暗的屋子里发出绿光，且不发热，因而用拉丁文 phosphorum 表示，也就是“冷光”。后来该物质被证明是白磷。进一步的研究表明，在较低温度条件下，白磷为四面体结构的 P_4，而高温下存在 P_2 和 P_4 结构的相互转化。由于白磷化合物存在较大的张力，白磷在常温常压下表现出很高的反应活性。

将所得的白磷进一步加热到 250℃，可以得到红色的固体，也就是红磷。红磷分子的结构可以看成，四面体的 P_4 分子断开一个键，形成的成对等边三角形构成的链状分子。由于其相比于白磷更稳定，燃点更高，室温下不和氧气发生反应，因而可以用来制作火柴。紫磷（violet phosphorus）最早于 1865 年由希托夫（Hittorf Johann Wilhelm）发现，其颜色为紫色并带有金属光泽，故而得名，不过其单晶结构更接近暗红色。黑磷（black phosphorus）于 1914 年首次合成，是一种黑色有金属光泽的晶体，具有片层状结构，类似石墨烯结构，因而具有潜在的材料价值。

磷的电子结构如图 1.1 所示，可以获得电子得到形式价态Ⅲ的磷负离子，也可以形成共价键，得到不同形式价态的磷的化合物。磷单质可以与较强还原性的碱金属发生反应，得到磷负离子，也可以与较强氧化

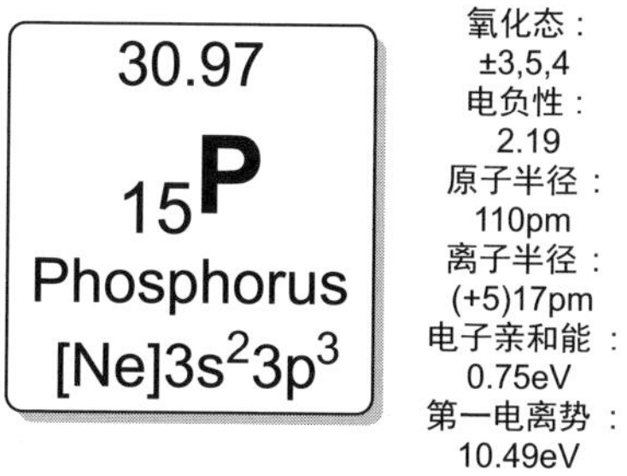

30.97

15P

Phosphorus

[Ne]$3s^2 3p^3$

氧化态：±3,5,4

电负性：2.19

原子半径：110pm

离子半径：(+5)17pm

电子亲和能：0.75eV

第一电离势：10.49eV

图 1.1 磷元素的基本性质

性的卤素和氧等发生氧化，反应得到多种形式价态的化合物(例如，价态为Ⅲ的 PCl_3，Ⅴ的 PCl_5 和 P_2O_5)。除此之外，磷单质可以和水发生歧化反应，进而可以获得磷化氢和磷酸、亚磷酸或者次磷酸。磷酸是一个三元酸，其盐能够作为缓冲溶液使用。有机磷化学的研究带动了磷科学的发展。有机磷化合物的研究始于 19 世纪初期，Lassaigne 在 1820 年用醇将磷酸酯化，被认为是第一个有机磷相关的合成研究。有记录的膦衍生物由 Thènar 于 1847 年制备。1854 年，Clermont 通过焦磷酸银与碘乙烷的烷基化反应合成了焦磷酸四乙酯 $(EtO)_2P(O)OP(O)(OEt)_2$，但并未认识到其强大的毒性作用。时隔 80 年之后，其杀虫特性才被确认。Hofmann 于1872年报道了用硝酸将甲基膦和乙基膦氧化为甲基膦酸 $[MeP(O)(OH)_2]$ 和乙基膦酸 $[EtP(O)(OH)_2]$。Michaelis 和 Becker 于 1897 年用碘乙烷处理了亚磷酸二乙酯 $(EtO)_2PHO$ 并分离出乙基膦酸二乙酯 $(EtO)_2P(O)Et$，首次实现合成烷基膦酸酯，被称为 Michaelis-Becker 反应。1932 年，柏林大学的 Willy Lange 和 Gerda von Krueger 合成了氟化二烷基磷酸酯类化合物，即 $(MeO)_2P(O)F$ 和 $(EtO)_2P(O)F$。20 世纪的上半世纪，Arbuzov 阐明了亚磷酸酯的结构，发现了重要的 Arbuzov 重排反应，系统研究了 C-O-P 结构型的化合物。尽管上述早期的有机磷化学局限于探索有机磷化合物的合成方法，这些研究却为后续有机磷化学的蓬勃发展打下了坚实的基础。时至今日，有机磷试剂、膦配体和磷催化剂已经造就了有机化学领域许多重大的突破。例如，德国化学家 Georg Wittig 发现磷叶立德试剂可以与醛、酮反应生成烯烃，提供了制备烯烃的重要方法。该反应被称为 Wittig 反应，Wittig 也由此获得 1979 年的诺贝尔化学奖；美国科学家 William S. Knowle 和日本化学家 Ryoji Noyori（野依良治）借助手性双膦配体在催化不对称氢化反应中做出了突破性的进展和应用，由此获得 2001 年的诺贝尔化学奖；美国化学家 Robert Grubbs 使用有机磷配位的 Ru 卡宾催化策略，在烯烃复分解反应领域做出了杰出的贡献，由此获得 2005 年的诺贝尔化学奖；此外，有机磷配体参与钯催化的 Heck、Negishi 和 Suzuki 偶联反应也于 2010 年获得诺贝尔化学奖[9-12]。近二十年来，手性磷酸和有机磷小分子催化剂在有机合成中也表现出了巨大的发展潜力。

自 20 世纪初，量子理论的概念出现之后，人们利用其基本的概念和理论对于分子的结构和性质，催生出量子化学这门学科。20 世纪 30 年代海森堡、薛定谔分别建立了矩阵力学与波动力学，标志着量子力学的正式诞生，同时量子力学也为化学家认识化学结构提供了理论基础。不久之后，伦敦和海特勒采用量子力学的基本原理应用于氢分子的结构，标志着量子化学的正式诞生。量子化学诞生之后，一方面化学家与物理学家根据量子力学的基本理论提出了现代量子化学的理论与计算化学的基本方法，例如 Pauling 提出的价键理论处理配位化合物，Mulliken 提出的分子轨道理论以及 Hückel 发展的分子轨道理论方法可以处理共轭的分子体系，还将配位场理论与分子轨道理论结合，形成现代配位场理论。这些理论的提出大大地促进了量子力学的延展与理论化学迅速发展。随后，理论化学家提出的前线轨道理论（1952 年 Fukui）与分子轨道对称守恒原则（1965 年 Woodward 和 Hoffmann）促使人们对于轨道理论以及化学反应过程中轨道的性质能够做出定性的理解，将抽象的概念转化成形象的表达。另外一方面，Hartree-Fock-Roothaan 方程和一些基本原理的建立，使理论化学与计算机结合，产生了计算化学这一新兴学科。随着计算机性能的提升，目前已经可以采用单机或服务器实现包含上千原子体系的量子化学计算或者百万原子数量级的分子力场计算。值得一提的是，随着密度泛函理论（density functional theory, DFT）的提出和发展，使用密度泛函方法不仅能够计算和预测分子的结构（分子的键长、键角与二面角）和性质（光学、电学、力学和磁性性质等)，而且可以对反应的动力学(反应的速率和活化焓等)进行计算描述。使用量子化学的方法能够研究反应发生的内在属性，对于认识磷化学的本质、磷催化的本质和含磷材料的影响有着不可替代的作用[13-16]。

基于理论化学的研究方法，从计算角度对含磷化合物、药物分子和材料的合成等领域进行总结和讨论，期望能够为磷化学的发展和进步提供理论上的参考。由于磷元素的价态具有多变性，能够和有机化合物形成一系列化合物，从原理出发本质上就是构建P-X键(X=H、O、C和其他)，构建的化合物的结构受到不同的配位类型的影响。其中重要的含磷化合物包含着有机磷、磷酸和次磷酸等。其中三配位的磷具有一对孤对电子，能够对不饱和的化合物进行亲核反应，得到两性的鳞盐化合物，实现了亲核位点的转移，能够和其他的亲电试剂进一步发生转化。同样的，该孤对电子能够与大部分的金属发生稳定的配位作用，共同起到催化剂的作用。调节膦的结构(电子结构和空间结构)可以实现反应产物的选择性调控和设计。手性磷酸化合物是磷化合物中重要的一部分，通过使用轴手性的修饰得到的磷酸化合物，能够直接地进行手性诱导，得到手性的产物。此外磷酸结构也能够与金属发生作用，对催化过程直接进行影响，进而可以得到具有选择性的产物。认识有机化合物的生成和转化机制，对于认识磷化学有着积极的意义，同时也为探索生命、药物、材料等领域的应用奠定了坚实的基础。磷作为生命活动中的重要元素一直备受计算化学的关注。认识含磷化合物ATP、磷酸辅酶、NADPH等对认识生命的奥秘有着积极的意义。此外含磷的分子能够作为药物作用于酶和靶标，理论化合能够揭示其作用机制和药物的构效关系对合成药物有着积极的作用。此外，含磷化合物也能够被应用于关系国民生产的农业等领域，对农药的降解和作用机制的研究，能够为认识和设计高效绿色的农药提供一条快速发展的道路。含磷材料在电子、光电、光学等领域有着潜在的价值，认识稳定的磷材料能够为非均相催化、光电材料和能源提供一个新的研究方向。

我们将从计算角度认识含磷化合物合成原理、磷化学的光谱计算和表征、有机磷催化化学、金属有机磷化学、磷的生物化学研究、含磷药物研究、含磷农药和含磷材料化学等，全面解读计算化学在磷科学领域的应用，为磷科学的发展提供理论支持。

参考文献

[1] 曹锡章，宋天佑，王杏乔．无机化学：下册 [M]. 第 3 版．北京：高等教育出版社，1994:10.
[2] 计亮年，毛宗万，黄锦汪，等．生物无机化学导论 [M]. 北京：科学出版社，2010:9.
[3] 邢其毅，裴伟伟，徐瑞秋，等．基础有机化学：下册 [M]. 第 4 版．北京：北京大学出版社，2017: 1.
[4] 赵玉芬，肖强，巨勇，等．生命有机磷化学 [J]．有机化学，2001, 21:859-877.
[5] 赵玉芬．化学生物学与生命起源 [J]．科技导报，2004，6:3-12.
[6] Bernard Barbier,Andre Brack.Conformation-Controlled Hydrolysis of Polyribonucleotides by Sequential Basic Polypeptides[J].Journal of the American Chemical Society,1992,114(9):3511-3515.
[7] Rungrotmongkol T, Mulholland A J, Hannongbua S. Active Site Dynamics and Combined Quantum Mechanics/Molecular Mechanics (QM/MM) Modelling of a HIV-1 Reverse Transcriptase/DNA/dTTP Complex[J]. J Mol Graph Model, 2007, 26 (1): 1-13.
[8] Ling X, Wang H, Huang S, et al. The Renaissance of Black Phosphorus[J]. Proceedings of the National Academy of Sciences, 2015, 112:4523-4530.
[9] Wittig G, Geissler G. The Reaction of the Pentaphenyl Phosphatide and Some Derivatives[J]. Justus Liebigs Ann Chem, 1953, 580 (1): 44-57.
[10] Ryoji Noyori,Masashi Yamakawa, Shohei Hashiguchi. Metal-Ligand Bifunctional Catalysis: A Nonclassical Mechanism for Asymmetric Hydrogen Transfer between Alcohols and Carbonyl Compounds[J]. J Org Chem, 2001, 66(24): 7931-7944.
[11] Georgios C Vougioukalakis, Robert H Grubbs. Ruthenium-Based Heterocyclic Carbene-Coordinated Olefin Metathesis Catalysts[J]. Chem Rev, 2010, 110(3): 1746-1787.
[12] Ming Yan, Yu Kawamata, Phil S. Baran Synthetic Organic Electrochemical Methods Since 2000: On the Verge of a Renaissance[J]. Chemical Reviews, 2017, 117(21):13230-13319.
[13] Levine I N. Quantum Chemistry[M]. Pretice Hall: Pearson Education Inc, 2009.
[14] 徐光宪，黎乐民，王德民．量子化学：基本原理和从头算法 [M]. 北京：科学出版社，1999.
[15] Szabo A, Ostlund N S. Modern Quantum Chemistry [M]. New York: McGraw-Hill Inc, 1982.
[16] 徐光宪，王祥云．物质结构 [M]. 北京：科学出版社，2010.

2

含磷化合物的合成机理

刘吉英[1]，吴周杰[1]，牛林彬[1,2,3]

[1] 郑州大学化学学院

[2] 平原实验室

[3] 抗病毒性传染病创新药物全国重点实验室

2.1 磷–氢键的构筑原理

2.2 磷–碳键的构筑原理

2.3 磷–氧键的构筑原理

2.4 磷–硫键的构筑原理

2.5 磷–氮键的构筑原理

2.6 磷–氯键的构筑原理

2.7 磷–磷双键的构筑原理

2.8 含磷化合物

磷不仅是生物体必要元素之一[1]，同时也是化工原料[2]、药物分子[3]、新型材料[4]、活性催化剂[5]等的重要组成成分。磷的 Pauling 电负性为 2.19，因此磷原子经常以共价键的形式存在于众多有机物和无机物中。常见无机物的含磷共价键包括磷酸盐中的磷-氧键[6]、膦金属配合物中的磷-金属键[7]、磷卤化物中的磷-卤键[8]等。有机物中含磷共价键更为丰富[9]，包括磷烷中的磷-氢键[10]、膦中的磷 - 碳键[11]、磷酸酯中的磷-氧键[12]、磷酰胺中的磷-氮键[13]、磷硫化合物中的磷-硫键[14]等。这些共价键往往可以相互转化[15]，这就构成了丰富多彩的合成磷化学。

通常来说，三价磷原子往往具有一对孤对电子。因此，三价磷原子可以作为亲核试剂与亲电试剂发生亲电加成反应，构筑含磷共价键[16]。而五价磷则可通过 3d 空轨道接受外来亲核试剂的电子，通过亲核加成反应构筑含磷共价键[17]。如果磷原子与电负性较大的卤原子或烷氧基结合，诱导效应会提升磷原子的亲电性，从而发生亲核取代反应。另一方面，磷酰基中的磷-氧双键可以被亲核试剂进攻，经历加成反应构建新的含磷共价键[18]。本章中，将按照含磷共价键的类型进行分类，讨论含磷共价键构筑原理。

2.1 磷-氢键的构筑原理

磷-氢键是磷烷的重要结构单元。往往可以可逆生成。因此，磷烷可以作为一种活性中间体，实现磷催化的转移氢化反应[19]。另一方面，由于磷上具有孤对电子，可以被看做是 Brønsted 碱，因此可与质子可逆结合构筑磷-氢键[20]。

举例来说，Radosevich 报道了一种平面型三价亚磷酸酯催化的偶氮化物转移氢化反应[21]（图 2.1）。使用氨硼烷配合物作为还原剂，常温常压下高产率制备联胺衍生物。理论研究表明，该反应经历一个五价磷化氢活性中间体，磷-氢键的生成是该反应的核心步骤。2014 年，Sakaki 通过理论计算研究了该反应的机理[22]（图 2.2）。磷酸酯 **2-1** 与氨基硼烷经历复分解反应后得到包含磷-氢键的烯醇中间体 **2-8**。计算表明，该过程经历六元环状过渡态 **2-7ts** 协同进行，活化能为 27.1 kcal/mol（1 kcal/mol=4.1840 kJ/mol）。**2-8** 中的氨基可以与氨基硼烷中的硼配位得到中间体 **2-10**。之后，氨基硼烷中的氨基作为 Brønsted 碱经历分步的质子转移，将一个氢原子由氧转移到磷上，构筑了第二个磷-氢键。该过程决速步为第二个磷-氢键的形成。可以看出，第一个氢原子作为亲核试剂与磷结合，而第二个氢原子则是亲电试剂。在后续的计算化学研究中，氨基硼烷配合物与磷酸酯中磷 / 氮、磷 / 碳的复分解反应都被考虑（图 2.3）。结果表明，氨上的亲电性氢无论是结合在氮上（经历过渡态 **2-16ts**）还是结合在碳上（经历过渡态 **2-14ts** 或 **2-18ts**）都要跨过更高的活化能垒。因此，氧作为亲核试剂参与复分解是该反应的最优路径。

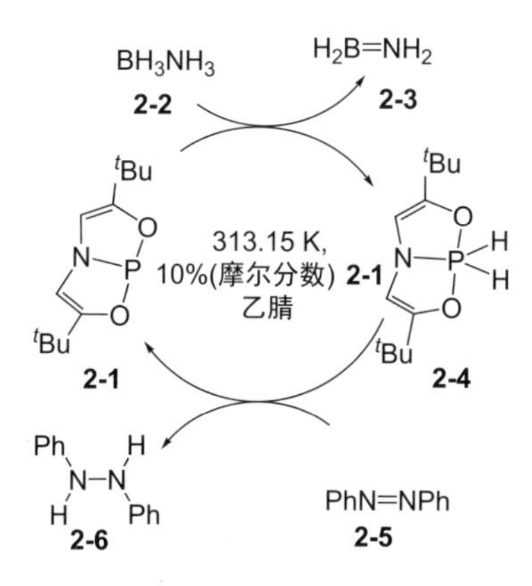

图 2.1　亚磷酸酯催化的偶氮化物转移氢化反应

2015 年，Jasiński 和 Pietrusiewicz 课题组探究了苯基硅烷还原三丁基氧化膦制备三丁基膦烷的反应机理[23]，为硅烷还原氧化膦类反应提供了理论指导（图 2.4）。该过程经历了一个含有磷-氢键的中间体，来完成不饱和磷-氧键还原，磷-氢键的构筑是整个反应最关键的一步。理论计算表明（图 2.5）[计算水平：B3LYP/6-31G(d)/PCM]，该反应分为两个阶段进行。第一阶段硅烷和氧化膦形成弱氢键复合物 **2-24**。由于这两个

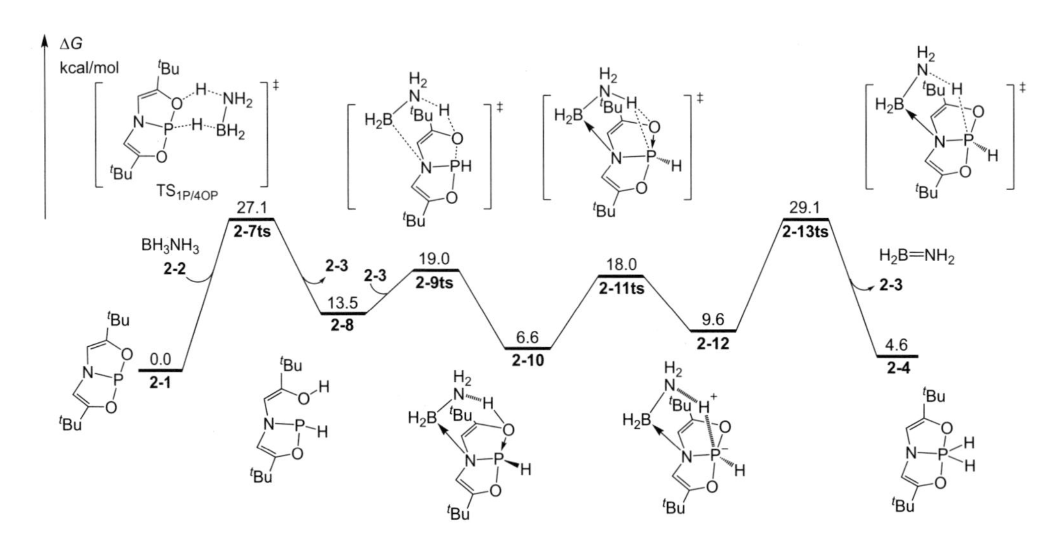

图 2.2　三价磷试剂 **2−1** 氢化反应的 Gibbs 自由能剖面

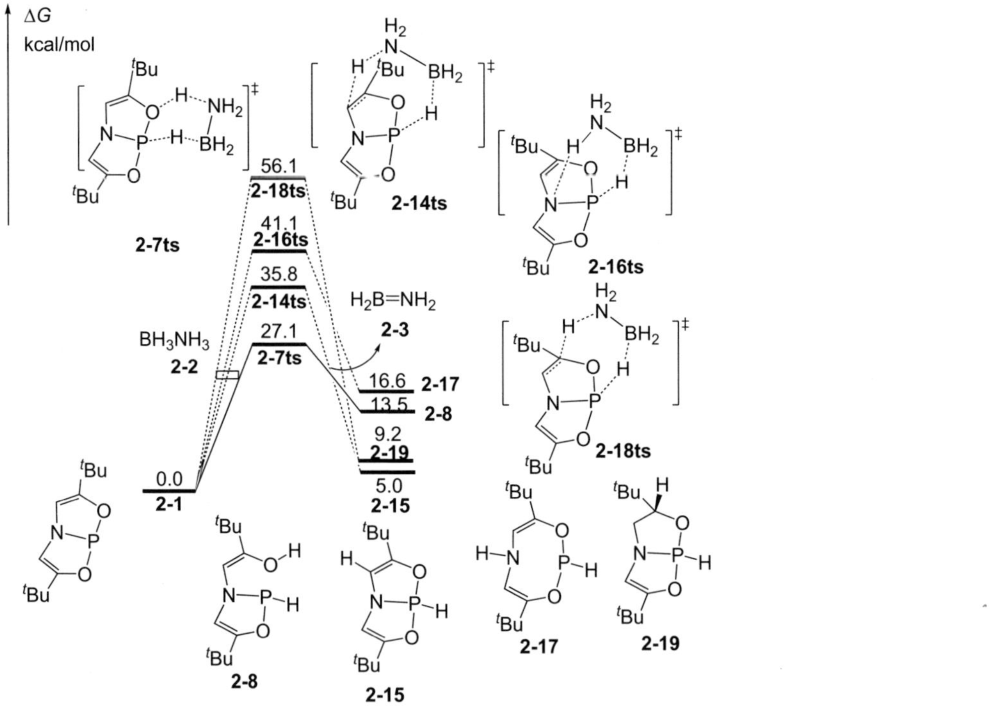

图 2.3　四种复分解反应的 Gibbs 自由能剖面

分子的中心相距依旧很大，所以反应体系的能变仅仅降低了 1.7 kcal/mol。

随后该配合物经过一个刚性的四元环过渡态 **2-25ts**，具有亲核性的氢(硅烷)，能够对缺电子的氧化膦进行亲核进攻，形成含有磷-氢键的中间体 **2-26**。同时氧原子与硅作用，形成的中间体也包含有 Si-O-P 键的骨架。该步骤的活化能为 30.2 kcal/mol, 是反应的决速步骤。中间体 **2-26** 的能变升高了 15.7 kcal/mol，表明了该中间体不是稳定的结构。随后经过三元环还原消除过渡态 **2-27ts** 得到硅醇 **2-22** 和三丁基膦烷 **2-23**。该过程形式上类似金属的还原消除过程，硅氧和氢从磷原子上消除，同时磷的氧化态从 +5 降低到 +3。由于这一步的活化能仅为 4.2 kcal/mol，因而很容易发生。

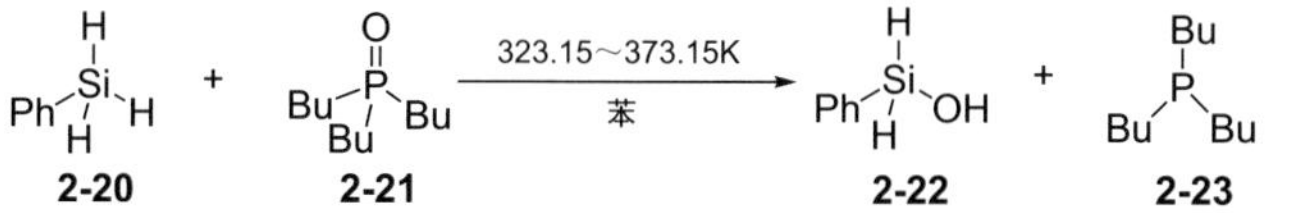

323.15～373.15K
苯
2-20 + **2-21** → **2-22** + **2-23**

图 2.4　苯基硅烷还原三丁基氧化膦制备三丁基膦烷的反应

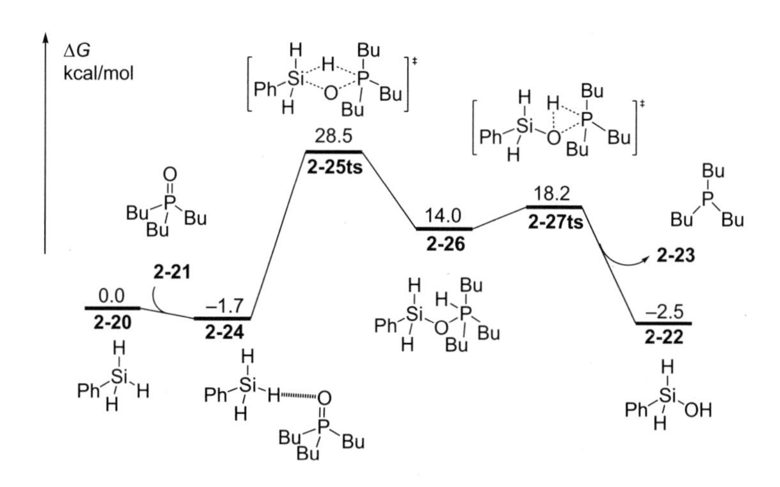

图 2.5　硅烷还原氧化膦反应的 Gibbs 自由能剖面

磷与价层轨道缺电子的原子(如硅正离子)结合构筑 P-X 键时，由于两者之间的电子差异，使其化合物具有受阻路易斯酸碱对的作用[24]。因此，当氢气存在时，路易斯酸碱对可以活化氢气，磷和 X 分别与亲核氢和亲电氢相结合，以获得磷-氢键。

例如，2014 年，Ashley 和 Hunt 课题组合作报道了使用氢气作为氢源，带有正电的硅磷配合物作为反应物，在加热条件下制备硅烷和鏻盐的反应[25]（图 2.6）。硅正离子由于价层轨道上缺电子可作为路易斯酸；磷由于有一对孤对电子可作为路易斯碱。两者形成受阻路易斯酸碱对（FLP），可以实现氢气的裂解，得到含有磷-氢键的鏻盐化合物。理论研究表明（图 2.7），随着氢气的加入，发生硅烷部分与亲核氢的结合，三叔丁基膦与亲电氢的结合，经过四元环过渡态 **2-32ts** 生成硅烷和带有正电荷的鏻盐 **2-30**。该步的能垒为 34.5 kcal/mol，与实验上所需的高温相吻合。

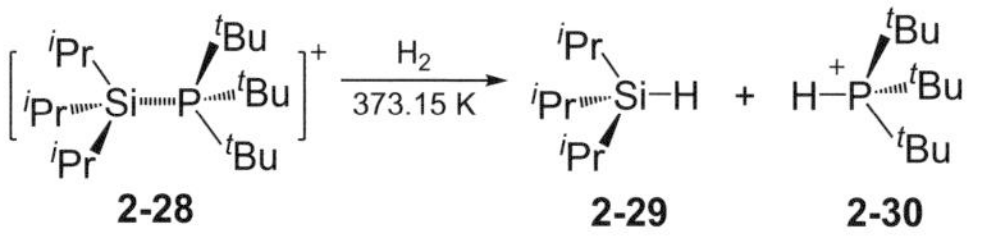

H_2 373.15 K

2-28 **2-29** **2-30**

图 2.6　硅磷配合物制备硅烷和鏻盐的反应

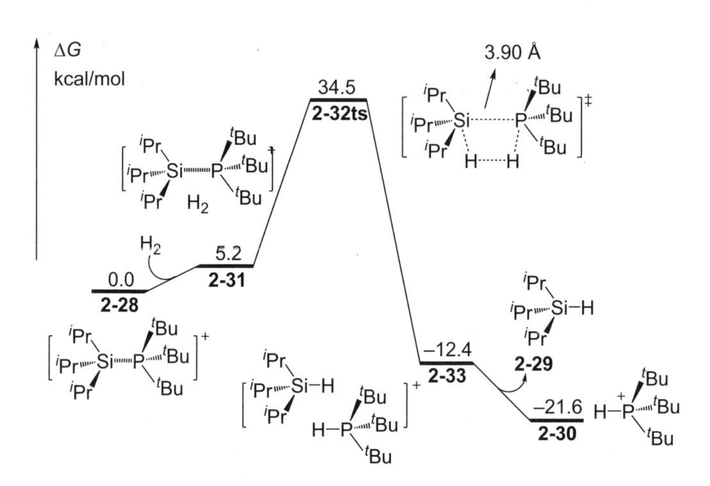

图 2.7　硅磷配合物制备硅烷和鏻盐的反应的 Gibbs 自由能剖面

近期，Sivasankar 和 Jeyakumar 课题组报道一个使用三叔丁基膦作为 Brønsted 碱参与锇氮炔化合物还原氢化反应的机理[26]（图 2.8）。由于不饱和的锇氮化合物可以作为路易斯酸，而三叔丁基膦上含有一对孤对电子，形成了一对特殊的受阻路易斯酸碱对，活化氢分子，得到氨分子和包含磷-氢键的鏻盐。理论计算表明（图 2.9），受到路易斯酸碱对的诱导作用，第一分子氢气中的亲核氢与锇氮化合物结合实现第一步不饱和氮化合物的还原氢化。亲电氢与磷中心结合形成磷-氢键，经过过渡态 **2-39ts** 生成亚胺和鏻盐配合物 **2-40**。该步是整个反应的决速步，总活化能为

31.8 kcal/mol。鏻盐配合物 **2-40** 上的氢很容易与含有负电荷的亚胺部分发生中和反应，释放热量，得到氨基化合物 **2-41**。随后经过一个类似的过程，第二分子的氢气被氨基和磷形成的路易斯酸碱对活化，氢气中的亲核氢与锇氮化合物结合，亲电氢与磷中心结合，经过过渡态 **2-43ts** 释放 NH_3，同时生成含有磷-氢键的鏻盐配合物 **2-36**。该步的活化能和第一个氢气活化过程的活化能相近。

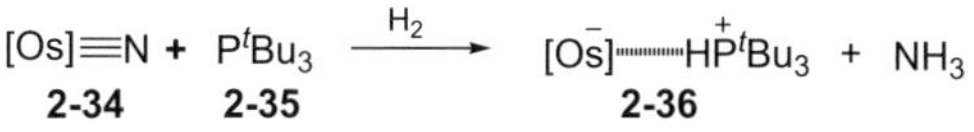

[Os]≡N (**2-34**) + P^tBu_3 (**2-35**) $\xrightarrow{H_2}$ $[Os]^-$┅┅$HP^+{}^tBu_3$ (**2-36**) + NH_3

图 2.8　锇氮炔化合物还原氢化反应

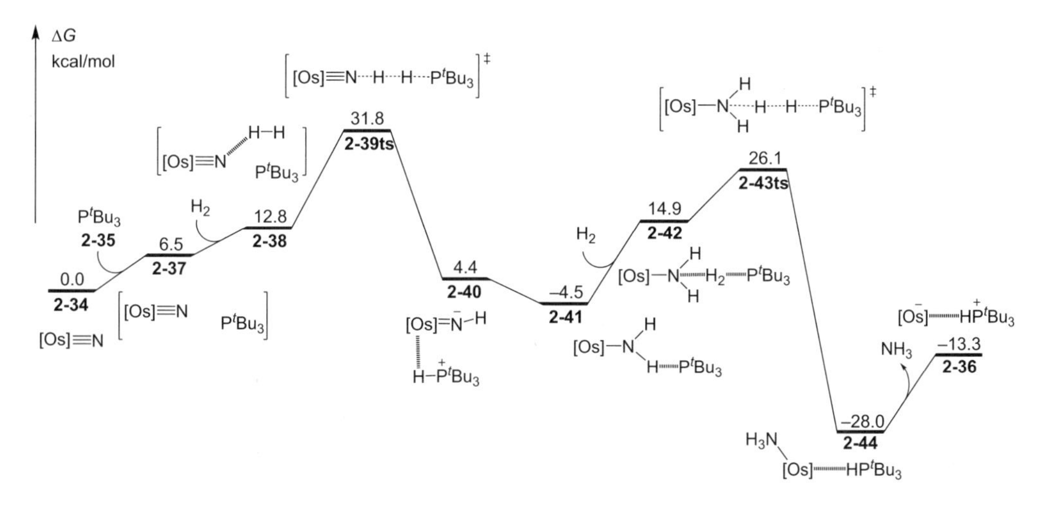

图 2.9　锇氮炔化合物还原氢化反应的 Gibbs 自由能剖面

2.2 磷-碳键的构筑原理

无机含磷化合物，例如卤化磷、亚磷酸酯、磷化氢等，往往比较容易获得。如能将其中的磷-卤键、磷-氧键、磷-氢键转化为磷-碳键，则可实现有机磷的构筑，为生物[1]、医药[3]、农业[27]等领域提供物质基础。

含有磷-碳键的化合物能够作为配体应用于过渡金属催化反应中[28]，也可转化为合成化学反应中有价值的中间体[5c]。该重要化合物可以通过以下四种策略构建：策略一，使用氢化磷酰化合物，在碱的作用下，得到羟基膦中间体。由于羟基膦上的磷含有一对孤对电子和一个活泼的氢，因而很容易与金属形成配合物，进而可以发生后续转化，得到碳磷化合物。策略二，使用含有张力环的膦基化合物，在路易斯酸催化剂的作用下，可以重排得到更稳定的膦环化合物。策略三，三价磷试剂具有亲核性，可以与不饱和键进行加成，得到含有磷的杂环化合物。策略四，磷亲核进攻不饱和化合物(联烯、炔烃和羰基化合物等)，可以构筑碳磷两性离子中间体。

针对策略一举例来说，赵玉芬课题组开发了钯催化三芳基铋和氢化膦酰交叉偶联反应(图 2.10)，以较高产率合成了高价值的芳基膦酰化合物[29]。推测的反应机理如图 2.10 所示。反应以 Pd(0) 启动后，三芳基铋对其进行氧化加成获得芳基 Pd(Ⅱ)物种。该物种与可逆生成的羟基膦发生转金属化反应，离去氢化铋后得到磷基 Pd(Ⅱ)物种。后续的还原消除构筑了碳-磷键，并再生 Pd(0) 活性催化物种。此后的理论计算研究进一步探索了该反应机理的细节(图 2.11)[计算水平：B3LYP/6-311+G(2d,p)/SDD/PCM/DMSO//6-31+G(d)/LANL2DZ]。理论计算中，Pd(0) 活性催化物种 **2-49** 被选为势能面的相对零点。三芳基铋和 **2-49** 发生配交换脱除一个 2,2′-联吡啶(以下简称 bpy)配体，从而形成芳基 η^2 配合物 **2-57**。**2-57** 发生氧化加成反应，通过一个三中心过渡态 **2-58ts** 得到四配位 Pd(Ⅱ)中间体 **2-59**，从 **2-57** 到 **2-58ts** 的能垒只有 2.0 kcal/mol，为快速过程。氢化膦酰在吡啶的促进下转化为羟基二苯基膦，带有孤对电子的磷很容易与金属配位形成新的含有膦配位的 Pd(Ⅱ)物种 **2-61**，该过程释放 8.6 kcal/mol 的能量。随后经过过渡态 **2-62ts** 实现与 Bi-Pd 键的复分解，释放氢化铋后形成方形平面 Pd(Ⅱ)中间体 **2-64**，这步的能垒为 18.3 kcal/mol。之后金属钯上发生还原消除，通过一个三元环过渡态 **2-65ts** 实现磷基与芳基的偶联。还原消除是整个催化循环的决速步骤，表观活化能为 35.4 kcal/mol，说明反应需要在较高温度下进行。这与实验观察到的催化反应是在 373.15 K 下进行的相一致。最后，通过配体交换得到产物三苯基氧化膦，并通过使 **2-49** 再生为具有催化活性的物种来完成催化循环。

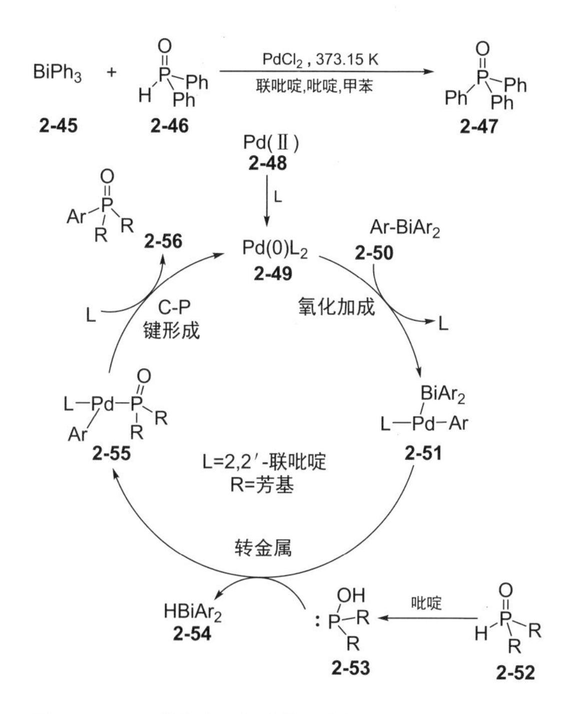

图 2.10　Pd 催化交叉偶联的反应机理

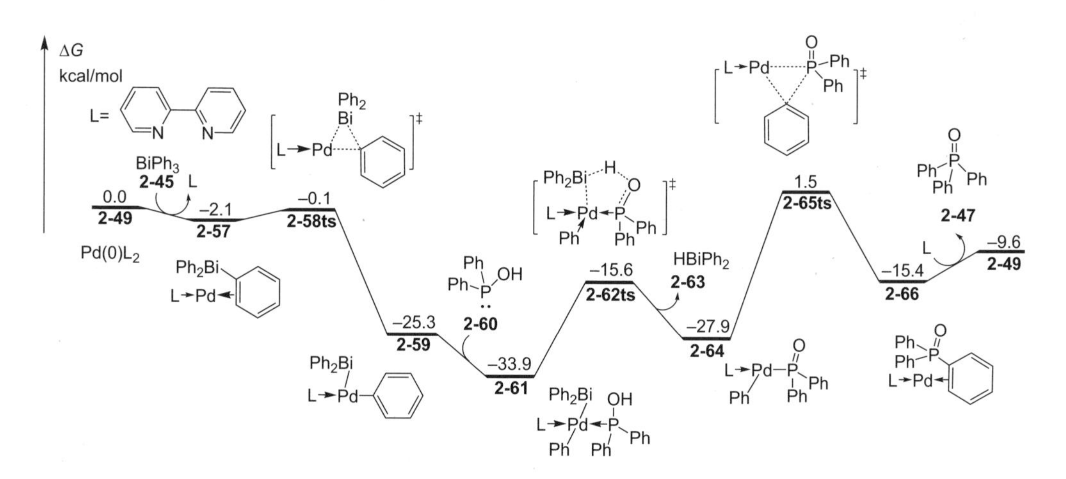

图 2.11　Pd 催化交叉偶联反应的 Gibbs 自由能剖面

该课题组进一步地发展了镍催化氢化膦酰与苯基丙烯酸的偶联反应[30](图 2.12)。推测该反应机理为，催化剂 Ni(dppf)Cl_2[dppf:1,1′-双(二苯基膦基)二茂铁] 与苯乙烯银(由烯基酸脱羧形成)发生转金属反应生成烯基镍中间体 **2-72**。氢化膦酰异构得到的亚磷酸也可与 AgOH 发生中和反应得到磷化银中间体。磷化银与镍物种 **2-72** 继续发生第二次转金属化反应得到磷基镍中间体 **2-75**。随后镍中心发生还原消除反应实现磷与烯基碳原子的偶联。得到的 Ni(0) 中间体在 Ag(Ⅰ)的氧化下再生 Ni(Ⅱ)活性催化物种 **2-70**。理论计算用于研究关键的还原消除步骤中配体对反应活性的影响。如图 2.13 所示，当烯基磷基镍物种 **2-75** 生成后，如果使用双膦配体 dppf，还原消除经由过渡态 **2-78ts** 发生，其活化能为 12.0 kcal/mol。如果使用双氮配体 bpy，计算表明，活化能高达 28.3 kcal/mol。这说明膦配体有助于该反应发生。

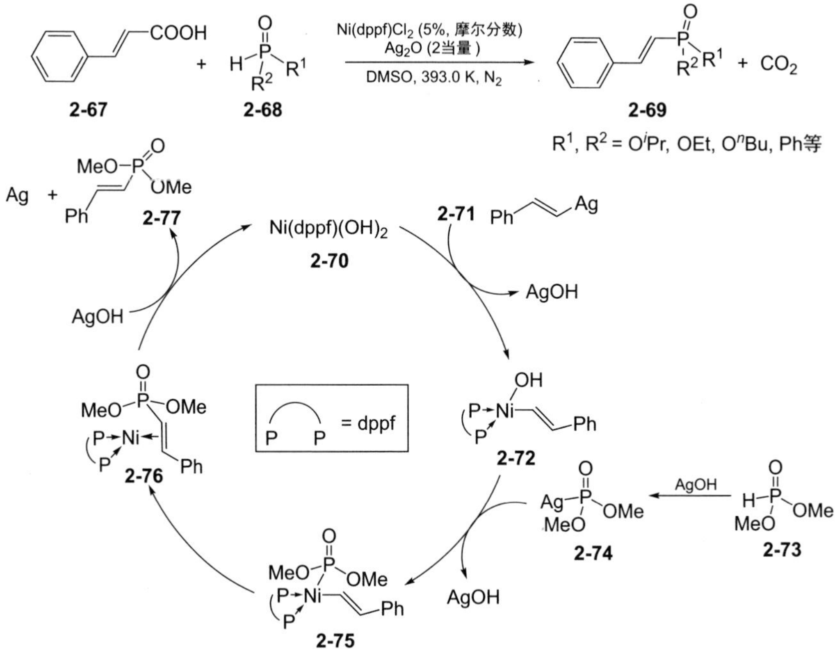

图 2.12　Ni 催化交叉偶联的反应机理

针对策略二举例来说，Stephan 课题组报道了磷杂环丙烯 **2-82** 发生磷-碳σ键迁移重排生成烯基膦的反应[31](图 2.14)。在反应中过渡金属金配合物作为路易斯酸诱导磷杂环丙烯衍生物的开环。该课题组进一

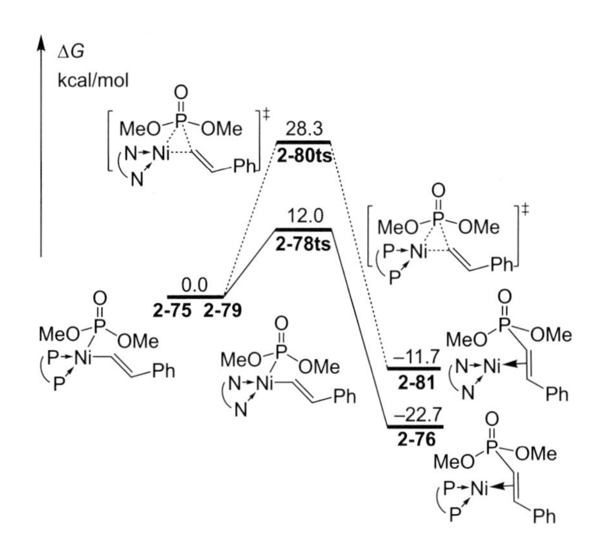

图 2.13 Ni 催化交叉偶联反应的 Gibbs 自由能剖面

步通过理论计算研究反应机理的细节 [图 2.15(a)]（计算水平：M06-2X/def2-TZVP/SMD//M06-2X/def2-SVP）。如图所示，磷杂环丙烯 **2-82** 中的磷具有一对孤对电子，可以与 AuCl 配位形成膦金配合物 **2-84**（相对自由能 7.8 kcal/mol）。配合物的结构表明，磷杂环丙烯基中的磷-碳单键显著增长 [图2.15(b)]。这归因于电子密度从 **2-82** 的 HOMO 向强路易斯酸性金中心转移。随后，配合物 **2-84** 的磷中心对苯基进行亲电进攻，经过五元环过渡态 **2-85ts** 发生 [1,3]-σ 键迁移，形成五元环两性离子中间体 **2-86**。该过程导致苯基的脱芳构化，磷杂环丙烯基开环后发生电子的重排形成烯基膦。该步为整个反应的决速步，表观活化能为 19.7 kcal/mol。两性离子中间体 **2-86** 发生分子内重排，经过三元环过渡态 **2-87ts** 得到磷杂环丙烷中间体 **2-88**。最后，经过过渡态 **2-89ts** 发生碳-碳键断裂和电子重排，生成最终产物烯基膦化合物 **2-83**。

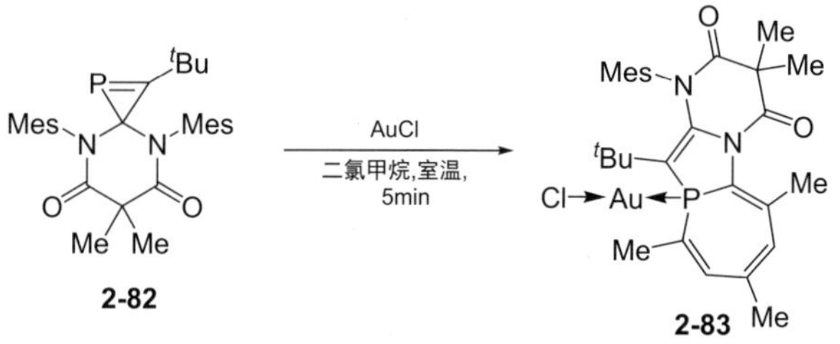

AuCl
二氯甲烷,室温,
5min

2-82 **2-83**

图 2.14 磷杂环丙烯制备烯基膦的反应

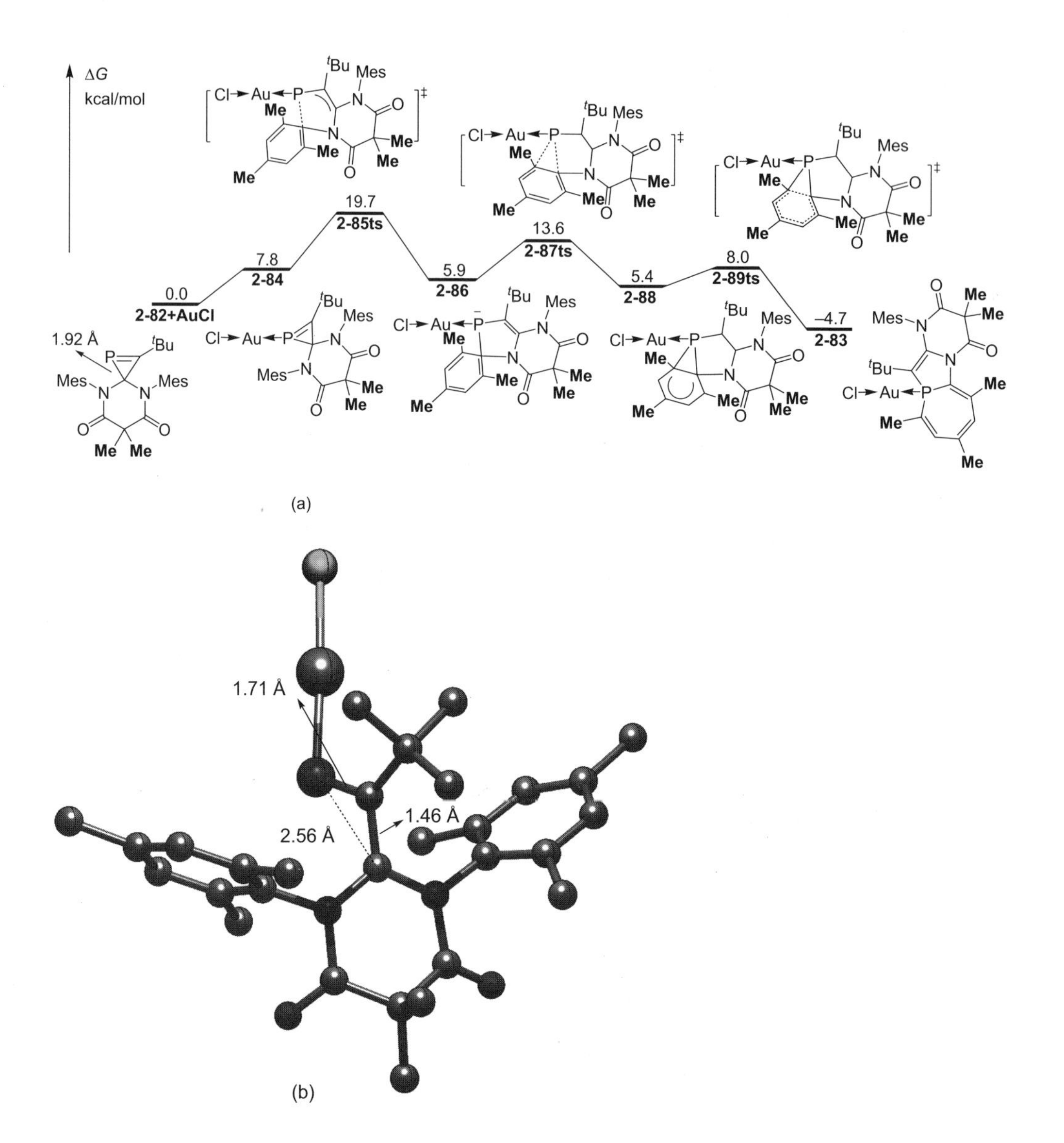

图 2.15　[1,3]-σ 键迁移重排反应的 Gibbs 自由能剖面（a）; **2-84** 的几何结构（b）

针对策略三举例来说，段征和魏东辉课题组发表了芳基膦试剂在路易斯酸 $W(CO)_5$ 存在下经过 [1,9]-σ 键迁移重排生成膦吲哚类化合物的反应 [32]（图 2.16）。该反应在 120℃下，通过磷叶立德插入惰性芳基 $C(sp^2)$-苯基 $C(sp^2)$ 键中实现磷-碳键的构筑。推测机理如图所示，含磷化合物 **2-92** 经过 6π 电环化过渡态 **2-93ts** 生成膦吲哚类化合物中间体 **2-94**。随后发生芳基的 [1,9]-σ 键迁移，芳基经过三元环过渡态 **2-95ts** 迁移生成芳基取代的膦吲哚化合物 **2-91**。竞争路径中，甲基经过过渡态 **2-96ts** 进行迁移，形成甲基取代的膦吲哚化合物 **2-97**。理论计算研究进一步探索了该反应机理的细节 [计算水平: B3LYP/6-31G(d)/LANL2DZ/IEF-PCM/Toluene]。理论计算中，为了计算简便，使用简化后的含磷化合物 **2-92** 为自由能剖面的相对零点。如图 2.17 所示，反应第一步是含磷化合物 **2-92** 经过五元环过渡态 **2-93ts** 发生 6π 电环化，并经过电子重排形成膦吲哚类化合物中间体 **2-94**，该过程放热 10.4 kcal/mol，自由能垒为 9.0 kcal/mol。第二步发生的是甲基或芳基的 [1,9]-σ 键迁移竞争。苯基经过三元环过渡态 **2-95ts** 发生 [1,9]-σ 键迁移生成苯基取代的膦吲哚化合物 **2-91**，该步能垒为 20.1 kcal/mol。另一个途径中，甲基经过过渡态 **2-96ts** 进行 [1,9]-σ 键迁移，但能垒比苯基迁移高 4.4 kcal/mol。计算研究表明，在本实验中甲基的迁移相对苯基的迁移在动力学上是不利的，所以该反应优先发生了苯基的选择性迁移。

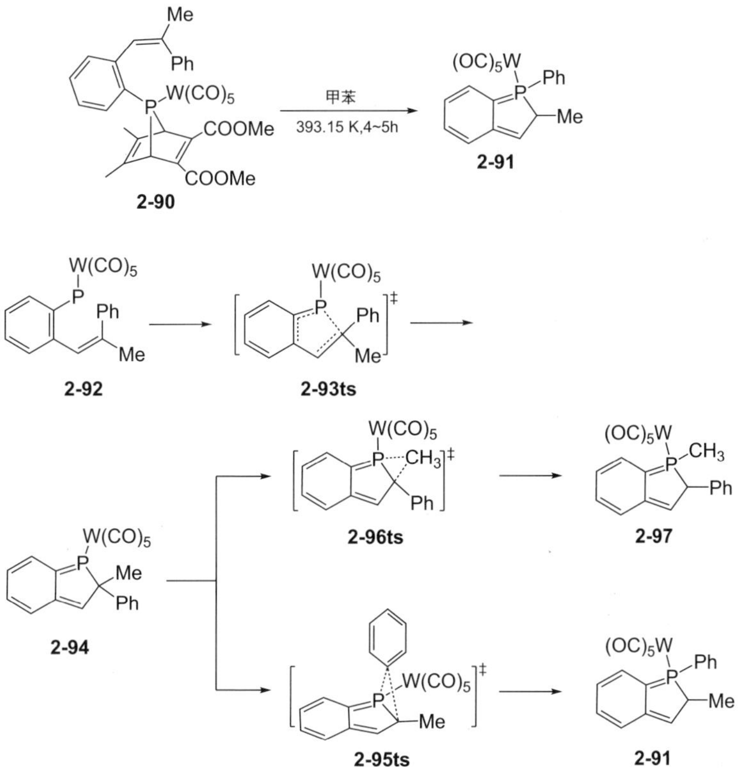

图 2.16　苄基膦制备膦吲哚类化合物的反应及可能机理

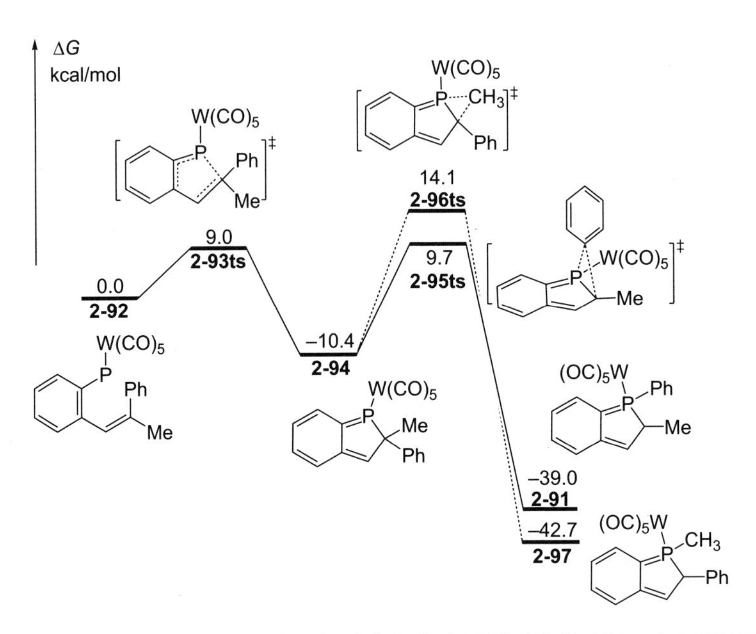

图 2.17　苄基膦 [1,9]−σ 键迁移反应制备膦吲哚类化合物的 Gibbs 自由能剖面

2020 年，蓝宇课题组报道了膦催化丙二烯化合物与共轭烯烃 [8+2] 环加成反应机理研究[33]（图 2.18），详细解释了在该反应中生成的重要碳鏻两性离子中间体的构筑原理、性质和作用。理论计算研究选取催化剂二甲基苯基膦作为自由能剖面的相对零点。由于磷原子中的孤对电子的亲核活性，二甲基苯基膦催化剂将进攻缺电子丙二烯 **2-98** 中的碳原子，通过能垒为 17.1 kcal/mol 的过渡态 **2-102ts** 生成具有烯丙基碳负离子的两性离子中间体 **2-101**，该过程放热 3.9 kcal/mol（图 2.19）。

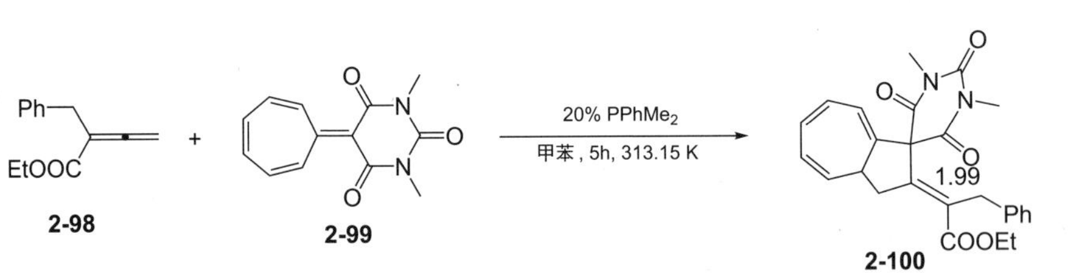

Ph
EtOOC
2-98
+
2-99
20% $PPhMe_2$
甲苯，5h，313.15 K
1.99
Ph
COOEt
2-100

图 2.18　膦催化丙二烯化合物与烯烃化合物 [8+2] 环加成反应

值得注意的是，在中间体 **2-101** 中，磷原子和 sp^2 杂化的氧原子之间的距离只有 2.79 Å，这表明它们之间有很强的相互作用。为了进一步研究这种相互作用对反应性的影响，探究了 **2-101** 的另外两种异构体

(**2-104**和**2-106**)(图2.19)。在**2-106**中另一个sp^3杂化氧原子靠近磷原子。**2-106**的相对Gibbs自由能是0.9 kcal/mol，比**2-101**(−3.9 kcal/mol)高4.8 kcal/mol。在**2-104**中，没有磷氧的相互作用，**2-104**的相对Gibbs自由能是5.4 kcal/mol，比**2-101**高9.3 kcal/mol。

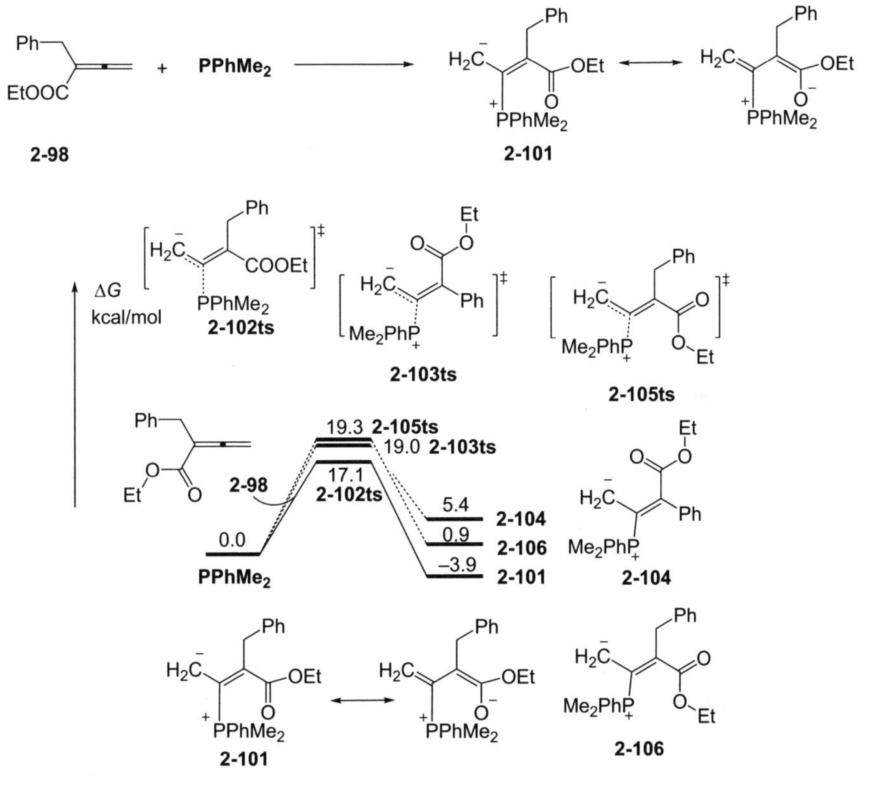

图2.19　碳磷两性离子中间体的构筑机理及Gibbs自由能剖面

进一步的非共价相互作用(NCI)分析计算表明(图2.20)，在中间体**2-101**中，磷原子和氧原子之间存在强的正相互作用。此外，分子中的原子理论(AIM)分析表明，磷原子和氧原子之间的键鞍点电子密度值(BCP值)在**2-101**中为0.027 a.u.，在**2-106**中为0.017 a.u.，这表明**2-101**的磷氧相互作用比**2-106**中的强。这样的磷氧相互作用，也导致了磷碳中间的五元环中间体的结构更趋于平面。这样的结构对后续选择性的构建也能够起到重要的作用。

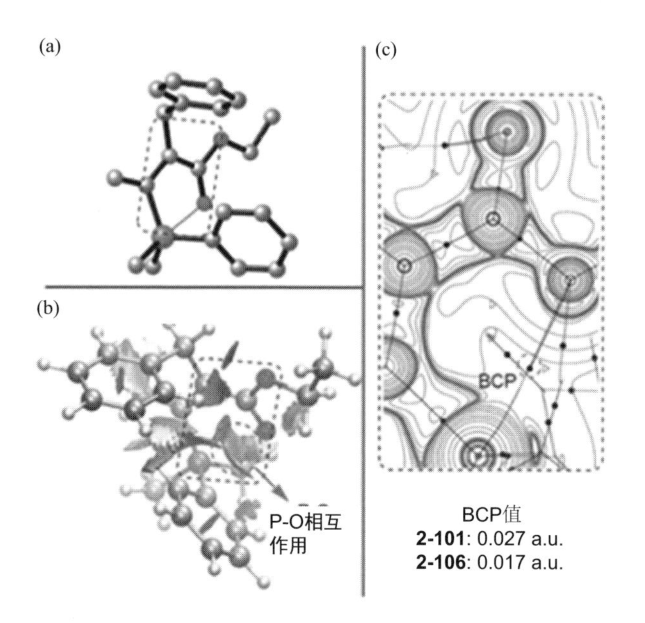

图 2.20　中间体 **2-101** 的 3D 结构（a）；中间体 **2-101** 的 NCI 分析（b）；中间体 **2-101** 和 **2-106** 的 AIM 分析（c）

2.3
磷-氧键的构筑原理

作为含磷化合物中重要的组成部分，磷-氧键广泛存在于自然界和生物体中，能够起到储存能量[34]和支持骨架[35]等作用，因而备受化学家的关注。如何构筑磷-氧键，是一个重要的研究领域。磷氧化合物与含有氧的亲核试剂发生复分解，可以构筑新的磷-氧键。

例如，2009 年，Fattal 课题组研究了亲核试剂(OH^-)与卤代烷基膦酸二甲酯发生亲核进攻构筑磷-氧键的机理[36](图 2.21)。氢氧根离子对磷原子的亲核进攻，可导致磷-氧或磷-碳键断裂。此后的理论计算研究进一步探索了该反应机理的细节(图 2.22)。理论计算中，甲基膦酸二甲酯 **2-110** 被选为自由能剖面的相对零点。第一步发生的是氢氧根离子对磷的亲核进攻。路径 a 中羟基从甲基基团的反侧通过过渡态 **2-113ts** 进攻，形成三角双锥形氧负离子中间体 **2-114**。路径 b 中羟基在甲氧基取代基的反侧进攻，经过过渡态形成膦中心五配位的三角双锥中间体 **2-117**。过渡态 **2-116ts** 的相对自由能比 **2-113ts** 低 8.7 kcal/mol。因此在动力学上，路径 b 是有利的。并且，**2-117**（其中顶端位置被羟基和甲氧基占据）比 **2-114**（其中甲基和羟基位于顶端）低 7.9 kcal/mol，说明路径 b 经历的中间体相较于路径 a 也是稳定的。第二步发生的是磷-碳键或磷-氧键的断裂。路径 a，顶端位置为甲基的中间体 **2-114** 经过过渡态 **2-115ts** 实现磷碳键的断裂，形成磷酸二甲酯 **2-111** 和甲基负离子。该步的能垒为 32.5 kcal/mol，对于路径 a 该步为决速步。磷酸二甲酯 **2-111** 的能量比原料高 33.9 kcal/mol，所以中性中间体 **2-111** 是亚稳定的，其将进一步自发质子转移形成带有磷-氧键的磷酸二甲酯负离子 **2-109** 和烷烃。路径 b，**2-117** 通过过渡态 **2-118ts** 发生磷-氧键的解离，形成甲基膦酸酯 **2-112** 和甲醇盐负离子。甲基膦酸酯 **2-112** 也将进一步自发与甲醇负离子发生质子交换反应形成相应的带有磷-碳键的磷酸负离子 (**2-119**) 和甲醇。该产物的总自由能比起点 **2-110** 低 35.7 kcal/mol，因此总反应是放热反应。对比发生磷-氧断裂和磷-碳断裂的两种路径，反应的最佳选择为路径 b，即羟基在甲氧基取代基的反侧进攻导致磷-氧键断裂的路径。

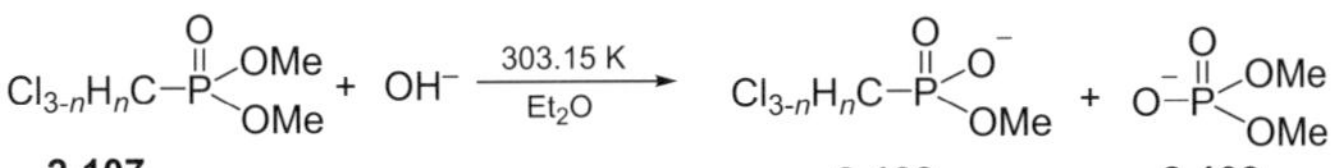

$Cl_{3-n}H_nC-P(O)(OMe)_2$ (**2-107**) + OH^- $\xrightarrow[Et_2O]{303.15\ K}$ $Cl_{3-n}H_nC-P(O)(O^-)(OMe)$ (**2-108**) + $^-O-P(O)(OMe)_2$ (**2-109**)

图 2.21　OH^- 与卤代烷基膦酸酯的亲核进攻反应

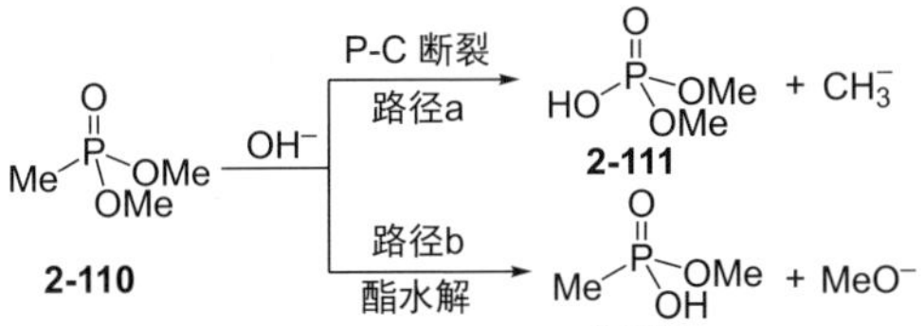

$MeP(O)(OMe)_2$ (**2-110**) + OH^-：

P-C 断裂，路径a → $HO-P(O)(OMe)_2$ (**2-111**) + CH_3^-

路径b，酯水解 → $Me-P(O)(OMe)(OH)$ (**2-112**) + MeO^-

图 2.22

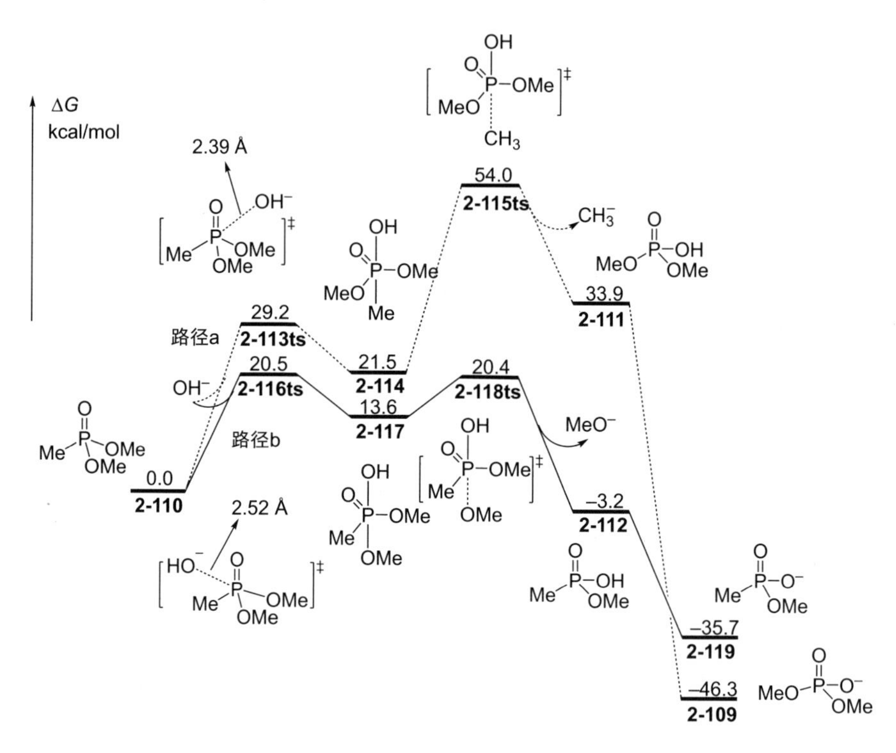

图 2.22　亲核取代反应的机理及 Gibbs 自由能剖面

2.4 磷-硫键的构筑原理

据文献报道，在某些条件下叔膦能够促进脱硫反应的进行，可断裂硫-硫键实现硫醇的制备 [37]。在该反应中会经过生成重要的含有磷-硫键的鏻盐中间体促进硫醇的生成。

2007 年，Robert D. Bach 课题组报道了过硫化物和膦亲核试剂在溶剂水的作用下通过 S_N2 反应构筑磷-硫键的机理研究(图 2.23)。使用 COSMO 模型在溶剂水中进行几何优化来评估溶剂对反应的影响。理论计算表明(图 2.24)，水分子可以提供氢键来促进反应的顺利进行，并且过渡态需要至少四个水分子的参与。反应物过硫化物和叔膦通过氢键的作用形成网络结构 **2-124**。随后，氢键网络可以在反应物的作用下发生改变，经过过渡态 **2-125ts**，在膦和过硫化物之间形成两个水桥稳定过渡态结构，断裂硫-硫键，得到含有磷-硫键的鏻正离子和硫负离子配合物 **2-126**。

$$\underset{\textbf{2-120}}{(CH_3)_3P} + \underset{\textbf{2-121}}{CH_3SSCH_3} \xrightarrow{H_2O} \underset{\textbf{2-122}}{(CH_3)_3P^+-SCH_3} + \underset{\textbf{2-123}}{CH_3S^-}$$

图 2.23　过硫化物和膦亲核试剂的 S_N2 反应

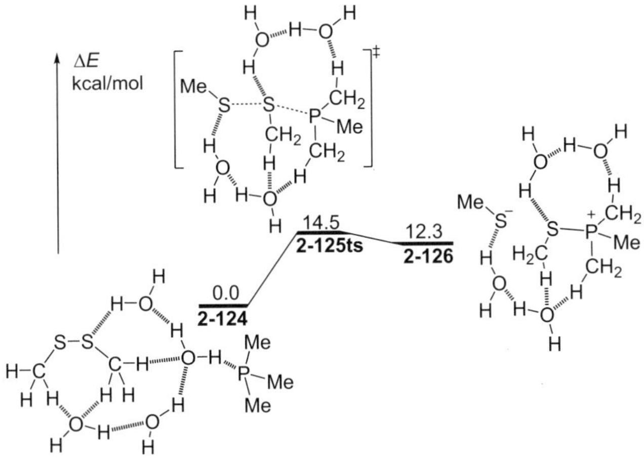

图 2.24　四个水分子参与的 S_N2 反应机理及势能面

2.5
磷-氮键的构筑原理

含有磷-氮键的膦化合物可以与各种亲电试剂反应生成氮杂环，是合成杂环化合物中重要的合成原料之一[38]。叔膦化合物可作为亲核试剂进攻叠氮化合物或偶氮化合物形成磷-氮键，活化叠氮或偶氮底物，使氮原子的亲核性增加，有利于环化反应的发生。

举例来说，2020 年，Gandon 和 Auffrant 课题组报道了叔膦与 1-叠氮-(2-卤代甲基)苯发生环化反应制备氨基膦取代的吲唑类化合物的反应[39](图 2.25)。理论计算表明，形成磷-氮键活化反应底物有利于环化反应的发生。推测可能的反应路径有两种。路径 a，第一步卤代烃被膦亲核取代形成鏻盐；第二步发生质子转移，形成磷叶立德和氮正离子；第三步碳负离子对氮正离子中心亲核进攻实现环化反应，生成最终吲唑类产物 **2-128**。路径 b，第一步膦试剂对叠氮化合物端基氮亲核进攻形成磷酰叠氮化合物；第二步中心氮原子对苄基碳亲核取代实现环化反应；第三步发生质子转移生成最终产物 **2-128**。进一步的理论计算详细讨论了两种路径的细节。计算使用两种叔膦 (PMe_3 和 PPh_3) 和两种亲电试剂(氯代物和溴代物)，研究不同的卤代烃和膦试剂对反应的影响 [计算水平 M06-2X/6-311++G(2d,p)//M06-2X/6-31(d)]。路径 a(图 2.26)，选取叠氮试剂作为相对零点。第一步为膦试剂与卤化物的亲核取代反应。三甲基膦对氯化物进行 S_N2 取代反应的能垒为 23.5 kcal/mol，三苯基膦对氯化物进攻的能垒为 26.5 kcal/mol。当卤化物为溴化物时，能垒会略有降低，膦试剂为三甲基膦时能垒为 17.3 kcal/mol，膦试剂为三苯基膦时能垒为 20.4 kcal/mol。第二步的质子转移的过渡态并未找到。对于理论计算该路径之后的反应，选用质子转移后的产物叠氮正离子中间体作为相对零点(图 2.27)，第三步发生分子内的环化反应，无论膦试剂是三苯基膦还

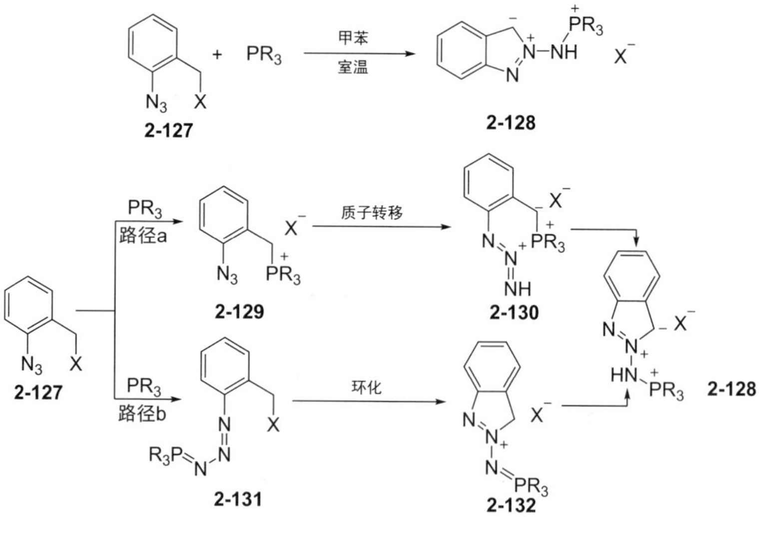

图 2.25 膦与叠氮苯的环化反应及推测机理

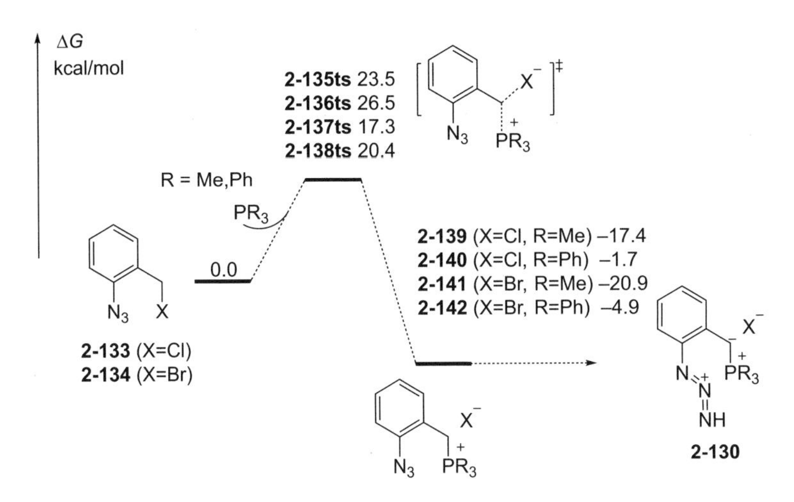

图 2.26　路径 a 膦试剂与卤化物亲核取代反应的 Gibbs 自由能剖面

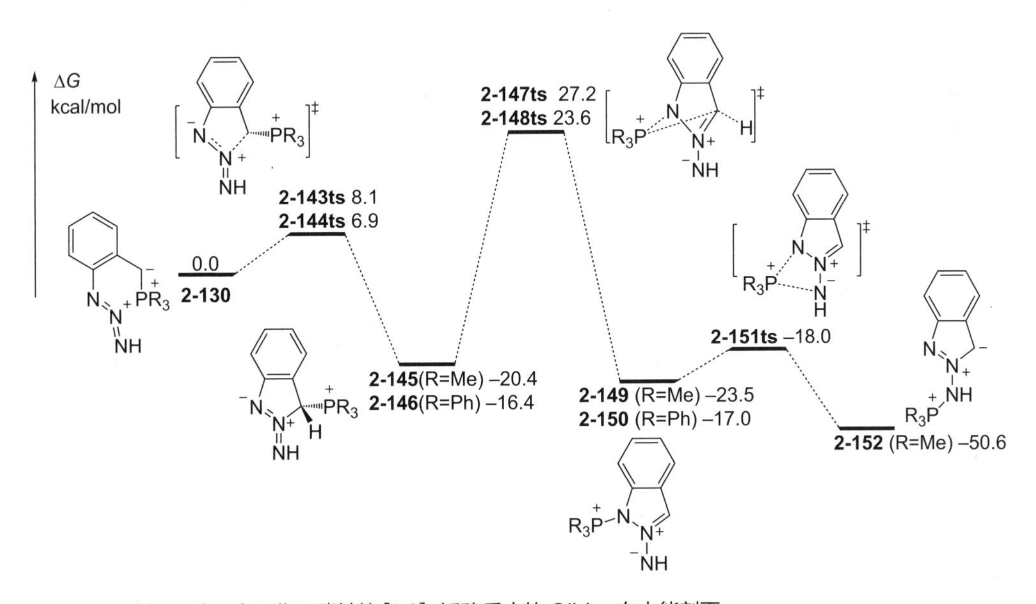

图 2.27　路径 a 分子内环化和膦基的 [1,3]-迁移反应的 Gibbs 自由能剖面

是三甲基膦，反应的活化能都在 10.0 kcal/mol 以内。但是，后一步膦基 [1,3]-迁移的能垒都很高，大于 40.0 kcal/mol。因此在不加热的实验条件下，反应不能按照路径 a 发生。

如图 2.28 所示路径 b 的自由能剖面中，第一步叠氮基的末端氮和膦发生反应，不同的卤代物和膦试剂分别经过过渡态 **2-153ts**、**2-154ts**、**2-155ts** 或 **2-156ts** 得到相应的膦叠氮化合物 **2-157**、**2-158**、**2-159** 或 **2-160**。在该过程中，三甲基膦与氯化物反应时能垒为 21.6 kcal/mol，与溴化物反应时能垒为 21.7 kcal/mol，三苯基膦与氯化物反应时能垒为 24.4 kcal/mol，与溴化物反应时能垒为 23.9 kcal/mol。可以看出，叠氮底物的卤代烃对膦试剂与端基氮之间的反应影响不大。更富电子的三甲基膦发生亲核进攻时的能垒较低，且三甲基膦加成得到的偶极中间体更稳定。第二步，中心氮负离子对卤化物通过过渡态 **2-161ts**、**2-162ts**、**2-163ts** 或 **2-164ts** 进行取代。三甲基鏻盐相邻氮负离子与氯化物反应时能垒为 18.5 kcal/mol，与溴化物反应时能垒为 16.3 kcal/mol；三苯基鏻盐相邻氮负离子与氯化物反应时能垒为 19.8 kcal/mol，与溴化物反应时能垒为 15.8 kcal/mol。可以看出，卤化物和膦试剂对该步反应有一定的影响，使用溴化物反应比氯化物更容易，使用烷基膦会比苯基膦更容易。最后的质子转移需要在卤负离子的辅助下进行，首先卤负离子夺取苄基碳上的质子形成氢卤酸，然后末端氮负离子夺取氢卤酸中的质子形成含有磷-氮键的吲唑类产物。两步质子转移的能垒都在 7.0 kcal/mol 以内，相对较低。对于质子转移过程，氯负离子比溴负离子更容易促进氢迁反应。烷基鏻盐产物的相对能量比苯基鏻盐产物低，证明烷基鏻盐产物更稳定。总而言之，从动力学和热力学的角度上看，更富电子的烷基膦比苯基膦更容易与叠氮化合物发生亲核反应制备稳定的含有磷-氮键的吲唑类产物。

2012 年，唐明生课题组研究了三苯基膦催化的偶氮试剂与醛腙构筑杂环化合物的反应[40]（图 2.29）。叔膦作为环化反应中重要的 Lewis 碱催化剂，可进攻连有吸电子基团的偶氮试剂，形成重要的含有磷-氮键的 Huisgen 两性离子中间体。该过程中，氮原子活化为氮负离子，亲核性明显增加，有利于发生环化反应形成杂环化合物。进一步的理论计算研究该中间体的形成过程（图 2.30）[计算水平：B3LYP/6-311G(3df,pd)/PCM//B3LYP/6-31G(d,p)]。三苯基膦与偶氮化合物 **2-188** 通过过渡态 **2-190ts** 亲核加成形成 Huisgen 两性离子中间体 **2-189**。随着三苯基膦向偶氮靠近，氮原子到磷原子的距离在过渡态 **2-190ts** 达到 2.39 Å，在 **2-189** 进一步缩短至 1.68 Å。同时，两个氮原子之间的键长从 **2-188** 的双键 (1.25 Å) 延长到 **2-189** 的单键 (1.44 Å)。电荷分布计算表明，形成的两性离子中间体 **2-189**，正电荷集中在磷原子上 (1.93 *e*)，负电荷集中在氮原子上 (0.59 *e*)。该过程的能量势垒为 7.9 kcal/mol。此外，根据计算结果，**2-189** 的能量比反应物的能量低 11.3 kcal/mol，表明该过程为放热过程。

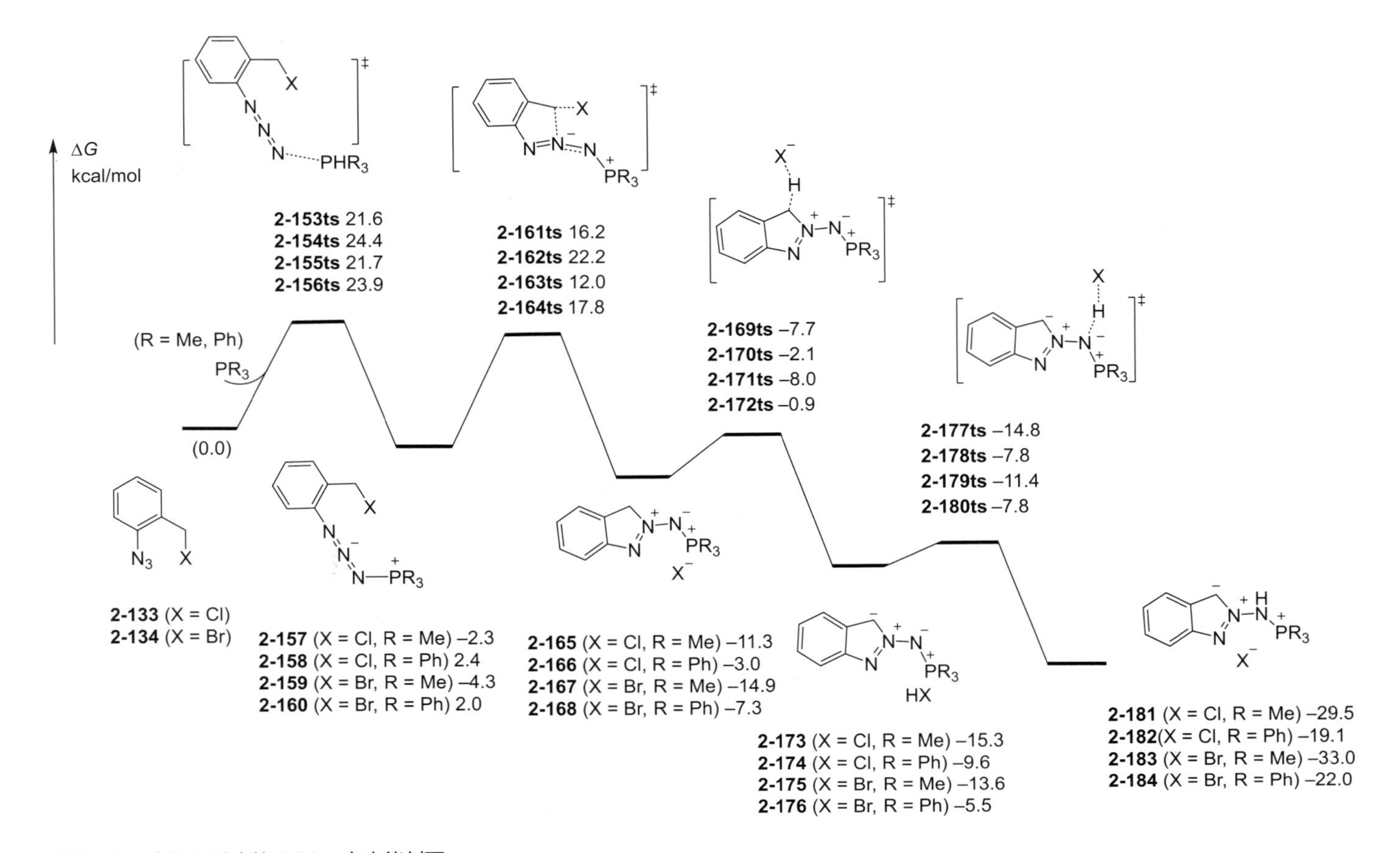

图 2.28 路径 b 反应的 Gibbs 自由能剖面

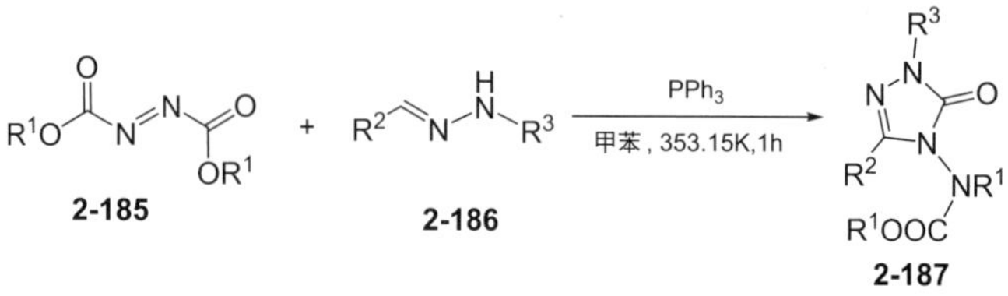

图 2.29 三苯基膦催化的偶氮试剂与醛腙构筑杂环化合物的反应

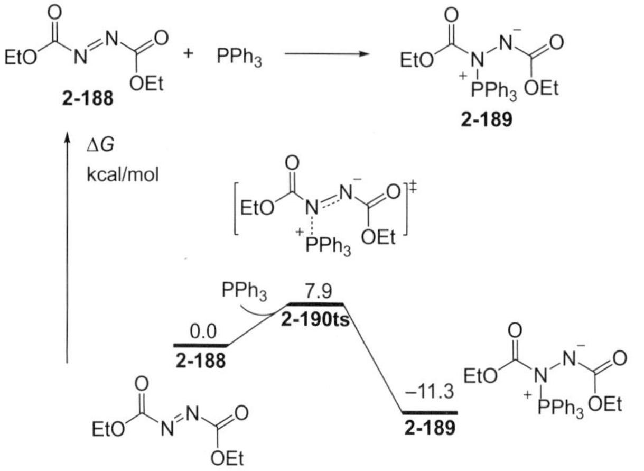

图 2.30 构筑 Huisgen 两性离子中间体反应的 Gibbs 自由能剖面

2.6
磷-氯键的构筑原理

磷-氯键是一个非常活泼的化学键，它能够与亲核试剂(胺、醇、酚等)在碱的作用下发生亲核取代反应，从而制得相应的有机磷酰胺、磷酸酯类化合物 [41]。因此，磷-氯键的构筑是有机磷化学中非常重要的研究。三价磷化合物可作为亲核试剂进攻酰氯试剂形成磷正离子中间体。随后氯负离子亲核进攻磷正中心构筑磷-氯键。另一方面，五价氧化磷化合物与三价磷化合物相比，由于其中心磷原子已经被配位键饱和，没有多余的电子对发生亲核反应。但是磷-氧双键中的氧原子可被亲电试剂进攻，使五价氧化磷化合物转化为鏻正离子中间体。随后氯负离子亲核进攻鏻正中心构筑磷-氯键。

举例来说，2019 年，Qu 课题组报道了叔膦化合物 7-磷杂降冰片二烯通过氯酰化生成酰基磷氯化合物反应的机理研究[8a]（图 2.31）。理论计算研究了该反应的细节（计算水平：PW6B95-D3/def2-TZVP/COSMO-RS/DCM//TPSS-D3/def2-TZVP/COSMO/DCM）。如图 2.31 所示，首先发生的是 7-磷杂降冰片二烯 **2-191** 对苯甲酰氯中羰基的碳原子的亲核进攻，经过过渡态 **2-193ts** 生成两性离子中间体 **2-194**。该步的能垒为 20.1 kcal/mol，是反应的决速步。随后经过放热反应生成进一步离子化的带有正电荷的鏻盐产物 **2-195** 和氯负离子。第二步发生的是氯负离子对鏻盐 **2-195** 的磷中心的亲核进攻。经过过渡态 **2-196ts** 断开两个磷-碳键，构筑含有磷-氯键苯酰基膦试剂 **2-197**，并释放蒽副产物。该步的活化能垒为 15.3 kcal/mol。随后会发生磷-碳键的旋转，经过能垒为 3.5 kcal/mol 的过渡态 **2-198ts** 得到更稳定的顺式构象产物苯酰基氯膦 **2-192**。

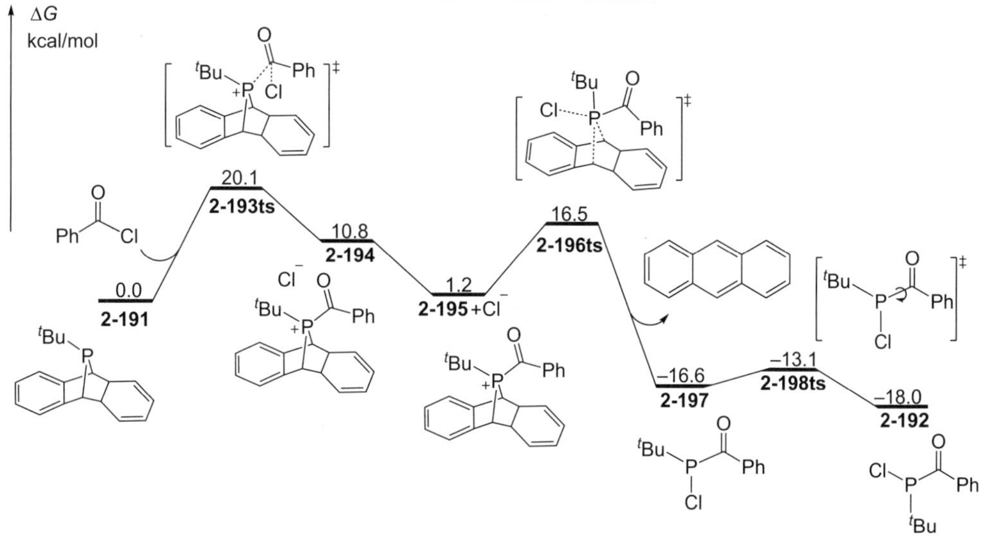

图 2.31　二苯并-7-磷杂降冰片二烯与苯甲酰氯的反应及该反应的 Gibbs 自由能剖面

2019 年，Qu 课题组研究了五价磷化合物三苯基氧化膦与氯化试剂（如草酰氯或光气）反应制备含有磷-氯键的鏻盐的反应机理[8b]（图 2.32）。理论研究该反应机理的细节（计算水平 PW6B95-D3/def2-TZVP/COSMO-RS/chloroform//TPSS-D3/def2-TZVP/COSMO/chloroform）如图 2.32(a) 所示，首先草酰氯 $(COCl)_2$ 对底物 **2-199** 中磷-氧双键的氧原子发生亲电进攻，经过过渡态 **2-201ts** 生成磷正离子中间体 **2-202** 和 Cl^-，该步的能垒为 17.5 kcal/mol。随后，Cl^- 对 **2-202** 的磷中心发生亲核加成反应，经过过渡态 **2-203ts** 生成含有磷-氯键的五配位膦配合物 **2-204**，该步的活化能垒为 9.9 kcal/mol。最后，不稳定的配合物 **2-204** 自发形成鏻盐 **2-205** 和氯甲酰基甲酸根离子。不稳定的氯甲酰基甲酸根离子可迅速分解为一氧化碳、二氧化碳和氯离子。该反应草酰氯对氧原子的亲电进攻为决速步，并且整体上被生成的气态一氧化碳和二氧化碳拉动进行。

如图 2.32(b) 所示，光气和底物 **2-199** 之间的反应与草酰氯参与反应的机理相似。光气中碳原子对磷-氧双键中的氧原子发生亲电进攻，经过过渡态 **2-208ts** 生成鏻正离子中间体 **2-209** 和 Cl^-，该反应的表观活化能为 21.6 kcal/mol，比 **2-201ts** 高 4.1 kcal/mol，所以草酰氯更容易和底物 **2-199** 反应生成含有磷-氯键的鏻盐。

(a)

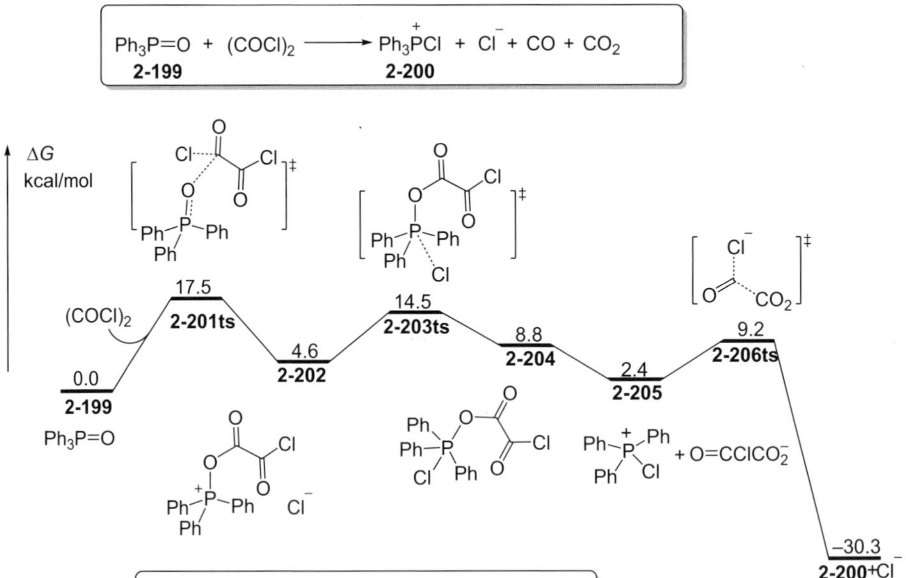

Ph3P=O + (COCl)2 → Ph3P+Cl + Cl− + CO + CO2
2-199
2-200
ΔG
kcal/mol
(COCl)2
0.0
2-199
Ph3P=O
17.5
2-201ts
4.6
2-202
14.5
2-203ts
8.8
2-204
2.4
2-205
9.2
2-206ts
−30.3
2-200+Cl−
CO + CO2
+ O=CClCO2−
Ph3P=O + O=CCl2 → PPh3Cl2 + CO2
2-199
2-207

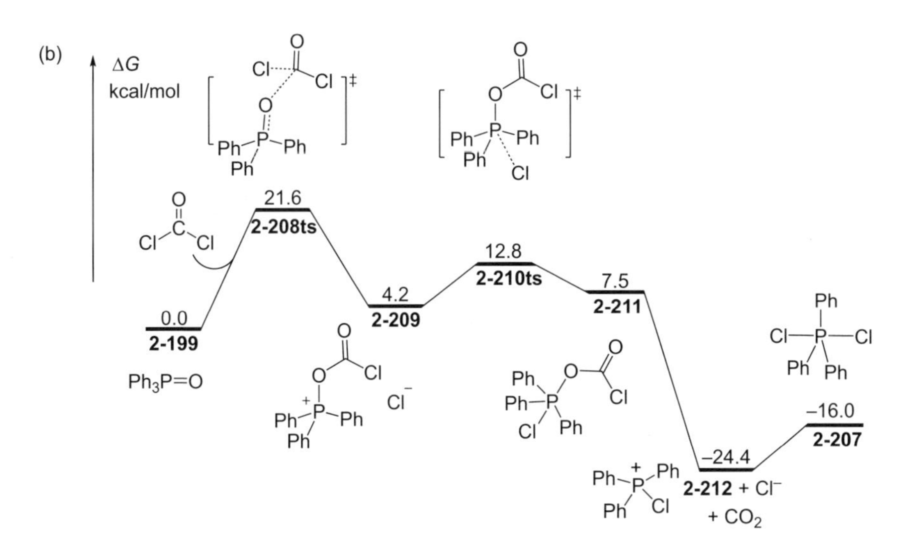

图 2.32　草酰氯与氧化膦的反应及该反应的 Gibbs 自由能剖面（a）；光气与氧化膦的反应及该反应的 Gibbs 自由能剖面（b）

2.7
磷-磷双键的构筑原理

磷-磷键是一类特殊双磷化合物中关键的骨架结构[42]。实验中，磷-磷单键和磷-磷双键之间可以相互转化。这样，可以将分子中磷-磷单键转化为更活泼的磷-磷双键，从而构筑活性膦烯物种，以便后续转化。例如，使用含有磷-磷单键的张力环膦化合物，在路易斯酸催化剂的作用下，可以重排得到更稳定的含有磷-磷双键环膦化合物。而双键作为不饱和键又很容易与不饱和化合物发生环加成反应构筑含有双磷的大环膦试剂。

举例来说，2020 年，段征、魏东辉和田荣强等课题组合作研究了联磷杂环丙烷化合物在加热的条件下制备双磷杂环产物的反应[43]（图 2.33）。理论计算表明，联磷杂环丙烷经过扩环反应构筑磷-磷双键的四元膦烯杂

环中间体 **2-214** 是制备含有双磷的桥环化合物 **2-215** 的关键。推测膦烯产物 **2-214** 的产生有两种可能的途径(图 2.34)。路径 a 中，联磷杂环丙烷与钨配位得到 **2-213′** 后，游离磷原子插入一个磷-碳键的同时脱除乙烯，经过一个扩环过渡态 **2-216ts**，得到膦烯产物 **2-214**。路径 b 是一个分步过程。首先释放一分子乙烯得到膦宾-钨配合物 **2-218**；之后磷原子经历过渡态 **2-219ts** 插入磷-碳键，得到同样的产物 **2-214**。

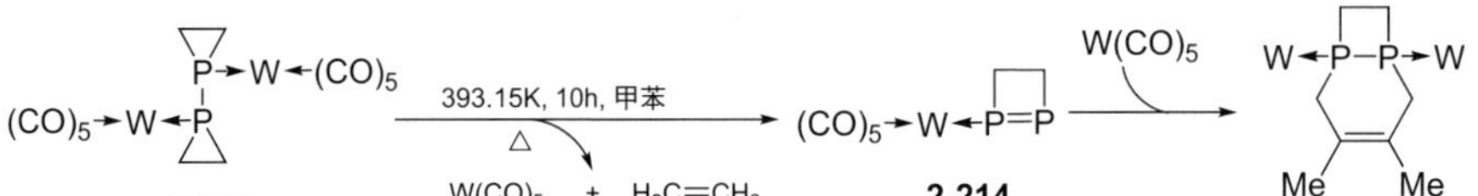

2-213 2-214 2-215

图 2.33 联磷杂环丙烷化合物制备双磷杂环化合物的反应

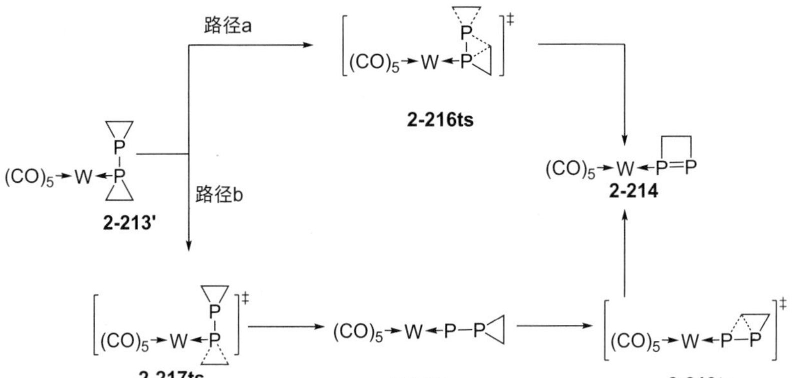

2-216ts 2-213' 2-214 2-217ts 2-218 2-219ts

图 2.34 膦烯产物 2-214 产生的推测机理

进一步的理论计算比较了两种路径的合理性(图 2.35)。理论计算中，将联磷杂环丙烷与钨的配合物 **2-213′** 的相对能量设为自由能剖面的相对零点。路径 a 中，联磷杂环丙烷脱除乙烯，并经过过渡态 **2-216ts** 直接发生磷插入形成膦烯产物的 Gibbs 自由能垒高达 49.2 kcal/mol，在实验条件下该能垒无法克服，因此路径 a 可以排除。路径 b 中，首先与钨配位的联磷杂环丙烷经过过渡态 **2-217ts** 断开磷-碳键，释放一个乙烯分子形成含有一个三元环的中间体 **2-218**。该步的能垒为 34.4 kcal/mol，说明反应需要在较高温度下进行。第二步，中间体 **2-218** 经过能垒为 15.4 kcal/mol 的插入型扩环过渡态 **2-219ts** 形成最终膦烯产物 **2-214**。

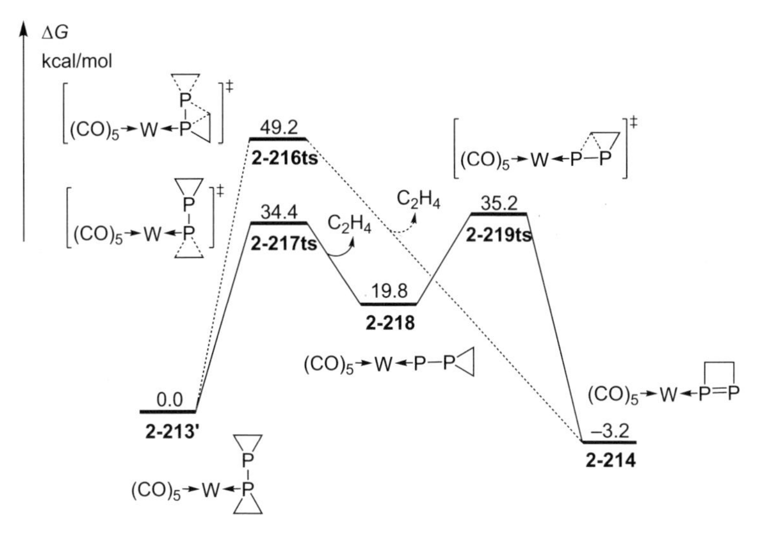

图 2.35　路径 a 和路径 b 反应的 Gibbs 自由能剖面

2.8 含磷化合物

含磷有机物通常是指含碳-磷键的化合物或含有机基团的磷酸衍生物。它们广泛存在于生命体和环境中。磷的最外层电子排布为 $3s^2 3p^3$，含有能量较低的 3d 空轨道，可参与成键。磷原子易以 sp^3、sp^3d、sp^3d^2 等杂化方式参与成键，但较难实现 sp^2 或 sp 杂化。与同周期主族元素硅、硫等类似，磷原子最多可形成六个共价键。磷原子常见的氧化数为 −3、0、+1、+3、+5。

值得一提的是，在众多的含磷化合物中，手性含磷化合物在材料、生物化学、金属有机化学、不对称催化、药物制造以及农业等领域具有广泛的应用。手性含磷化合物可根据磷原子配位数分为三类：三配位磷化合物、四配位磷化合物、五配位磷化合物。根据手性的位置则可分为两类：一类是非手性的磷原子连接手性基团性衍生物，其中手性基团可具有原子手性、轴手性、螺环手性或面手性；另一类则是手性产生在磷原子上的化合物。本节将对三配位、四配位、五配位磷化合物的结构进行介绍，分不同的手性举例，来认识含磷化合物的手性立体化学[44]。

2.8.1 三配位磷化合物

三配位磷化合物的空间结构为平面三角形或三角锥形，空间结构与 NH_3 相似。三个配位基团处于锥底，磷原子处于锥顶，每两个键的夹角为 107° 18′。三角锥形的三根键是等价的，处于锥顶的磷原子具有手性，也可通过连接基团具备手性。平面三角形磷化合物的化合价为 +5，结构为 R—P(＝X)(＝Y)，其中中心磷原子具有一个 sp^3 杂化轨道的成键特点及 π 电子离域化倾向[45]。分子中的“P＝X”“P＝Y”键既有重建结构又显偶极特征。因此“P＝X”“P＝Y”并非定域 π 键，而是磷原子以 sp^3 杂化轨道与 X、Y 原子的 P 轨道形成的离域极性键，磷原子带有正电荷，负电荷集中在 X、Y 原子上。并且由于三配位五价磷化合物结构上的不饱和性，使其易与不饱和试剂发生加成反应。并且，磷原子中心缺电子的特征也使其容易与亲核试剂发生亲电反应[46]。平面三角形中心磷原子不具有手性，但可通过连接基团具备手性。三配位磷化合物的结构见图 2.36。

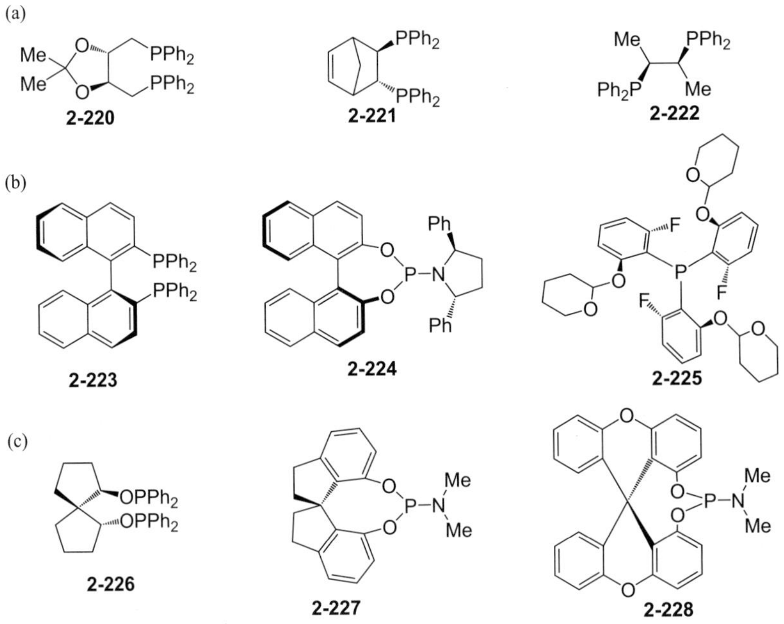

(a)

2-220 2-221 2-222

(b)

2-223 2-224 2-225

(c)

2-226 2-227 2-228

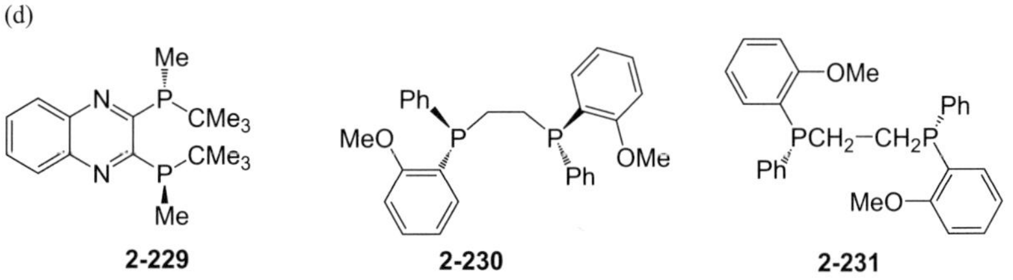

(d)

2-229　2-230　2-231

图 2.36　三配位磷化合物

[（a）碳手性三配位磷化合物；（b）轴手性三配位磷化合物；（c）螺环手性三配位磷化合物；（d）磷手性三配位磷化合物]

2.8.2　四配位磷化合物

四配位磷化合物可分为五价的磷酰类化合物 $R_3P=X$（X=O 或 S）和三价的季鏻盐 R_4P^+ 两类。它们空间结构通常为四面体，与 CH_4 分子空间结构相似。磷原子处于四面体中心，其他四个成键原子（或基团）分别占据四面体的四个顶点。如果磷上取代基各不相同，则磷原子本身具有手性。此外，磷还可以与其他手性基团相连，形成更复杂的手性化合物[47]。一些四配位磷化合物的结构如图 2.37 所示。

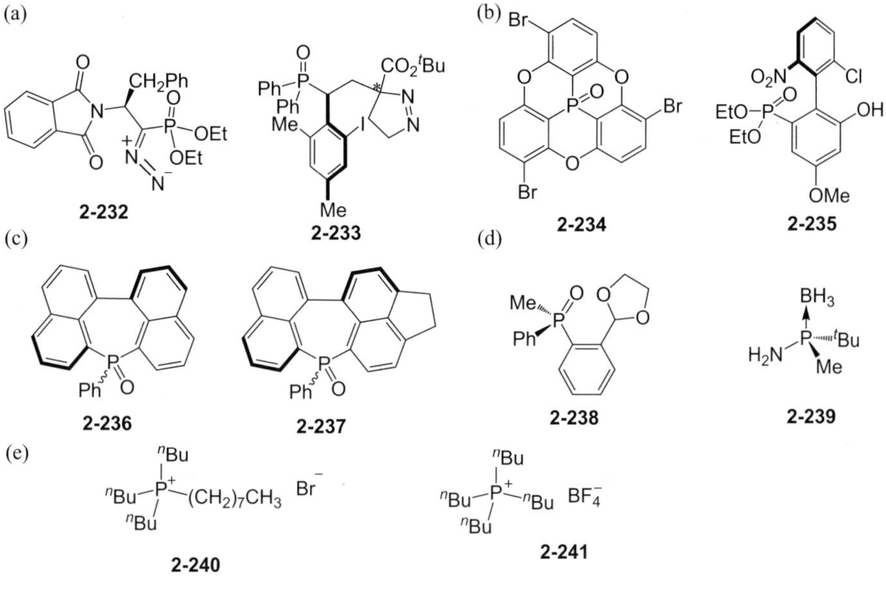

(a)　2-232　2-233　(b)　2-234　2-235

(c)　2-236　2-237　(d)　2-238　2-239

(e)　2-240　2-241

图 2.37　四配位磷化合物

[（a）碳手性四配位磷化合物；（b）轴手性四配位磷化合物；（c）螺环手性四配位磷化合物；（d）磷手性四配位磷化合物；（e）季鏻类磷化合物]

2.8.3 五配位磷化合物

含有 5 个价层电子的磷原子外层有 3 个未成对 p 电子和 5 个 3d 空轨道。研究表明磷外层电子从 3s 到 3d 的激发能为 16.5 eV，因此，磷原子可能利用 3d 空轨道参与形成 sp^3d 杂化并形成共价键。磷的 sp^3d 杂化方式为五配位磷化合物的形成提供了理论上的可能。

磷原子以 sp^3d 杂化轨道通过 5 条 σ 键与 5 个基团相连所形成的化合物，称为五配位磷化合物，又叫作磷烷。X 射线单晶衍射分析、红外光谱以及核磁共振波谱等谱学的研究表明，五配位磷化合物通常呈现出三角锥构型或四方锥构型，其中主要以三角双锥构型为主，只有少数磷烷(主要是双环类磷烷)是四方锥构型。

如果在磷原子中 $3d_{z^2}$ 轨道参与形成 sp^3d 杂化轨道，则磷原子呈现出三角双锥构型，相应化合物是由两个直立(a)键和三个平面(e)键组成。三角双锥构型中的两个 a 键键角约 180°，它们由 $3p_z$ 和 $3d_{z^2}$ 轨道杂化成为 pd 杂化轨道而成；三个 e 键则互成约 120°，它们是由 3s、$3p_x$、$3p_y$ 轨道杂化形成的 sp^2 杂化轨道形成。两个 a 键三个 e 键之间的夹角约为 90°，电子排斥力较大，该作用会使得 a 键的键长变长。

如果在磷原子中参与成键的 sp^3d 杂化轨道由 $3d_{x^2-y^2}$ 轨道参与形成，则磷原子呈现出四方锥构型，见图 2.38。相应化合物是由一个直立(a)键和四个平面(e)键组成。a 键可以看作磷用 $3p_z$ 轨道成键。四个 e 键则可看作是磷使用 3s、$3p_x$、$3p_y$、$3d_{x^2-y^2}$ 原子轨道杂化得到 sp^2d 杂化轨道成键。

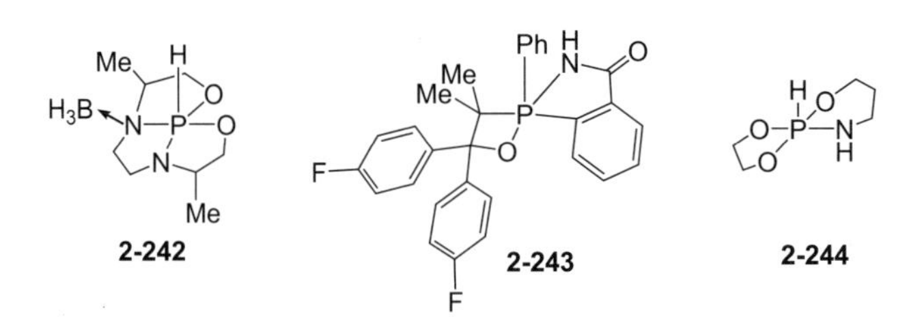

图 2.38 四方锥构型五配位磷化合物

参考文献

[1] Gulick A. Phosphorus and the Origin of Life[J]. Annals of the New York Academy of Sciences, 1957, 69 (2): 309-313.

[2] Ma H, Liu, C, Su, S, et al. Phosphorus Resource and Sustainable Development of Phosphorus Chemical Industry in China[J]. Earth Science Frontiers, 2017, 24 (6): 133-141.

[3] Yu H, Yang H, Shi E, et al. Development and Clinical Application of Phosphorus-Containing Drugs[J]. Medicine in Drug Discovery, 2020, 8: 100063.

[4] (a) Huang H, Jiang B, Zou X, et al. Black Phosphorus Electronics[J]. Science Bulletin, 2019, 64 (15): 1067-1079; (b) Zhang S, Chen R, Jiang H, et al. Phosphorus-Containing Organic Electroluminescent Materials[J]. Progress in Chemistry, 2017, 22 (5): 898-904.

[5] (a) Li F, Sun G, Zhao T, et al. Hydrorefining Catalysts Containing Phosphorus[J]. Journal of petrochemical universities of Sinopec, 2002, 15 (2): 1-4,9; (b) Yang T.-T, Wang C, Li S.-J, et al. Possible Mechanisms and Origin of Selectivities for Phosphine-Catalyzed [2+*n*] (*n*=3, 4) Annulations of Saturated Amines and δ-Acetoxy Allenoates[J]. Asian Journal of Organic Chemistry, 2021, 10 (3): 619-625; (c) Cui C.-X, Shan C, Zhang Y.-P, et al. Mechanism of Phosphine-Catalyzed Allene Coupling Reactions: Advances in Theoretical Investigations[J]. Chemistry-An Asian Journal, 2018, 13 (9): 1076-1088.

[6] von Burg R. Toxicology Update[J]. Journal of Applied Toxicology, 1992, 12 (4): 301-303.

[7] Nagakubo J, Nishihashi T, Mishima K, et al. First-Principles Approach to the First Step of Metal-Phosphine Bond Formation to Synthesize Alloyed Quantum Dots Using Dissimilar Metal Precursors[J]. Chemical Physics, 2020, 528: 110512.

[8] (a) Qu Z W, Zhu H, Grimme S. Acylation Reactions of Dibenzo-7-phosphanorbornadiene: DFT Mechanistic Insights[J]. Chemistry Open, 2019, 8 (6): 807-810; (b) Zhu H, Qu Z W, Grimme S. Reduction of Phosphine Oxide by Using Chlorination Reagents and Dihydrogen: DFT Mechanistic Insights[J]. Chemistry-A European Journal, 2019, 25 (18): 4670-4672.

[9] Keglevich G. Organophosphorus[J]. Current Organic Chemistry, 2010, 14 (12): 1170.

[10] Guo H, Fan Y C, Sun Z, et al. Phosphine Organocatalysis[J]. Chemical Reviews, 2018, 118 (20): 10049-10293.

[11] Qin H L, Leng J, Zhang W, et al. DFT Modelling of a Diphosphane - N-Heterocyclic Carbene-Rh(I) Pincer Complex Rearrangement: A Computational Evaluation of the Electronic Effects in C—P Bond Activation[J]. Dalton Transactions, 2018, 47 (8): 2662-2669.

[12] Zhao S, Berry-Gair J, Li W, et al. The Role of Phosphate Group in Doped Cobalt Molybdate: Improved Electrocatalytic Hydrogen Evolution Performance[J]. Advanced Science, 2020, 7 (12).

[13] Evans K O, Compton D L. Phosphatidyl-Hydroxytyrosol and Phosphatidyl-Tyrosol Bilayer Properties[J]. Chemistry and Physics of Lipids, 2017, 202: 69-76.

[14] Overman L E, O'Connor E M. Nucleophilic Cleavage of the Sulfur-Sulfur Bond by Phosphorus Nucleophiles. Ⅳ. Kinetic Study of the Reduction of Alkyl Disulfides with Triphenylphosphine and Water[J]. Journal of the American Chemical Society, 1976, 98 (3): 771-775.

[15] Montchamp J L. Phosphinate Chemistry in the 21st Century: A Viable Alternative to the Use of Phosphorus Trichloride in Organophosphorus Synthesis[J]. Accounts of Chemical Research, 2014, 47 (1): 77-87.

[16] Gao F, Auclair K. Highly Efficient P(Ⅲ)-to-P(Ⅴ) Oxidative Rearrangement[J]. Phosphorus, Sulfur, and Silicon and the Related Elements, 2006, 181 (1): 159-165.

[17] Ganoub N A. Synthesis and Reactions of 2-Furanylidenecyanomethyl-1,3-benzothiazole with Ter- and Pentavalent Phosphorus Reagents[J]. Phosphorus, Sulfur, and Silicon and the Related Elements, 1999, 148 (1): 21-32.

[18] Lowe G, Cullis P M, Jarvest R L, et al. Stereochemistry of Phosphoryl Transfer[J]. Phil. Trans. R. Soc. Lond. B, 1981, 293 (1063): 75-92.

[19] Longwitz L, Jopp S, Werner T. Organocatalytic Chlorination of Alcohols by P(Ⅲ)/P(Ⅴ) Redox

Cycling[J]. The Journal of Organic Chemistry, 2019, 84 (12): 7863-7870.
[20] Ullrich S, Kovačević B, Xie X, et al. Phosphazenyl Phosphines: The Most Electron-Rich Uncharged Phosphorus Brønsted and Lewis Bases[J]. Angewandte Chemie International Edition, 2019, 58 (30): 10335-10339.
[21] Dunn N L, Ha M, Radosevich A T. Main Group Redox Catalysis: Reversible P(Ⅲ)/P(Ⅴ) Redox Cycling at a Phosphorus Platform[J]. Journal of the American Chemical Society, 2012, 134 (28): 11330-11333.
[22] Zeng G, Maeda S, Taketsugu T, et al. Catalytic Transfer Hydrogenation by a Trivalent Phosphorus Compound: Phosphorus-Ligand Cooperation Pathway or P(Ⅲ)/P(Ⅴ) Redox Pathway[J]. Angewandte Chemie International Edition, 2014, 53 (18): 4633-4637.
[23] Demchuk O M, Jasiński R, Pietrusiewicz K M. New Insights into the Mechanism of Reduction of Tertiary Phosphine Oxides by Means of Phenylsilane[J]. Heteroatom Chemistry, 2015, 26 (6): 441-448.
[24] Van Doren J B. Valence and the Structure of Atoms and Molecules (Lewis, G. N.)[J]. Journal of Chemical Education, 1967, 44 (1): A82.
[25] Herrington T J, Ward B J, Doyle L R, et al. Bypassing a Highly Unstable Frustrated Lewis Pair: Dihydrogen Cleavage by a Thermally Robust Silylium-Phosphine Adduct[J]. Chemical Communications, 2014, 50 (84): 12753-12756.
[26] Christopher Jeyakumar T, Deepa M, Baskaran S, et al. Construction of Frustrated Lewis Pair from Nitride and Phosphine for the Activation and Cleavage of Molecular Hydrogen[J]. Applied Organometallic Chemistry, 2020, 34 (10): e5811.
[27] Jarosch K. Phosphorus in the Agriculture[J]. Agrarforschung Schweiz, 2015, 6 (6): 294-296.
[28] Hayashi T. Chiral Monodentate Phosphine Ligand MOP for Transition-Metal-Catalyzed Asymmetric Reactions[J]. Accounts of Chemical Research, 2000, 33 (6): 354-362.
[29] Wang T, Sang S, Liu L L, et al. Experimental and Theoretical Study on Palladium-Catalyzed C—P Bond Formation via Direct Coupling of Triarylbismuths with P(O)—H Compounds[J]. The Journal of Organic Chemistry, 2014, 79 (2): 608-617.
[30] Wu Y, Liu L L, Yan K, et al. Nickel-Catalyzed Decarboxylative C—P Cross-Coupling of Alkenyl Acids with P(O)H Compounds[J]. The Journal of Organic Chemistry, 2014, 79 (17): 8118-8127.
[31] Liu L L, Zhou J, Cao L L, et al. A Transient Vinylphosphinidene via a Phosphirene-Phosphinidene Rearrangement[J]. Journal of the American Chemical Society, 2018, 140 (1): 147-150.
[32] Wang J, Wei D, Duan Z, et al. Cleavage of the Inert C(sp2)—Ar σ-Bond of Alkenes by a Spatial Constrained Interaction with Phosphinidene[J]. Journal of the American Chemical Society, 2020, 142 (50): 20973-20978.
[33] Lin W X, Pei Z, Gong C, et al. Is the Reaction Sequence in Phosphine-Catalyzed [8+2] Cycloaddition Controlled by Electrophilicity[J]. Chemical Communications, 2021, 57 (6): 761-764.
[34] C.Hinkle P. P/O Ratios of Mitochondrial Oxidative Phosphorylation[J]. Biochimica Et Biophysica Acta-bioenergetics, 2005, 1706 (1-2): 1-11.
[35] Mercurio M R, Cummings C L. Critical Decision-Making in Neonatology and Pediatrics: the I–P–O Framework[J]. Journal of Perinatology, 2021, 41 (1): 173-178.
[36] Ashkenazi N, Segall Y, Chen R, et al. The Mechanism of Nucleophilic Displacements at Phosphorus in Chloro-Substituted Methylphosphonate Esters: P-O vs P-C Bond Cleavage: A DFT Study[J]. The Journal of Organic Chemistry, 2010, 75 (6): 1917-1926.
[37] Parker A J, Kharasch N. The Scission Of The Sulfur-Sulfur Bond[J]. Chemical Reviews, 1959, 59 (4): 583-628.
[38] Li Y, Du S, Du Z, et al. A Theoretical Study of DABCO and PPh3 Catalyzed Annulations of Allenoates with Azodicarboxylate[J]. RSC Advances, 2016, 6 (85): 82260-82269.
[39] Tannoux T, Casaretto N, Bourcier S, et al. Reaction of Phosphines with 1-Azido-(2-halogenomethyl) benzene Giving Aminophosphonium-Substituted Indazoles[J]. The Journal of Organic Chemistry, 2021, 86 (3): 3017-3023.
[40] Zhang W, Zhu Y, Wei D, et al. Mechanisms of the Cascade Synthesis of Substituted 4-Amino-

1,2,4-triazol-3-one from Huisgen Zwitterion and Aldehyde Hydrazone: A DFT Study[J]. Journal of Computational Chemistry, 2012, 33 (7): 715-722.

[41] (a) Atherton F R, Openshaw H T, Todd A R. 174. Studies on phosphorylation. Part Ⅱ. The Reaction of Dialkyl Phosphites with Polyhalogen Compounds in Presence of Bases. A New Method for the Phosphorylation of Amines[J]. Journal of the Chemical Society (Resumed), 1945(0): 660-663; (b) Hodgson H H, Ward E R. 175. The Preferential Reduction of Nitro-Groups in Polynitro-Compounds. Part Ⅲ. Picric Acid and 3 : 5-Dinitro-o-cresol. An Almost Quantitative Preparation of Picramic Acid[J]. Journal of the Chemical Society (Resumed), 1945 (0): 663-665; (c) Atherton F R, Todd A R., 129. Studies on Phosphorylation. Part Ⅲ. Further Observations on the Reaction of Phosphites with Polyhalogen Compounds in Presence of Bases and its Application to the Phosphorylation of Alcohols[J]. Journal of the Chemical Society (Resumed), 1947 (0): 674-678; (d) Hutchison W C, Kermack W O., 130. Attempts to Find New Antimalarials. Part XXV . Some Derivatives of 3 : 4 : 2′ : 3′ -Pyridoacridine Substituted in the 2-Position[J]. Journal of the Chemical Society (Resumed), 1947 (0): 678-681.

[42] (a) Marinetti A, Mathey F. A Novel Entry to the PC-Double Bond: the "Phospha-Wittig" Reaction[J]. Angewandte Chemie International Edition in English, 1988, 27 (10): 1382-1384; (b) Le Floch P, Marinetti A, Ricard L, et al. Synthesis, Structure, and Reactivity of (Phosphoranylidenephosphine) Pentacarbonyltungsten Complexes. Another Access to the Phosphorus-Carbon Double Bond[J]. Journal of the American Chemical Society, 1990, 112 (6): 2407-2410; (c) Marinetti A, Le Floch P, Mathey F. Synthesis of 1-Phosphacycloalkene Phosphorus-Metal$(CO)_5$ Complexes (M = Cr, W) by Intramolecular Phospha-Wittig Reactions[J]. Organometallics, 1991, 10 (4): 1190-1195; (d) Esfandiarfard K, Arkhypchuk A I, Orthaber A, et al. Synthesis of the First Metal-Free Phosphanylphosphonate and Its Use in the "Phospha-Wittig-Horner" Reaction[J]. Dalton Transactions, 2016, 45 (5): 2201-2207.

[43] Wang M, Yang T, Tian R, et al. The Chemistry of Phosphirane-Substituted Phosphinidene Complexes[J]. Chemical Communications, 2020, 56 (67): 9707-9710.

[44] (a) 朱仁义，廖奎，余金生，等．P- 手性膦氧化物的不对称催化合成研究进展 [J]. 化学学报，2020, 78 (03): 193-216; (b) 傅玉琴，范雪娥，王建革，等．手性多官能团有机磷化合物的合成及其结构的研究 [J]. 科学通报，2002 (23): 1796-1801.

[45] Niecke E, Flick W. A Phosphorus(V) Derivative Having Coordination Number 3: Bis(Trimethylsilyl) Aminobis(Trimethylsilylimino)Phosphorane[J]. Angewandte Chemie International Edition in English, 1974, 13 (2): 134-135; Appel R, Knoch F, Kunze H. The First Stable Methyleneoxophosphorane[J]. Angewandte Chemie International Edition in English, 1984, 23 (2): 157-158.

[46] (a) 何良年，蔡飞，陈茹玉．具有"R-P(-X)(-Y)"结构的三配位五价磷化合物的研究进展 [J]. 化学通报，1997 (04): 7-13; (b) 何良年，陈茹玉，蔡飞．三配位五价磷化合物 [R-P(=X)(=Y)] 的结构及化学性质 [J]. 合成化学，1997 (04): 15-20.

[47] 杨帅，杜鹏，吕小兵．膦手性化合物合成及其在查尔酮不对称加成反应中应用 [J]. 大连理工大学学报，2020, 60 (05): 486-491.

PHOSPHORUS 磷科学前沿与技术丛书
计算磷化学

3

含磷化合物的手性立体化学、谱学及其理论计算

林丽榕[1]，章慧[1]，杨恺[2]
[1] 厦门大学化学化工学院
[2] 郑州大学化学学院

3.1　五配位磷化合物概述
3.2　手性光谱的理论基础及仪器原理
3.3　双氨基酸手性五配位氢磷烷的谱学性质

3.1
五配位磷化合物概述

磷原子以 sp^3d 杂化轨道通过 σ 键与五个基团键相连所形成的化合物，称为五配位磷化合物 (penta-coordinate phosphorus compounds)，又称磷烷 (phosphoranes)。其中，氢磷烷是一类特殊的五配位磷化合物，它的结构特点在于与磷成键的五个化学键中至少有一个是 P—H 键。氨基酸五配位氢磷烷在有机磷化学和生物化学中具有重要的作用。在有机磷化学中，许多三配位磷化合物、四配位磷化合物反应的中间体都是五配位磷化合物。磷酰化氨基酸可以在水 / 醇体系中发生一系列仿生化反应 [1]，如成肽反应 [2-5]、成酯反应 [6]、酯交换反应 [7] 和磷上的 N → O[8] 迁移等，这些生物有机反应均经历氨基酸五配位磷烷中间体。五配位磷化合物在生物化学中也起着重要作用，磷所参与的绝大多数生命化学过程，包括酶活性调节及信息传导过程中蛋白的磷酰化与去磷酰化、ATP 的能量转移、RNA 的自体切割等，其化学本质都是磷酰基转移反应，有可能通过氨基酸五配位磷中间体来完成 [8]。因此，在生物化学中氨基酸五配位磷化合物的研究具有重要意义。

五配位磷化合物是 20 世纪 60 年代发展起来的一类新型有机磷化合物，以其丰富的化学内涵开拓了生物有机磷化学新的研究领域，并随之带动包括六配位磷在内的高配位有机磷化学的发展。论述磷烷化学就不能不提到 Frank H. Westheimer 和 Fausto Ramirez 等人的贡献。1966 年 Westheimer[9] 在研究五元环磷酸酯水解时，提出经过五配位过渡态反应机理。这种假设圆满地解释了五元环磷酸酯环内水解和部分环外水解的实验结果，也被其他科学家采纳并成功地解释了非环磷酸酯和磷酸酯的水解过程。Westheimer 的工作奠定了磷烷在有机磷化学领域中的地位。Ramirez[10] 则建立了一套环状烷氧磷烷形成的规则、总结了五配位磷化合物的结构特点及合成环状五配位磷化合物的方法。在对大量稳定的五配位磷化合物进行结构分析时发现，磷烷的三角双锥 (trigonal bipyramid,

TBP) 构型中决定其配位基团处于 a 键还是 e 键位置有两个原则：相对亲顶性原则 (apicophilicity) 和小环取向原则 [11]。这两个基本的原则结合其他作用力（例如氢键、范德华力等非共价键作用力），相互影响共同决定着磷烷中各配位基团的空间排布。本章主要阐述含氨基酸的五配位磷化合物的研究，先简要说明合成方法，而后对系列手性化合物的谱学性质展开详细论述。

目前已有一些文献研究了含氨基酸片段的五配位磷化合物（图 3.1）的合成及其性质。

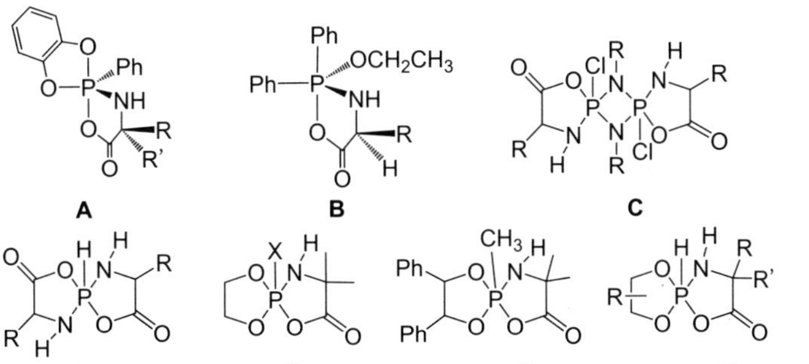

图 3.1　五配位磷化合物

Gololobov 等 [12] 利用 *O,O'*-亚苯基苯基亚磷酸酯与取代叠氮基羧酸反应得到了氨基酸五配位磷化合物 **A**。与之相似，Zaloom 等 [13] 用相同的方法完成了化合物 **B** 的合成。Abd-Ellah 等 [14] 合成了氨基酸五配位磷化合物 C。法国的 A. Munoz 和 B. Garrigues 等 [15,16] 对氨基酸五配位磷化合物的合成及其结构、反应性质做了大量的研究工作，他们在合成氨基酸五配位磷化合物 **D** ～ **F** 的基础上，系统研究了氨基酸五配位磷化合物 **G** 的立体化学性质、与相应四配位产物间的相互转换的动力学研究及能垒测定，**G** 与水、醇、碱的反应及相应六配位磷化合物的合成等 [17]。

以上介绍的氨基酸五配位氢磷烷大多为单分子氨基酸五配位氢磷烷，而关于对称的双分子氨基酸五配位氢磷烷 **D** 合成的文献报道较少，并且仅合成了甘氨酸、丙氨酸两种双分子氨基酸氢磷烷。

20 世纪 70 年代，Garrigues 等 [15] 首次合成了双氨基酸五配位氢磷烷（图 3.2）。

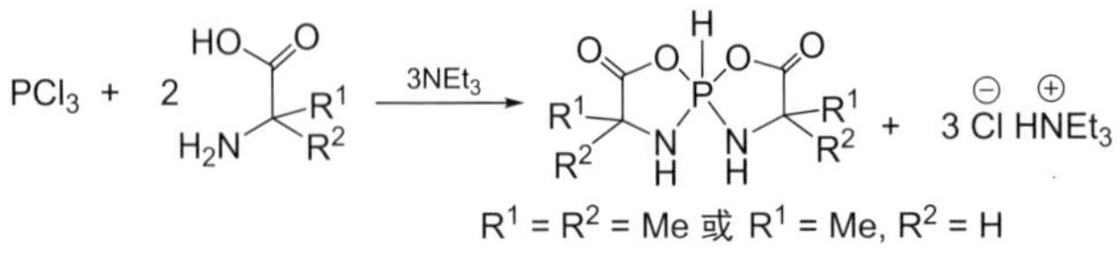

$$PCl_3 + 2\ \text{HOOC–C}(R^1)(R^2)\text{–NH}_2 \xrightarrow{3NEt_3} \text{spirophosphorane (P–H)} + 3\ \overset{\ominus}{Cl}\ \overset{\oplus}{H}NEt_3$$

$R^1 = R^2 = Me$ 或 $R^1 = Me, R^2 = H$

图 3.2　Garrigues 的双氨基酸氢磷烷合成方法

赵玉芬课题组用侧链无官能团的 *N*, *O*-二(三甲基硅基)-*α*-氨基酸在 *O*, *O*-亚苯基磷酰氯的辅助下形成硅醚化的单氨基酸五配位磷中间体，进而自组装得到系列 2 ～ *n* 寡聚肽 [4]，还尝试将氨基酸制成氨基酸钠盐，再与三氯化磷 (**3-1**) 反应，制得了含四种氨基酸 (**3-2**) 的双氨基酸五配位氢磷烷化合物(**3-3a** ～ **3-10b**，见图 3.3)。

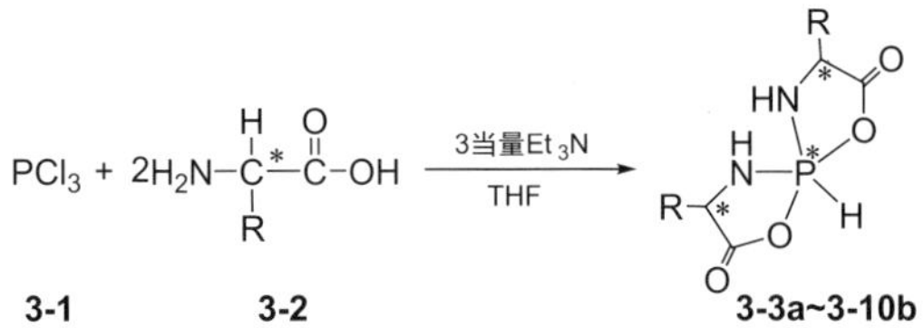

$$\underset{\textbf{3-1}}{PCl_3} + \underset{\textbf{3-2}}{2H_2N\text{–}\overset{H}{\underset{R}{C^*}}\text{–}\overset{O}{\overset{\|}{C}}\text{–}OH} \xrightarrow[\text{THF}]{3\text{当量}Et_3N} \underset{\textbf{3-3a\sim3-10b}}{\text{spirophosphorane (P}^*\text{–H)}}$$

L-缬氨酸 **3-3a**，**3-3b**　L-亮氨酸 **3-5a**，**3-5b**　L-苯甘氨酸 **3-7a**，**3-7b**　L-苯丙氨酸 **3-9a**，**3-9b**

D-缬氨酸 **3-4a**，**3-4b**　D-亮氨酸 **3-6a**，**3-6b**　D-苯甘氨酸 **3-8a**，**3-8b**　D-苯丙氨酸 **3-10a**，**3-10b**

图 3.3　双氨基酸五配位氢磷烷的合成

为了对氨基酸五配位磷中心的绝对构型确定展开进一步研究，赵玉芬课题组利用 Garrigues 的方法，以氨基酸为原料合成，并用柱色谱分离出 16 个单一绝对构型的双氨基酸五配位氢磷烷(表 3.1)；然后采用手性光谱技术确定这些非对映异构体手性磷中心的绝对构型，详细的谱学性质表征和理论计算研究将在 3.3 节介绍。

表3.1　双氨基酸五配位氢磷烷3-3a～3-10b的磷谱位移及百分比

合成原料	产 物	化学位移 δ_P ①	百分比② /%
L-缬氨酸	**3-3a**	−64.80	38
(L-Val)	**3-3b**	−61.68	62
D-缬氨酸	**3-4a**	−64.79	35
(D-Val)	**3-4b**	−61.70	65
L-亮氨酸	**3-5a**	−64.50	46
(L-Leu)	**3-5b**	−63.83	54
D-亮氨酸	**3-6a**	−64.54	49
(D-Leu)	**3-6b**	−63.83	51
L-苯甘氨酸	**3-7a**	−63.73	47

续表

合成原料	产 物	化学位移 δ_P①	百分比②/%
(L-PhGly)	**3-7b**	−61.57	53
D-苯甘氨酸	**3-8a**	−63.50	42
(D-PhGly)	**3-8b**	−61.34	58
L-苯丙氨酸	**3-9a**	−63.03	55
(L-Phe)	**3-9b**	−60.03	45
D-苯丙氨酸	**3-10a**	−63.15	44
(D-Phe)	**3-10b**	−60.09	56

① ^{31}P NMR 数据的获得：减压浓缩除去反应原液中的四氢呋喃溶剂，然后用 DMSO 溶解样品进行测试获得数据。

② 构型之间的比例通过 ^{31}P NMR 的谱峰积分面积获得，由于不同构型之间的溶解度有所差异，所以用 DMSO 作为溶剂溶解样品进行测试，确保各构型都可以完全溶解，从而获得产物中不同构型的真实比例。

3.2 手性光谱的理论基础及仪器原理

近年来，手性化合物的结构表征和检测技术在不对称催化、手性功能材料、手性医药等领域发挥了关键性的作用。手性光谱学技术包括旋光色散(ORD)、电子圆二色(ECD)、振动圆二色(VCD)、拉曼光学活性(ROA)以及圆偏振发射(CPL)光谱，其中 ECD 和 VCD 光谱技术在手性分子的立体化学研究中表征基态手性立体结构的性质，是主流的技术手段。下面简要介绍电子圆二色(ECD)光谱和振动圆二色(VCD)光谱的理论基础及仪器基本原理，欲了解更详细的内容，读者可参考有关手性光谱的专著[18,19]。

3.2.1 电子圆二色光谱

光是一种电磁波，其振动方向与传播方向相互垂直，沿四面八方传播。当光通过偏振片后会生成平面偏振光。一束平面偏振光可以看作是由两个速度、振幅相同但螺旋方向相反的圆偏振光叠加而成。根据圆偏振光电矢量旋转方向的不同，可以将其区分为左圆偏振光和右圆偏振光。两圆偏振光组分彼此对映，互为镜像。当平面偏振光射入某一个含不等量对映体的手性化合物样品中时，组成平面偏振光的左右圆组分不仅因为对映体的折射率不同导致其传播速率不同，而且被吸收的程度也可能不同。前一性质在宏观上表现为旋光性，而后一性质则被称为圆二色性。因此，当含生色团的手性分子与左右圆偏振光发生作用时，会同时表现出旋光性和圆二色性这两种相关现象。

当手性物质对左右圆偏振光的吸收程度不同($\Delta\varepsilon=\varepsilon_l-\varepsilon_r$)时，不仅会使偏振光的偏振平面发生旋转，而且还会改变左右圆偏振组分的振幅，使得出射的左右圆偏振光的电矢量和沿椭圆轨迹移动，成为椭圆偏振光(图 3.4)。对于确定的光学纯手性化合物，特定条件下的椭圆率角 θ 在某波长处是一个定值。将椭圆率角 θ 或 $\Delta\varepsilon$ 对波长作图，即得到圆二色光谱。

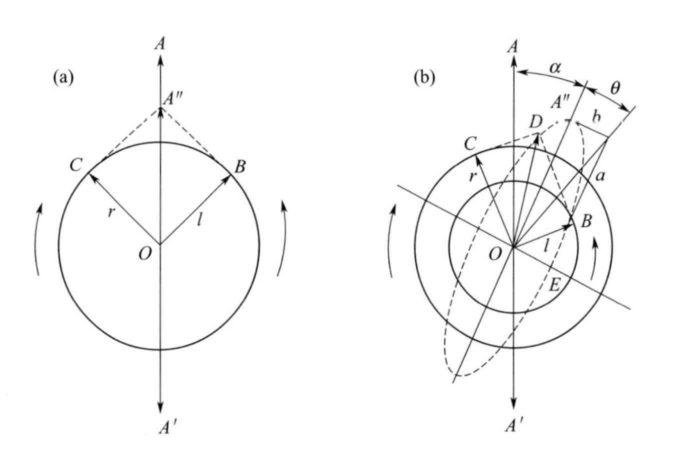

图 3.4　椭圆偏振：偏振面旋转和左右圆组分吸收

[(a) 入射平面偏振光的左右圆组分；(b) 出射左右旋椭圆组分的加和和偏振光平面的旋转 ***OB***表示被吸收后左圆偏振光的振幅；***OC***表示被吸收后右圆偏振光的振幅；***OD***表示***OB***和***OC***的矢量和；θ为椭圆偏振光的椭圆率角；OA''表示椭圆的半长轴a；OE表示椭圆的半短轴b]

图 3.4(b) 表示一束单色平面偏振光通过手性样品溶液，因圆双折射导致偏振光平面旋转 α 角 (假设 $n_l> n_r$)；与此同时试样还对两圆偏振光有不同程度的吸收 (假设 $\varepsilon_l> \varepsilon_r$)，使其振幅受不同程度衰减，***OB*** 与 ***OC***

的电场合矢量 ***OD*** 将沿着一个椭圆轨迹移动，出射光便成为椭圆偏振光。椭圆的长轴决定出射椭圆偏振光束的平面；若 θ 以弧度表示，则椭圆率被定义为：

$$\tan\theta = OE/OA'' = b/a \tag{3.1}$$

当椭圆率很小，椭圆接近于线型，这时 $\tan\theta \approx \theta$ 且与该手性样品对左右两圆组分的吸光度之差 $\Delta A(A_l - A_r)$ 成正比。理论上可以推导出 ΔA 与椭圆率角 θ (mdeg) 的关系式：

$$\tan\theta \approx \theta = (\ln 10)(A_l - A_r) \times \frac{180}{4\pi} = 32.982\Delta A \tag{3.2}$$

式中 A_l——介质对左圆偏振光的吸光度；

A_r——介质对右圆偏振光的吸光度；

ΔA——介质对左右圆偏振光的吸光度之差；

θ——实测椭圆率角，mdeg。

尽管目前所有商品化的ECD光谱仪都是以椭圆率角 θ (mdeg) 为单位，但实际测出的均为 ΔA。根据实验测得的椭圆率角 θ_λ，可采用式(3.3)计算特定波长处的 $\Delta\varepsilon_\lambda$。只要手性样品浓度和测试光程已知，商用 ECD 光谱仪自带软件可以根据浓度和光程对整条 ECD 曲线进行计算，从而给出 $\Delta\varepsilon$-λ 的 ECD 谱图。

$$\Delta\varepsilon_\lambda = \varepsilon_l(\lambda) - \varepsilon_r(\lambda) = \frac{\theta_\lambda}{3298.2cl \times 10} \tag{3.3}$$

式中 θ_λ——实测椭圆率角，mdeg；

c——手性样品溶液摩尔浓度，mol/L；

l——样品池长度，cm；

$\Delta\varepsilon_\lambda$——介质对左右圆偏振光的摩尔吸光系数之差，$dm^3/(mol \cdot cm)$；

$\varepsilon_l(\lambda)$——介质对左圆偏振光的摩尔吸光系数，$dm^3/(mol \cdot cm)$；

$\varepsilon_r(\lambda)$——介质对右圆偏振光的摩尔吸光系数，$dm^3/(mol \cdot cm)$。

1895 年，法国物理学家科顿（Aimé Auguste Cotton，1869—1951）在研究 Cu(Ⅱ)、Cr(Ⅲ)的酒石酸或苹果酸配合物时，首次发现它们在可见光区的吸收带区域内呈现反常的旋光色散 (ORD) 曲线——原本在吸收带附近处于单调增加或单调减少中的旋光度在吸收波长附近急剧变化并使旋光度的符号反转，同时伴随着电子圆二色 (ECD) 现象。这就是 1922 年被瑞士化学家伊斯雷尔·列夫席兹 (Israel Lifschitz，1888—1953) 命名为科顿效应 (Cotton effect，CE) 的一对伴生现象。

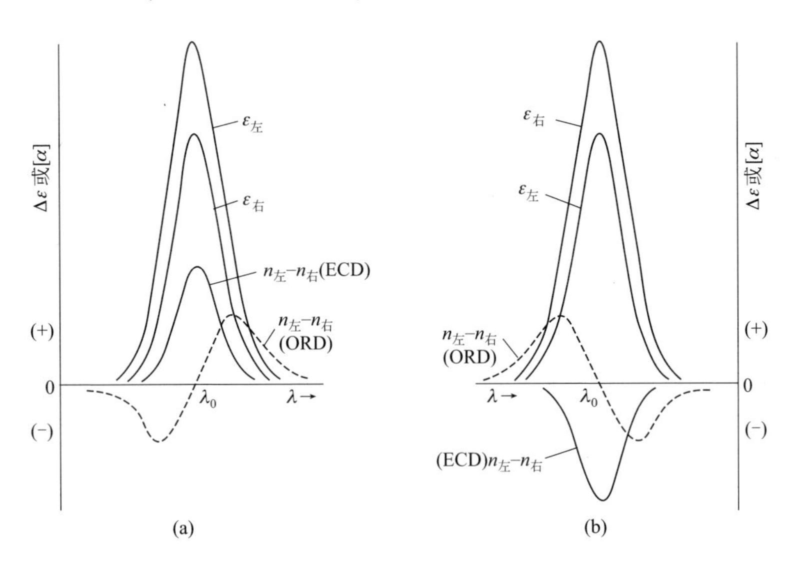

图 3.5　在 λ_0 处具有最大吸收的一对对映体的理想电子圆二色和反常旋光色散曲线 (a) 正科顿效应；(b) 负科顿效应

ECD 和反常 ORD 是同一现象的两个表现方面，它们都是手性分子中的不对称生色团与左右两圆偏振光发生不同的作用引起的。ECD 光谱反映了光和分子间的能量交换，因而只能在有最大能量交换的共振波长范围内测量；而 ORD 主要与电子运动有关，即使在远离共振波长处也不能忽略其旋光度值。因此，反常 ORD 与 ECD 是从两个不同角度获得的相关信息，如果其中一种现象出现，对应的另一种现象也必然存在，它们一起被称为科顿效应。如图 3.5 所示，正科顿效应相应于在 ORD 曲线中，在吸收带极值附近随着波长增加，[α] 从负值向正值改变 (相应的 ECD 曲线中 $\Delta\varepsilon$ 为正值)，负科顿效应的情形正好相反。同一波长下互为对映体的手性化合物的 $[\alpha]_\lambda$ 值或 $\Delta\varepsilon_\lambda$ 值，在理想情况下绝对值相等但符号相反；一对 ECD(或反常 ORD) 曲线互为镜像。

ORD 和 ECD 这两种手性测量方法可以提供互补的信息，但 ECD 光谱曲线的极值 (峰或谷) 和特殊的激子裂分现象通常可与 UV-Vis-NIR 光谱的吸收峰直接比对，更易于辨析，况且 ORD 附件的选取还有价格上的因素，因此在可选择的测试方法中，ECD 谱比 ORD 谱更受欢迎。通过科顿效应关联法可以间接确定手性化合物的绝对构型，特别对于一些难以或暂时难以获得合适单晶的手性化合物，它们的绝对构型可以通过科顿效应关联法来给予指认。

文献上对科顿效应的定义大同小异，所有这些定义都强调吸收区的反常旋光色散和圆二色性一起构成了科顿效应。然而，起初科顿效应这个词只是被松散地用来描述“反常”的旋光色散特征，因为在科顿发现 ECD 和反常 ORD 之后的几十年里，可用的数据大多限于旋光度。自 ECD 光谱仪问世以来，ECD 光谱技术得到越来越广泛的应用，因蕴含丰富的手性立体化学信息，使其成为研究手性化合物立体化学和电子跃迁能级细节的一个有力工具，迄今仍不失为主流的手性光谱研究手段。特别在近几十年来，当 ORD 有效地让位于 ECD 时，科顿效应这个术语通常只指 ECD 现象，或可进一步拓展至 VCD 领域。

由于量子力学、量子化学和计算机技术的发展，如今已经可以实现 ORD 和 ECD 光谱的理论计算。在量子化学中，当考虑电子波函数与振动波函数、自旋波函数等无关的一级近似处理，f(振子强度) 可作为吸收强度的量度，它与偶极强度 D 成正比 [19-22]：

$$f \propto D_{\mathrm{a}} = |\langle \psi_0 | \hat{\mu} | \psi_{\mathrm{a}} \rangle|^2 \tag{3.4}$$

式中 f——振子强度，一般 $f = 0.01 \sim 1$，相当于 $\varepsilon = 10^3 \sim 10^5$；

D_{a}——偶极强度，为电偶极跃迁矩❶积分的平方；

ψ_0——基态电子波函数；

ψ_{a}——激发态电子波函数；

$\hat{\mu}$——电偶极跃迁矩算符。

类似地，旋转强度 R_{a} 可作为 ECD 或 ORD 强度的量度，它构成了 ECD 或 ORD 计算的理论基础 [19, 22, 23]。对于从基态 0 到激发态 a 的跃迁，旋转强度表达式 (罗森菲尔德方程) 如下：

$$R_{\mathrm{a}} = \mathrm{Im}[\langle \psi_0 | \hat{\mu} | \psi_{\mathrm{a}} \rangle \bullet \langle \psi_{\mathrm{a}} | \hat{m} | \psi_0 \rangle] \tag{3.5}$$

❶ 跃迁矩可以是电偶极矩、磁偶极矩、电四极矩或极化张量的变化，这里主要考虑电偶极矩，因为它一般能获得最大的强度。

式中　R_a——旋转强度；

Im[ ]——[ ] 内的复数的虚部；

$\hat{m}$——磁偶极跃迁矩算符。

罗森菲尔德方程只适用于各向同性介质中的分子，如果考虑到单晶或空间取向的非各向同性样品，必须使用更一般的单分子平均旋转强度（和偶极强度）的表达式，一般包括电四极矩。由于式（3.5）中增加了磁偶极跃迁矩的影响，因此 ECD 光谱在分子结构分析中比常规吸收光谱更灵敏，这是 ECD 成为研究手性化合物立体化学和电子跃迁能级细节的一个有力工具的原因。理论上可推导出吸收光谱 [$\varepsilon(v)$] 以及相应的 ECD 光谱 [$\Delta\varepsilon(v)$] 的表达式[19]：

$$\varepsilon(v)=\frac{8\pi^3 Nv}{3000hc\ln(10)}\sum_a D_a\left[\frac{\gamma_a/\pi}{(v_a-v)^2+\gamma_a^2}\right] \tag{3.6}$$

$$\Delta\varepsilon(v)=\frac{32\pi^3 Nv}{3000hc\ln(10)}\sum_a D_a\left[\frac{\gamma_a/\pi}{(v_a-v)^2+\gamma_a^2}\right] \tag{3.7}$$

式中　N——阿伏伽德罗常数；

h——普朗克常数；

c——光速；

v_a——共振频率（波数）；

γ_a——衰减常数（或阻尼参数）；

v——入射光的频率。

虽然早在 19 世纪末就由法国物理学家科顿发现了反常 ORD 和 ECD 现象，但是真正的 ORD 研究是从 20 世纪 30 年代开始的。自 1955 年 ORD 光谱仪研制成功和 1960 年第一台商品化的能同时测定 ORD 和 ECD 的光谱仪问世以来，对 ORD 和 ECD 光谱才开始了系统的研究。ECD 光谱仪是进行立体化学研究的重要光谱仪器之一，它的研究对象主要是光学活性（手性）化合物或生物大分子。换言之，作为分析手性化合物立体结构和电子跃迁的重要谱学手段，同时配合 X 射线单晶衍射或其他结构分析方法，ECD 光谱可以提供手性分子的绝对构型、优势构象以及有关反应机理和手性物质光学纯度等方面的信息，同时还是具有特殊用途的、其他谱学方法难以替代的光谱指纹技术。

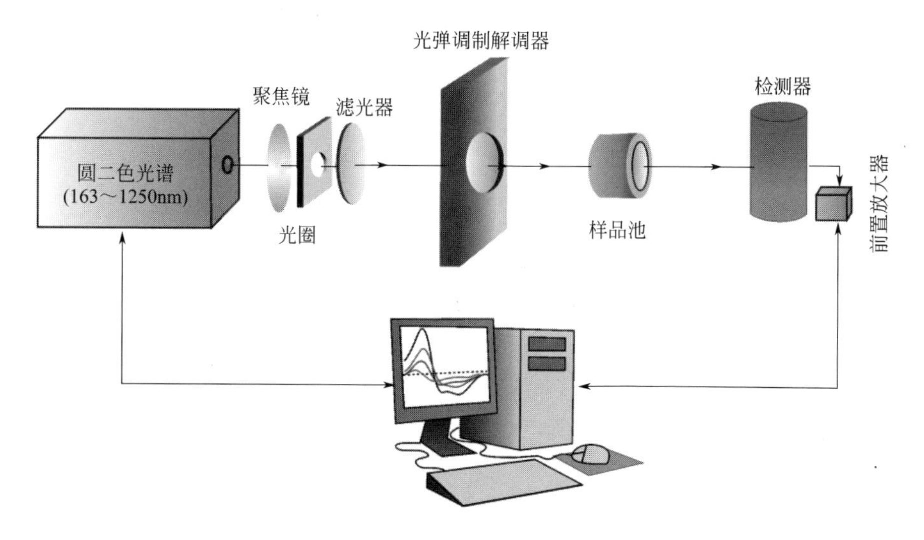

图 3.6　典型 ECD 光谱仪的主要组成部件示意图

图 3.6 示出 ECD 光谱仪的简要工作原理：单色线偏振光被调制器（photoelastic modulator，PEM）调制为交替的左、右圆偏振光，手性试样对偏振光的左、右圆组分有不同程度的吸收作用，变动的光强度在检测器上产生交流 / 直流信号，从而测量出比例于 ΔA 的周期性信号。

3.2.2　振动圆二色光谱

当平面偏振光的波长范围落在红外区时，由于其吸收光谱是分子的振动和转动能级跃迁引起的，称为振动圆二色 (VCD) 光谱。VCD 光谱是基于手性分子对左、右圆偏振红外光吸收的差异，具体研究电子的振动跃迁偶极矩与红外光的相互作用。20 世纪 70 年代，VCD 现象首次被发现 [24,25]，随着相关理论的发展 [26-34]，VCD 光谱在物理化学、分析化学和生命科学等领域应用越来越广泛。1996 年与 VCD 相关的密度泛函理论发展成熟，1997 年第一台傅里叶变换的红外-振动圆二色 (FTIR-VCD) 光谱仪实现商品化，此后，有关 VCD 研究工作的报道层出不穷 [35-39]。目前 VCD 光谱主要用于中小型分子绝对构型的确认。相比于 X 射线单晶衍射、核磁共振等常规用于确定绝对构型的方法，VCD 方法有着独特的优势。大部分化学或者生物化学的反应都发生在溶液中，VCD 光谱法通常不需要高质量的单晶就可以在溶液中直接测试，而 X 射线单晶衍射法却只能用于固体状态下的表征。此外 VCD 光谱对于多构象体系也同样适用，而 X 射线单晶衍射、核磁共振却难以探究溶液中多构象的问题。陆续报道的工作也已经确定 VCD 光谱结合密度泛函理论方法用于确定绝对构型的可靠性，VCD 方法还发现了用传统的 X 射线单晶衍射方法确定绝对构型时发生的错误 [40]。

红外(infrared radiation/vibrational absorption，IR/VA) 光谱的强度由电偶极强度决定。根据谐振子模型，从振动基态 0 到第一振动激发态 1 的跃迁(0 → 1)对应的电偶极强度 D_{01}^{i} 可以表示为:

$$D_{01}^{i}=\left|\hat{\mu}_{01}^{i}\right|^{2}=\left|\left\langle\Psi_{0}\left|\hat{\mu}\right|\Psi_{1}^{i}\right\rangle\right|^{2} \tag{3.8}$$

式中　D_{01}^{i}——IR 电偶极强度；

Ψ_{0}——振动基态波函数；

Ψ_{1}^{i}——第 i 个振动模式下的第一振动激发态波函数；

$\hat{\mu}$——电偶极跃迁矩算符；

$\hat{\mu}_{01}^{i}$——振动基态到第一振动激发态的电偶极跃迁矩算符。

与 ECD 和 ORD 光谱类似，VCD 光谱强度由旋转强度所决定，在随机取向的分子集合中，旋转强度 R_{01}^{i} 由磁偶极和电偶极矩的标量乘积的虚部给出 [19]：

$$R_{01}^{i}=\mathrm{Im}[\left\langle\Psi_{0}\left|\hat{\mu}\right|\Psi_{1}^{i}\right\rangle\bullet\left\langle\Psi_{1}^{i}\left|\hat{m}\right|\Psi_{0}\right\rangle] \tag{3.9}$$

式中　R_{01}^{i}——VCD 旋转强度；

$\hat{m}$——磁偶极跃迁矩算符。

尽管电偶极矩的计算可以采用玻恩-奥本海默 (Born-Oppenheimer) 近似，但是磁偶极矩的计算却不能采用该近似方法。这是因为虽然在玻恩-奥本海默近似下电偶极矩可以直接计算，但是电子对磁偶极矩的贡献却近似为零 [41, 42]。同一时期，有大量的近似理论模型出现，用于计算 VCD 强度 [43-49]。但是当时用于近似计算电子对磁偶极矩贡献的理论模型的效果并不是很好。直到 Buckingham[26] 和 Stephens[50] 提出 “magnetic field perturbation method”，才使电子对磁偶极矩的贡献得到很好的近似，在该方法中，电子对振动磁偶极矩的贡献通过引入电子基态绝热方程得以计算。1996 年，采用 DFT 理论结合磁场微扰理论实现了对 VCD 的理论模拟 [51]。自此，VCD 实验光谱结合理论计算被广泛应用于确定各类手性化合物的绝对构型。

VCD 光谱旋转强度的计算需要同时考虑电偶极矩和磁偶极矩，其符号由磁偶极和电偶极跃迁矩向量之间的角度 $\xi(i)$ 决定（参见图 3.7）。

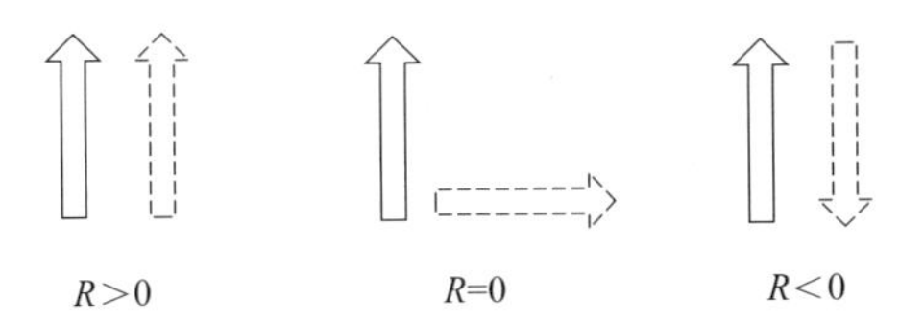

图 3.7　旋转强度的符号由电偶极和磁偶极跃迁矩向量之间的角度决定

对于一个确定的振动模式，当 $\xi(i)<90°$，$R_{01}^{i}>0$；当 $\xi(i)>90°$，$R_{01}^{i}<0$；当 $\xi(i)$ 接近 90°时，即使是一个非常小的微扰（实验或者计算），如浓度、溶剂、函数或者基组的影响都会使 R_{01}^{i} 的符号发生改变，进而使 VCD 光谱的符号发生翻转 [52, 53]。

VCD 光谱的理论拟合一般会涉及多构象的问题，首先需要对一个分子进行构象搜索，在进行构象搜索的时候一般采用小基组，如 PM3、AM1 或者使用专门的构象搜索软件如 Amber、Monte Carlo、Macro Model、CREST 等搜索潜在的构象。将搜索出来的几个能量较低的稳定构象用作初始构象，选择合适的 DFT 函数和基组进行优化计算。当分子较大时，计算整个分子难度较大，可以选择其中最主要的主体部分进行计算 [54]。几何优化、VA、VCD 的计算都可以在 Gaussian 09 或 Gaussian 16 的程序包中进行。所选 DFT 基组及函数会对 VCD 的计算结果产生一定的影响，因此选择正确合适的基组非常重要。B3LYP 或 B3PW91 函数适用于大多数中小分子的 VCD 计算。6-31G(d) 是可以用于 VCD 模拟的最小基组 [55]。在计算小分子时采用较大的基组如 cc-pVTZ 或 TZ2P 均可以得到很好的结果 [56]，B3LYP-D3BJ/def-TZVP 也是常用的计算方法 [57]。

需要注意的是，在计算氢离子的时候需要考虑离散函数和极化函数，比如 6-311++G(d, p) 的基组就适用于计算含氢键的体系 [58-60]。在计算相对稳定化能时，可以利用 basis set superposition erros(BSSE) 或零点校正能 zero point energy(ZPE) 对稳定化能进行校正，但研究者更常用相对自由能。通常情况下，对于主要的构象，校正能和稳定化能在一个数量级，主要构象稳定化能的计算结果会由于基组的改变而改变，这些因素会影响 Boltzmann 平均方程中的系数(也有许多其他因素影响构象的分布丰度，如溶质和溶剂作用)，进而对最终的 VCD 和相应的 VA 图谱产生影响。所以基组和函数的选择对 VCD 的计算结果会产生非常重要的影响，在选择的时候应该非常慎重。在实际情况中，分子的振动都是非简谐的，而用于计算的模型是谐振子模型，因此需要乘以一个校正系数对 VCD 及 VA 的光谱峰位置进行校正，具体的校正系数要根据所选基组来决定。通常采用 Lorentizian 拟合生成最终可视化的 VA 和 VCD 图谱。

多数 VCD 谱的拟合是基于气相条件的模拟，但在进行绝对构型指认时一般需要考虑溶剂的影响。目前，有两种主要的模型用来研究溶剂的影响。一种是隐性溶剂化模型，将溶剂当成是一种连续介质，而且不考虑溶剂和溶质分子之间的显性相互作用。最常用的隐性溶剂化模型是 implicit polarizable continuum model(IPCM)[61-63] 和 conductor-like screening model (COSMO)[64]。考虑溶剂模型以后，几何优化和频率计算都要在 IPCM 或 COSMO 模型下进行计算。优化后结构的变化、构象的相对稳定化能、简谐频率、VA 和 VCD 的强度都会受到所选溶剂化模型的影响。另一种研究溶剂影响的模型是显性溶剂化模型，显性溶剂化模型要具体考虑溶剂分子和溶质分子之间的相互作用。

VCD 与 VA 的强度之比通常为 $10^{-5} \sim 10^{-4}$，因此在傅里叶变换红外光谱仪出现之前，人们很难观测到真实的 VCD 光谱信号。第一台 FTIR-VCD 光谱仪于 1997 年由 Nafie 教授团队首创。与测量 ECD 光谱类似，VCD 光谱的光路递进如下描述 [19]：

光源 ⟶ 偏振器 ⟶ 调制器 (PEM) ⟶ 样品 ⟶ 检测器

其中，调制器将平面偏振光调制成交替发出的左、右圆偏振光，左、右圆偏振光进入样品池被吸收后，再由检测器检测出样品对左、右偏振光吸收的差值 [65-67]。2000 年，配置双 PEM 的 VCD 光谱仪在 Nafie 教授领衔的 BioTools 公司研发成功(图 3.8)，此款仪器在原来单 PEM 的基础上，样品池位置之后添加第二个 PEM(图 3.8 中的 PEM2)：

光源 ⟶ 偏振器 ⟶ 调制器 (PEM) ⟶ 样品 ⟶ 调制器 (PEM) ⟶ 检测器

双 PEM 的配置可实现基线的动态校正，从而达到更好的基线平整和有效减少噪声的效果。

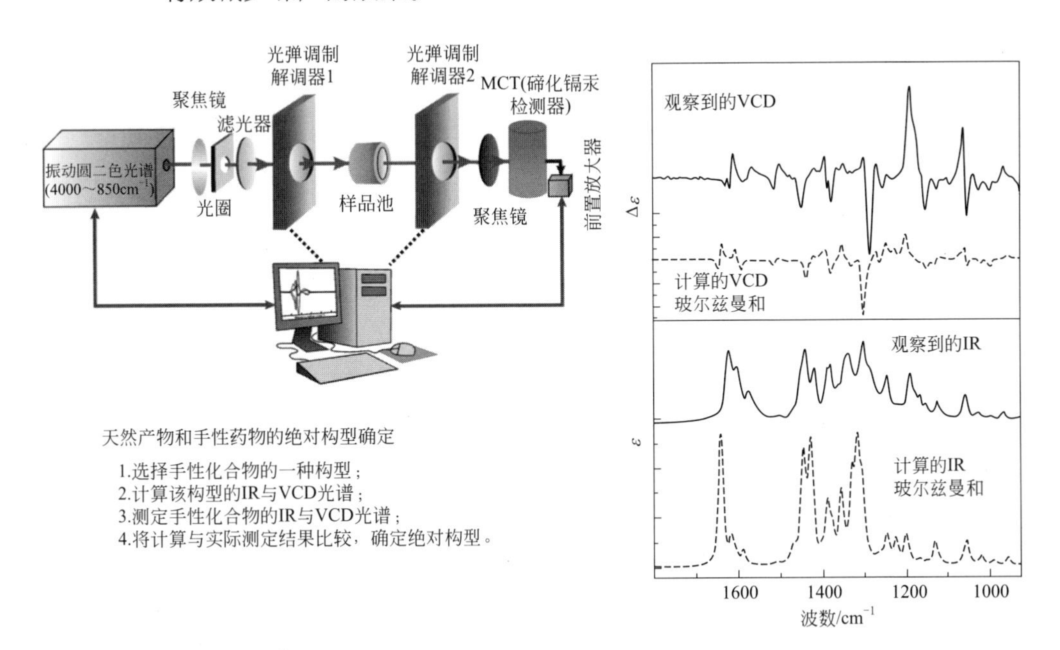

图 3.8 带有双 PEM 的 VCD 光谱仪基本构造和用 VCD 确定手性化合物绝对构型的简要步骤

欲得到理想的 VCD 光谱，必须先测得可靠的 VA 光谱。在进行 VCD 光谱测试前，需要依据所测样品确定一种合适的氘代试剂，确定合适的溶剂之后，就依据 VA 的强度来确定合适的浓度。红外区中的 1800 ～ 1000 cm^{-1} 是 VCD 测试需要重点关注的波段。通常情况下，将测试波段的 VA 强度控制在 0.1 ～ 0.9 的范围内，在合适的 VA 强度下，测得的 VCD 光谱可信度较高。在实际测试过程中，可以依据生色团的红外强度在不同波段以不同的浓度进行测试，即分波段分浓度测试。如果 VA 的强度接近 1.0 或大于 1.0 时，就会有一些噪声或者其他干扰使得 VCD 光谱的可信度降低[68,69]。通常在测定小分子的时候，光谱仪分辨率设定为 4 cm^{-1}，在研究生物大分子或氢键时，仪器分辨率一般设为 8 cm^{-1}。溶液样品一般是置于 BaF_2 样品池中，BaF_2 材料可以使光谱的测试范围达到 800 cm^{-1}。CaF_2 样品池的光谱的测试范围只能到 1180 cm^{-1}。测试时间依样品性质而定，当样品 VCD 强度较小时，为了达到较高的信噪比 S/N，可以适当延长测试时间。

尽管大部分的 VCD 测试是在溶液中测定的，但是对于手性在溶液中不能保持的样品而言，溶液 VCD 测试并不可行。除了溶液测试方法外，还可以利用涂膜法或者 KBr 压片法进行 VCD 测试。生物样品，如氨基酸、糖类，一般只在水中溶解性较好，但水的红外吸收会对 VA 光谱产生很大的影响，所以测试时，尽量避免使用水或氘代水。Polavarapu 团队利用涂膜法先后对多肽 [70]、蛋白质 [71]、糖类 [72]、核酸进行了 VCD 光谱的表征，Polavarapu 指出膜的方向不会影响最终的测试结果。涂膜法一方面可以避免溶剂的影响，另一方面测试所需浓度不高，节省样品量 [72]。除了直接涂膜的方法，KBr 压片的方法也可以用于 VCD 测试中，但需依据样品的性质确定具体的测试浓度。

3.3 双氨基酸手性五配位氢磷烷的谱学性质

3.3.1 双氨基酸手性五配位氢磷烷的 $^4J_{H-C-N-P-H}$

以双缬氨酸五配位氢磷烷(**3-3a**、**3-3b**、**3-4a**、**3-4b**)为例，发现磷上的氢除了受磷原子的耦合裂分外，还与氨基酸手性碳上氢耦合产生 dt 裂分，而这种作用与五配位磷的手性构型相关。

如图 3.9 所示，^{1}H NMR 谱图以与磷成键的氢原子 (P$\underline{H}$) 为特征信号，可以明显分为两类：其中，**3-3a** 和 **3-4a** 为一类，它们的 P$\underline{H}$ 谱峰仅表现出 d 方式的裂分，通过耦合常数可以确定是磷原子对氢原子的自旋-自旋耦合裂分，耦合常数约为 800 Hz；**3-3b** 和 **3-4b** 属于另一类，它们的 ^{1}H NMR 谱图中 PH 谱峰表现出 dt 方式的裂分，耦合常数约为 824.4 Hz 和 2.4 Hz，根据耦合常数和裂分方式可以推测是磷原子以及另外两个化学等价的氢原子对 P$\underline{H}$ 中氢原子产生的自旋-自旋耦合裂分作用。

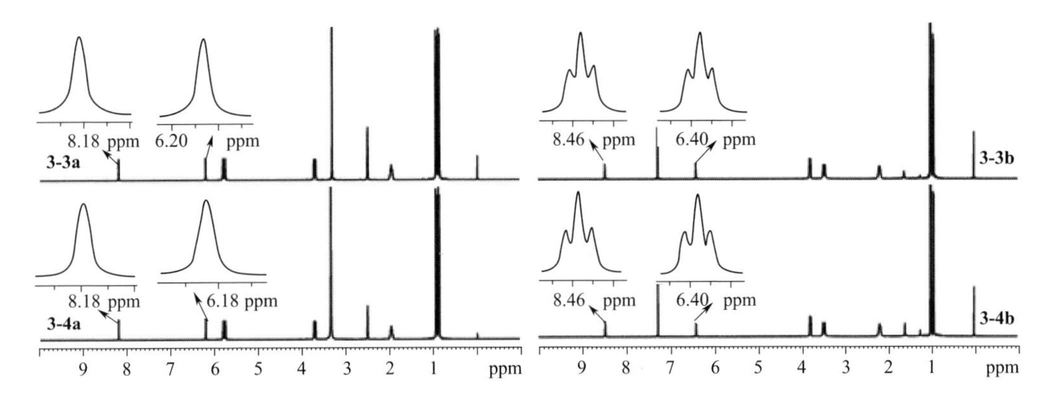

图 3.9 双缬氨酸五配位氢磷烷 **3-3a** ~ **3-4b** 的 ^{1}H NMR 示意图
(**3-3a/3-4a**：DMSO-d_6, δ_{PH} = 7.18, d, $^1J_{PH}$ = 798.5 Hz；**3-3b/3-4b**：$CDCl_3$, δ_{PH} = 7.43, dt, $^1J_{PH}$ = 824.4 Hz, $^4J_{HH}$ = 2.4 Hz)

对于 ^{1}H NMR 谱图中 PH̲ 表现出的不同裂分方式，**3-3a** 和 **3-4a** 中 PH̲ 所具有的双重峰裂分，通过耦合常数大小确定为磷原子对氢原子的自旋-自旋耦合裂分，**3-3b** 和 **3-4b** 中 PH̲ 所具有的除双重峰裂分外的三重峰裂分方式从结构上推测有可能是 N 原子上的氢原子对 PH̲ 的裂分，因为双氨基酸五配位氢磷烷类化合物构型具有很好的对称性，所以两个 NH̲ 表现出化学等价性，从而使得对 PH̲ 的裂分表现为三重峰。但是，通过 ^{1}H-^{1}H COSY 对上述推测进行验证时却发现：三重峰的裂分并非来源于 NH̲，而是来源于氨基酸侧链 α 位碳原子上的氢原子对 PH̲ 的裂分，构型的对称性同样使得两个 α-CH̲ 表现出化学等价性，从而对 PH̲ 表现为三重峰的裂分方式。

如图 3.10 和图 3.11 所示，无论 NH̲ 中的氢原子是否被氘取代，在 **3-3a** 构型的 ^{1}H NMR 谱图中，PH̲ 信号均会表现出 d 的裂分方式，在 ^{1}H-^{1}H COSY 谱图中均未发现任何氢原子与 PH̲ 具有相关作用；在 **3-3b** 构型的 ^{1}H NMR 谱图中，PH̲ 信号均会表现出 dt 的裂分方式，而在 ^{1}H-^{1}H COSY 谱图中均可以观察到 α-CH̲ 与 PH̲ 之间具有明显的相关作用。

对于该系列化合物，不同氨基酸对应的双氨基酸五配位氢磷烷各构型（**3-3a** ～ **3-10b**）均具有类似的现象。

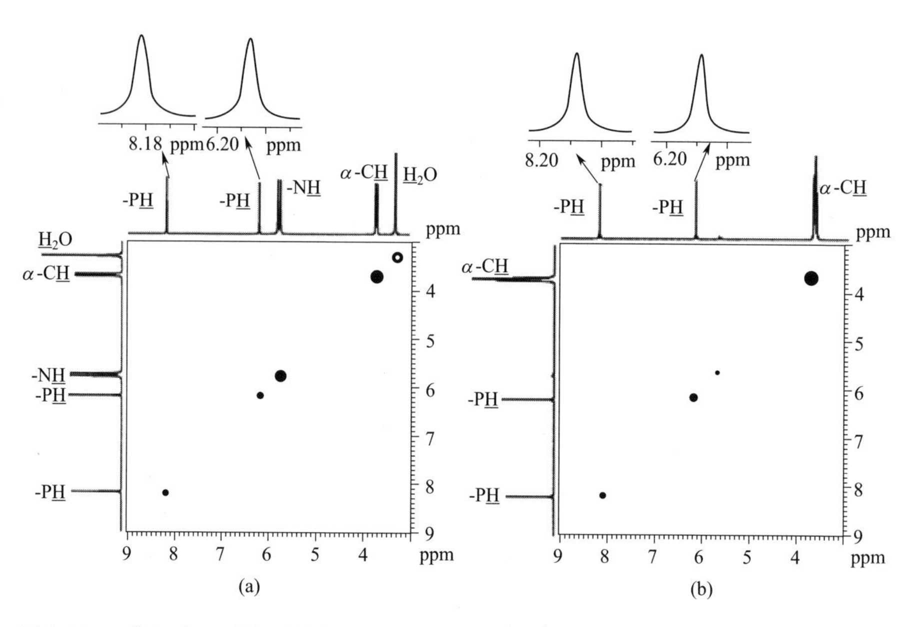

图 3.10 双缬氨酸五配位氢磷烷 (Λ_P,S_C,S_C) **3−3a** 的 ^{1}H-^{1}H COSY 示意图
[溶剂：DMSO-d_6(a)，DMSO-d_6 + D_2O(b)，对比测试表明无论NH是否存在，都无氢原子与PH的相关作用]

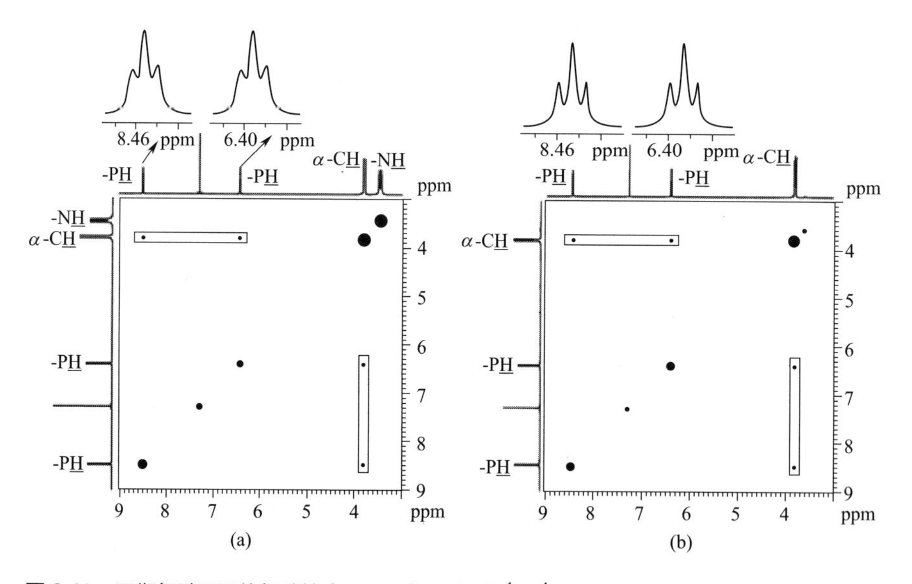

图 3.11 双缬氨酸五配位氢磷烷 (Λ_P,S_C,S_C)**3−3b** 的 ^{1}H-^{1}H COSY 示意图
[溶剂：$CDCl_3$(a)，$CDCl_3$ + D_2O(b)，对比测试表明无论NH是否存在，α-CH与PH都有相关作用]

对测试结果进行对比发现具有明显的规律性(表 3.2)，可以将该系列

化合物分为两类：对于 a 构型的所有化合物仅表现出磷原子对氢原子发生 d 方式的耦合裂分，通过 ^{1}H-^{1}H COSY 也观测不到 α-C$\underline{\text{H}}$ 与 P$\underline{\text{H}}$ 之间的相关作用；而对于 b 构型的所有化合物可以在 ^{1}H NMR 中测试到磷原子和 α-C$\underline{\text{H}}$ 对 P$\underline{\text{H}}$ 表现出 dt 方式的耦合裂分，通过 ^{1}H-^{1}H COSY 可以观测到 α-C$\underline{\text{H}}$ 与 P$\underline{\text{H}}$ 之间有相关作用。

表3.2　双氨基酸五配位氢磷烷的 $^{4}J_{\text{H-C-N-P-H}}$ 数据

化合物	测试溶剂①	$^{4}J_{\text{H-C-N-P-H}}$/Hz	^{1}H-^{1}H COSY②
3-3a, 3-4a	DMSO-d_6 或 DMSO-d_6+D_2O	无明显裂分	×
3-3b, 3-4b	$CDCl_3$ 或 $CDCl_3$+D_2O	2.4	√
3-5a, 3-6a	$CDCl_3$ 或 $CDCl_3$+D_2O	无明显裂分	×
3-5b, 3-6b	$CDCl_3$ 或 $CDCl_3$+D_2O	2.4	√
3-7a, 3-8a	DMSO-d_6 或 DMSO-d_6+D_2O	无明显裂分	×
3-7b, 3-8b	DMSO-d_6 或 DMSO-d_6+D_2O	2.5	√
3-9a, 3-10a	DMSO-d_6 或 DMSO-d_6+D_2O	无明显裂分	×
3-9b, 3-10b	DMSO-d_6 或 DMSO-d_6+D_2O	2.4	√

① 测试中加入 D_2O 的目的是将分子中 N$\underline{\text{H}}$ 上面的氢原子氘代，从而验证对 P$\underline{\text{H}}$ 上氢原子的耦合裂分和 ^{1}H-^{1}H COSY 相关作用来源于 α-C$\underline{\text{H}}$。

② “×”表示无论测试溶剂中是否加入 D_2O，均未观测到任何氢原子与 P$\underline{\text{H}}$ 之间有明显的 ^{1}H-^{1}H COSY 作用存在；“√”表示无论测试溶剂中是否加入 D_2O，均可以观测到 α-C$\underline{\text{H}}$ 与 P$\underline{\text{H}}$ 之间有明显的 ^{1}H-^{1}H COSY 作用存在。

对双氨基酸五配位氢磷烷结构进行分析发现：分子中 α-C 与 P 两个原子占据了五元环上的两个位置，因为分子具有环状结构，所以 α-C$\underline{\text{H}}$ 与 P$\underline{\text{H}}$ 之间的相关作用可来源于 $^{4}J_{\text{H-C-N-P-H}}$ 和 $^{5}J_{\text{H-C-C-O-P-H}}$ 两个方向，总体来说 α-C$\underline{\text{H}}$ 与 P$\underline{\text{H}}$ 之间的相关作用应该是从两个方向作用传递的总和。

通过对部分双氨基酸五配位氢磷烷晶体结构的分析认为，H-C-C-O-P-H 相隔的 5 条化学键均属于单键并没有共轭性质，也不具备“W”形式的排布方式，所以在核磁共振测试实验中表现出的 α-C$\underline{\text{H}}$ 与 P$\underline{\text{H}}$ 之间的相关作用通过 $^{5}J_{\text{H-C-C-O-P-H}}$ 路径传递应该非常弱。

与之对应，通过 $^{4}J_{\text{H-C-N-P-H}}$ 传递 α-C$\underline{\text{H}}$ 与 P$\underline{\text{H}}$ 之间的相关作用可能性比较大。在后面的研究分析中已经确定了双氨基酸五配位氢磷烷类化合物中心磷原子具有三角双锥的构型，其中 N、N、P 和 H 四个原子都处于三角双锥的平面上，晶体数据证明 P-N-C 键角处于 120°左右，120°的键角说明了 N 原子参与形成的化学键构成了一个近于平面的结构而并非传统的三角锥构型，平面结构为 N 原子的孤对电子向 P 原子传递，使得 P-N 键具有双键的性质，因此 H—C—N＝P—H 类似于烯丙型的结构。所以，通过 $^4J_{\text{H-C-N-P-H}}$ 传递 α-C$\underline{\text{H}}$ 与 P$\underline{\text{H}}$ 之间相关作用应该占据决定性的地位。因此后面的分析中用 $^4J_{\text{H-C-N-P-H}}$ 来代表 α-C$\underline{\text{H}}$ 与 P$\underline{\text{H}}$ 之间的自旋 - 自旋耦合相关作用。

3.3.2 双氨基酸手性五配位氢磷烷的 $^1J_{\text{P-X}}$

对双氨基酸五配位氢磷烷的 $^4J_{\text{H-C-N-P-H}}$ 研究推测出 P-N 键之间具有双键的性质。已有的研究结果已经证实双氨基酸五配位氢磷烷中心磷原子的空间结构是三角双锥构型，并且 H 原子和两个 N 原子分别占据了三角双锥平面的位置，然而在比较四配位磷化合物与双氨基酸五配位氢磷烷的 P-H 和 P-N 键之间的耦合常数时却发现了不同的现象。如表 3.3 所示，实验测试数据表明，对于 $^1J_{\text{P-H}}$ 耦合常数四配位磷化合物(图 3.12)的数值要小于双氨基酸五配位氢磷烷的 $^1J_{\text{P-H}}$ 耦合常数值；而对于表 3.4，$^1J_{\text{P-N}}$ 耦合常数四配位磷化合物的数值却大于双氨基酸五配位氢磷烷的 $^1J_{\text{P-N}}$ 耦合常数值。

表3.3 双氨基酸五配位氢磷烷(3-3a~3-10b)与四配位磷化合物(3-11~3-14)的$^1J_{\text{P-H}}$实验测试数据

产物	$^1J_{\text{P-H}}$/Hz	产物	$^1J_{\text{P-H}}$/Hz	产物	$^1J_{\text{P-H}}$/Hz
3-3a①	798.5	**3-6b**①	816.0	**3-10a**①	805.0
3-3b②	824.4	**3-7a**①	821.0	**3-10b**①	810.2
3-4a①	798.6	**3-7b**①	819.3	**3-11**②	698.6
3-4b②	824.4	**3-8a**①	821.0	**3-12**②	692.6
3-5a①	810.9	**3-8b**①	819.4	**3-13**②	687.8
3-5b①	816.0	**3-9a**①	804.9	**3-14**②	692.0
3-6a①	810.9	**3-9b**①	810.2		

① 测试使用的溶剂为 DMSO-d_6。

② 测试使用的溶剂为 $CDCl_3$。

表3.4 双氨基酸五配位氢磷烷(3-3a~3-10b)与四配位磷化合物(3-15~3-22)的$^{1}J_{P\text{-}N}$实验测试数据

化合物	$^{1}J_{P\text{-}N}$/Hz	化合物	$^{1}J_{P\text{-}N}$/Hz	化合物	$^{1}J_{P\text{-}N}$/Hz
3-3a①	35.0	**3-7a**①	32.9	**3-15**②	42.4
3-3b②	32.7	**3-7b**①	31.0	**3-16**②	42.3
3-4a①	34.9	**3-8a**①	32.9	**3-17**②	42.3
3-4b②	32.7	**3-8b**①	30.9	**3-18**②	42.0
3-5a①	32.4	**3-9a**①	34.5	**3-19**②	40.1
3-5b①	28.4	**3-9b**①	33.7	**3-20**②	40.8
3-6a①	32.3	**3-10a**①	34.6	**3-21**②	40.7
3-6b①	28.6	**3-10b**①	33.6	**3-22**②	41.0

① 测试使用的溶剂为 DMSO-d_6。

② 测试使用的溶剂为 $CDCl_3$。

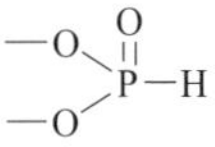

3-11 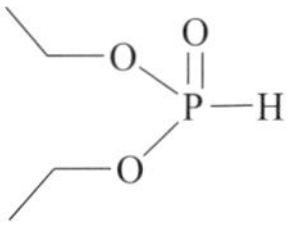 **3-12** 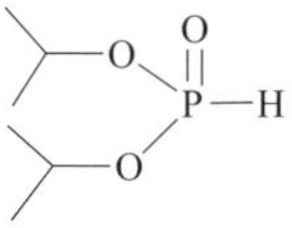 **3-13** 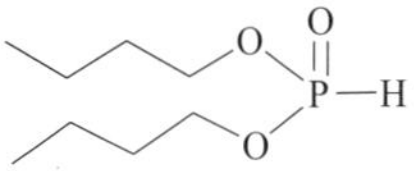 **3-14**

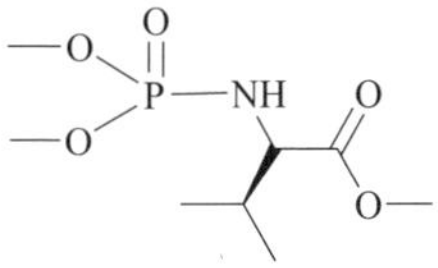

3-15 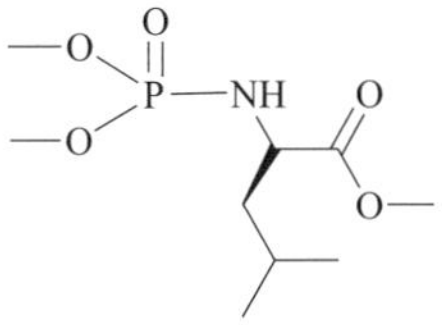 **3-16** 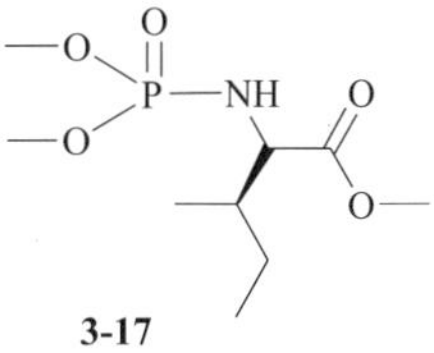 **3-17**

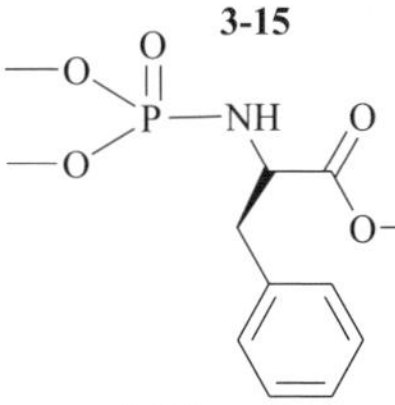

3-18 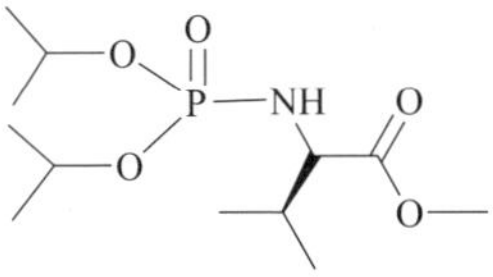 **3-19** 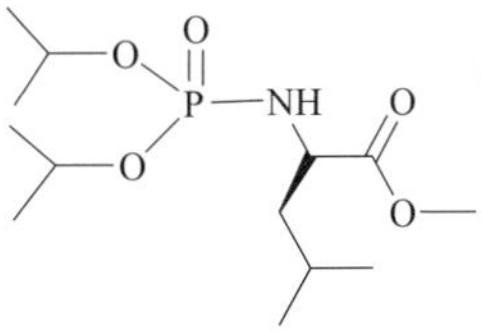 **3-20**

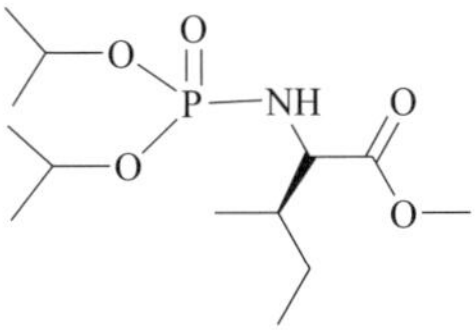

3-21 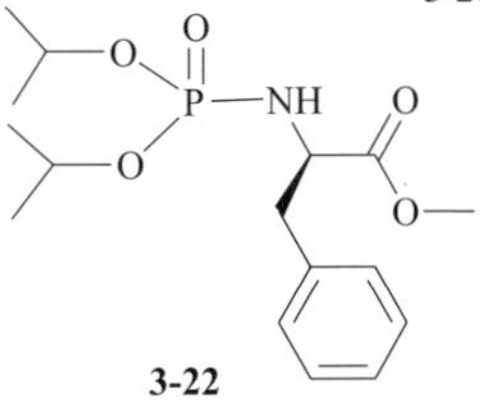 **3-22**

图 3.12 化合物 **3-11~3-22** 的结构

^{1}J 耦合常数的影响因素没有 ^{3}J 以及长程耦合(例如 ^{4}J)的影响因素那么

复杂，并不涉及空间角度的问题，而更多地与成键并产生自旋 - 自旋耦合的两个原子核本身以及它们之间化学键的性质有关。为了更好地对上述实验测试结果进行解释，这里借助了量子化学计算的方法对其进行模拟计算，并进行进一步的分析。

关于 $^{1}J_{P\text{-}X}$ 耦合常数的研究，Gorenstein 等 [73] 对其进行了系统的总结，如果在 $^{1}J_{P\text{-}X}$ 耦合常数中 Fermi contact (FC) 自旋-自旋耦合对整体耦合常数贡献最大，则 $^{1}J_{P\text{-}X}$ 主要会受到 P-X 化学键成键 P 原子和 X 原子的 s 轨道电子云密度的影响，两个原子核的 s 轨道所占比例增加，$^{1}J_{P\text{-}X}$ 耦合常数的数值也随之增加。并归纳出了相应的公式：

$$^{1}J_{P\text{-}X}=\frac{A\alpha_{P}^{2}\alpha_{X}^{2}}{1+S_{P\text{-}X}^{2}}+B \tag{3.10}$$

式中，A 和 B 为常数；α_{P}^{2} 和 α_{X}^{2} 表示 P 原子和 X 原子上的 s 轨道所占比例；$S_{P\text{-}X}$ 为 P-X 键的重叠因子。

其中 s 轨道所占比例主要取决于 P 原子和 X 原子的杂化轨道形式，如果杂化轨道中 s 轨道所占的比例大，则 $^{1}J_{P\text{-}X}$ 耦合常数值也相应地比较大，反之则较小。

应用上述结论并结合四配位磷化合物和双氨基酸五配位氢磷烷 $^{1}J_{P\text{-}H}$、$^{1}J_{P\text{-}N}$ 耦合常数的实验测试和量子化学理论计算结果对其结构进行分析：

四配位磷化合物二烷氧基亚磷酸酯(**3-11** ～ **3-14**)和 *N*-磷酰化氨基酸甲酯(**3-15** ～ **3-22**)中的磷原子都是以 sp^{3} 的杂化形式与其他原子成键。对于双氨基酸五配位氢磷烷的构型，前面已经验证了它属于三角双锥的结构，并且 H 原子和两个 N 原子处于三角双锥的平面上，五配位的磷原子在三角双锥构型中以 $sp^{3}d_{z^{2}}$ 的杂化轨道形式参与成键，其中在平面方向上杂化轨道相当于 sp^{2} 的杂化形式。

当 P-X 中 X 为 H 时，由于氢原子仅含有 s 电子，在四配位磷化合物和双氨基酸五配位氢磷烷中的贡献一样，所以对于四配位磷化合物和双氨基酸五配位氢磷烷 $^{1}J_{P\text{-}H}$ 耦合常数的差异主要在磷原子的杂化形式上。在四配位磷化合物中磷原子属于 sp^{3} 杂化形式，s 约为 25%；在双氨基酸五配位氢磷烷的三角双锥构型中平面方向上磷原子属于 sp^{2} 杂化形式，s 约为 33.3%，因此对于 P-H 键，四配位磷化合物中的 P 原子核所参与成键的 s 轨道比例要小于双氨基酸五配位氢磷烷中的 P 原子核所参与成键的 s 轨道比例，所以 $^{1}J_{P\text{-}H}$ 耦合常数在四配位磷化合物中小于在双氨基酸五配位氢磷烷中的数值，这与实验测试结果以及量子化学计算结果相一致。

当 P-X 中 X 为 N 时，因为 N 原子除了含有 s 电子还含有 p 电子，所以并没有像氢原子那么简单，在对 P-N 键进行分析时要同时考虑 P 原子和 N 原子两个原子核的影响。N 原子在 *N*-磷酰化氨基酸甲酯中属于 sp^3 的杂化形式，因此，在四配位磷化合物中 P 原子和 N 原子的杂化形式均为 sp^3 (s 约为 25%)，然而双氨基酸五配位氢磷烷中 P 原子和 N 原子的杂化形式均为 sp^2 (s 约为 33.3%)。如果按照 Gorenstien 等的研究结果，对于 $^{1}J_{P\text{-}N}$ 耦合常数四配位磷化合物应该小于双氨基酸五配位氢磷烷，但实验测试结果以及量子化学计算结果均表明 $^{1}J_{P\text{-}N}$ 耦合常数四配位磷化合物大于双氨基酸五配位氢磷烷。更深入地对双氨基酸五配位氢磷烷的结构进行分析，结合 $^{4}J_{H\text{-}C\text{-}N\text{-}P\text{-}H}$ 耦合常数研究时的结论，认为 P-N 键之间存在着双键的性质，N 原子核上的孤对 p 电子可以向磷原子的空轨道提供电子参与成键，使得 P-N 键之间的 p 轨道比例上升，相对降低了 P-N 键之间两核的 s 比例。因为 N 原子提供的是孤对 p 电子，并未参与杂化，同时该作用比较强，使得 s 的比例下降到小于 25%，因此实验测试结果和量子化学计算结果均表现出 $^{1}J_{P\text{-}N}$ 耦合常数在四配位磷化合物中反而大于在双氨基酸五配位氢磷烷中的数值。

3.3.3 双氨基酸手性五配位氢磷烷的 X 射线晶体结构

通过 X 射线单晶衍射对获得单晶结构的单一构型化合物进行解析，借助配位化学的命名规则，通过 Δ 和 Λ 对五配位中心磷原子的绝对构型进行定义(图 3.13)，同时确定出双氨基酸五配位氢磷烷部分化合物的绝对构型。然后通过 ECD 光谱以及 ^{1}H NMR 的特征信号(P<u>H</u>)对这些化合物的绝对构型进行关联，进而获得 16 个双氨基酸五配位氢磷烷的绝对构型。

在配位化学领域中，五配位配合物通常呈现三角双锥和四方锥两种构型。现以形成配位螯环的结构为例介绍绝对构型的确定，如图 3.13(a)

所示，将与中心原子成键连接成螯环的两侧配位原子分别用相同的字母 a 和 b 表示(无论实际是何原子与之成键)，然后进行投影(投影的方向不需要指定)，若从下方螯环(虚线)到上方螯环(实线)按逆时针方向重合，中心原子定义为 *Λ* 构型；若从下方螯环到上方螯环按顺时针方向重合，则中心原子定义为 *Δ* 构型 [9, 10]。

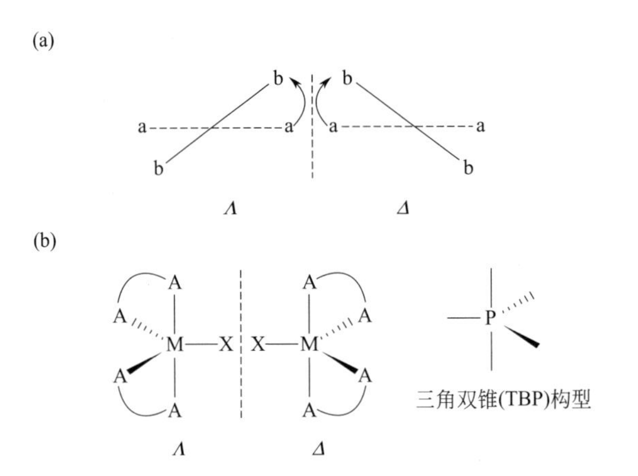

图 3.13 *Λ* 和 *Δ* 命名方法定义五配位三角双锥构型的中心原子绝对构型示意图

利用 *Λ* 和 *Δ* 命名规则确定五配位三角双锥化合物中心原子的绝对构型相对比较直观和简单。在 **3-3a** ～ **3-10b** 这 16 个单一构型的化合物中，共计获得了 8 个单晶结构，其中有 **3-3a/3-4a**(图 3.14)、**3-7a/3-8a**、**3-7b/3-8b**、**3-9a/3-10a**，每两个互为对映异构体的关系。

对这 8 个化合物的晶体进行 X 射线单晶衍射测试并对其结构解析，确定该类化合物中心磷原子属于三角双锥的构型，H 原子和两个 N 原子在平伏键上。两个 O 原子在直立键上。参照统计出的晶体参数，发现在磷原子周围，N(4)-P(5)-N(9) 的键角接近于 120°，而 N(4)-P(5)-O(1)、N(4)-P(5)-O(6)、N(9)-P(5)-O(1) 和 N(9)-P(5)-O(6) 的键角都接近于 90°。结合图 3.13 所示的命名规则，可以方便地将晶体结构中心磷原子的绝对构型确定出来，对于氨基酸 *α* 位碳原子的绝对构型，可以通过原料来直接确定。在合成双氨基酸五配位氢磷烷的过程中反应体系的温度始终控制在 0℃以下，此时氨基酸 *α* 位碳原子的绝对构型不具备构型翻转的条件，绝对构型应该保持不变。虽然晶体结构不能绝对可靠地确定出碳原子等轻原子的绝对构型，但是对已获得的这些单晶进行分析后发现，它

们结构中 α 位碳原子的绝对构型均和原料氨基酸 α 位碳原子的绝对构型相一致，从而验证上述氨基酸 α 位碳原子在反应过程中绝对构型保持不变。

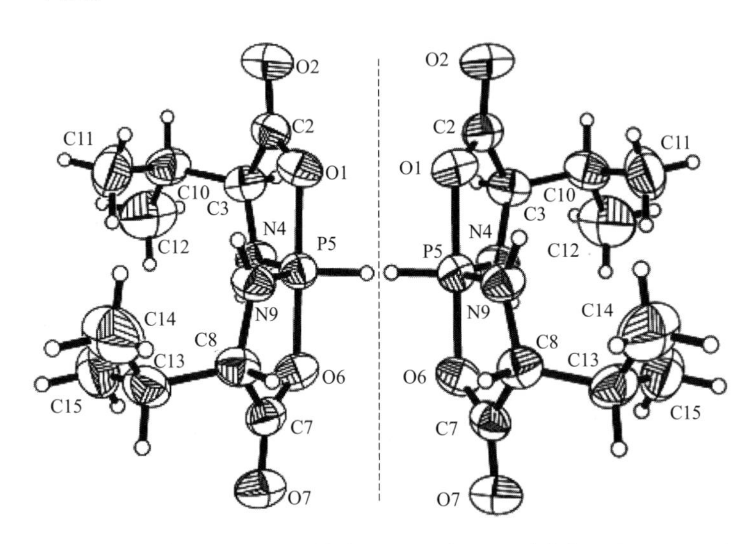

图 3.14　双缬氨酸五配位氢磷烷 (Λ_P, S_C, S_C) **3-3a**（左）和（Δ_P,R_C, R_C）**3-4a**（右）的三维晶体结构图

(椭球图：椭球的概率 50%)

综上所述，如表 3.5 所示，可以将已获得单晶结构的双氨基酸五配位氢磷烷中所有手性原子的绝对构型都确定出来。

表3.5　单晶衍射法确定双氨基酸五配位氢磷烷绝对构型

产物	绝对构型	产物	绝对构型
3-3a	(Λ_P, S_C, S_C)	**3-4a**	(Δ_P, R_C, R_C)
3-7a	(Λ_P, S_C, S_C)	**3-8a**	(Δ_P, R_C, R_C)
3-7b	(Δ_P, S_C, S_C)	**3-8b**	(Λ_P, R_C, R_C)
3-9a	(Λ_P, S_C, S_C)	**3-10a**	(Δ_P, R_C, R_C)

3.3.4　双氨基酸手性五配位氢磷烷的固体 ECD 光谱

在手性分子绝对构型的解析中，采用 X 射线单晶衍射法进行单晶结构分析是确定其绝对构型唯一完全可靠的方法，但这一方法要求被测化合物必须培养成理想的单晶或能够转变为获得合适单晶的化合物，对晶体的质量有严格要求；利用 X 射线单晶衍射法直接确定绝对构型，再结合与已知绝对构型的手性化合物进行关联的间接方法来确定其他化合物的绝对构型，已经成为立体化学研究中确定绝对构型的重要手段之一。

双氨基酸五配位氢磷烷中各构型的非对映异构体之间溶解性存在着明显的差异，这些化合物在极性大的水或醇类溶剂中溶解度都比较差，而这些试剂是溶液 ECD 测试的常用溶剂。另外，为了使 ECD 获得的结果和晶体结构更好地保持一致性，采用固体 ECD 方法对双氨基酸五配位氢磷烷进行测试并对其绝对构型进行关联是有必要的。固体 ECD 测试首先是固体样品的准备，将样品与惰性介质 (KCl) 按一定比例研磨混合均匀后压制成透明圆形片膜，其混合比例根据样品的性质和实际测定的吸收强度而定。通过测试双氨基酸五配位氢磷烷（**3-3a** ～ **3-10b**）各种构型的固体 ECD 光谱数据，可以对它们的绝对构型进行有效的关联，从而获得全部化合物中手性磷原子的绝对构型。

3-3a ～ **3-4b** 化合物绝对构型的关联：在双缬氨酸五配位氢磷烷的四种构型中，**3-3a** 和 **3-4a** 的绝对构型已经通过晶体数据确定出来 [**3-3a**(Λ_P, S_C, S_C)，**3-4a**(Δ_P, R_C, R_C)]（见图 3.14），二者的固体 ECD 光谱也呈现出非常完美的镜面对称（图 3.15），从而再一次证明了二者互为对映异构体的关系。对于 **3-3a** 和 **3-3b** 两种构型，二者固体 ECD 光谱的测试结果表明，**3-3a** 主要表现出负 Cotton 效应，而 **3-3b** 表现出正 Cotton 效应，该现象说明 **3-3a** 和 **3-3b** 分子中肯定有不同的手性立体化学构型，虽然二者均由 L- 缬氨酸合成并分离获得。前面通过合成条件叙述及简要晶体结构分析已经证实氨基酸 α 位碳原子的手性保持不变，因此两种构型中 α 位碳原子的绝对构型均为 S，此时可以预测 **3-3a** 和 **3-3b** 分子的中心磷原子绝对构型相反，进而通过 **3-3a** 晶体结构的绝对构型推测出 **3-3b** 的中心磷原子绝对构型为 Δ_P，即 **3-3b** 的绝对构型为 (Δ_P, S_C, S_C)。与之类似，通过 **3-4a** 的晶体数据可以将 **3-4b** 的绝对构型关联出来，即 (Λ_P, R_C, R_C)。

3-5a ～ **3-6b** 化合物绝对构型的关联：双亮氨酸五配位氢磷烷的四种构型 (**3-5a** ～ **3-6b**)，因为氨基酸侧链较长、柔性较大，培养晶体时均获得针状物，无法满足 X 射线单晶衍射的测试要求，因此只能通过关联的方法来确定绝对构型。首先对它们的结构进行分析，亮氨酸与缬氨酸二者在结构上相差一个—CH_2—基团，并且—CH_2—属于饱和基团，在 UV 和 ECD 光谱中不属于生色团，所以理论上 **3-3a** ～ **3-4b** 与 **3-5a** ～ **3-6b** 这八个化合物中手性原子的绝对构型相同时对应的固体 ECD 光谱所表现出的 Cotton 效应也应该是相似的。如图 3.15 和图 3.16 所示，实际测试获得的固体 ECD 光谱与推测相一致，手性原子绝对构型相同的化合物固体 ECD 曲线表现出很好的相似性，因此可以通过 **3-3a** ～ **3-4b** 的绝对构型推测出 **3-5a** ～ **3-6b** 的绝对构型：**3-5a**(Λ_P, S_C, S_C)、**3-5b** (Δ_P, S_C, S_C)、**3-6a** (Δ_P, R_C, R_C)、**3-6b** (Λ_P, R_C, R_C)。

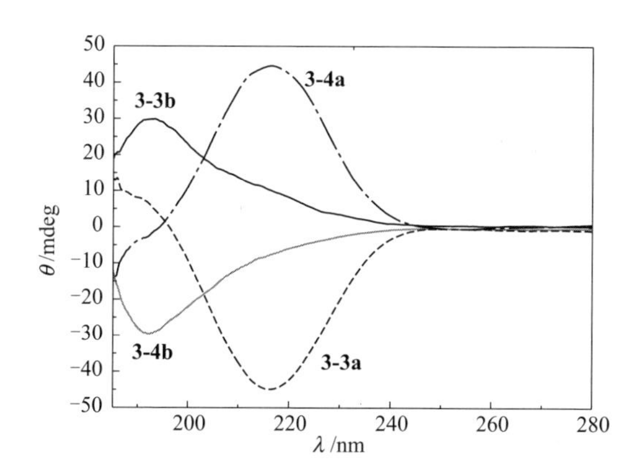

图 3.15　双缬氨酸五配位氢磷烷 **3-3a~3-4b** 固体 ECD 光谱

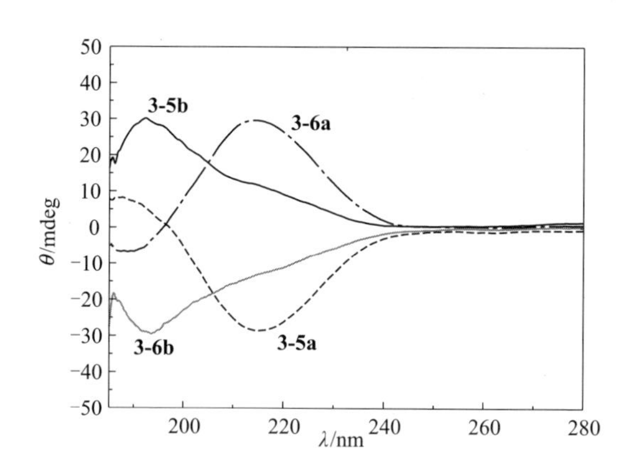

图 3.16　双亮氨酸五配位氢磷烷 **3-5a~3-6b** 固体 ECD 光谱

3-7a ～ **3-8b** 化合物绝对构型的关联：双苯甘氨酸五配位氢磷烷的四种构型 (**3-7a** ～ **3-8b**) 均获得了晶体结构，3.3.3 节中已经把它们的绝对构型确定出来，本节固体 ECD 的测试结果表明，**3-7a/3-8a** 和 **3-7b/3-8b** 固体 ECD 光谱均呈现出很完美的镜面对称(图 3.17)，从光谱学角度再一次证明了它们互为对映异构体的关系。

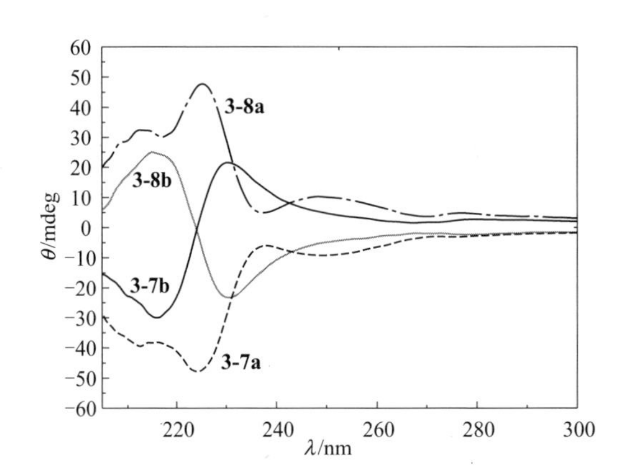

图 3.17 双苯甘氨酸五配位氢磷烷 **3-7a~3-8b** 固体 ECD 光谱

3-9a ～ **3-10b** 化合物绝对构型的关联：双苯丙氨酸五配位氢磷烷的四种构型 **3-9a** ～ **3-10b** 的情况和 **3-3a** ～ **3-4b** 很类似，**3-9a** 和 **3-10a** 通过获得的晶体结构确定出绝对构型 [**3-9a** ($\mathit{\Lambda}_P$, S_C, S_C)、**3-10a** ($\mathit{\Delta}_P$, R_C, R_C)]。根据固体 ECD 光谱的 Cotton 效应及合成过程中苯丙氨酸 α 位碳原子手性保持不变的结论，可以通过 **3-9a** 和 **3-10a** 构型研究的结果将 **3-9b** 和 **3-10b** 的绝对构型关联出来(图 3.18)：**3-9b**($\mathit{\Delta}_P$, S_C, S_C)，**3-10b**($\mathit{\Lambda}_P$, R_C, R_C)。

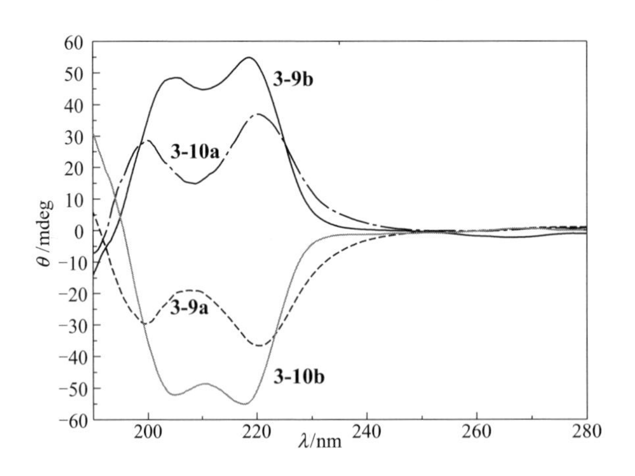

图 3.18 双苯丙氨酸五配位氢磷烷 **3-9a~3-10b** 固体 ECD 光谱

通过晶体结构确定出部分化合物的绝对构型，再结合固体 ECD 光谱，可以将双氨基酸五配位氢磷烷所有分子中手性原子的绝对构型都确定出来(表 3.6)。根据固体 ECD 光谱关联法确定各绝对构型时发现，它们的固体 ECD 信号具有一定的规律性，其中中心磷原子的绝对构型对该类型化合物固体 ECD 光谱的 Cotton 效应具有主要的影响作用。

表3.6 固体ECD关联双氨基酸五配位氢磷烷绝对构型

化合物	合成原料	固体 ECD 信号	绝对构型	化合物	合成原料	固体 ECD 信号	绝对构型
3-3a①	L-Val	−	(Λ_P, S_C, S_C)	**3-7a**①	L-PhGly	−	(Λ_P, S_C, S_C)
3-3b	L-Val	+	(Δ_P, S_C, S_C)	**3-7b**①	L-PhGly	−(205 ～ 225 nm) +(225 ～ 260 nm)	(Δ_P, S_C, S_C)
3-4a①	D-Val	+	(Δ_P, R_C, R_C)	**3-8a**①	D-PhGly	+	(Δ_P, R_C, R_C)
3-4b	D-Val	−	(Λ_P, R_C, R_C)	**3-8b**①	D-PhGly	+(205 ～ 225 nm) − (225 ～ 260 nm)	(Λ_P, R_C, R_C)
3-5a	L-Leu	−	(Λ_P, S_C, S_C)	**3-9a**①	L-Phe	−	(Λ_P, S_C, S_C)
3-5b	L-Leu	+	(Δ_P, S_C, S_C)	**3-9b**	L-Phe	+	(Δ_P, S_C, S_C)
3-6a	D-Leu	+	(Δ_P, R_C, R_C)	**3-10a**①	D-Phe	+	(Δ_P, R_C, R_C)
3-6b	D-Leu	−	(Λ_P, R_C, R_C)	**3-10b**	D-Phe	−	(Λ_P, R_C, R_C)

①表示绝对构型通过晶体结构进行确定。

双缬氨酸五配位氢磷烷 **3-3a** ～ **3-4b** 和双亮氨酸五配位氢磷烷 **3-5a** ～ **3-6b** 中，氨基酸侧链都是饱和脂肪链，固体 ECD 光谱的 Cotton 效应主要受到中心磷原子绝对构型的影响，氨基酸 α 位手性碳原子的影响比较小。当中心磷原子的绝对构型是 Δ_P 时，表观上表现出正 Cotton 效应，当中心磷原子的绝对构型是 Λ_P 时，表观上表现出负 Cotton 效应，无论氨基酸 α 位碳原子的绝对构型是 R 还是 S。但对于双苯甘氨酸五配位氢磷烷 **3-7a** ～ **3-8b** 而言，并没有上述的规律性。对其结构进行分析后认为：相比 **3-3a** ～ **3-6b**，在 **3-7a** ～ **3-10b** 结构中都含有的苯环属于较强的生色团；并且在 **3-7a** ～ **3-8b** 中苯环与氨基酸的 α 手性碳原子直接相连成键，因此受到 α 位碳原子的手性影响也比较大，中心磷原子与氨基酸 α 位手性碳原子的绝对构型共同作用对苯环产生影响，所以 **3-7a** ～ **3-8b** 的固体 ECD 光谱表现出特殊的形式。

而对于双苯丙氨酸五配位氢磷烷 **3-9a** ～ **3-10b**，其结构中的苯环与氨基酸的 α 位手性碳原子之间相隔了一个—CH_2—基团，受到 α 位手性

碳原子的影响比 **3-7a** ～ **3-8b** 要小很多，但由于苯环的较强生色特性，所以 α 位手性碳原子对苯环还是存在着影响。因此 **3-9a** ～ **3-10b** 的固体 ECD 信号亦受到中心磷原子和氨基酸 α 位手性碳原子绝对构型的共同影响，但光谱形式与前面所述都有所不同，从固体 ECD 光谱的 Cotton 效应来看，它受到中心磷原子绝对构型的影响更大，在谱图表现出的规律上与 **3-3a** ～ **3-6b** 具有一定的一致性。

3.3.5 双氨基酸手性五配位氢磷烷的理论 ECD 光谱研究

伴随着计算化学的发展，目前已可以借助理论计算来拟合实验 ECD 光谱，确定分子相应的立体结构，从而对分子内电子跃迁等情况进行合理解释。DFT 和含时密度泛函理论 (time dependent density functional theory, TDDFT)[74]，可以完成对大分子激发态的精确计算，使得对 ECD 谱的精细研究得以实现 [75,76]。

在 3.3.4 节中对实验固体 ECD 光谱进行分析后推测：双氨基酸五配位氢磷烷的 ECD 光谱会同时受到中心手性磷原子以及氨基酸侧链 α 位手性碳原子综合作用的影响。其中当氨基酸侧链基团是饱和脂肪链时，中心磷原子的手性起主要作用：当其绝对构型是 Δ_P 时，ECD 光谱在表观上显示出正科顿效应，反之则是负科顿效应。为了更好地研究中心磷原子的绝对构型和 α 位手性碳原子对 ECD 光谱的影响，山西大学王越奎教授分别针对双氨基酸五配位氢磷烷模型化合物(双甘氨酸五配位氢磷烷)、**3-3a** 和 **3-3b**、**3-5a** 和 **3-5b** 进行了相应的理论计算 [77]，通过对理论 ECD 光谱进行拟合，可以对跃迁情况进行深入探究。对双氨基酸五配位氢磷烷的构象搜索和几何结构优化在 DFT/B3LYP/cc-pVTZ 的水平上进行比较合适，但 ECD 光谱的拟合计算则采用混合基组：P 原子为 aug-cc-pVTZ，其他原子为 aug-cc-pVDZ。

本小节选取不含手性配体的模型化合物双甘氨酸五配位氢磷烷为理论计算实例，主要考察手性磷原子对 ECD 光谱的影响，拟合其 ECD 谱，并对跃迁情况进行分析。

双甘氨酸五配位氢磷烷中仅含有一个中心手性磷原子，其绝对构型可以分为Δ_P和Λ_P两种，并互为对映异构体。理论上二者的ECD光谱应表现出镜面对称的关系，因此仅选择其中的一种构型进行研究。以Δ_P构型为例(化合物编号为**3-23**，该手性化合物并未实际合成并分离获得，仅在计算中作为模型化合物使用)展开计算。

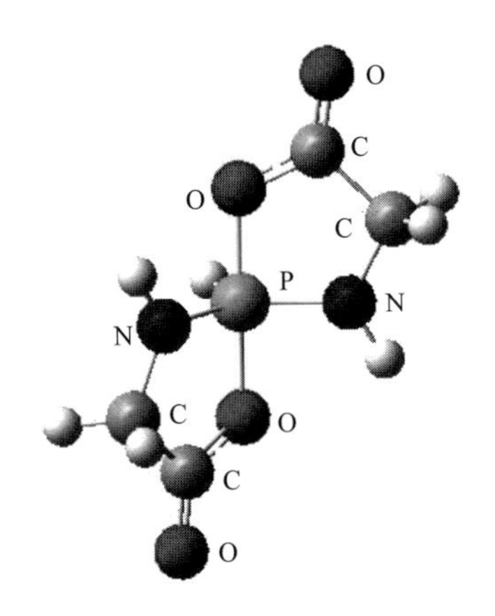

图3.19　双甘氨酸五配位氢磷烷模型化合物的构象搜索结果
（H原子：无标记的小球）

在DFT/B3LYP/aug-cc-pVTZ水平上，首先对模型化合物**3-23**的基态构型进行构象搜索以及几何结构优化。构象搜索获得的构型如图3.19所示，磷原子仍然保持比较理想的三角双锥构型。具体几何结构优化后的参数如表3.7所示。

表3.7　双甘氨酸五配位氢磷烷3-23的几何结构优化参数

键长	/Å	键角	/(°)	二面角	/(°)
C-C	1.521	N-P-N	127.0	N-P-H---N②	180.0
C-N	1.446	O-P-O	178.0	O-P-H---O②	180.0
C═O	1.198	N-P-O	88.8	N-P-O---N②	127.0
C-O	1.342	N-P-O′①	90.4	P-O-C═O	179.6
N-P	1.658	N-P-H	116.5	C-C-N-P	2.1
O-P	1.751	O-P-H	90.9	C-C-O-P	−0.2
C-H	1.092	C-N-P	118.4	C-C-N-H	178.9
N-H	1.004	C-O-P	116.7	C-O-P-N	1.2
P-H	1.396	P-N-H	120.1	C-O-P-N′①	128.2

① N-P-O′和C-O-P-N′等中带撇的原子表示它和其他原子不在同一个五元环内，以区别于在同一个五元环内的N-P-O和C-O-P-N。

② 二面角N-P-O---N等中的实线表示相连的两个原子成键，虚线表示相连的两个原子并未成键。

由表 3.7 可见，在分子中 N-P-H(N) 以及 N 原子参与形成的 P-N-H 和 P-N-C 都表现出比较严格的平面构型，说明 P 原子保持了较为完整的三角双锥构型，同时 N 原子具有平面结构表示它属于 sp^2 杂化形式而不是通常认为的 sp^3 杂化。对该结构进行轨道分析亦表明 N-P-N 键表现出明显的 d-pπ 成键特征。

表3.8　模型化合物3-23的激发波长与旋转强度

编号	对称性	激发波长 λ①/nm	旋转强度 R/DBM
1	1^1B	215.6	0.1278
2	2^1A	215.6	−0.0104
3	2^1B	194.6	0.0065
4	3^1A	188.6	−0.1224
5	4^1A	187.6	−0.0674
6	5^1A	186.7	−0.0469
7	3^1B	186.2	0.5224
8	4^1B	185.2	0.0392
9	6^1A	179.1	0.0120
10	5^1B	177.7	−0.0117
11	6^1B	176.8	0.0013

① 用激发波长表示跃迁的激发能。

在 TDDFT/B3LYP/aug-cc-pVTZ 的水平上对模型手性化合物 **3-23** 的 ECD 光谱进行了拟合计算，同时对电子跃迁的情况进行分析，获得的激发波长和旋转强度数据如表 3.8 所示，ECD 光谱拟合曲线如图 3.20 所示，图中竖线的位置用以指明跃迁波长的计算值，高度则表示相应跃迁吸收

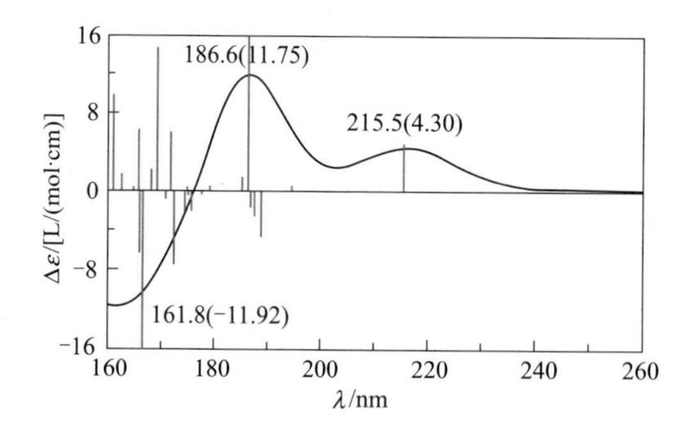

图 3.20　模型化合物 **3-23** 的 ECD 光谱拟合图

带的极大值。曲线为所有跃迁吸收带的拟合曲线，各吸收峰位置的左、右圆摩尔吸收系数之差 $\Delta\varepsilon$ 已在图上标出。由于该化合物只含有磷原子一个手性中心，因此其 ECD 光谱直接反映了 Δ_P 构型的贡献(Λ_P 构型的贡献大小相同但符号相反)。表 3.9 总结出了不同跃迁类型对 ECD 光谱的贡献，下面结合表 3.8 以及 ECD 光谱拟合曲线对该类化合物的电子跃迁规律进行分析。

图 3.20 中，215.5 nm 处第一个正吸收带由两个“偶然简并”的跃迁 $1^1A \rightarrow 1^1B$ 和 $1^1A \rightarrow 2^1A$ 产生，旋转强度分别为 0.1278 DBM 和 −0.0104 DBM (1DBM = 92.74×10^{-40} cgs)。通过旋转强度可以确定对此吸收带做出主要贡献的跃迁是 $1^1A \rightarrow 1^1B$。从激发态的组成看，这是一个“混合跃迁”，可简化标记为 $n_{=O} \rightarrow \pi^*_{O\text{-}C=O}$，即为 $n \rightarrow \pi^*$ 跃迁，所涉及的单激发组态即轨道跃迁为：45 → 48($n_{=O} + \sigma_{C\text{-}C\text{-}O} \rightarrow \pi^*_{O\text{-}C=O} + \sigma^*_{C\text{-}H}$) 占 42%，46 → 49($\pi_{N\text{-}P} + n_{=O} + \sigma_{C\text{-}C\text{-}O} \rightarrow \pi^*_{O\text{-}C=O} + \sigma^*_{C\text{-}H'}$) 占 26%，44 → 49($\pi_{N\text{-}P} + n_{=O} + \sigma_{C\text{-}C\text{-}H} \rightarrow \pi^*_{O\text{-}C=O} + \sigma^*_{C\text{-}H'}$) 占 15%。

在 186.6 nm 处的第二个正吸收带是由 6 个波长相近的跃迁产生。其中做出主要贡献的跃迁(图中最强的竖线)为 $1^1A \rightarrow 3^1B$。这是一个比较纯的跃迁，旋转强度高达 0.5224 DBM，所涉及的轨道跃迁为：44 → 47($\pi_{N\text{-}P} + n_{=O} + \sigma_{C\text{-}C\text{-}H} \rightarrow$ s) 占 71 %。由于激发态主要为 Rydberg 的 s 轨道，因此这是一个典型的 $\pi \rightarrow$ s 型 Rydberg 跃迁。

此外，图 3.20 中位于 161.8 nm 处的负吸收带是由许多跃迁吸收叠加而成，且均具有明显的 Rydberg 跃迁特征。其中最强的跃迁是 $1^1A \rightarrow 12^1A$，旋转强度为 –0.5732 DBM。该跃迁的 60 % 来自轨道跃迁 43 → 51($\pi_{N\text{-}P\text{-}N} + \sigma_{P\text{-}H} \rightarrow p_z$)，20 % 来自 44 → 52($\pi_{N\text{-}P} + n_{=O} + \sigma_{C\text{-}C\text{-}H} \rightarrow p_y$)，是一个典型的 $\pi \rightarrow$ p 型 Rydberg 跃迁。

Rydberg 跃迁是指成键电子到 Rydberg 空轨道的跃迁，相应的激发能 E 近似满足如下的类氢离子的 Rydberg 公式：$E = I - R/(n-s)^2$。其中，I 为分子的第一电离能，R 为 Rydberg 常数，$n-s$ 可称为有效主量子数(s 的引入用以区分 s、p、d 等轨道的量子数)。在光谱分析中，纯的 Rydberg 跃迁在气态和固体光谱中并不少见，但在溶液光谱中由于溶质和溶剂间的动态作用而很难观测到。

表3.9　双甘氨酸五配位氢磷烷3-23的重要低能激发态的组成与跃迁类型

激发类型	激发组态	百分比①/%	轨道跃迁的类型②
$1^1A \rightarrow 1^1B$	$45 \rightarrow 48$	42	$n_{=O} + \sigma_{C\text{-}C\text{-}O} \rightarrow \pi^*_{O\text{-}C=O} + \sigma^*_{C\text{-}H}$
$1^1A \rightarrow 1^1B$	$46 \rightarrow 49$	26	$\pi_{N\text{-}P} + n_{=O} + \sigma_{C\text{-}C\text{-}O} \rightarrow \pi^*_{O\text{-}C=O} + \sigma^*_{C\text{-}H'}$
$1^1A \rightarrow 1^1B$	$44 \rightarrow 49$	15	$\pi_{N\text{-}P} + n_{=O} + \sigma_{C\text{-}C\text{-}H} \rightarrow \pi^*_{O\text{-}C=O} + \sigma^*_{C\text{-}H'}$
$1^1A \rightarrow 3^1A$	$45 \rightarrow 47$	87	$n_{=O} + \sigma_{C\text{-}C\text{-}O} \rightarrow s$
$1^1A \rightarrow 3^1B$	$44 \rightarrow 47$	71	$\pi_{N\text{-}P} + n_{=O} + \sigma_{C\text{-}C\text{-}H} \rightarrow s$
$1^1A \rightarrow 12^1A$	$43 \rightarrow 51$	60	$\pi_{N\text{-}P\text{-}N} + \sigma_{P\text{-}H} \rightarrow p_z$
$1^1A \rightarrow 12^1A$	$44 \rightarrow 52$	20	$\pi_{N\text{-}P} + n_{=O} + \sigma_{C\text{-}C\text{-}H} \rightarrow p_y$

① 该类型的轨道跃迁在相应激发类型中所占的百分比。

② 轨道的主要成分之间用“+”号隔开，并按权重由大到小依次列出。如46号的HOMO轨道为 $\pi_{N\text{-}P} + n_{=O} + \sigma_{C\text{-}C\text{-}O}$，表示其主要成分是位于N-P键上的π轨道，其次为位于=O上的n轨道，再次为位于C-C-O上的σ成分，其余类推。注意，$\pi_{N\text{-}P}$ 是由N原子的 $2p_z$ 轨道和P原子的 $3d_{xz}$，$3d_{yz}$ 轨道部分重叠形成的定域轨道，$\pi_{N\text{-}P\text{-}N}$ 则是由N原子的 $2p_z$ 轨道和P原子的 $3d_{z^2}$ 轨道部分重叠形成的离域轨道，而s、p、d和f指具有相应形状的类Rydberg轨道。

通过上述分析可以看出，当双氨基酸五配位氢磷烷仅含有一个中心手性磷原子时，Δ_P 构型在215.5 nm和186.6 nm附近表现出正科顿效应模式，在161.8 nm附近表现出负科顿效应模式。由此可以推测出 Λ_P 构型在215.5 nm和186.6 nm附近应表现出负的科顿效应模式，在161.8 nm附近应表现出正的科顿效应模式。在实际测试中因为化合物性质与仪器测试条件的限制，低于185 nm的固体和溶液ECD光谱通常很难被观测到。

3.3.6　双氨基酸手性五配位氢磷烷的VCD光谱

VCD光谱不仅可以作为单一的手段研究分子的绝对构型，而且可以和其他手性光谱如ECD、ORD和CPL等结合，作为集成的手性光谱技术来研究手性化合物的绝对构型和反应机理，相辅相成、互相印证。虽然VCD光谱强度通常只有 $10^{-6} \sim 10^{-4}$ 数量级，但是对于分子构象的细微差异，VCD光谱却比ECD光谱更为灵敏[78]。VCD光谱主要研究分子的基态性质，相比于激发态，DFT在计算电子基态时更加容易且所得结果也更加可靠。因此，本节选择性地讨论双氨基酸五配位氢磷烷化合物的实验和理论VCD光谱，利用VCD光谱结合理论计算可以对双氨基酸五配位氢磷烷的各种几何和光学异构体进行有效指认。

2010 年，加拿大 Albert 大学的徐云洁教授和东北师范大学的杨国春教授所在课题组与赵玉芬课题组合作，对双氨基酸五配位氢磷烷化合物的 VCD 光谱进行了细致的理论模拟和实验研究[79, 80]，得到理论计算与实验 VCD 光谱一致的结果。现以双缬氨酸和双亮氨酸五配位氢磷烷化合物(**3-3** 和 **3-5**，见 3.1 节的图 3.3)为例，讨论双氨基酸五配位氢磷烷各种构型的实验和理论模拟的 VCD 光谱。利用实验 VCD 光谱结合理论模拟计算可以对双氨基酸五配位氢磷烷各种构型进行有效的指认。图 3.21 给出了实验获得的 **3-3a**、**3-3b**、**3-5a** 和 **3-5b** 的 VA 和 VCD 光谱。它们相应的对映异构体 **3-4a**、**3-4b**、**3-6a** 和 **3-6b** 的 VA 和 VCD 光谱分别是相同或相反的符号。如图 3.21 所示，对于 **a** 和 **b** 非对映异构体它们的 VA 谱几乎相同，因此不可能单独使用 VA 光谱区分异构体。但是，它们对应的 VCD 光谱在低于 1500 cm^{-1} 的频率区域具有明显的差异，这表明可以使用 VCD 光谱区分两种不同的非对映异构体。当以亮氨酸取代手性缬氨酸几乎不会使 VA 谱发生明显变化，而相应的 VCD 光谱确实有一些变化。

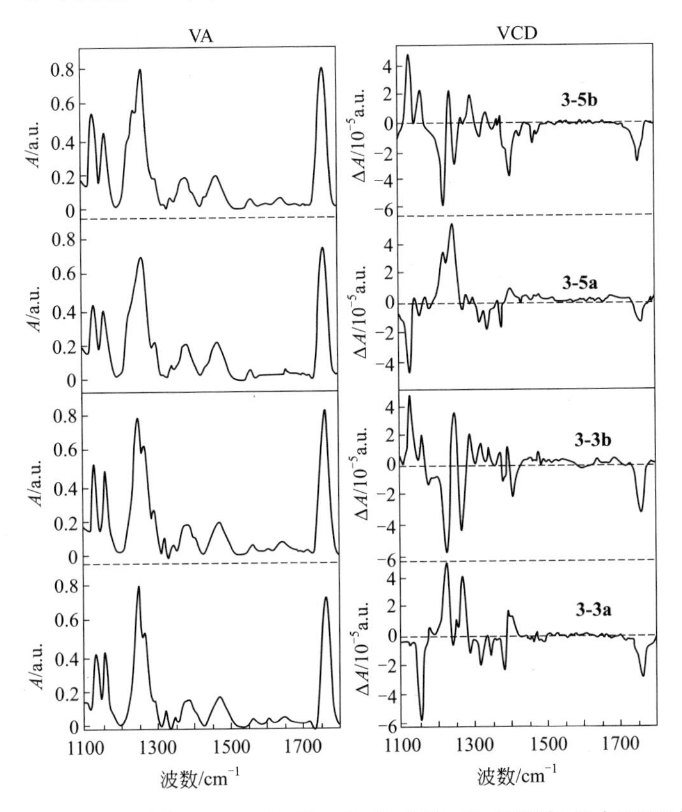

图 3.21　化合物 **3-3a**、**3-3b**、**3-5a** 和 **3-5b** 的实验 VA 与 VCD 谱

首先有必要描述一下双氨基酸五配位氢磷烷可能存在的异构体，再模拟相应的 VA 和 VCD 谱并与实验数据进行比较，而后评估这些 VA 和 VCD 谱如何用于表征五配位磷化合物的异构体和绝对构型。采用 VCD 谱对绝对构型的判断将尽可能与 X 射线晶体学确定的结构进行比较。如前所述，**3-3** 的两个异构体是 **3-4** 的相应对映异构体，**3-5** 和 **3-6** 的异构体亦然。

对于双缬氨酸五配位氢磷烷异构体 **3-3** 和 **3-4**，五配位磷化合物原则上可以采用三角双锥 (TBP) 和四方形 / 矩形锥 (SP) 几何构型。在大多数情况下，更倾向于轻微扭曲的 TBP 几何构型。对 **3-3** 进行初步计算表明，发现该分子处于 TBP 几何构型具有可能的能量最小值，而确定的过渡状态具有 SP 几何构型。这与化合物 **3-3** 的 X 射线晶体结构确定的 TBP 几何构型一致。因此，在随后的构象搜索中将专注于符合 TBP 几何构型寻找可能的立体异构体。

五配位磷化合物 **3-3** 具有三个手性中心，其中之一是磷原子，另外两个在氨基酸配体上，这将产生四对非对映体，分别简写 (或作为前缀) 为: $\Lambda_P SS$ 和 $\Delta_P RR$、$\Lambda_P SR$ 和 $\Delta_P RS$、$\Lambda_P RS$ 和 $\Delta_P SR$、$\Lambda_P RR$ 和 $\Delta_P SS$， 每对异构体彼此均为镜像关系。因此，在结构搜索只需要考虑 $\Lambda_P SS$、$\Lambda_P SR$、$\Lambda_P RS$ 和 $\Delta_P SS$ 四个构型，其余四个构型是这四个对映体的镜像。因为合成反应采用的是对映纯氨基酸，预期产物应该只有 *RR* 或 *SS* 构型。为弄清楚不同立体中心的手性如何影响 VCD 光谱的形貌，理论计算仍然包括可能的 *SR* 或 *RS* 立体异构体。

另外，大量可能的几何异构体会以不同的构型存在。首先，考虑配体结合位点在顶轴上的不同排列。例如，化合物 **3-3** 可以具有 O-P-O、N-P-O、N-P-N、O-P-H 或 N-P-H 顶轴排列。DFT 计算表明，化合物 **3-3** 的 N-P-N 构型不具有最小能量值，并且 O(或 N)-P-H 构象非常不稳定(约 17 kcal/mol)。O-P-O 和 N-P-O 的异构体具有能量极小值，这与 3.1 节中提及的相对亲顶性原则，以及先前实验观察到的五配位磷化合物主要以 O-P-O 和 N-P-O 顶轴排列的形式一致，而 N-P-N 类型则很少被发现。将此因素与上文所述的手性因素结合，我们期望有三种 O-P-O 和四种 N-P-O 立体异构体。以 O-P-O 为顶轴的排列确实只存在三种立体异构体，因为在两个双齿氨基酸配体相同时，$\Lambda_P SR$ 和 $\Lambda_P RS$ 是等同的。

另一个需要考虑的是缬氨酸配体本身会以不同的构象存在。可能的构象分为两类：第一类与氨基酸片段有关，第二类与脂肪族侧链—$CH(CH_3)_2$旋转有关（图3.22）。这里所研究的化合物，氨基酸片段被锁定在一个特定的构型是由于均与中心P配位。另外，图3.22中所示的围绕两个C-C键的旋转可以生成更多可能的构象异构体。事实确实如此，每个侧链可以有三种不同的构象，与已报道的缬氨酸分子相似。

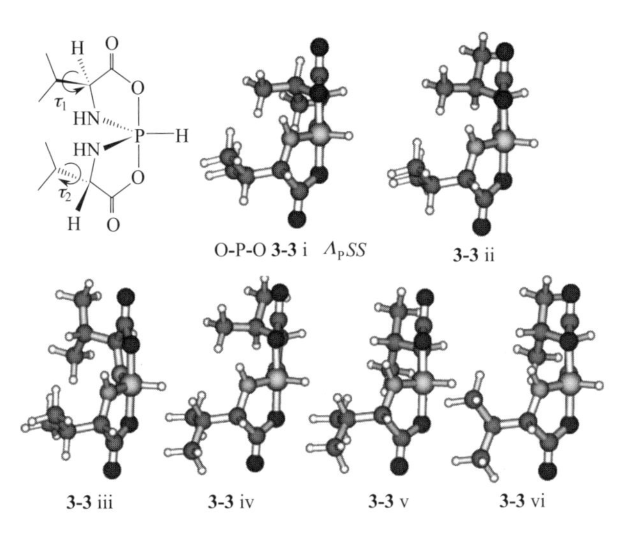

图3.22　在B3LYP/6-311++G** 理论水平上优化缬氨酸脂肪族侧链的旋转和$\Lambda_P SS$ **3-3**之O-P-O排列的六个最低能量构象

对于O-P-O的$\Lambda_P SS$型结构缬氨酸侧链可以产生九个构象。但仔细观察会发现其中三个是多余的，因为两个双齿配体是等同的，都是氧原子在轴向位置与P键合。事实上，假设的六个构象的几何结构通过几何优化和随后的谐波频率计算被证实具有能量最小值。图3.22给出了这六个构象**3-3** ⅰ～**3-3** ⅵ的几何图形。计算出的相对总能量ΔE、相对吉布斯自由能ΔG和298.15 K下基于相对吉布斯自由能和总能量的归一化玻尔兹曼因子B_f，见表3.10。六个构象中，**3-3** ⅰ是最稳定的一个，包含C—H···O型二级氢键，键长为2.71 Å。化合物**3-3** ⅰ～**3-3** ⅵ的理论计算VA和VCD光谱如图3.23所示，这六个构象的VA和VCD光谱非常相似。VA光谱与侧链构象无关并不奇怪，因为侧链构象微小的变化几乎不影响振动频率和强度。另外，VCD光谱通常对二面角的变化非常敏感，并被广泛用于区分不同的构象。在这种情况下，两个不同侧链—$CH(CH_3)_2$的取向似乎对VCD光谱影响很小。

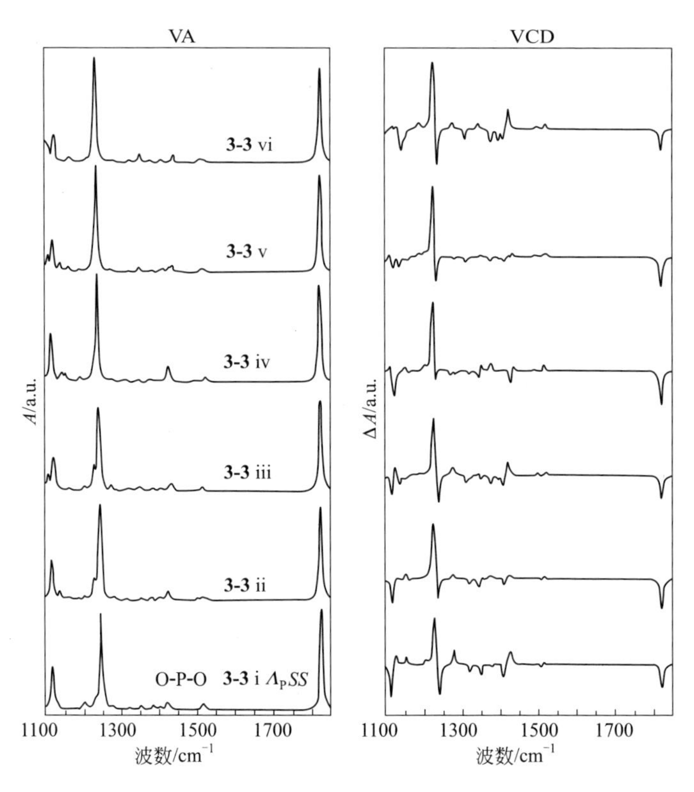

图 3.23 在 B3LYP/6-311++G** 理论水平上计算 $\Lambda_P SS$ **3-3** 的 O-P-O 排列六个构象的 VA 和 VCD 谱

与 $\Lambda_P SS$ 所述相同的方法，同样可以得到六个最稳定的 O-P-O $\Delta_P SS$ 构象。同样含 C—H···O 型二级氢键，键长为 2.73 Å 的 $\Delta_P SS$ **3-3** ⅰ 是最稳定的构象。六个 $\Delta_P SS$ 构象的计算结果列在表 3.10 中。$\Delta_P SS$ **3-3** ⅰ ～ **3-3** ⅵ的 VA 和 VCD 的计算光谱如图 3.24 所示。

表3.10 化合物3-3各种异构体的相对吉布斯自由能ΔG (kcal/mol), 相对总能量ΔE(kcal/mol) 和298.15 K下基于相对吉布斯自由能和总能量的归一化玻尔兹曼因子B_f (%)

异构体	Δ*G*/(kcal/mol)	B_f(Δ*G*)/%	Δ*E*/(kcal/mol)	B_f(Δ*E*)/%
O-P-O 异构体				
3-3 ⅰ $\Lambda_P SS$	0.0①	69.67	0.0	63.83
3-3 ⅱ	1.42	6.37	0.88	14.45
3-3 ⅲ	0.84	16.98	0.96	12.72
3-3 ⅳ	2.02	2.28	1.58	4.41
3-3 ⅴ	1.89	2.89	1.78	3.14

续表

异构体	Δ*G*/(kcal/mol)	B_f(Δ*G*)/%	Δ*E*/(kcal/mol)	B_f(Δ*E*)/%
O-P-O 异构体				
3-3 ⅵ	2.17	1.80	2.24	1.45
3-3 ⅰ $\Lambda_P SR$	0.0	46.37	0.0	50.27
3-3 ⅱ	0.69	14.38	0.73	14.77
3-3 ⅲ	1.15	6.66	1.22	6.39
3-3 ⅳ	0.67	14.97	0.80	12.92
3-3 ⅴ	1.37	4.60	1.49	4.09
3-3 ⅵ	1.82	2.16	1.99	1.75
3-3 ⅶ	1.07	7.62	1.19	6.77
3-3 ⅷ	1.80	2.22	1.88	2.09
3-3 ⅸ	2.26	1.02	2.35	0.95
3-3 ⅰ $\Delta_P SS$	0.00②	58.99	0.00	60.34
3-3 ⅱ	0.93	12.24	1.12	9.15
3-3 ⅲ	0.64	19.93	0.62	20.07
3-3 ⅳ	1.92	2.31	2.25	1.34
3-3 ⅴ	1.75	3.10	1.82	2.79
3-3 ⅵ	1.69	3.43	1.44	5.32
N-P-O 异构体				
3-3 ⅰ $\Lambda_P SS$	1.66	–	1.85	–
3-3 ⅰ $\Lambda_P SR$	1.34	–	1.56	–
3-3 ⅰ $\Lambda_P RS$	0.97	–	1.08	–
3-3 ⅰ $\Delta_P SS$	0③	–	0	–

① O-P-O $\Lambda_P SS$ **3-3** ⅰ为 0.33 kcal/mol，高于 O-P-O $\Lambda_P SR$ **3-3** ⅰ。

② O-P-O $\Delta_P SS$ **3-3** ⅰ为 0.23 kcal/mol，高于 O-P-O $\Lambda_P SR$ **3-3** ⅰ。

③ N-P-O $\Delta_P SS$ **3-3** ⅰ为 14.66 kca/mol，高于 O-P-O $\Lambda_P SR$ **3-3** ⅰ。

同 $\Lambda_P SS$ 一样，$\Delta_P SS$ 六个构象的 VA 和 VCD 光谱非常相似，侧链构象微小的变化几乎不影响 VCD 光谱的形状。与 $\Lambda_P SS$ 一样，$\Delta_P SS$ 六个构象的 C═O 伸缩振动信号均是负信号。另外，$\Delta_P SS$ 位于 1250 cm^{-1} 处的特征 VCD 信号与 $\Lambda_P SS$ 相反。这表明手性配体的结构主导 C═O 伸缩振动的 VCD 信号，而在 1100 ～ 1500 cm^{-1} 波段，磷中心的手性决定着 VCD 主要特征峰的信号。值得注意的是，实验 ECD 光谱表明化合物

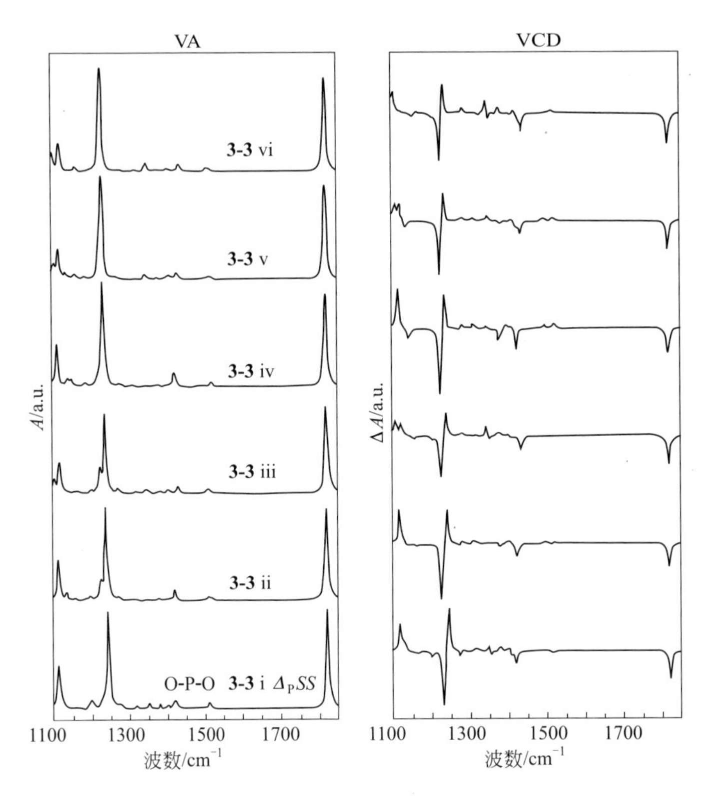

图 3.24 在 B3LYP/6-311++G** 理论水平上计算 $\Delta_P SS$ **3-3** 的 O-P-O 构型六个构象的 VA 和 VCD 谱

3-3 ECD 峰的信号(图 3.15)主要由 P 中心的手性决定，与配体的手性基本无关。由于缬氨酸侧链不存在生色团，因此这里的 VCD 光谱不仅可以提供 P 中心手性信息，也包含了配体的手性信息。从含有多个手性中心化合物的精细手性结构表征的意义来看，VCD 光谱比 ECD 光谱略胜一筹！

对于 $\Lambda_P SR$ 异构体，两个手性配体具有相反手性，因此 $\Lambda_P SR$ 有九种可能的构象，且它们经 DFT 计算都被证实具有能量极小值。$\Lambda_P SR$ 构象的理论预测也总结在表 3.10。对 $\Lambda_P SR$ **3-3** ⅰ ~ **3-3** ⅸ计算的 VA 和 VCD 光谱如图 3.25 所示，可以看到，最强的特征 VCD 信号大约在 1250 cm^{-1} 处，计算的所有九个构象位于此处的信号看起来非常相似。$\Lambda_P SR$ 异构体构象的 C＝O 伸缩振动特征 VCD 是一正一负的双信号，强度大大低于 $\Lambda_P SS$ 和 $\Delta_P SS$ 的信号。

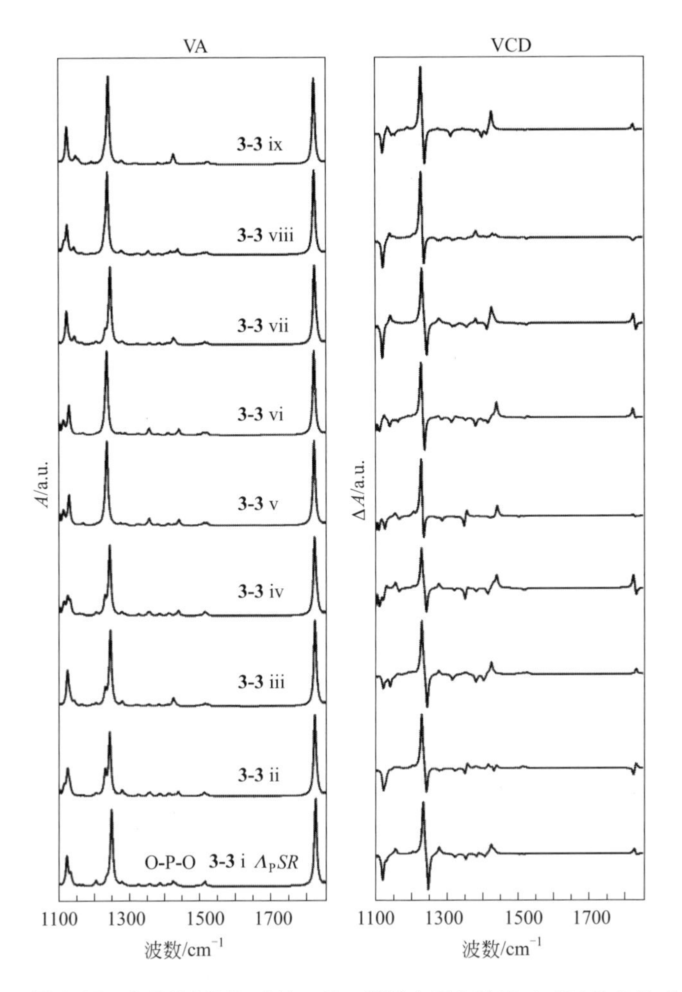

图 3.25 在 B3LYP/6-311++G** 理论水平上计算 $\Lambda_P SR$ **3-3** 的 O-P-O 构型九个构象的 VA 和 VCD 谱

对 N-P-O 立体异构体也进行了类似的构象搜索。在这种情况下，预计有四类立体异构体: $\Lambda_P SS$、$\Lambda_P SR$、$\Lambda_P RS$ 和 $\Delta_P SS$。一般来说，这些异构体不如 O-P-O 异构体稳定。已经证明在 O-P-O 每种立体异构体中与 —$CH(CH_3)_2$ 相关的构象均产生非常相似的 VA 和 VCD 特征信号，因此 N-P-O 立体异构体也应如此。对四种 N-P-O 类型的每一种最稳定的构象描绘见图 3.26，与 O-P-O 的三个类型比较。四种 N-P-O 立体异构体计算的 VA 和 VCD 光谱如图 3.27(a) 所示。N-P-O 类型的计算结果也列于表 3.10。

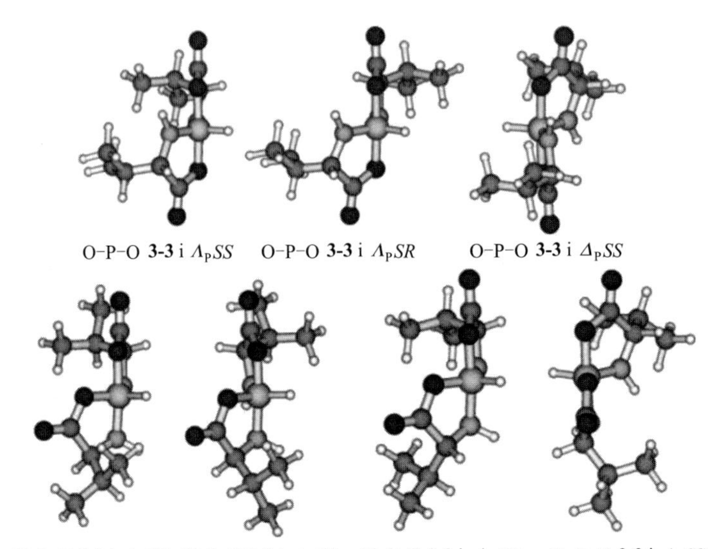

图 3.26　在 B3LYP/6-311++G** 理论水平上优化的化合物 **3-3** 的 O–P–O $\Lambda_P SS$、$\Lambda_P SR$、$\Delta_P SS$ 和 N–P–O $\Lambda_P SS$、$\Lambda_P SR$、$\Lambda_P RS$、$\Delta_P SS$ 七种典型构型的几何结构

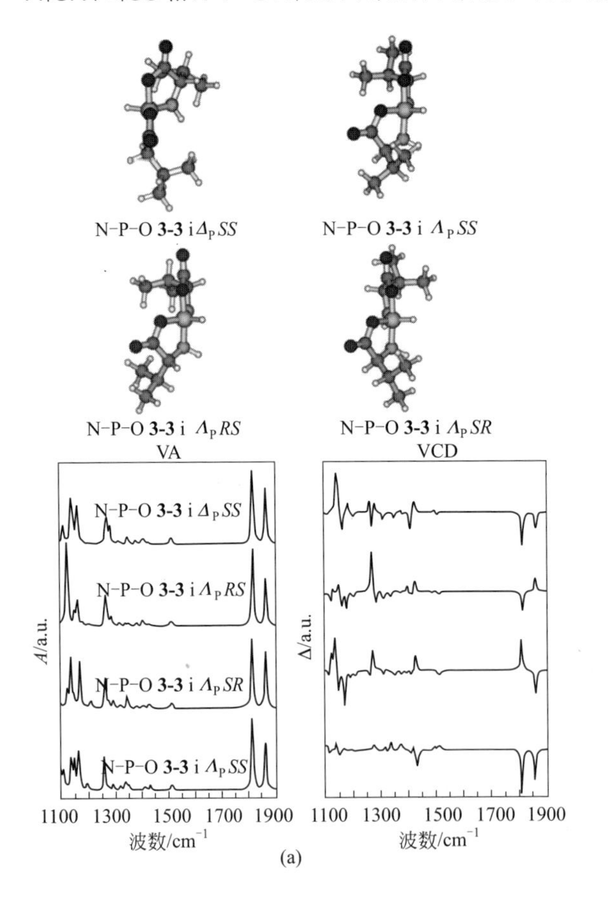

(a)

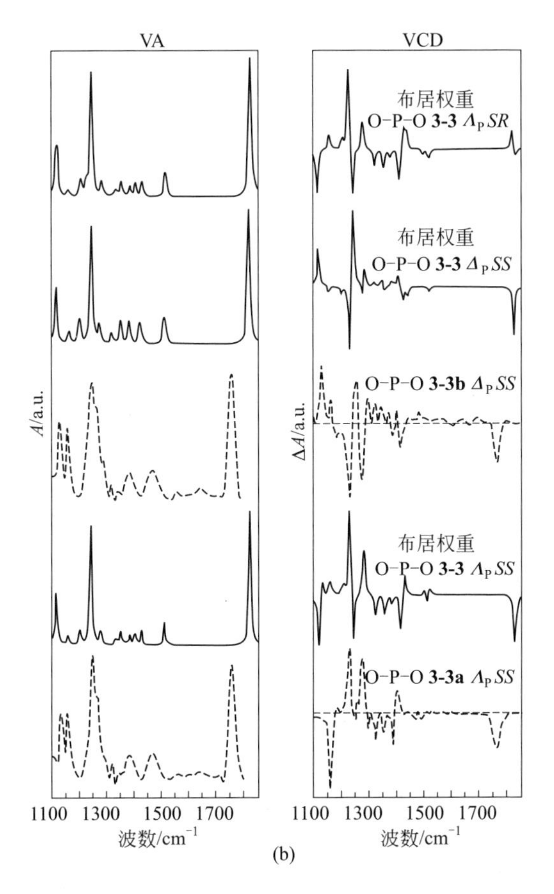

图 3.27 在 B3LYP/6-311++G** 理论水平计算化合物 **3-3** 的 N-P-O 四种最稳定异构体 $\Lambda_P SS$、$\Lambda_P SR$、$\Lambda_P RS$ 和 $\Delta_P SS$ 的 VA 和 VCD 谱（a）; **3-3a** 和 **3-3b** 的实验 VA 和 VCD 光谱(---)与其对应计算的以 O-P-O 轴的 $\Lambda_P SR$、$\Lambda_P SS$ 和 $\Delta_P SS$ 异构体的加权谱(—)对比图（b）

预测 O-P-O 立体异构体远比 N-P-O 的稳定，化合物 **3-3** 的最稳定的 N-P-O 和 O-P-O 异构体之间的相对能量差为 14.66 kcal/mol。另外，O-P-O 和 N-P-O 异构体之间的总能量或吉布斯自由能跨度是相当小的。O-P-O 异构体有可能转化为 N-P-O，一般来说可以通过 SP 过渡态以 Berry 假旋转机制完成。在 B3LYP/6-31G* 水平可以得到可能的过渡态，估计这种转换的势垒高度为 37.45 kcal/mol。这个大的能量屏障表明这两个构象之间的转换是受限的。实验上，预计在 $CDCl_3$ 溶液中 **3-3** 的主要物种应为 O-P-O 型。

计算得到每种 O-P-O 类型布居加权的 VA 和 VCD 谱如图 3.27(b) 所示，并与化合物 **3-3** 的非对映体对(即 **3-3a** 和 **3-3b**)的实验 VA 和 VCD 谱图比较。可以明显地看到，O-P-O 和 N-P-O 类型的 VA 和 VCD 谱图特征有显著差异。在 N-P-O 立体异构体中，因为两个缬氨酸配体通过 N 或者 O 原子与 P 原子结合，这提升了两个配体的相似性，而 O-P-O 的情况相反，结果两个 C＝O 伸缩频率明显偏移，产生非常独特的 VA 和 VCD 特征信号。相应的，N-P-O 其余的 VA 和 VCD 特征峰也受到相当大的影响。因为 O-P-O 和 N-P-O 类型化合物表现出非常不同的 VA 吸收，这两种结构异构体的类型可以通过它们的 VA 光谱区分。显然，**3-3a** 和 **3-3b** 实验的 VA 光谱与具有 O-P-O 轴的化合物一致。包含 O-P-O 轴的 $\mathit{\Lambda}_{P}SS$、$\mathit{\Delta}_{P}SS$ 和 $\mathit{\Lambda}_{P}SR$ 异构体的 VA 光谱几乎完全相同，因此不可能用 VA 光谱法来区分它们。

对于绝对构型指认，仔细比较实验和计算 VCD 光谱，清楚表明：计算 VCD 光谱与 $\mathit{\Lambda}_{P}SS$ 的绝对构型最接近实验观察到的 **3-3a** 的光谱。VCD 计算谱不仅能很好地再现谱带位置，而且能很好地再现相对强度。同样，可以将 **3-3b** 绝对构型指认为 $\mathit{\Delta}_{P}SS$。

评估基组和溶剂对计算 VA 特别是 VCD 光谱的影响，使用 aug-cc pVDZ 基组重新优化最稳定的 $\mathit{\Lambda}_{P}SS$ 异构体，O-P-O $\mathit{\Lambda}_{P}SS$ **3-3** ⅰ，并重新计算其 VA 和 VCD 光谱，用这个基组计算的结果与 B3LYP 的几乎没有差别。

通常，溶剂对测量的 VA 和 VCD 光谱有很大影响。因此这里也考察了 $CDCl_3$ 对 O-P-O $\mathit{\Lambda}_{P}SS$ **3-3** ⅰ 的 VA 和 VCD 光谱的影响。$CDCl_3$ 溶剂的介电常数为 4.9，采用连续介质环境处理，O-P-O $\mathit{\Lambda}_{P}SS$ **3-3** ⅰ 的几何优化和频率计算用 B3LYP/6-311G** 隐性极化连续介质模型 (IPCM) 重新处理。比较考虑 IPCM 和不考虑 IPCM 的情况下获得的 $\mathit{\Lambda}_{P}SS$ **3-3** ⅰ 光谱，IPCM 模拟的光谱与相应的气相条件计算的光谱非常相似，只有很少的 VA 波段有一些非常小的频率偏移。IPCM 模型的加入似乎并不改善与实验数据的一致性，这表明在这种情况下溶剂效应可以忽略不计。因此，所有进一步的计算均在气相条件下进行。

表3.11　化合物 $\mathit{\Lambda}_{P}SS$ 3-3 ⅰ 的O-P-O构型的晶体和计算的结构参数

结构参数[①]	晶体结构参数	B3LYP/6-311++G**	B3LYP/aug-cc-pVDZ
P-O(1)	1.737	1.765	1.778
P-N(1)	1.622	1.661	1.674

续表

结构参数①	晶体结构参数	B3LYP/6-311++G**	B3LYP/aug-cc-pVDZ
O(1)-C(1)	1.307	1.343	1.345
C(1)-O(2)	1.205	1.201	1.207
C(1)-C(2)	1.503	1.531	1.531
N(1)-C(2)	1.439	1.458	1.457
C(2)-C(3)	1.306	1.546	1.547
P-N(1)-C(2)	118.39	118.76	118.56
P-O(1)-C(1)	115.34	116.21	115.65
N(1)-C(1)-C(2)	104.22	104.51	104.74
N(1)-C(2)-C(3)	114.71	114.98	114.79
P-O(1)-C(1-C(2)	0.6	1.57	1.72
O(1)-C(1)-C(2)-C(3)	127.3	128.68	128.20
H-P-N(1)-C(2)	−84.58	−83.20	−83.33

① 键长单位 Å，键角为(°)。

注：引自文献 [81]。

将 **3-3a** 指认为 O-P-O $\Lambda_P SS$ 结构与 **3-3a** 的 X 射线晶体学测定完全一致。用两种基组计算的最稳定构象的 $\Lambda_P SS$ **3-3** ⅰ的结构参数与晶体结构参数的比较列入表 3.11。可以看到用 B3LYP/ 6-311++G** 和 B3LYP/aug-cc-pVDZ 计算都得到了非常相似的结构参数，并且通过这两个基组可以计算得到所有与磷原子有关的重要 X 射线结构参数。尽管在固态结构中与 τ_1 和 τ_2 有关的转动被淬灭掉了(图 3.28)，但是在溶液中的旋转可能导致不同的构象异构体。使用布居加权的 VA 和 VCD 光谱并不会显著影响光谱的外观。

双亮氨酸五配位氢磷烷 **3-5** 和 **3-6** 的对映体的 VCD 表征步骤与 **3-3** 和 **3-4** 相同 [79]。化合物 **3-5** 和 **3-6** 的结构与化合物 **3-3** 和 **3-4** 相似，只是以亮氨酸替代缬氨酸。亮氨酸的—CH_2—$CH(CH_3)_2$ 侧链的转动和 **3-5** 的 $\Lambda_P SS$ 和 $\Delta_P SS$ 两个最稳定的构象如图 3.28 所示。计算了其中八种 O-P-O $\Lambda_P SS$ 型最稳定构象的 VA 和 VCD 光谱模拟，如图 3.29 所示，这八个构象(图略)占总布居的 97%。再者，侧链构象对 VA 和 VCD 光谱的形貌影响甚微，这个结论与前面讨论的缬氨酸配体的情况一致。对 O-P-O $\Delta_P SS$ 型也进行了类似的计算，结果也证实侧链的转动对 VA 和 VCD 光谱的出现影响不大。

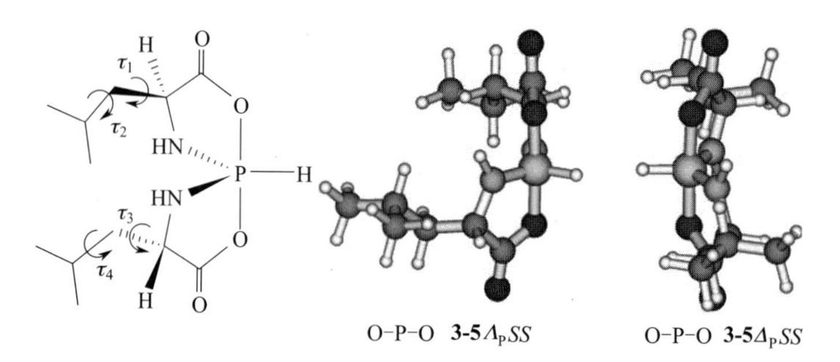

图 3.28 在 B3LYP/6-311++G** 理论水平上优化亮氨酸脂肪族侧链的旋转和 **3-5** 的两个最稳定 O-P-O $\Lambda_P SS$ 和 $\Delta_P SS$ 结构

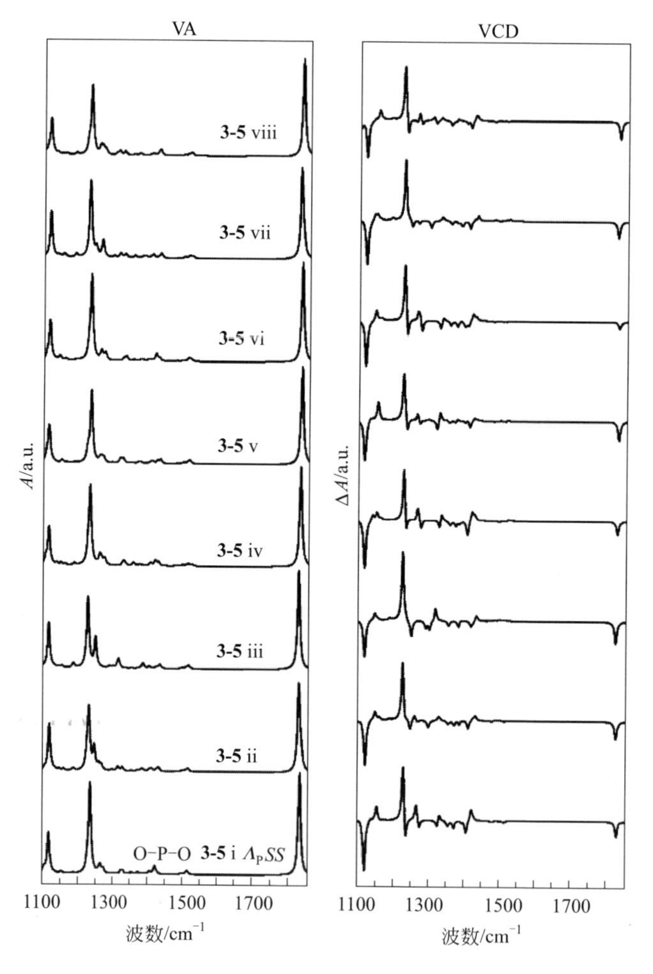

图 3.29 在 B3LYP/6-311 ++ G ** 水平计算 O-P-O $\Lambda_P SS$ **3-5** 的八个最稳定构象的 VA 和 VCD 谱

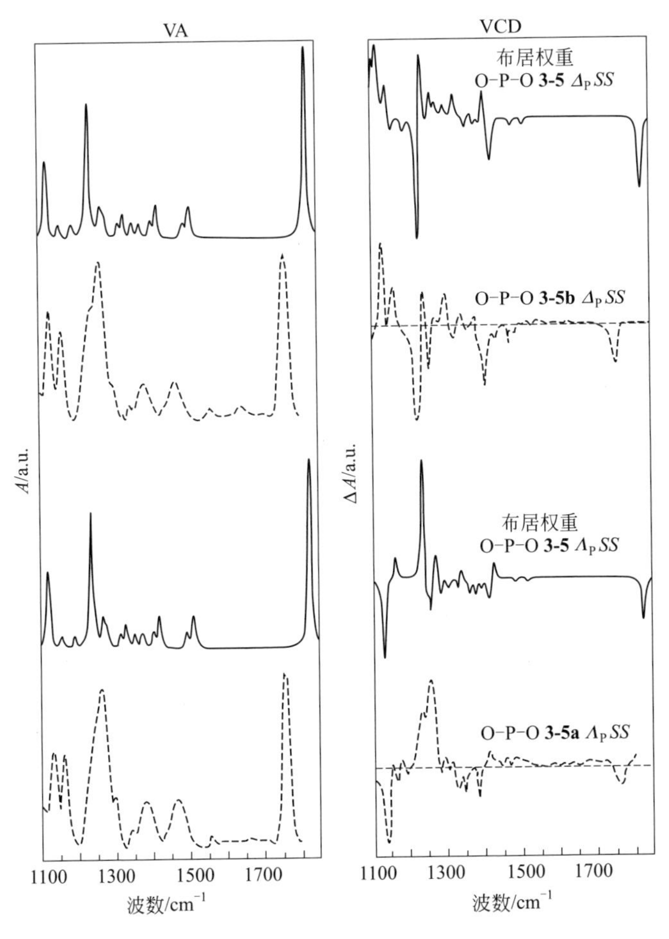

图 3.30　O-P-O $\Lambda_P SS$ 和 $\Delta_P SS$ 布居加权（—）的 VA 和 VCD 光谱与 **3-5a** 和 **3-5b** 的实验光谱（---）比较

图 3.30 给出了 O-P-O $\Lambda_P SS$ 和 $\Delta_P SS$ 布居加权的 VA 和 VCD 光谱与 **3-5a** 和 **3-5b** 的实验光谱的比较。可以看出，计算得到的 $\Lambda_P SS$ 和 $\Delta_P SS$ 的 VA 光谱基本上是一样的，**3-5a** 和 **3-5b** 的实验 VA 光谱也是如此。实验 VA 光谱与计算结果吻合良好，且基于前面讨论的 O-P-O 和 N-P-O 型化合物 VA 光谱的差异，证实了观察到的非对映体是 O-P-O 轴排列。**3-5a** 和 **3-5b** 均表现出强的 C＝O 生色团的负 VCD 信号，这是由于该信号是由亮氨酸配体的手性主导的，因此所涉及的两个亮氨酸配体均可以指定为 *SS* 绝对构型。对于 P 中心的绝对构型，可以将实验 VCD 光谱在低于 1500 cm^{-1} 下的特征信号与理论计算值进行比较，显然，可以将 **3-5a** 和 **3-5b** 分别指认为 O-P-O $\Lambda_P SS$ 和 $\Delta_P SS$ 构型。

3.3.7 双氨基酸手性五配位氢磷烷的集成手性光谱研究

3.3.5 小节的理论 ECD 光谱计算表明：当双甘氨酸五配位氢磷烷模型化合物仅含有一个中心手性磷原子时，Δ_P 构型在 215.5 nm 和 186.6 nm 附近均表现出正科顿效应，在 161.8 nm 附近表现出负科顿效应。这是不考虑碳手性和配体上没有强生色团的一个理想的理论计算结果。仔细考察图 3.15 ～图 3.18，以及表 3.6，可以发现：理论计算所得的 190 ～ 225 nm 波段的 ECD 信号符号，可用于本章所研究的大部分双氨基酸手性五配位氢磷烷的磷中心手性绝对构型的确认和关联；但对于双苯甘氨酸五配位氢磷烷 **3-7b** 和 **3-8b** 却是例外，在 **3-7a** ～ **3-8b** 这个系列化合物中，中心磷原子与氨基酸 α 位手性碳原子的绝对构型共同作用对苯环的 ECD 信号有贡献，所以其固体 ECD 光谱表现出不同于其他化合物的特殊形式。虽然双苯丙氨酸五配位氢磷烷 **3-9a** ～ **3-10b** 的配体中也含有苯基，但其结构中的苯环与氨基酸的 α 位手性碳原子之间相隔了一个—CH_2—基团，因“邻位效应”受到 α 位手性碳原子的影响比 **3-7a** ～ **3-8b** 要小很多，所以还是遵守上述关联规则的。

因此，当我们应用 190 ～ 225 nm 波段的 ECD 信号来关联磷中心手性时，必须十分谨慎，特别是在这个波段有其他生色团干扰时，很难直接从实验 ECD 谱判定磷中心的手性。

值得注意的是，在实验 ECD 光谱测试中因为化合物和溶剂的性质以及仪器测试条件等限制，低于 200 nm 的溶液 ECD 和低于 185 nm 的固体 ECD 光谱通常很难被观测到，使得在这个指纹区里不一定能明确表征磷中心的手性构型。

此时，VCD 光谱的互补优势便得以呈现。前已述及，徐云洁等在研究中发现：与 $\Lambda_P SS$ **3-3** 类似，$\Delta_P SS$ **3-3** 六个构象的 C＝O 伸缩振动峰均是负信号；另外，$\Delta_P SS$ **3-3** 位于 1250 cm^{-1} 处的特征 VCD 信号却与 $\Lambda_P SS$ **3-3** 相反。这表明配体的手性主导 C＝O 伸缩振动 (1800 cm^{-1}) 的 VCD 信号的方向，而在 1500 ～ 1100 cm^{-1} 波段，磷中心的手性决定着 VCD 主要特征峰的信号。在双亮氨酸五配位氢磷烷 **3-5a** 和 **3-5b** 的研究中也发现类似的现象。

如图 3.31 所示，$\Lambda_P SR$ **3-3**、$\Lambda_P SS$ **3-3** 和 $\Delta_P SS$ **3-3** 在“磷区”和“碳区”的指纹图谱是不同的，由此比对，可以确定实验 VCD 谱对应的化合物 **3-3a** 为 $\Lambda_P SS$ 绝对构型，而这种不同手性中心结构的精细区分却是 ECD 谱难以胜任的。

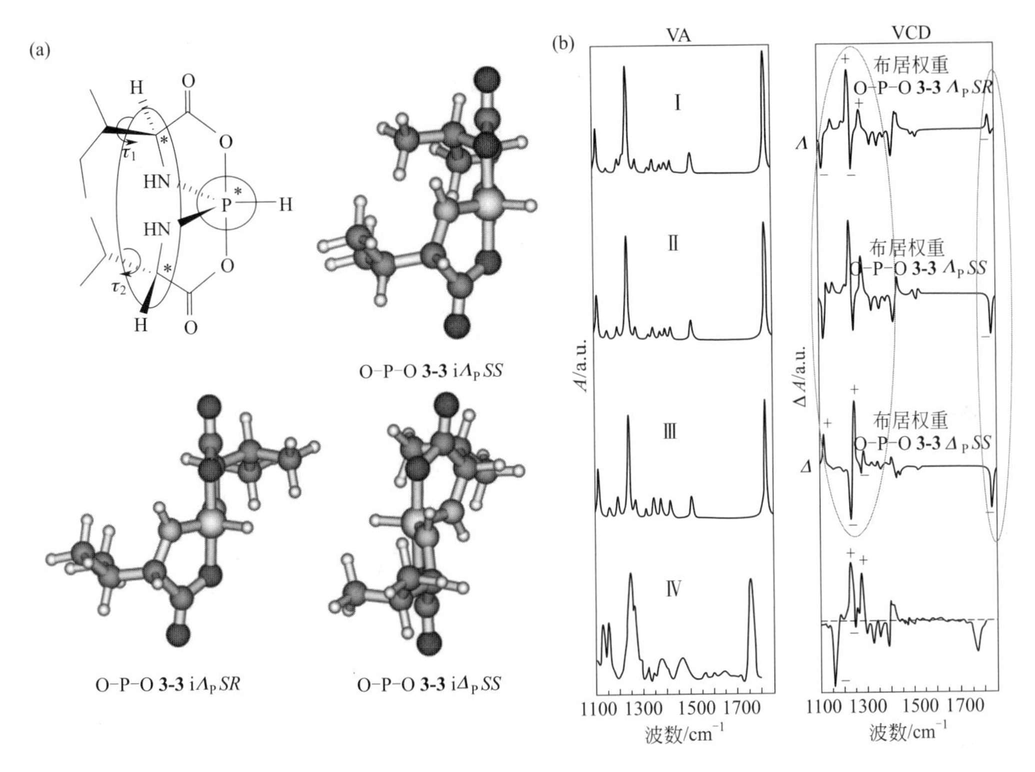

图3.31 具有O−P−O轴向配位的双缬氨酸五配位氢磷烷化合物**3−3**的几种构型（a）；化合物$\Lambda_P SR$ **3−3**、$\Lambda_P SS$ **3−3**和$\Delta_P SS$ **3−3**的理论（Ⅰ、Ⅱ、Ⅲ）及实验（Ⅳ）VA和VCD谱（b）

总之，通过实验 ECD 和 VCD 光谱测量及理论 DFT 计算，特别是根据实验及模拟 VA 和 VCD 光谱的匹配可以确定手性双氨基酸五配位氢磷烷化合物在溶液中的主导构象与它们的绝对构型。VA 和 VCD 光谱对区分不同轴向配位的双氨基酸手性五配位氢磷烷的各种几何异构体，以及明辨磷和碳手性立体化学具有很高的灵敏度，但对相关手性配体的构象异构仍不够敏感。我们期望 VCD 光谱结合 DFT 计算可以对不同配位数的手性磷化合物在溶液和固体中的绝对构型进行指认，同时成为研究难结晶的手性磷化合物在溶液中的精细结构和手性立体化学的强有力工具。

参考文献

[1] Ji G J, Xue C B, Zeng J N, et al. Synthesis of *N*-(Diisopropyloxyphosphoryl)Amino Acids and Peptides [J]. Synthesis-Stuttgart, 1988 (6): 444-448.

[2] Li Y M, Yin Y W, Zhao Y F. Phosphoryl Group Participation Leads to Peptide Formation from *N*-Phosphoryl Amino Acids [J]. Int J Pept Protein Res, 1992, 39(4): 375-381.

[3] Zhao Y, Ju Y, Li Y, et al. Self-Activation of *N*-Phosphoamino acids and *N*-Phosphodipeptides in Oligopeptide Formation [J]. Int J Pept Protein Res, 1995, 45(6): 514-518.

[4] Fu H, Li Z L, Zhao Y F, et al. Oligomerization of *N,O*-Bis(trimethylsilyl)-alpha-amino Acids into Peptides Mediated by *O* -Phenylene phosphorochloridate [J]. J Am Chem Soc, 1999, 121(2): 291-295.

[5] Lin C X, Li Y M, Cheng C M, et al. Penta-Coordinate Phosphorous Compounds and Biochemistry [J]. Sci China Ser B, 2002, 45(4): 337-348.

[6] Li Y M, Zhao Y F. The Bioorganic Chemical Reactions of *N*-Phosphoamino Acids without Side Chain Functional Group Participated by Phosphoryl Group [J]. Phosphorus, Sulfur, and Silicon and the Related Elements, 1993, 78 (1): 15-21.

[7] Li Y C, Tan B, Zhao Y F. Phosphoryl Transfer Reaction of Phospho-Histidine [J]. Heteroatom Chemistry, 1993, 4(4): 415-419.

[8] Xue C B, Yin Y W, Zhao Y F. Studies on Phosphoserine and Phosphothreonine Derivatives: *N*-Diisopropyl Oxyphosphoryl-Serine and -Threonine in Alcoholic Media [J]. Tetrahedron Letters, 1988, 29(10): 1145-1148.

[9] Westheimer F H. Pseudo-Rotation in the Hydrolysis of Phosphate Esters [J]. Acc Chem Res, 1968, 1(3): 70-78.

[10] Ramirez F. Oxyphosphoranes[J]. Acc Chem Res, 1968, 1(6): 168-174.

[11] Swamy K C K, Kumar N S. New Features in Pentacoordinate Phosphorus Chemistry [J]. Acc Chem Res, 2006, 39(5): 324-333.

[12] Gololobov Y G, Gusar N I, Chaus M P. Reactions of Trivalent Phosphorus Compounds with Azides Containing a Mobile H-Atom: A Conception of Phosphazo-Compound Spirocyclization Mechanism [J]. Tetrahedron, 1985, 41 (4): 793-799.

[13] Zaloom J, Calandra M, Roberts D C. A New Synthesis of Peptides from Azides and Unactivated Carboxylic Acids [J]. J Org Chem, 1985, 50(14): 2601-2603.

[14] Abd-Ellah I M, Ibrahim E H M, El-khazander A N. Studies in Cyclodiphosphazanes: Some Reactions of Hexachlorocyclodi-Phosphazames(Ⅰ) with Amino Acids [J]. Phosphorous and Sulfur and the Related Elements, 1987, 31(1): 13-18.

[15] Garrigues B, Munoz A, Koenig M, et al. Spirophosphoranylation d' α-Aminoacides- Ⅰ : Preparation Et Tautomerie [J]. Tetrahedron, 1977, 33(6): 635-643.

[16] Munoz A, Garrigues B, Wolf R. Preparation De Composes Du Phosphore Tri-et Pentacoordinine a Partir D'hydroxyacides et D'aminoacides [J]. Phosphorous and Sulfur and the Related Elements, 1978, 4(1): 47-52.

[17] Garrigues B, Munoz A, Mulliez M. Hydrolyse Et Alcoolyse De Spirophosphoranes Contenant Le Ligand α-Aminoacide [J]. Phosphorous and Sulfur and the Related Elements, 1980, 9(2): 183-188.

[18] Berova N, Nakanishi K, Woody R W. Circular Dichroism: Principles and Applications[M]. 2nd Ed. New York: John Wiley & Sons Inc, 2000.

[19] Nafie L A. Vibrational Optical Activity: Principles and Applications[M]. Chichester: John Wiley & Sons Ltd, 2011.

[20] Mason S F. Molecular optical activity and chiral discriminations [M]. Cambridge: Cambridge University Press, 1982.

[21] 金斗满，朱文祥．配位化学研究方法 [M]. 北京：科学出版社，1996.

[22] 章慧，等．配位化学——原理与应用 [M]. 北京：化学工业出版社，2009.

[23] Warnke I, Furche F. Circular Dichroism: Electronic [J]. Wires Comput Mol Sci, 2012, 2(1): 150-166.

[24] Holzwarth G, Hsu E C, Mosher H S, et al. Infrared Circular Dichroism of Carbon-Hydrogen and

Carbon-Deuterium Stretching Modes Observations [J]. J Am Chem Soc, 2002, 96(1): 251-252.
[25] Nafie L A, Cheng J C, Stephens P J. Vibrational Circular Dichroism of 2,2,2-Trifluoro-1-phenylethanol [J]. J Am Chem Soc, 1975, 97(13): 3842-3843.
[26] Buckingham A D, Fowler P W, Galwas P A. Velocity-Dependent Property Surfaces and the Theory of Vibrational Circular Dichroism [J]. Chemical Physics, 1987, 112(1): 1-14.
[27] Jalkanen K J, Stephens P J, Amos R D, et al. Theory of Vibrational Circular Dichroism: Trans-1(S):2(S)-Dicyanocyclopropane [J]. J Phys Chem, 1985, 19(10): 748-752.
[28] Stephens P J. Gauge Dependence of Vibrational Magnetic Dipole Transition Moments and Rotational Strengths [J]. J Phys Chem, 1987, 91(7): 1712-1715.
[29] Nafie L A. Adiabatic Molecular Properties beyond the Born–Oppenheimer Approximation Complete Adiabatic Wave Functions and Vibrationally Induced Electronic Current Density [J]. J Chem Phys, 1983, 79(10): 4950-4957.
[30] Nafie L A. Velocity-Gauge Formalism in the Theory of Vibrational Circular Dichroism and Infrared Absorption [J]. J Chem Phys, 1992, 96(8): 5687-5702.
[31] Nafie L A. Electron Transition Current Density in Molecules 1 Non-Born – Oppenheimer Theory of Vibronic and Vibrational Transitions [J]. J Phys Chem A, 1997, 101(42): 7826-7833.
[32] Freedman T B, Shih M-L, Lee E, et al. Electron Transition Current Density in Molecules 3.Ab Initio Calculations for Vibrational Transitions in Ethylene and Formaldehyde [J]. J Am Chem Soc, 1997, 119(44): 10620-10626.
[33] Stephens P J, Devlin F J. Determination of the Structure of Chiral Molecules Using Ab Initio Vibrational Circular Dichroism Spectroscopy [J]. Chirality, 2000, 12(4): 172-179.
[34] Polavarapu P L. Quantum Mechanical Predictions of Chiroptical Vibrational Properties [J]. International Journal of Quantum Chemistry, 2010, 106(8): 1809-1814.
[35] Poopari M R, Dezhahang Z, Shen K, et al. Absolute Configuration and Conformation of Two Frater-Seebach Alkylation Reaction Products by Film Vcd and Ecd Spectroscopic Analyses [J]. J Org Chem, 2015, 80(1): 428-437.
[36] Zhang Y, Poopari M R, Cai X, et al. IR and Vibrational Circular Dichroism Spectroscopy of Matrine-and Artemisinin-Type Herbal Products: Stereochemical Characterization and Solvent Effects [J]. J Nat Prod, 2016, 79(4): 1012-1023.
[37] Poopari M R, Dezhahang Z, Xu Y. Stereochemical Properties of Multidentate Nitrogen Donor Ligands and Their Copper Complexes by Electronic CD and DFT [J]. Chirality, 2016, 28(7): 545-555.
[38] Domingos S R, Huerta-Viga A, Baij L, et al. Amplified Vibrational Circular Dichroism as a Probe of Local Biomolecular Structure [J]. J Am Chem Soc, 2014, 136(9): 3530-3535.
[39] Kurouski D, Lombardi R A, Dukor R K, et al. Direct Observation and ph Control Reversed Supramolecular Chirality in Insulin Fibrils by Vibrational Circular Dichroism [J]. Chem Comm, 2010, 46(38): 7154-7156.
[40] Devlin F J, Stephens P J, Besse P. Are the Absolute Configurations of 2-(1-Hydroxyethyl)-chromen-4-one and its 6-Bromo Derivative Determined by X-ray Crystallography Correct? A Vibrational Circular Dichroism Study of Their Acetate Derivatives [J]. Tetrahedron: Asymmetry, 2005, 16(8): 1557-1566.
[41] Cohan N V, Hameka H F. Isotope Effects in Optical Rotation [J]. J Am Chem Soc, 1966, 88(10): 2136-2142.
[42] Faulkner T R, Marcott C, Moscowitz A, et al. Anharmonic Effects in Vibrational Circular Dichroism [J]. J Am Chem Soc, 1977, 99(25): 8160-8168.
[43] Nafie L A, Walnut T H. Vibrational Circular Dichroism Theory: A Localized Molecular Orbital model [J]. Chem Phys Lett, 1977, 49(3): 441-446.
[44] Nafie L A, Freedman T B. Vibronic Coupling Theory of Infrared Vibrational Transitions [J]. J Chem Phys, 1983, 78(12): 7108-7116.
[45] Dutler R, Rauk A. Calculated Infrared Absorption and Vibrational Circular Dichroism Intensities of Oxirane and Its Deuterated Analogs [J]. J Am Chem Soc, 1989, 111(18): 6957-6966.
[46] Yang D, Rauk A. Vibrational Circular Dichroism Intensities: Abinitio Vibronic Coupling Theory Using

the Distributed Origin Gauge [J]. J Chem Phys, 1992, 97(9): 6517-6534.
[47] Hunt K L C, Harris R A. Vibrational Circular Dichroism and Electric-Field Shielding Tensors: A New Physical Interpretation Based on Nonlocal Susceptibility Densities [J]. J Chem Phys, 1991, 94(11): 6995-7002.
[48] Lazzeretti P, Malagoli M, Zanasi R. Electromagnetic Moments and Fields Induced by Nuclear Vibrational Motion In Molecules [J]. Chem Phys Lett, 1991, 179(3): 297-302.
[49] Hansen A E, Stephens P J, Bouman T D. Theory of Vibrational Circular Dichroism: Formalisms for Atomic Polar and Axial Tensors Using Noncanonical Orbitals [J]. J Phys Chem, 1991, 95(11): 4255-4262.
[50] Stephens P J. Theory of Vibrational Circular Dichroism [J]. J Phys Chem, 2002, 89(5): 748-752.
[51] Cheeseman J R, Frisch M J, Devlin F J, et al. Ab Initio Calculation of Atomic Axial Tensors and Vibrational Rotational Strengths Using Density Functional Theory [J]. Chem Phys Lett, 1996, 252(2): 211-220.
[52] Nicu V P, Neugebauer J, Baerends E J. Effects of Complex Formation on Vibrational Circular Dichroism Spectra [J]. J Phys Chem A, 2008, 112(30): 6978-6991.
[53] Nicu V P, Baerends E J. Robust Normal Modes in Vibrational Circular Dichroism Spectra [J]. Phys Chem Chem Phys, 2009, 11(29): 6107-6118.
[54] Cichewicz R H, Clifford L J, Lassen P R, et al. Stereochemical Determination and Bioactivity Assessment of (*S*)-(+)- Curcuphenol Dimers Isolated from the Marine Sponge Didiscus Aceratus and Synthesized Through Laccase Biocatalysis [J]. Bioorg Med Chem, 2005, 13(19): 5600-5612.
[55] Kuppens T, Langenaeker W, Tollenaere J P, et al. Determination of the Stereochemistry of 3-Hydroxymethyl-2,3-dihydro-[1,4]dioxino[2,3-b]-pyridine by Vibrational Circular Dichroism and the Effect of DFT Integration [J]. Grids J Phys Chem A, 2003, 107(4): 542-553.
[56] Stephens P J, Devlin F J. Determination of the Structure of Chiral Molecules Using Ab Initio Vibrational Circular Dichroism Spectroscopy [J]. Chirality, 2000, 12(4): 172-179.
[57] Grimme S, Ehrlich S, Goerigk L. Effect of the Damping Function in Dispersion Corrected Density Functional Theory. J Comput Chem, 2011, 32(7): 1456-1465.
[58] Sadlej J, Dobrowolski J C, Rode J E, et al. DFT Study of Vibrational Circular Dichroism Spectra of D-Lactic Acid-Water Complexes [J]. Phys Chem Chem Phys, 2006, 8(1): 101-113.
[59] Pathak A K, Mukherjee T, Maity D K. Structure, Energy, and IR Spectra of I_2*-$n$$H_2O$ Clusters (n = 1 ~ 8): A Theoretical Study [J]. J Chem Phys, 2007, 126(3): 034301.
[60] Nibu Y, Marui R, Shimada H. IR Spectroscopy of Hydrogen-Bonded 2-Fluoropyridine-methanol Clusters [J]. J Phys Chem A, 2006, 110(46): 12597-12602.
[61] Tomasi J, Persico M. Molecular Interactions in Solution: An Overview of Methods Based on Continuous Distributions of the Solvent [J]. Chem Rev, 1994, 94(8): 2027-2094.
[62] Cancès E, Mennucci B, Tomasi J. A New Integral Equation Formalism for the Polarizable Continuum Model: Theoretical Background and Applications to Isotropic and Anisotropic Dielectrics [J]. J Chem Phys, 1997, 107(8): 3032-3041.
[63] Cramer C J, Truhlar D G. Implicit Solvation Models: Equilibria, Structure, Spectra, and Dynamics [J]. Chem Rev, 1999, 99(8): 2161-2200.
[64] Klamt A, Schüürmann G. COSMO: A New Approach to Dielectric Screening in Solvents with Explicit Expressions for the Screening Energy and Its Gradient [J]. J Chem Soc, Perkin Trans, 1993, 2(5): 799-805.
[65] Nafie L A, Diem M. Theory of High Frequency Differential Interferometry: Application to the Measurement of Infrared Circular and Linear Dichroism via Fourier Transform Spectroscopy [J]. Appl Spectrosc, 1979, 33(2): 130-135.
[66] Lipp E D, Zimba C G, Nafie L A. Vibrational Circular Dichroism in the Mid-Infrared Using Fourier Transform Spectroscopy [J]. Chem Phys Lett, 1982, 90(1): 1-5.
[67] Nafie L A, Diem M, Vidrine D W. Fourier Transform Infrared Vibrational Circular Dichroism [J]. J Am Chem Soc, 1979, 101 (2): 496-498.

[68] Freedman T B, Cao X, Dukor R K, et al. Absolute Configuration Determination of Chiral Molecules in the Solution State Using Vibrational Circular Dichroism [J]. Chirality, 2003, 15(9): 743-758.
[69] Losada M, Xu Y. Chirality Transfer Through Hydrogen-Bonding: Experimental and Ab Initio Analyses of Vibrational Circular Dichroism Spectra of Methyl Lactate in Water [J]. Phys Chem Chem Phys, 2007, 9(24): 3127-3135.
[70] Shanmugam G, Polavarapu P L. Structure of Aβ (25–35) Peptide in Different Environments [J]. Biophysical Journal, 2004, 87(1): 622-630.
[71] Shanmugam G, Polavarapu P L. Vibrational Circular Dichroism Spectra of Protein Films: Thermal Denaturation of Bovine Serum Albumin [J]. Biophysical Chemistry, 2004, 111(1): 73-77.
[72] Petrovic A G, Bose P K, Polavarapu P L. Vibrational Circular Dichroism of Carbohydrate Films Formed from Aqueous Solutions [J]. Carbohydrate Research, 2004, 339(16): 2713-2720.
[73] Gorenstein D G. Phosphorus-31 NMR Principles and Applications[M]. Orlando, Fla: Academic Press, 1984.
[74] Marques M A L, Gross E K U. Time-Dependent Density Functional Theory [J]. Annu Rev Phys Chem, 2004, 55: 427-455.
[75] Ricciardi G, Rosa A, Baerends E J. Ground and Excited States of Zinc Phthalocyanine Studied by Density Functional Methods [J]. J Phys Chem A, 2001, 105(21): 5242-5254.
[76] Dreuw A, Head-Gordon M. Single-Reference Ab Initio Methods for the Calculation of Excited States of Large Molecules [J]. Chem Rev, 2005, 105(11): 4009-4037.
[77] 侯建波 . 手性双氨基酸五配位氢磷烷的立体化学研究 [M]. 厦门 : 厦门大学 , 2009.
[78] 吴国祯 . 分子振动光谱学原理 [M]. 北京 : 清华大学出版社 , 2018.
[79] Yang G, Xu Y, Hou J-B, et al. Determination of the Absolute Configurations of the Pentacoordinate Chiral Phosphorus Compounds in Solution Using Vibrational Circular Dichroism Spectroscopy and Density Functional Theory [J]. Chem Eur J, 2010, 16(8): 2518-2527.
[80] Yang G, Xu Y, Hou J, et al. Diastereomers of the Pentacoordinate Chiral Phosphorus Compounds in Solution: Absolute Configurations and Predominant Conformations [J]. Dalton Trans, 2010, 39(30): 6953-6959.
[81] Hou J B, Tang G, Guo J N, et al. Stereochemistry of Chiral Pentacoordinate Spirophosphoranes Correlated with Solid-state Circular Dichroism and ^{1}H NMR Spectroscopy [J]. Tetrahedron: Asymm, 2009, 20(11): 1301-1307.

PHOSPHORUS 磷科学前沿与技术丛书
计算磷化学

4

金属有机膦配体计算化学

汪兴华[1]，乔博霖[1]，白若鹏[2]
[1]郑州大学化学学院
[2]重庆大学化学化工学院

4.1 膦配体简介
4.2 叔膦配体参与金属催化的有机反应机理
4.3 亚磷（磷、次磷）酸衍生物配体参与金属催化的有机反应机理
4.4 膦酰基衍生物配体参与金属催化的有机反应机理研究

4.1 膦配体简介

早在 11 世纪，人类就发现了磷元素。但直到 17 世纪，才有相关文献报道了有关磷元素的发现。基态磷原子的电子构型为 $[Ne]3s^2 3p_x^1 3p_y^1 3p_z^1 3d^0$，其可成键的轨道不仅包括 p 轨道，还有能量较低的空的 d 轨道，因此磷原子主要的化合价为三价和五价。由于三价的磷原子上有孤对电子和空的 d 轨道，它可以向过渡金属的空轨道提供孤对电子形成 σ 键，还可以接受金属 d 轨道的反馈电子形成反馈 π 键，这种配位键称为 σ-π 电子授受配键，因此磷原子既可作 σ-供电子体又可作 π-受电子体。与之相比，N 原子没有空的 d 轨道，而 As、Sb 和 Bi 的原子中较低能量的 d 或 f 轨道中均填满了电子。因此，三价的膦配体(PR_3)具有更佳的调控性，是有机反应中常用的配体。

据文献报道，不同电子效应和空间效应的膦配体对过渡金属催化的有机反应有很大的影响。发展至今，已有多种方法可以检测膦配体的电子效应和空间效应[1]。其中，膦配体的电子效应指其自身的 σ-给电子能力和 π-受电子能力。通常来说，膦配体的 σ-给电子能力越强，相应的 π-受电子能力越弱[2]。膦配体的电子效应受磷原子上所连取代基影响，取代基的吸电子性越强，对应的 π-受电子能力越强。对于不同膦配体的电子效应，Tolman 提出可以比较不同配体的 $Ni(CO)_3L$ 型配合物中 CO 的红外频率来衡量。如表 4.1 所示，根据 $Ni(CO)_3L$ 型配合物中 CO 的红外频率可以将膦配体的接受电子能力排布如下[3]：

$$PMe_3 \approx P(NR_2)_3 < PAr_3 < P(OMe)_3 < P(OR)_3 < PCl_3 < PF_3 \approx CO$$

表4.1　$R_3P \rightarrow Ni(CO)_3$中CO的红外吸收$\nu(CO)$①

叔膦	ν/cm^{-1}	叔膦	ν/cm^{-1}
t-Bu_3P	2056.1	Ph_3P	2068.9
n-Bu_3P	2060.3	Ph_2POMe	2072
Et_3P	2061.7	$(MeO)_3P$	2079.8
Et_2PPh	2063.7	Me_3P	2064.1

① 实验测定引自文献 [3]。

如表 4.2 所示，另外一种衡量叔膦配体电子效应的标准是比较不同叔膦衍生物共轭酸 HPR_3^+ 的 pK_a 值 [4]。pK_a 值越大，相应的叔膦配体给电子能力越强。例如 PPh_3 的 pK_a 为 2.73 小于 PMe_3 的 pK_a(9.65)，这说明 PMe_3 是比 PPh_3 更好的电子供体。

表4.2 膦酸 PR_3 共轭酸 HPR_3^+ 的 pK_a①

膦酸	pK_a	膦酸	pK_a
PCy_3	9.70	PMe_2Ph	6.50
PMe_3	9.65	PCy_2H	4.55
PEt_3	8.69	PBu_2H	4.51
PPr_3	8.64	PPh_3	2.73
PBu_3	8.43	$P(CH_2CH_2CH)_3$	1.37
$P(i\text{-}Bu)_3$	7.97	PPh_2H	0.03
$P(CH_2CH_2Ph)_3$	6.60	$PBuH_2$	−0.03

① 实验测定引自文献 [4]。

此前，人们通常使用电子效应解释膦配体与金属形成配合物的性质。Tolman 对膦配体的配位效应进行了细致研究。结果表明，就配合物的稳定性而言，膦配体的空间效应与电子效应相比是同样重要的 [5]。对于单齿膦配体，常用圆锥角(cone angle) θ 来衡量其空间效应。圆锥角 θ 是膦配体与金属配位后以金属原子为起点，延展向配体的取代基的最大张角[图4.1(a)]。如表 4.3 所示，膦配体的圆锥角大小顺序为 $PMe_3 < PMe_2Ph < PMePh_2 < PEt_3 < PPh_3 < P(i\text{-}Pr)_3 < PCy_3$，取代基的大小直接影响着不同膦配体的空间效应。膦从金属中心解离的能力与圆锥角 θ 也直接相关，为了控制膦从金属中心的释放并创建空位来活化底物，这种调节在催化中至关重要。而对于双齿膦配体，常用自然咬合角(natural bite angel) α 作为其空间效应的量度。自然咬合角 α 是指双齿膦配体骨架中的两个磷原子与金属配位形成的螯合夹角 P-M-P[图4.1(b)]。与单齿膦配体相比，具有螯合效应的双齿膦配体可以与过渡金属配位形成更稳定的催化剂中间体，从而促进反应进行。

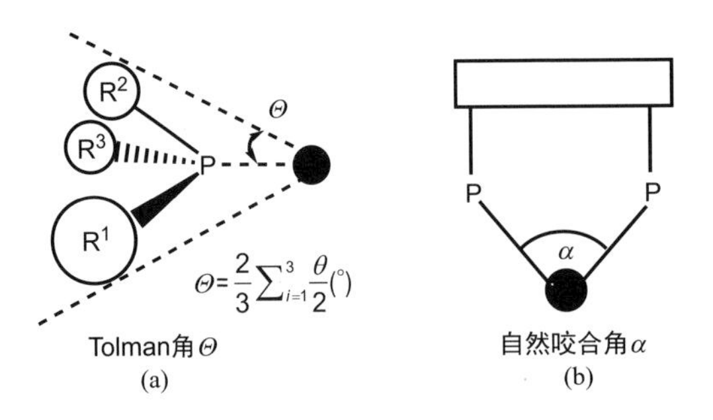

图 4.1 膦配体空间结构表征的常用模型

表4.3 不同膦配体的圆锥角θ①

膦配体	圆锥角 θ/(°)	膦配体	圆锥角 θ/(°)
PH_3	87	PH_2Ph	101
$P(OCH_2)_2CH_3$	101	PF_3	104
$P(OMe)_3$	107	PMe_3	118
PMe_2Ph	122	$PPh_2CH_2CH_2PPh_2$	123
PEt_3	132	PPh_3	145
$PPh_2{}^tBu$	157	PCy_3	170
$PPh{}^tBu_2$	170	$P{}^tBu_3$	182
$P(C_6F_5)_3$	184	$P(mesityl)_3$	212

① 实验测定引自文献 [5]。

凭借取代基空间可调控性，膦配体在手性合成化学中已经被广泛应用[6]。手性化合物合成在医药、农药、食品添加剂、功能高分子材料等领域有着重要意义。对于许多有生物活性的化合物而言，其两种对映体往往具有不同的活性，或具有完全不同的生理作用。因此如何能够高产率、高光学纯度、低成本、低能耗地获得单一对映体的化合物是化学家研究的重要科学问题。借助手性配体的结构，能够在催化活性中心周围营造一种特殊的手性立体微环境，以有效控制反应物分子的空间取向和反应进程，发挥特异的光学选择性。因此手性配体是实现不对称催化反应的关键。传统的手性膦配体是将膦基安装在手性母体上，从而获得手性微环境。近些年来，合成手性膦配体的一种发展趋势是，在传统手性膦配体的基础上引入氮、氧或硫等杂原子，生成多齿的混合功能团配体。这类配体中的混合功能团，不仅能与金属中心配位，生成刚性较强的手性金属配合物，而且在催化反应的过程中，配体的功能团还可能与底物配位，生成活性中间配合物，类似于酶催化金属中心及其周围功能团与底物分子的多点相互作用，减少了过渡态的自由度，有利于提高对映选择性。

4.2
叔膦配体参与金属催化的有机反应机理

三取代磷衍生物 PR_3 可分为膦（R ＝烷基或芳基）和亚磷酸酯（R=OR）两大类。在无机和有机金属化学中，尤其是在均相催化反应中，膦是最重要的辅助配体之一。最常见且最便宜的是单齿膦配体三苯基膦（PPh_3）和双齿膦配体二（二苯基膦基）乙烷（DPPE）。实际上，可以通过选择不同 R 基团的电子和空间性质进而控制中心金属的反应活性。叔膦配体根据配位的原子类型以及数目可以分为单膦配体、双膦配体、多膦配体、膦 / 氮配体、膦 / 硫配体、膦 / 氧配体、膦 / 烯配体等，它们有着丰富的催化活性特征，被广泛应用于过渡金属催化中，其反应机理以及膦配体的作用也被理论和实验化学广泛研究。

4.2.1　单膦配体

最近，沈其龙与蓝宇等人通过实验与理论结合的方法来探索膦配体在有机金（Ⅲ）配合物还原消除形成联芳基过程中的空间和电子效应[7]。如表 4.4 所示，作者选用的计算模型是顺式 $[Au(L)(Ar_F)(C_6F_5)(Cl)]$ 配合物通过 $C(sp^2)$-$C(sp^2)$ 还原消除得到联芳基的产物。计算过程中用到了 PCy^tBu_2、$PCy_2{}^tBu$、PCy_3、PPh_3、PMe_3 这五种不同位阻的配体。计算结果显示，随着膦配体位阻的减小，相应的还原消除过渡态活化自由能由 24.3 kcal/mol 增加到 31.7 kcal/mol。由此可以得出配体的位阻效应将导致 Ar_F 基团远离膦配体，但接近 Ar′ 基团，从而促进了三中心过渡态形成的结论。相对于空间效应而言，电子效应的影响并不明显。

表4.4 顺式[Au(L)(Ar_F)(C_6F_5)(Cl)]配合物发生C(Ar_F)-C(C_6F_5)还原消除的活化自由能①

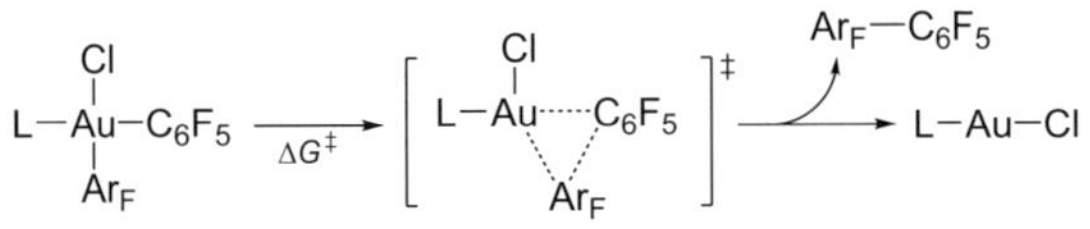

条目	配体	$\Delta G^{\ne}$/(kcal/mol)
1	PCy^tBu_2	24.3
2	$PCy_2{}^tBu$	26.0
3	PCy_3	27.3
4	PPh_3	29.3
5	PMe_3	31.7

① 实验测定引自文献 [7]。

如表 4.5 和图 4.2 所示，实验通过更换一系列不同电子性质的膦配体取代基，发现随着吸电子能力的增强，反应速率会相应地有所提升，但是并不明显。比如，当使用 $P(p\text{-}CF_3C_6H_4)^tBu_2$ 作为配体时的还原消除速率约为 $P(p\text{-}MeOC_6H_4)^tBu_2$ 作为配体时的还原消除速率 1.5 倍。虽然，这些观察结果与配体对过渡金属配合物还原消除速率的常规电子效应影响是一致的，但是速率差异的幅度很小。因此，在有机金(Ⅲ)配合物还原性消除形成联芳基反应中空间效应起着主导作用，而电子效应影响很小。

表4.5 不同芳基金（Ⅲ）配合物在80℃时热分解的一级动力学①

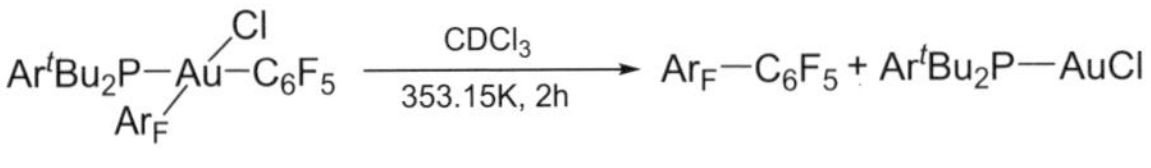

条目	芳基	k_{obs}/(10^{-4} s^{-1})	$t_{1/2}$/s
1	p-MeO—C_6H_4	4.13	1676.6
2	p-Me—C_6H_4	2.62	2617.6
3	C_6H_5	4.95	1401.4
4	p-Cl—C_6H_4	5.29	1309.7
5	p-CF_3—C_6H_4	6.72	1031.3

① 实验测定引自文献 [7]。

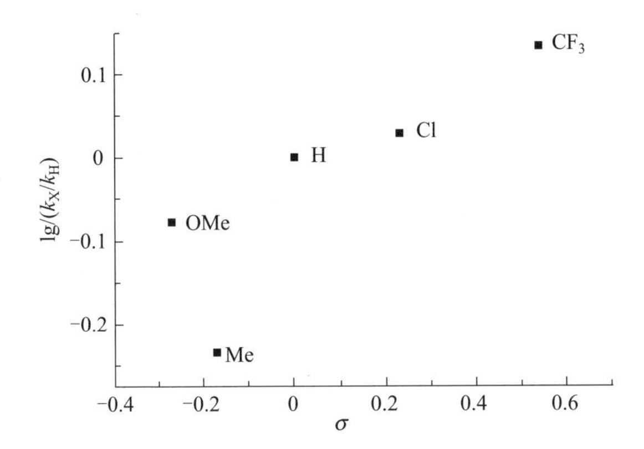

图 4.2　不同配合物还原消除速率的 Hammett 曲线

Bizet 课题组在进行钯催化炔胺氢化反应中提出了如图 4.3 所示的反应模型，即当膦配体与底物氨基部分空间排斥最小时，反应的氢化位置将在底物的远离氨基侧，而当膦配体与底物 R^1 部分空间排斥最小时，反应的氢化位置将在底物的氨基侧 [8]。

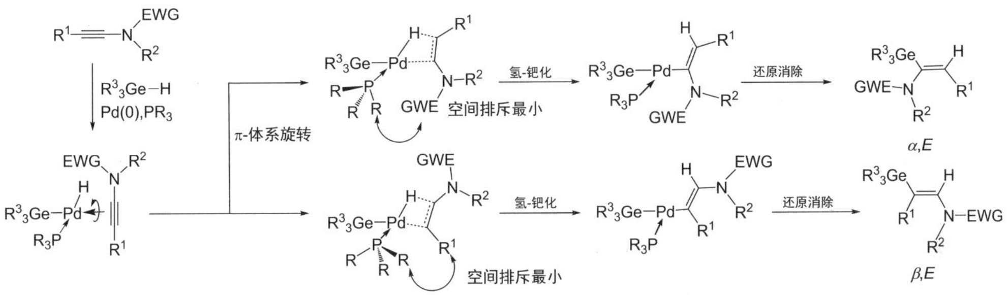

图 4.3　配体控制的钯催化区域选择性氢化亚胺化反应的模型

在实验上，Bizet 等人成功地实现了该反应的区域选择性调控。如表 4.6 所示，当使用 DPEphos 配体时，得到 91% 产率的 α 位被氢化的产物 **4-3** 以及 9% 产率的 β 位被氢化的产物 **4-4**，而当使用 PMe^tBu_2 配体时可以得到 93% 产率的 β 位被氢化的产物 **4-4** 以及 7% 产率的 α 位被氢化的产物 **4-3**。

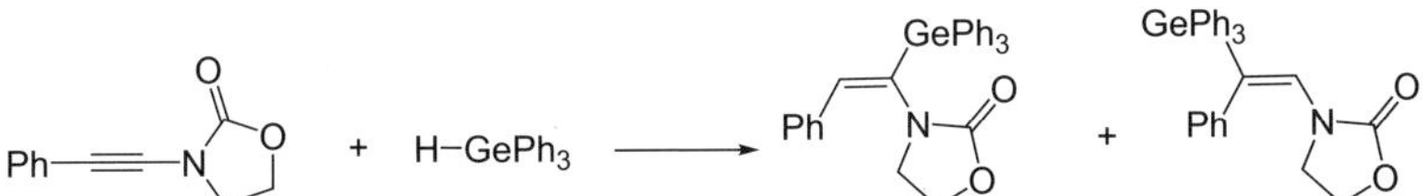

表4.6 不同配体所对应氢化亚胺化产物的产率① 单位：%

DPEphos　　PMe^tBu_2

条件	配体（碱）	溶剂	温度	**4-3**	**4-4**
$Pd(OAc)_2$ [1%（摩尔分数）]	DPEphos[1.1%（摩尔分数）]	THF	20℃	91	9
$Pd(dba)_2$ [1%（摩尔分数）]	$PMe^tBu_2HBF_4$[4.0%（摩尔分数）] $CsCO_3$[10.0%（摩尔分数）]	THF	60℃	7	93

① 实验测定引自文献 [8]。

为了揭示该区域选择性的起源，Houk 等人采用 B3LYP-D3 的密度泛函理论方法进行了研究[9]。如图 4.4 所示，通过理论计算发现，在氢化步骤中，当使用三苯基膦配体时，生成 α 位加氢产物的过渡态能垒为 7.2 kcal/mol，而生成 β 位加氢产物的能垒为 8.1 kcal/mol，故得到 α 位加氢产物是更有利的。该结论与实验加入 DPEphos 配体，得到 α 位被氢化主产物 **4-3** 是一致的。将三苯基膦换为 PMe^tBu_2 时，过渡态能垒发生了逆转，生成 β 位加氢产物的过渡态能垒为 11.1 kcal/mol，而生成 α 位加氢产物的过渡态能垒为 12.9 kcal/mol，这也与实验得到 β 位被氢化的产物 **4-4** 相符。可见空间效应对调控反应区域选择性有着重要的作用。

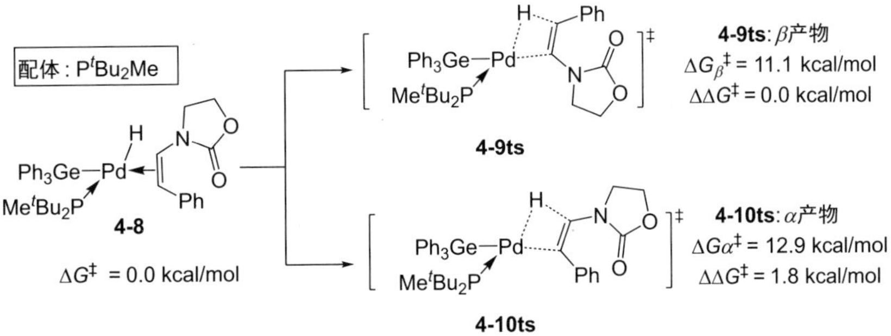

配体 : P^tBu_2Me

Ph_3Ge—Pd (H) ← Me^tBu_2P

4-8

$\Delta G^{\ddagger}$ = 0.0 kcal/mol

4-9ts

4-9ts: β产物

$\Delta G_{\beta}^{\ddagger}$ = 11.1 kcal/mol

$\Delta\Delta G^{\ddagger}$ = 0.0 kcal/mol

4-10ts

4-10ts: α产物

$\Delta G\alpha^{\ddagger}$ = 12.9 kcal/mol

$\Delta\Delta G^{\ddagger}$ = 1.8 kcal/mol

图 4.4 使用 P^tBu_2Me 和 PPh_3 配体加氢锗化的 DFT 计算

Grubbs 课题组设计了一系列带有不同氨基膦配体的第二代钌烯烃复分解催化剂(图 4.5)。针对带有吗啉类环己氨基和吡啶类环己氨基膦的两系列催化剂进行实验研究，确定了膦的解离速率(k_1)和膦的再缔合速率(k_{-1})[10]，并通过 X 射线晶体学数据和 DFT 计算，来理解配体空间效应、诱导效应以及构象对催化剂活性的影响。

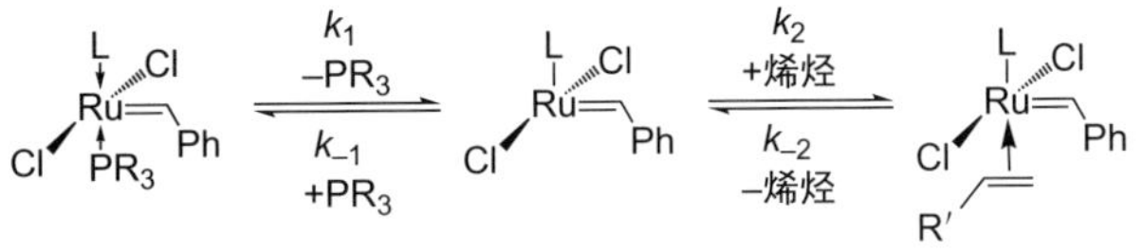

k_1, $-PR_3$ ⇌ k_{-1}, $+PR_3$

k_2, +烯烃 ⇌ k_{-2}, –烯烃

L, Cl, Ru, Ph, Cl, PR_3, R′

图 4.5 第二代钌烯烃复分解催化剂的推测离解机理

作者首先对催化剂 **4-12** 到 **4-17** 以及第二代钌烯烃催化剂 **4-11** 进行了动力学实验，所得的解离速率结果如表 4.7 所示。

表4.7 催化剂4-12到4-17及4-11的配体解离速率①

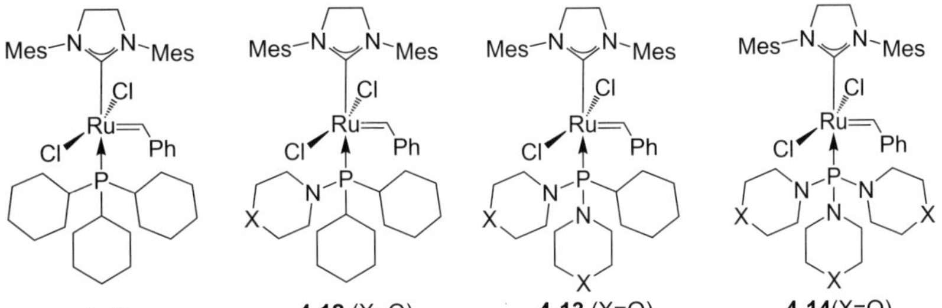

Mes–N N–Mes, Cl, Ru, Ph, Cl, P, N, X

4-11

4-12 (X=O)
4-15 ($X=CH_2$)

4-13 (X=O)
4-16 ($X=CH_2$)

4-14(X=O)
4-17($X=CH_2$)

续表

催化剂	$k_1(T=30℃)/s^{-1}$	k_{rel}（相对于 **4-11**）
4-11	1.98×10^{-4}	1
4-12	4.38×10^{-3}	22
4-13	7.91×10^{-3}	40
4-14	1.55×10^{-3}	8
4-15	4.10×10^{-3}	21
4-16	3.13×10^{-3}	16
4-17	5.67×10^{-4}	3

① 实验测定引自文献 [10]。

可以看出相比于催化剂 **4-11** 的 PCy_3 配体，胺取代的单氨基膦和双氨基膦能显著加速配体的解离，但对于三氨基膦配合物 **4-14** 和 **4-17**，这一效应有所减弱，它们是各自系列中引发速率最慢的配合物。催化剂 **4-15** 到 **4-17** 的引发速率虽然比催化剂 **4-11** 快，但随着氨基取代量的增加而降低，这表明除了杂原子掺入相关的诱导效应以外，还存在着其他因素影响了膦供体的强度和解离速率。为此，刘鹏采用 M06 的 DFT 方法来对配体进一步研究。首先，对催化剂 **4-13** 的配体的两种构象进行了计算研究。如图 4.6 所示，将磷原子孤对电子方向定义为 z 轴后，三个六元环可以分为两组，一个六元环在 xy 平面，另外两个六元环近似与 z 轴平行。构象 A 中，吗啉环位于 xy 平面，相对于环己基位于 xy 平面的 B 构象，能量高出约 4.0 kcal/mol。根据之前氨基膦的光谱研究，氮原子孤对电子要避开与磷原子孤对电子的排斥，因此，A 构象相对不稳定。此外，存在于该配体 A 构象中的环己基与两个吗啉环均显示出明显的空间排斥。相比之下，构象 B 中，环己基与磷 xy 平面平行，并垂直于两个吗啉环，这是该膦配体的优选构象。

y z x
O N P N O
ΔG= –4.0 kcal/mol
4-18(A)
4-18(B)

图 4.6 催化剂 **4-18** 的配体构象 A 与 B 的两个透视图以及转化的相对能量

为了确定不同解离速率的来源，作者对膦配体解离吉布斯自由能、焓变以及扭曲能进行了计算。如表 4.8 所示，膦配体 **4-11**、**4-12**、**4-13** 和 **4-14** 在相应钌配合物的解离自由能分别为 12.6 kcal/mol、9.9 kcal/mol、9.5 kcal/mol 和 11.9 kcal/mol，这与实验上所测得的解离速率趋势一致。作者通过构象分析发现在催化剂解离过程中主要存在三种作用，分别是位阻、诱导以及扭曲作用。位阻作用是指膦配体的共平面环己基与氮杂卡宾(NHC)配体的均三甲苯基之间的空间排斥。诱导效应来源于吸电子的吗啉取代基。扭曲作用是指膦配体在催化剂中的扭曲形变。通过比较，可以发现 **4-13** 有如此低的解离自由能主要是来源于配体扭曲的作用。

表4.8　膦配体解离(ΔG_d、ΔH_d)以及扭曲($\Delta E_{distort}$)能量的计算结果

催化剂	ΔG_d/(kcal/mol)	ΔH_d/(kcal/mol)	$\Delta E_{distort}$/(kcal/mol)	配体解离驱动力
4-11	12.6	30.3	2.9	位阻作用
4-12	9.9	27.8	2.7	位阻作用，诱导效应
4-13	9.5	27.6	5.7	诱导效应，扭曲作用
4-14	11.9	29.2	1.9	诱导效应

另一个例子中，蓝宇课题组对钌催化 C-H 键活化中单齿膦配体的作用也进行一系列的理论研究[11]。如图 4.7 所示，理论计算表明，在膦配体的作用下，碳氢活化步骤是经过六元环过渡态 **4-21ts**，其反应活化能为 20.6 kcal/mol，而反应没有三苯基膦配体的条件时经过过渡态 **4-22ts**，其进行 C-H 键切断的活化能高达 34.5 kcal/mol。因此该反应在没有三苯基膦配体时无法进行。膦配体由于其具有给电子的能力，从而对钌原子有着足够的稳定作用，进而促进钌催化 C-H 键活化反应的进行。

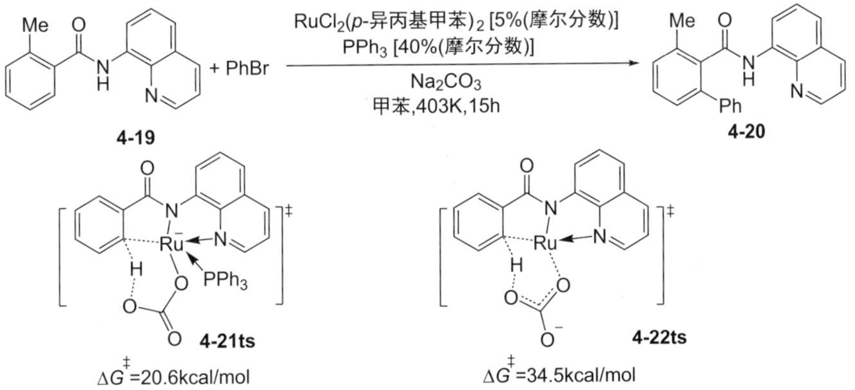

图 4.7　Ru(Ⅱ)催化芳香酰胺与溴苯的 C—H 键活化反应

如图 4.8 所示，蓝宇课题组对镍催化碳-氟键芳基化反应机理进行研究时发现[12]，当发生配体交换后经历过渡态 **4-26ts** 从而碳-氟键活化，其表观活化能将高达 40.5 kcal/mol。考虑到这是由于氟离子的配位能力较强，在不解离氟离子的情况下，经历过渡态 **4-29ts** 的活化自由能为 23.9 kcal/mol，比 **4-26ts** 低 16.6 kcal/mol, 因此，经历阴离子镍的碳 - 氟键活化机理更加合理。铂催化五氟吡啶的碳-氟键活化过程同样可以经历类似的三元环氧化加成方式，Whitwood 课题组理论计算表明该过程活化自由能为 28.3 kcal/mol，远低于对应镍催化碳-氟键芳基化反应中的 **4-26ts**[13]。通过进一步比较键长可以发现，在过渡态 **4-32ts** 的结构中将要断裂的碳-氟键长度为 1.55 Å，比对应的镍参与氧化加成过渡态 **4-26ts** 长 0.16 Å，这说明过渡态形成较晚。因此，理论计算表明该反应过程中，膦配体给电子的作用，可以促进氧化加成进行。

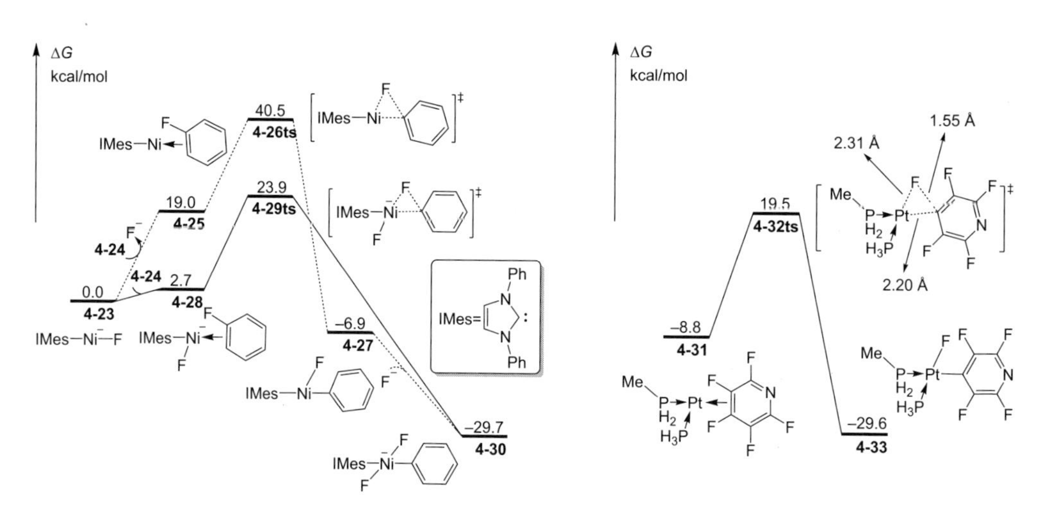

图 4.8 镍催化氟苯的碳 - 氟键官能团化与五氟吡啶的碳−氟键对当量铂氧化加成反应的自由能剖面图

膦配体可以促进碳-氟键对过渡金属的氧化加成。例如，在铱(Ⅰ)参与的碳-氟键活化中，实验观测表明，膦配体对此反应起着重要的作用，如使用三乙基膦配体，反应后可得到氟化二乙基膦配位的铱中间体 **4-38**(图 4.9)。为此, Macgregor 等提出了两种可能的反应途径，并对此展开理论研究[14]。如图 4.9 所示，在路径 a 中，可发生膦协助的碳-氟键断裂，并得到氟代金属化正膦烷中间体 **4-36**，此后经历烷基迁移得到烷基铱(Ⅲ)**4-37**，并通过后续转化获得最终产物 **4-38**。在路径 b 中，六氟苯直接对铱氧化加成，得到氟化铱(Ⅲ)中间体 **4-39**，再经历烷基与氟的交换得到中间体 **4-37**。理论计算表明，如中间体 **4-40** 直接经过三元环过渡态 **4-41ts** 的氧化加成，其反应活化能高达 34.4 kcal/mol，因此反应无法发生。而反应经历膦协助的碳-氟键断裂，则活化能仅为 18.9 kcal/mol，该过程经历的过渡态 **4-43ts** 几何结构如图 4.10 所示。其中将要断裂的碳-氟键长度为 1.97 Å，将要形成的氟-磷键长度为 2.39 Å。这说明膦对氟离子起到足够的稳定作用，促进该反应进行。

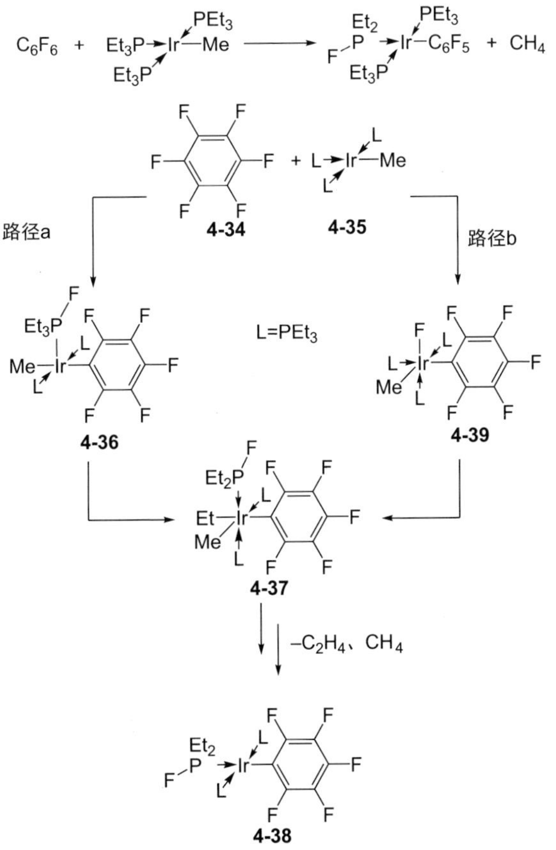

图 4.9 六氟苯的碳−氟键对铱氧化加成时可能经历的途径

在 2014 年，吴云东课题组对钌催化炔烃的氢硅化反应进行了理论研究[15]，从而揭示膦配体与腈配体对氢硅化反应区域选择性的调控。如图 4.11 所示，$[CpRu(L)(MeCN)_2]^+$ 催化炔烃的氢硅化反应中，当 L=P^iPr_3 时，将得到马氏产物，而当 L=MeCN 时，得到的是反马氏产物。

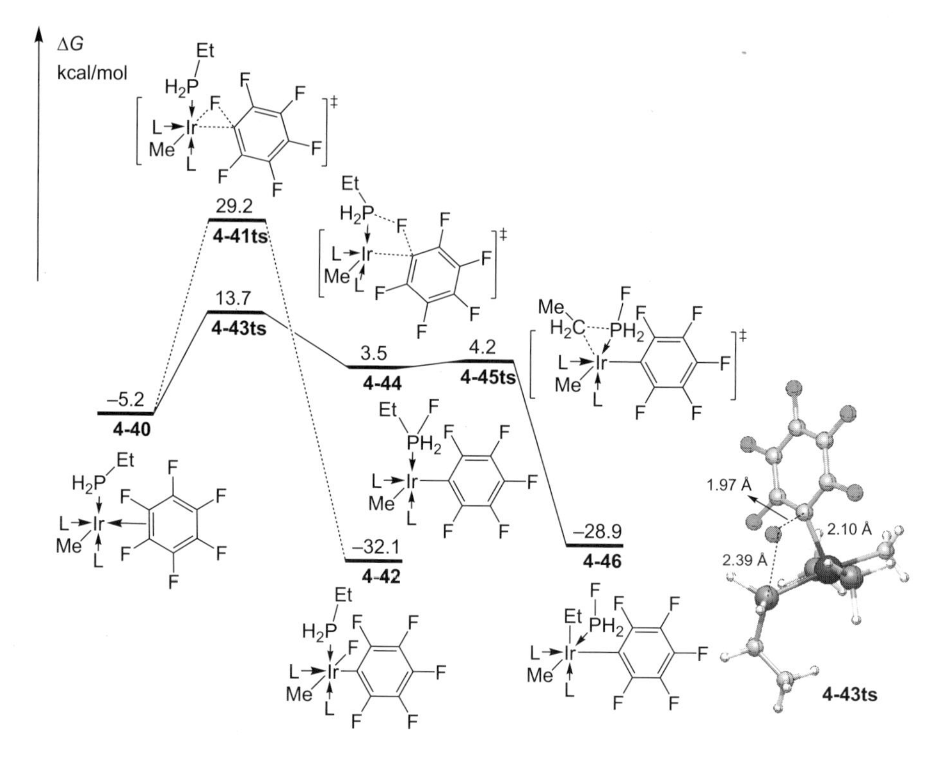

图 4.10　六氟苯的碳–氟键对当量铱氧化加成反应自由能剖面图

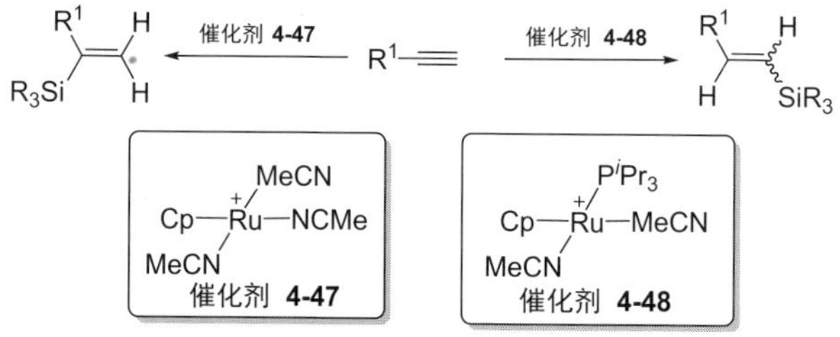

催化剂 4-47　R^1—≡　催化剂 4-48

Cp—Ru(+)(MeCN)—NCMe, MeCN　催化剂 4-47

Cp—Ru(+)(P^iPr_3)—MeCN, MeCN　催化剂 4-48

图 4.11　阳离子钌配合物 $[CpRu(MeCN)_3]^+$（**4–47**）和 $[CpRu(P^iPr_3)(MeCN)_2]^+$（**4–48**）的氢硅烷化反应

图 4.12 显示了钌催化剂 **4-49**，解离一分子乙腈生成 **4-50** 与苯基二甲基硅烷结合形成 **4-51** 的自由能改变。在乙腈分子解离过程中，二者的自由能变化相差不大，因此乙腈分子解离能与配体几乎无关。而在二甲基硅烷配位过程中，使用 P^iPr_3 配体的自由能变化明显低于使用乙腈分子的自由能变化。因此，相比乙腈配体，P^iPr_3 配体有利于硅烷的配位。图 4.13 展示了不同配合物的结构，可以看出，与配合物 **4-55** 相比，**4-53** 有

着更长的 H-Si 键(1.86 Å *vs* 1.55 Å)以及更短的 Ru-Si 距离(2.55 Å *vs* 3.03 Å)。这表明更给电子的 P^iPr_3 配体有助于 Ru 中心向 Si-H 键反键轨道的电子反馈，从而有利于 Si-H 键的断裂。与膦配体相比，乙腈是更不稳定的离解配体，所以催化剂 **4-47** 与 1 当量的膦配体反应可以得到 **4-47**。P^iPr_3 配体可以通过配体与金属的 σ 键和金属的反馈作用来促进 η^2-硅烷配合物的形成，这对于活化 Si-H 键非常重要。而双乙腈配合物溶液中的配位作用较弱，因此生成的硅烷配合物稳定性较差。

		4-49	**4-50**	**4-51**
$L=P^iPr_3$	ΔG_{gas}	0.0	14.8	7.3
	ΔG_{sol}	0.0	7.3	5.3
L=MeCN	ΔG_{gas}	0.0	14.7	12.5
	ΔG_{sol}	0.0	7.5	11.7

图 4.12　钌配合物 **4-49**、**4-50** 和 **4-51** 的比较（相对自由能单位为 kcal/mol）

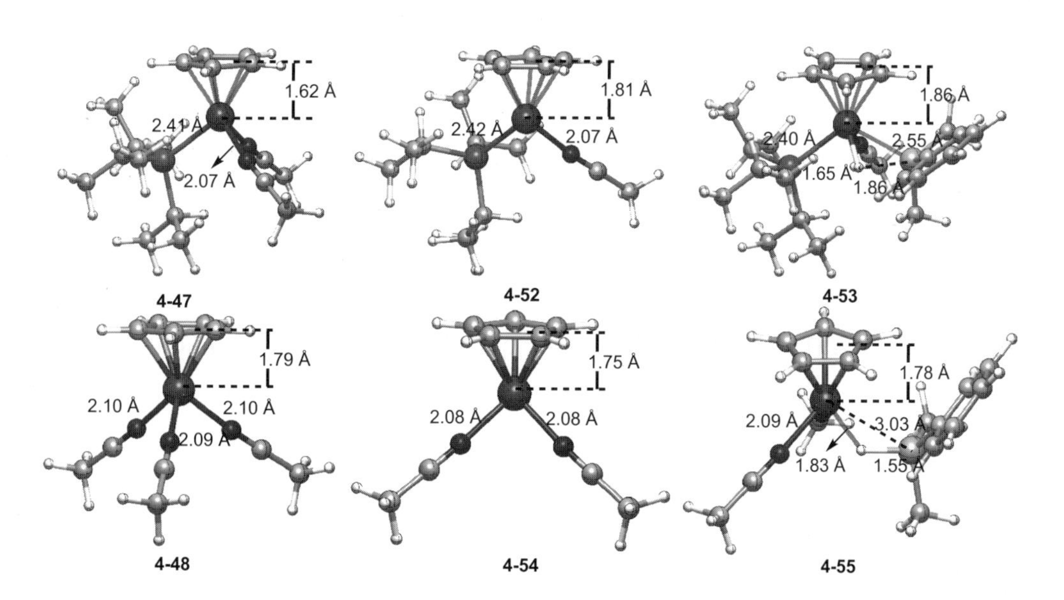

图 4.13　钌配合物 **4-47**，**4-48** 和 **4-52** ~ **4-55** 的结构（键长单位为 Å）

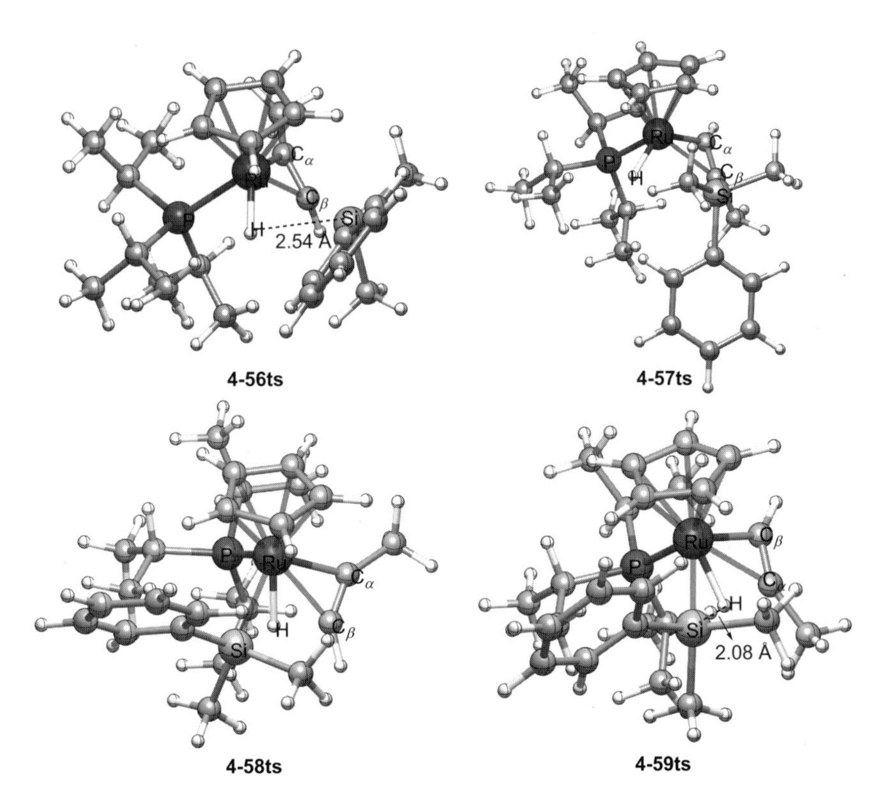

图 4.14　使用催化剂 **4-48** 催化炔烃氢硅化过程的四种过渡态（键长单位为 Å）

如图 4.14 所示，在炔烃氢硅化的区域选择性决定步骤中，自然布局分析表明，C_β 比 C_α 带有更多负电荷，这是由于丙炔甲基的给电子作用。因此，带正电的硅基迁移到 C_β 比迁移到 C_α 更有利，故 **4-56ts** 的能量低于 **4-57ts**。而氢迁移的过渡态 **4-58ts** 与 **4-59ts** 相对能量较高，这是由于大体积的 P^iPr_3 配体与 $PhMe_2Si$-基团存在空间排斥。此外，**4-59ts** 中的 Si-H 键(2.08 Å)比 **4-56ts** 中的 Si-H(2.54 Å)键短。因此，**4-59ts** 是一个较早的过渡状态，其中 Si-H 键未得到更好的活化。综上，对于 P^iPr_3 配体，甲硅烷基迁移得到反马氏产物的途径是最有利的途径。

为了进一步阐明辅助配体(L)对反应性和选择性的作用，作者还比较了配体 MeCN 和 PMe_3 在氢硅化过程中第一步硅氢键切断的活化自由能(图 4.15)。对于空间要求较低的配体 MeCN 可以容纳相邻的硅烷基，可以形成一个 η1-硅烷中间体，导致马式产物的氢迁移过渡态 **4-57ts**-MeCN 具有最低的势垒，这些计算结果与该配体所观察到的区域选择性一致。对于 PMe_3 配体，氢迁移过程也很容易发生，但是 PMe_3 和 MeCN 在氢迁移步骤中具有不同的区域选择性，PMe_3 配体将得到反马氏产物。这是因为给电子能力更强的 PMe_3 配体会导致 Ru 的电子富集，对 H-Si 键的反馈作用更强。因此，与 MeCN 配体相比，PMe_3 配体的迁移氢过程更具有氢化物的特征，反应更适合在 α 位置加氢(反马氏产物)。这些计算结果表明，配体可通过电子和空间因素在控制机理和区域选择性中发挥重要作用。

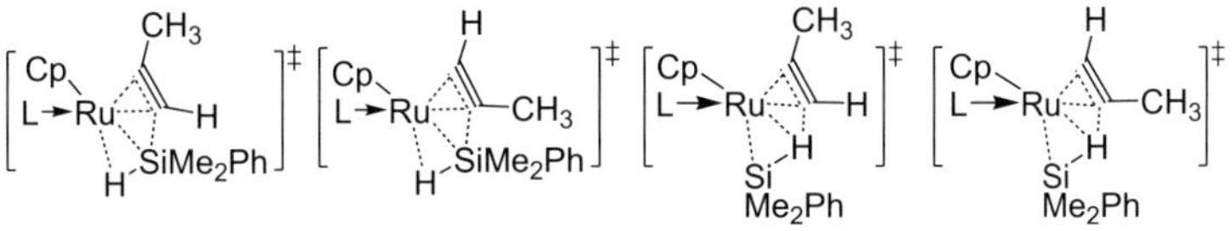

	4-56ts = -L	**4-57ts** = -L	**4-58ts** = -L	**4-59ts** = -L
L=P^iPr_3 = -L	**26.7**	37.5	34.9	35.6
L=MeCN = -L	32.0	42.7	**22.1**	22.9
L=PMe_3 = -L	22.8	34.7	22.6	**21.5**

图 4.15　钌催化剂 $[CpRu(L)(MeCN)_2]^+$ 催化丙烯氢硅化反应中的关键过渡态（活化自由能的单位为 kcal/mol）

2017 年，洪鑫课题组对 Ni 催化苯甲酸酯与芳基硼酸的 Suzuki-Miyaura 偶联反应中配体的立体选择性调控进行了理论研究[16]。作者选择的计算模型如图 4.16 所示，当使用 SIMes 配体时将得到立体化学翻转的产物，而使用 PCy_3 时得到立体化学保持的产物。

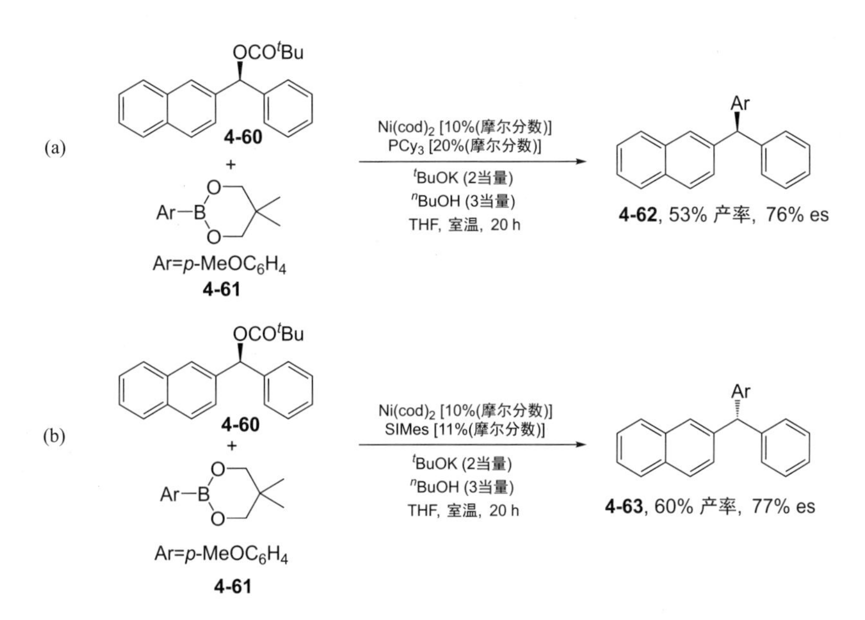

图 4.16　计算所用的模型反应

作者提出了两种可能的氧化加成方式，如图 4.17 所示，催化剂 L_nNi 通过两种可能的氧化加成步骤裂解底物 **4-60** 的苄基 C-O 键，从而形成两个具有对映异构的 L_nNi(苄基)(OPiv) 中间体 **4-66** 或 **4-68**。随后与芳基硼酸酯发生转金属化生成相应的 L_nNi(苄基)(Ar) 中间体 **4-67** 或 **4-69**。最后 **4-67** 或 **4-69** 通过还原消除，生成立体保持或者翻转的 C–C 交叉偶联产物 **4-62** 或 **4-63**。

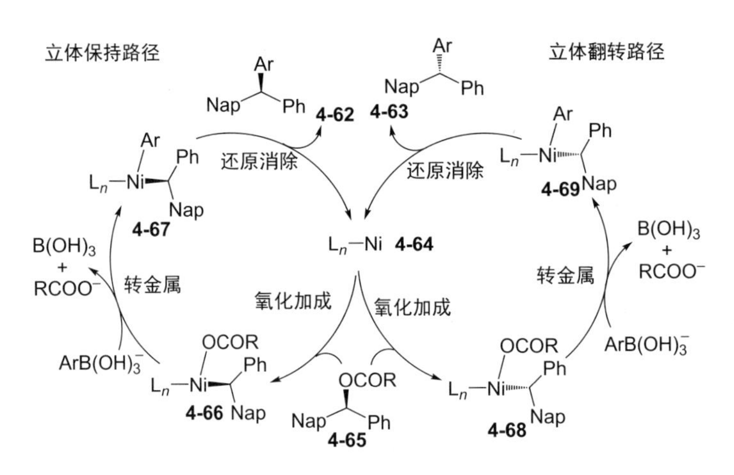

图 4.17　镍催化苯甲酸酯与芳基硼酸 Suzuki-Miyaura 偶联反应的可能机理

计算结果如图 4.18 所示，当配体为 PCy_3 时，底物配合物 **4-70** 可以通过有立体反转的过渡态 **4-71ts** 进行氧化加成。**4-71ts** 本质上是 S_N2 反应的过渡态，镍催化剂通过背面进攻苄基碳脱去新戊酸基团，从而翻转苄基的立体化学中心。另外一条反应路径是底物配合物 **4-70** 先异构化为六元环中间体 **4-74**，然后通过环状过渡态 **4-75ts** 进行氧化加成，从而具有立体化学保持。**4-75ts** 是协同的环状氧化加成过渡态，其中镍催化剂与苄基碳相互作用，并在同一侧裂解 C-O 键。该过渡态可保留苄基立体化学中心，并且不可逆地产生苄基镍中间体 **4-77**。比较 PCy_3 配体的这两种路径，可以看出通过 **4-75ts** 的立体化学保持路径比通过 **4-71ts** 的立体化学翻转路径的能垒低 1.1 kcal/mol，即通过 **4-75ts** 的立体化学保持路径更有利，这与 PCy_3 配体得到立体保持产物的实验非常吻合。SIMes 配体与 PCy_3 配体的立体选择性表现相反。与通过协同氧化加成 **4-83ts** 的立体化学保持路径相比，通过取代氧化加成 **4-79ts** 立体化学翻转路径的能垒低 1.6 kcal/mol，即通过 **4-79ts** 的立体化学路径更有利，这也与实验结果相符。

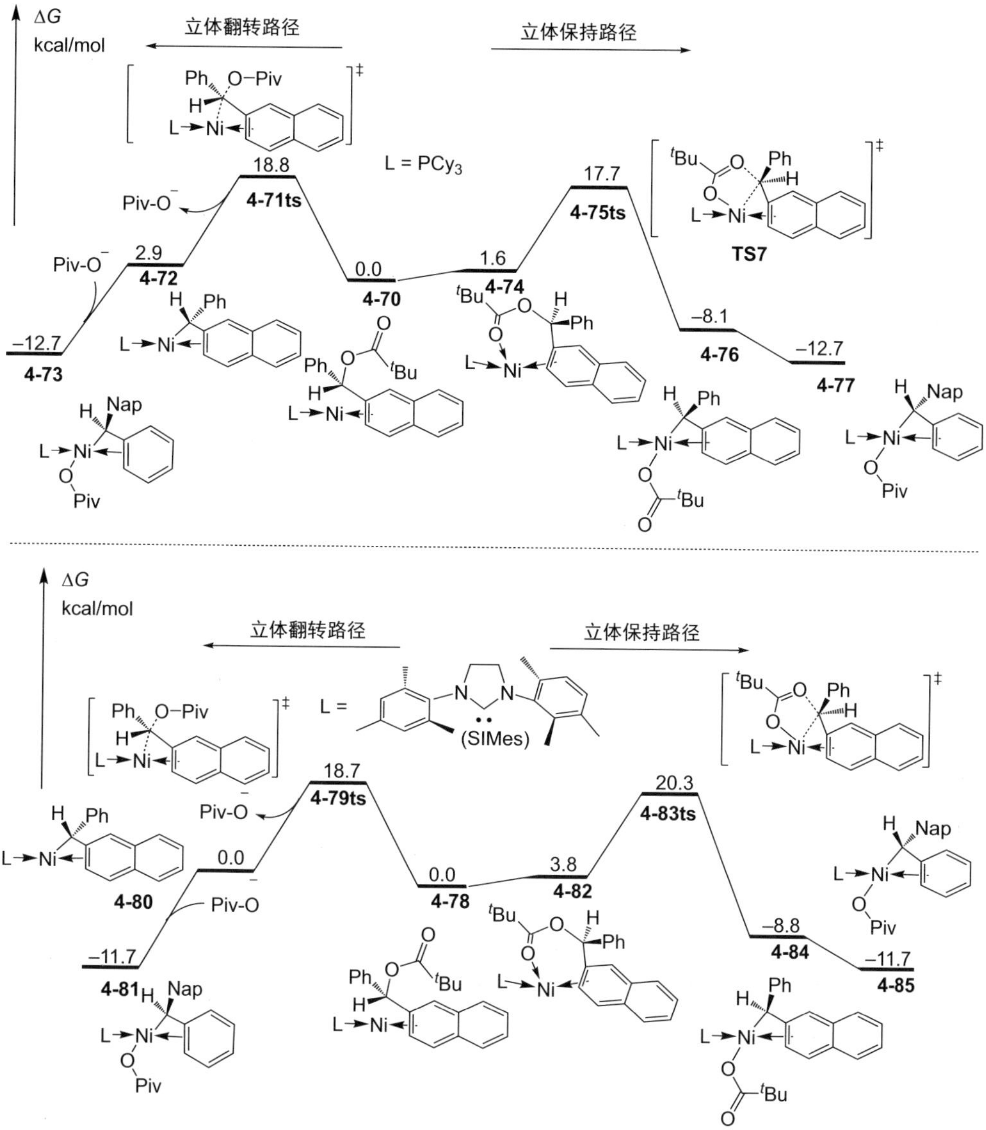

图 4.18　使用 PCy_3 或 SIMes 配体的 Ni 介导氧化加成反应过程的自由能剖面图

通过比较氧化加成前的中间体结构中扭曲片段的能量，可分析配体对氧化加成方式的影响，从而理解立体选择性成因。作者首先计算了中间体的相对能量。SIMes 配体与 PCy_3 配体相比，预翻转中间体 **4-81** 到预保持中间体 **4-82** 的异构化吸热较多(以自由能计为 2.2 kcal/mol，以电子能计为 2.4 kcal/mol）。如图 4.19 所示，为了理解配合物的哪一部分受配体效应影响，作者先用氢原子代替了四个中间体中的酰基部分（以椭圆虚线突出显示），并计算了四个扭曲片段的能量。含 PCy_3 配体 **4-86** 和 **4-88** 的两个片段之间的电子能差为 9.4 kcal/mol，而含 SIMes 配体两个片段之间的电子能差为 11.6 kcal/mol。二者异构化的能量相差为 2.2 kal/mol，与替换前 2.4 kcal/mol 相近，这表明酰基部分不受配体效应影响。当苄基部分被氢原子取代时，配体效应仍然存在。**4-87** 和 **4-89** 之间的能量变化为 4.2 kcal/mol，而 **4-91** 和 **4-93** 之间的能量变化为 6.1 kcal/mol，因此，萘基部分在区分异构化能中起关键作用。萘基部分主要的几何变化是 C-Ni- 配体角的弯曲。从预翻转中间体（**4-73** 或 **4-81**）到预保持中间体（**4-74** 或 **4-82**），配合物使 C-Ni- 配体角弯曲以适应额外的 Ni-O 键的形成。与 SIMes 配体（6.1 kcal/mol）相比，PCy_3 配体（4.2 kcal/mol）的弯曲更容易。因此，配体通过控制 C-Ni- 配体角的变形性难度来控制立体选择性。而 C-Ni- 配体角与 C-Ni 键的刚性有关，随后作者通过 NBO 分析配合物中配体或新戊酸酯与 Ni 之间的主要相互作用。如图 4.20 所示，含 SIMes 配体比含 PCy_3 配体的配合物中多一个配体与金属的 d-p 反馈作用。当发生异构化时，配体会发生扭转，从而会削弱这一作用。因此，与含 PCy_3 配体的 **4-73** 相比，含 SIMes 配体的 **4-81** 更难发生异构化，从而会得到立体化学翻转的产物。

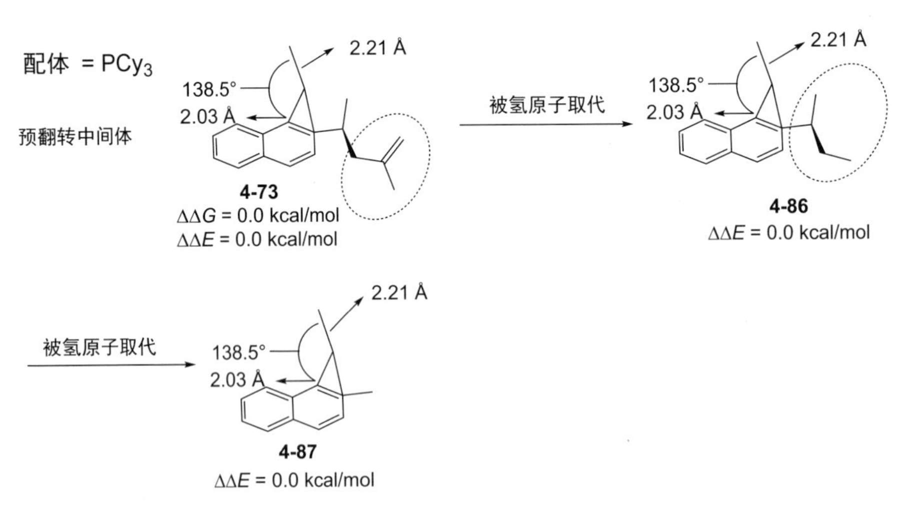

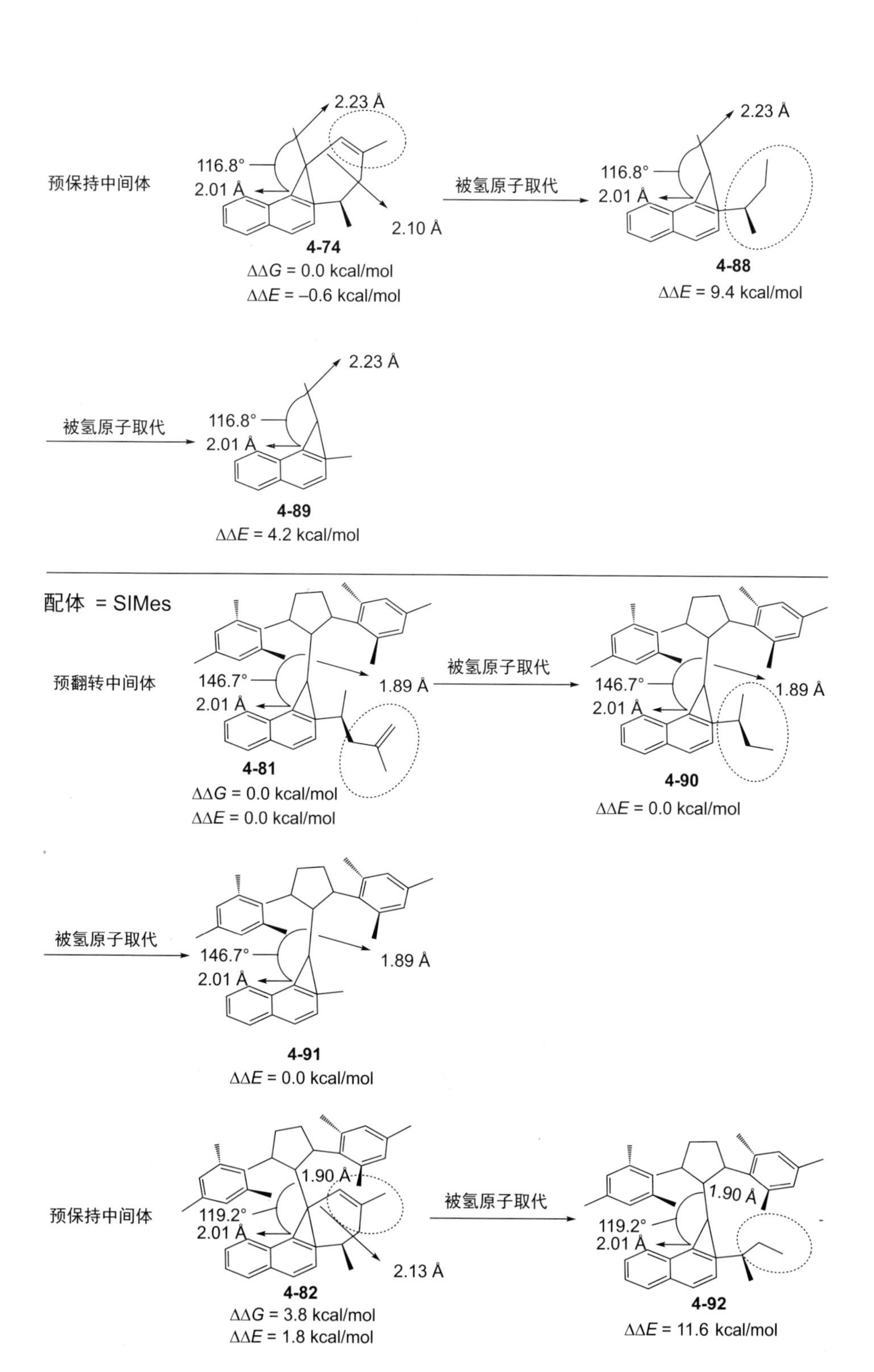
预保持中间体
2.23 Å
116.8°
2.01 Å
2.10 Å
4-74
ΔΔG = 0.0 kcal/mol
ΔΔE = –0.6 kcal/mol
被氢原子取代
2.23 Å
116.8°
2.01 Å
4-88
ΔΔE = 9.4 kcal/mol
被氢原子取代
2.23 Å
116.8°
2.01 Å
4-89
ΔΔE = 4.2 kcal/mol
配体 = SIMes
预翻转中间体
146.7°
2.01 Å
1.89 Å
4-81
ΔΔG = 0.0 kcal/mol
ΔΔE = 0.0 kcal/mol
被氢原子取代
146.7°
2.01 Å
1.89 Å
4-90
ΔΔE = 0.0 kcal/mol
被氢原子取代
146.7°
2.01 Å
1.89 Å
4-91
ΔΔE = 0.0 kcal/mol
预保持中间体
1.90 Å
119.2°
2.01 Å
2.13 Å
4-82
ΔΔG = 3.8 kcal/mol
ΔΔE = 1.8 kcal/mol
被氢原子取代
1.90 Å
119.2°
2.01 Å
4-92
ΔΔE = 11.6 kcal/mol

图 4.19

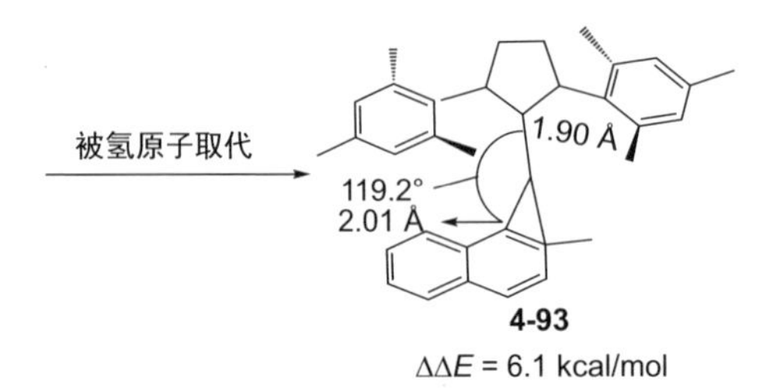

图 4.19　用较小基团取代预翻转中间体与预保持中间体中基团的能量变化（为了简化起见，除了用于降解底物的原子之外，其他氢原子均被隐藏）

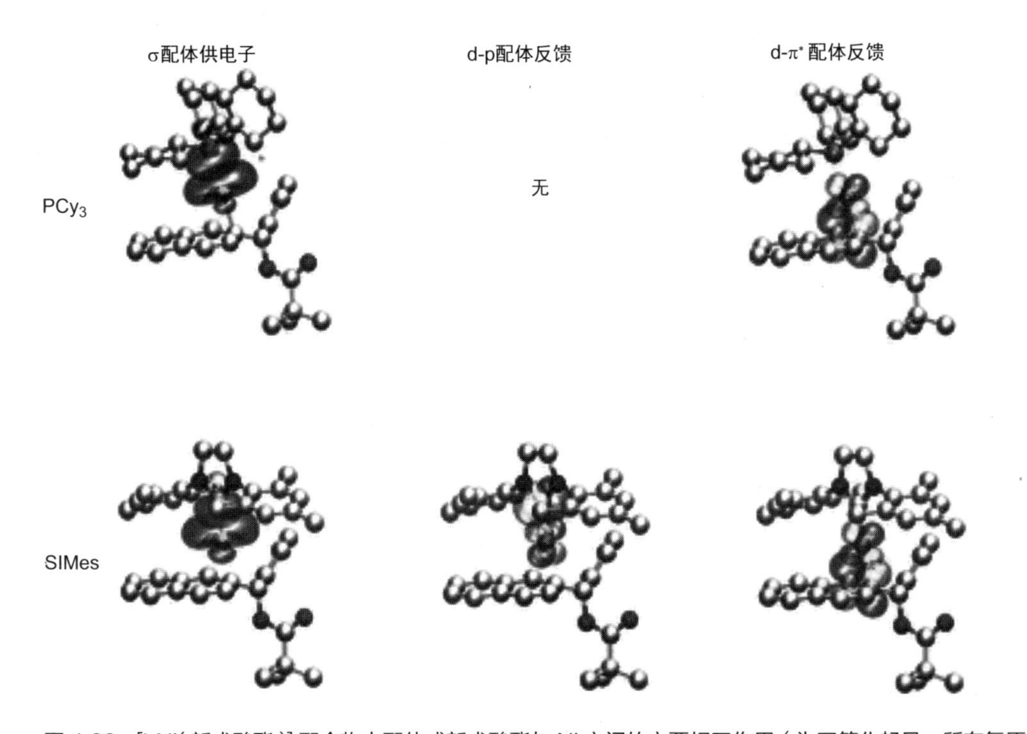

图 4.20　[LNi(新戊酸酯)] 配合物中配体或新戊酸酯与 Ni 之间的主要相互作用（为了简化起见，所有氢原子均被隐藏。图片出自文献 [16]）

4.2.2　双膦配体

含有两个供体磷原子的双膦配体已非常成功地被用于均相催化领域，在过渡金属催化 C-C、C-N 和 C-O 交叉偶联以及不对称反应中获得了很好的效果[17]。在许多情况下，双齿配体由于其更好的螯合和稳定金属中心的能力而显示出比单齿配体更优异的性能。如图 4.21 所示，常见的双膦配体有双(二苯基膦)甲烷(DPPM)、1,2-双(二苯基膦基)乙烷(DPPE)、1,3-双(二苯基膦基)丙烷(DPPP)、1,10-双(二苯基膦基)二茂铁(DPPF)、双(二苯基膦基)联萘(BINAP)和 Xantphos 等。这些双齿膦配体均包含被烃链或其他结构支撑的末端双取代膦部分，从而使膦能够与金属以顺式螯合。双齿螯合物的形成增加了稳定性，可以有效避免单齿膦配体常见的配体解离。双膦的咬合角范围变化很大，从 DPPM 的 72°到 Xantphos 的 111°，不同的咬合角在速率和选择性方面将对催化反应产生深远的影响。

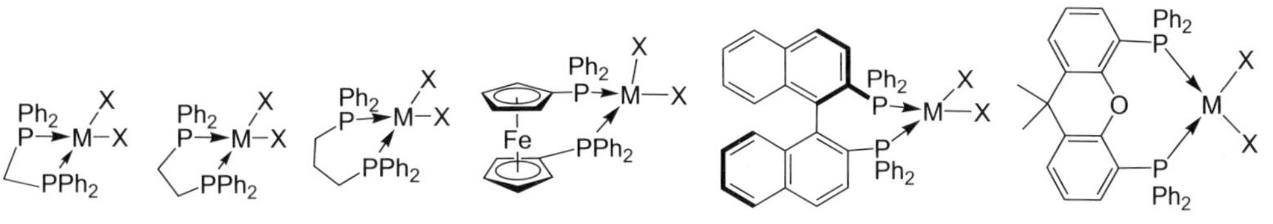

图 4.21　双膦配体与金属结合的结构

如图 4.22 所示，含有双齿膦配体的 Huang 配合物是氨甲基化反应的重要前体。为此，蓝宇课题组选用钯与苯乙烯的四苄基甲烷二胺催化的氨甲基化反应作为模型反应，从理论上研究 Huang 配合物的形成及其反应性。理论研究表明，该配合物中 Xantphos 配体对其反应活性起着重要的调控作用[18]。在反应机理研究中，Xantphos 和 DPPE 分别被选为模型，探索反应活性与配体的关系(图 4.23)。从自由能剖面图中可以看出，Pd(0) 配合物 **4-108** 的相对自由能为 25.1 kcal/mol，比中间体 **4-100** 的相对自由能高了 14.3 kcal/mol。中间体 **4-100** 与质子化的四苄基甲烷二胺 **4-99** 通过过渡态 **4-101ts** 发生亲核取代反应，该过程总活化自由能为 18.9 kcal/mol。中间体 **4-108** 由于具有更高的相对自由能，通过过渡态 **4-109ts** 进行亲核取代的总活化自由能为 32.5 kcal/mol，也比使用 Xantphos 配体的相同步骤高得多。形成 DPPE 配位的配合物 **4-110** 吸热 7.6 kcal/mol，而形成 Xantphos 配位的配合物 **4-102** 仅放热 0.7 kcal/mol。理论结果清楚地表明，对于 Xantphos 配体来说，环张力较大，可用于稳定 Pd(0) 物种。

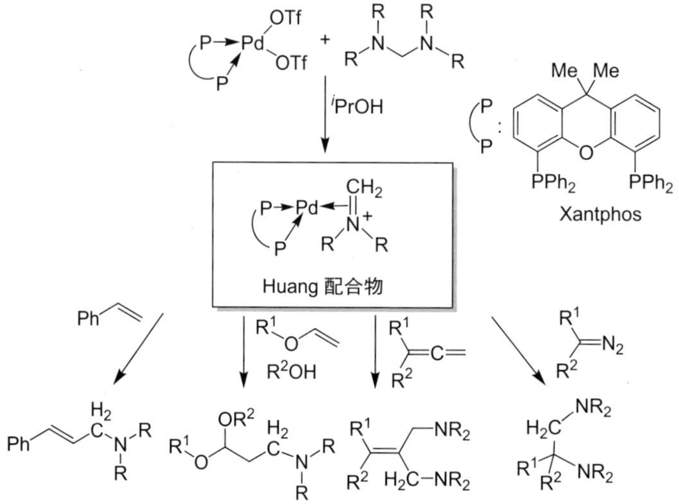

^{i}PrOH

Xantphos

Huang 配合物

图 4.22　Huang 氨甲基化前体的合成及其应用

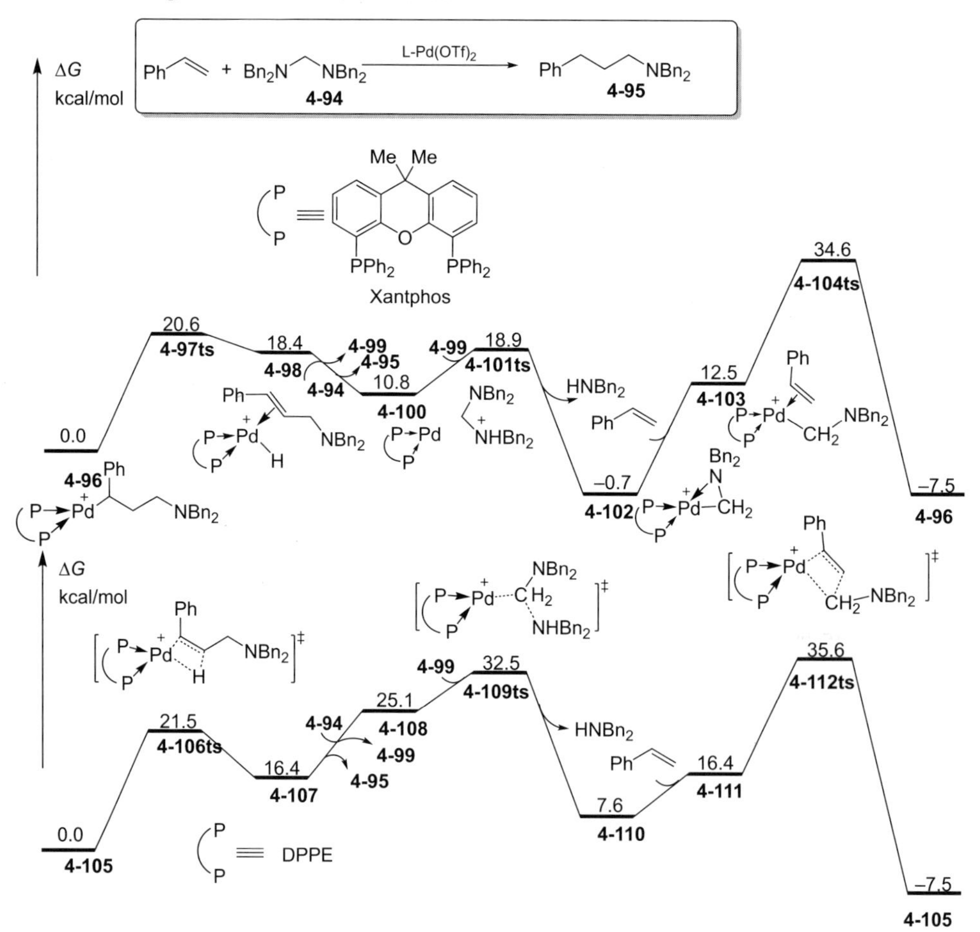

图 4.23　使用 Xantphos 配体与 DPPE 配体的钯催化苯乙烯甲基化的自由能剖面图

为了进一步研究 Xantphos 的配体效应，作者还计算了由 Xantphos 配位的钯催化的合成氨醛的反应。计算结果表明，合成氨基酸酯的决定速率的步骤是还原消除步骤。如图 4.24 中所示，当将 Xantphos 用作配体时，通过底物负载形成中间体 **4-115**，通过过渡态 **4-117ts** 以 34.3 kcal/mol 的能垒进行还原消除，并形成 Pd(0) 物种（放热 32.2 kcal/mol）。作为比较，DPPE 也考虑了 C-N 键的形成。然而，当使用 DPPE 配体时，还原消除的能垒是 51.7 kcal/mol，反应自由能放热 15.0 kcal/mol。计算结果再次表明，与 DPPE 配体相比，Xantphos 配体可以进一步促进反应还原消除的过程，并且可以稳定 Pd(0) 物种。

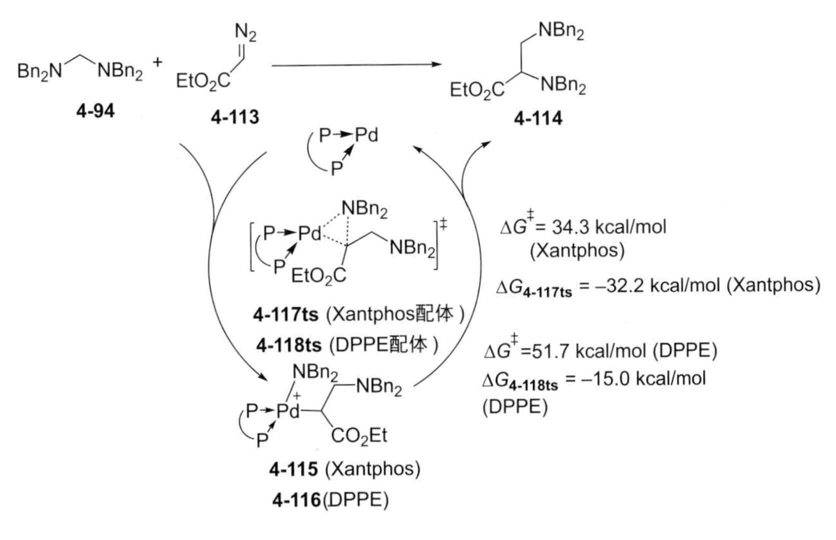

图 4.24　Xantphos 配位的钯催化合成氨基酸酯中的还原消除步

在双齿膦配体中，使用不同大小的取代基安置在磷原子上可以有效调控空间效应，甚至可以影响反应机理。在之前的报道中，铱催化的芳族 C-H 硼化反应中铱(Ⅲ)/铱(Ⅴ)的催化循环已被证明更加合理。如图 4.25 所示，在铱催化的芳族 C-H 硼化反应中使用小的联吡啶类配体(如 dtbpy 或 Me_4phen)将导致三硼基铱(Ⅲ)配合物的生成，随后将 C-H 键氧化加成三硼化铱(Ⅲ)配合物得到七配位的氢化铱(Ⅴ)中间体，此步为该催化循环中的速率决定步骤(RDS)。最后，通过 C-B 还原消除可得到芳基硼酸酯产品，Sakaki 等 [19] 报道的理论研究，证实了铱催化的 C-H 硼化反应中铱(Ⅲ)/铱(Ⅴ)催化循环。尽管通过理论和实验研究相结合的手段，提出了合理而优雅的催化循环，但在铱(Ⅲ)/铱(Ⅴ)催化循环中，七配位铱(Ⅴ)氢化物中间体看上去很拥挤。虽然对于小的配体来说，这种机理循环是可以接受的，但是当使用大的配体时，由于空间效应七配位铱(Ⅴ)氢化物中间体很难形成。

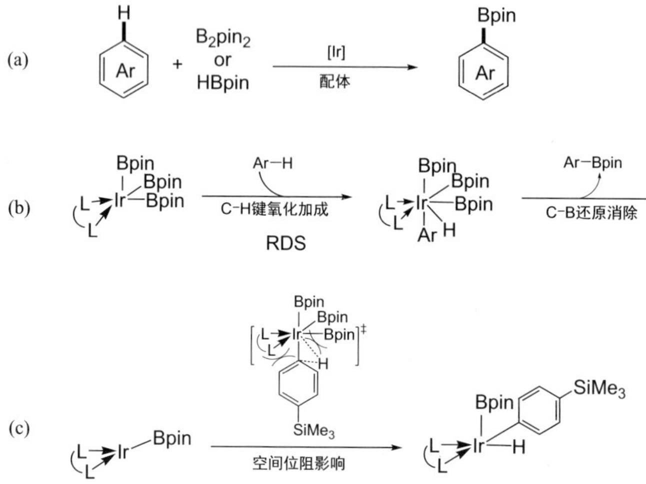

图4.25 铱(Ⅲ)/铱(Ⅴ)与铱(Ⅰ)/铱(Ⅲ)催化循环的比较

为此，蓝宇课题通过DFT理论研究使用较大配体的[Ir(cod)OH]$_2$/Xyl-MeO-BIPHEP催化对位C-H硼化反应[20]。如图4.26所示，在铱(Ⅲ)/铱(Ⅴ)催化循环中，尽管铱(Ⅲ)中间体**4-121**的相对自由能比铱(Ⅰ)中间体**4-119**低2.2 kcal/mol，但是该氧化加成步骤相应的活化自由能达到了34.9 kcal/mol。这些数据表明，铱(Ⅲ)三硼基配合物**4-121**的形成将是困难的。接着三甲基苯基硅烷作为底物与铱(Ⅲ)中间体**4-121**发生氧化加成，进而发生后续反应(图4.26)。通过分析整个过程的自由能剖面图可以看出反应的最高能垒达到81.1 kcal/mol(**4-124ts**)，这说明通过铱(Ⅲ)/铱(Ⅴ)的催化循环实现芳基的C-H硼化是不利的。

随后，作者提出了一种铱(Ⅰ)/铱(Ⅲ)的催化循环(图4.27)，即活性催化剂**4-119**在与三甲基苯基硅烷发生C-H键氧化加成后，先发生还原消除生成氢化铱(Ⅰ)中间体并释放苯基硼酸产物。然后氢化铱(Ⅰ)中间体再与B$_2$pin$_2$发生B-B键氧化加成，最后发生B-H键的还原消除得到硼烷并再生活性催化剂**4-119**。整个过程的最高能垒为22.0 kcal/mol,

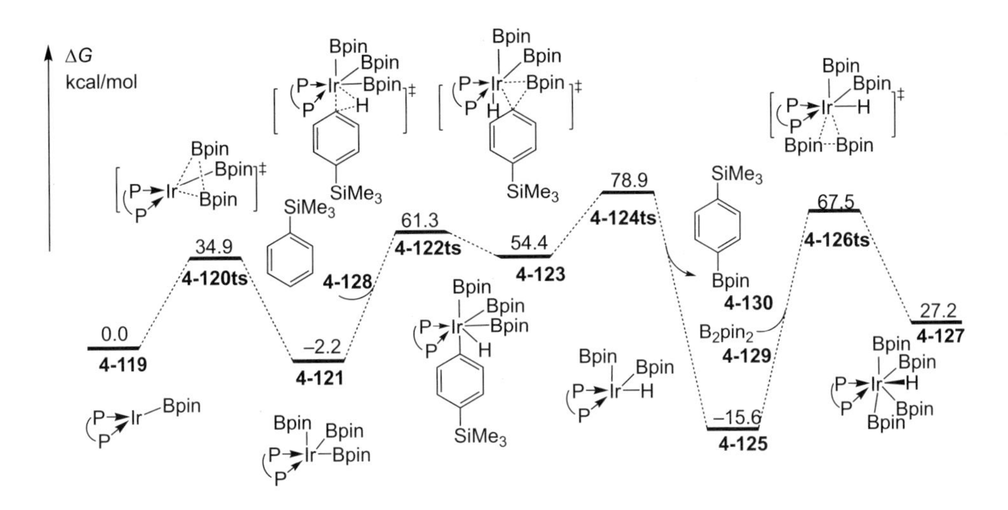

图 4.26 三甲基苯基硅烷对位选择性硼化的铱（Ⅲ）/ 铱（Ⅴ）催化循环的自由能剖面图

远低于前面提到的铱(Ⅲ)/ 铱(Ⅴ)催化循环的最高能垒。因此，作者证明了当使用大基团的双齿膦配体时，铱催化的芳族 C-H 硼化反应是通过铱(Ⅰ)/ 铱(Ⅲ)的催化循环进行，而不是铱(Ⅲ)/ 铱(Ⅴ)催化循环，双齿膦配体较大的空间位阻改变了反应机理。

铑催化潜手性的α,α-二烯丙基醛 **4-143** 可发生两种去对称性反应——氢酰化反应和碳酰化反应(图 4.28)。为研究铑催化下α,α-二烯丙基醛去对称氢酰化反应机制，蓝宇课题组进行了理论研究[21]，并提出了如图 4.29 所示的可能机理。催化反应循环从双膦配体结合的一价阳离子 Rh 催化剂 **4-146** 开始。反应底物 **4-143** 中甲酰基上的 C-H 键通过与中心金属 Rh 氧化加成生成铑的氢化物 **4-147**，然后烯基 C＝C 双键插入 Rh-H 键生成含金属的五元环中间体 **4-148**，并由此出现两种不同的反应——氢酰化(实线)和碳酰化(虚线)反应。氢酰化反应由中间体 **4-148** 经过β-氢消除生成酰基 Rh 的氢化物中间体 **4-149**，紧接着第二个烯基的 C＝C 双键插入 Rh-H 键得到六元环中间体 **4-150**，最后通过还原消除形成 C-C 键，得到α-位季碳手性中心环戊酮产物 **4-145**。碳酰化反应则是由中间体 **4-148** 出发，第二个烯基 C＝C 双键插入 Rh-C(烷基碳)键生成含过渡金属 Rh 的双环 [3.2.1] 中间体 **4-151**，最后还原消除 C-C 键形成 **4-146**，生成副产物双环庚酮 **4-144**。

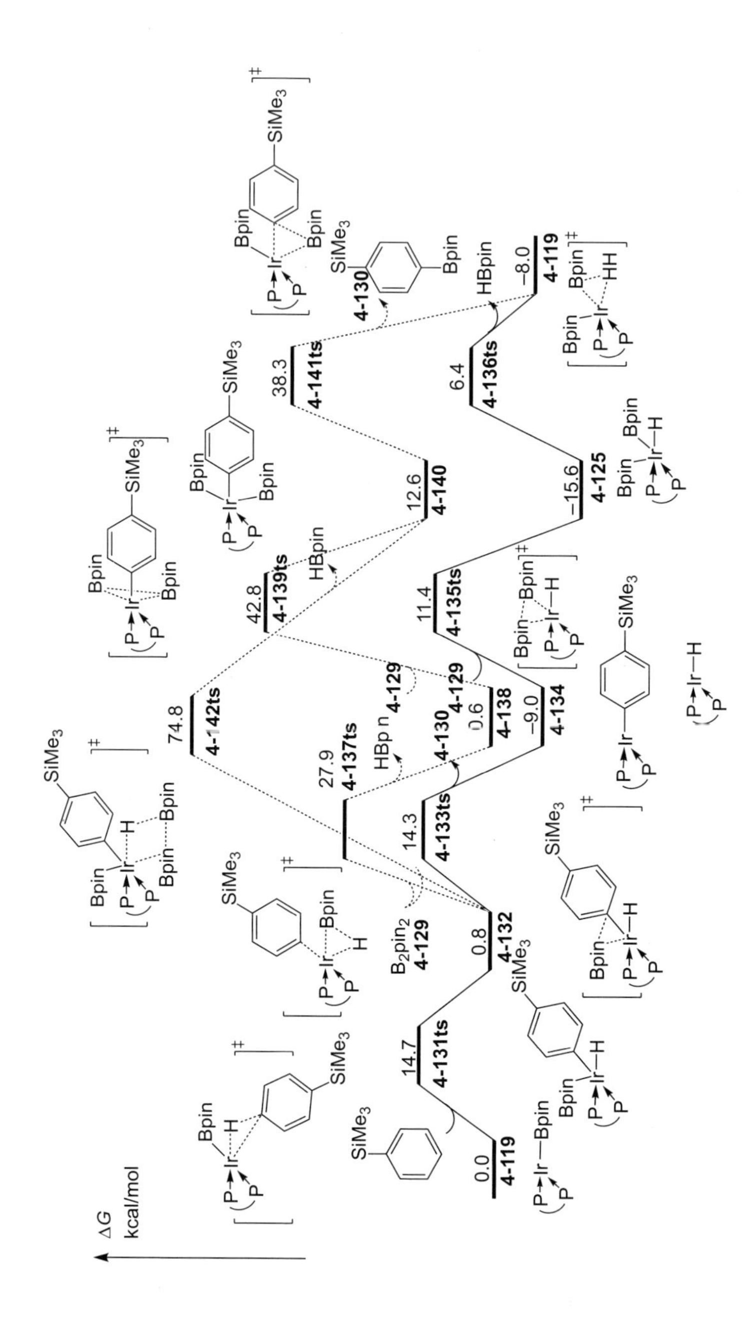

图 4.27　三甲基苯基硅烷对位选择性硼化的铱（Ⅰ）/铱（Ⅲ）催化循环的自由能剖面图

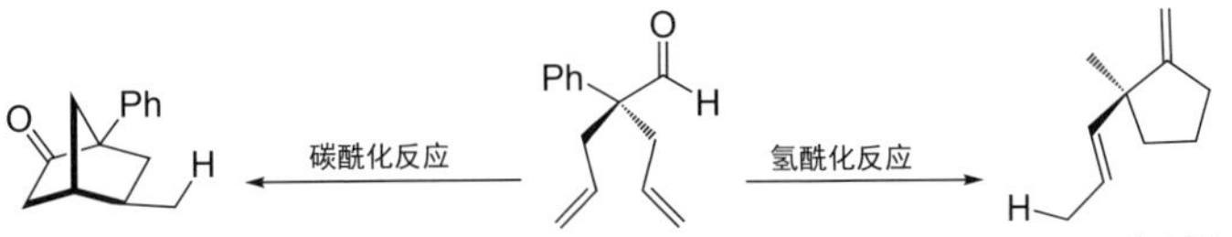

碳酰化反应 氢酰化反应

4-144 4-143 4-145

图 4.28 铑催化 α,α- 二烯丙基醛氢酰化反应和碳酰化的两条去对称路径

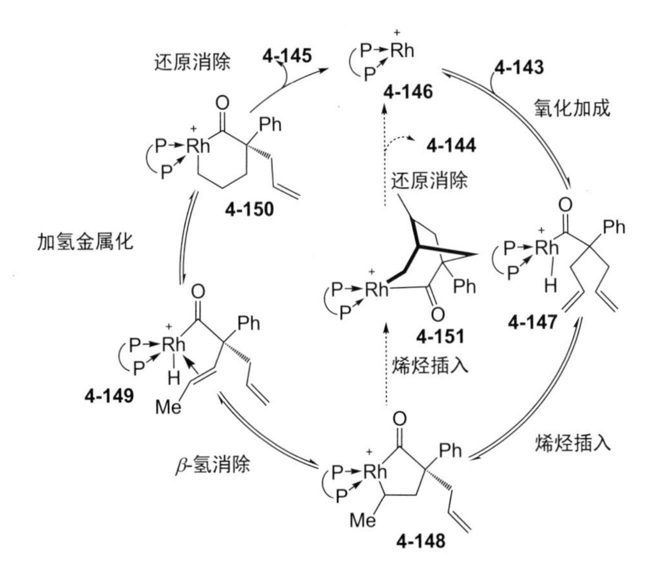

图 4.29 铑催化 α,α- 二烯丙基醛 **4-143** 去对称化反应的可能机理

从图 4.30 的自由能剖面图可以看出，第一个烯基插入 Rh–H 键步骤通过过渡态 **4-156ts** 与 **4-159ts** 得到 *S* 构型中间体 **4-157** 和 *R* 构型中间体 **4-160**。其中 **4-156ts** 的相对自由能比 **4-159ts** 低 3.1 kcal/mol，说明第一个烯丙基的 C＝C 键插入 Rh-H 键反应生成季碳为 *S* 构型的五元环中间体 **4-157** 更有利，该步被认为是反应的立体选择性决定步。随后，反应通过 *β*-氢消除、第二个烯丙基的 C＝C 双键插入 Rh-H 键以及还原消除得到季碳为 *S* 构型的氢酰化产物 **4-145**，相应的表观活化自由能为 14.7 kcal/mol、14.4 kcal/mol、15.4 kcal/mol（图 4.31）。因此，还原消除反应是整个反应的决速步。

通过碳酰化反应生成双环 [2.2.1] 庚酮副产物的启动步骤与氢酰化相同。如图 4.32 所示，碳酰化反应也是从 C-H 键活化和第一个烯基插入 Rh-H 键起始，得到金属五元环中间体 **4-157** 或 **4-160**。不同的是，在接下来的反应过程中，碳酰化反应通道由第二个烯丙基的 C＝C 双键插入 Rh-C 键以及还原消除反应组成。计算得到该反应通道最高的表观活化能

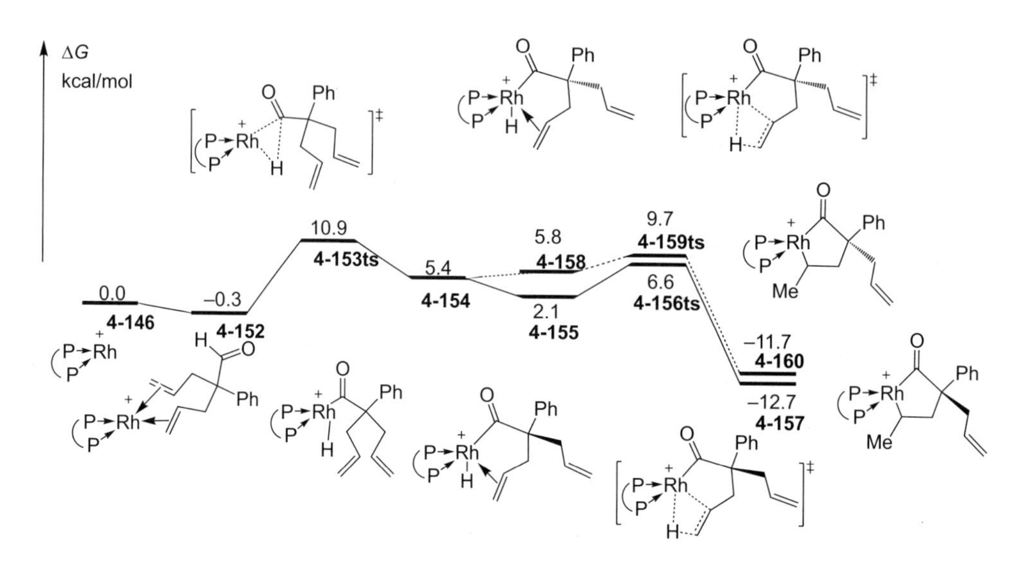

图 4.30 Rh(Ⅰ)催化α,α-二烯丙基醛 **4-143** 去对称性反应起始反应自由能剖面图

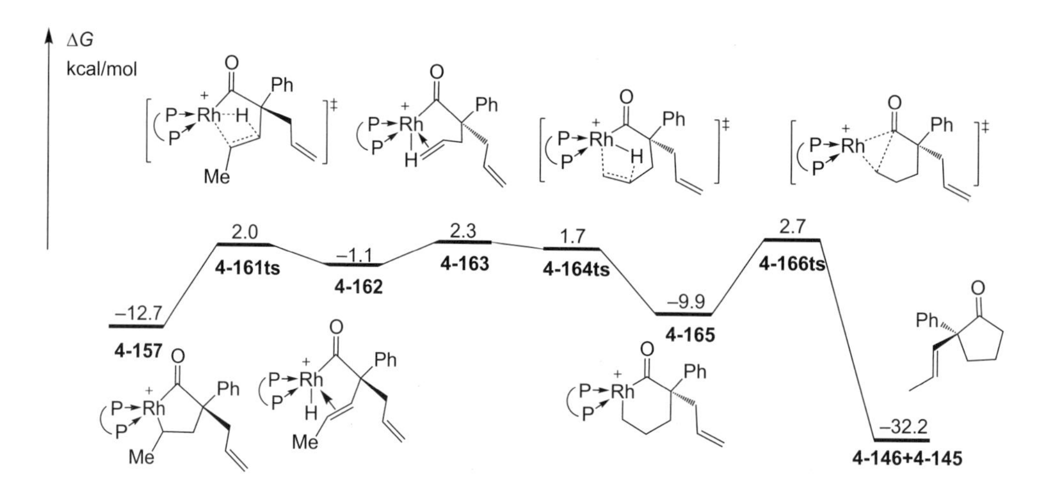

图 4.31 Rh(Ⅰ)催化α,α-二烯丙基醛 **4-143** 氢酰化去对称性反应自由能剖面图

为 21.4 kcal/mol，比氢酰化反应通道高了 6.0 kcal/mol，故碳酰化反应较难发生。

为了进一步研究配体对反应化学选择性的影响，分别计算了使用双膦配体 BzDPPB 和 (*R*)-BINAP 的氢酰化决速步过渡态 **4-171ts** 和 **4-172ts**，以及碳酰化能垒最高点(第二个烯基插入 Rh-C 键)过渡态 **4-173ts** 和 **4-174ts** 的结构和能量。

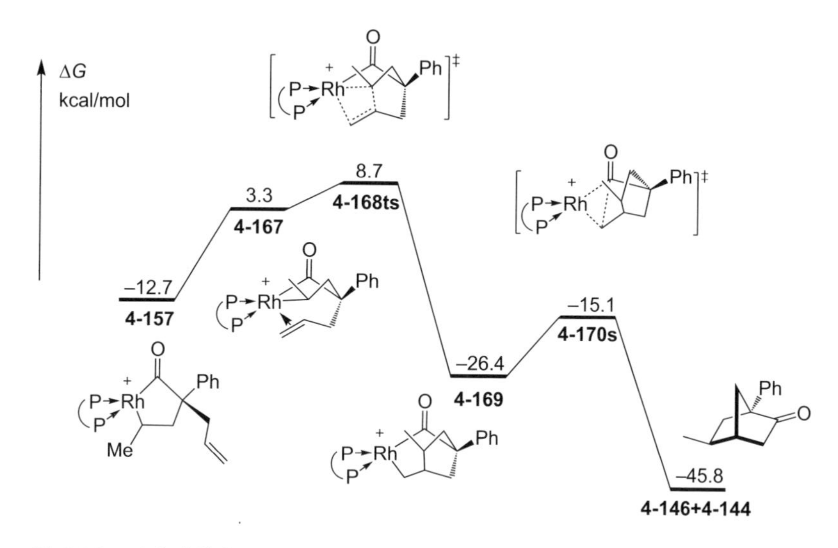

图 4.32　Rh(I) 催化 α,α–二烯丙基醛 **4–143** 碳酰化去对称性反应自由能剖面图

表4.9　使用不同配体时，铑催化α,α-二烯丙基醛4-143去对称性反应的化学选择性

单位：kcal/mol

配体	主要产物	氢酰化过渡态	ΔG	碳酰化过渡态	ΔG	$\Delta\Delta G$
BzDPPB	**4-144**	**4-171ts**	9.3	**4-173ts**	5.9	−3.4
(*R*)-BINAP	**4-145**	**4-172ts**	5.3	**4-174ts**	9.3	4.0
(*R*)-DTBM-MeOBIPHEP	**4-145**	**4-166ts**	15.4	**4-168ts**	21.4	6.0

PPh2　PPh2　MeO　PR2　MeO　PR2　OMe　^{t}Bu　^{t}Bu　R =

BzDPPB　(*R*)-BINAP　(*R*)-DTBM-MeOBIPHEP

计算结果如表 4.9 所示，当使用双膦配体 (*R*)-BINAP 或 (*R*)-DTBM-MeOBIPHEP 时，还原消除反应过渡态能量比第二个烯基插入 Rh-C 键过渡态能量分别低 4.0 kcal/mol 和 6.0 kcal/mol，故铑催化 α,α-二烯丙基醛去对称性反应的主反应路径是氢酰化反应，主产物是氢酰化产物 **4-145**。相反地，当使用 BzDPPB 配体时，第二个烯丙基插入 Rh-C 键过渡态 **4-173ts** 的能量比对应还原消除过渡态 **4-171ts** 的能量低 3.4 kcal/mol，主反应路径变成碳酰化反应，生成碳酰化主产物双环 [2.2.1] 庚酮 **4-144**，与实验

观察一致。作者进一步分析这两个关键过程过渡态的结构及活化自由能（图 4.33）发现，过渡态 **4-166ts**、**4-171ts** 和 **4-172ts** 是四配位构型，伴随底物离去的还原消除过程，对空间要求不高，反应主要受电子效应控制；而烯烃插入 Rh-H 键的过渡态 **4-168ts**、**4-173ts** 和 **4-174ts** 是五配位构型，烯烃插入反应后的中间体仍保持五配位构型，对空间要求高，反应主要受空间位阻的影响。

如图 4.33 所示，当使用双膦配体 (*R*)-DTBM-MeOBIPHEP 时，还原消除过渡态 **4-166ts** 的活化自由能为 15.4 kcal/mol，对应烯烃插入过渡态 **4-168ts** 的活化自由能为 21.4 kcal/mol，还原消除更加容易发生。而当使用双膦配体 BzDPPB 时，还原消除和烯烃插入过渡态的活化能均下降，

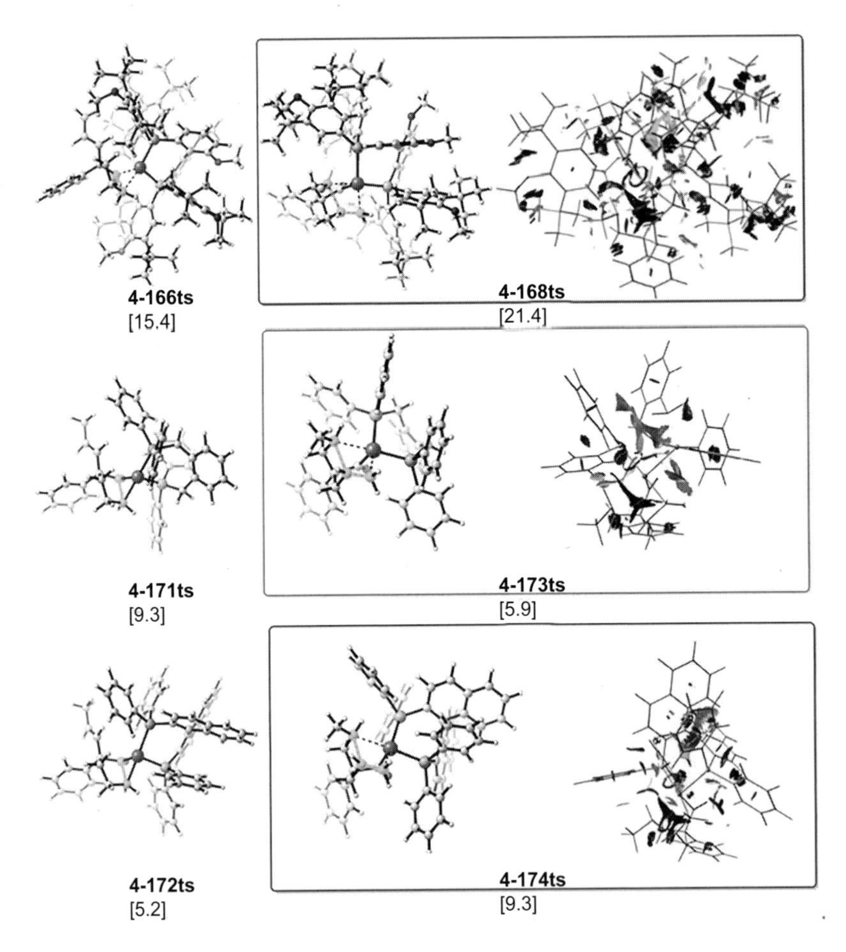

图 4.33　过渡态 **4-166ts**、**4-171ts**、**4-172ts**、**4-168ts**、**4-173ts** 和 **4-174ts** 的优化构型、表观活化自由能及非共价相互作用分析（能量单位为 kcal/mol。图片出自文献 [21]）

分别是 9.3kcal/mol 和 5.9 kcal/mol。烯烃插入过渡态的活化自由能降低得更多导致主反应发生逆转。当使用双膦配体 (*R*)-BINAP 时，活化自由能也有类似的改变。这些结果表明，配体改变主要影响烯烃插入 Rh-H 键的反应能垒。

作者还通过非共价相互作用分析(NCI)来进一步研究了配体对烯烃插入 Rh-H 键反应的影响。如图 4.33 所示，当使用双膦配体 (*R*)-DTBM-MeOBIPHEP 时，配体内部以及配体与底物之间都存在较大的空间位阻，因此 **4-168ts** 的活化自由能较高。当使用双膦配体 BzDPPB 时，配体内部以及配体与底物之间的空间排斥明显更小，对应 **4-173ts** 的能垒降低 15.5 kcal/mol；使用双膦 (*R*)-BINAP 配体的 **4-174ts** 中的空间位阻则居中，对应活化自由能也介于 **4-168ts** 和 **4-173ts** 之间。这些结果与前面构型分析以及能垒分析结论一致，表明了配体和底物之间的空间位阻决定了反应的化学选择性。因此，可以通过调控配体的空间效应来实现对 α,α-二烯丙基醛去对称性反应产物以及立体选择性的控制。

程国林课题组最近在文献上报道了钯催化炔烃参与碘代芳烃与芳基硼酸插入型交叉偶联构建四取代烯烃的反应(图 4.34)。同时，蓝宇课题组通过 DFT 计算对反应的关键步骤进行了研究[22]。图 4.35 展示了顺式烯基钯中间体异构化为反式的过程，在过渡态 **4-179ts** 中，膦配体应部分解离，以保持钯的 16e 构型。在膦部分解离下，计算出的顺式烯基钯中间体 **4-175** 中烯基旋转的活化自由能高达 27.7 kcal/mol。考虑到用碘的解离代替膦配体的解离对于顺式烯基的反式异构化可能更有利，DFT 计算发现，碘化物的离解过程吸热 5.6 kcal/mol，从而得到三配位的阳离子钯中间体 **4-176**。顺式烯基的反式异构化通过过渡态 **4-177ts** 得到中间体 **4-178**，此步骤的反应活化自由能仅为 17.6 kcal/mol，在 120 ℃的反应温度下可以实现。

$$Ar^1{-}I + R{-}{\equiv}{-}Ar^2 + Ar^3{-}B(OH)_2 \xrightarrow[\text{DMF, 393.15 K, 24 h, } N_2]{\text{Pd(PPh}_3)_4\text{ [5\%(摩尔分数)]; DPEphos [5\%(摩尔分数)]; Na}_2\text{CO}_3\text{ (3当量)}} (R)(Ar^1)C{=}C(Ar^3)(Ar^2) + (R)(Ar^1)C{=}C(Ar^2)(Ar^3)$$

图 4.34　钯催化炔烃参与碘代芳烃与芳基硼酸插入型交叉偶联构建四取代烯烃

此外，图 4.36 给出了过渡态 **4-177ts** 的前线分子轨道(FMO)。23-ts 的最高占据分子轨道(HOMO)和 HOMO-1 的能级分别为 −7.63 eV 和

图 4.35　顺式配合物 [R-Pd(L)I] 异构化至反式的自由能剖面图

−7.96 eV，比 23-ts 的最低非占据分子轨道（LUMO）分别低 2.63 eV、2.96 eV。HOMO、HOMO-1 和 LUMO 的轨道形状清楚地表明，这三个分子轨道由 Pd 的两个占据极化 d 轨道和 C1 的未占据 p 轨道贡献。从这三个分子轨道可以看见电子从 Pd 到 C1 明显的反馈作用。因此，过渡态 23-ts 中扭曲的 C1-C2 键可通过 Pd 的这种反馈作用而稳定，从而进一步实现烯烃顺式到反式的异构化。

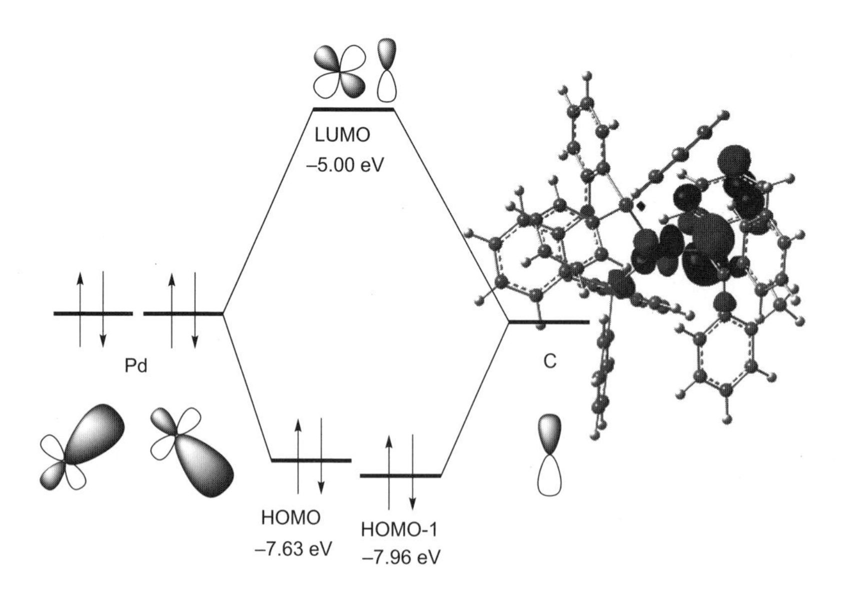

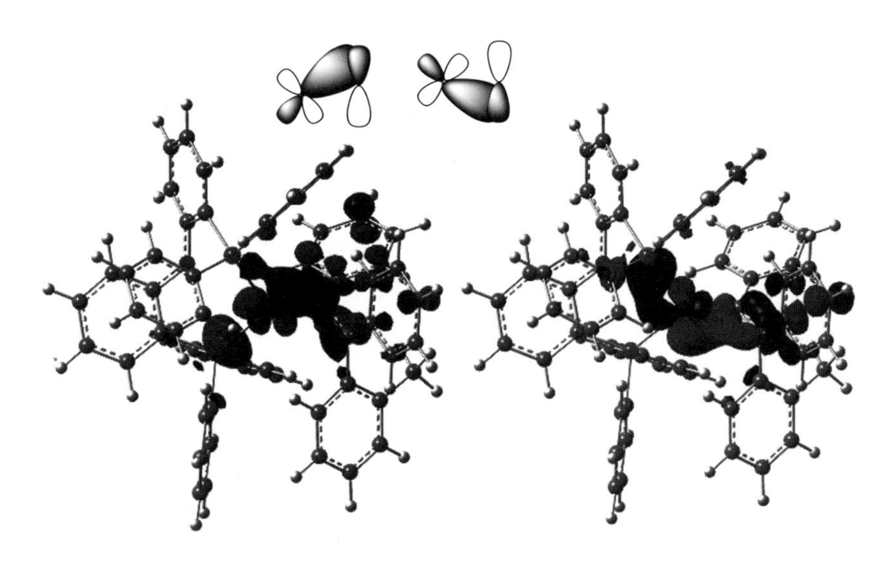

图 4.36　过渡态 **4–177ts** 的前线分子轨道

如图 4.37 所示，许多实验表明，含单齿膦配体的镍催化剂对芳基酯的 C(酰基)-O 活化更有利[15, 23]。然而，Kenichiro Itami 及其同事最近发现，带有双齿膦配体的镍催化剂可以选择性活化芳基羧酸芳酯的 C(酰基)-O 键[24]。为了了解这种可转换的化学选择性的机理和起源，Houk 课题组对此反应进行了密度泛函理论的计算[25]。

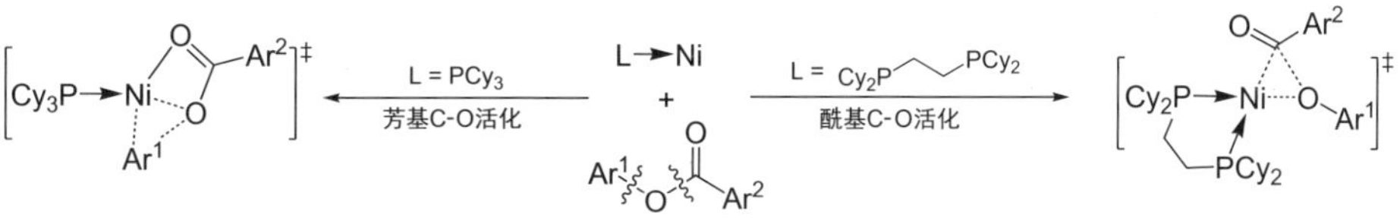

$[Cy_3P \rightarrow Ni(Ar^1)(O_2C\text{-}Ar^2)]^{\ddagger}$　←（L = PCy_3，芳基C-O活化）　L→Ni + Ar^1-O-C(=O)-Ar^2　→（L = Cy_2P⌒PCy_2，酰基C-O活化）　$[Cy_2P \rightarrow Ni(\leftarrow PCy_2)(O\text{-}Ar^1)(C(=O)Ar^2)]^{\ddagger}$

图 4.37　膦配体控制 Ni 化学选择性催化芳基酯的 C-O 键活化

如图 4.38 所示，当使用双齿配体时，苯甲酸苯酯与镍催化剂通过三中心过渡态 **4-187ts** 进行 C(酰基)-O 活化需要 19.1 kcal/mol 的自由活化能，而通过 **4-185ts** 或 **4-186ts** 进行 C(芳基)-O 的活化则分别需要 31.7 kcal/mol、38.8 kcal/mol。**4-185ts** 与 **4-186ts** 的区别在于双膦配体充当单齿配体时，酰基氧的配体导致了五中心过渡态 **4-185ts**，而双膦配体充当双齿配体时，镍会迁移到氧化苯基上，以便通过三中心过渡态 **4-186ts** 进行 C(芳基)-O 键裂解。对于过渡态 **4-185ts** 和 **4-186ts**，由于 **4-186ts** 中催化剂的形变能 $\Delta E_{\text{dist-cat}}$ 较低，所以 **4-186ts** 的能量更低。尽管 **4-185ts** 中存在额外的 Ni(酰基)-O 键，从而有着更大的相互作用能 ΔE_{int}，但二膦臂中的一个从镍上解离会产生很高的催化剂变形能(30.5 kcal/mol)，所以五中心过渡态 **4-185ts** 不利于 C(芳基)-O 的活化。比较三中心的 C(酰基)-O 和 C(芳基)-O 活化过渡态 **4-187ts** 和 **4-186ts**，它们具有相似的 $\Delta E_{\mathrm{dist\text{-}cat}}$ 和 ΔE_{int}，但底物的变形能量 $\Delta E_{\mathrm{dist\text{-}sub}}$ 非常不同。**4-187ts** 的较低 $\Delta E_{\mathrm{dist\text{-}sub}}$ (35.4 kcal/mol 对 51.3 kcal/mol，图 4.38) 导致对 C(酰基)-O 活化得更容易。另外，苯甲酸苯酯的 C(芳基)-O 键的计算键解离能为 101.3 kcal/mol，C(酰基)-O 键的值为 78.2 kcal/mol。这表明 C(酰基)-O 键比 C(芳基)-O 键弱得多。较弱的 C(酰基)-O 键要求三中心 C-O 裂解过渡态的底物变形能较小。因此，使用具有二齿膦配体的镍催化剂，对 C(酰基)-O 的活化是有利的。

当使用单齿配体时，与双齿配体类似，苯甲酸苯酯与镍催化剂可以通过三中心过渡态 **4-193ts** 进行 C(酰基)-O 活化，通过五中心过渡态 **4-191ts** 或三中心过渡态 **4-192ts** 进行 C(芳基)-O 的活化。**4-193ts**、**4-191ts**、**4-192ts** 三者的相对吉布斯自由能分别为 19.3 kcal/mol，18.2 kcal/mol，28.5 kcal/mol，由此可以看出反应通过 **4-191ts** 进行 C(芳基)-O 的活化路径是更有利的，与双齿配体的趋势正好相反(图 4.39)。随后作者同样对三种过渡态进行了扭曲 / 相互作用分析来揭示单齿膦配体逆化学选择性的起源。比较三中心过渡态 **4-192ts** 和 **4-193ts**，较弱的 C(酰基)-O 键会

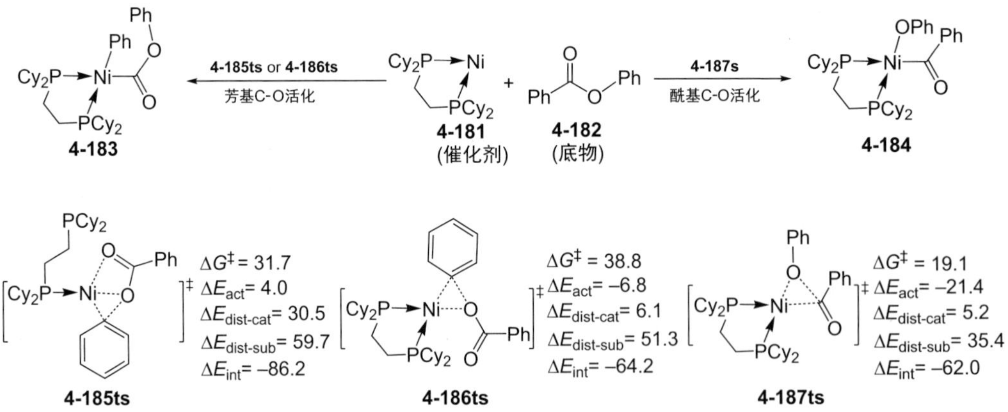

图 4.38　Ni/dcype 催化 C(酰基)-O 和 C(芳基)-O 活化过渡态的扭曲 / 相互作用分析(单位：kcal/mol)

导致 **4-193ts** 中的 $\Delta E_{\text{dist-sub}}$ 较低(13.5 kcal/mol 对 23.6 kcal/mol)，故有 10.1 kcal/mol 的键断裂优势。但是，在五中心的 C(芳基)-O 裂解过渡态 **4-191ts** 中，Ni(PCy_3) 催化剂所需的形变能没有 **4-185ts** 中的 Ni(dcype) 催化剂高(30.5 kcal/mol)。因此来自额外的 Ni-O 键的较大 ΔE_{int}(−87.0 kcal /mol) 远超过形变能，从而导致了 Ni(PCy_3) 催化剂更倾向于活化 C(芳基)-O 键。

4-192ts or 4-193ts 芳基C-O活化 ← Cy_3P→Ni + (Ph-CO-O-Ph) → 4-191ts 酰基C-O活化

4-189 **4-188** (cat) **4-182** (sub) **4-190**

4-191ts: $\Delta G^{\ddagger}$ = 18.2, ΔE_{act}= −19.6, $\Delta E_{\text{dist-cat}}$= 6.4, $\Delta E_{\text{dist-sub}}$= 61.0, ΔE_{int}= −87.0

4-192ts: $\Delta G^{\ddagger}$ = 28.5, ΔE_{act}= −11.0, $\Delta E_{\text{dist-cat}}$= 1.8, $\Delta E_{\text{dist-sub}}$= 23.6, ΔE_{int}= −36.4

4-193ts: $\Delta G^{\ddagger}$ = 19.3, ΔE_{act}= −20.2, $\Delta E_{\text{dist-cat}}$= 1.5, $\Delta E_{\text{dist-sub}}$= 13.5, ΔE_{int}= −35.2

图 4.39 Ni(PCy_3) 催化 C(酰基)-O 和 C(芳基)-O 活化过渡态的扭曲 / 相互作用分析(单位：kcal/mol)

4.2.3 多膦配体

多齿膦配体通常包含三至六个供体原子，每个额外的供体以逐步递增的方式增加复合物的稳定性。多齿配体不一定所有潜在的供体原子都与同一金属中心配位。在某些情况下，一个或多个供体仍然处于孤立状态，这些供体可以与另一个单独的金属中心配位，形成多金属物种。如果两种(或多种)不同的金属与同一多齿配体配位，则这些物种称为杂多金属配合物。

表4.10 钯催化酚4-194与2-氯吡啶4-195杂芳基化反应中二茂铁基聚膦配体性能的筛选[①]

4-194 + **4-195** —— $[PdCl(\eta^3\text{-}C_3H_5)]_2$ / 2 L；K_3PO_4 (2当量)；甲苯，388.15 K，20 h → **4-196**

续表

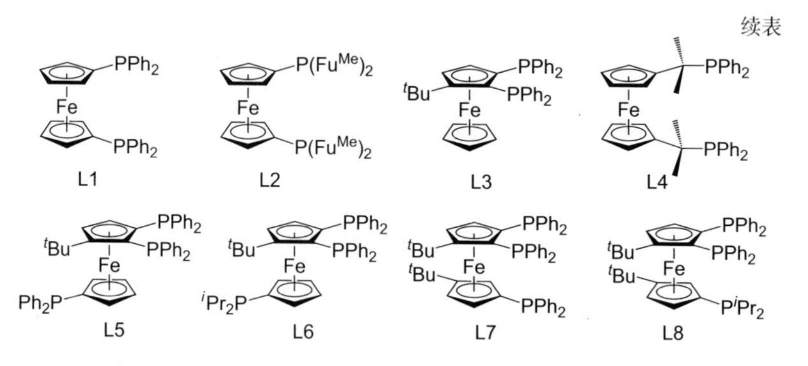

条目	配体	钯催化剂摩尔分数 /%	转化率 /%（副产物）	产率 /%
1	L1	1	96 (2,2′-联吡啶)	44
2	L2	1	60 (2,2′-联吡啶)	50
3	L3	1	92 (2,2′-联吡啶)	32
4	L4	1	35	35
5	L5	0.5	90	85
6	L6	0.5	100	98
7	L7	0.5	100	99
8	L8	0.5	100	99

① 实验测定引自文献 [26]。

举例来说，Hierso 报道了在低钯负载下含氯杂芳烃与苯酚反应生成醚化产物的反应中，使用三齿膦配体的产量要明显高于双齿配体（表 4.10）[26]。为了探索三齿膦配体的具体作用，作者选用了具有苯氧基和 2-吡啶基的二茂铁三膦稳定的 Pd(Ⅱ) 配合物为初始底物，对还原消除的过程进行了理论研究。如图 4.40 所示，反应存在四种可能的途径，分别经历过渡态 **4-207ts**、**4-208ts**、**4-209ts** 以及 **4-204ts**。第一种和第四种可能的途径涉及从顶部 Cp 环上的两个膦基（**4-197** 和 **4-203**）配位的方形 Pd(Ⅱ) 配合物中进行标准的直接 C-O 还原消除，底部 Cp 环上的膦基不参与该过程。计算出的途径 1 和途径 4 的活化能垒分别为 25.8 kcal/mol 和 26.0 kcal/mol，这与去除二茂铁基配体底部 Cp 环上的膦基团时的活化能垒 (26.8 kcal/mol) 非常相似。该还原消除机理的产物是二齿 Pd(0) 配合物（**4-205**），它可以经历一个无能垒的过程，松弛成更稳定的三齿 Pd(0) 配合物（**4-206**）。有趣的是，第二种途径和第三种途径涉及三个膦基之间的 Pd(Ⅱ) 转移步骤，并可能导致 **4-197** 和 **4-203** 配合物的异构化。

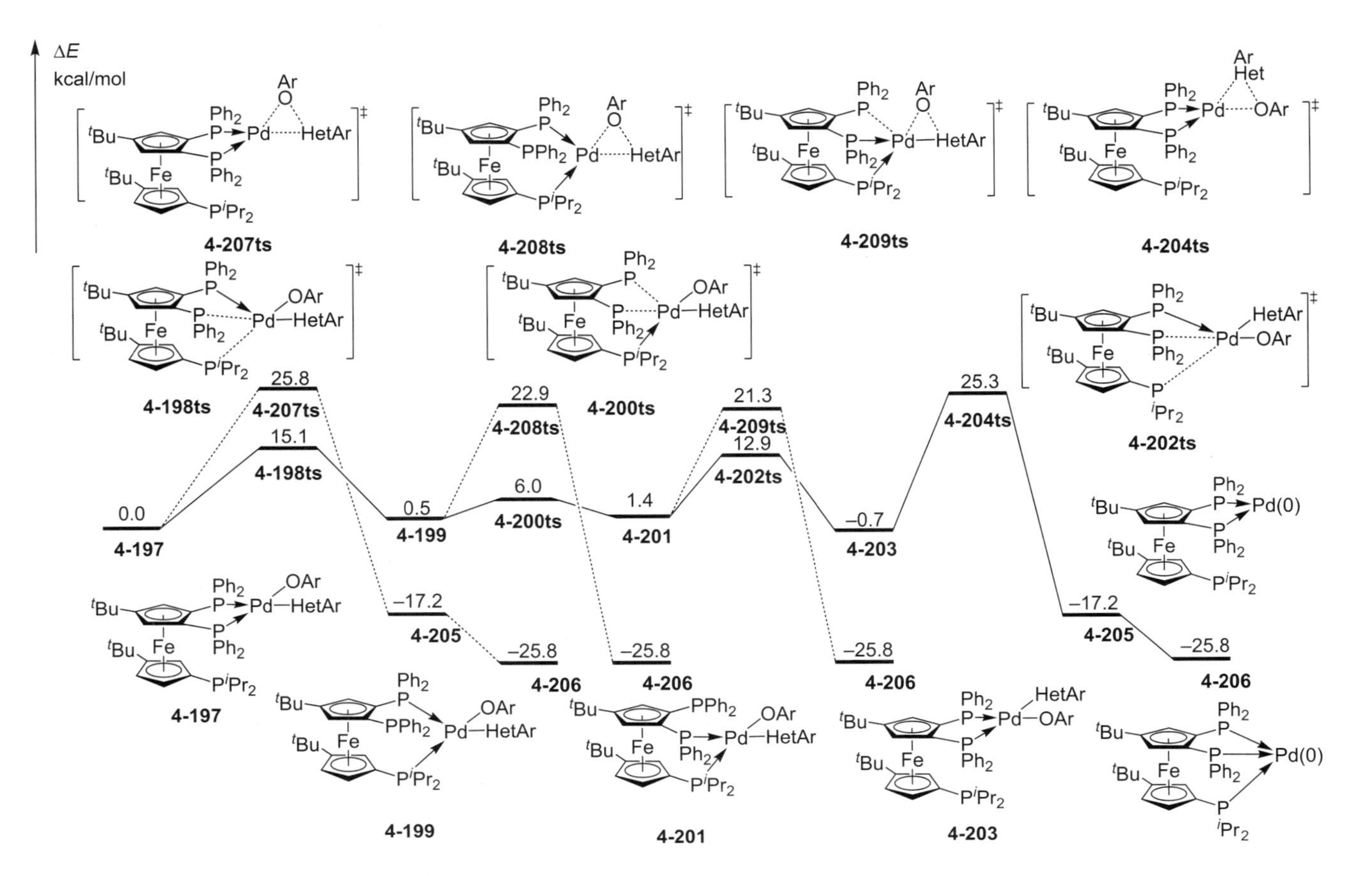

图 4.40 反应的可能路径及不同物种的相对自由能

计算结果显示 Pd 从顶部 Cp 环上的膦基(**4-197**)转移至底部 Cp 环上的一个膦基(**4-199**)非常容易，只有 15.1 kcal/mol 的势垒，在热力学上能量基本是持平的。这是因为在 **4-199** 中减少了来自两个螯合膦配体的给电子作用，这稍微降低了 Pd(Ⅱ)中心的电子密度。实际上，从 **4-199** 出发进行还原消除的能垒为 22.4 kcal/mol，比从 **4-197** 出发低了 3.4 kcal/mol。在四配位的方形 Pd(Ⅱ)配合物 **4-200ts** 中，Pd(Ⅱ)中心同样由顶部 Cp 环上的膦基和底部 Cp 环上的膦基配位。其可以轻易地由 **4-199** 形成，势垒仅为 5.5 kcal/mol，并且 **4-201** 的稳定性与 **4-199** 基本一致。计算得出的从 **4-201** 还原消除的能垒仅为 19.9 kcal/mol，有效活化能垒为 21.3 kcal/mol，是四条路径中最有利的。因此，第三个膦基有着稳定途径 3 过渡态 **4-209ts** 的作用，从而提高了 C-O 的成键速率。与传统的单齿或双齿膦配体相比，通过加入二茂铁基配体的底部 Cp 环上的第三膦基有望提高还原消除速率。

4.2.4 膦 / 氮配体

膦 / 氮配体比双膦配体更容易解离，从而可以用来调控某些特定反应的化学选择性。最近赵宇课题组与蓝宇课题组合作报道了在镍和铜催化剂的存在下，乙烯基环氧化合物或氮丙啶与末端炔烃的烯丙基烷基化[27]。如图 4.41 所示，实验观察到对于双齿膦配体可以诱导双分子烯丙基炔化反应主要得到 1, 4-烯炔产物，而使用膦 / 氮配体则会诱导三分子炔烃二聚化 / 烯丙基烷基化反应，主要生成二烯炔 **4-214**。为进一步研究选择性的来源，作者选择了 Xantphos 双膦与 Me-PHOX 膦 / 氮配体在理论上进行了研究。

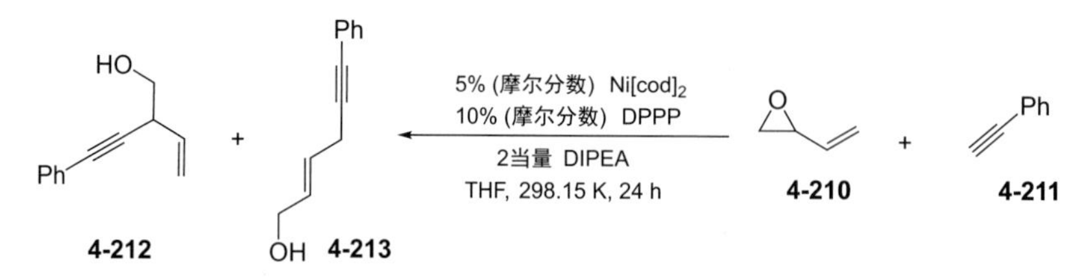

5% (摩尔分数) Ni[cod]$_2$
6% (摩尔分数) Me-PHOX
2当量. DIPEA
THF, 298.15 K, 48 h

4-212　　4-213　　4-214

5% (摩尔分数) CuI: **4-212**：**4-213**：**4-214** = <1：<1：>20
无CuI：**4-212**：**4-213**：**4-214** = 1：1：1

图 4.41　配体调控镍与铜选择性共催化末端炔烃的烯丙基烷基化

图 4.42 中展示了用双膦配体计算所得的自由能剖面图。在形成镍 -π-烯丙基醇盐配合物 **4-218** 后，炔烃 **4-211** 的掺入通过醇盐碱辅助配体交换进行，得到炔基镍 **4-220**。从 **4-220** 出发，可以分为三条路径：第一条路径是通过过渡态 **4-234ts**，以 18.4 kcal/mol 的能垒进行 C(炔基)-C(烯丙基)内部的还原消除，并得到枝化的烷基化产物 **4-212**。在第二条路径中，由于 C(炔基)和 C(烯丙基末端)在异侧，所以需要进行构象变化。中间体 **4-220** 中的羟基与末端烯基之间的配体交换得到配合物 **4-225**，该过程吸热 13.4 kcal/mol。随后通过过渡态 **4-226ts** 进行烯丙基单元的后续旋转以生成烯丙基 -Ni(Ⅱ)配合物 **4-227**，其表观活化自由能为 20.7 kcal/mol。随后配合物 **4-227** 可以形成双膦配位的烯丙基 -Ni(Ⅱ)配合物 **4-228**，然后通过 **4-229ts** 以 10.0 kcal/mol 的能垒发生 C(炔基)-C(烯丙基)的还原消除，得到末端烷基化产物 **4-213**。理论计算表明 **4-229ts** 表观活化自由能比 **4-234ts** 高了 2.3kcal/mol，与实验上得到 **4-212** 的主产物一致(**4-212**∶**4-213** = 20∶1)。第三条路径是中间体 **4-220** 发生配体的部分解离，然后通过 **4-232ts** 进行第二个炔烃与膦配体的交换，如图 4.43 所示，该步的能垒为 23.7 kcal/mol，在室温下很难克服，从而无法得到二烯炔 **4-214** 的产物。

使用膦 / 氮配体的反应自由能剖面图如图 4.43 所示。环氧化物 **4-210** 与 **4-235** 配位得到 **4-236**，通过氧化加成得到 **4-238**，将 **4-240** 用 **4-238** 脱质子，然后进行金属转移生成炔基镍(Ⅱ)配合物 **4-243**，其势能面与图 4.42 相似。值得注意的是，Me-PHOX 中的氮原子不与 **4-243** 中的 Ni(Ⅱ)中心配位。在这个阶段，炔烃直接配位形成中间体 **4-244** 将导致体系吸热 24.6 kcal/mol。相比之下，炔烃通过 **4-245ts** 与 Me-PHOX 发生配体交换

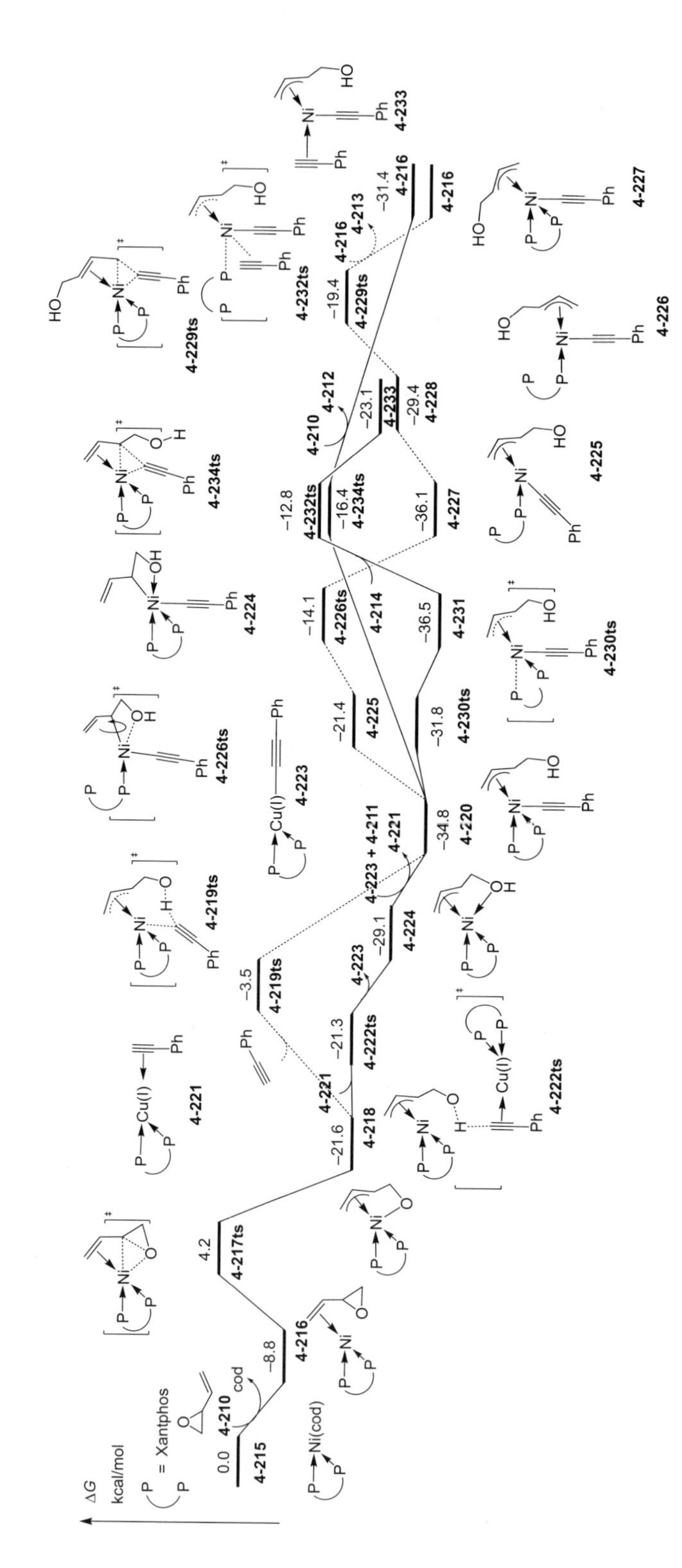

图 4.42 Ni/Cu-Xantphos 催化末端炔烃烯丙基烷基化的自由能剖面图

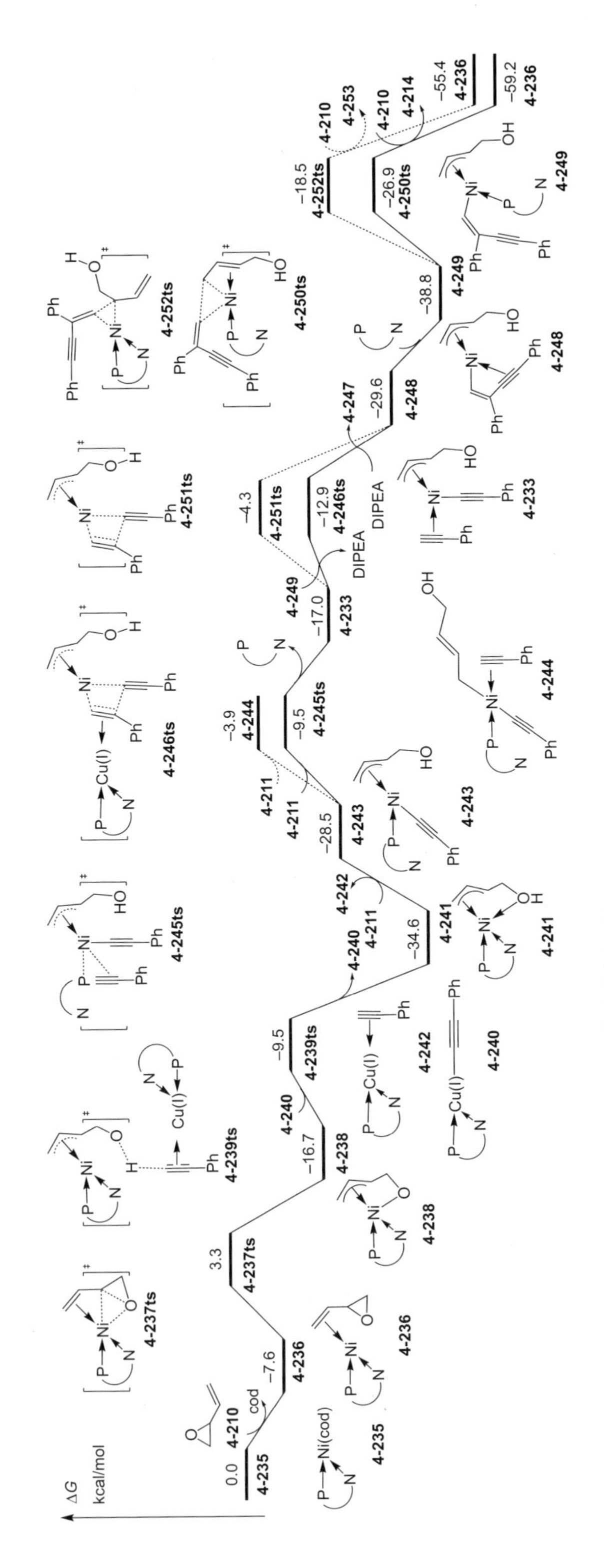

图 4.43 Ni/Cu-Me-PHOX 催化生成 **4-214** 的自由能剖面图

生成中间体 **4-232** 在能量上被认为是更有利的，能垒为 19.0 kcal/mol。膦 / 氮配体的半不稳定性质是发生这种新途径的关键因素。后续中间体 **4-233** 通过去质子化并发生炔烃迁移，仅需越过活化自由能垒 4.1 kcal/mol，即可得到烯基镍(Ⅱ)中间体 **4-249**。接着通过过渡态 **4-250ts** 发生 C(烯基)-C(烯丙基末端)的还原消除得到二烯炔 **4-214**，能垒为 11.9 kcal/mol。作者同样考虑了生成 **4-212** 与 **4-213** 的路径(图 4.44)，但是过渡态 **4-254ts**(22.2 kcal/mol)、**4-256ts**(23.0 kcal/mol)、**4-258ts**(23.0 kcal/mol)的相对自由能均高于 **4-245ts**，这说明不会生成 **4-212** 与 **4-213** 产物，这也与实验一致。因此，使用膦 / 氮配体可以得到二烯炔产物，这可以归结为膦 / 氮配体比双膦配体更容易解离。同时还对部分解离的双膦配体与膦 / 氮配体进行了理论计算键级分析，结果显示双膦配体中的 P-Ni 键级为 0.616，而膦 / 氮配体中的 P-Ni 键级为 0.598，再次验证了膦 / 氮配体的配位作用弱于双膦配体。

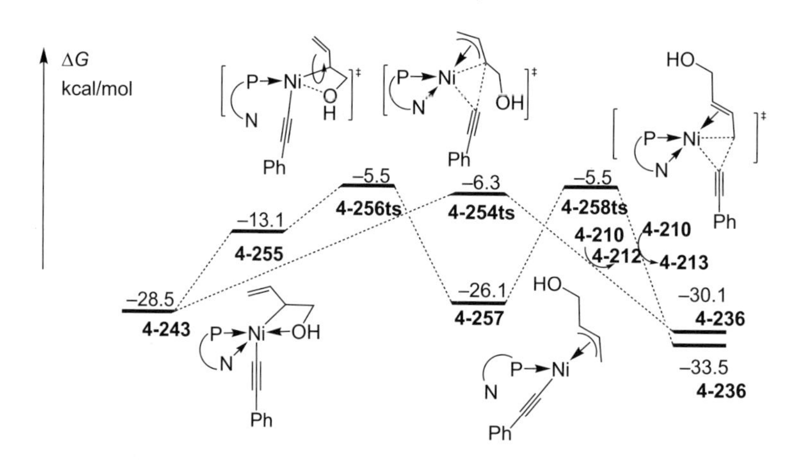

图 4.44 Ni/Cu-Me-PHOX 催化生成 **4-212** 和 **4-213** 的自由能剖面图

表4.11 锰催化苯甲酰苯胺4-259的加氢反应[①]

$$\text{4-259} + H_2\ (30\ \text{bar}) \xrightarrow[\text{环己烷, 383.15K}]{2\%\ (\text{摩尔分数})\ [\text{Mn}],\ 10\%\ (\text{摩尔分数})\ {}^t\text{BuOK}} \text{Ph—NH}_2\ (\text{4-260}) + \text{PhCH}_2\text{OH}\ (\text{4-261})$$

续表

4-262 **4-263**

条目	[Mn]	转化率 /%	**4-260** /%	**4-261**/%
1	**4-262**	95	92	94
2	**4-263**	0	0	0

① 实验测定引自文献 [28]。

最近刘强课题组报道了膦 / 氮类配体中的 NNP 与 PNP 三齿配体可以与金属结合催化醛、醛亚胺、酮、腈以及酯等的氢化反应。研究结果表明，由 NNP 配体负载的 Mn 催化剂在氢化反应中的反应性高于其 PNP 对应物 [28]（表 4.11）。蓝宇等人通过理论研究的方法对二者的差别进行了详细的研究。首先，作者比较了 NNP 与 PNP 配体负载的 Mn 催化剂对氢气活化的能力。计算结果显示使用 NNP 配体时，对氢气断键的活化能垒为 24.1 kcal/mol，整个反应过程吸热 4.7 kcal/mol，而 PNP 配体相应的活化能垒是 19.2 kcal/mol，放热 5.2 kcal/mol（图 4.45）。这说明了 PNP 可以实现氢气的活化，而当使用 NNP 配体时氢气的氧化加成是不利的，这

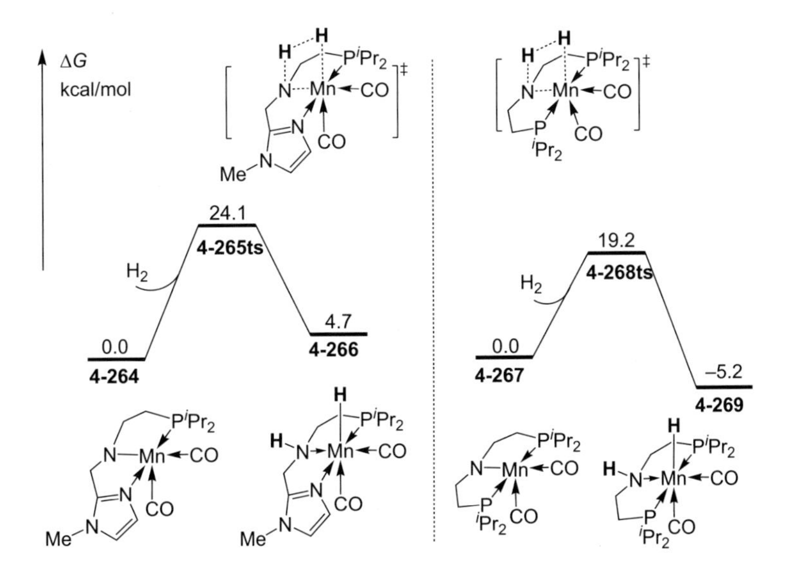

图 4.45 氨基锰配合物 **4-264** 和 **4-267** 活化氢气的自由能剖面图

与实验结果相一致。为了评估二者内在反应性的差别，作者做了电子结构计算，用于比较二者的前线分子轨道。如图 4.46 所示，PNP 的最高占据轨道是排布在 Mn-N 键上的反键轨道，大致沿着两个烷基膦部分极化，而 NNP 是沿着烷基膦极化。PNP 的 LUMO 能量远低于 NNP，与 **4-264** 相比，两个烷基膦的配位显著稳定了 **4-267** 的 LUMO，导致 **4-267** 对 H_2 活化的反应性增强。

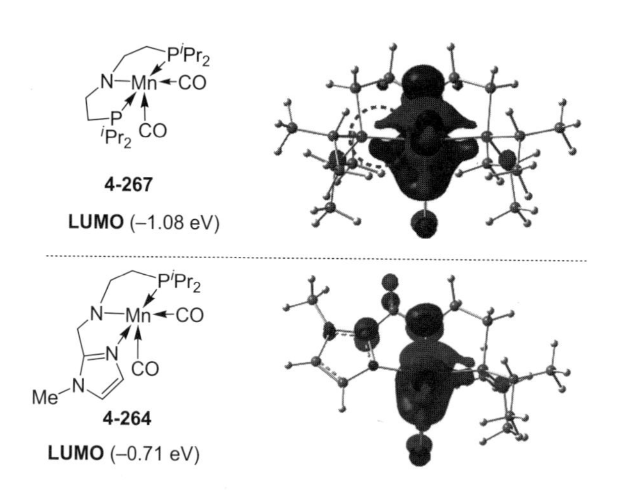

图 4.46 **4-264** 和 **4-267** 的前线轨道图（等值为 0.05）

如图 4.47 所示，通过比较 Mn-H 配合物 **4-266** 和 **4-269** 与苯甲酰苯胺之间的氢转移，可以看出 NNP 配体负载的锰催化剂更容易发生羰基的氢化反应(18.1 kcal/mol)，而对应的 PNP 配体则较难发生此反应(29.7 kcal/mol)。观察二者的过渡态结构发现，前者的底物氮原子与底物的氢原子距离为 2.66 Å，后者为 2.38 Å，说明了后者存着更大的空间排斥。氢负离子解离能说明了 NNP 配体比 PNP 的给电子能力更强，穆林肯电荷分析可以得到相同的结论。

对于膦 / 氮类配体来说，其在反应中的空间效应非常重要，利用此特性可以改变反应的区域选择性。蓝宇课题组在 2018 年报道了在炔烃半还原反应中，使用不同的膦 / 氮配体，可以获得顺式或者反式的烯烃产物[29]。如图 4.48 所示，使用 NNP 配体的预催化剂 **4-277** 以及使用异丙基取代的 PNP 配体的预催化剂 **4-278** 时，将得到反式烯烃的产物，而使用叔丁基取代的 PNP 配体的预催化剂 **4-279** 则得到顺式烯烃的产物。为此作者通过 DFT 方法对此反应的化学选择性起源进行详细的探索，并通过与刘强课题组实验和理论结合的手段对反应机理进一步验证。

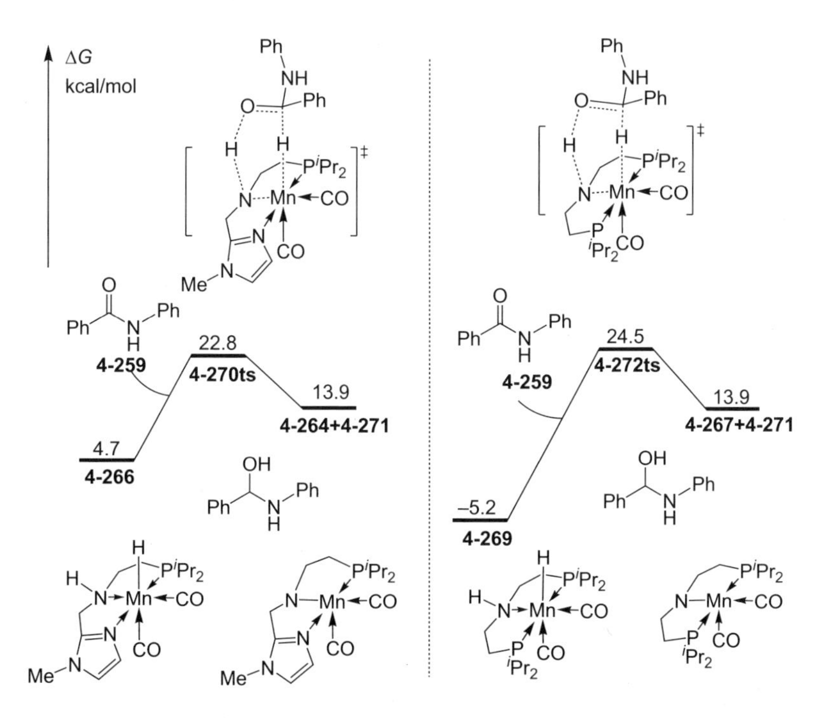

图 4.47　Mn−H 配合物 **4−266** 和 **4−269** 与苯甲酰苯胺之间氢转移的自由能剖面图

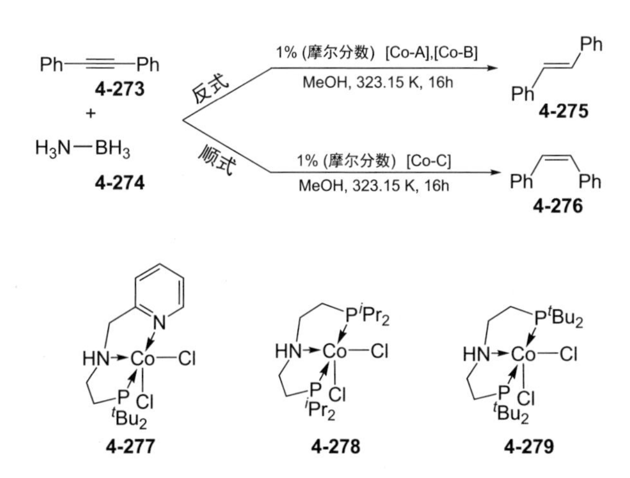

图 4.48　钴钳配合物对炔的立体选择性半氢化反应

如图 4.49 所示，该反应分为两个阶段。第一个阶段是钴配合物先将炔烃还原为顺式烯烃。第二个阶段是顺式烯烃在催化剂催化下转化为反式烯烃。后一阶段决定反应的化学选择性。当使用 NNP 配体时，计算结果如图 4.50 所示。炔烃 **4-273** 与催化剂 **4-287** 金属中心配位，然后经过过渡态 **4-289ts** 发生炔烃插入 Co-H 键得到顺式烯基钴配合物 **4-290**，该步反应活化自由能为 9.5 kcal/mol。配合物 **4-290** 可以经历过渡态 **4-291ts** 直接发生碳-碳双键的旋转得到反式烯基钴配合物 **4-292**，然而这一步的活化自由能为 25.0 kcal/mol，远高于 Fürstner 的报道 [30]。因此，作者考虑到在甲醇协助质子转移下，经过 **4-294ts** 脱去顺式烯烃，或者通过 **4-299ts** 直接脱去顺式烯烃。后者比前者活化自由能高了 15.8 kcal/mol，故甲醇参与质子化是必要的。钴配合物在氨硼烷 **4-274** 的还原下再次得到氢化钴配合物 **4-287**。

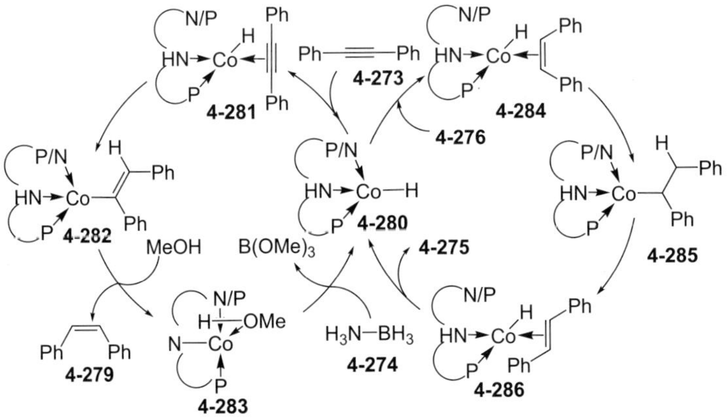

图 4.49 钴（Ⅰ）催化炔烃 4-273 半氢化反应的可能机理

如图 4.51 所示，随后作者研究了顺式烯烃 **4-276** 向反式烯烃 **4-275** 的异构化过程。首先顺式烯烃 **4-276** 与氢化钴配合物 **4-287** 结合并通过 **4-302ts** 发生 Co-H 键的烯烃插入反应，得到苄基钴中间体 **4-303**。该步活化自由能为 11.0 kcal/mol，比通过 **4-289ts** 高了 1.5 kcal/mol，说明了炔烃比烯烃插入 Co-H 键容易。随后通过 **4-304ts** 发生 β-H 消除，得到反式烯烃产物 **4-275**，该步反应活化自由能为 18.7 kcal/mol。另一条路径是通过 **4-307ts** 发生烯烃的进一步还原，然而该步的反应自由能为 22.0 kcal/mol，比 **4-304ts** 高了 3.3 kcal/mol，此烯烃的过度还原是很难发生的。

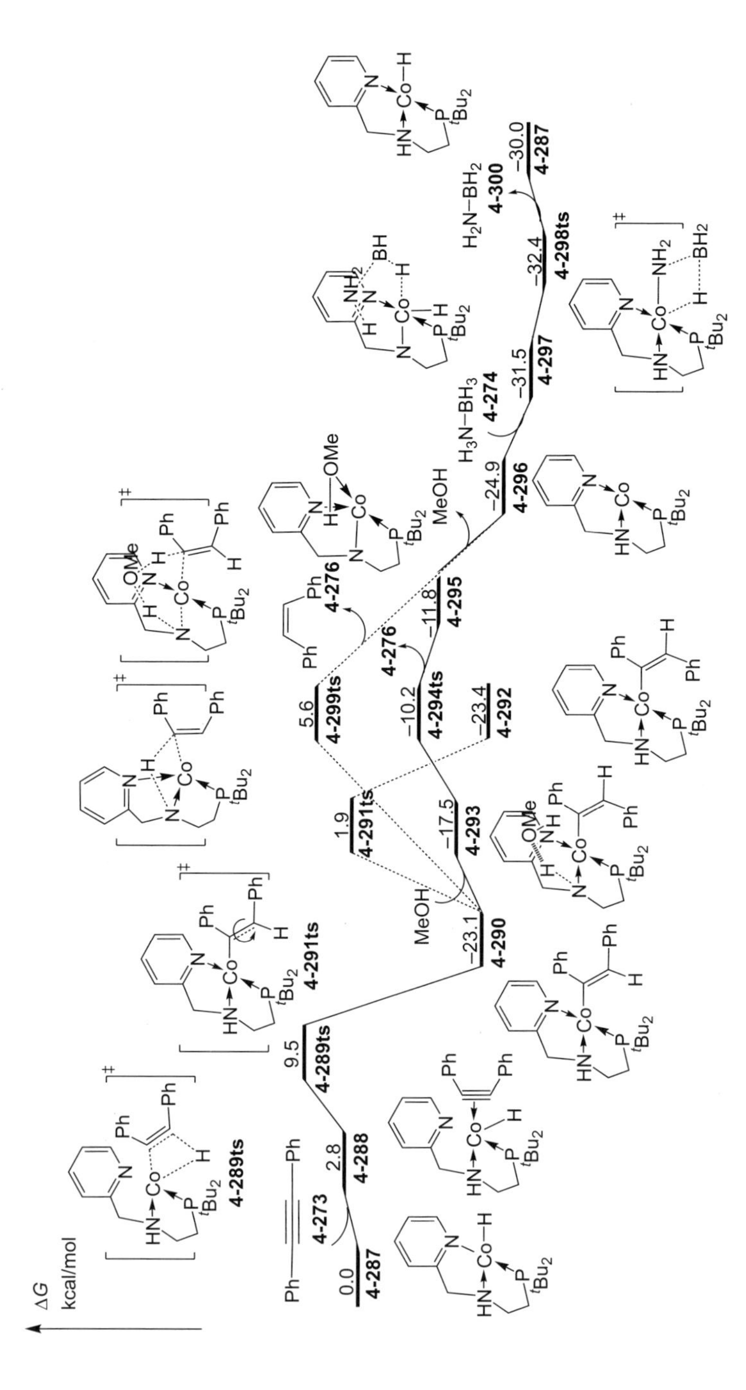

图 4.50 **4-287** 介导生成顺式烯烃的自由能剖面图

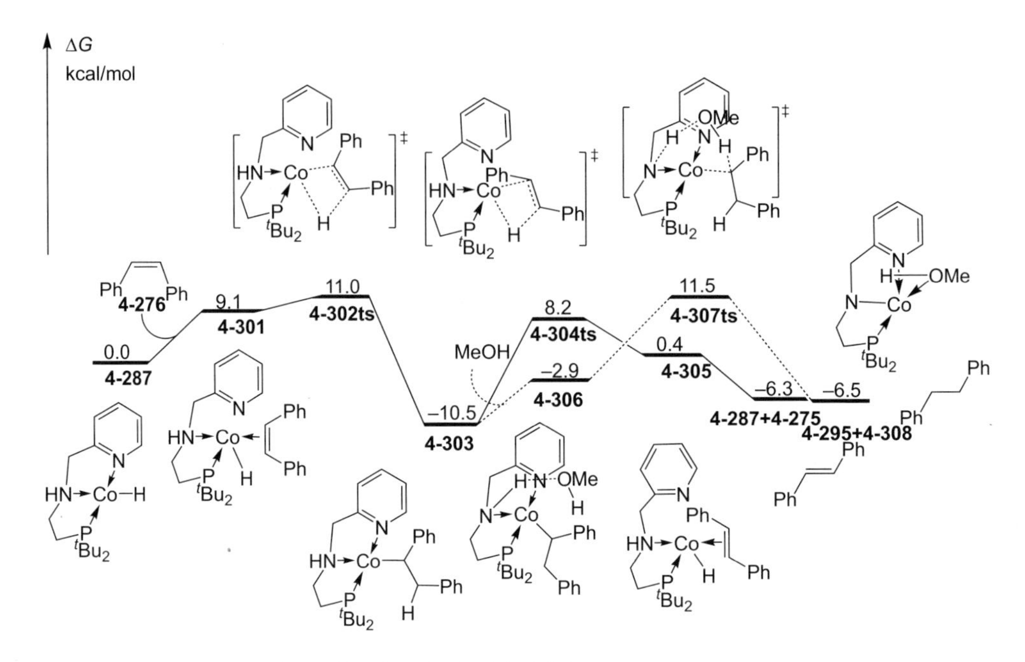

图 4.51 **4-287** 介导顺式烯烃转化为反式烯烃的自由能剖面图

随后作者对异丙基或叔丁基取代的 PNP 配体进行了计算。如图 4.52 和图 4.53 所示，使用异丙基取代的 PNP 配体时，得到顺式烯烃的第一个阶段中总活化自由能为 15.6 kcal/mol，异构化为反式烯烃的第二阶段中总活化自由能为 24.0 kcal/mol。令人惊讶的是，使用叔丁基取代的 PNP 配体相应的活化自由能为 16.5 kcal/mol 与 15.3 kcal/mol。这表明使用叔丁基取代的 PNP 配体可以得到反式的烯烃，与实验只得到了顺式烯烃不符，这可能与催化剂 **4-287** 失活有关。为此作者进行了一系列的控制实验来进一步研究。

如表 4.12 所示，作为参考，当添加 1%(摩尔分数)的催化剂 **4-277** 或 **4-278** 时，在 3h 后分别以 97%或 98%的产率获得反式烯烃(表 4.12，条目 1 和 2)。然而，在 1%(摩尔分数)**4-279** 催化下的异构化，反式烯烃的产率在 3h 后降至 48%，顺式烯烃的转化率为 48%(表 4.12，条目 3)。此外，当反应时间增加到 16h(表 4.12，条目 4)时，产率和转化率被确定为与 3h反应时间(表4.12，条目3)相同，这表明在这些反应条件下，**4-279** 在 3 h 后完全失活。催化剂 **4-279** 更容易失活可能与配体的空间效应有关。DFT 计算表明，1,2-二苯乙炔与氢化钴(Ⅰ)配合物 **4-287**、**4-309**(^{i}Pr)

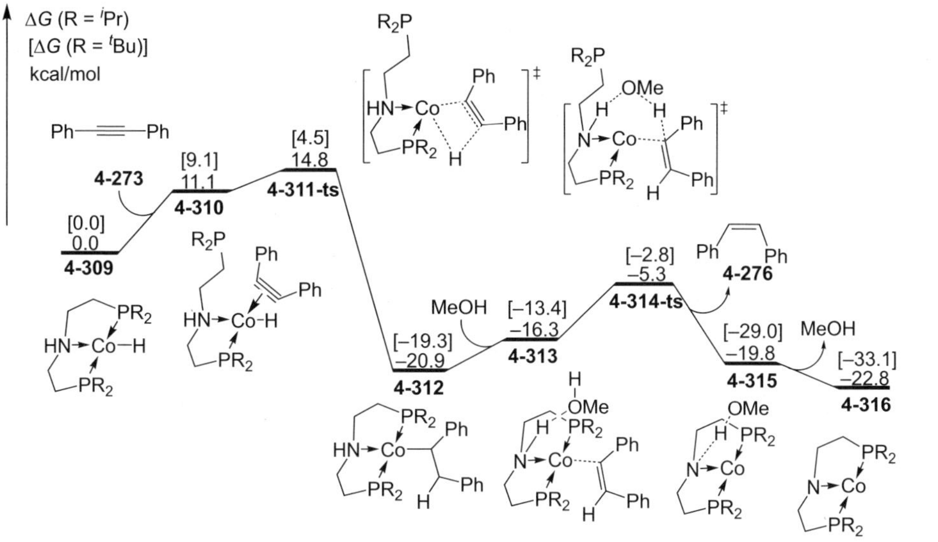

图 4.52　催化剂 **4-309** 介导顺式烯烃形成过程的自由能剖面图

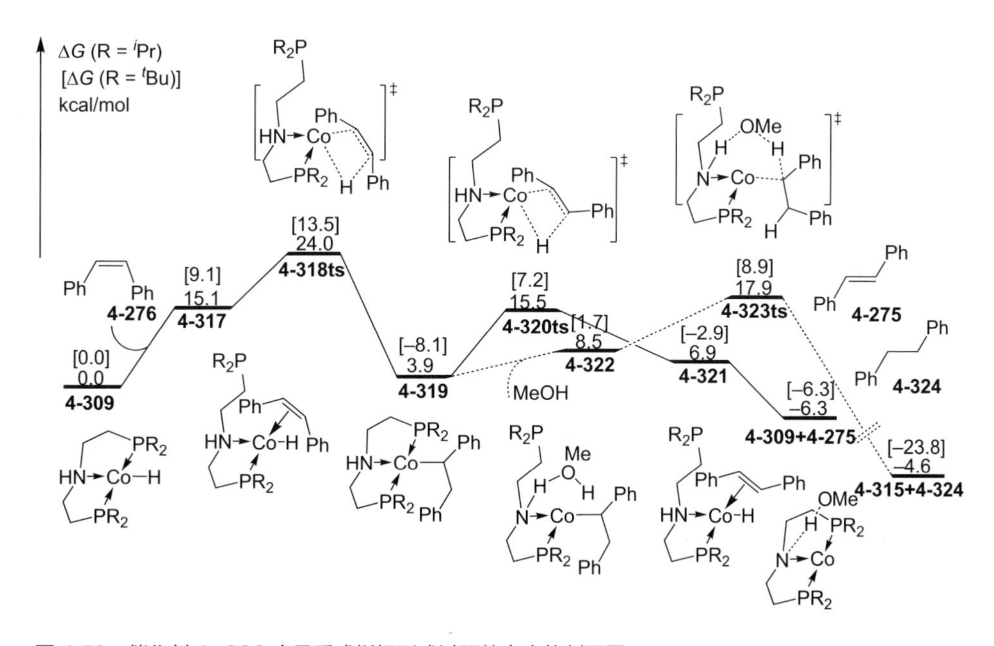

图 4.53　催化剂 **4-309** 介导反式烯烃形成过程的自由能剖面图

和 **4-309**(^{t}Bu) 的配位需要使吡啶部分或一个膦臂解离，能垒分别为 2.8 kcal/mol、11.1 kcal/mol 和 1.9 kcal / mol。这说明 1, 2-二苯乙炔与 **4-309**(^{t}Bu) 的配位是最有利的，因为膦配体上庞大的叔丁基可促进一个膦臂的离解。**4-279** 的配体的这种特殊性质使得该催化剂更易于分解。如果在 3 h 后再添加 1%(摩尔分数)的 **4-279** 和 10%(摩尔分数)的氨硼烷，则反式烯烃的产率和顺式烯烃的转化率将提高至 88%(表 4.12，条目 5)。因此，结合实验和理论得到如下结论：① **4-279** 具有将 *Z*-二苯乙烯异构化为 *E*-二苯乙烯的能力。② [Co] 在该催化体系中更容易失活。③在钴催化的半氢化反应中，[Co] 的易失活以及二苯乙烯的反应性比二苯乙炔弱，抑制了 *Z*-二苯乙烯向 *E*-二苯乙烯的异构化。

表4.12　钴配合物4-277、4-278以及4-279催化顺式烯烃的反式异构化①

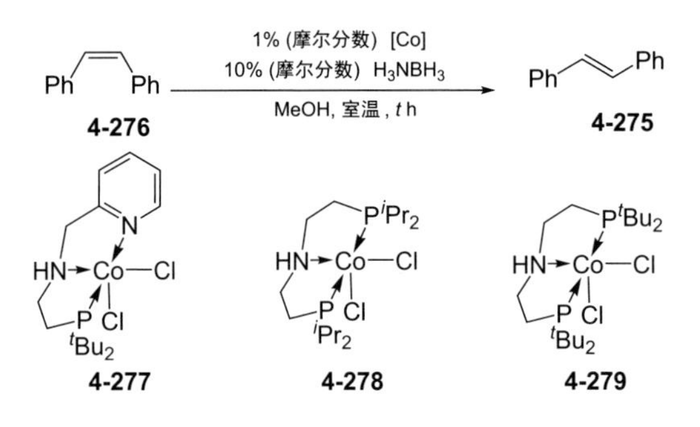

条目	[Co]	*t*/h	**4-276** 的转化率 /%	**4-275** 的产率 /%
1	**4-277**	3	100	97
2	**4-278**	3	100	98
3	**4-279**	3	48	48
4	**4-279**	16	48	48
5	**4-279**	16	88	88

① 实验测定引自文献 [29]。

4.2.5　膦 / 烯配体

尽管双齿螯合的手性烯烃配体得到了很大的发展，但是由于烯烃与金属的配位，是 π 电子与过渡金属的空 d 轨道结合，所以烯烃配体对过渡金属的配位能力通常比膦基配体弱，容易在催化反应的过程中解离而失去活性。为了增加手性烯烃配体与金属的配位能力，化学家们在手性烯烃骨架上引入磷原子来增强配体的配位能力[31]。同时，不同配位元素的组合也可以增加配体的多样性，对各种配体进行优化筛选，可以找到更好的手性配体应用到不对称催化反应中去。

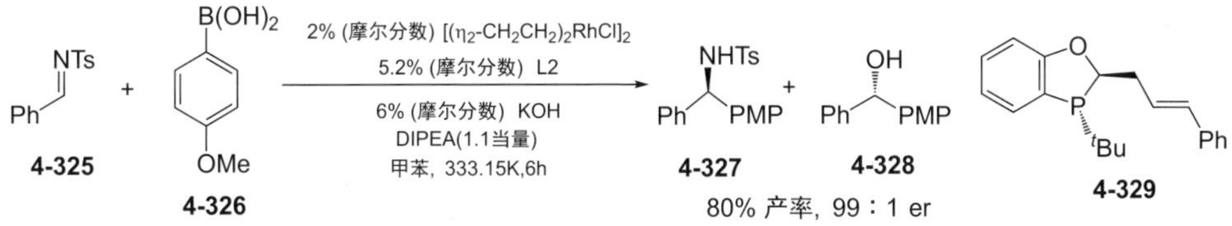

图 4.54 *p*/π- 二氢苯并噁唑杂配体用于催化亚胺不对称芳基化反应

在 2014 年，Senanayake 课题组开发了 *p*/π- 二氢苯并噁唑杂配体用于催化亚胺不对称芳基化反应[32]。如图 4.54 所示，在硼酸向亚胺亲电试剂的催化不对称加成反应中，使用膦 / 烯配体具有高水平的产率以及立体选择性。该反应中配体先与铑催化剂发生配体交换得到配合物 **4-330**，随后在氢氧化钾存在下生成羟基铑配合物 **4-331**，并得到了相应的晶体结构。接着配合物 **4-331** 与对甲氧基苯基硼酸 **4-326** 经历转金属过程，然后与苯亚胺 **4-325** 结合得到配合物 **4-332/4-333**（图 4.55）。在这两个配合物中，由于“反式效应”，关于铑原子的优选几何结构是将 Ar 基团处于膦 / 烯配体中烯基的反式位置，亚胺处于膦 / 烯配体中膦基的反式位置。与铑结合的手性膦 / 烯配体中的芳基置于铑配合物的“西北”象限中，配合物 **4-333** 中底物的磺酰基与配体的苯基存在着空间排斥，因此配合物 **4-332** 结构能量更低，从而使亚胺从 *si* 面结合更有利，以得到 **4-327** 的主要产物。通过对 **4-322** 转化为产物的过渡态进行计算，得到图中的构象，进一步验证了上述的猜测。

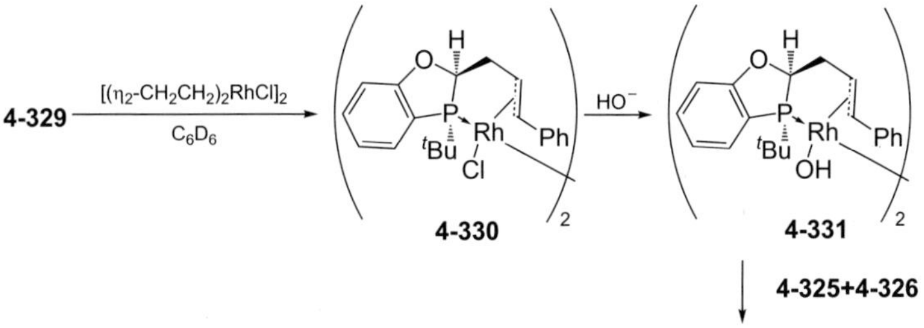

图 4.55

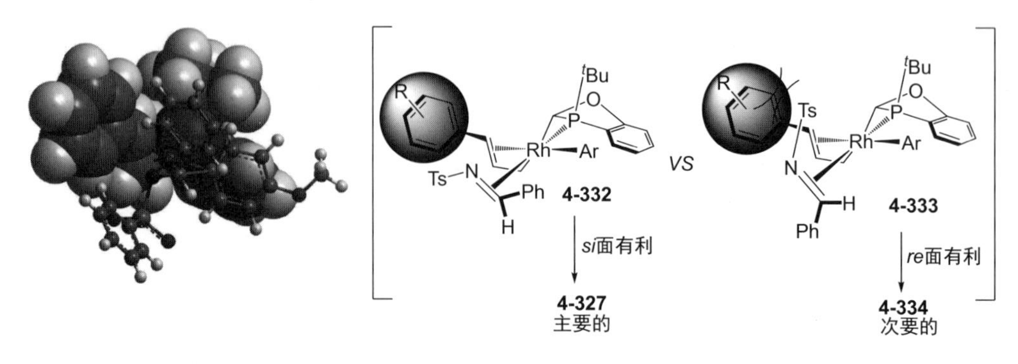

图 4.55　催化剂结构以及立体化学模型

4.3
亚磷（磷、次磷）酸衍生物配体参与金属催化的有机反应机理

由于磷衍生物的特殊金属连接特性，三价磷配体在不对称均相有机金属催化中作为金属黏结剂一直发挥着重要的作用。三价磷化合物的结构可修饰特性，为化学家提供了调控配体的空间和电子性质的独特机会。在电子结构方面，磷基团的 π 电子接受性质可以通过用 P-O 取代 P-C 键(图 4.56)而得到改变，进而衍生出了亚磷酸酯以及次磷酸酯。

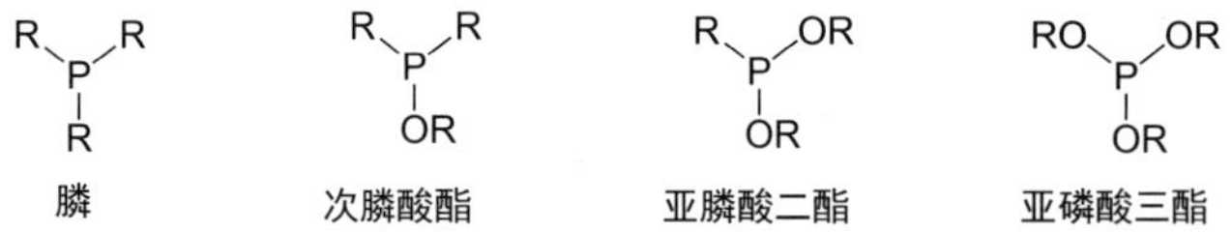

R₃P　膦　　R₂P(OR)　次膦酸酯　　RP(OR)₂　亚膦酸二酯　　P(OR)₃　亚磷酸三酯

图 4.56　三价磷配体家族

4.3.1　单磷配体

亚磷酸酯的使用可以调控磷配体电子性质，从而影响反应选择性。

史晓东课题组2015年报道了通过配体控制的金催化α-重氮酸酯的化学选择性亲电芳香取代的反应[33]。以缺电子的亚磷酸酯$P(OAr)_3$为配体时，金卡宾中间体充当“嗜碳碳正离子”，可以与亲核试剂在碳上选择性加成，而不需要添加典型的卡宾受体，如苯酚或者烯烃等(图4.57)。

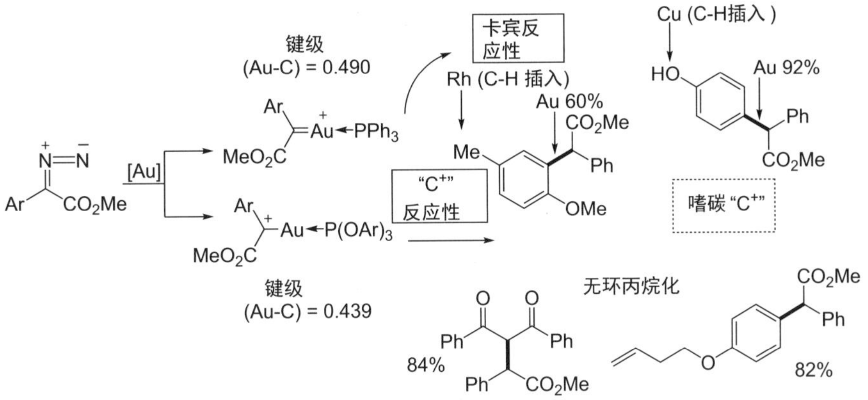

图4.57 金卡宾化合物的反应性：卡宾与碳正离子

蓝宇等人在理论上进行了解释，计算结果显示当使用三(2,4-二叔丁基苯基)亚磷酸酯作为配体时，金卡宾键的键级为0.439，比使用三苯基作为配体时低0.051(图4.58)。键级的差别表明了与以PPh_3为配体的配合物相比，使用亚磷酸酯$P(OAr)_3$作为配体的配合物中的金卡宾共振形式占比较低。此外，电荷分布显示配合物**4-335**中金原子的电荷为0.306 e，比配合物**4-336**中的金原子电荷低0.050 e，相应地，配合物**4-335**中C1原子只比配合物**4-336**中的C1原子低0.017 e。这些结果都说明了由于亚磷酸酯具有更强的吸电子能力，故当$P(OAr)_3$作为配体时，可以实现金卡宾中间体充当“嗜碳碳正离子”，从而选择性地与碳亲核试剂反应。

由于烷氧基具有更小的空间位阻，因此可以使用亚磷酸烷基酯作为配体，实现空间位阻调控区域选择性合成。举例来说，最近宋秋玲课题组在铜催化含三氟甲基的1,3-烯炔二硼化反应中发现[34]，当将PCy_3配体与NaO^{t}Bu碱一起用于该反应时，观察到Z-1,3-二硼基化产物为主要产物，而使用$P(OEt)_3$作为配体时，则主要获得Z-1,4-二硼基化产物(图4.59)。为确认该反应的区域选择性来源，蓝宇等人采用DFT方法对该反应进行了理论研究。

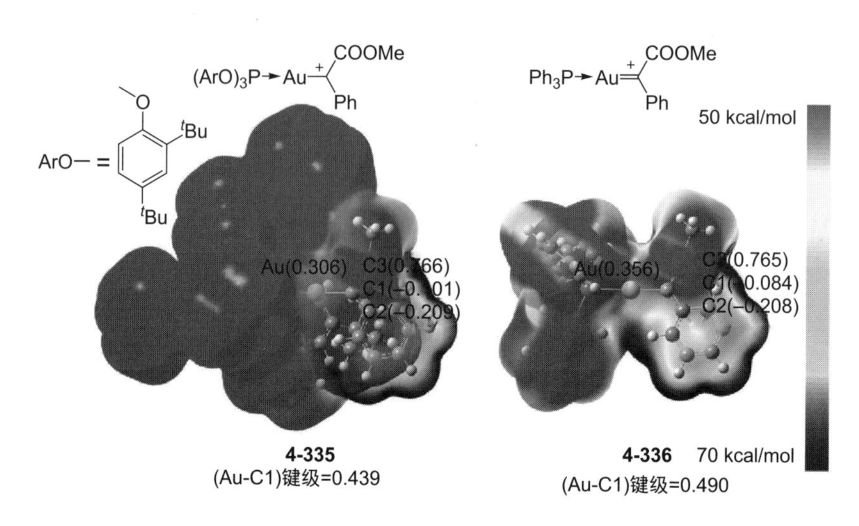

图 4.58　使用亚磷酸三(2,4-二叔丁基苯基)酯的配合物 4-335 与三苯基膦的配合物 4-336 的静电势图，以及相应的 NPA 和金卡宾键的键级

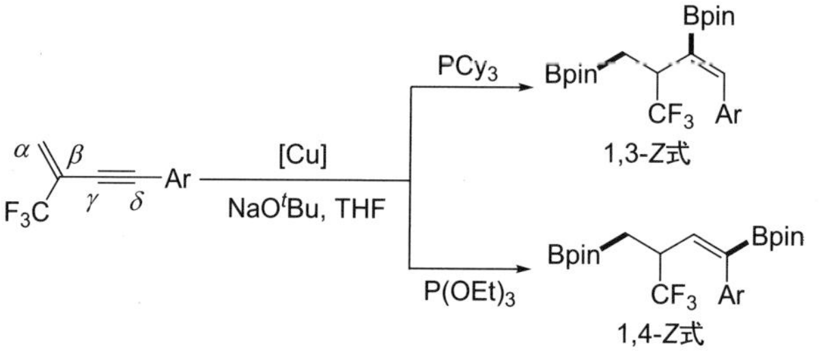

α β γ δ —Ar　F_3C　[Cu]　NaO^{t}Bu, THF

PCy_3 → Bpin, Bpin, CF_3, Ar　1,3-*Z*式

$P(OEt)_3$ → Bpin, Bpin, CF_3, Ar　1,4-*Z*式

图 4.59　配体控制的铜催化含三氟甲基的 1,3- 烯炔选择性二硼化

在确定反应会生成炔丙基硼酸酯 **4-338** 后，作者考察了后续的选择性硼化反应。如图 4.60 所示，区域选择性是通过将第二个炔烃插入 Cu-B 键来控制的。当使用 PCy_3 作为配体时，反应通过四元环过渡态 **4-339ts** 或 **4-342ts** 将 **4-338** 的 C≡C 三键插入到硼亚铜物种 **4-337** 的 Cu-B 键。计算得到经历过渡态 **4-342ts** 的 2,1-插入步骤相对自由能为 11.9 kcal/mol，比 1,2-插入过渡态态 **4-339ts** 的相对自由能高 1.1 kcal/mol，说明 PCy_3 作为配体时，*Z*-1,3-二硼化反应 **4-345** 是主要产物。相反，当使用 $P(OEt)_3$ 配体时，计算出的 2,1-插入过渡态 **4-349ts** 的相对自由能比 1,2-插入过渡

态 **4-347ts** 低 1.5 kcal/mol，这表明 *Z*-1,4-二硼化产物 **4-353** 的生成在动力学上是有利的。计算结果与实验观察结果一致。

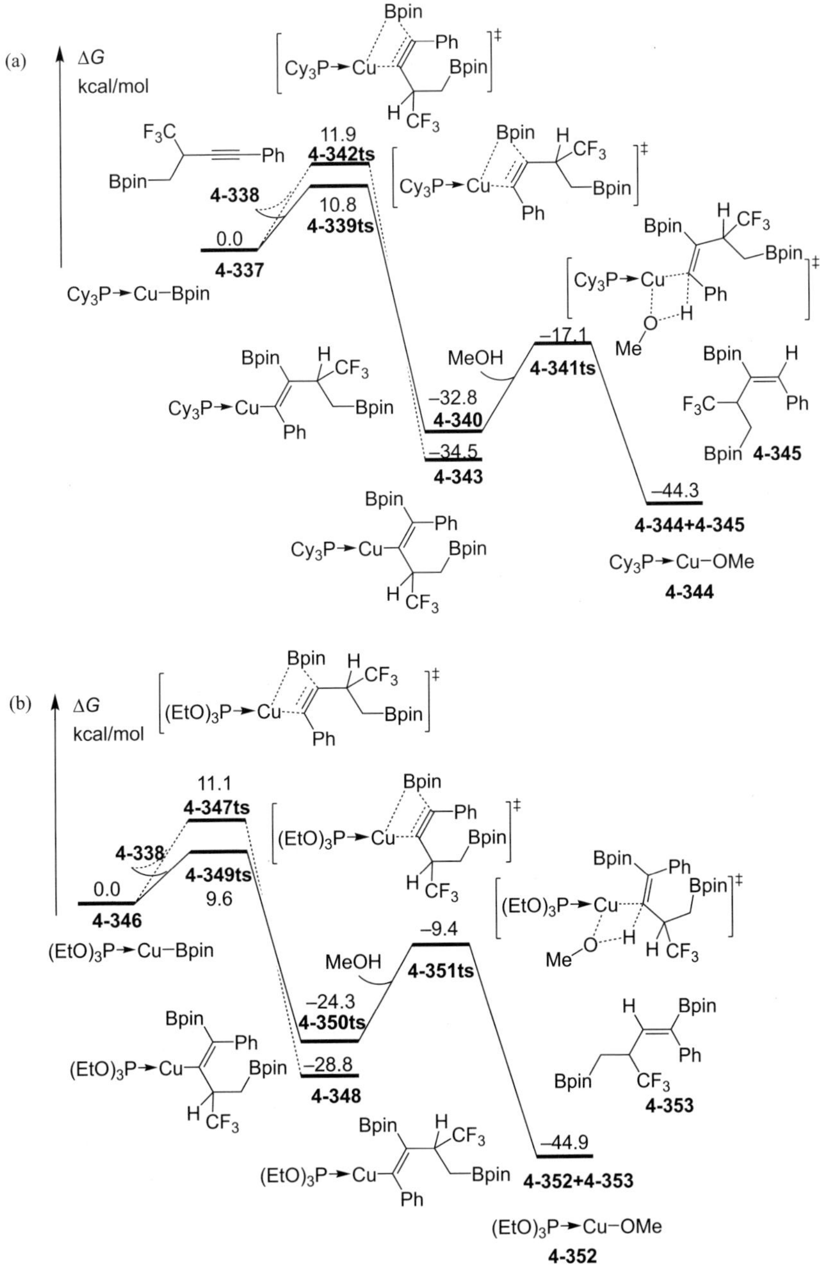

图 4.60　炔丙基硼酸酯 4-338 后续硼化反应过程的自由能剖面图

随后，作者从电子效应与空间效应的角度来解释不同磷配体的区域选择性。如图 4.61(b) 所示，借助自然键轨道(NBO)分析，可以获得分布在迁移插入过渡态的炔烃的 Cu、B 和两个 C(sp) 原子上的自然布局分析(NPA)电荷。但是，电荷分布的趋势与磷配体的选择无关。因此，区域选择性不能归结为电子效应。通过对关键过渡态的非共价相互作用(NCI)分析，可以清楚地观察到空间效应。如图 4.61(c) 所示，NCI 分析表明，在 2,1-插入过渡态 **4-342ts** 中，PCy_3 配体庞大的环己基会使硼基靠近炔丙基硼酸酯 **4-338** 的苯基，导致这些基团之间产生较大的空间位阻。因此，在硼酸亚铜物种中，C ═ C 三键向 Cu-B 键的 1,2-插入是有利的，这将使 Z-1,3-二硼化产物 **4-345** 作为主要产物。对于 $P(OEt)_3$，尽管在 **4-349ts** 中也存在苯基和硼基之间的弱空间排斥，但是炔丙基硼酸酯骨架的烷基和苯基之间的大排斥导致 **4-347ts** 中较高的相对吉布斯自由能，在动力学上有利于经由过渡态 **4-349ts** 的 2,1-插入。因此，该反应主要通过不同磷配体的空间效应来确定炔烃插入的区域选择性。换句话说，使用小的 $P(OEt)_3$ 配体有利于 2,1-插入。

4.3.2 磷 / 氮配体

Montserrat Diéguez 课题组最近报道了亚磷酸酯 - 噁唑啉的磷 / 氮配体可以用于 Pd 催化烯丙基的取代反应并获取优异的产率与立体选择性[35](图 4.62)。为了探索反应的立体选择性来源，作者对立体选择性步骤进行了 DFT 计算，并比较了配体 L9、L10、L11 对立体选择性的影响。需要注意的是，为了加快 DFT 计算，作者使用 NH_3 作为亲核试剂来替代实验中丙二酸二甲酯，对于其他的配体，催化剂以及底物与实验一致。根据磷配体的反式效应，烯丙基碳与磷处于反式位置比与唑啉基处于反式位置具有更高的反应活性。表 4.13 中展示了最稳定过渡态的计算能量，可以看出，两种底物与配体 L9 和 L10 配位的 Pd 反应时，L9 配体参与的内型过渡态与外型过渡态之间的能量差(环烯烃底物 2.7 kcal/mol，非环烯烃底物 0.2 kcal/mol)低于与 L10 配体参与相应过渡态的能量差(环烯

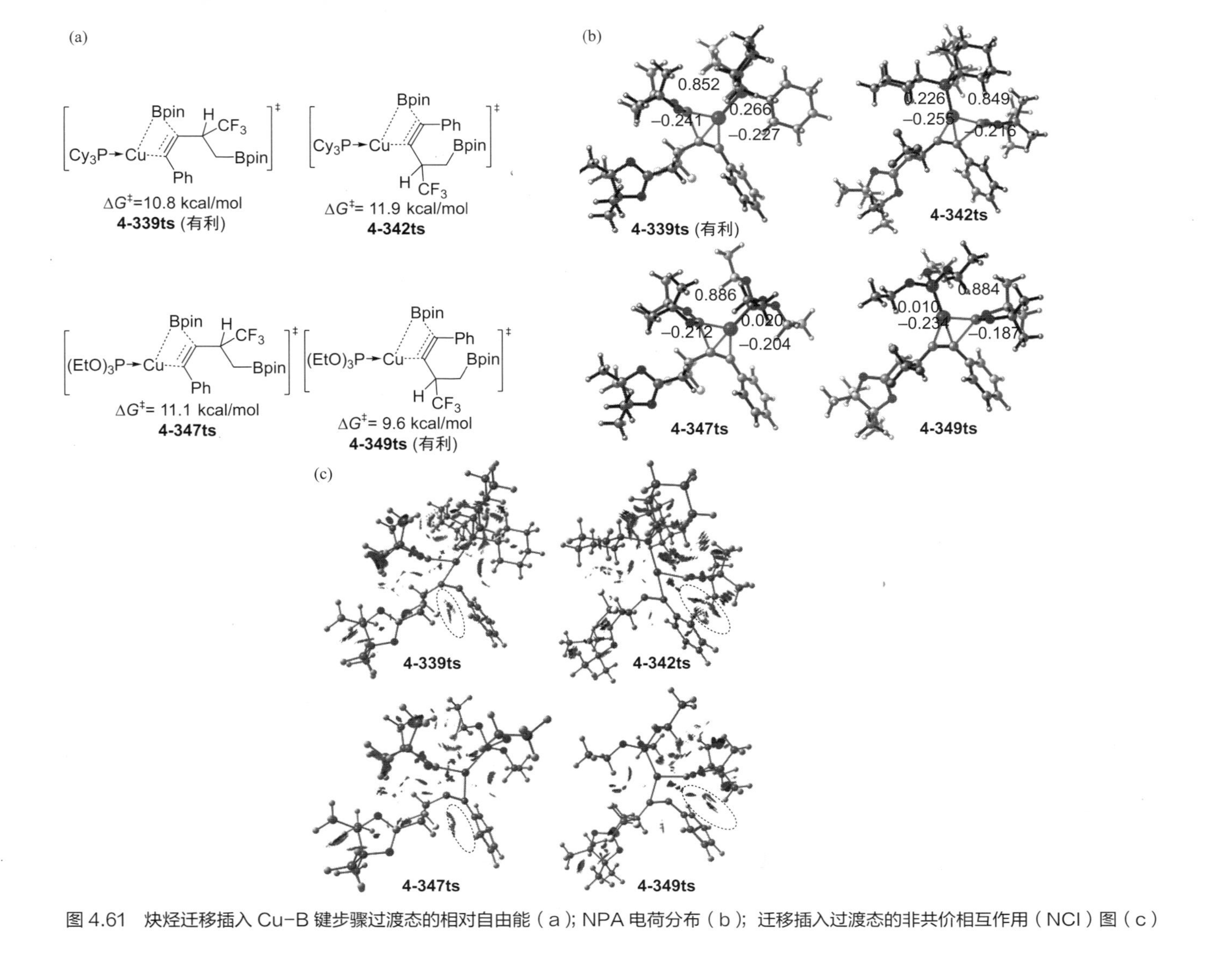

图 4.61　炔烃迁移插入 Cu−B 键步骤过渡态的相对自由能（a）；NPA 电荷分布（b）；迁移插入过渡态的非共价相互作用（NCI）图（c）

烃底物 5.0 kcal/mol，非环烯烃底物 −3.7 kcal/mol。这与实验中使用环烯烃时 L10 作为配体获得的 ee(*S*) 值 96% 对比 L9 作为配体获得的 ee(*S*) 值 86%，以及使用非环烯烃底物时 L10 作为配体获得的 ee(*S*) 值 99% 对比 L9 作为配体获得的 ee(*R*) 值 78% 一致。同样地，Pd/L11 催化体系也比 Pd/L9 具有更高的对映选择性。因此使用不同配体计算的能量与实验结果相符。

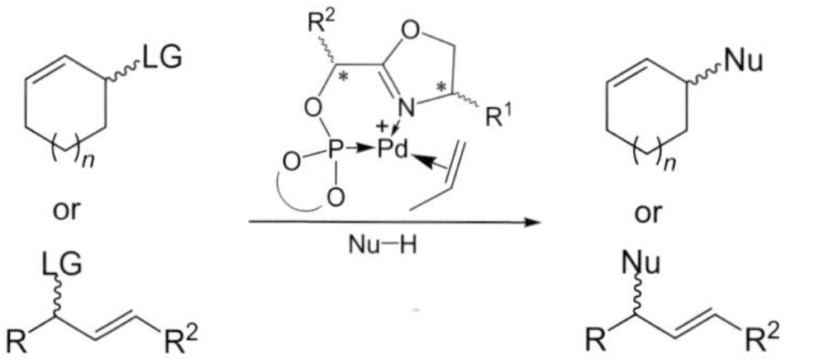

图 4.62　磷 / 氮配体配位的 Pd 催化烯丙基取代反应

表4.13　钯催化NH_3取代底物1,3-二苯基烯和环己烯最稳定的过渡态的计算能量

单位：kcal/mol

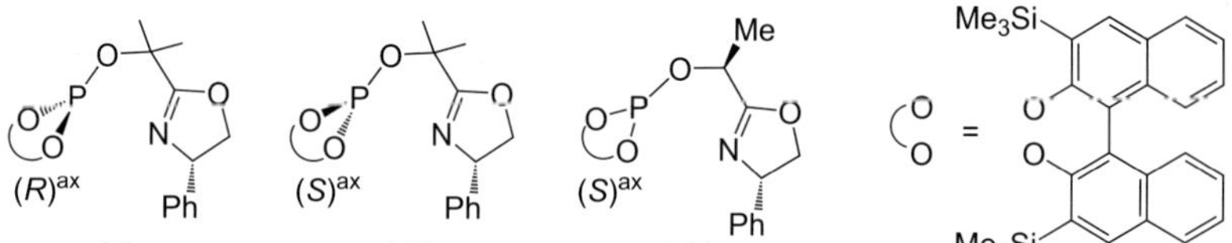

结构	L9	L10	L11
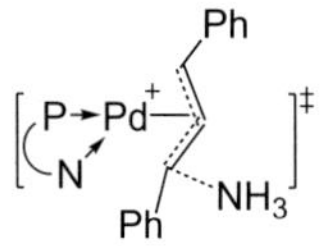 Ph; P→Pd⁺; N; Ph; NH_3; ‡; **4-354ts**	4.0①	5.0	3.4
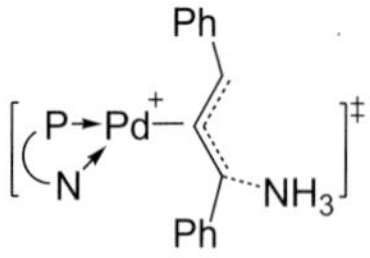 Ph; P→Pd⁺; N; Ph; NH_3; ‡; **4-355ts**	1.3①	0	0

续表

结构	L9	L10	L11
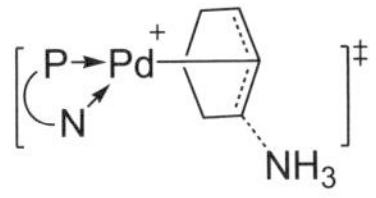 **4-356ts**	1.2②	0	0
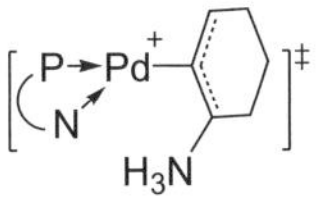 **4-357ts**	1.0②	3.7	3.3

① 相对于过渡态 **4-355**L10 的能量。

② 相对于过渡态 **4-356**L10 的能量。

图 4.63 展示了链式烯烃底物和环烯烃底物分别与配体 L9 或 L10 配位的钯中间体反应中立体选择性步骤过渡态的几何构型。从图中可以看出，当使用链式烯烃作为底物时，链式烯烃的一个苯基和噁唑啉取代基之间产生的空间排斥作用，从而使内型过渡态不稳定。而对于环烯烃底物中不存在这种排斥。这种不利的相互作用会将噁唑啉部分推开，从而形成较低的二面角。因此，外型过渡态中的二面角 ω(C1-N-C2-C3) 比链式烯烃内型过渡态中的二面角大，这些不稳定的相互作用使这两个配体获得了相同的 *S* 构型产物。

随后，作者对这些结构进行了 NCI 分析（图 4.64 与图 4.65）。从图中可以看出，在使用配体 L9 时的内型过渡态和使用配体 L10 时的外型过渡态中，均存在链式烯烃的一个苯环与亚磷酸二芳基酯形成的 CH/π 非共价作用。该弱相互作用导致使用 L9 配体的内型过渡态与外型过渡态能量差减少，然而会导致使用 L10 配体的内型过渡态与外型过渡态能量差进一步增加。结合图 4.64 中的排斥作用，可以得出使用 L10 配体的立体选择性比使用 L9 配体更高的结论。在图 4.65 中可以看出，对于底物 S2，配体 L9 和 L10 的两个最稳定过渡态的 NCI 图显示了底物与亚磷酸酯部分的芳基之间的弱相互作用。使用配体 L9 的弱相互作用存在于外型过渡态中，这使得外型过渡态更稳定，从而出现了立体选择性被翻转。而使用配体 L10 时，弱相互作用存在于内型过渡态中，这使得 L10 在环烯烃作为底物时仍然具有优异的立体选择性，所得的结果很好地解释了立体选择性的起源。

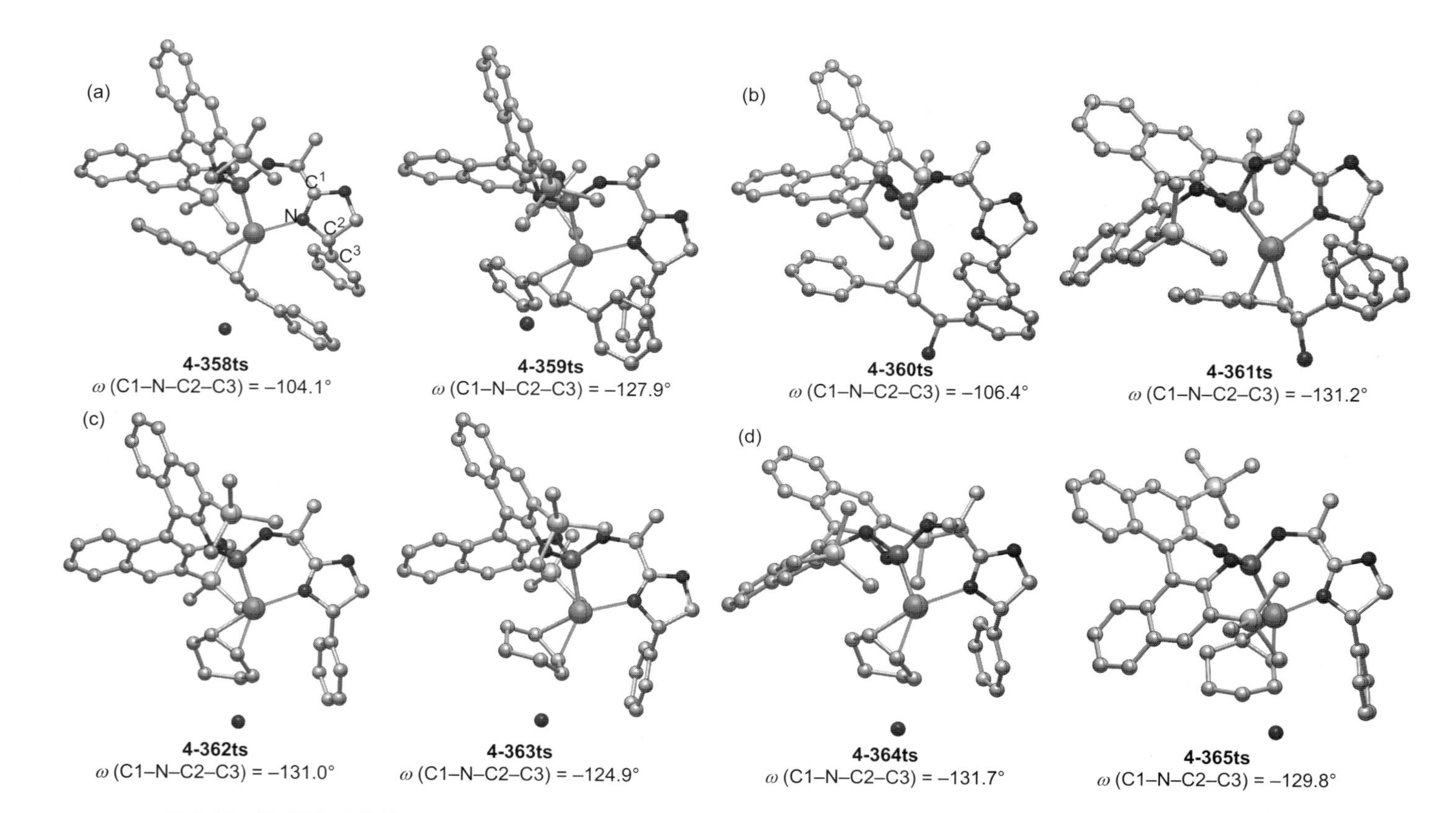

图 4.63 链式烯烃底物使用配体 L9（a）和 L10（b）以及环烯烃底物使用配体 L9（c）和 L10（d）最稳定的计算过渡态（隐藏所有氢原子）

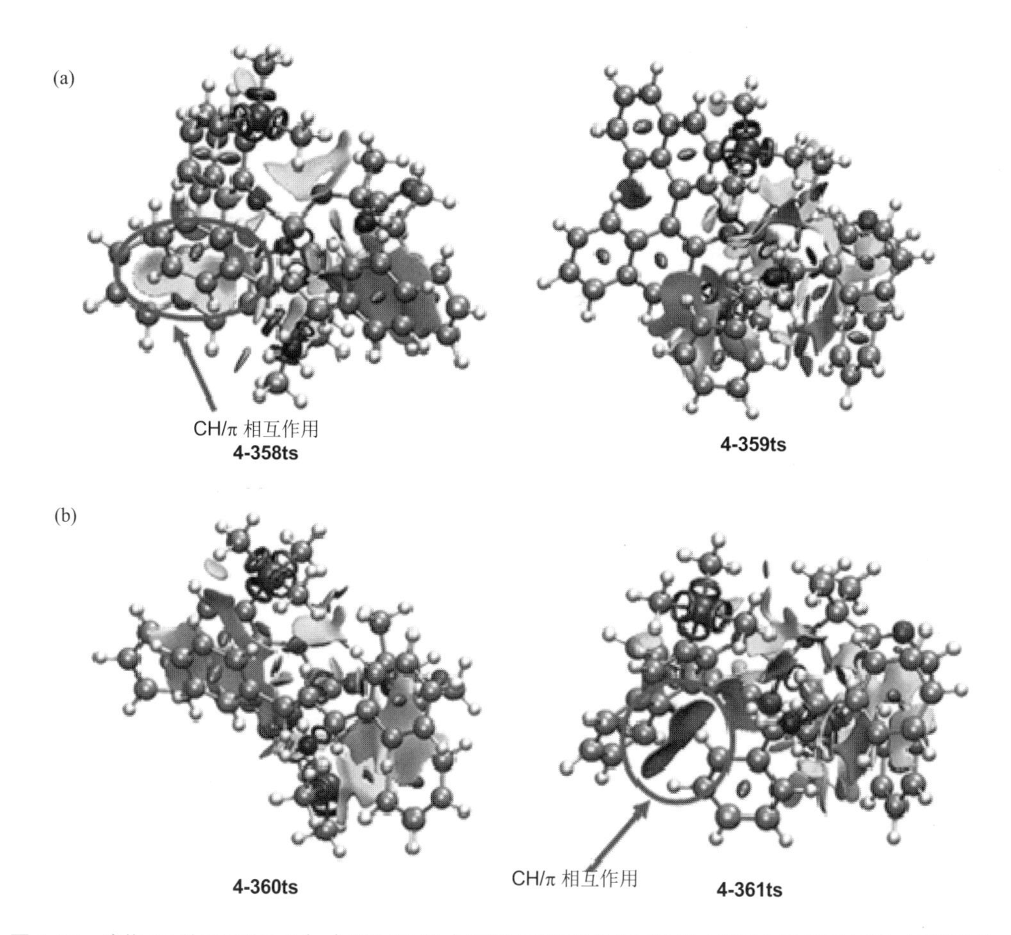

图 4.64　底物 S1 使用配体 L9（a）和 L10（b）过渡态的非共价相互作用（NCI）图（图片出自文献 [35]）

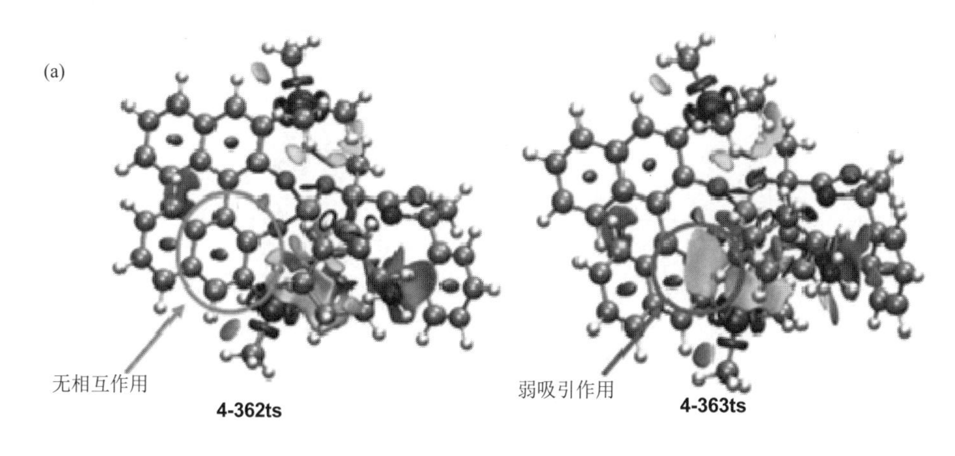

图 4.65

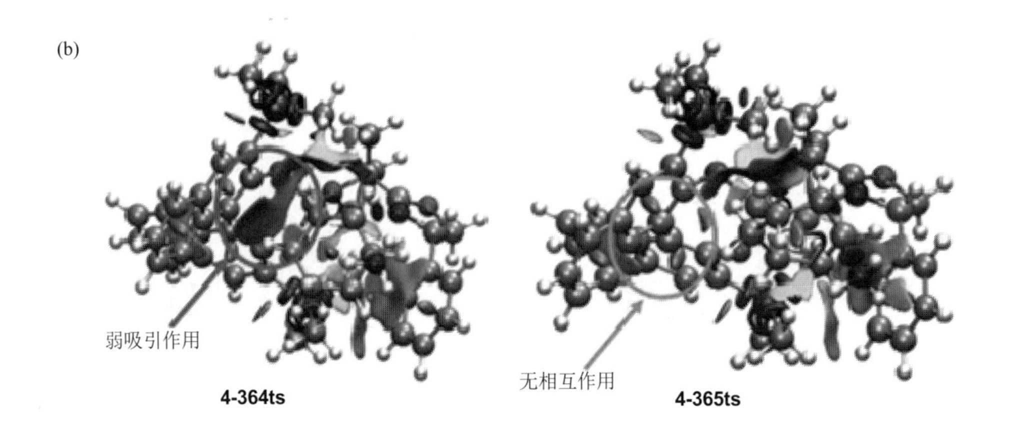

图 4.65　底物 S2 使用配体 L9（a）和 L10（b）过渡态的非共价相互作用（NCI）图（图片出自文献 [35]）

4.3.3　磷 / 烯配体

表4.14　不同磷/烯配体配位的铑催化有机硼酸与亚胺不对称加成反应①

4-366 + PhB(OH)$_2$ (4-367) —[Rh], L; KF; 甲苯/水 (1/1)→ 4-368

R = Ph (**4-369**)　　Ar = 2-萘基(**4-370**)

条目	配体	[Rh]	产率 /%	ee /%
1	**4-369**	Rh(acac)(C_2H_4)$_2$	52	−56
11	**4-370**	Rh(acac)(C_2H_4)$_2$	85	99

① 实验测定引自文献 [36]。

2018 年，林旭锋课题组报道了使用手性螺亚磷酸酯 - 烯烃配体的铑催化有机硼酸与亚胺的不对称加成反应（表 4.14）[36]。通过实验发现使用 **4-369** 作为配体时，反应的 ee 值为 −56%，而使用 **4-370** 作为配体时反应的 ee 值为 99%。为理解立体选择性的起源，洪鑫等人对关键的立体选择性步骤进行理论计算。对于最佳的单亚磷酸酯配体 **4-370**，**4-371ts** 导致有利的加合物比竞争的 **4-372ts** 更好（3.0 kcal/mol）[图4.66（a）]，计算的对映选择性与实验观察结果十分吻合。经历过渡态 **4-371ts** 实现插入的势垒为 13.1 kcal/mol，而经历过渡态 **4-372ts** 实现插入的势垒为 16.1 kcal/mol，在实验条件下均可以克服。对于单亚磷酸酯配体 **4-369**，计算结果表明，**4-373ts** 比 **4-374ts**[图4.66（b）] 高 0.6 kcal/mol，这与实验中配体 **4-369** 的立体选择性逆转趋势一致。配体的构象柔性导致了对映选择性的变化，作者应用拓扑空间图来阐明 C-C 键形成过渡态下配体与苯基铑部分（L_nRhPh）的空间环境（图 4.66）。对于 **4-370** 配体，磷和烯烃的双连接会产生刚性的空间环境。这时，**4-371ts** 和 **4-372ts** 中 L_nRhPh 部分的拓扑空间图显示在第一象限具有对空间有要求的深色区域，它对应于萘基。因此，在 **4-372ts** 中，对空间有要求的萘基具有与甲苯磺酰基的空间排斥性，从而导致优异的对映选择性。这些空间排斥也通过 **4-371ts** 和 **4-372ts** 中配体的萘基取向反映出来。对于 **4-369** 配体，这种单亚磷酸酯配体可以绕铑 - 磷键旋转，相应的 L_nRhPh 部分的空间环境变得非常灵活。图 4.66(b) 显示了 **4-373ts** 和 **4-374ts** 中 L_nRhPh 部分的空间环境。由于配体的旋转，**4-369** 的空间要求螺环骨架可以在两个过渡态均避开 *N*-甲苯磺胺的甲苯磺酰基。**4-373ts** 在第一个象限中具有对空间有要求的深色区域，而 **4-374ts** 在第四个象限中具有相应的区域。空间环境的这种灵活性导致 **4-369** 的对映选择性大大降低，并且趋势相反。为了进一步支持这种机理，即 **4-372ts** 中甲苯磺酰基和萘基之间的空间排斥是控制对映选择性的主要因素，作者进行了额外的计算以阐明这一解释。通过用氢取代配体的萘基，**4-371ts** 和 **4-372ts** 之间的计算自由能差从 3.0 kcal/mol 降低到 1.4 kcal/mol（**4-375ts** 与 **4-376ts**，图 4.67）。此外，当同时去除甲苯磺酰基和萘基时，也观察到了类似的变化（**4-377ts** 与 **4-378ts**，图 4.68）。

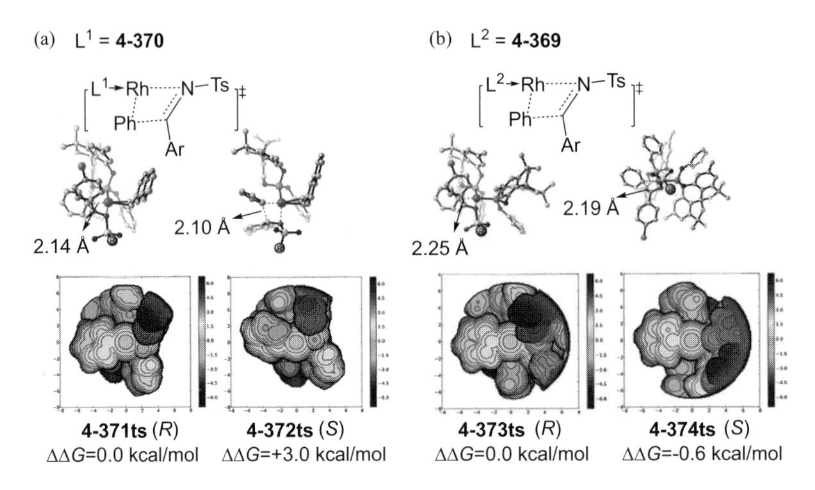

图 4.66　使用 **4-369** 和 **4-370** 配体的对映选择性决定过渡态的拓扑空间图

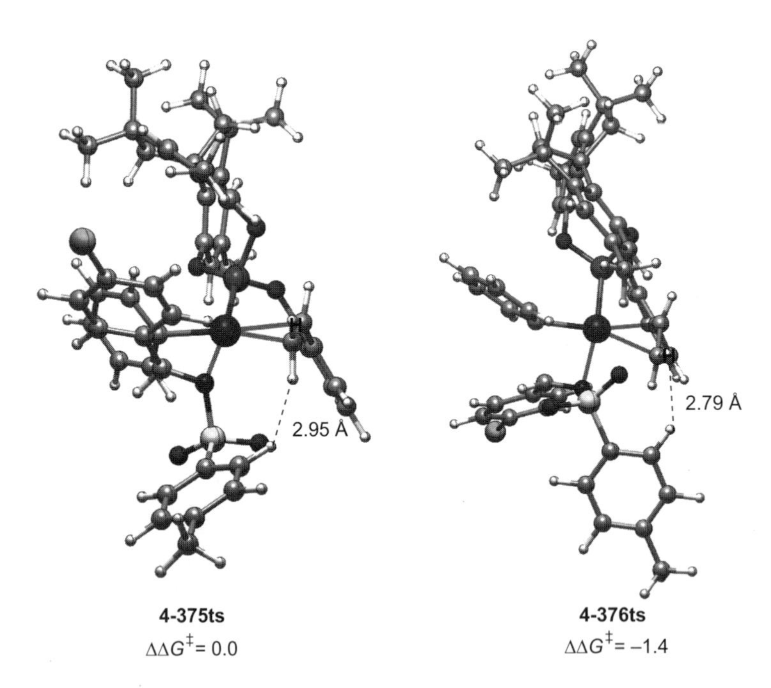

图 4.67　氢取代 **4-371ts** 和 **4-372ts** 中萘基后的过渡态（能量单位为 kcal/mol）

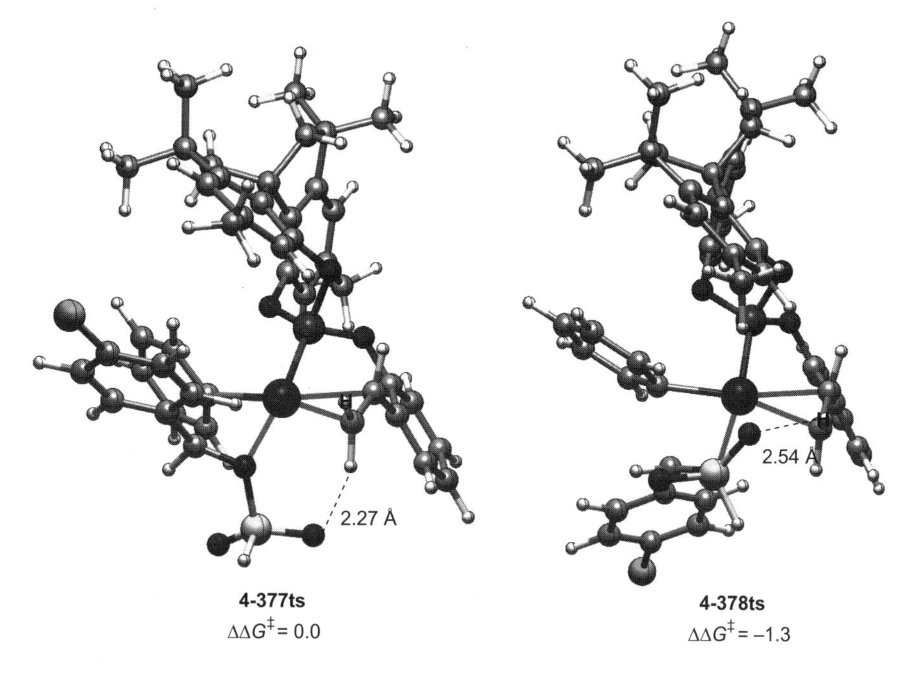

图 4.68　去除了 **4-375ts** 和 **4-376ts** 中苯磺酰基和萘基后的过渡态（能量单位为 kcal/mol）

4.4 膦酰基衍生物配体参与金属催化的有机反应机理研究

4.4.1　有机磷酸

手性磷酸(CPAs)是一类强布朗斯台德酸，已被公认为是对映选择性 C-H 活化产生点手性的一种新型单齿手性配体。此外，CPA 配体与强配位的导向基团是相兼容的。然而，关于有效产生轴向手性的报道是相对较少的。

最近，史炳锋课题组使用手性螺旋磷酸配体实现了钯催化的联芳基 C-H 烯基化对映选择性合成联芳基阻转异构体。在实验中合成并使用了一种新的手性螺旋磷酸配体 STRIP，该配体是第一例阻转选择性碳氢活化反应中的优良配体(图 4.69)[37]。实验获得非常优异的选择性，在此基础上，蓝宇等人通过理论计算的手段，进一步探讨了立体选择性的来源。计算结果如图 4.70 所示，得到 *S* 构型产物的关键过渡态相对自由能为 17.5 kcal/mol，而得到 *R* 构型产物的关键过渡态相对自由能为 20.5 kcal/mol，因此 *S* 构型产物更为有利。通过比较关键键长发现，在 *S* 构型过渡态中喹酮基团的 H^1 原子与异丙基的 H^2 原子距离为 2.59 Å，说明这两个基团存在排斥作用。而在 *R* 构型过渡态中，H^1 与 H^2 原子的距离为 2.63 Å，并且 H^3 与 H^4 的距离为 2.73 Å，这说明在 *R* 构型过渡态中存在着更多的排斥作用。计算得到了与实验结果相一致的结论，并揭示了立体选择性的来源是手性螺旋磷酸配体 STRIP 在不同构型过渡态中的排斥作用。

^{i}Pr H/D N **4-379**

$Pd(OAc)_2$ [10% (摩尔分数)]
(*R*)-STRIP [20% (摩尔分数)]
2当量 AgOAc
1,4-二氧六环，343.15 K, 24h
L: k_H/k_D=4.93
无 L: k_H/k_D=5.63

^{i}Pr N $CO_2{}^nBu$ **4-380**

2,4,6-$^i Pr_3C_6H_2$ O O P O OH 2,4,6-$^i Pr_3C_6H_2$ **L**: (*R*)-STRIP

图 4.69　钯催化的联芳基 C−H 烯基化对映选择性合成联芳基阻转异构体

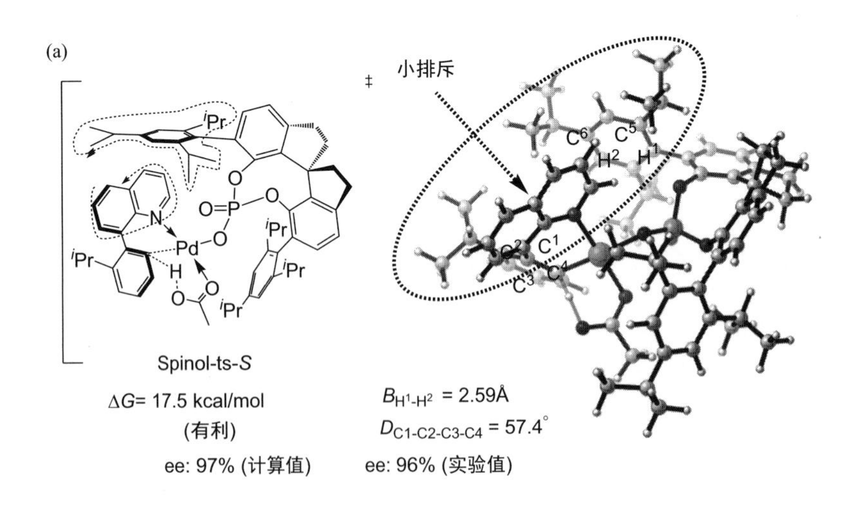

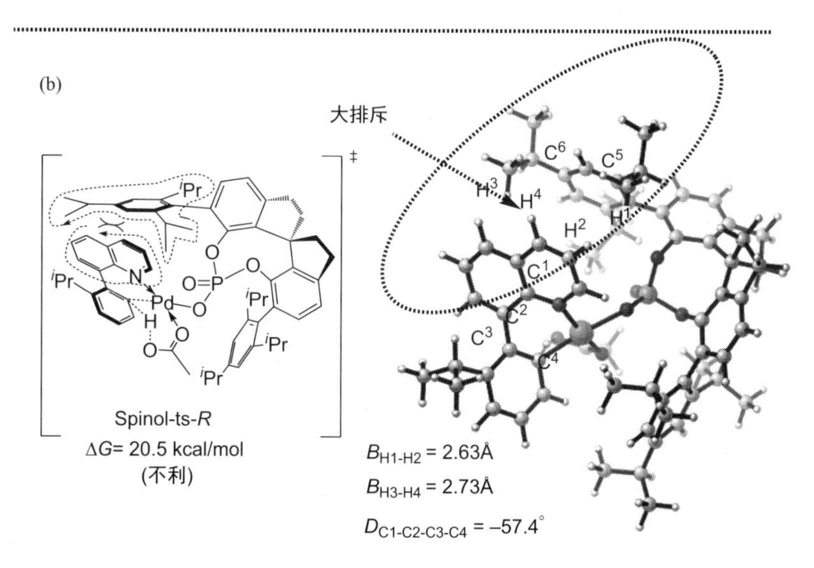

图 4.70　立体选择性步骤的关键过渡态结构

4.4.2　氧化膦

Didier Bourissou 课题组在 2011 年报道了二膦 - 氧化膦(DPPO)配体 $[o\text{-}^iPr_2P\text{-}(C_6H_4)]_2P(O)Ph$ 与 $Pd(P^tBu_3)_2$ 反应会发生 Ph-P(O) 键的裂解，从而得到原始的 $\kappa^{P, P(O), P}$-钳形配合物 [38]。为探索这一过程的详细机理，作者采取 DFT 计算来进行进一步的研究。如图 4.71 所示，配合物 **4-383** 为氧化加成后的结构，与通过晶体学确定的结构高度吻合。配合物 **4-381** 是 **4-383** 的前体，其中 DPPO 配体的两个膦以 127.0°的咬合角与钯配位。此外，配合物 **4-381** 中低价 Pd 中心与氧化膦苯环存在弱的 π-相互作用而稳定，从短的 C_{ipso}-Pd 和 C_{ortho}-Pd 距离(分别为 2.31 Å 和 2.40 Å)可以明显看出这一点。反应的氧化加成过程是通过三中心的 P-Pd-C 过渡态发生，类似于常见的碳卤键氧化加成过程。与配合物 **4-381** 相比，**4-382ts** 中断裂的 P1-C_{ipso} 键延长了 25%，形成的 Pd-C_{ipso} 键仅比氧化加成产物 **4-383** 长 4%。**4-383** 比 **4-381** 的能量低了 25.5 kcal/mol，这与 **4-383** 比 **4-381** 更稳定的实验结果一致，经历过渡态 **4-382ts** 的活化能垒仅为 12.0 kcal/mol，在反应条件下很容易达到。

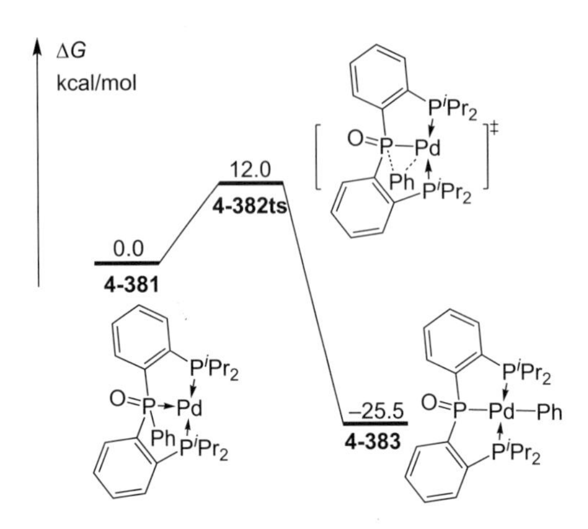

图 4.71　Pd 催化 P(O)−Ph 键活化的自由能剖面图

在 2013 年，Didier Bourissou 课题组使用二膦 - 氧化膦 (DPPO) 与 [Ni(cod)$_2$]（cod = 1,4-环辛二烯）反应也可以得到 $\kappa^{P, P(O), P}$ -钳形配合物 [39]。为了阐明配合物 **4-383** 的 C-P（O）键活化过程的机理，作者同样进行了理论计算。如图 4.72 所示，对 Ni 物种所计算的能量曲线与先前所报道 Pd 物种的能量曲线非常相似。DPPO • Ni^0 配合物 **4-384** 中低价 Ni 中心同样是通过氧化膦上苯环的 π 配位稳定。与配合物 **4-384** 相比，加成产物 **4-386** 在热力学上低了 26.0 kcal/mol。C-P（O）键的活化通过 P、C_{ipso}、Ni 三中心过渡态 **4-385ts** 进行，其活化能垒仅为 9.0 kcal/mol，在动力学上很容易实现。

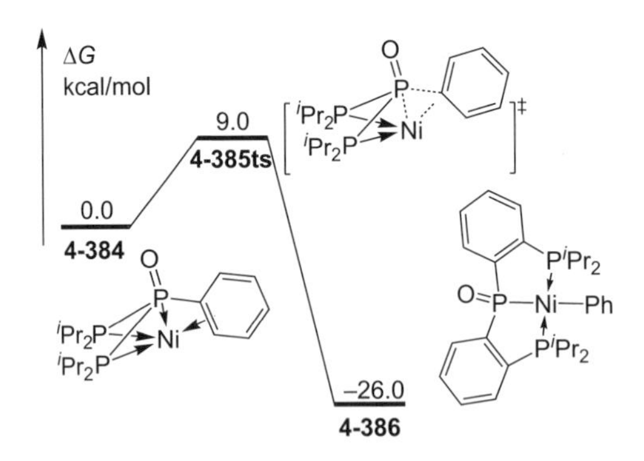

图 4.72　Ni 催化 P(O)−Ph 键活化的自由能剖面图

4.4.3 膦酰胺

手性亚磷酰胺类配体相比其他手性膦配体，由于其结构稳定、合成简便、易于修饰等优点，因此被广泛应用于多种不对称催化反应，如不对称氢化反应、不对称共轭加成反应、不对称烯丙基化反应、不对称 Heck 反应以及不对称环加成反应等 [40]。手性亚磷酰胺类配体的合成一般是以手性二酚或二醇为原料，先和三氯化磷反应得到亚磷酰氯，随后和各种胺反应得到手性配体。亚磷酰胺类配体的结构是由亚磷酰基和氨基两部分组成，根据反应的具体需求，两个片段都可以引入手性结构。常见的配体可分为基于 BINOL 骨架亚磷酰胺、BIPOL 骨架亚磷酰胺、TADDOL 骨架亚磷酰胺以及螺环骨架亚磷酰胺等。

陈弓课题组于 2018 年报道了使用 BINOL 亚磷酰胺配体的 Pd(0) 催化 3-芳基丙酰胺 C-H 芳基化的反应。彭谦等人通过理论研究探索了该反应的详细机理以及立体选择性起源 [41]。

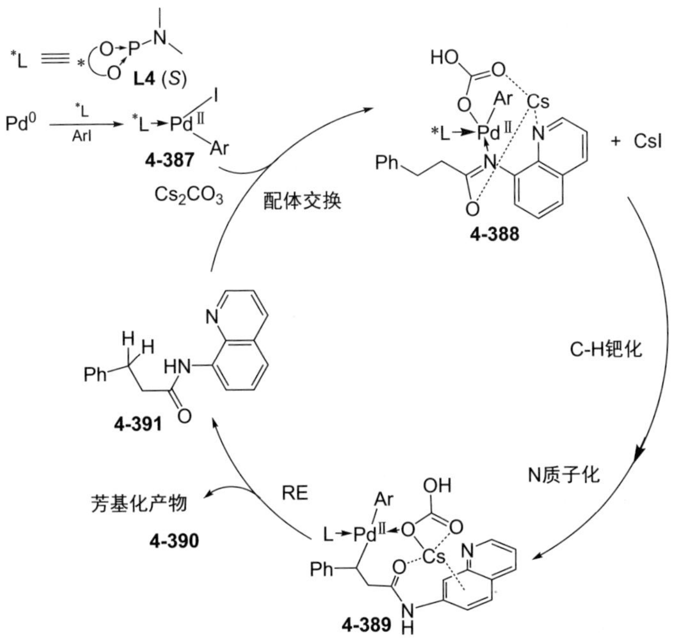

图 4.73

4-392

4-393ts ($\Delta G^{\ddagger}$= 29.0kcal/mol)
碱：HCO_3^-

VS

4-394ts ($\Delta G^{\ddagger}$= 46.7kcal/mol)
碱：配体

图 4.73　推测的反应路径以及 DFT 计算

如图 4.73 所示，Pd(0) 与芳基碘化物先发生氧化加成，该步的反应能垒为 19.7 kcal/mol，随后在 Cs_2CO_3 存在下，发生配体交换得到具有单齿亚胺型 AQ 配体的配合物 **4-388**。DFT 计算表明，碳酸氢根配体的羟基与 **4-388** 中 BINOL 亚磷酰胺配体中 O 原子形成氢键相互作用（1.91Å）。**4-388** 上 HCO_3^- 配体中的一个 O 原子可以与 Pd 解离，从而在随后 C-H 钯化步骤中形成一个开放的配位位点。DFT 计算表明，使用亚磷酰胺配体作为碱，通过过渡态 **4-394ts** 的碳氢活化路径具有很高的能垒（$\Delta G^{\ddagger}$ = 46.7 kcal/mol）。相比之下，使用碳酸氢盐通过 **4-393ts** 进行碳氢活化在能量上更为有利（$\Delta G^{\ddagger}$ = 29.0 kcal/mol）。此外，如图 4.74 所示，DFT 计算表明过渡态 **4-393ts** 比 **4-395ts** 低 2.4 kcal/mol，说明 *R* 构型在能量上更有利。从优化的几何构型中可以看出，这种能量差异来源于 **4-395ts** 中底物的苯基与配体的联萘基存在空间排斥。

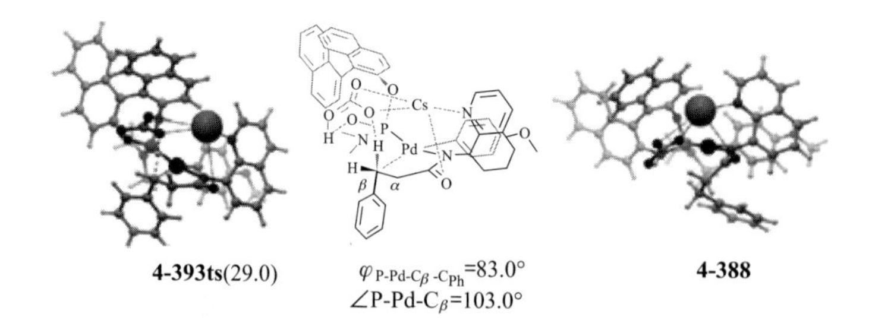

Cs
P
Pd
N
H
O
β
α

$\varphi_{\text{P-Pd-C}_\beta\text{-C}_{\text{Ph}}}$=10.0°　　**4-395ts**(31.4)

∠P-Pd-C_β=106.0°

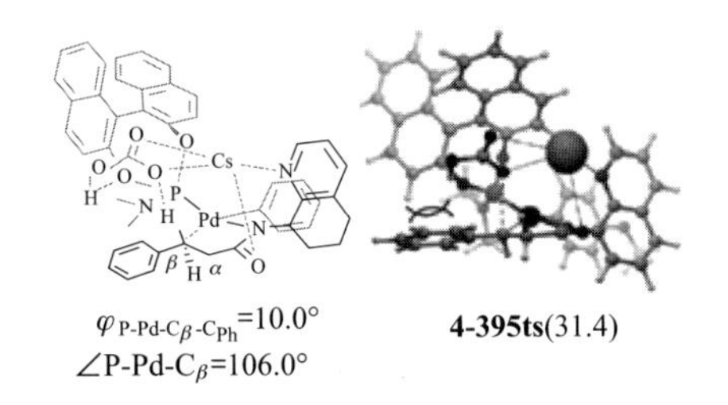

图 4.74　立体选择性决定步骤过渡态的结构及相对吉布斯自由能（能量单位为 kcal/mol）

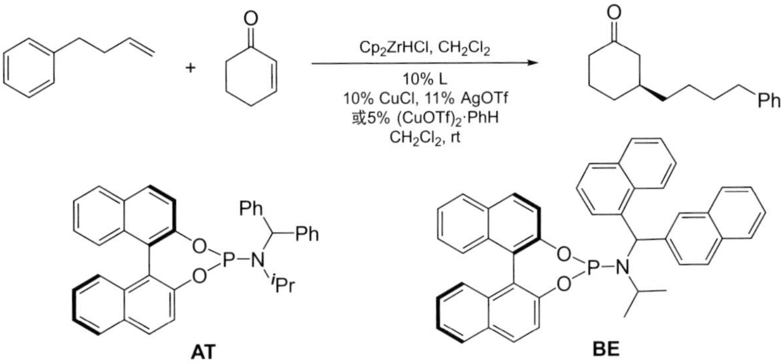

Cp2ZrHCl, CH2Cl2
10% L
10% CuCl, 11% AgOTf
或5% (CuOTf)2·PhH
CH2Cl2, rt
Ph
O
AT
BE

图 4.75　铜亚磷酰胺配合物催化 4- 苯基 -1- 丁烯与环己烯酮的共轭加成反应

Stephen P. Fletcher 课题组在 2017 年报道了铜亚磷酰胺配合物催化 4-苯基-1-丁烯与环己烯酮的共轭加成反应 [42]。实验中发现使用亚磷酰胺配体 AT，$ZrCp_2Cl$ 作为路易斯酸的 ee 值为 78%，而使用配体 BE，TMSCl 作为路易斯酸的 ee 值为 94%（图 4.75）。彭谦等人在计算上对该立体选择性的起源进行了研究。考虑到计算的可处理性，作者将底物烯烃用简单乙烯代替，对于烯酮、催化剂和配体的结构与实验中使用的相同。图 4.76 展示了立体选择性步骤的过渡态，所选取的构象均是构象搜索中最稳定的。当使用 AT 配体时所计算的生成 *R* 构象与 *S* 构象能垒差为 1.2 kcal/mol，所对应的 ee 值为 78%。类似地，当使用 BE 配体时计算所得的 ee 值为 90%，计算所得的 ee 值均与实验的 ee 值相近。分析过渡态的构象可以发现，使用 AT 配体时的 R 构象过渡态中 Cu 与芳基的距离为 3.18 Å、3.20 Å，而 *S* 构象中相应的距离为 2.79 Å、2.76 Å。可以看出，竞争的两个过渡态中金属与芳基之间的距离存在明显差异，这说明在 *S* 构象中 Cu 与芳基的作用更强。使用 BE 配体时存在同样的趋势。因此，铜-芳烃相互作用有利于产物主要对映异构体的形成。从空间上分析，这是因为 *R* 构象中烯酮的苯基与配体存在空间排斥，从而进一步导致 *R* 构象是不利的。

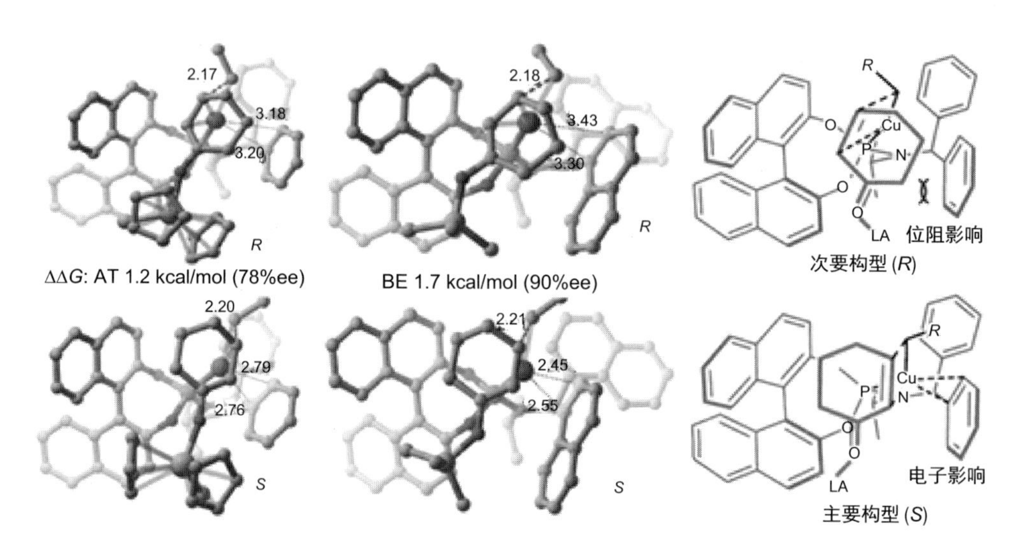

图 4.76　配体 AT 与 BE 对应的立体决定过渡态的结构及能量

参考文献

[1] (a) Strohmeier, W, Müller F J. Klassifizierung Phosphorhaltiger Liganden in Metallcarbonyl-Derivaten Nach der π-Acceptorstärke [J]. Chemische Berichte, 1967, 100: 2812-2821; (b) Tolman C A, Seidel W C, Gosser L W. Formation of Three-Coordinate Nickel(0) Complexes by Phosphorus Ligand Dissociation from NiL_4 [J]. Journal of the American Chemical Society, 1974, 96: 53-60; (c) Tolman C A. Steric Effects of Phosphorus Ligands in Organometallic Chemistry and Homogeneous Catalysis [J]. Chemical Reviews, 1977, 77: 313-348; (d) de Vries J G, Lefort L. The Combinatorial Approach to Asymmetric Hydrogenation: Phosphoramidite Libraries, Ruthenacycles, and Artificial Enzymes [J]. Chemistry – A European Journal, 2006, 12: 4722-4734; (e) Freixa Z, van Leeuwen P W N M. Bite Angle Effects in Diphosphine Metal Catalysts: Steric or Electronic? [J]. Dalton Transactions, 2003, 1890-1901.

[2] Pacchioni G, Bagus P S. Metal-Phosphine Bonding Revisited. .Sigma.-Basicity, .Pi.-Acidity, and the Role of Phosphorus d Orbitals in Zerovalent Metal-phospine Complexes [J]. Inorganic Chemistry, 1992, 31: 4391-4398.

[3] Tolman C A. Electron Donor-Acceptor Properties of Phosphorus Ligands. Substituent Additivity [J]. Journal of the American Chemical Society, 1970, 92: 2953-2956.

[4] Henderson W A, Streuli C A. The Basicity of Phosphines [J]. Journal of the American Chemical Society, 1960, 82: 5791-5794.

[5] Tolman C A. Phosphorus Ligand Exchange Equilibriums on Zerovalent Nickel. Dominant Role for Steric Effects [J]. Journal of the American Chemical Society, 1970, 92: 2956-2965.

[6] (a) Hayashi T. Chiral Monodentate Phosphine Ligand MOP for Transition-Metal-Catalyzed Asymmetric Reactions [J]. Accounts of chemical research, 2000, 33: 354-362; (b) Song Q B, Dong Y. Recent Progress in Ferrocene Chiral Phosphine Ligands [J]. Chinese Journal of Organic Chemistry, 2007, 27: 66-71; (c) Rios I G, Rosas-Hernandez A, Martin E. Recent Advances in the Application of Chiral Phosphine Ligands in Pd-Catalysed Asymmetric Allylic Alkylation [J]. Molecules, 2011, 16: 970-1010; (d) Mazuela J, Pamies O, Dieguez M A New Modular Phosphite-Pyridine Ligand Library for Asymmetric Pd-Catalyzed Allylic Substitution Reactions: A Study of the Key Pd-pi-Allyl Intermediates [J]. Chemistry-a European Journal, 2013, 19: 2416-2432.

[7] Kang K, Liu S, Xu T, et al. $C(sp^2)$—$C(sp^2)$ Reductive Elimination from Well-Defined Diarylgold(III) Complexes [J]. Organometallics, 2017, 36: 4727-4740.

[8] Debrauwer V, Turlik A, Rummler L, et al. Ligand-Controlled Regiodivergent Palladium-Catalyzed Hydrogermylation of Ynamides [J]. Journal of the American Chemical Society, 2020, 142: 11153-11164.

[9] (a) Becke A D. Density - functional Thermochemistry. III. The Role of Exact Exchange [J]. The Journal of Chemical Physics, 1993, 98: 5648-5652; (b) Grimme S, Antony J, Ehrlich S, et al. A Consistent and Accurate Ab Initio Parametrization of Density Functional Dispersion Correction (DFT-D) for the 94 Elements H-Pu [J]. The Journal of Chemical Physics, 2010, 132: 154104; (c) Johnson E R, Becke A D. A Post-Hartree-Fock Model of Intermolecular Interactions: Inclusion of Higher-Order Corrections [J]. The Journal of Chemical Physics, 2006, 124: 174104.

[10] Chu C K, Lin T P, Shao H, et al. Disentangling Ligand Effects on Metathesis Catalyst Activity: Experimental and Computational Studies of Ruthenium-Aminophosphine Complexes [J]. Journal of the American Chemical Society, 2018, 140: 5634-5643.

[11] Shan C, Luo X, Qi X, et al. Mechanism of Ruthenium-Catalyzed Direct Arylation of C—H Bonds in Aromatic Amides: A Computational Study [J]. Organometallics, 2016, 35: 1440-1445.

[12] Zeng Z, Zhang T, Yue X, et al. Mechanism Investigation for Anoin-Assisted Nickel Catalyzed C–F Bond Functionalization Reaction: a DFT Study. SCIENTIA SINICA Chimica, 2018, 48(7): 736.

[13] Nova A, Erhardt S, Jasim N. A, et al. Competing C—F Activation Pathways in the Reaction of Pt(0) with Fluoropyridines: Phosphine-Assistance versus Oxidative Addition[J]. Journal of the American Chemical Society, 2008, 130: 15499-15511.

[14] (a) Blum O, Frolow F, Milstein D. C—F Bond Activation by Iridium(I). A unique Process Involving P—C Bond Cleavage, P—F Bond Formation and Net Retention of Oxidation State [J]. Journal of the

Chemical Society, Chemical Communications, 1991, 258-259; (b) Su M D, Chu S Y. Theoretical Study of Oxidative Addition and Reductive Elimination of 14-Electron d10 ML_2 Complexes: A ML_2 + CH_4 (M = Pd, Pt; L = CO, PH_3, L_2 = $PH_2CH_2CH_2PH_2$) Case Study [J]. Inorganic Chemistry, 1998, 37: 3400-3406; (c) Erhardt S, Macgregor S A. Computational Study of the Reaction of C_6F_6 with [IrMe(PEt_3)$_3$]: Identification of a Phosphine-Assisted C—F Activation Pathway via a Metallophosphorane Intermediate [J]. Journal of the American Chemical Society, 2008, 130: 15490-15498.

[15] Yang Y F, Chung L W, Zhang X, et al. Ligand-Controlled Reactivity, Selectivity, and Mechanism of Cationic Ruthenium-Catalyzed Hydrosilylations of Alkynes, Ketones, and Nitriles: A Theoretical Study [J]. The Journal of Organic Chemistry, 2014, 79: 8856-8864.

[16] Zhang S Q, Taylor B L H, Ji C L, et al. Mechanism and Origins of Ligand-Controlled Stereoselectivity of Ni-Catalyzed Suzuki-Miyaura Coupling with Benzylic Esters: A Computational Study [J]. Journal of the American Chemical Society, 2017, 139: 12994-13005.

[17] van Leeuwen P W N M, Kamer P C J, Reek J N H, et al. Ligand Bite Angle Effects in Metal-catalyzed C—C Bond Formation [J]. Chemical Reviews, 2000, 100: 2741-2770.

[18] Qi X, Liu S, Lan Y. Computational Studies on an Aminomethylation Precursor: (Xantphos) Pd(CH_2NBn_2)$^+$ [J]. Organometallics, 2016, 35: 1582-1585.

[19] Tamura H, Yamazaki H, Sato H, et al. Iridium-Catalyzed Borylation of Benzene with Diboron. Theoretical Elucidation of Catalytic Cycle Including Unusual Iridium(V) Intermediate [J]. Journal of the American Chemical Society, 2003, 125: 16114-16126.

[20] Zhu L, Qi X, Li Y, et al. Ir(III)/Ir(V) or Ir(I)/Ir(III) Catalytic Cycle? [J] Steric-Effect-Controlled Mechanism for the Para-C—H Borylation of Arenes [J]. Organometallics, 2017, 36: 2107-2115.

[21] Luo X, Peng J, Liu S, et al. Mechanism of Rhodium Catalyzed Desymmetrization by Hydroacylation: A DFT Study. SCIENTIA SINICA Chimica, 2019, 49(8): 1094.

[22] Lv W, Liu S, Chen Y, et al. Palladium-Catalyzed Intermolecular Trans-Selective Carbofunctionalization of Internal Alkynes to Highly Functionalized Alkenes [J]. ACS Catalysis, 2020, 10: 10516-10522.

[23] (a) Quasdorf K W, Antoft-Finch A, Liu P, et al. Suzuki-Miyaura Cross-Coupling of Aryl Carbamates and Sulfamates: Experimental and Computational Studies [J]. Journal of the American Chemical Society, 2011, 133: 6352-6363; (b) Li Z, Zhang S L, Fu Y, et al. Mechanism of Ni-Catalyzed Selective C-O Bond Activation in Cross-Coupling of Aryl Esters [J]. Journal of the American Chemical Society, 2009, 131: 8815-8823.

[24] Muto K, Yamaguchi J, Itami K. Nickel-Catalyzed C–H/C–O Coupling of Azoles with Phenol Derivatives [J]. Journal of the American Chemical Society, 2012, 134: 169-172.

[25] Hong X, Liang Y, Houk K N. Mechanisms and Origins of Switchable Chemoselectivity of Ni-Catalyzed C(aryl)—O and C(acyl) —O Activation of Aryl Esters with Phosphine Ligands [J]. Journal of the American Chemical Society, 2014, 136: 2017-2025.

[26] Platon M, Cui L, Mom S, et al. Etherification of Functionalized Phenols with Chloroheteroarenes at Low Palladium Loading: Theoretical Assessment of the Role of Triphosphane Ligands in C O Reductive Elimination [J]. Advanced Synthesis & Catalysis, 2011, 353: 3403-3414.

[27] Huang Y, Ma C, Liu S, et al. Ligand Coordination- and Dissociation-Induced Divergent Allylic Alkylations Using Alkynes [J]. Chem, 2021, 7: 812-826.

[28] Wang Y, Zhu L, Shao Z, et al. Unmasking the Ligand Effect in Manganese-Catalyzed Hydrogenation: Mechanistic Insight and Catalytic Application [J]. Journal of the American Chemical Society, 2019, 141: 17337-17349.

[29] Qi X, Liu X, Qu L B, et al. Mechanistic Insight into Cobalt-catalyzed Stereodivergent Semihydrogenation of Alkynes: The Story of Selectivity Control [J]. Journal of Catalysis, 2018, 362: 25-34.

[30] Leutzsch M, Wolf L M, Gupta P, et al. Formation of Ruthenium Carbenes by gem-Hydrogen Transfer to Internal Alkynes: Implications for Alkyne trans-Hydrogenation [J]. Angewandte Chemie International Edition, 2015, 54: 12431-12436.

[31] (a) Han Z S, Goyal N, Herbage M A, et al. Efficient Asymmetric Synthesis of P-Chiral Phosphine

Oxides via Properly Designed and Activated Benzoxazaphosphinine-2-oxide Agents [J]. Journal of the American Chemical Society, 2013, 135: 2474-2477; (b) Feng X, Du H. Synthesis of Chiral Olefin Ligands and their Application in Asymmetric Catalysis [J]. Asian Journal of Organic Chemistry, 2012, 1: 204-213.

[32] Sieber J D, Chennamadhavuni D, Fandrick K R, et al. Development of New *P*-Chiral *P*,π-Dihydrobenzooxaphosphole Hybrid Ligands for Asymmetric Catalysis [J]. Organic Letters, 2014, 16: 5494-5497.

[33] Xi Y, Su Y, Yu Z, et al. Chemoselective Carbophilic Addition of α-Diazoesters through Ligand-Controlled Gold Catalysis [J]. Angewandte Chemie International Edition, 2014, 53: 9817-9821.

[34] Kuang Z, Chen H, Qiu J, et al. Cu-Catalyzed Regio- and Stereodivergent Chemoselective sp^2/sp^3 1,3- and 1,4-Diborylations of CF_3-Containing 1,3-Enynes [J]. Chem, 2020, 6: 2347-2363.

[35] Biosca M, Saltó J, Magre M, et al. An Improved Class of Phosphite-Oxazoline Ligands for Pd-Catalyzed Allylic Substitution Reactions [J]. ACS Catalysis, 2019, 9: 6033-6048.

[36] Shan H, Zhou Q, Yu J, et al. Lin, X. Rhodium-Catalyzed Asymmetric Addition of Organoboronic Acids to Aldimines Using Chiral Spiro Monophosphite-Olefin Ligands: Method Development and Mechanistic Studies [J]. The Journal of Organic Chemistry, 2018, 83: 11873-11885.

[37] Luo J, Zhang T, Wang L, et al. Enantioselective Synthesis of Biaryl Atropisomers by Pd-Catalyzed C－H Olefination Using Chiral Spiro Phosphoric Acid Ligands [J]. Angewandte Chemie International Edition, 2019, 58: 6708-6712.

[38] Derrah E J, Ladeira S, Bouhadir G, et al. Original Phenyl—P(O) Bond Cleavage at Palladium(0): a Combined Experimental and Computational Study [J]. Chemical Communications, 2011, 47: 8611-8613.

[39] Derrah E J, Martin C, Mallet-Ladeira S, et al. Chelating Assistance of P–C and P–H Bond Activation at Palladium and Nickel: Straightforward Access to Diverse Pincer Complexes from a Diphosphine-Phosphine Oxide [J]. Organometallics, 2013, 32: 1121-1128.

[40] (a) Yu Y N, Xu M H. Enantioselective Synthesis of Chiral 3-Aryl-1-indanones through Rhodium-Catalyzed Asymmetric Intramolecular 1,4-Addition [J]. The Journal of Organic Chemistry, 2013, 78: 2736-2741; (b) Huang J D, Hu X P, Duan Z C, et al. Readily Available Phosphine－Phosphoramidite Ligands for Highly Efficient Rh-Catalyzed Enantioselective Hydrogenations [J]. Organic Letters, 2006, 8: 4367-4370; (c) Yamamoto Y, Kurihara K, Miyaura N. Me-bipam for Enantioselective Ruthenium(II)-Catalyzed Arylation of Aldehydes with Arylboronic Acids [J]. Angewandte Chemie International Edition, 2009, 48: 4414-4416; (d) Wu Q F, Liu W B, Zhuo C X, et al. Iridium-Catalyzed Intramolecular Asymmetric Allylic Dearomatization of Phenols [J]. Angewandte Chemie International Edition, 2011, 50: 4455-4458; (e) Yang Z, Zhou J. Palladium-Catalyzed, Asymmetric Mizoroki-Heck Reaction of Benzylic Electrophiles Using Phosphoramidites as Chiral Ligands [J]. Journal of the American Chemical Society, 2012, 134: 11833-11835.

[41] Tong H R, Zheng S, Li X, et al. Pd(0)-Catalyzed Bidentate Auxiliary Directed Enantioselective Benzylic C–H Arylation of 3-Arylpropanamides Using the BINOL Phosphoramidite Ligand [J]. ACS Catalysis, 2018, 8: 11502-11512.

[42] Ardkhean R, Roth P M C, Maksymowicz R M, et al. Enantioselective Conjugate Addition Catalyzed by a Copper Phosphoramidite Complex: Computational and Experimental Exploration of Asymmetric Induction [J]. ACS Catalysis, 2017, 7: 6729-6737.

PHOSPHORUS 磷科学前沿与技术丛书
计算磷化学

5

膦催化有机反应理论

付东民[1]，乔博霖[1]，李园园[2]

[1] 郑州大学化学学院

[2] 重庆第二师范学院生物与化学工程学院

5.1　叔膦催化有机反应理论

5.2　磷酸催化有机反应理论

如今，有机小分子催化已成为有机催化合成领域中一个极具活力的研究方向[1]。2000年左右，两个独立的研究小组提出了有机催化的概念。其中Carlos F. Barbas课题组所展示的研究中，脯氨酸作为不对称羟醛反应的直接催化剂[2]，这项研究工作初次提出了有机催化的重要特征；在另一项工作中，David W. C. MacMillan课题组则针对高对映选择性的胺催化Diels-Alder反应提出了一种新的策略[3]。在前辈研究者们孜孜不倦的努力下，有机催化已经成长为一种主流的催化方法。C-C键、C-X（X=N、O、P、S、B或Si）键的合成可以通过有机催化来实现[4]。碳环和杂环化合物可以通过有机催化，使用简单的构筑单元来构建[5]。许多有机化合物，包括哌啶衍生物、二氰基环丙酮、双胺类生物碱和甲基苯并环烯等，都可以用有机催化的途径合成，且拥有良好的对映选择性和非对映选择性[6]。

有机小分子催化中，最值得瞩目的是酸碱催化。其中，可以根据酸碱类型分为得失电子的Lewis酸/碱催化和得失质子的Brønsted酸/碱催化。叔膦由于包含孤对电子可以作为Lewis碱使用，凭借其良好的稳定性，近年来在Lewis碱催化中发挥了重要的作用。另外，磷酸、亚磷酸及其衍生物由于其羟基可以提供质子，同时羰基可以接受质子，因此可充当Brønsted酸/碱催化剂参与有机小分子催化。本章中，将讨论含磷化合物在小分子催化中的反应机理及其相关问题。

5.1 叔膦催化有机反应理论

5.1.1 概述

具有一对孤对电子的叔膦，由于结构稳定性、可调控性、亲核性，在有机小分子催化中经常扮演催化剂的角色。其中，三烷基膦、三芳基膦及其衍生物被广泛应用于各类反应中，例如 Wittig 反应[7]、Morita-Baylis-Hillman 反应[8]、Rauhut-Currier 反应[9]、Lu 反应[10]、Michael 反应[11]及一系列其他的极性反转反应(umpolung reactions)[12]。叔膦催化广泛的应用范围，使之得到了化学家们的关注[5]。叔膦催化反应的数量快速增长可归因于其以下优点：①叔膦催化反应具有较高的选择性，这类反应产生的副产物较少；②空间电子的可调性，如可以通过引入三烷基或者三芳基取代基调节膦的空间和电子性质来实现反应活性的调控，引入其他官能团可以调控催化剂与底物的各种空间位阻效应以及氢键相互作用等；③由于手性膦配体很容易获得，所以可以实现许多不对称合成反应；④在叔膦催化体系中，不涉及金属催化剂，因此完全没有重金属污染；⑤叔膦催化的反应很容易扩大生产规模，这对于药物化学应用是非常理想的[13]。

叔膦具有亲核性。另外，许多的有机小分子化合物，例如 α,β- 不饱和酮、卤代烃、烯烃、炔烃、重氮化合物和联烯类化合物，由于这类化合物具有亲电性质，易于被膦催化剂活化(图 5.1)。因此，叔膦对这些小分子的亲核进攻往往作为叔膦催化的启动步骤[14]。

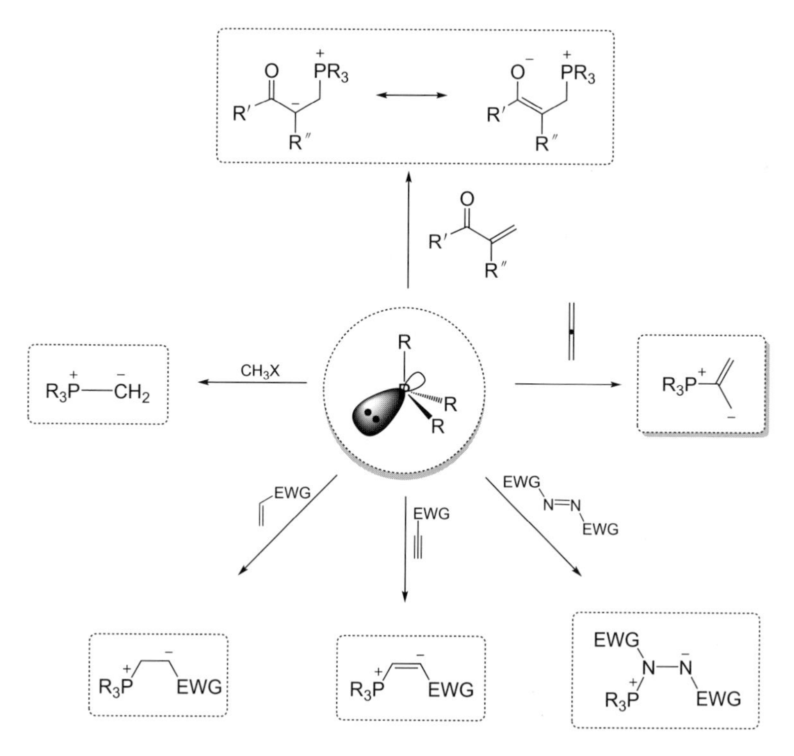

图 5.1　亲核叔膦催化剂与不同类型亲电试剂的反应

举例来说(图 5.2)，叔膦催化联烯偶联反应主要存在两种反应模式。两种模式都从叔膦催化剂对联烯的亲核加成出发，生成一个关键的两性离子中间体[15]。在反应模式 (a) 中，两步的亲核加成反应即可生成鳞叶立德[16]。叔膦催化剂可以通过质子转移与后续的C-P 键裂解实现再生[17]。反应模式 (b) 中，烯丙基碳负离子可以作为 Brønsted 碱来消除另一反应物中的质子，使得两性离子中间体发生极性反转，生成一个烯基鳞亲电试剂。随后，发生亲电加成反应，生成相应的鳞叶立德并最终转化为产物。

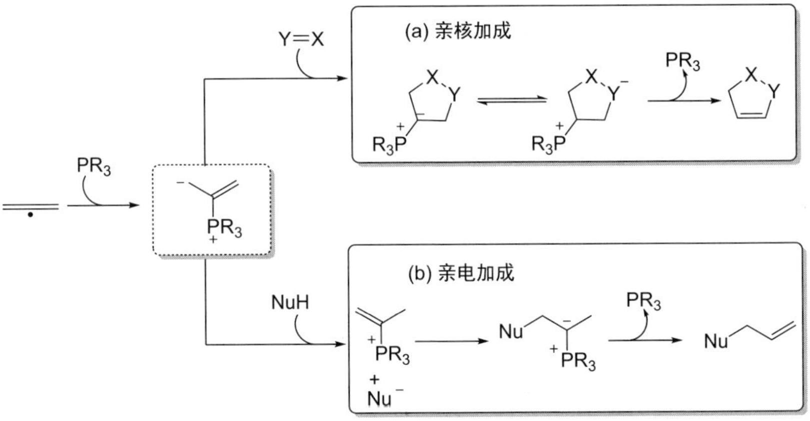

图 5.2 叔膦催化联烯偶联反应模式

叔膦催化的反应具有许多潜在应用[18]。然而，这些反应的机制仍存不明之处。理论计算研究可以揭示这些反应的循环机制，探究区域选择性和对映选择性[15b, 19]。本节将详细阐述叔膦催化反应的理论计算研究。

5.1.2 叔膦催化联烯活化

在叔膦催化联烯的活化和转化反应中，第一步总是会发生叔膦对联烯内碳的亲核进攻，得到两性离子中间体。近年来，化学家们基于这样的两性离子中间体，设计并实现了各种类型的环加成反应[20]。

实验事实表明，在叔膦催化的联烯偶联反应中，当联烯上连有吸电子基团时，反应被极大地促进，理论研究的结果也很好地解释了这一点。如图 5.3 所示，2007 年，余志祥教授课题组展示了用密度泛函理论比较

了联烯 **5-1** 和缺电子联烯 **5-3** 在同样的膦两性离子中间体形成过程中的反应性差异[19a]。

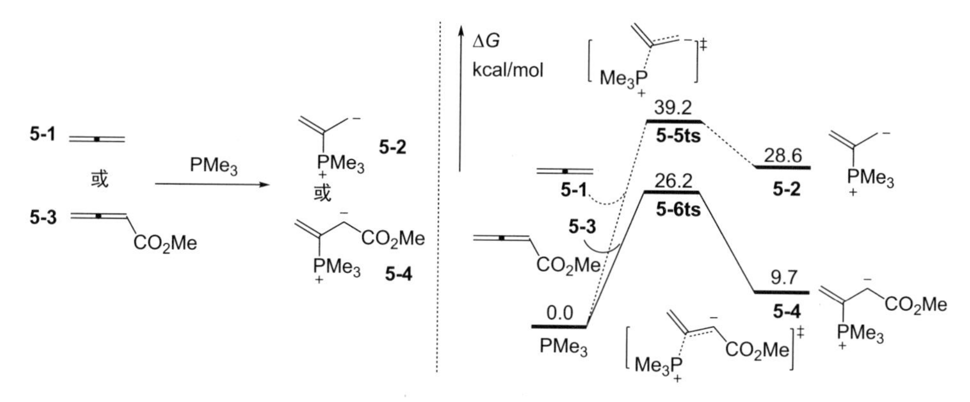

图 5.3　叔膦催化剂对联烯亲核进攻的取代基效应

理论研究的结果表明，当联烯 **5-1** 被用作底物时，生成两性离子中间体 **5-2**，反应吸热 28.6 kcal/mol，其反应的过渡态 **5-5ts** 活化能垒高达 39.2 kcal/mol，这样高的反应能垒在室温条件下，将会使反应很难发生。相对，当使用加入了酯基的化合物 **5-3** 作为底物时，经过亲核加成生成两性离子中间体 **5-4**，反应吸热仅 9.7 kcal/mol，反应所需跨越的过渡态 **5-6ts** 能垒降低到 26.2 kcal/mol。使用缺电子联烯 **5-3** 作为底物，更低的活化能意味着联烯上引入吸电子基团在动力学上更有利于两性离子中间体的产生。

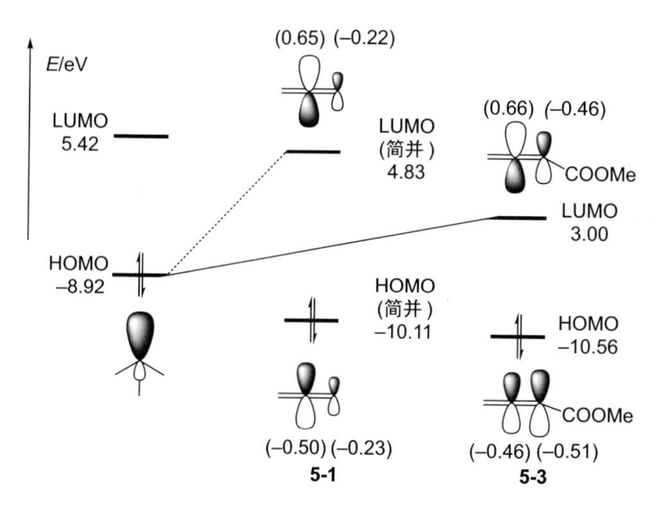

图 5.4　叔膦和联烯之前的前线分子轨道相互作用（括号中的数值是分子轨道系数）

这样的取代基效应可以通过前线分子轨道(frontier molecular orbital, FMO)分析进行解释，如图 5.4 所示，当亲核进攻发生时，叔膦最高占据分子轨道(HOMO)和联烯最低未占据分子轨道(LUMO)之间的相互作用决定了反应活性，计算出的叔膦催化剂 HOMO 轨道能量为 −8.92 eV，比联烯 **5-1** 的 LUMO 轨道能量低 13.75 eV。作为对比，当联烯 **5-3** 上引入吸电子性质的酯基后，其 LUMO 轨道能量为 3.00 eV，相比普通联烯 **5-1** 低了 1.83 eV，这意味着 HOMO(叔膦)-LUMO(联烯)能隙也相应地减少了 1.83 eV，叔膦催化剂和联烯之间有着更好的 FMO 相互作用。因此，引入吸电子基团有利于叔膦催化联烯的亲核加成。这项研究工作指出叔膦对底物亲核加成形成两性离子中间体是该反应的关键步骤。当在联烯上引入吸电子取代基时，该反应具有可接受的活化能垒。

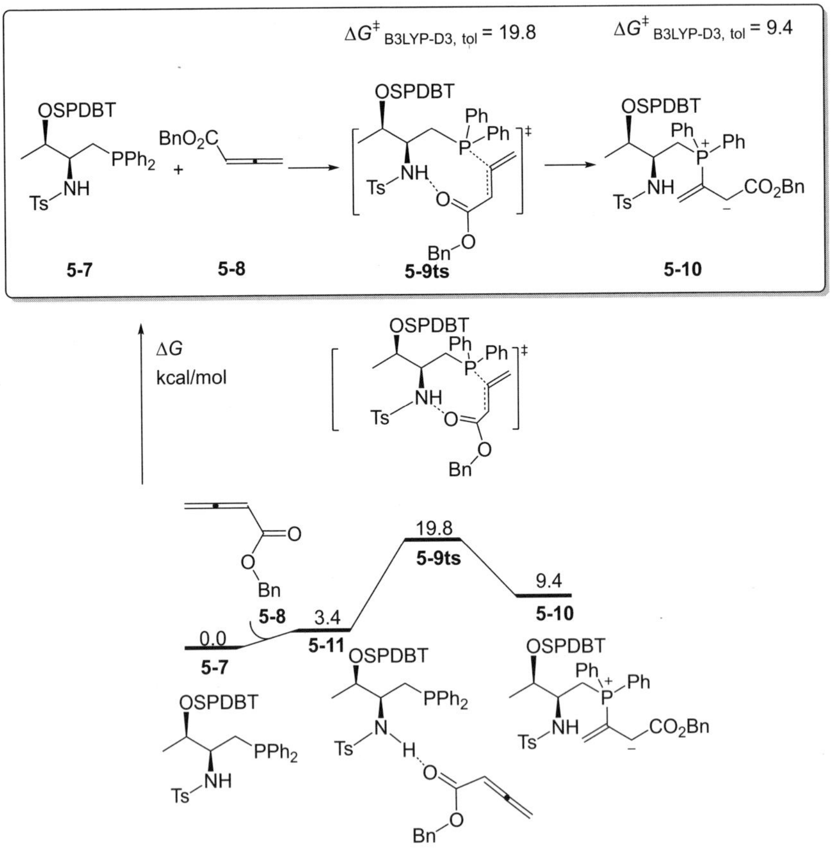

图 5.5　叔膦对联烯衍生物亲核进攻步骤自由能剖面

除了上述研究以外，实验上已经有各种叔膦催化的联烯衍生物的偶联反应的实例。因此，许多针对其他叔膦催化剂对联烯亲核进攻反应的理论研究也被报道出来。如图 5.5 所示，磺酰胺叔膦催化剂 **5-7** 对联烯酸酯 **5-8** 的亲核进攻是叔膦催化噻唑啉酮和噁唑啉酮不对称 γ-加成反应的关键步骤 [16]，其计算得到的反应活化能垒为 19.8 kcal/mol，使用的密度泛函理论方法为 B3LYP-D3。与上文工作相比，此处的磺酰胺叔膦催化剂对联烯的亲核进攻的能垒较低，可以归因于以下两个原因：①过渡态 **5-9ts** 中，NH---O 氢键的形成，使得磺酰胺叔膦催化剂 **5-7** 与联烯酸酯 **5-8** 相互靠近，促使了亲核进攻的发生；②本研究所采用的 M11 密度泛函理论方法中，考虑了分子间的色散力相互作用，能够更加准确地描述双分子反应过程。

韩克利课题组对三苯基膦催化的联烯和三氟甲基酮发生 [4+2] 环化反应进行理论研究 [19e]。该反应中，叔膦催化剂同样扮演着活化联烯底物、促进反应进行的角色。计算所得的反应机理见图 5.6。该研究的理论计算使用 Gaussian 09 程序进行。使用 IEF-PCM 溶剂模型，在实验溶剂 CH_2Cl_2 中以 M06-2X/6-31G(d,p) 的水平优化了反应中所有中间体和过渡态的几何结构。

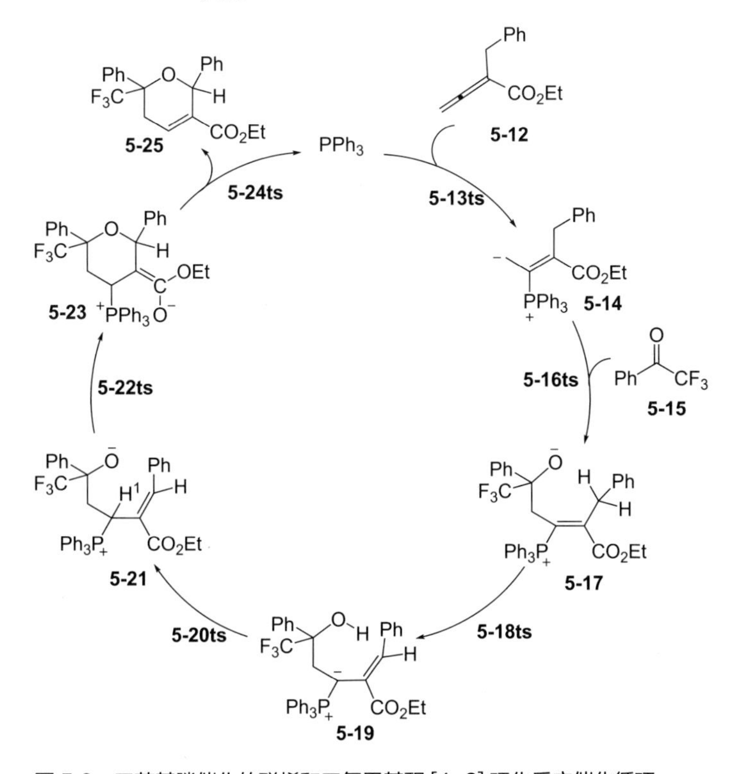

图 5.6　三苯基膦催化的联烯和三氟甲基酮 [4+2] 环化反应催化循环

该反应整个催化循环的第一步，仍然是三苯基膦对联烯底物 **5-12** 的亲核进攻，经过过渡态 **5-13ts**，得到一个烯丙基两性离子中间体 **5-14**。在这一步反应中三苯基膦催化剂中的磷原子进攻联烯底物的带正电荷的碳原子。如图 5.7 所示，在亲核进攻的过程中，P-C 键键长由过渡态 **5-13ts** 中的 2.31 Å 缩短到烯丙基两性离子中间体 **5-14** 中的 1.82 Å。从图 5.7 中的 NBO(natural bond orbit) 电荷分析结果也可知，Wiberg 键指数(Wiberg bond indices) 从过渡态 **5-13ts** 中的 0.446 增加到烯丙基两性离子中间体 **5-14** 中的 0.930，这意味着 **5-14** 中的 P-C 键已经形成。过渡态 **5-13ts** 中的自然电荷在三苯基膦片段和烯烃底物 R1 片段之间共享。三苯基膦片段上的电荷经计算为 0.42 e，因此，过渡态 **5-13ts** 处的电荷转移(charge transfer) 应为 0.42 e。这表明该反应步骤具有极性，并且电子从富电子的三苯基膦转移至缺电子的联烯底物 **5-12** 上。除此之外，计算所得的过渡态 **5-13ts** 的偶极矩为 4.05 D，烯丙基两性离子中间体 **5-14** 的偶极矩为 6.27 D，这表明 **5-13ts** 和 **5-14** 均具有两性离子特性，而 **5-14** 是完全两性离子的中间体。

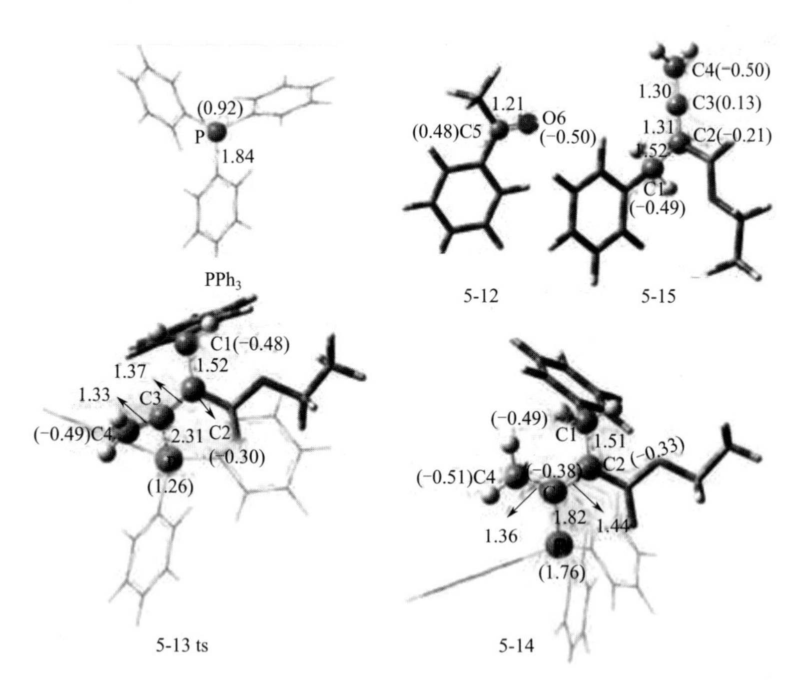

图 5.7 催化剂 PPh_3，反应物 **5-12**、**5-15**，过渡态 **5-13ts** 和中间体 **5-14** 优化后的几何结构（键长显示在箭头旁，单位为 Å，括号中的数值为 NBO 电荷值）（图片出自参考文献 [19e]）

上述的理论研究实例表明，在叔膦催化的联烯的偶联反应中，通常情况下，第一步总是会发生叔膦催化剂作为 Lewis 碱对各种联烯底物的亲核进攻，随后得到的两性离子中间体，由于其亲核性被增强，反应活性增加。

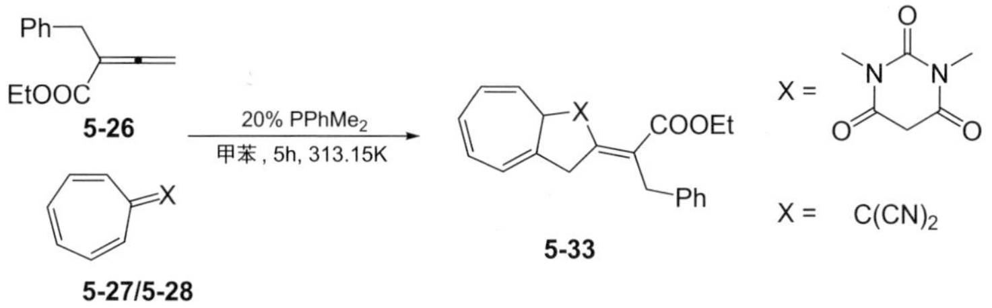

Ph
EtOOC
5-26
20% $PPhMe_2$
甲苯，5h，313.15K
X
5-27/5-28
X
COOEt
Ph
5-33
X =
O
N
N
O
O
X = C(CN)$_2$

图 5.8　叔膦催化 [8+2] 环加成反应的模型

有时候，尽管联烯是叔膦催化环化反应的底物，但是其他活泼亲核试剂与叔膦的反应也要被考虑为反应的启动步骤。图 5.8 为郭红超课题组报道的叔膦催化的 [8+2] 环加成反应 [21]。实验研究表明，以巴比妥酸根取代的烯烃底物 **5-27** 作为反应底物能以中等至优异的产率得到双环 [5.3.0] 癸烷衍生物。然而，当使用二氰基取代的烯烃底物 **5-28** 作为反应底物，则无法观察到对应的双环产物。底物的微小差异对反应活性有很大影响，在这项工作中，蓝宇课题组用密度泛函理论（DFT）计算来揭示反应机理以及探索烯烃在 [8+2] 环加成反应中的反应性 [22]。该研究中所有的理论计算均是借助 Gaussian 09 程序进行的。使用 PCM 溶剂模型，在实验溶剂 CH_2Cl_2 中以 M06-2X/6-31G(d,p) 的水平优化了反应中所有中间体和过渡态的几何结构。在气相全优化结构的基础上，作者又在 M06-2X/def2TZVP/PCM 高精度基组下进行了单点能计算。

在对该反应机理的初步讨论中，“联烯优先”过程往往被认为是触发因素，它可以促进整个反应的顺利进行。根据这一想法，图 5.9 中的反应路径 a 就是从叔膦催化剂 PR_3 对联烯底物 **5-26** 的亲核进攻开始所提出的。该步骤所产生的中间体 **5-30** 中的烯丙基碳负离子作为亲核试剂与烯烃底物 **5-27** 反应生成中间体 **5-31**。中间体 **5-31** 经过分子内闭环得到 [8+2] 环加成产物 **5-33**，同时再生叔膦催化剂 PR_3。另外，反应路径 b 则是由亚甲基环庚烯底物 **5-27** 先和叔膦催化剂 PR_3 发生亲核加成反应，生成中间体 **5-34**，它可以亲核进攻联烯底物 **5-26**，得到中间体 **5-35**。同样地，下一步环化得到相同的环加成产物 **5-33**。

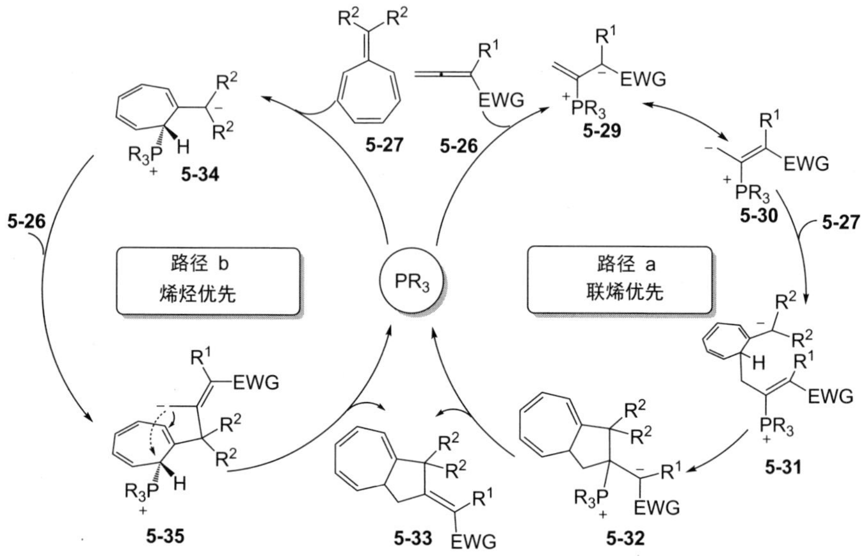

图 5.9　叔膦催化联烯和烯烃 [8+2] 环加成反应的一般机理

路径 a 的反应自由能剖面结果如图 5.10 所示。由于磷原子上孤对电子的亲核性，叔膦催化剂二甲基苯基膦可进攻缺电子联烯底物 **5-26**，通过自由能垒为 17.1 kcal/mol 的过渡态 **5-36ts** 生成具有烯丙基碳负离子的两性离子中间体 **5-30**。底物反应至 **5-30** 的过程放热 3.9 kcal/mol。应该注意的是，**5-29** 和 **5-30** 互为共振结构，它们的区别在于负电荷的位置。在第一种共振结构中，碳负离子由共轭酯基稳定。末端碳负离子显示亲核性，并能与其他亲电试剂反应进行进一步转化。中间体 **5-30** 的末端碳负离子对反应物 **5-27** 的亲核攻击通过过渡态 **5-37ts** 发生，该过程的自由能垒仅为 12.4 kcal/mol，形成两性离子中间体 **5-31**。**5-30** 反应至 **5-31** 的过程放热 3.8 kcal/mol，表明这是一个相对容易发生的过程。两性离子中间体 **5-31** 通过分子内的亲核加成来实现 [8+2] 环加成，得到含五元环的中间体 **5-32**。该过程经历的过渡态为 **5-38ts**，自由能垒为 15.4 kcal/mol。**5-31** 反应至 **5-32** 的过程吸热 6.9 kcal/mol。最后，通过自由能垒为 3.0 kcal/mol 的过渡态 **5-39ts** 的碳 - 磷键断裂释放出双环 [5.3.0] 癸烷产物，同时再生叔膦催化剂二甲基苯基膦，完成整个催化循环。

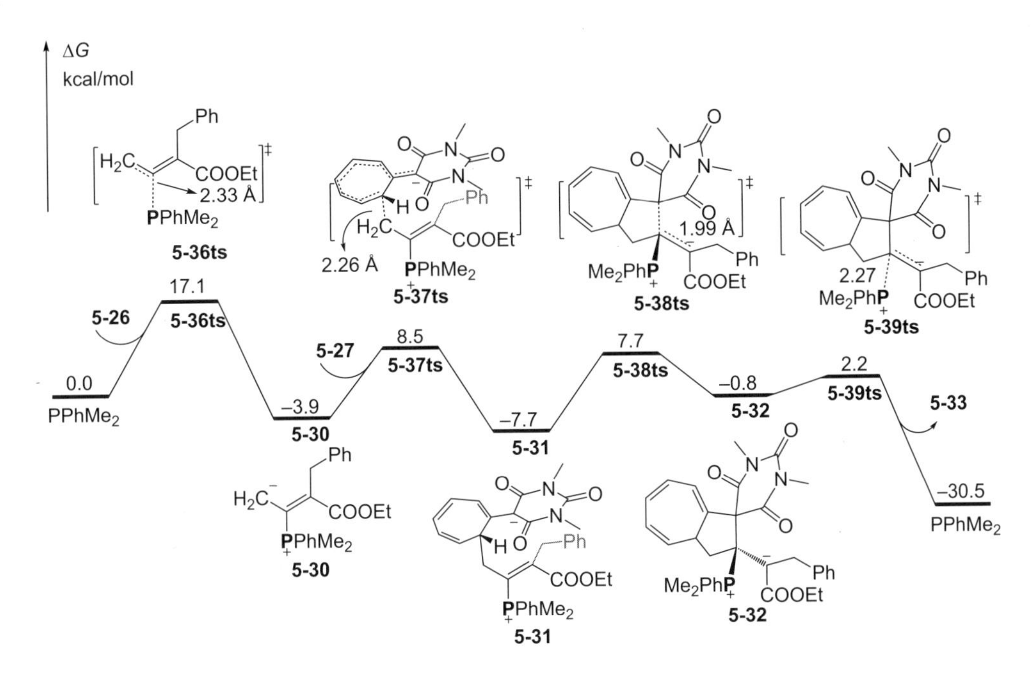

图 5.10　反应路径 a 的 Gibbs 自由能剖面

如图 5.11 所示，在反应路径 b 中，叔膦催化剂二甲基苯基膦首先亲核进攻更加缺电子的亚甲基庚烯反应物 **5-27**，通过过渡态 **5-40ts** 实现第一次亲核进攻，活化自由能仅为 8.3 kcal/mol，比与联烯反应物 **5-26** 通过过渡态 **5-36ts** 发生亲核进攻的活化自由能低了 8.8 kcal/mol，这意味着催化剂更容易与亚甲基庚烯反应物 **5-27** 发生亲核进攻。考虑到 **5-27** 的结构比 **5-26** 更缺电子，亲电性更强，这样的现象是十分合理的。另外，从底物到中间体 **5-34** 的形成将放热 6.5 kcal/mol，这清楚地揭示了中间体 **5-34** 比 **5-30** 更稳定。这是由于中间体 **5-34** 中的巴比妥酸根基团具有大的共轭结构，整体负电荷能被整个基团共享，导致了更高的稳定性。无论是从中间体的能量还是过渡态的能量上看，反应路径 b 都更为有利。但是，稳定的中间体 **5-34** 意味着，相比于反应路径 a 中的 **5-30**，**5-34** 将表现出更弱的亲核性。因此，后续计算结果表明，下一步对联烯 **5-26** 的亲核进攻需要通过过渡态 **5-41ts** 克服 27.9 kcal/mol 的自由能垒。计算表明，两性离子中间体 **5-35** 的生成总共需要吸热 18.7 kcal/mol。相比于 **5-31**，高出了 26.4 kcal/mol，这表明 **5-35** 是一种不稳定的物质，尤其是相对于 **5-31**。由此，反应路径 b 在实验条件下是无法实现的。

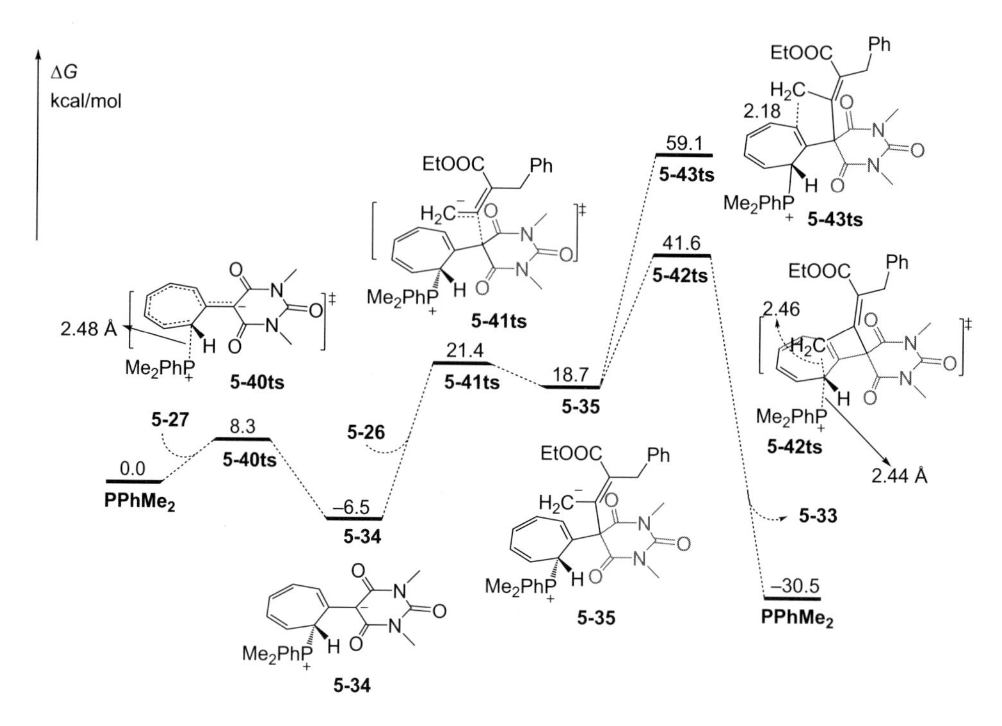

图 5.11　反应路径 b 的 Gibbs 自由能剖面

根据以上的结果可知，亚甲基环庚三烯反应物 **5-27** 的亲电性比联烯反应物 **5-26** 的亲电性强。因此，叔膦对反应物 **5-27** 的第一次亲核进攻比对反应物 **5-26** 的亲核进攻更容易。然而，由于中间体 **5-34** 的弱亲核性，随后的亲核加成路径受到了阻碍。叔膦对联烯酸酯反应物 **5-26** 的亲核进攻路径(即“联烯酸酯优先”路径)第一次亲核进攻能垒较高，但亲核性更强的中间体 **5-30** 在随后的转化中表现出更好的反应性。所以，弱亲核性的 **5-34** 会通过逆过程发生解离，重生叔膦催化剂和亚甲基环庚三烯反应物 **5-27**，通过更为优势的“联烯优先”路径获得产物。尽管从 **5-34** 解离到 **5-36ts** 过程的总活化自由能高达 23.6 kcal/mol，但仍然是可行的。这意味着弱亲电试剂首先与亲核试剂反应，然后才与强亲电试剂反应。这与之前提到的活性反应物优先反应的通常假设相反。

空间位阻效应也是叔膦催化的联烯偶联反应的一个重要影响因素。叔膦催化联烯活化和转化中的取代基效应引起了理论计算化学家的关注。如图 5.12 所示，韩克利课题组对叔膦催化的联烯和酮 / 醛亚胺之间的 [4+2] 环化反应中不同取代基的影响进行了理论研究[19e]。

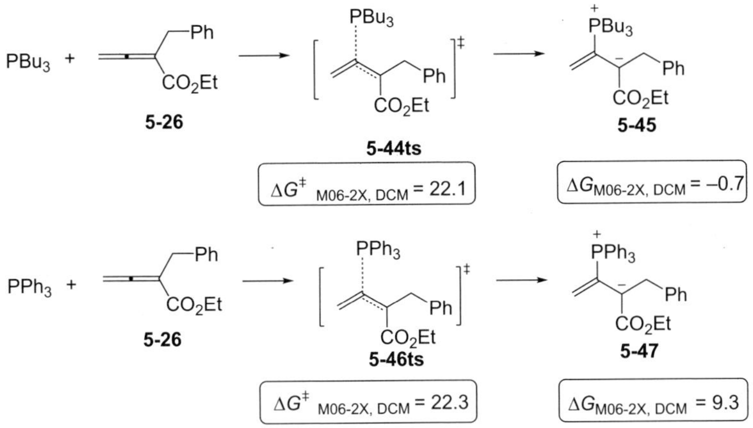

图 5.12 空间位阻效应对叔膦催化的联烯活化反应活性影响（能量单位以 kcal/mol 给出）

为了探究联烯底物上不同取代基的位阻效应，韩克利课题组选用了两种不同取代基的叔膦催化剂：三叔丁基膦催化剂和三苯基膦催化剂。两种不同的叔膦催化剂对 α-烷基取代的联烯底物亲核进攻的自由能垒分别为 22.1 kcal/mol (PBu_3) 和 22.3 kcal/mol (PPh_3)。这样的数值明显比 α 位未取代的联烯底物被叔膦催化剂所亲核进攻的值高。这样的结果可以归因于叔膦催化剂在对联烯底物亲核进攻时，联烯上 α 位取代基带来的空间位阻，阻碍了叔膦催化剂向底物的靠近。

图 5.13 为蓝宇课题组对联萘骨架膦催化的分子内不对称 [3+2] 环加成反应的理论研究 [23]。研究结果发现，联萘骨架膦催化剂 **5-48** 对 γ-烷基取代联烯底物 **5-49** 亲核进攻的过渡态 **5-50ts** 的自由能垒为 22.9 kcal/mol。

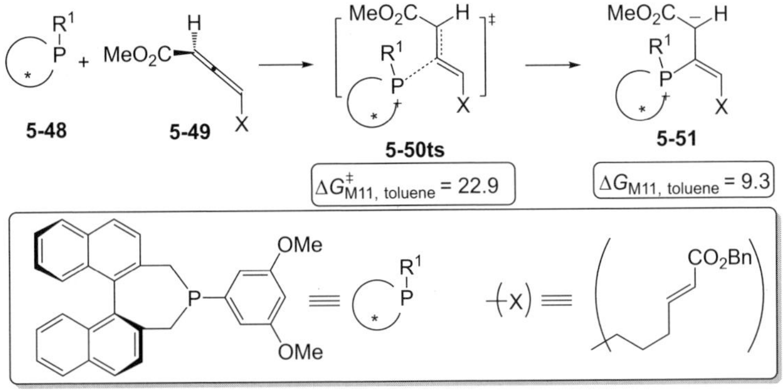

图 5.13 联萘膦催化的分子内不对称 [3+2] 环加成反应（能量单位以 kcal/mol 给出）

这个能垒与上文中叔膦催化剂对α-烷基取代的联烯底物亲核进攻的能垒相近。因此，联烯底物γ位取代基位阻效应与α位取代基位阻效应相似。

除了联烯上取代基的电子效应和位阻效应，助催化剂的参与也是影响叔膦催化的联烯活化反应的一个重要影响因素。加入合适的助催化剂可以帮助反应更顺利的进行。如图 5.14 所示，卢一新课题组报道了叔膦催化的分子内 [3+2] 环加成反应[24]。联烯底物 **5-52** 在叔膦 **5-54** 作为催化剂、苯甲酸作为助催化剂、氯苯溶剂的条件下发生反应，得到分子内的 [3+2] 环化产物 **5-53**。图 5.15，蓝宇课题组针对此实验提出了反应的催化循环机理。首先，叔膦催化剂 **5-54** 对联烯底物 **5-52** 的亲核进攻，得到了两性离子中间体 **5-55**，在没有苯甲酸添加剂的条件下，**5-55** 发生一步分子内的 Michael 加成，得到环化中间体 **5-56**。中间体 **5-56** 再发生一步分子内 Michael 加成，随后发生质子转移和催化剂的脱除，最终得到产物 **5-53**。在这样的条件下，产物的 ee 值仅为 81%。然而，在使用酸(例如苯甲酸)作为添加剂的条件下，两性离子中间体 **5-55** 和苯甲酸之间会形成一个氢键网络，从而得到中间体 **5-59**，随后发生分子内的 Michael 加成、质子转移等反应。在此路径中，产物的 ee 值提高到了 98%。

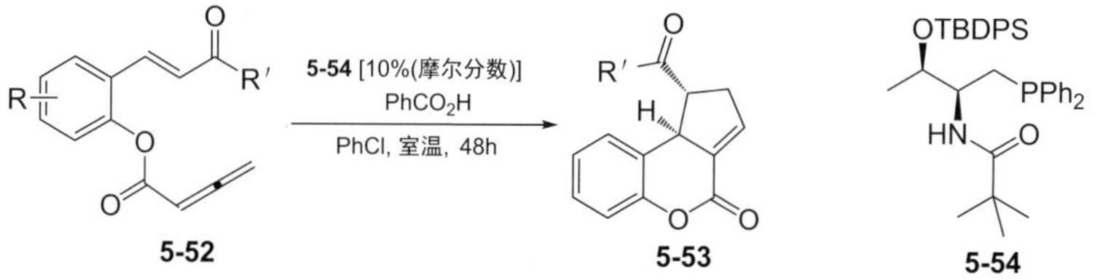

图 5.14　叔膦催化的分子内 [3+2] 环加成反应

为了更深层次地理解反应的机理与苯甲酸作为助催化剂的作用，蓝宇课题组对该反应进行了密度泛函理论计算研究。该研究中所有的理论计算均是借助 Gaussian 09 程序进行的。使用 CPCM 溶剂模型，在实验溶剂 PhCl 中以 B3LYP/6-31G(d) 的水平优化了反应中所有中间体和过渡态的几何结构。在气相全优化结构的基础上，作者又在 M11/6-311+G(d) 高精度基组下进行了单点能计算。部分理论计算的结果参见图 5.16。

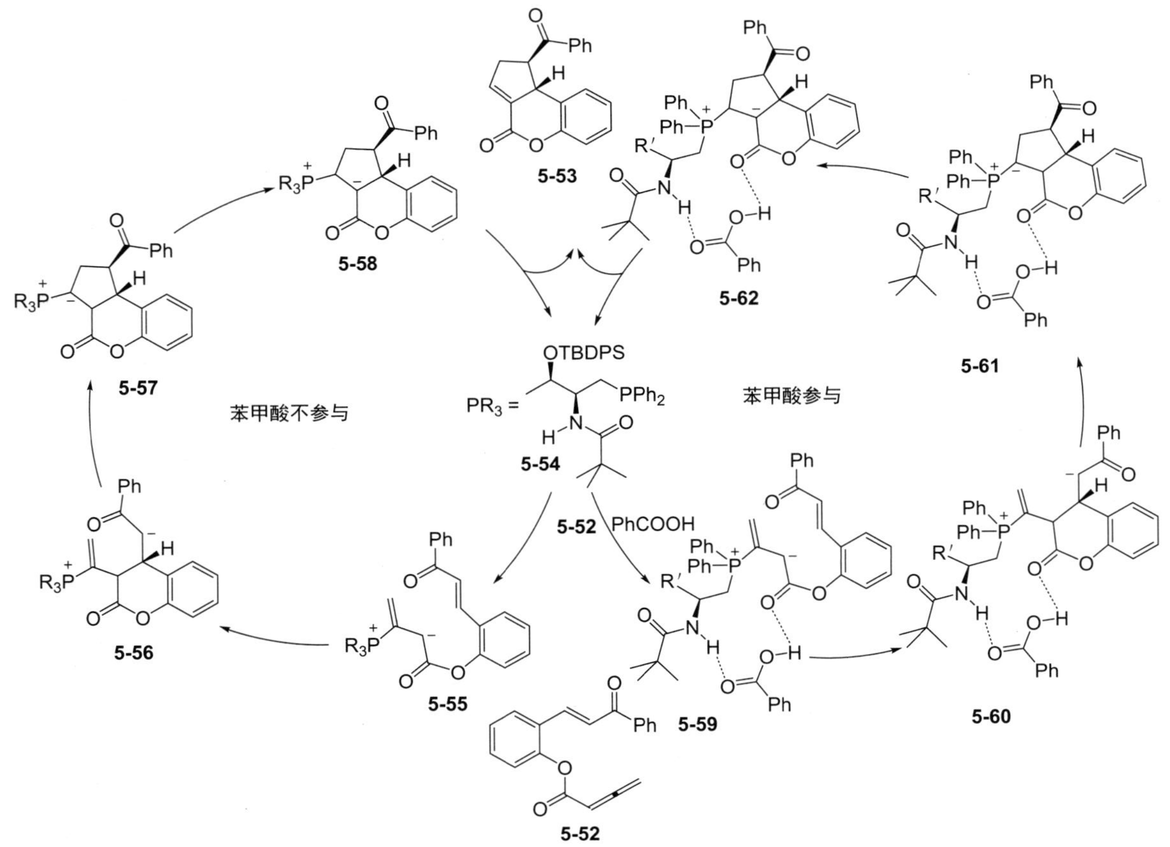

图 5.15 助催化剂参与的叔膦催化分子内的 [3+2] 环化反应

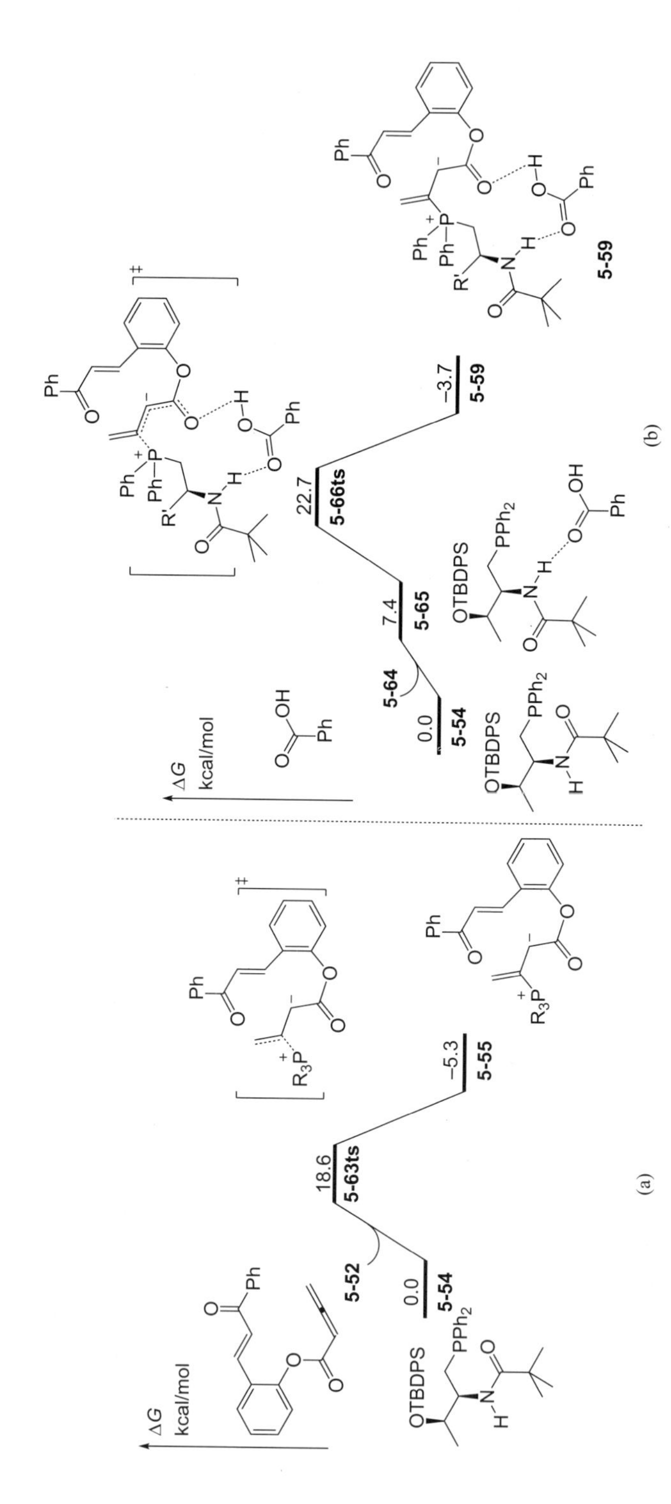

图 5.16　叔膦催化分子内的 [3+2] 环化反应 Gibbs 自由能剖面（a）；助催化剂参与的叔膦催化分子内的 [3+2] 环化反应 Gibbs 自由能曲线（b）

这个多步环化的反应从叔膦催化剂 **5-54** 对缺电子联烯的亲核加成步骤开始，得到两性离子中间体 **5-55**，其过渡态 **5-63ts** 的 Gibbs 自由能垒为 18.6 kcal/mol。当苯甲酸被用作助催化剂时，通过活性催化剂 **5-54** 与苯甲酸之间的氢键形成氢键中间体 **5-59**。该步骤反应的自由能垒为 15.3 kcal/mol，比无助催化剂参与时低了 3.3 kcal/mol，这样的结果可以归因于苯甲酸和缺电子联烯之间氢键的形成，降低了酯基部分的电子密度。

在叔膦催化的联烯偶联反应中，通过叔膦催化剂对缺电子联烯底物的亲核进攻，得到一个叔膦两性离子中间体。正如上文中各种理论研究的实例，叔膦两性离子中间体中，正电荷主要集中于磷原子上，而负电荷主要集中在烯丙基部分的两个末端碳原子上。因此，这种两性离子中间体的烯丙基部分可以用作亲核试剂对缺电子烃类化合物亲核加成。这类型的亲核加成反应中，[3+2] 和 [4+2] 环加成反应最为常见，但仅凭借实验数据，这些反应的机理并不清晰。近年来，经过余志祥、汪志祥、Ohyun Kwon、蓝宇等课题组在理论研究上的不懈努力，叔膦催化联烯参与的 [3+2] 和 [4+2] 环加成反应机制被逐渐揭开面纱。

通过前线分子轨道理论，可以解释叔膦两性离子中间体和缺电子烯烃反应活性。如图 5.17 所示，余志祥课题组使用密度泛函方法对叔膦两性离子中间体和缺电子烯烃进行了前线分子轨道理论分析 [19b]。计算结果表明，在叔膦两性离子中间体中，C1 的最高占据轨道 (HOMO) 系数大于 C3，因此，亲核进攻主要发生在 C1 位置。对于缺电子烯烃底物的最低未占据空轨道 (LUMO)，C1′ 的轨道系数大于 C2′ 的轨道系数。综上，如果 [3+2] 环加成反应是通过分步的方式进行，则第一处的 C-C 成键发生在叔膦两性离子中间体的 C1 原子和缺电子烯烃底物的 C1′ 原子之间。

除了对该反应进行前线分子轨道理论研究，余志祥课题组还通过密度泛函理论方法计算了此叔膦催化的分步 [3+2] 环加成反应的 Gibbs 自由能曲线 [19b]，参见图 5.18。如图所示，当叔膦两性离子中间体 **5-4** 与缺电子烯烃底物 **5-67** 反应时，首先通过过渡态 **5-68ts** 发生亲核进攻，形成两性离子中间体 **5-69** 中的第一个 C-C 键。反应得到中间体 **5-69** 吸热 15.0 kcal/mol。随后的环加成反应通过过渡态 **5-70ts** 进行，Gibbs 自由能垒仅为 3.6 kcal/mol，生成鏻叶立德 **5-71**。

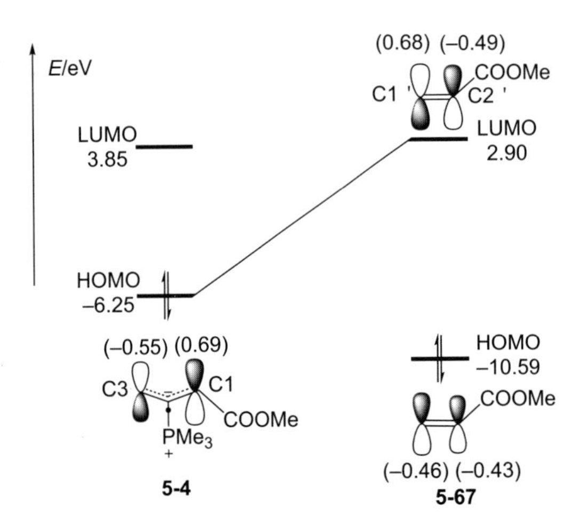

图 5.17　叔膦两性离子中间体和缺电子烯烃底物的前线分子轨道理论（FMOs）分析

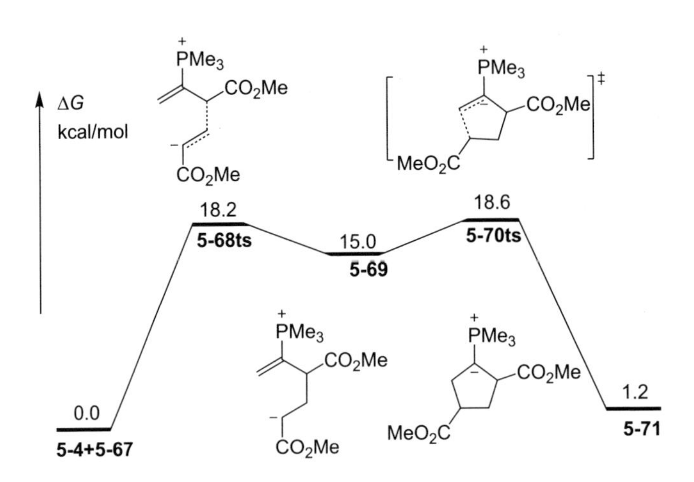

图 5.18　叔膦两性离子中间体 **5-4** 和缺电子烯烃 **5-67** 的 [3+2] 环加成反应自由能剖面（自由能的值以 kcal/mol 为单位，使用密度泛函方法 B3LYP 在苯溶剂中计算的相对自由能）

作为一个 4π 电子共轭体系，根据伍德沃德 - 霍夫曼的环加成反应规则，叔膦两性离子中间体中烯丙基部分的对称性与缺电子烯烃底物的 LUMO 轨道的对称性匹配。因此，一个协同的 [3+2] 环加成机理是电子允许（electron-allowed）的，并且可能是分步 [3+2] 环加成反应的竞争路径。为了排除这样一个协同的 [3+2] 环加成反应机理，蓝宇课题组对叔膦催化的联烯分子内 [3+2] 环加成反应进行了理论计算 [23]。图 5.19 为该反应的二维势能面，势能面上标记了反应路径。首先，C1 和 C2 原子相互接近。

当 C1-C2 的距离减小到 2.06 Å 时，得到了第一个鞍点(saddle point)，过渡态**5-73ts**。随着此反应路径的进行，当C1-C2键长的长度低于1.80 Å时，可以明显地看到 C3、C4 原子之间的距离开始减小。当 C3 和 C4 原子之间的距离为 2.59 Å 时，得到一个局部最小值(local minimum)，即中间体**5-74**。当 C3 和 C4 原子间距离接近为 2.48 Å 时，得到另一个鞍点，过渡态 **5-75ts**。在此鞍点处，相对 Gibbs 自由能迅速下降，生成了环化的中间体 **5-76**。在此二维势能面上，一共发现了两个鞍点和三个局部最小值，因此，上文中所推测的协同的分子内 [3+2] 环化反应路径被排除。

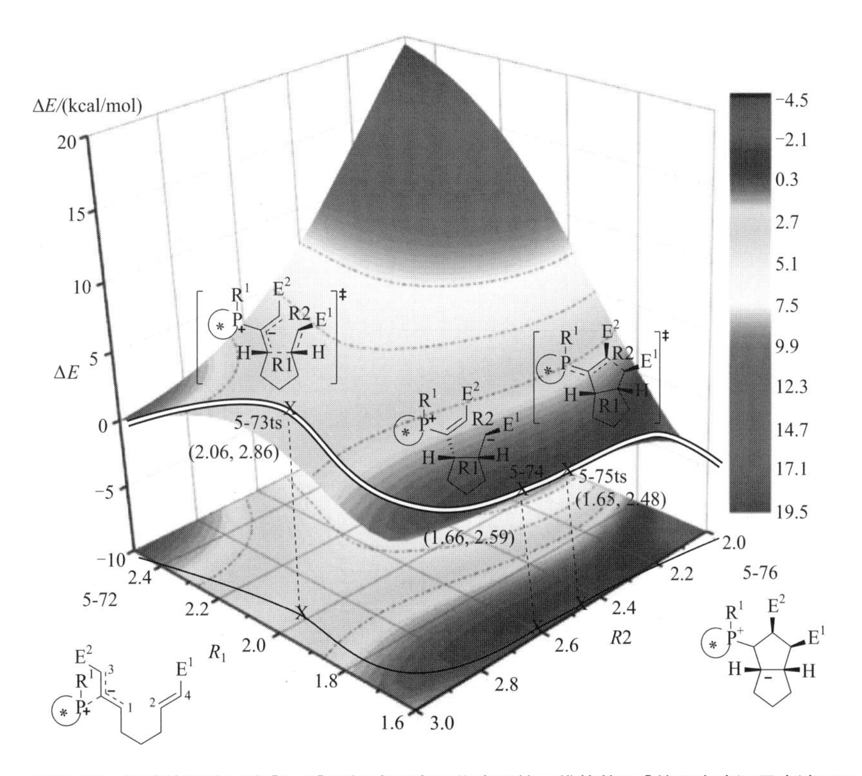

图5.19　叔膦催化分子内[3+2]环加成反应环化步骤的二维势能面[使用密度泛函方法B3LYP(E^1 =CO_2Bn，E^2 = CO_2Me)。能量单位为 kcal/mol。键轴以 Å 为单位。选取中间体 **5−72** 的电子能量为势能面零点]

总结前人对叔膦催化的 [3+2] 环加成反应的理论研究，当一个五元环生成时，可以得到一个鏻叶立德中间体。然而，在催化循环的递推过程中，必须进行一个含有 [1,2] 质子转移的阴离子重排过程，这样的过程是不利的，因为孤对电子和 C-H 共价键之间的闭壳层排斥会导致轨道禁阻。

对此，理论计算研究推测 [1,2] 质子转移过程可以由溶剂分子辅助。

如图 5.20 所示，余志祥课题组对溶剂水分子在这类叔膦催化的偶联反应中的作用进行了理论研究[19b]。研究结果表明，[1,2] 质子转移过程可以通过分步反应途径发生。

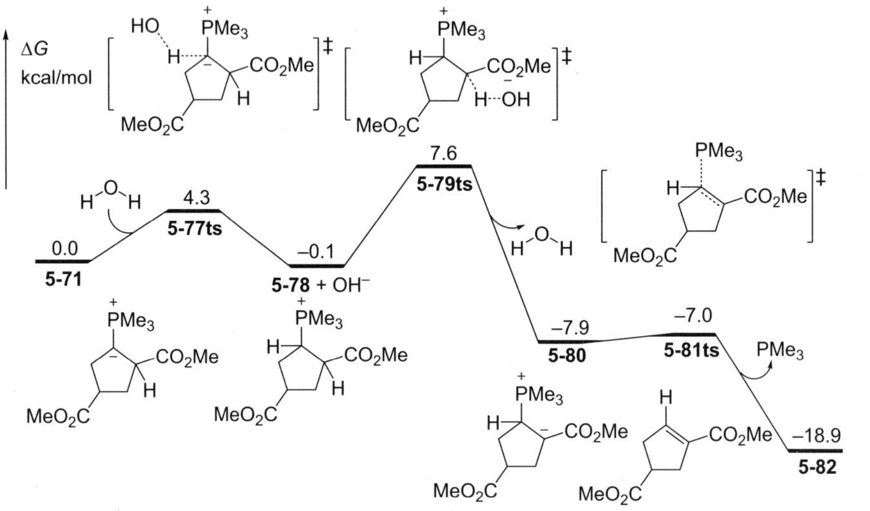

图 5.20 H_2O 分子辅助的 [1,2] 质子转移过程的 Gibbs 自由能剖面（自由能的值以 kcal/mol 为单位给出，相对自由能由密度泛函方法 B3LYP 在苯溶剂中计算得出）

在鏻叶立德 **5-71** 形成之后，水分子首先将其质子贡献给鏻叶立德 **5-71**，以通过过渡态 **5-77ts** 形成羟基阴离子和鏻正离子中间体 **5-78**，其 Gibbs 自由能垒仅为 4.3 kcal/mol。在鏻正离子中间体 **5-78** 中，羟基阴离子和三甲基膦催化剂之间有很强的吸引。随后，羟基阴离子通过过渡态 **5-79ts** 从鏻正离子中间体 **5-78** 中消除另一个质子，形成偶极中间体 **5-80**。最后，经由过渡态 **5-81ts** 的 C-P 键断裂产生 [3+2] 加合物 **5-82**，并再生活性催化剂三甲基膦。

分步的 [1,2] 质子转移机制也被认为是其他一些叔膦催化的 [3+2] 环加成反应的主要反应途径[25]。图 5.21 为水分子协助的协同 [1,2] 质子转移机理。当生成鏻叶立德 **5-76** 时，该中间体通过过渡态 **5-83ts** 被水分子质子化，从而生成鏻中间体 **5-84**。随后，羟基阴离子与中间体 **5-84** 通过过渡态 **5-85ts** 发生质子转移。这个分步过程的总活化 Gibbs 自由能被认为是 21.9 kcal/mol。有趣的是，在黑色路径中，一个协同的过渡态 **5-90ts**

也被发现，其中一个 C-H 键断裂和另一个 C-H 键生成同时发生。内禀反应坐标 (IRC) 计算表明，C-P 键断裂也通过过渡态 **5-90ts** 发生。过渡态 **5-90ts** 的相对自由能只比 **5-85ts** 低 0.1 kcal/mol。因此，这样的水辅助的协同 [1,2] 质子转移也是具有合理性的。

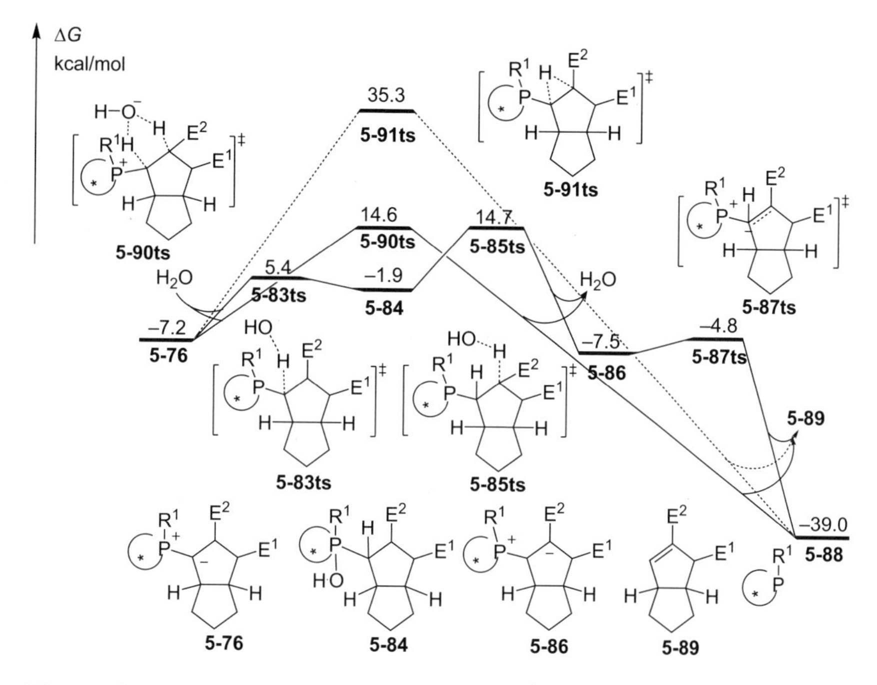

图 5.21　[1,2] 质子转移过程的 Gibbs 自由能剖面 (E^1=CO_2Bn，E^2=CO_2Me)（自由能的值以 kcal/mol 为单位给出，相对自由能由密度泛函方法 M11 在甲苯溶剂中计算得出）

叔膦催化的联烯 [3+2] 环加成反应中，催化循环始于叔膦催化剂亲核进攻缺电子联烯底物，形成一个烯丙基膦两性离子中间体。该中间体可以作为亲核试剂与缺电子烯烃反应形成偶极膦中间体。随后，发生分子内的亲核加成，得到含有五元环的膦盐中间体。在质子溶剂的协助下，无论是分步还是协同 [1,2] 质子转移步骤均可生成鏻叶立德。最后，C-P 键的裂解释放出 [3+2] 加合物，并再生活性叔膦催化剂，以完成催化循环。多项理论计算结果表明，叔膦催化剂对缺电子联烯的第一次亲核进攻常被认为是反应决速步。

叔膦催化的联烯 [3+2] 环加成是合成五元环化合物的有效手段，而叔膦催化的缺电子联烯 [4+2] 环加成反应则可以合成六元环化合物。Ohyun

Kwon 课题组于 2003 年报道了第一个叔膦催化缺电子联烯 [4+2] 环加成反应 [12b]。实验研究表明，α-烷基取代联烯和亚胺在三叔丁基膦的催化下经历一个 [4+2] 环加成反应，生成四氢吡啶类化合物。在此之后，Gregory C. Fu、Ohyun Kwon 等课题组对叔膦催化缺电子联烯 [4+2] 环加成反应合成一系列六元环被报道出来 [25]。这些反应在六元环骨架的合成应用方面有着很好前景。然而，仅从实验证据来看，这类反应的机制尚不清晰。但令人欣慰的是，密度泛函理论 (DFT) 计算被应用于探究这类反应的机制。

如图 5.22 所示，汪志祥课题组通过密度泛函理论计算，对叔膦催化的 α-烷基取代联烯和缺电子烯烃的 [4+2] 环加成反应进行了理论探究 [19d]。他们的理论研究认为反应包含了三个步骤：叔膦催化剂 $P(NMe_2)_3$ 对 α-烷基取代联烯亲核进攻，生成一个鏻两性离子中间体 **5-96**；两性离子中间体与缺电子烯烃发生 [4+2] 环加成反应；叔膦催化剂的再生与产物的生成。

相比于上文中的叔膦催化的联烯 [3+2] 环加成反应，叔膦催化的 [4+2] 环加成反应机理中的中间过程更为独特。如图 5.22 所示，鏻两性离子中间体 **5-96** 可以由叔膦催化剂对联烯 **5-92** 的亲核进攻产生。得到的中间体随后对另外一分子缺电子烯烃进行第二次亲核进攻，理论计算表明，该步骤的活化能为 11.4 kcal/mol。随后快速地发生闭环反应，得到一个含五元环的鏻叶立德中间体 **5-100**。如果联烯底物上含有 α-烷基取代基，将会发生水分子协助的分步质子转移，同时伴随环内 C-C 键的裂解，得到鏻两性离子中间体 **5-104**。理论计算表明，该步骤总活化能为 25.7 kcal/mol，是整个催化循环的决速步。在后续反应中，发生分子内丙烯酸酯部分的亲核加成，导致了在中间体 **5-106** 中产生了六元环的结构。这个过程的活化能垒仅为 1.8 kcal/mol。最后，随着 C-P 键的断裂，叔膦催化剂再生，并且释放出最终的 [4+2] 环加成反应产物 **5-108**。

[1,3]-质子转移是一个较为普遍存在的过程。上文中提到的韩克利课题组使用密度泛函理论(DFT)计算揭示了 α-烷基取代联烯与酮 / 磺酰胺类化合物发生分子内 [4+2] 环加成反应的机理(图 5.6)，同样包含了一个 1,3-质子转移过程。在这一过程中，质子氢从 α-烷基取代基上转移到联烯的 β 碳原子上。这一步可以由酮或者是磺酰胺在亲核进攻时所产

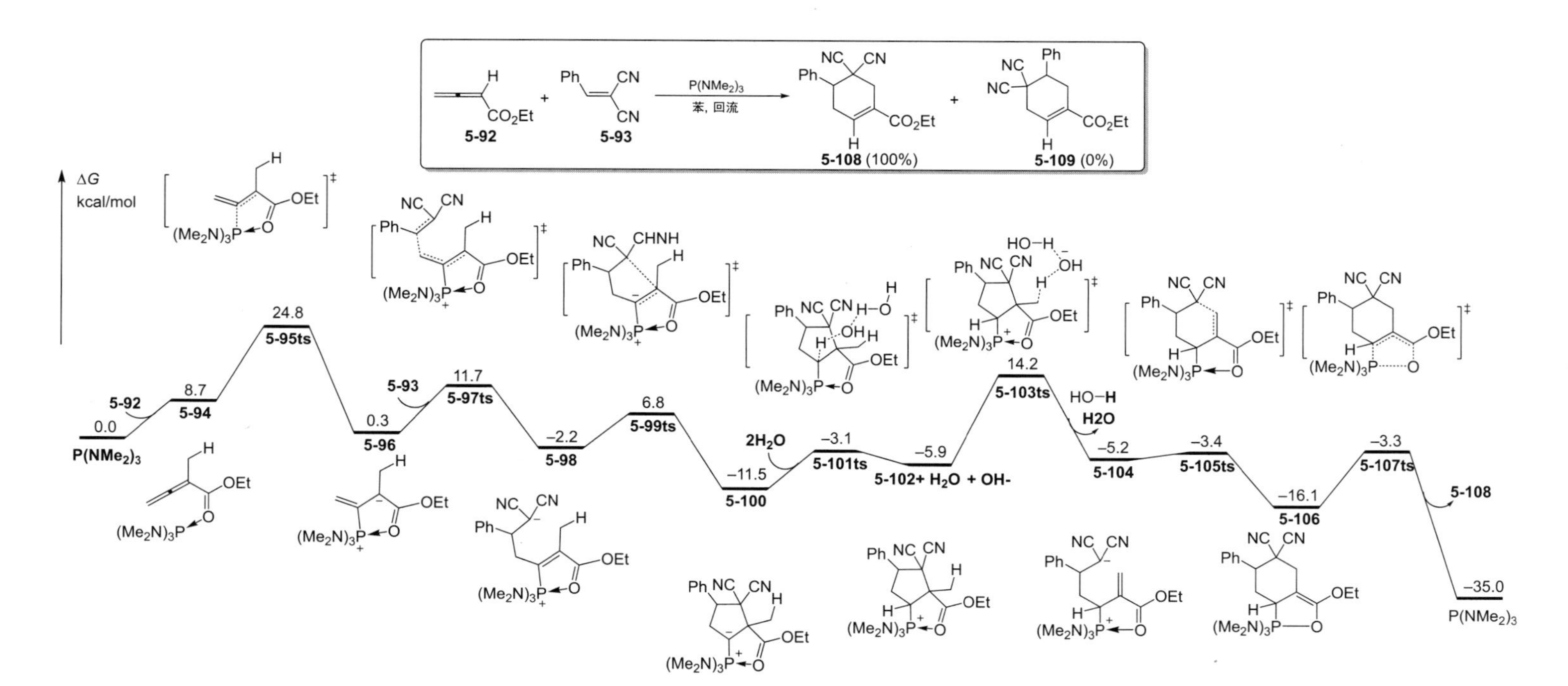

图 5.22　叔膦催化的 α- 烷基取代联烯 **5-92** 与高缺电子烯烃 **5-93** 的 [4+2] 环加成反应 Gibbs 自由能剖面（能量单位以 kcal/mol 给出。Gibbs 自由能的值由密度泛函理论方法 M05-2X 在苯溶剂条件下计算得出）

生的氧负离子或者氮负离子来辅助。经密度泛函理论方法 M06-2X 计算出，这个由中间体 **5-110** 中的氧负离子辅助的分步的 1,3-质子转移过程的总活化能垒为 7.7 kcal/mol（图 5.23），这个数值比上文中水分子协助的 1,3-质子转移过程的活化能垒要低很多（图 5.22）。由氮负离子辅助的相应的 1,3-质子转移过程的活化能垒为 13.0 kcal/mol。因此，在这类反应中，反应的决速步不再是 1,3-质子转移，而是叔膦催化剂对联烯的第一次亲核进攻，这与实验观测是一致的。

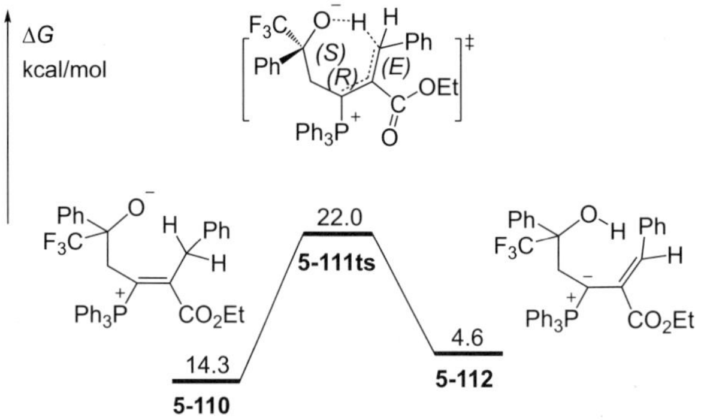

图 5.23　氧负离子辅助的分步的 1,3- 质子转移过程自由能剖面

综上所述，通过叔膦亲核加成到缺电子联烯上得到鏻两性离子中间体可以作为与缺电子烯烃反应的亲核试剂。此外，如果这个鏻两性离子中间体从另一分子反应物中攫取了一个质子，则其转变成为亲电试剂，因此，该中间体可以发生后续的亲电加成反应。

2015 年，卢一新课题组报道了叔膦催化的噻唑酮和噁唑酮对联烯 γ 位加成的实验。为了探究反应机理，蓝宇课题组对此实验进行了理论研究[16]。密度泛函理论（DFT）计算结果表明，该反应的关键步骤是鏻盐中间体对亲核试剂的亲电加成。详细的反应路径参见图 5.24。叔膦催化剂 **5-114** 对联烯 **5-8** 亲核进攻，经历过渡态 **5-116ts**，生成一个两性离子中间体 **5-117**，该步骤活化能垒为 19.8 kcal/mol。与直接亲核加成不同，中间体 **5-117** 可以从噁唑酮 **5-113** 中攫取质子，通过过渡态 **5-119ts** 形成氢键中间体 **5-120**，这是由于中间体 **5-117** 中烯丙位 Brønsted 碱性所造成的。过渡态 **5-119ts** 的相对自由能比 **5-116ts** 的相对自由能高 4.0 kcal/mol，因此，质子转移步骤是整个催化循环的决速步。在此过程之后，烯丙基

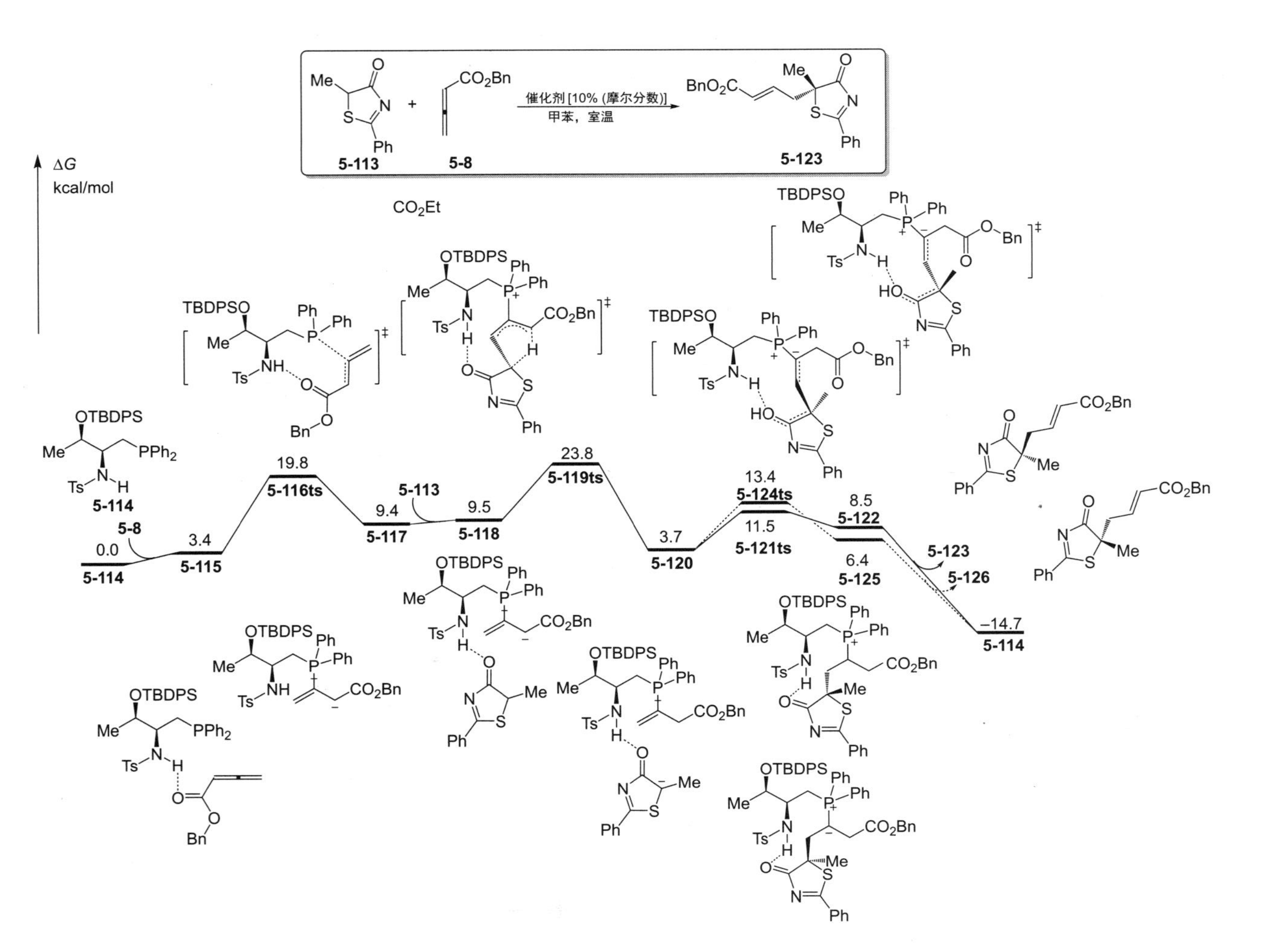

图 5.24　手性叔膦催化的噻唑酮 **5-113** 对联烯 **5-8** 的对映选择性 γ 位加成的自由能剖面（使用密度泛函理论方法 B3LYP-D3 在甲苯溶剂中计算的相对能量）

膦部分成为了亲电试剂，亲核性的噁唑酮负离子可以对它亲核进攻。此亲核进攻的过程存在两种可能的路径：即 Re 面进攻和 Si 面进攻。由图可以看到，由 Re 面进攻的路径，经历过渡态 **5-121ts**，其自由能垒为 7.8 kcal/mol。如果是 Si 面进攻的路径，经历过渡态 **5-124ts**，其自由能垒为 9.7 kcal/mol，相比于 Re 面进攻路径的活化能高了 1.9 kcal/mol。随后的 [1,3]-质子迁移和 C-P 键的裂解再生了叔膦催化剂，释放出产物 **5-123**。

密度泛函理论(DFT)计算结果表明，该反应的对映选择性由亲核进攻步骤决定。B3LYP-D3 方法预测的 92% ee 值与实验结果吻合。如图 5.25 所示，在 **5-124ts** 中计算得到的 H2 与 C3 之间较小的距离 3.04 Å，表明了反应物噁唑酮上的苯基取代基和叔膦催化剂上的一个苯基取代基之间存在着排斥作用，从而导致了过渡态能垒的升高。为了更好地解释亲核加成步骤中的空间排斥，图 5.26 中绘制了 **5-121ts** 的沿 *z* 轴(定义为 C-C 键形成)的范德华表面二维投影图。这代表的是过渡态 **5-121ts** 中没有噁唑酮的部分。当噁唑酮在沿着 *z* 轴方向形成 C-C 键时，通过 N—H --- O 氢键的形式脱质子化并结合到催化剂上，Re 面进攻(标记为 R)的空间位阻比 Si 面进攻(标记为 S)小。所以，从 Re 面进攻的路径是更有利的。

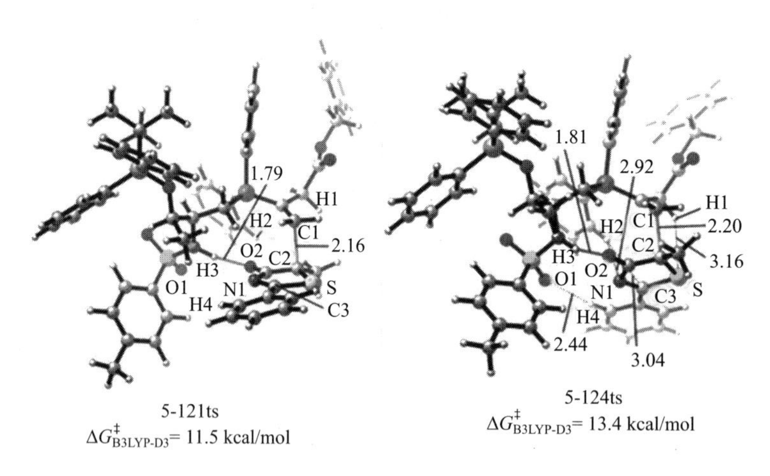

图 5.25　过渡态 **5-121ts** 和 **5-124ts** 的几何结构（使用密度泛函理论方法 B3LYP-D3 在甲苯溶剂中计算相对自由能。键长以 Å 为单位）

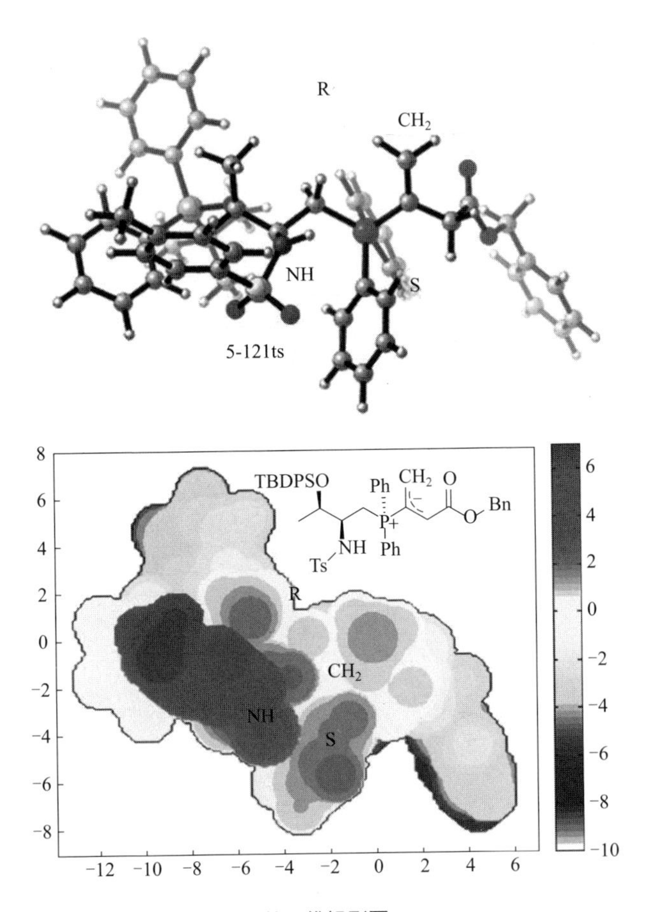

图 5.26　过渡态 **5-121ts** 的二维投影图

叔膦催化联烯的偶联反应因在其构筑新 C-C 键的应用方面，吸引了科研工作者们的广泛关注。本小节中所总结的计算研究解释了叔膦催化联烯偶联反应的两种机理，即亲核加成和亲电加成反应机理。在两种反应模式中，叔膦催化剂通常都首先对联烯底物亲核进攻生成一个鳞两性离子中间体。如存在其他亲电试剂，在分步的环加成反应和质子转移之后，通过 C-P 键的裂解可以再生叔膦催化剂并获得环化产物。另一种情况，鳞两性离子中间体可以被 Brønsted 酸质子化，这个质子化的鳞盐中间体可以与后续的亲核试剂反应来构筑新的 C-C 键。不同于胺的特征，叔膦的碱性比胺低得多。因此，催化剂再生阶段，质子转移步骤在通常情况下需要由另一种酸或者碱辅助。理论计算的结果使得科研工作者们更好地理解叔膦的催化作用，能够为后续开发新的反应提供理论指导。

5.1.3 叔膦催化炔烃活化

通常来说，贫电子的炔烃可以作为亲电试剂与亲核性叔膦发生加成反应，实现炔烃活化和转化。其反应机理被理论和实验研究[26]。

如图 5.27，李燕课题组报道了一例叔膦催化的炔酮与偶氮化合物的 [3+3] 环加成反应[26c]。梁长海课题组在计算的基础上提出了该反应可能的机理。如图 5.28 所示，该催化循环包含了六个步骤：①叔膦催化剂对炔酮底物 **5-127** 亲核进攻，得到鏻两性离子中间体 **5-129**；②苯酚协助 [1,3]-质子迁移，得到两性离子中间体 **5-131**；③偶氮化物对两性离子中间体 **5-131** 亲核加成得到中间体 **5-132**；④分子内环化得到中间体 **5-133**；⑤苯氧负离子作为碱去质子后得到中间体 **5-136**；⑥碳 - 磷键断裂释放出产物 **5-137** 并再生叔膦催化剂 PPh_3。

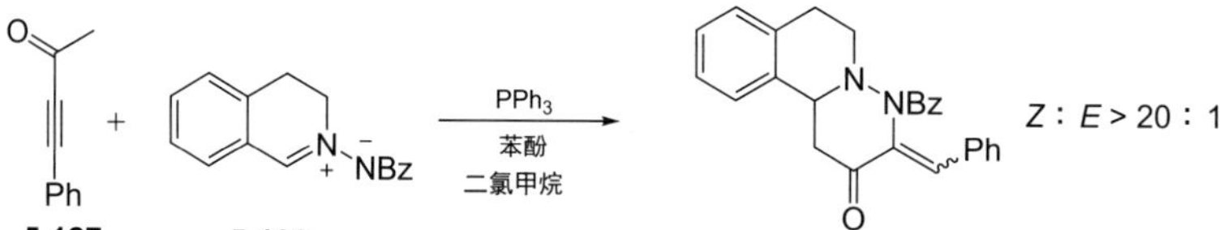

图 5.27 叔膦催化的炔烃的炔酮与偶氮化合物的 [3+3] 环加成反应

理论计算所得的反应的 Gibbs 自由能曲线见图 5.29。反应的第一步是 PPh_3 的 P 原子通过过渡态 **5-138ts** 对炔烃 **5-127** 的 C2 原子亲核进攻，形成中间体 **5-129**。反应第一步的吉布斯自由能垒为 26.9 kcal/mol，吸热 20.4 kcal/mol。P1-C2 键的距离从 **5-138ts** 的 2.14 Å 缩短到中间体 **5-129** 中的 1.83 Å，这表明 P1-C2 键逐渐形成。一旦中间体 **5-129** 形成，下一步将发生 [1,3]- 质子转移形成中间体 **5-130**。这项工作考虑了三种质子迁移可能途径，即：①直接协同质子迁移，②苯酚(PhOH)辅助分步质子转移，③水辅助质子转移。计算表明，直接协同 [1,3]-质子迁移的活化自由能垒为 46.8 kcal/mol(相对于反应物的能量为 67.2 kcal/mol)。因此，直接质子迁移在动力学上是不可行的，因此可以排除。根据理论计算结果，苯酚辅助质子迁移是一个分步的过程。首先，苯酚作为 Brønsted 酸质子化中间体 **5-129**，即 H′ 原子从苯酚中的 O′ 转移至中间体 **5-129** 的 C3 上，得到中间体 **5-130**。该步骤的活化能为 5.8kcal/mol。随后，生成的苯

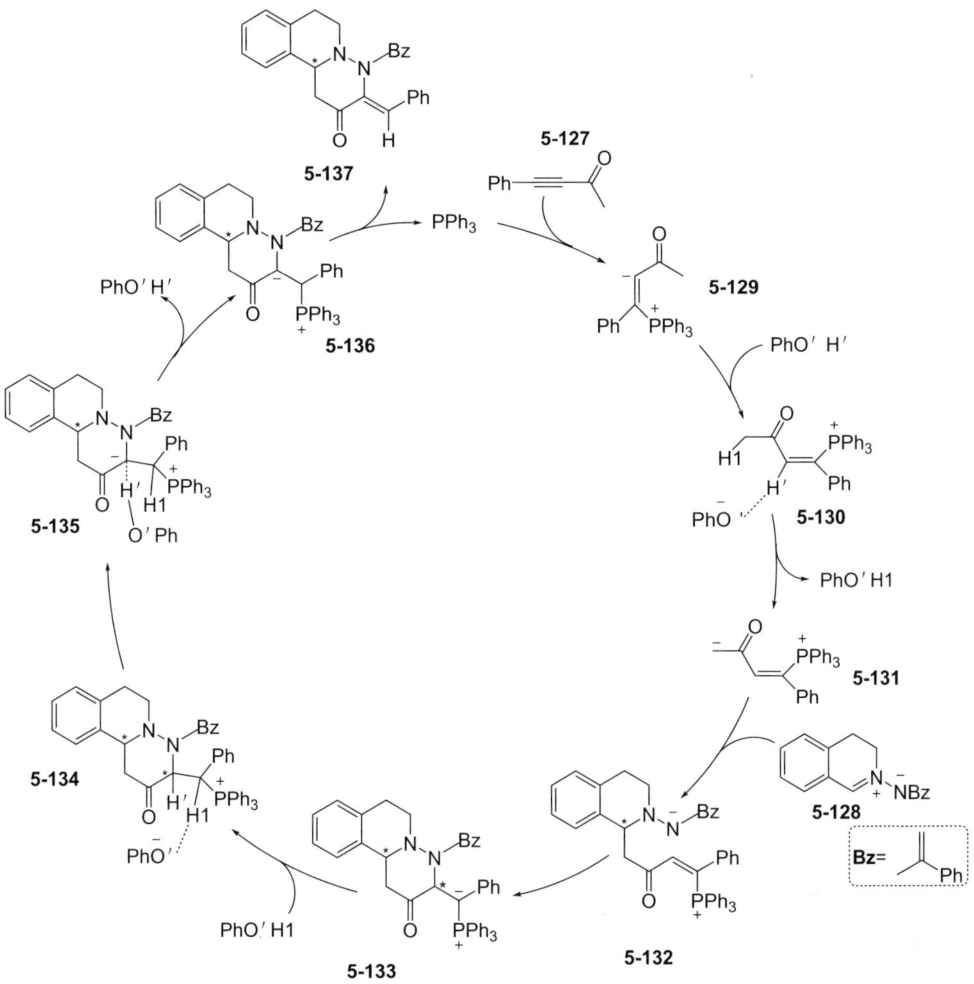

图 5.28 三苯基膦催化的 [3+3] 环加成反应机理

氧负离子作为 Brønsted 碱对其进行去质子，即 H1 原子从 C5 转移到 O′，形成中间体 **5-131**，该步骤的活化能为 6.2 kcal/mol。苯酚的存在使得自由能垒显著降低(**5-139ts** 为 5.8 kcal/mol，**5-140ts** 为 6.2 kcal/mol，而 **5-141ts** 为 46.8 kcal/mol)。

得到中间体 **5-131** 后，下一步是将中间体 **5-131** 的 C5 原子对偶氮化物 **5-128** 的 C6 位亲核进攻加成，得到多种可能的中间体 **5-132**。值得注意，在 C5-C6 键形成之后，C6 原子获得手性。另外，C3 原子最终会变成 *R/S* 构型。为清楚起见，图 5.30 中描述了中间体 **5-131** 对 **5-128** 的四种不同进攻模式的立体化学，即: Re/Re、Re/Si、Si/Re 和 Si/Si。

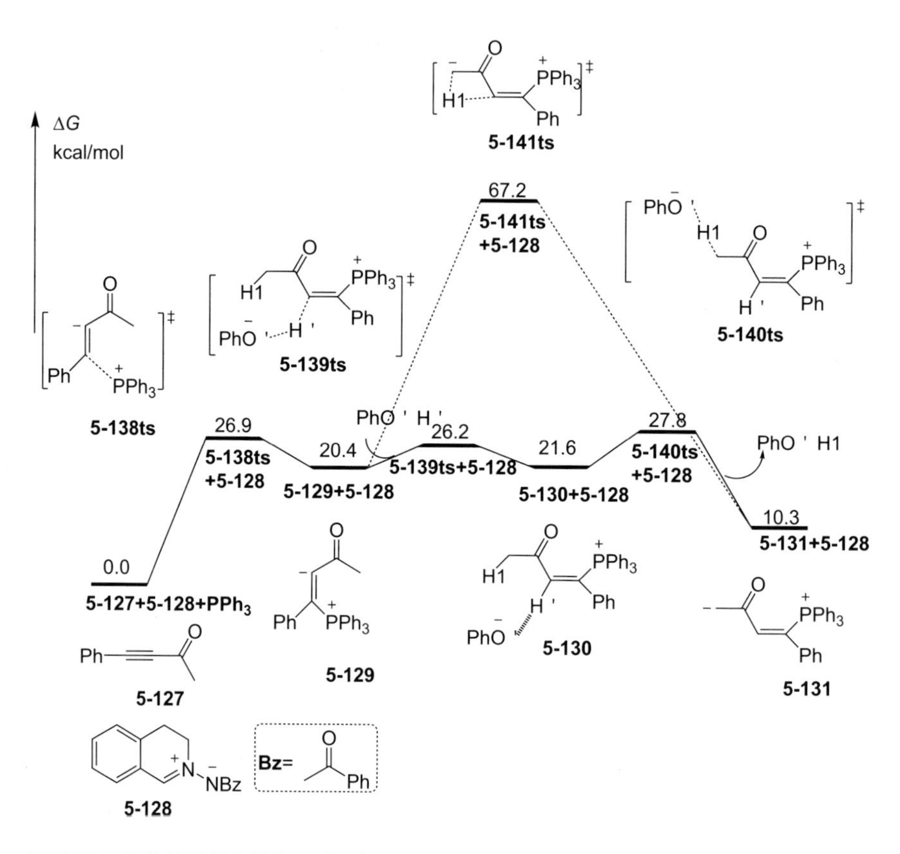

图 5.29 三苯基膦催化的 [3+3] 环加成反应 Gibbs 自由能剖面 [计算水平: SMD(CH_2Cl_2)/M06-2X/6-311++G(d,p)]

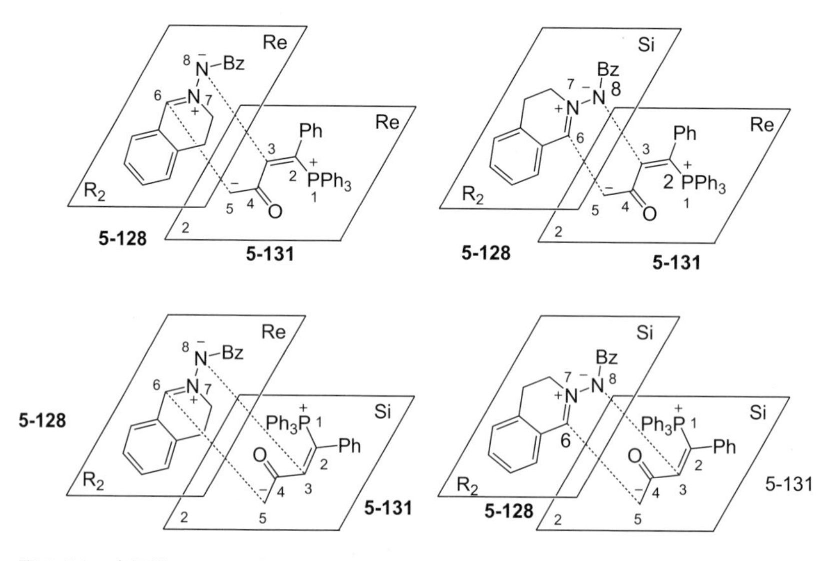

图 5.30 中间体 **5-131** 对 **5-128** 的四种不同立体化学进攻模式

计算表明，通过自由能垒为 3.7 kcal/mol 的过渡态 **5-142ts**(***RR***)获得 *R/R* 构型中间体 **5-132**(***RR***)具有最低的自由能垒。一旦得到中间产物 **5-132**(***RR***)，下一步将进行分子内环化，即 N8 进攻 C3 原子，从而获得六元环(C3-C4-C5-C6-N7-N8)中间体 **5-133**(***RR***)。该步骤的自由能垒为 6.9 kcal/mol，反应能量为 -1.0 kcal/mol。过渡态 **5-142ts** 应该是立体选择性的决定步骤。

为了探究三苯基膦催化剂在反应中的作用，作者还进行了全局反应性指数(global reactivity indexes)计算。

如图 5.31 所示，中间体 **5-129**(μ= – 3.41 eV)的电子化学势高于 **5-127** (μ=-4.41 eV)，这与 NBO 电荷分析一致。整体电子密度从催化剂 PPh_3 上转移到 **5-127**。此外，PPh_3 与 **5-127** 的配位不会显著改变其亲电性，但增强了其亲核性 [中间产物 **5-129/5-131** (N = 4.62 eV /3.50 eV)的亲核性大于 **5-127**，N = 2.39 eV]。这些结果表明，中间体 **5-131** 对 **5-128** 的进攻是一个亲核加成过程。

化合物	η/eV	μ/eV	ω/eV	N/eV
5-127	7.58	-4.41	1.28	2.39
5-129	5.14	-3.41	1.13	4.62
5-131	6.34	-3.93	1.21	3.50

图 5.31 化学硬度(η)，电化学势(μ)，全局亲电指数(ω)，全局亲核指数(N)

为了探究不同的立体化学可能性的机理，作者还对该反应使用 ReaxFF 力场进行了分子动力学模拟(图 5.32)。ReaxFF 力场一方面利用了键序和键能的关系，另一方面利用了键序和键距的关系。因此，它可处理断键和成型情况。在 ReaxFF 中，计算了所有原子对之间的库仑和范德华相互作用。

首先，对 C-P 和 C-C 的键离解能进行密度泛函理论(DFT)计算。图 5.32 显示了计算出的 DFT 和 ReaxFF 的键离解曲线。总体而言，ReaxFF 能将 DFT 结果合理地再现。但其中存在一定偏差，例如，ReaxFF 倾向于低估较长键距下的键能 [图 5.32(a)]。另外，从 DFT 和 ReaxFF 获得的 C-C-P 键角形变能和 C-N-N-C 二面角形变能比较，可以看出两者吻合度

较高 [图5.32(b)、(c)]。总的来说，ReaxFF 提供了一个合适的所有情况下键角 / 二面角形变能量的精确表示。此外，为了得到一个能正确描述反应选择性的 ReaxFF 力场，作者根据反应里立体选择性决定步骤中几个沿内禀反应坐标(IRC)构象的 QM 能量训练了 ReaxFF 参数。虽然 ReaxFF 力场能量的变化趋势与 DFT 能量的变化趋势一致，但也存在一些定量上的偏差。综上所述，ReaxFF 能够合理地再现 QM 优化后的几何构型和能量。因此，ReaxFF 分子动力学模拟在以下部分讨论的碳 - 碳键形成过程中是可靠的。

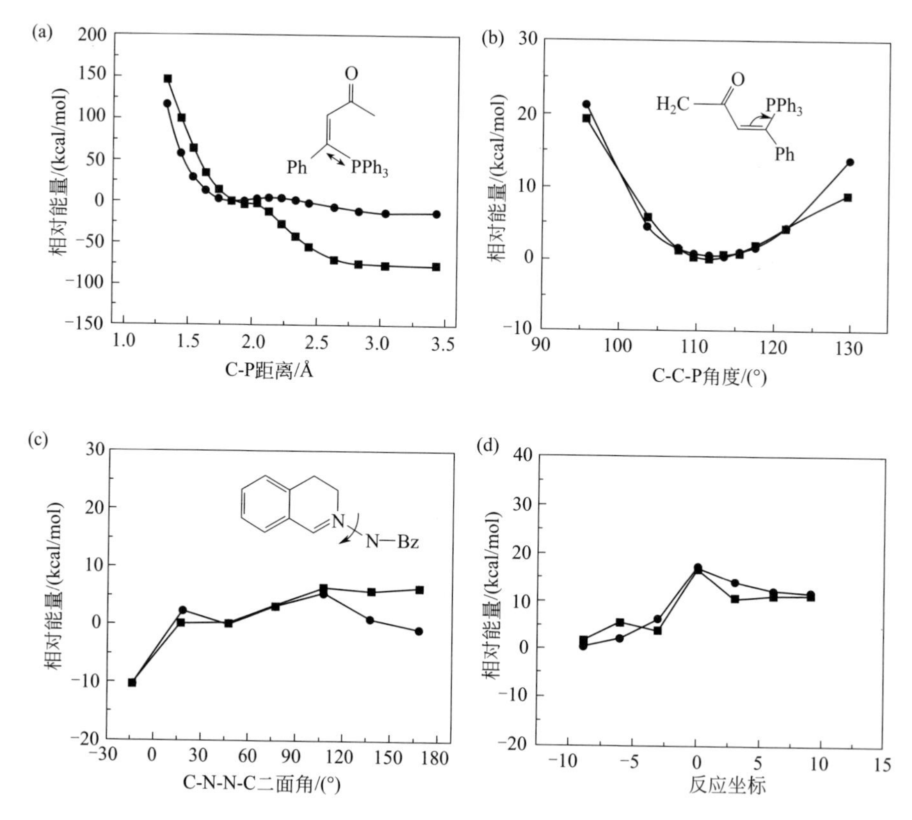

图 5.32　在 QM（圆点）和 ReaxFF（方块）水平上计算的键能（a）；在 QM（圆点）和 ReaxFF（方块）水平计算的 C–C–P 键角形变能 (b)；在 QM（圆点）和 ReaxFF（方块）水平上计算的二面角形变能量 (c)；*RR* 构型反应路径，以 QM（圆点）和 ReaxFF（方块）水平计算（d）(图片出自参考文献 [16c])

利用优化后的 ReaxFF 力场，对立体选择性决定步骤进行了 NVT 分子动力学模拟。图 5.33(a) 显示了基于 ReaxFF 的分子动力学模拟得到的势能剖面，在该模拟中，通过控制键距使 C5 和 C6 之间形成碳 - 碳键，从而形成 **5-132 (*RR*)**。图 5.33(b) 展示了在真空中通过 ReaxFF 分子动力学模拟得出的四种构型 (*RR*/*RS*/*SR*/*SS*) 路径的能量势垒和相对能量，并与密度泛函理论 DFT/M06-2X 结果进行了比较。从分子动力学轨迹平均得到的能量势垒与 *RR*、*RS* 和 *SR* 构型路径的 DFT 结果非常一致。仅对于 *SR* 构型路径，分子动力学模拟高估了 6.8 kcal/mol 的势垒能量。此外，分子动力学模拟还表明，*RR* 构型路径比其他路径更有利，这与 DFT 计算结果一致。此外，ReaxFF 力场成功地再现了 C-C 键形成前后结构的相对稳定性。

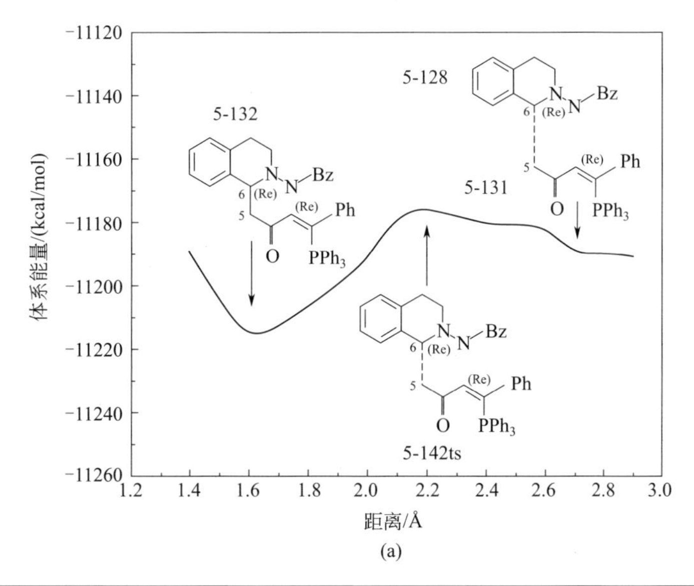

(a)

构型	ΔE⁺/(kcal/mol)		ΔE/(kcal/mol)	
	QM	ReaxFF	QM	ReaxFF
RR	7.1	8.0	−16.3	−39.3
SS	13.0	12.2	−11.8	−27.9
RS	15.6	15.8	−13.6	−26.9
SR	5.7	12.5	16.6	−39.3

(b)

图 5.33　分子动力学模拟的 C−C 键生成的势能剖面（a）（图片出自参考文献 [16c]）；计算立体选择步骤的能垒 ($\Delta E^{\neq}$, kcal/mol) 和反应能量 (ΔE, kcal/mol)（b）（数据出自参考文献 [16c]）

另外，施敏课题组也对叔膦催化的炔酮与胺类化合物的区域发散性[3+2]环加成反应进行了理论探究[27]，如图 5.34 所示。

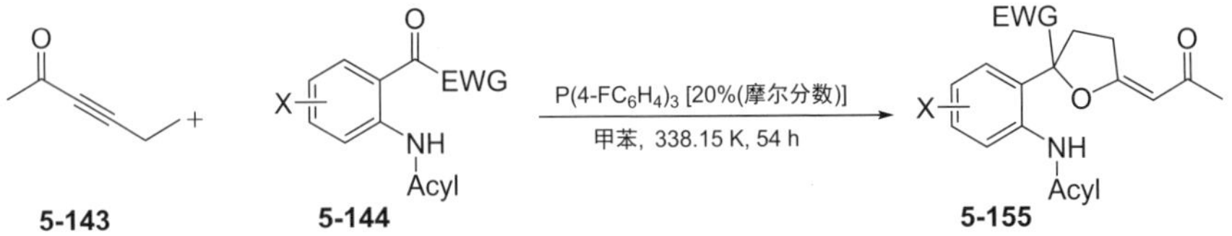

图 5.34　叔膦催化的炔酮与胺类化合物的区域发散性 [3+2] 环加成反应

如图 5.35 所示，反应开始于叔膦催化剂对炔酮 **5-143** 的亲核加成，得到两性离子中间体，它与酰胺底物 **5-144** 结合形成物种 **5-145**。由于底物 **5-144** 中酰胺的酸性，质子被转移到碳负离子上形成了一个紧密离子对 **5-146**。随后，**5-146** 中的酰氨基阴离子部分抽取出鳞基不饱和酮的一个 γ-H 原子，得到鳞叶立德中间体 **5-147**。在酰胺的协助下，中间体 **5-147** 的鳞叶立德部分经过分步 [1,3]-质子迁移，得到异构化中间体 **5-149**。鳞叶立德部分对羰基亲核进攻后转变为两性离子中间体 **5-150**。经过一系列分子内质子转移，形成两性离子中间体 **5-152**。氧负离子对不饱和酮进行加成，并消除叔膦催化剂 PAr_3 后获得最终产物 **5-155**。作者还提出，如果加入适当的水，水分子可以作为质子传递的桥梁并且用来稳定阴离子，因此可以协助质子转移，从而促进该反应发生。

理论计算中，以三苯基膦作为催化剂计算了该反应在甲苯溶剂中的 Gibbs 自由能曲线（图 5.36）。催化剂 PPh_3 通过过渡态 **5-156ts** 对炔基酮底物 **5-143** 亲核加成，形成两性离子中间体 **5-157**，吸热 24.9 kcal/mol，该步骤活化能垒为 28.5 kcal/mol。两性离子中间体 **5-157** 与底物 **5-144** 形成复合物 **5-145**，并吸热 7.1 kcal/mol。随后经历过渡态 **5-158ts**，质子从酰胺部分转移到不饱和酮的 α-碳上，形成紧密离子对 **5-146**，该过程能垒 4.3 kcal/mol。从 **5-145** 到 **5-146** 放热 4.9 kcal/mol，表明这个过程是热力学有利的。随后，**5-146** 中的酰氨基阴离子既可以抽取不饱和酮的 γ-H 得到中间体 **5-147**，也可以抽取它的 α'-H 得到中间体 **5-161**。计算结果表明，中间体 **5-147** 比中间体 **5-161** 自由能低 6.3 kcal/mol，相应的经历过渡态 **5-159ts** 比经历过渡态 **5-160ts** 的能垒低 13.0 kcal/mol。因此，γ-氢的提取更有利。

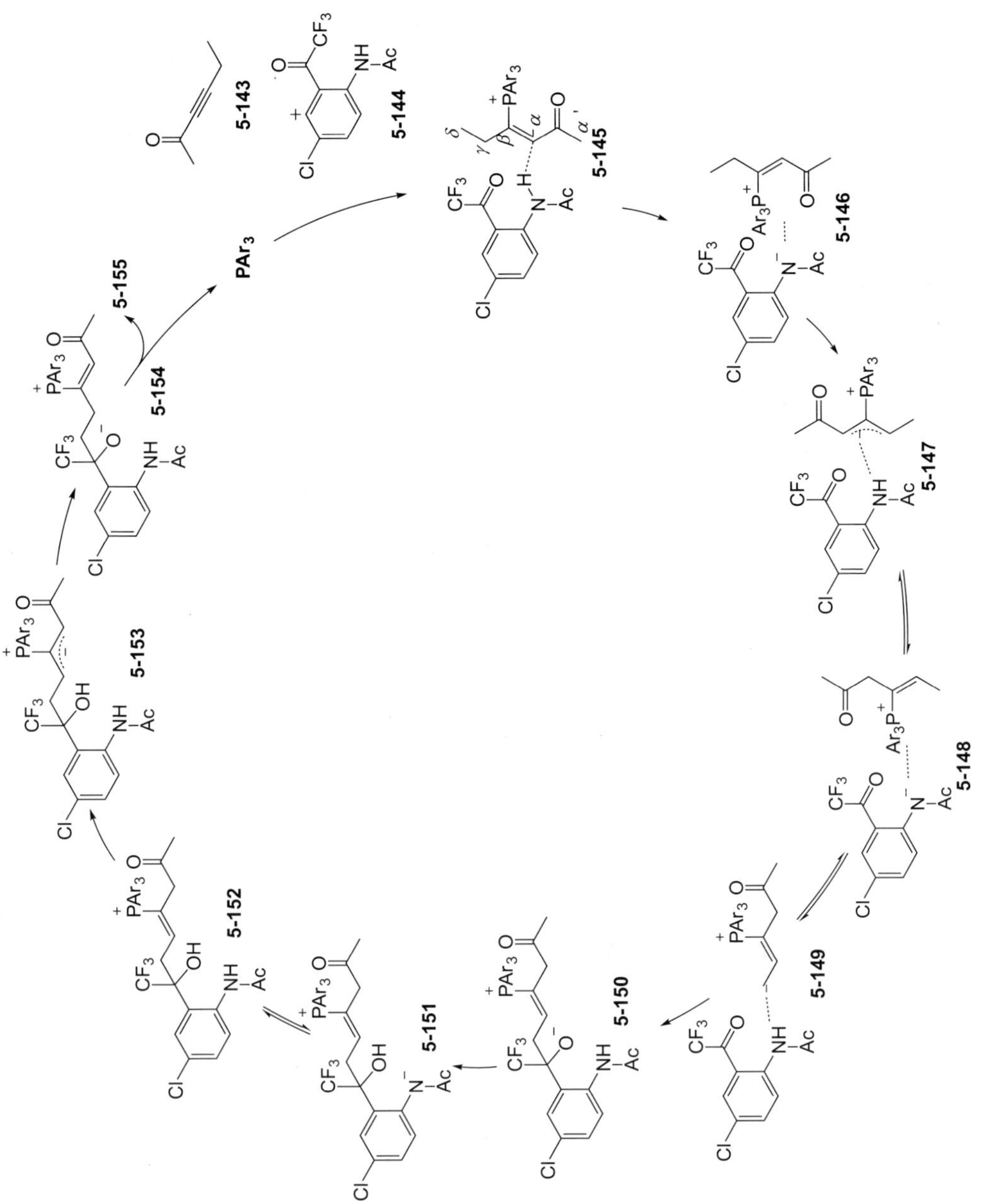

图 5.35 叔膦催化的炔酮与胺类化合物的区域发散性 [3+2] 环加成反应机理

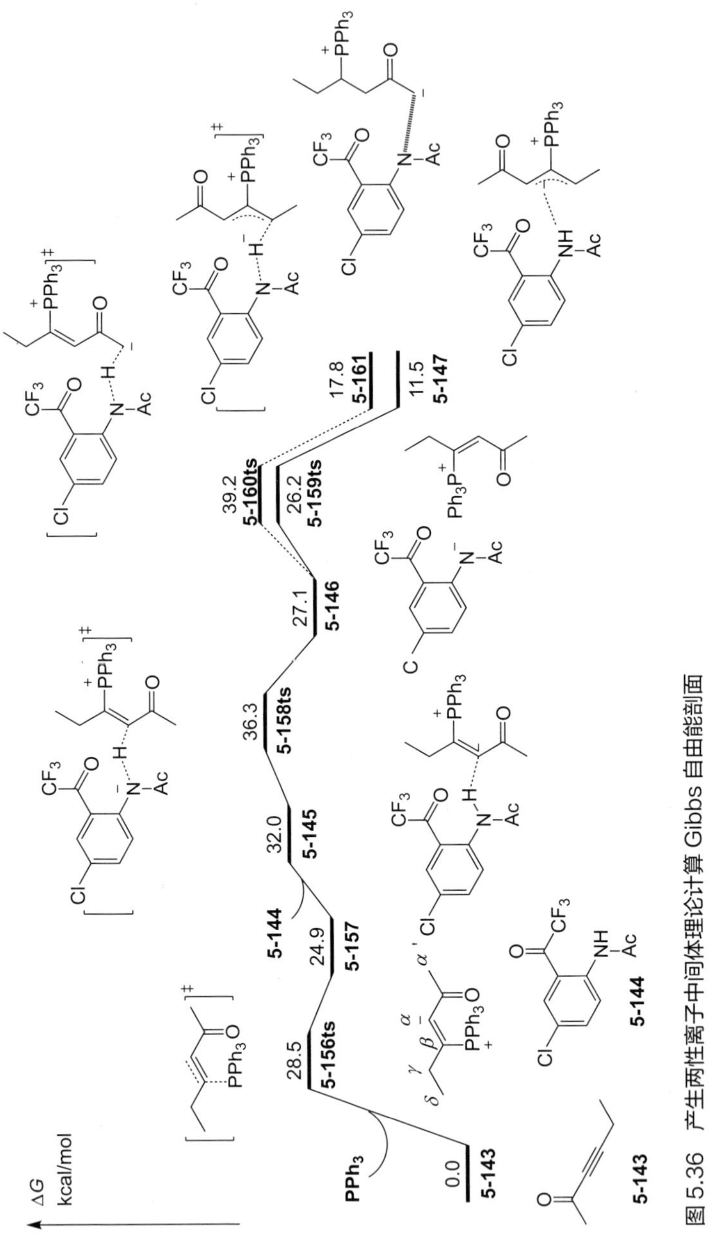

图 5.36 产生两性离子中间体理论计算 Gibbs 自由能剖面

施敏课题组还对另一项叔膦催化的二氧化碳与γ-羟基炔酮环加成反应进行了理论探究[28]。推测的反应机理如图 5.37(b) 所示。反应起始于叔膦对γ-羟基炔酮 **5-162** 的亲核加成，得到两性离子中间体 **5-163**。然后碳负离子从羟基中提取质子，形成另一种两性离子中间体 **5-164**。中间体 **5-164** 的氧负离子部分直接亲核进攻二氧化碳，生成碳酸酯中间体 **5-165**，中间体 **5-165** 经历环化过程以提供产物 **5-166** 和再生叔膦催化剂。在后续的转化中，羰基的氧原子亲核进攻碳酸酯，并伴随着碳氧键断裂。随着 CO_2 的释放，最终生成呋喃酮 **5-168**。

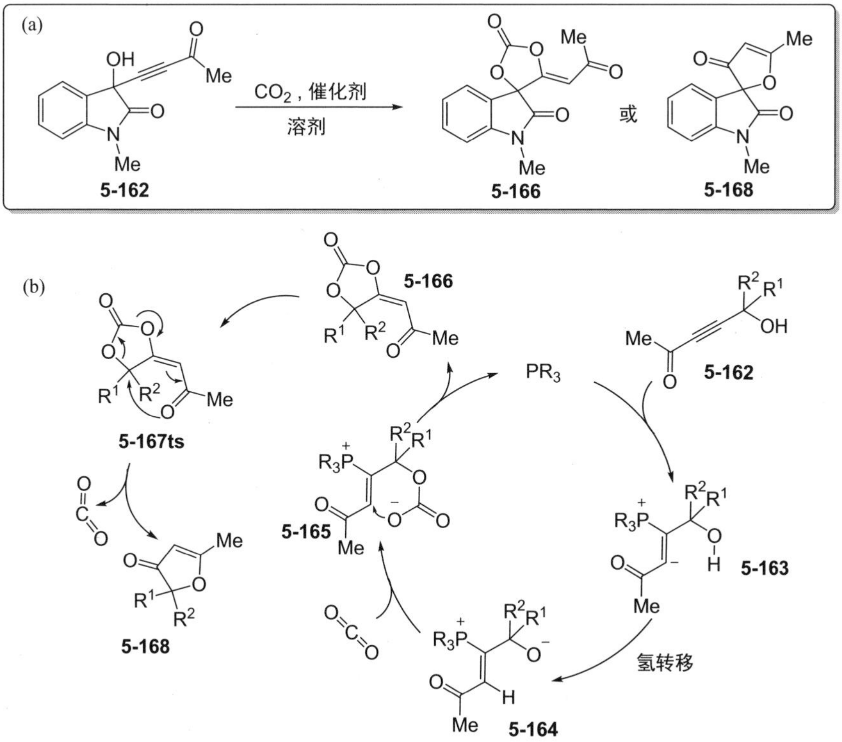

图 5.37　叔膦催化的二氧化碳与炔酮环加成反应及其催化循环机理

如图 5.38 所示，密度泛函理论计算的结果表明，与叔膦催化的联烯环加成反应类似，炔烃底物上是否带有吸电子取代基对反应第一步中叔膦催化剂对其亲核加成形成两性离子中间体的稳定性有着极大的影响。当炔烃底物上含有吸电子的羰基时，亲核加成形成的两性离子中间体 **5-163** 放热 0.9 kcal/mol。如果炔烃底物上没有吸电子取代基时，其亲核

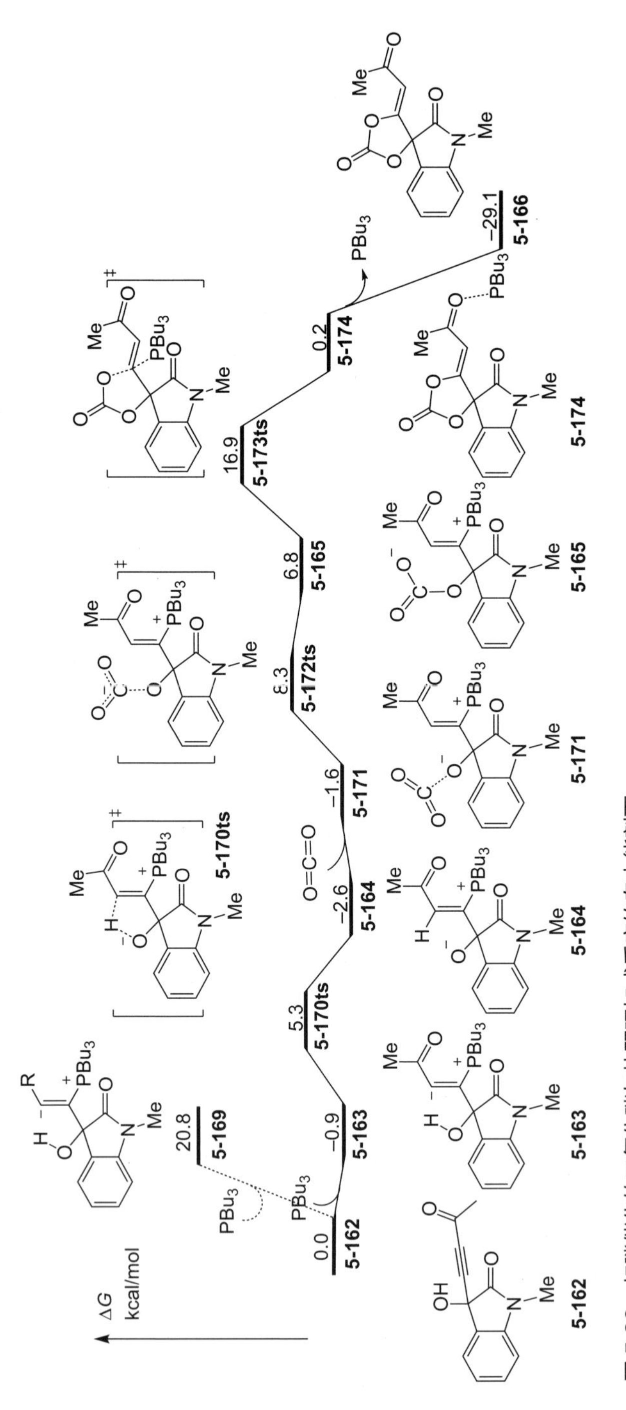

图 5.38　叔膦催化的二氧化碳与炔酮环加成反应的自由能剖面

加成形成的两性离子中间体 **5-169** 则要吸热 20.8 kcal/mol。炔烃底物上的吸电子基团在稳定两性离子中间体和为后续 CO_2 的固定顺利进行，起着关键的作用。叔膦在反应中起着亲核性有机催化剂的作用。

当中间体 **5-163** 生成后，可发生分子内质子转移，经历过渡态 **5-170ts** 得到两性离子中间体 **5-164**。随后，氧负离子部分对二氧化碳进行亲核进攻，经历过渡态 **5-172ts** 得到碳酸酯中间体 **5-165**，这个步骤活化自由能为 9.9 kcal/mol。计算表明，后续经历过渡态 **5-173ts** 的环化为该反应的决速步，表观活化自由能为 19.5 kcal/mol。该过程中，随着氧碳键的形成，叔膦催化剂脱离反应体系，并放出碳酸酯产物 **5-166**。

5.1.4 叔膦催化偶氮活化

氮杂环类有机化合物，许多具有药理活性，例如三唑啉酮类化合物，作为药效团，其在抵抗多种疾病方面具有非常广泛的生物活性 [29]，可作为 HIV 逆转录酶的强非核苷类抑制剂 [30]。除此之外，苯基三唑啉酮衍生物，作为叶绿素生物合成途径中的一种酶的抑制剂，具有除草活性 [31]，已引起农药化学领域的极大关注。因此，人们致力于开发更有效的合成方法来构建氮杂环类有机物。

王彦广 [32] 课题组从 Huisgen 两性离子出发，通过二烷基偶氮二甲酸酯 **5-175** 和烷基醛腙 **5-176** 在三苯基膦作用下，合成了一系列取代的 4-氨基-1,2,4-三唑酮 **5-177**。经实验验证，当化合物 **5-175**、**5-176** 和 PPh_3 在 80℃下以 2∶1∶1 的摩尔比混合 1 h，可以优秀产率获得相应产物 **5-177**(图 5.39)。

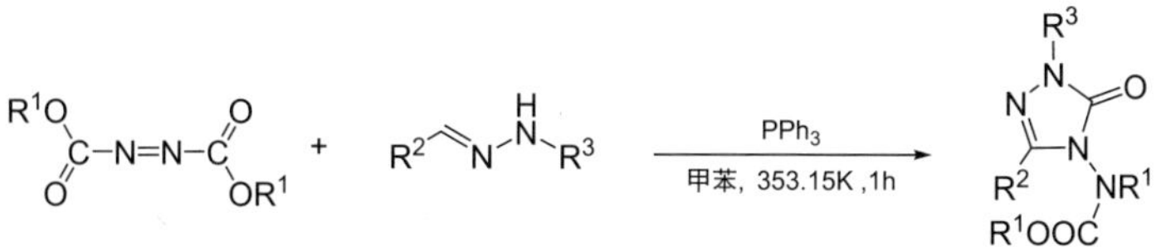

5-175 (2当量) + 5-176 —— PPh_3，甲苯，353.15K，1h → 5-177

图 5.39 叔膦催化的二烷基偶氮二甲酸酯 **5−175** 和烷基醛腙 **5−176** 合成 4− 氨基 −1,2,4− 三唑酮 **5−177** 的反应

根据实验结果推测，该反应的转化循环中包含以下四个步骤，如图 5.40 所示：①叔膦亲核进攻偶氮分子 **5-175** 得到 Huisgen 两性离子中间体

5-178，②中间体 **5-178** 对醛腙原料 **5-176** 亲核加成并伴随 1,2-质子转移，③分子内环化得到中间体 **5-180** 并释放三苯氧膦副产物，④氧化剂将中间体 **5-180** 氧化脱氢得到三唑酮产物 **5-177**。唐明生课题组对该实验反应进行了理论研究 [33]。

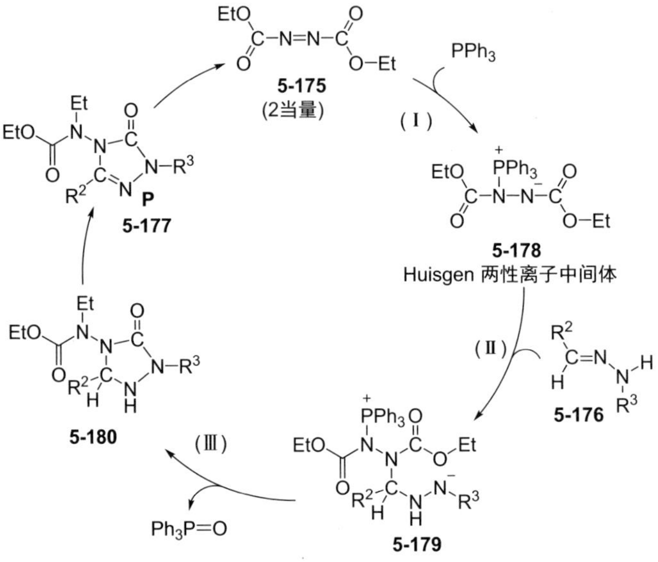

图 5.40 反应中的四个步骤

该反应的核心在于 Huisgen 两性离子中间体的形成。计算结果表明，偶氮化合物 **5-175** 可直接被三苯基膦 PPh_3 亲核进攻，经历过渡态 **5-181ts** 生成两性离子中间体 **5-178**（图 5.41），该步骤活化能为 7.9 kcal/mol。

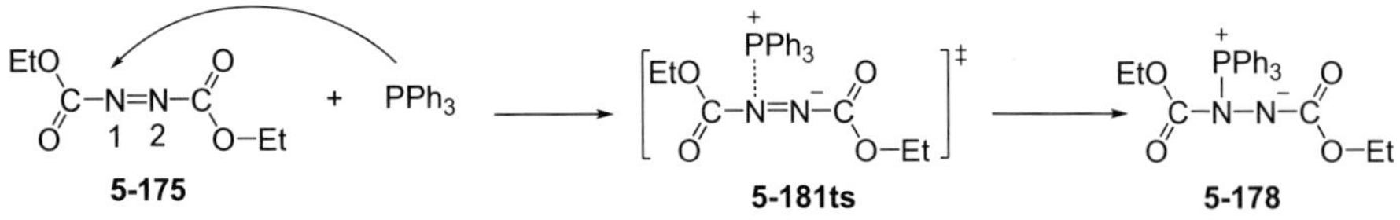

图 5.41 Huisgen 两性离子中间体的形成机理

如图 5.42(a)，N1 原子和 P 原子之间距离在 **5-181ts** 中达到 2.39 Å，在 **5-178** 进一步缩短至 1.68 Å。同时，N1-N2 的键长从 **5-175** 的双键 (1.25 Å) 延长到 **5-178** 的单键 (1.44 Å)。因此，形成了 Huisgen 两性离子 **5-178**，正 NBO 电荷集中在 P 原子上 [NC(P) = 1.926 e]，负电荷集中在 N2 原子上 [NC(N2)=−0.059 e，图 5.42(b)]，该过程的能垒为 7.9 kcal/mol。这

个数据与实验中室温条件下得到 Huisgen 两性离子的事实相符。此外，根据理论计算结果，**5-178** 的能量比反应物的能量低 11.3 kcal/mol，表明这是一个放热过程，这进一步证明了 Huisgen 两性离子的稳定性。

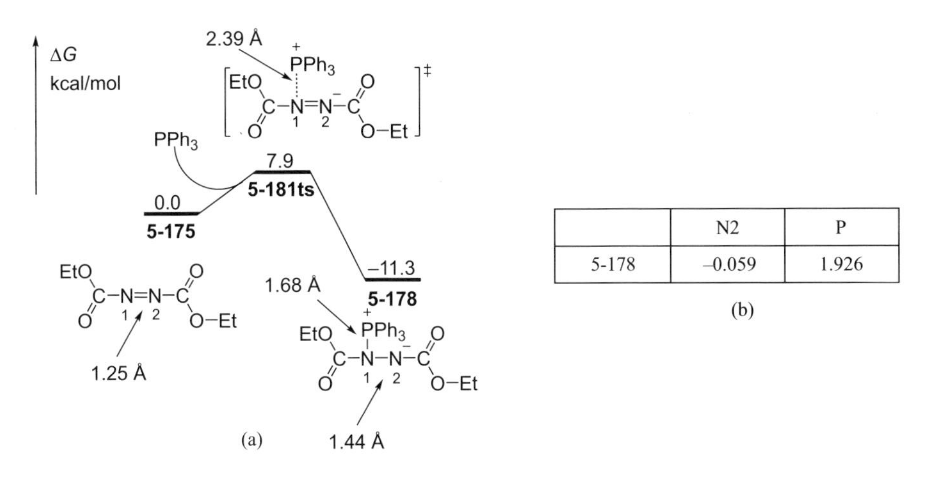

	N2	P
5-178	−0.059	1.926

图 5.42　计算的 **5-175**、**5-181ts**、**5-178** 的优化后几何结构和过程 (I) 的反应自由能剖面（a）; **5-178** 的 NBO 电荷分布（b）

综上，在叔膦催化的联烯活化、炔烃活化、偶氮活化中，其关键步骤是叔膦作为良好亲核试剂进攻不饱和键，发生加成反应，得到包含季鏻的两性离子中间体。该中间体可继续作为亲核试剂或 Brønsted 碱发生后续转化。叔膦还是一个好的离去基团，在反应完成后可脱离体系，因此其催化活性较高。

5.2
磷酸催化有机反应理论

5.2.1　概述

Brønsted 酸作为一种有机小分子催化剂，因具备特有的催化活性，在近年来得到了科研工作者的广泛关注[34]。其中，手性磷酸，特别是手性磷酸联苯二酚酯及其衍生物作为一种具有代表性的强 Brønsted 酸，在众多反应中展现出了优秀的催化效率[35]。手性磷酸良好的催化活性与其独特的结构特点密不可分(图 5.43)：① P 原子与手性骨架通过一个七元环结构相连，禁阻了 P-O 键的自由旋转，结构稳定，从而可以有效地传递手性骨架的手性，稳定催化剂的构型，这也是其能实现不对称催化的根源所在；②手性磷酸中的磷酸基团具有较为合适的酸性[36](pK_a=1，水中)，可以通过给出质子的方式活化底物，从而增强底物的亲电性；③可以较为方便地在手性骨架上引入不同的取代基，从而调控催化剂的空间位阻效应和电子效应，调控催化剂的催化活性和反应对映选择性；④ P＝O 键上的 O 原子上存在一对孤对电子，可以作为 Lewis 碱或 Brønsted 碱来活化亲核试剂。因此手性磷酸能够作为双功能化催化剂发挥作用，同时活化亲电试剂和亲核试剂。

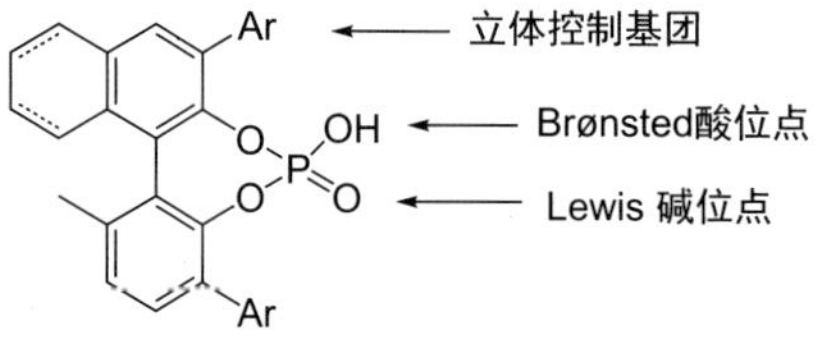

图 5.43　手性磷酸联苯二酚酯结构特点

除了其结构特点带来的优良催化活性，手性磷酸作为有机小分子催化剂与含金属的手性催化剂相比有如下优点：①催化剂本身不用原位合成，可直接催化反应，易操作；②手性磷酸在水和氧气中相对比较稳定，更利于储存和运输；③对环境友好，符合绿色化学理念；④可实现大规模合成，易于实现工业化。

自日本化学家 Akiyama 和 Terada 开创手性磷酸不对称催化领域以来，该类催化剂以较高的产率和对映选择性实现了一系列有机转化，取得了辉煌的成就。Akiyama 课题组于 2004 年首次报道了由 R-BINOL 衍生而来的手性磷酸催化烯基硅醚缩醛与醛亚胺的不对称 Mannich-type 反应[37](图 5.44)。通过在磷酸手性骨架的 3,3′ 位引入芳基取代基，使其在活化亚胺底物的过程中形成了更加狭小的空间，大大增强了反应的非对映选择性和对映选择性，产物的 ee 值最高可达 96%。

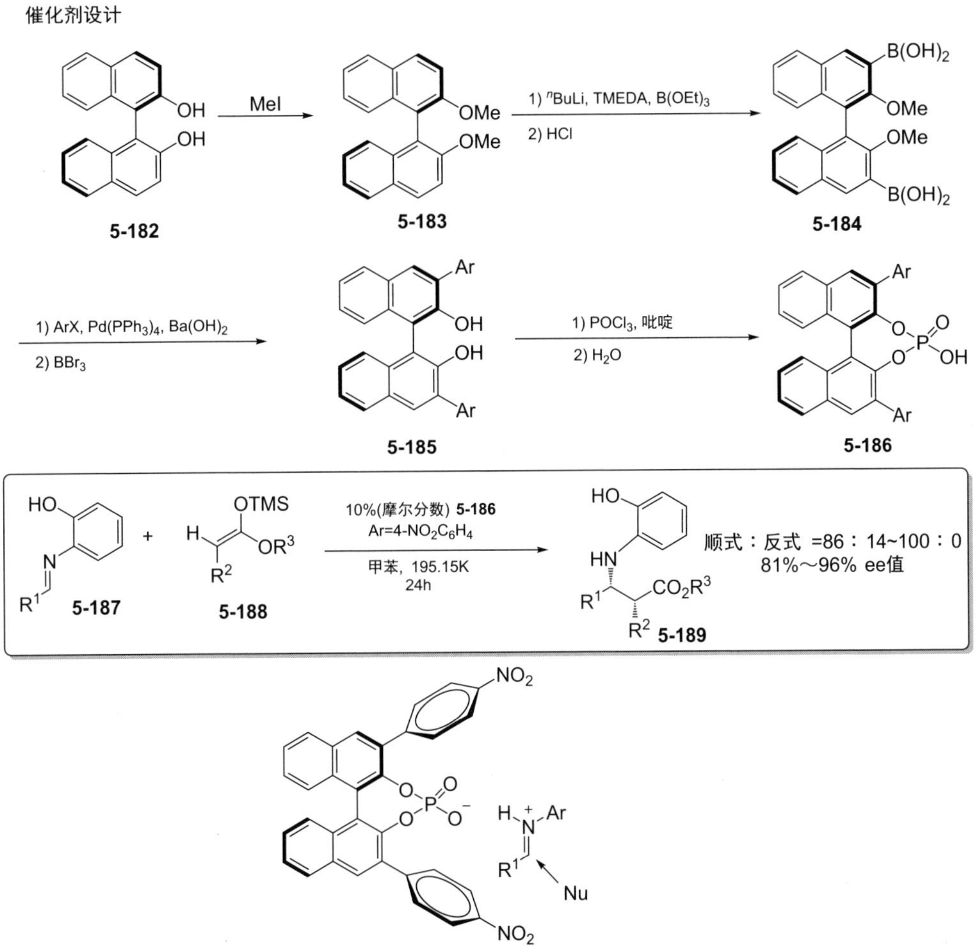

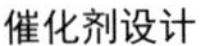

图 5.44　在磷酸手性骨架的 3,3′ 位引入芳基取代基实现不对称 Mannich-type 反应

同年，Terada 课题组也报道了乙酰丙酮与 N-Boc 保护的亚胺在有大位阻 3,3′ 位取代基的磷酸催化下的不对称 Mannich 反应[38]（图 5.45），在温和的反应条件下能以最高 99% 的产率和最高 98% 的 ee 值得到 β-氨基酮衍生物。随后，该课题组又用类似的策略完成了 2-甲氧基呋喃和 N-Boc 保护亚胺之间的不对称 aza-Freidel-Crafts 反应，仅用 0.5%（摩尔分数）的催化量就取得了不错的催化效果[39]。

上述开创性工作的报道吸引了全世界范围内化学家们的关注和跟踪研究。此后，手性磷酸催化的应用范围拓展到了一系列不同类型的有机反应中，成功应用于催化 Mannich 反应、亚胺的膦酰化、Diels-Alder

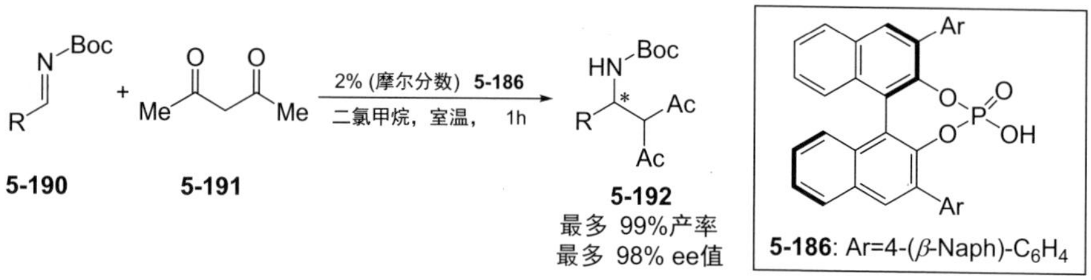

5-190 + 5-191 → 5-192（2% (摩尔分数) 5-186，二氯甲烷，室温，1h）

5-192：最多 99%产率，最多 98% ee值

5-186: Ar=4-(β-Naph)-C_6H_4

图 5.45 乙酰丙酮与 N-Boc 保护的亚胺在磷酸催化下的不对称 Mannich 反应

反应、亚胺的氢转移、Pictet-Spengler 反应、Friedel-Craft 烷基化反应、Strecker 反应、α-重氮酯的烷基化反应、重排反应、1,3-偶极环加成反应、Povarov 反应、Baeyer-Villige 以及其他多组分反应中，表现出了优良的催化活性和对映选择性[40]。

手性磷酸催化的活化模式主要分为三种：①氢键活化模式；②离子对活化模式；③氢键离子对活化模式。在反应过程中，手性磷酸与亲核试剂以及亲电试剂均有相互作用：亲电试剂与手性磷酸上酸性质子之间的氢键作用；亲核试剂和手性磷酸上磷酰氧之间的氢键作用。在氢键活化模式中，亲电试剂通过与催化剂之间的氢键作用来降低其 LUMO 轨道能量，因此更加有利于亲核试剂的进攻（图 5.46 类型 a）。在离子对活化模式中，手性磷酸在催化过程中发生质子转移，本身从 Brønsted 酸转化为 Brønsted 碱。由于 Brønsted 碱有抗衡离子的能力，且 Brønsted 碱抗衡离子的亲核性是适度的，在限制其他亲核试剂对 X 鎓离子进攻的同时又可以有效地包围平面型的 X 鎓离子，这使得 Brønsted 碱可以有效地覆盖碳鎓离子的一个非对映异构面，进而实现反应的对映选择性（图 5.46 类型 b）。此外，手性磷酸在催化过程中催化剂与底物之间既存在氢键作用又存在抗衡离子的相互作用，即所谓的氢键离子对活化模式（图 5.46 类型 c）。

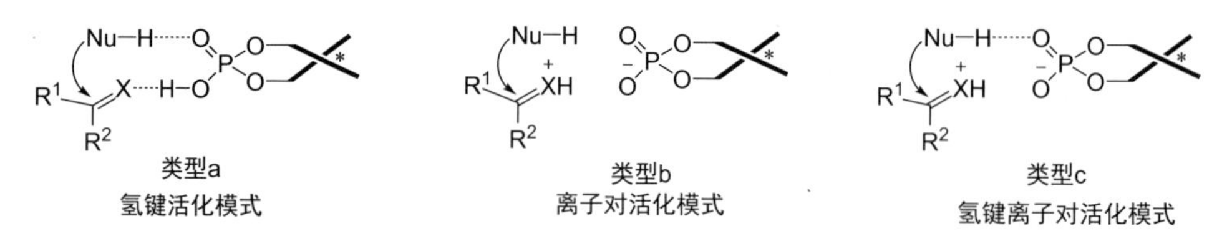

图 5.46 手性磷酸催化的三种活化模式

5.2.2 磷酸催化亚胺活化

亲核试剂对亚胺的加成是手性磷酸催化的有机反应中最常见的一类。通常，该类反应中手性磷酸起着双功能催化剂的作用。亚胺上的氮原子会和手性磷酸中的酸性位点(P-O-H)结合，而亲核试剂会通过质子和手性磷酸中的 P＝O 键形成氢键从而与其结合。由此实现手性磷酸对亚胺和亲核试剂两个底物的同时活化。

2008 年，Goodman 课题组对手性磷酸催化 Hantzsch 酯与亚胺的加氢还原反应进行了理论研究 [41]。作者首先对手性磷酸对底物的两种可能活化模式进行了探讨，如图 5.47 所示，在 **5-197ts** 中，手性磷酸通过离子对活化模式来活化亚胺底物。由于亚胺中两个苯基的空间位阻效应，Hantzsch 酯对亚胺的亲核进攻将在另一侧发生。然而，亚胺与手性磷酸所形成的单键可以任意旋转，催化剂无法有效地固定亚胺底物。所以这种活化模式难以解释反应对映选择性的来源。在 **5-198ts** 中，手性磷酸通过双氢键作用活化底物，同时磷酸手性骨架上取代基 R 与亚胺底物上的烷基取代基存在空间位阻排斥作用，这种三点相互作用模型可以解释反应的高对映选择性。

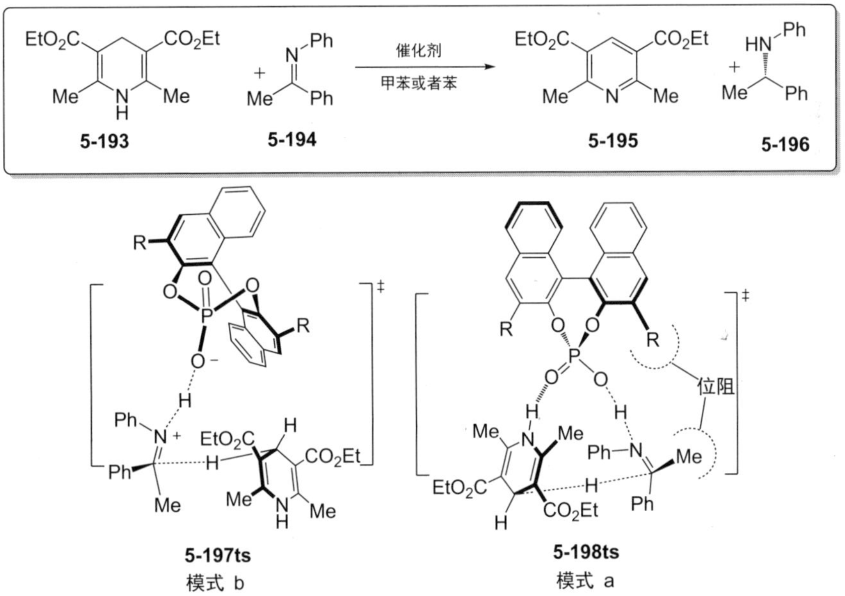

图 5.47 手性磷酸催化 Hantzsch 酯对亚胺的加氢反应的两种可能机理

随后，作者通过密度泛函理论方法 [B3LYP/6-311++G(d,p)//B3LYP/6-31+G(d)] 对以上两种可能的活化模式进行了验证。如图 5.48 所示，计算表明，模式 b 中关键过渡态 **5-197ts** 的活化自由能垒比模式 a 中的 **5-198ts** 中高出 10.9 kcal/mol。这表明过渡态 **5-198ts** 代表的反应路径是更有利的。模式 a 中，*Z* 构型亚胺底物所经历的过渡态 **5-198ts** 能量相比 *E* 构型底物经历的过渡态 **5-200ts** 低了 2.5 kcal/mol。

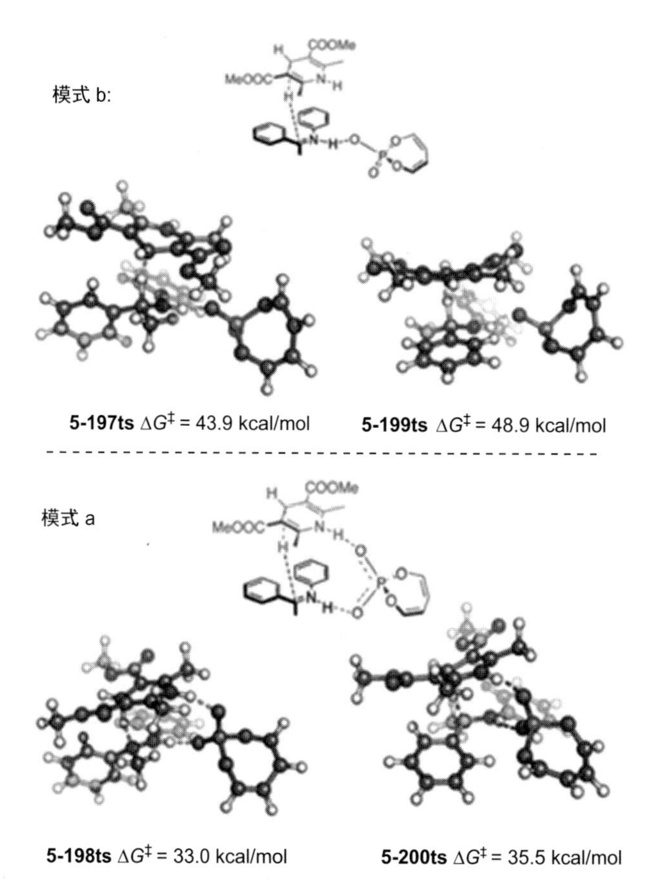

图 5.48　两种可能机理关键过渡态的活化能对比（图片出自参考文献 [41]）

作者认为，尽管 *E* 构型的亚胺底物比 Z 构型更稳定，但由于在反应条件下亚胺底物的 *Z/E* 构型容易互相转化，该反应也可以通过 *Z* 构型底物经历的过渡态 **5-198ts** 进行。导致 *Z* 构型底物所经历过渡态 **5-198ts** 自由能垒更低的因素有两个：一是 *Z* 构型底物中两个苯基的二面角在过渡态中所发生的扭曲较小(2.5°)；二是 *E* 构象底物经历的过渡态 **5-200ts** 中苯基和甲基具有更大的空间位阻，如图 5.49 所示。

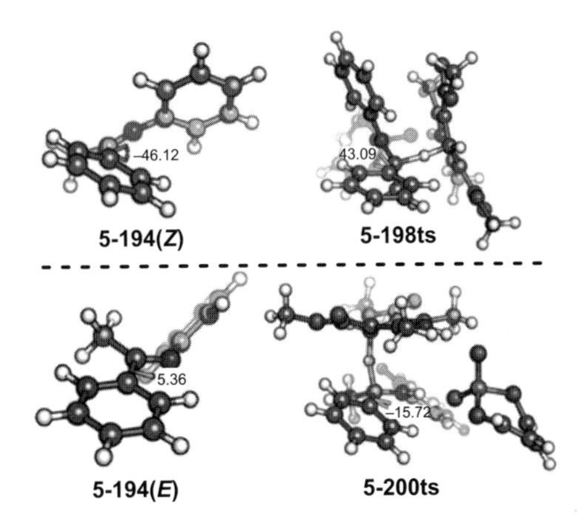

图5.49　*Z*构型（上）/*E*构型（下）亚胺底物中苯环二面角和过渡态构象（图片出自参考文献[41]）

由于上述理论研究中采用的简化催化剂模型不具备手性，无法解释手性诱导的原理，作者进一步采用 ONIOM 方法 [MPWB1K/6-31G(d,p)//B3LYP/6-31G(d):UFF] 探索了 MacMillan 组在实验中 [42] 所使用手性磷酸催化剂的手性诱导方式。作者通过理论计算对 *Z* 型和 *E* 型底物分别得到 *S* 型和 *R* 型产物的四条反应路径中关键过渡态能量进行了对比。结果表明，手性诱导是通过手性磷酸上的取代基的空间位阻实现的，如图 5.50 所示。在四种可能的过渡态结构中，*Z* 型底物到 *R* 型产物所经过的过渡态 **5-201ts** 活化能是最低的，这和实验结果以及简化模型的计算结果相符。对于 *S* 型产物可能经历的两条路径，其关键过渡态的活化能分别比 **5-201ts** 高了 5.7 kcal/mol（**5-202ts**）和 2.7 kcal/mol（**5-203ts**），这说明 *S* 型副产物主要通过 *E* 型底物的反应得到。

当亚胺底物上存在酸性更强的氢时，其更容易和手性磷酸催化剂碱性位点（P＝O）形成氢键，导向不同的机理。2010 年，Wang 课题组报道了类似的反应 [43]。和上一个反应不同的是，亚胺底物中苯基邻位的酚羟基氢酸性比 Hantzsch 酯中氨基氢更强。在实验推测的机理中，手性磷酸可以破坏亚胺底物的分子内氢键，并分别与亚胺上氮原子和酚羟基中氢原子形成氢键，从而活化亚胺底物。亲核试剂对亚胺的进攻将从空间位阻较小的方向进行，并最终获得手性产物，如图 5.51 所示。

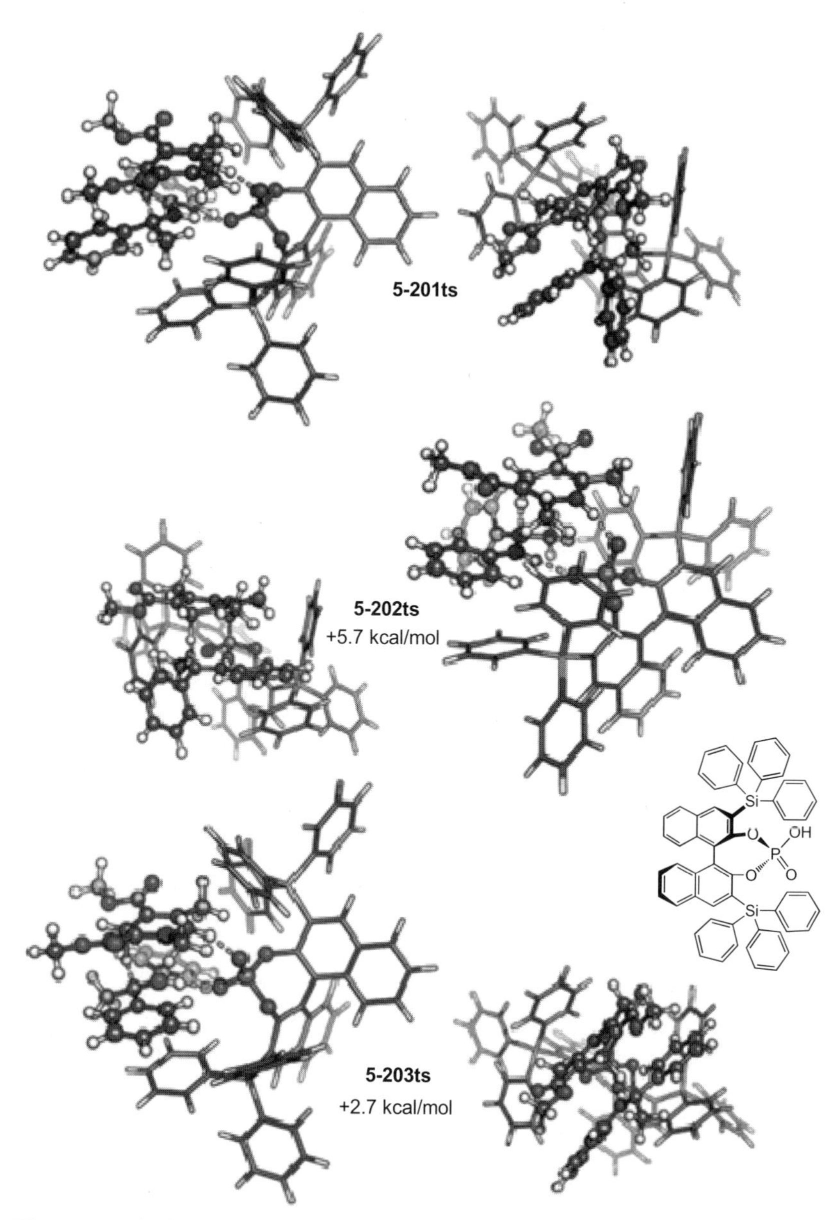

图 5.50　三种可能的过渡态结构（图片出自参考文献 [42]）

5-204（R′, OH, NH, R）→ 5-206（R′, OH, NH_2, R）

$^tBuO_2C$ / $CO_2{}^tBu$ / N H

催化剂 **5-205**
苯, 323.15 K, 72h

5-204

5-206
ee值 最多 99%
产率 最多 98%

5-205（$SiPh_3$, O, P, O, OH, $SiPh_3$）

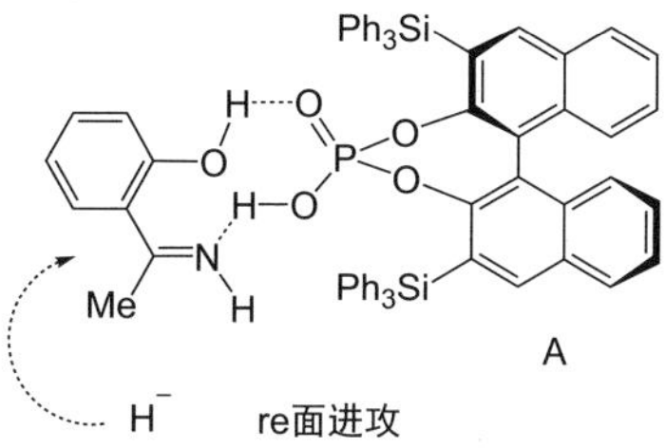

图 5.51 手性磷酸催化 Hantzsch 酯对亚胺的加氢反应

2017 年，Goodman 课题组对该反应进行了理论计算研究[44]。首先，作者使用密度泛函理论方法 [M06-2X/6-31G(d, p)//B3LYP/6-31G(d, p)]，初步研究了简化的反应模型中两种底物和手性磷酸催化剂的结合机制，如图 5.52 所示。与实验推测的机理不同，计算结果显示手性磷酸是通过氢键离子对模式活化底物。有意思的是，计算表明实验推测的过渡态 **5-207ts**（模式 a）相对自由能在三种模式中是最高的（比模式 c 相应过渡态 **5-209ts** 高 10.4 kcal/mol）。在最优路径（模式 c）中，首先亚胺部分通过分子内质子转移被活化，紧接着酚羟基接受手性磷酸催化剂酸性位点

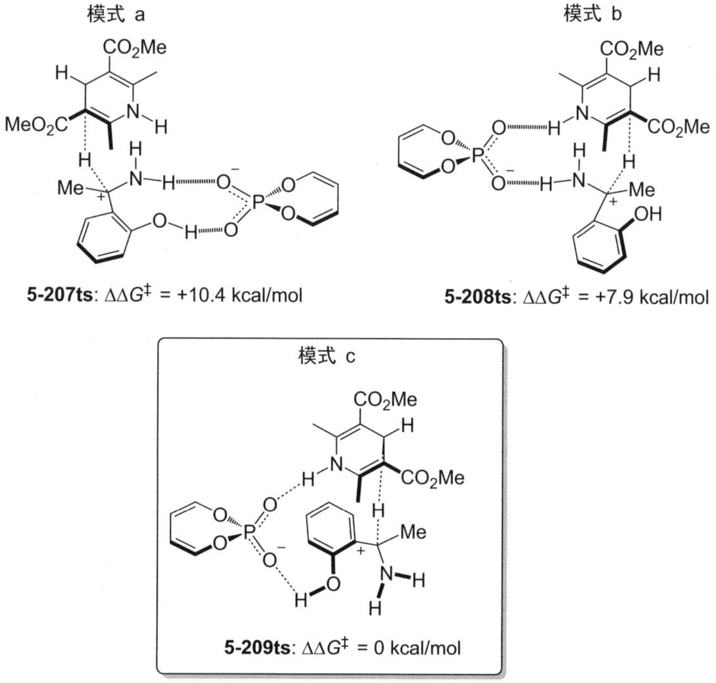

模式 a

5-207ts: $\Delta\Delta G^{\ddagger}$ = +10.4 kcal/mol

模式 b

5-208ts: $\Delta\Delta G^{\ddagger}$ = +7.9 kcal/mol

模式 c

5-209ts: $\Delta\Delta G^{\ddagger}$ = 0 kcal/mol

图 5.52 手性磷酸催化 Hantzsch 酯对亚胺的加氢反应三种路径过渡态

(P-O-H)上的质子形成离子对。最后，Hantzsch 酯对亚胺底物上碳正离子发生亲核进攻。

在简化模型的基础上，作者使用 ONIOM [M06-2X/6-31G(d,p)//B3LYP/6-31G(d,p):UFF] 方法对模型 c 的关键过渡态 **5-209ts** 进行了计算研究，并使用 PCM 隐式溶剂模型模拟苯的溶剂效应。计算结果表明，Hantzsch 酯对亚胺底物的两种进攻方向分别对应一种过渡态构象（**5-210ts** 和 **5-211ts**），并最终得到不同手性的产物，如图 5.53 所示。两种构象计算得出的活化能之差为 1.4 kcal/mol，与实验结果相符。在优势构象 **5-210ts** 中，亚胺底物的芳基离催化剂相对较远，空间位阻较小。

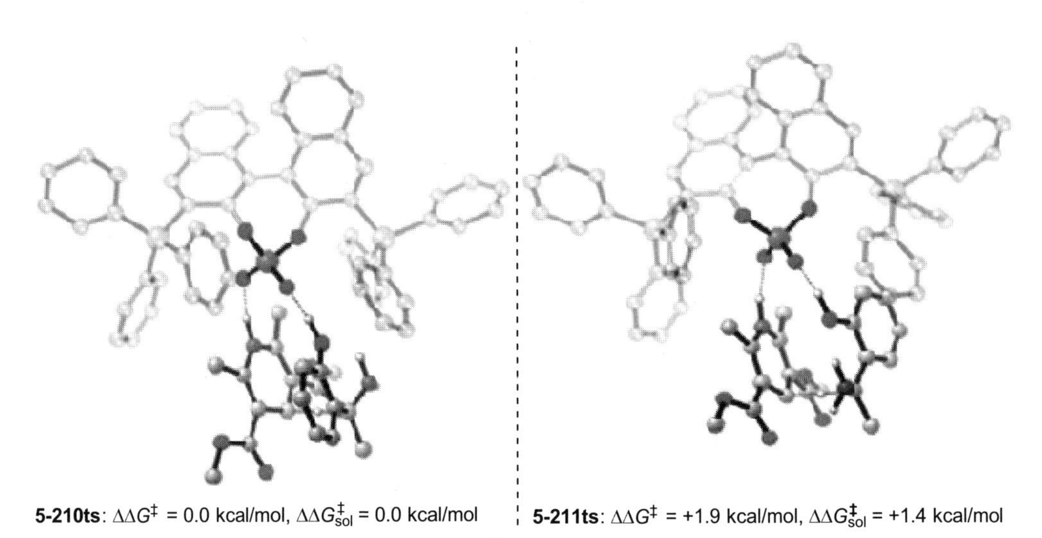

图 5.53　两种竞争构象的过渡态结构（图片出自参考文献 [44]）

5.2.3　磷酸催化酮的活化

手性叔醇及其酯类化合物具有独特的价值，并且这类化合物在天然产物和药物中广泛存在 [45]。这些化合物也是合成化学中的重要构筑模块 [46]。手性磷酸催化的吲哚和羰基化合物的不对称 Friedel-Crafts 反应是一种合成手性叔醇的高效方法 [40c, 40d, 47]。在此类反应中，酮的羰基氧可与手性磷酸形成氢键并发生质子转移，从而实现催化转化。

马军安课题组报道了一个手性磷酸催化的吲哚**5-212**与具有潜手性的2,2,2-三氟苯乙酮**5-213**的氢芳基化反应[48]，实验以高产率(99%)和优异的对映选择性(92% ee值)提供所需的α-三氟甲基季醇产物**5-215**(图5.54)。

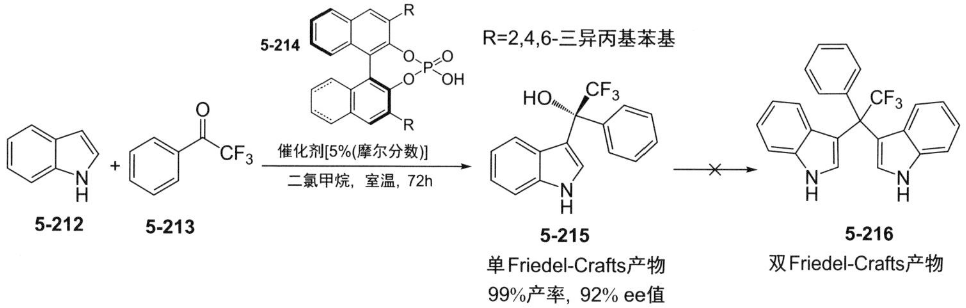

图5.54　手性磷酸催化酮的活化反应

该课题组也对此反应进行了理论研究，推测反应机理见图5.55。首先，酮和吲哚底物同时被手性磷酸催化剂活化，形成双氢键，得到含氢键物种**5-217**。然后**5-217**的吲哚部分通过过渡态**5-218ts**对酮羰基亲核进攻，对映选择性形成第一个碳-碳键，并生成两性离子中间体**5-219**。随后通过过渡态**5-220ts**进行的C-H去质子反应重构了吲哚环的芳香性，生成氢键物种**5-221**。最后释放出Friedel-Crafts产物并再生手性磷酸催化剂。

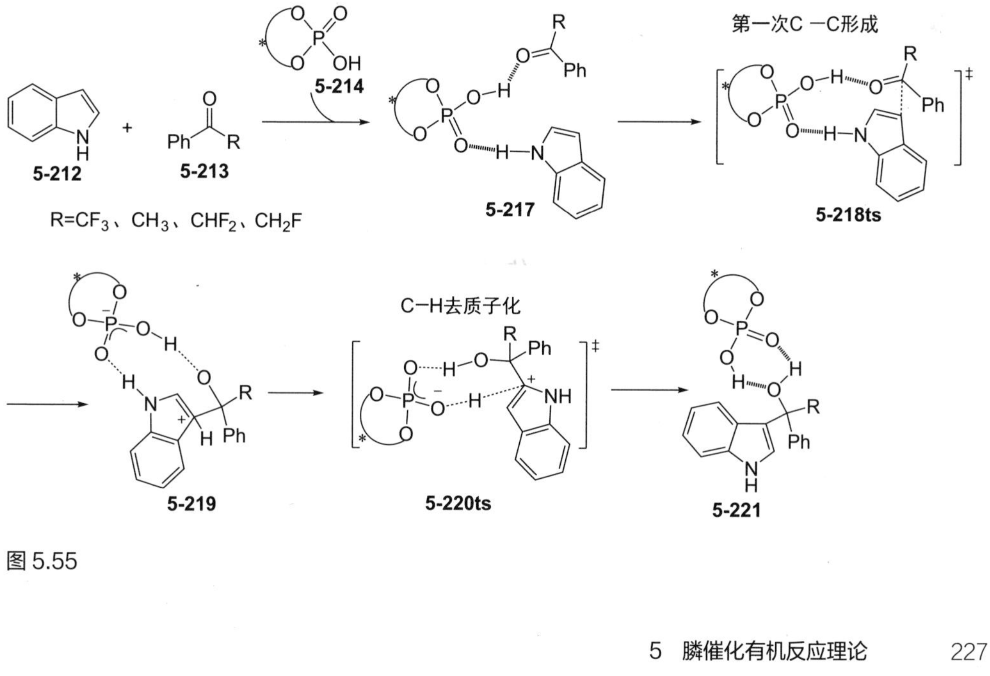

图5.55

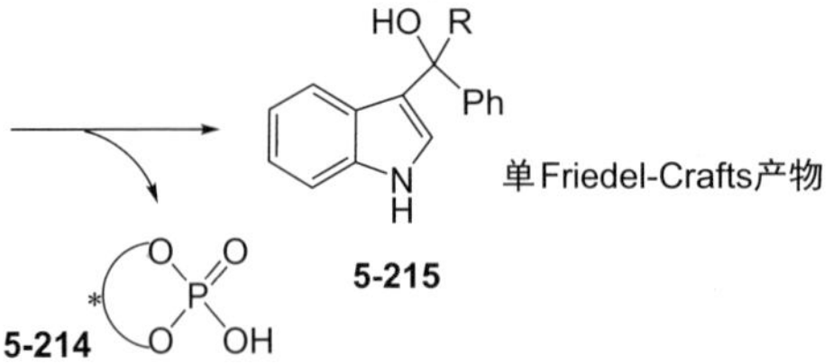

单Friedel-Crafts产物

5-215

5-214

图 5.55　手性磷酸催化酮的活化反应机理

为了减少计算耗时，该课题组使用了简化催化剂模型，即使用丁基-1,3-二烯-1,4-二醇磷酸代替原实验中的磷酸进行理论研究，理论计算结果如图 5.56 所示。在 Friedel-Crafts 反应的最初步骤中，手性磷酸 **5-212**、酮 **5-213** 和吲哚 **5-214** 将会首先形成一个三分子配合物 **5-217**，氢键相互作用使得它们的焓相较于反应焓变剖面零点降低了 19.4 kcal/mol。理论计算表明，手性磷酸 **5-212** 倾向于向亲电试剂酮 **5-213** 的羰基氧提供酸性质子，O---H 氢键的距离为 1.76 Å。与此同时，手性磷酸的碱性位点(P＝O)可以与吲哚 **5-212** 的 NH 上的 H 原子形成氢键，其 O---H 距离为 1.88 Å。这些氢键相互作用使得羰基化合物的亲电性被增强，吲

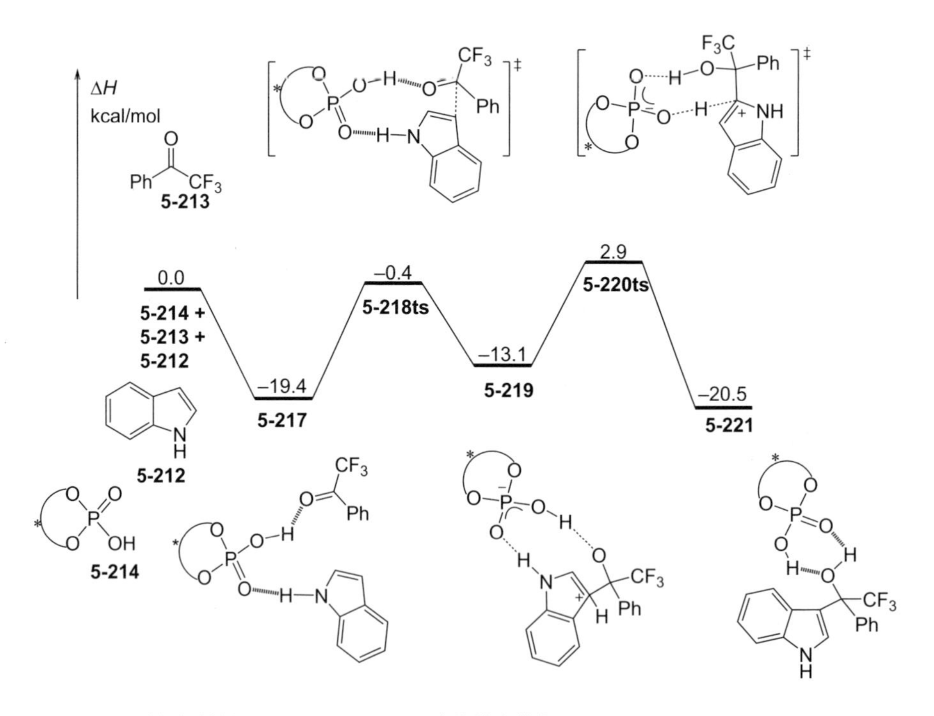

图 5.56　手性磷酸催化 Friedel-Crafts 反应的焓变曲线

哚底物 **5-214** 的亲核性被增强，两个底物同时被手性磷酸催化剂活化。一般认为，在 Friedel-Crafts 反应中，芳环对亲电试剂的第一次亲核进攻是反应决速步，而随后的质子转移则是一个快速的过程。但是，计算表明，磷酸催化过程中，第一步通过过渡态 **5-218ts** 进行的亲核进攻表观活化焓为 19.0 kcal/mol，略低于随后通过过渡态 **5-220ts** 进行质子转移过程的表观活化焓(22.3 kcal/mol)。

5.2.4 磷酸催化亚硝基化合物的活化

共轭二烯化合物和亚硝基化合物(亲双烯体)发生 Nitroso-Diels-Alder (NDA) 反应[49]，可得到在天然产物和生物领域具有重要价值的噁嗪产物[49, 50]。因此，NDA 反应引起了化学家们的广泛关注，开发不对称 NDA 反应一直是众多研究的主题。然而，反应中如何控制区域选择性[51]，以及亚硝基化合物在酸性条件下较高二聚倾向[52]，使得这样的对映选择性分子间催化过程的开发具有挑战性。据文献报道，手性磷酸作为一种强 Brønsted 酸，在催化此类反应中有着较好的表现。

含有 NH 导向基团的 1,3-二烯类化合物是实现此类对映选择性催化 NDA 反应的理想反应物[53]。如图 5.57 所示，在手性磷酸的催化下，1,3-二烯类化合物和亚硝基芳烃可以通过双氢键作用被活化，并且实现反应的区域选择性和对映选择性调控。

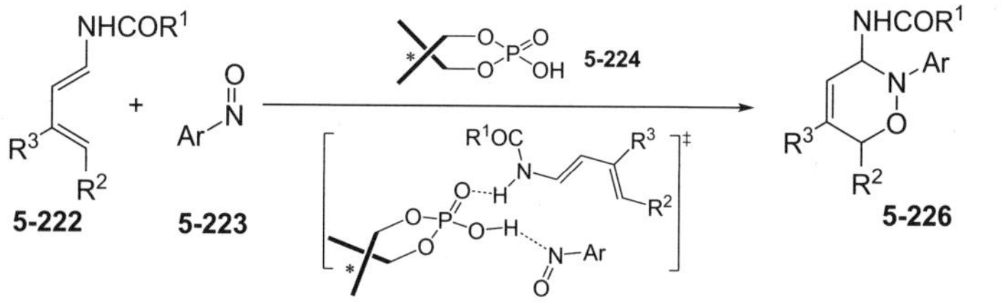

图 5.57 双功能磷酸催化的对映选择性 NDA 反应

基于此项理论，Masson 课题组对图 5.58(a) 中反应进行了实验和理论研究[53]。为了探究反应区域选择性反转的机理，作者提出磷酸催化和无催化剂的两种不同反应模型 [图 5.58(b)]。由于磷酸催化剂具有较高的亲氮性，可以优先与亚硝基化合物 **5-223** 的氮形成氢键，从而有利于区域选择性异构体 **5-225** 的形成。这种反应模型的关键过渡态 **5-228ts** 中，磷酸催化剂与 1,3-丁二烯 **5-222** 的氨基氮氢形成氢键，同时也与亚硝基化合物 **5-223** 的氮原子形成氢键，这样的双氢键作用有利于得到主产物 **5-225**。在无磷酸催化的另一种模型中，1,3-丁二烯 **5-222** 与亚硝基化合物 **5-223** 则会以较慢的速率发生环加成，得到另一种区域选择性产物 **5-226**。

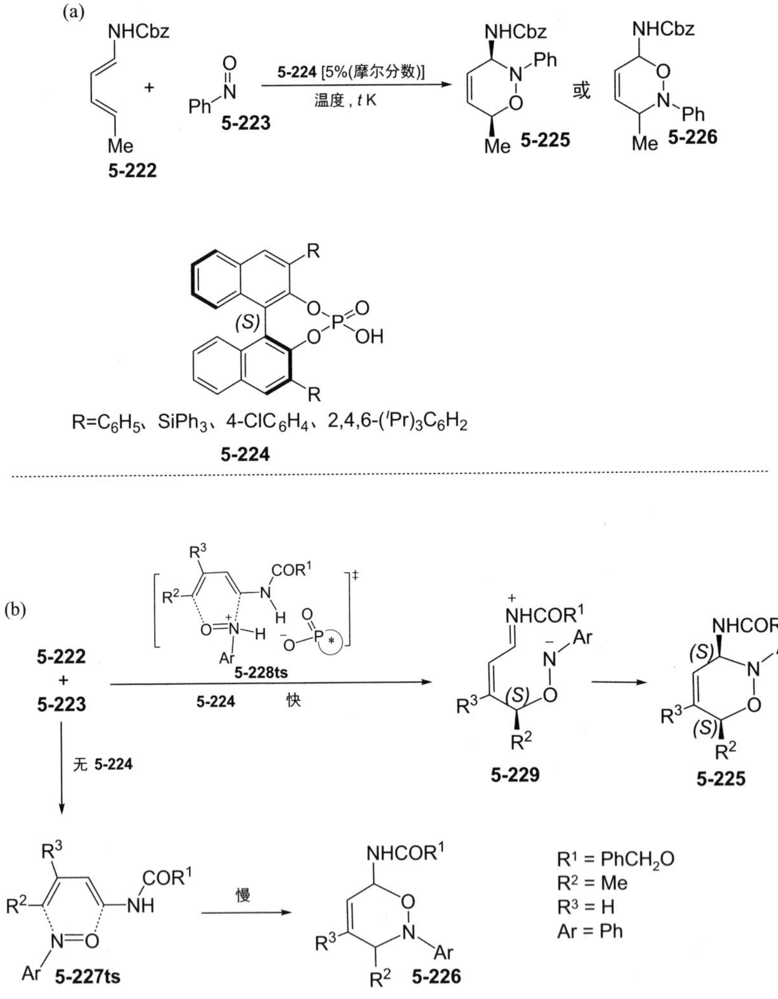

(a)
NHCbz
Me
5-222
+
O
N
Ph
5-223
5-224 [5%(摩尔分数)]
温度，*t* K
NHCbz
N
Ph
O
Me **5-225**
或
NHCbz
O
N
Ph
Me **5-226**

R
O
(*S*)
P
O
OH
O
R
R=C_6H_5、$SiPh_3$、4-ClC_6H_4、2,4,6-(^iPr)$_3C_6H_2$
5-224

(b)
5-222
+
5-223
R^3
R^2
COR^1
N
H
O=N-H
Ar
O
P
*
‡
5-228ts
5-224　快
$NHCOR^1$
N
Ar
R^3
(*S*)
O
R^2
5-229
$NHCOR^1$
(*S*)
N
Ar
R^3
(*S*)
O
R^2
5-225
无 **5-224**
R^3
R^2
COR^1
NH
N=O
Ar **5-227ts**
慢
$NHCOR^1$
O
N
Ar
R^3
R^2 **5-226**
R^1 = $PhCH_2O$
R^2 = Me
R^3 = H
Ar = Ph

图 5.58　反应区域选择性反转的机理

首先，作者在没有磷酸催化剂 **5-224** 的条件下对亲双烯体 **5-223** 和 1,3-二烯 **5-330**(R^1=Me，R^2=Ph，R^3=H) 的环加成反应进行计算，找出了两种不同区域选择性的产物 **5-331** 和 **5-332** 的过渡态。由图 5.59 可知，在没有磷酸催化剂 **5-224** 存在的情况下，反应生成 **5-331** 产物路径的能垒比生成 **5-332** 产物路径的能垒低了 3.8 kcal/mol。反应的选择性趋向于生成 **5-331** 为主产物。

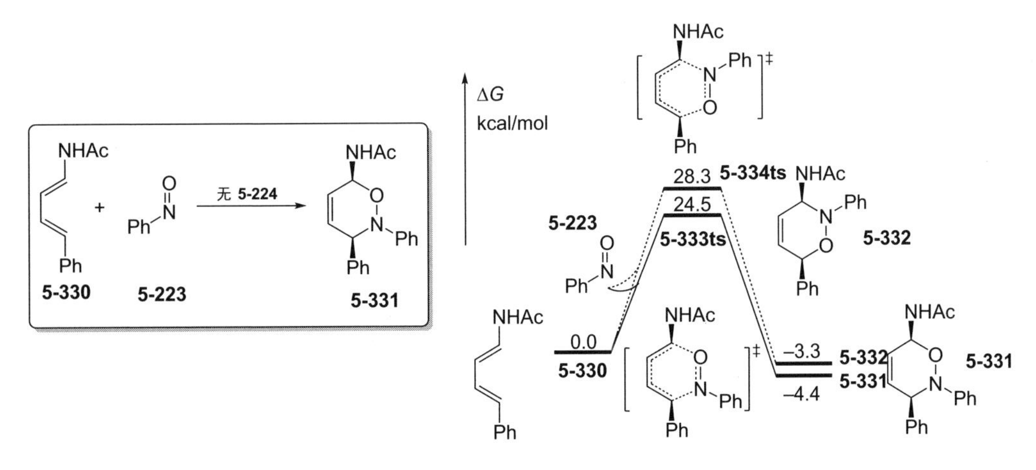

图 5.59 无催化剂情况下生成主产物 5-331 计算结果

接下来，在含有 *S* 和 *R* 两种磷酸催化剂存在下研究了生成主产物 **5-332** 的过渡态，以此探究区域选择性反转与立体化学的起源(图 5.60)。在区域和立体化学的四种可能组合中，在 **5-333** 催化剂存在下导致区域和立体异构体的过渡态 **5-334ts** 的相对自由能最低，为 4.2 kcal/mol。这一结果与实验得到的主要产物 **5-332** 是一致的。

理论计算的结果表明，磷酸催化剂在该反应中，通过其酸性位点(P-O-H)向亲电的亚硝基芳烃底物提供质子，形成了磷酸铵离子对。同时磷酸的碱性位点(P═O)与 1,3-丁二烯的氨基氢原子形成氢键，增强了共轭二烯烃底物的亲核性。通过这样的氢键离子对活化模式，磷酸催化剂既可抑制了亚硝基底物在酸性条件下的二聚倾向，又调控了反应的区域选择性。因此，手性磷酸在此类反应中展现出优秀的催化活性。

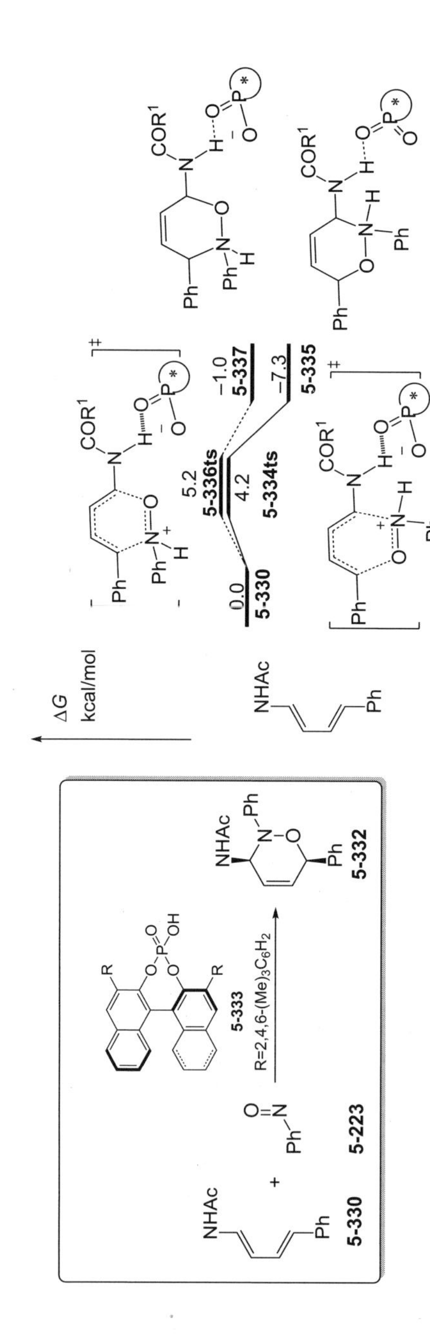

图 5.60 手性磷酸催化剂存在下生成主产物 **5-332** 计算结果

参考文献

[1] (a) Volla C M R, Atodiresei I, Rueping M. Catalytic C—C Bond-Forming Multi-Component Cascade or Domino Reactions: Pushing the Boundaries of Complexity in Asymmetric Organocatalysis [J]. Chemical Reviews, 2014, 114 (4): 2390-2431; (b) Palomo C, Oiarbide M, López R. Asymmetric Organocatalysis by Chiral Brønsted Bases: Implications and Applications [J]. Chemical Society Reviews, 2009, 38 (2): 632-653; (c) Cheong P H Y, Legault C Y, Um J M, et al. Quantum Mechanical Investigations of Organocatalysis: Mechanisms, Reactivities, and Selectivities [J]. Chemical Reviews, 2011, 111 (8): 5042-5137; (d) Bertelsen S, Jørgensen K A. Organocatalysis—after the Gold Rush [J]. Chemical Society Reviews, 2009, 38 (8): 2178-2189; (e) Yang Y, Qu C, Chen X, et al. A Multiheteroatom [3,3]-Sigmatropic Rearrangement: Disproportionative Entries into 2-(*N*-Heteroaryl)methyl Phosphates and α-Keto Phosphates [J]. Organic Letters, 2017, 19 (21): 5864-5867.

[2] List B, Lerner R A, Barbas C F. Proline-Catalyzed Direct Asymmetric Aldol Reactions [J]. Journal of the American Chemical Society, 2000, 122 (10): 2395-2396.

[3] Ahrendt K A, Borths C J, MacMillan D W C. New Strategies for Organic Catalysis: The First Highly Enantioselective Organocatalytic Diels-Alder Reaction [J]. Journal of the American Chemical Society, 2000, 122 (17): 4243-4244.

[4] (a) Qin Y, Zhu L, Luo S. Organocatalysis in Inert C—H Bond Functionalization [J]. Chemical Reviews, 2017, 117 (13): 9433-9520; (b) Bi W Z, Qu C, Chen X L, et al. A Direct C2-Selective Phenoxylation and Alkoxylation of Quinoline N-Oxides with Various Phenols and Alcohols in the Presence of H-Phosphonate [J]. European Journal of Organic Chemistry, 2017, 2017 (34): 5125-5130.

[5] Wang Z, Xu X, Kwon O. Phosphine Catalysis of Allenes with Electrophiles [J]. Chemical Society Reviews, 2014, 43 (9): 2927-2940.

[6] (a) Blom J, Vidal-Albalat A, Jørgensen J, et al. Directing the Activation of Donor-Acceptor Cyclopropanes Towards Stereoselective 1,3-Dipolar Cycloaddition Reactions by Brønsted Base Catalysis [J]. Angewandte Chemie International Edition, 2017, 56 (39): 11831-11835;(b) Li H, Luo J, Li B, et al. Enantioselective [4+1]-Annulation of α,β-Unsaturated Imines with Allylic Carbonates Catalyzed by a Hybrid P-Chiral Phosphine Oxide-Phosphine [J]. Organic Letters, 2017, 19 (20): 5637-5640; (c) Ni H, Tang X, Zheng W, et al. Enantioselective Phosphine-Catalyzed Formal [4+4] Annulation of α,β-Unsaturated Imines and Allene Ketones: Construction of Eight-Membered Rings [J]. Angewandte Chemie International Edition, 2017, 56 (45): 14222-14226; (d) Park J, Jean A, Chen D Y K. Asymmetric Total Syntheses of Communesin F and a Putative Member of the Communesin Family [J]. Angewandte Chemie International Edition, 2017, 56 (45): 14237-14240; (e) Ramachary D B, Anif Pasha M, Thirupathi G. Organocatalytic Asymmetric Formal [3+2] Cycloaddition as a Versatile Platform to Access Methanobenzo[7]annulenes [J]. Angewandte Chemie International Edition, 2017, 56 (42): 12930-12934; (f) Schmauck J, Breugst M. The Potential of Pnicogen Bonding for Catalysis—a Computational Study [J]. Organic & Biomolecular Chemistry, 2017, 15 (38): 8037-8045; (g) Su R H, Ding X F, Wu S X, et al. Secondary Amine-Catalyzed Asymmetric Formal Aza [3+3] Cycloaddition to Construct Enantioenriched Piperidines Derivatives [J]. Tetrahedron, 2017, 73 (41): 6031-6038; (h) Yang C, Xue X S, Jin J L, et al. Correction to "Theoretical Study on the Acidities of Chiral Phosphoric Acids in Dimethyl Sulfoxide: Hints for Organocatalysis" [J]. The Journal of Organic Chemistry, 2017, 82 (19): 10756-10756; (i) Zhao N, Ren C, Li H, et al. Selective Ring-Opening Polymerization of Non-Strained γ-Butyrolactone Catalyzed by A Cyclic Trimeric Phosphazene Base [J]. Angewandte Chemie International Edition, 2017, 56 (42): 12987-12990; (j) Bi W Z, Sun K, Qu C, et al. A Direct Metal-Free C2—H Functionalization of Quinoline N-Oxides: A Highly Selective Amination and Alkylation Strategy Towards 2-Substituted Quinolines [J]. Organic Chemistry Frontiers, 2017, 4 (8): 1595-1600.

[7] (a) Yamataka H, Nagase S. Theoretical Calculations on the Wittig Reaction Revisited [J]. Journal of the American Chemical Society, 1998, 120 (30): 7530-7536; (b) McDougal N T, Schaus S E. Highly Diastereoselective Synthesis of Bicyclo[3.2.1]octenones through Phosphine-Mediated Condensations of 1,4-Dien-3-ones [J]. Angewandte Chemie International Edition, 2006, 45 (19): 3117-3119.

[8] (a) Wei Y, Shi M. Recent Advances in Organocatalytic Asymmetric Morita-Baylis-Hillman/aza-Morita-Baylis-Hillman Reactions [J]. Chemical Reviews, 2013, 113 (8): 6659-6690; (b) Basavaiah D, Rao A J, Satyanarayana T. Recent Advances in the Baylis-Hillman Reaction and Applications [J]. Chemical Reviews, 2003, 103 (3): 811-892.

[9] (a) Aroyan C E, Dermenci A, Miller S J. The Rauhut-Currier Reaction: a History and Its Synthetic Application [J]. Tetrahedron, 2009, 65 (21): 4069-4084.

[10] (a) Lu X, Zhang C, Xu Z. Reactions of Electron-Deficient Alkynes and Allenes under Phosphine Catalysis [J]. Accounts of Chemical Research, 2001, 34 (7): 535-544; (b) Xu Z, Lu X. A Novel [3+2] Cycloaddition Approach to Nitrogen Heterocycles via Phosphine-Catalyzed Reactions of 2,3-Butadienoates or 2-Butynoates and Dimethyl Acetylenedicarboxylate with Imines: A Convenient Synthesis of Pentabromopseudilin [J]. The Journal of Organic Chemistry, 1998, 63 (15): 5031-5041; (c) Xu Z, Lu X. Phosphine-Catalyzed [3+2] Cycloaddition Reaction of Methyl 2,3-Butadienoate and N-Tosylimines. A Novel Approach to Nitrogen Heterocycles [J]. Tetrahedron Letters, 1997, 38 (19): 3461-3464; (d) Zhang C, Lu X. Phosphine-Catalyzed Cycloaddition of 2,3-Butadienoates or 2-Butynoates with Electron-Deficient Olefins. A Novel [3 + 2] Annulation Approach to Cyclopentenes [J]. The Journal of Organic Chemistry, 1995, 60 (9): 2906-2908.

[11] (a) White D A, Baizer M M. Catalysis of the Michael Reaction by Tertiary Phosphines [J]. Tetrahedron Letters, 1973, 14 (37): 3597-3600; (b) Gómez-Bengoa E, Cuerva J M, Mateo C, et al. Michael Reaction of Stabilized Carbon Nucleophiles Catalyzed by [$RuH_2(PPh_3)_4$] [J]. Journal of the American Chemical Society, 1996, 118 (36): 8553-8565; (c) Stewart I C, Bergman R G, Toste F D. Phosphine-Catalyzed Hydration and Hydroalkoxylation of Activated Olefins: Use of a Strong Nucleophile to Generate a Strong Base [J]. Journal of the American Chemical Society, 2003, 125 (29): 8696-8697.

[12] (a) Trost B M, Li C J. Novel "Umpolung" in C—C Bond Formation Catalyzed by Triphenylphosphine [J]. Journal of the American Chemical Society, 1994, 116 (7): 3167-3168; (b) Zhu X F, Lan J, Kwon O. An Expedient Phosphine-Catalyzed [4+2] Annulation: Synthesis of Highly Functionalized Tetrahydropyridines [J]. Journal of the American Chemical Society, 2003, 125 (16): 4716-4717.

[13] (a) Ye L W, Zhou J, Tang Y. Phosphine-Triggered Synthesis of Functionalized Cyclic Compounds [J]. Chemical Society Reviews, 2008, 37 (6): 1140-1152; (b) Wei Y, Shi M. Lu's [3+2] Cycloaddition of Allenes with Electrophiles: Discovery, Development and Synthetic Application [J]. Organic Chemistry Frontiers, 2017, 4 (9): 1876-1890.

[14] (a) Gomez C, Gicquel M, Carry J C, et al. Phosphine-Catalyzed Synthesis of 3,3-Spirocyclopenteneoxindoles from γ-Substituted Allenoates: Systematic Studies and Targeted Applications [J]. The Journal of Organic Chemistry, 2013, 78 (4): 1488-1496; (b) Fan Y C, Kwon O. Advances in Nucleophilic Phosphine Catalysis of Alkenes, Allenes, Alkynes and MBHADs [J]. Chemical Communications, 2013, 49 (99): 11588-11619; (c) Kondoh A, Ishikawa S, Aoki T, et al. Synthesis of 2,3-Allenylamides Utilizing [1,2]-Phospha-Brook Rearrangement and Their Application to Gold-Catalyzed Cycloisomerization Providing 2-Aminofuran Derivatives [J]. Chemical Communications, 2016, 52 (84): 12513-12516; (d) Wang T, Hoon D. L, Lu Y. Enantioselective Synthesis of 3-Fluoro-3-allyl-oxindoles via Phosphine-Catalyzed Asymmetric γ-Addition of 3-Fluoro-oxindoles to 2,3-Butadienoates [J]. Chemical Communications, 2015, 51 (50): 10186-10189.

[15] (a) Soerensen S, Hansen R S, Jakobsen H J. Influence of Lone-Pair Electrons on Carbon-13-Phosphorus-31 Nuclear Spin Couplings in Aromatic Phosphines [J]. Journal of the American Chemical Society, 1972, 94 (16): 5900-5902; (b) Dudding T, Kwon O, Mercier E. Theoretical Rationale for Regioselection in Phosphine-Catalyzed Allenoate Additions to Acrylates, Imines, and Aldehydes [J]. Organic Letters, 2006, 8 (17): 3643-3646; (c) Lee R, Zhong F, Zheng B, et al. The Origin of Enantioselectivity in the l-Threonine-Derived Phosphine-Sulfonamide Catalyzed Aza-Morita-Baylis-Hillman Reaction: Effects of the Intramolecular Hydrogen Bonding [J]. Organic & Biomolecular Chemistry, 2013, 11 (29): 4818-4824.

[16] Wang T, Yu Z, Hoon D L, et al. Highly Enantioselective Construction of Tertiary Thioethers and Alcohols via Phosphine-Catalyzed Asymmetric γ-Addition Reactions of 5H-Thiazol-4-ones and

5H-Oxazol-4-ones: Scope and Mechanistic Understandings [J]. Chemical Science, 2015, 6 (8): 4912-4922.

[17] (a) Cho C W, Kong J R, Krische M J. Phosphine-Catalyzed Regiospecific Allylic Amination and Dynamic Kinetic Resolution of Morita-Baylis-Hillman Acetates [J]. Organic Letters, 2004, 6 (8): 1337-1339; (b) Aggarwal V K, Harvey J N, Robiette R. On the Importance of Leaving Group Ability in Reactions of Ammonium, Oxonium, Phosphonium, and Sulfonium Ylides [J]. Angewandte Chemie International Edition, 2005, 44 (34): 5468-5471.

[18] (a) Jean L, Marinetti A. Phosphine-Catalyzed Enantioselective [3+2] Annulations of 2,3-Butadienoates with Imines [J]. Tetrahedron Letters, 2006, 47 (13): 2141-2145; (b) Xiao H, Chai Z, Zheng C W, et al. Asymmetric [3+2] Cycloadditions of Allenoates and Dual Activated Olefins Catalyzed by Simple Bifunctional N-Acyl Aminophosphines [J]. Angewandte Chemie International Edition, 2010, 49 (26): 4467-4470; (c) Xing J, Lei Y, Gao Y N, et al. PPh_3-Catalyzed [3+2] Spiroannulation of 1C,3N-Bisnucleophiles Derived from Secondary β-Ketoamides with δ-Acetoxy Allenoate: A Route to Functionalized Spiro N-Heterocyclic Derivatives [J]. Organic Letters, 2017, 19 (9): 2382-2385; (d) Han X, Wang Y, Zhong F, et al. Enantioselective [3+2] Cycloaddition of Allenes to Acrylates Catalyzed by Dipeptide-Derived Phosphines: Facile Creation of Functionalized Cyclopentenes Containing Quaternary Stereogenic Centers [J]. Journal of the American Chemical Society, 2011, 133 (6): 1726-1729; (e) Smith S W, Fu G C. Asymmetric Carbon—Carbon Bond Formation γ to a Carbonyl Group: Phosphine-Catalyzed Addition of Nitromethane to Allenes [J]. Journal of the American Chemical Society, 2009, 131 (40): 14231-14233; (f) Sinisi R, Sun J, Fu G C. Phosphine-Catalyzed Asymmetric Additions of Malonate Esters to γ-Substituted Allenoates and Allenamides [J]. Proceedings of the National Academy of Sciences, 2010, 107 (48): 20652; (g) Ramachary D B, Prabhakar Reddy T, Suresh Kumar A. Organocatalytic Umpolung Annulative Dimerization of Ynones for the Synthesis of 5-Alkylidene-2-cyclopentenones [J]. Organic & Biomolecular Chemistry, 2017, 15 (46): 9785-9789.

[19] (a) Xia Y, Liang Y, Chen Y, et al. An Unexpected Role of a Trace Amount of Water in Catalyzing Proton Transfer in Phosphine-Catalyzed (3+2) Cycloaddition of Allenoates and Alkenes [J]. Journal of the American Chemical Society, 2007, 129 (12): 3470-3471; (b) Liang Y, Liu S, Xia Y, et al. Mechanism, Regioselectivity, and the Kinetics of Phosphine-Catalyzed [3+2] Cycloaddition Reactions of Allenoates and Electron-Deficient Alkenes [J]. Chemistry – A European Journal, 2008, 14 (14): 4361-4373; (c) Xie P, Lai W, Geng Z, et al. Phosphine-Catalyzed Domino Reaction for the Synthesis of Conjugated 2,3-Dihydrofurans from Allenoates and Nazarov Reagents [J]. Chemistry – An Asian Journal, 2012, 7 (7): 1533-1537; (d) Zhao L, Wen M, Wang Z X. Reaction Mechanism of Phosphane-Catalyzed [4+2] Annulations between α-Alkylallenoates and Activated Alkenes: A Computational Study [J]. European Journal of Organic Chemistry, 2012, 2012 (19): 3587-3597; (e) Qiao Y, Han K L. Elucidation of the Reaction Mechanisms and Diastereoselectivities of Phosphine-Catalyzed [4+2] Annulations between Allenoates and Ketones or Aldimines [J]. Organic & Biomolecular Chemistry, 2012, 10 (38): 7689-7706.

[20] (a) Li E, Jin H, Jia P, et al. Bifunctional-Phosphine-Catalyzed Sequential Annulations of Allenoates and Ketimines: Construction of Functionalized Poly-heterocycle Rings [J]. Angewandte Chemie International Edition, 2016, 55 (38): 11591-11594; (b) Lee S Y, Fujiwara Y, Nishiguchi A, et al. Phosphine-Catalyzed Enantioselective Intramolecular [3+2] Annulations To Generate Fused Ring Systems [J]. Journal of the American Chemical Society, 2015, 137 (13): 4587-4591; (c) Liang L, Huang Y. Phosphine-Catalyzed [3+3]-Domino Cycloaddition of Ynones and Azomethine Imines To Construct Functionalized Hydropyridazine Derivatives [J]. Organic Letters, 2016, 18 (11): 2604-2607; (d) Yuan C, Zhou L, Xia M, et al. Phosphine-Catalyzed Enantioselective [4+3] Annulation of Allenoates with C,N-Cyclic Azomethine Imines: Synthesis of Quinazoline-Based Tricyclic Heterocycles [J]. Organic Letters, 2016, 18 (21): 5644-5647; (e) Kramer S, Fu G C. Use of a New Spirophosphine To Achieve Catalytic Enantioselective [4+1] Annulations of Amines with Allenes To Generate Dihydropyrroles [J]. Journal of the American Chemical Society, 2015, 137 (11): 3803-3806; (f) Ziegler D T, Riesgo L,

Ikeda T, et al. Biphenyl-Derived Phosphepines as Chiral Nucleophilic Catalysts: Enantioselective [4+1] Annulations To Form Functionalized Cyclopentenes [J]. Angewandte Chemie International Edition, 2014, 53 (48): 13183-13187.

[21] Gao Z, Wang C, Zhou L, et al. Phosphine-Catalyzed [8+2]-Annulation of Heptafulvenes with Allenoates and Its Asymmetric Variant: Construction of Bicyclo[5.3.0]decane Scaffold [J]. Organic Letters, 2018, 20 (14): 4302-4305.

[22] Lin W X, Pei Z, Gong C, et al. Is the Reaction Sequence in Phosphine-Catalyzed [8+2] Cycloaddition Controlled by Electrophilicity? [J]. Chemical Communications, 2021, 57 (6): 761-764.

[23] Duan M, Zhu L, Qi X, et al. From Mechanistic Study to Chiral Catalyst Optimization: Theoretical Insight into Binaphthophosphepine-catalyzed Asymmetric Intramolecular [3+2] Cycloaddition [J]. Scientific Reports, 2017, 7 (1): 7619.

[24] Yao W, Yu Z, Wen S, et al. Chiral Phosphine-Mediated Intramolecular [3+2] Annulation: Enhanced Enantioselectivity by Achiral Brønsted acid [J]. Chemical Science, 2017, 8 (7): 5196-5200.

[25] (a) Wurz R P, Fu G C. Catalytic Asymmetric Synthesis of Piperidine Derivatives through the [4+2] Annulation of Imines with Allenes [J]. Journal of the American Chemical Society, 2005, 127 (35): 12234-12235; (b) Tran Y S, Kwon O. Phosphine-Catalyzed [4+2] Annulation: Synthesis of Cyclohexenes [J]. Journal of the American Chemical Society, 2007, 129 (42): 12632-12633; (c) Wang T, Ye S. Diastereoselective Synthesis of 6-Trifluoromethyl-5,6-dihydropyrans via Phosphine-Catalyzed [4+2] Annulation of α-Benzylallenoates with Ketones [J]. Organic Letters, 2010, 12 (18): 4168-4171.

[26] (a) Li J H, Du D M. Phosphine-Catalyzed Cascade Reaction of Unsaturated Pyrazolones with Alkyne Derivatives: Efficient Synthesis of Pyrano[2,3-c]Pyrazoles and Spiro-Cyclopentanone-Pyrazolones [J]. Advanced Synthesis & Catalysis, 2015, 357 (18): 3986-3994; (b) Li Z, Yu H, Liu Y, et al. Phosphane-Catalyzed [3+3] Annulation of C,N-Cyclic Azomethine Imines with Ynones: A Practical Method for Tricyclic Dinitrogen-Fused Heterocycles [J]. Advanced Synthesis & Catalysis, 2016, 358 (12): 1880-1885; (c) Li Y, Fu W, Tian R, et al. Mechanisms and Stereoselectivities of Phosphine-Catalyzed (3+3) Cycloaddition Reaction between Azomethine Imine and Ynone: A Computational Study [J]. International Journal of Quantum Chemistry, 2018, 118 (21): e25729; (d) Li Y, Zhang Z. Mechanisms of Phosphine-Catalyzed [3+3] Cycloaddition of Ynones and Azomethine Imines: A DFT Study [J]. New Journal of Chemistry, 2019, 43 (34): 13600-13607; (e) Wang W, Wang Y, Zheng L, et al. A DFT Study on Mechanisms and Origin of Selectivity of Phosphine-Catalyzed Vicinal Acylcyanation of Alkynoates [J]. Chemistry Select, 2017, 2 (19): 5266-5273.

[27] Sun Y L, Wei Y, Shi M. Tunable Regiodivergent Phosphine-Catalyzed [3+2] Cycloaddition of Alkynones and Trifluoroacetyl Phenylamides [J]. Organic Chemistry Frontiers, 2017, 4 (12): 2392-2402.

[28] Sun Y L, Wei Y, Shi M. Phosphine-Catalyzed Fixation of CO_2 with γ-Hydroxyl Alkynone under Ambient Temperature and Pressure: Kinetic Resolution and Further Conversion [J]. Organic Chemistry Frontiers, 2019, 6 (14): 2420-2429.

[29] (a) Demirbaş N, Ugurluoglu R, Demirbaş A. Synthesis of 3-Alkyl(Aryl)-4-alkylidenamino-4,5-dihydro-1H-1,2,4-triazol-5-ones and 3-Alkyl-4-alkylamino-4,5-dihydro-1H-1,2,4-triazol-5-ones as Antitumor Agents [J]. Bioorganic & Medicinal Chemistry, 2002, 10 (12): 3717-3723; (b) Tozkoparan B, Gökhan N, Aktay G, et al. 6-Benzylidenethiazolo[3,2-b]-1,2,4-triazole-5(6H)-onessubstituted with Ibuprofen: Synthesis, Characterizationand Evaluation of Anti-Inflammatory Activity [J]. European Journal of Medicinal Chemistry, 2000, 35 (7): 743-750; (c) Loev B, Musser J H, Brown R E, et al. 1,2,4-Triazolo[4,3-a]quinoxaline-1,4-diones as Antiallergic Agents [J]. Journal of Medicinal Chemistry, 1985, 28 (3): 363-366; (d) Witkowski J T, Robins R K, Khare G P, et al. Synthesis and Antiviral Activity of 1,2,4-Triazole-3-thiocarboxamide and 1,2,4-Triazole-3-carboxamidine Ribonucleosides [J]. Journal of Medicinal Chemistry, 1973, 16 (8): 935-937.

[30] Sweeney Z K, Acharya S, Briggs A, et al. Discovery of Triazolinone Non-Nucleoside Inhibitors of HIV Reverse Transcriptase [J]. Bioorganic & Medicinal Chemistry Letters, 2008, 18 (15): 4348-4351.

[31] Koch M, Breithaupt C, Kiefersauer R, et al. Crystal Structure of Protoporphyrinogen IX Oxidase: A Key Enzyme in Haem and Chlorophyll Biosynthesis [J]. The EMBO Journal, 2004, 23 (8): 1720-1728.

[32] Cui S L, Wang J, Wang Y G. Facile Access to Pyrazolines via Domino Reaction of the Huisgen Zwitterions with Aziridines [J]. Organic Letters, 2008, 10 (1): 13-16.

[33] Zhang W, Zhu Y, Wei D, et al. Mechanisms of the Cascade Synthesis of Substituted 4-Amino-1,2,4-triazol-3-one from Huisgen Zwitterion and Aldehyde Hydrazone: A DFT Study [J]. Journal of Computational Chemistry, 2012, 33 (7): 715-722.

[34] (a) Taylor M S, Jacobsen E N. Asymmetric Catalysis by Chiral Hydrogen-Bond Donors [J]. Angewandte Chemie International Edition, 2006, 45 (10): 1520-1543; (b) Akiyama T, Itoh J, Fuchibe K. Recent Progress in Chiral Brønsted Acid Catalysis [J]. Advanced Synthesis & Catalysis, 2006, 348 (9): 999-1010; (c) Akiyama T, Mori K. Stronger Brønsted Acids: Recent Progress [J]. Chemical Reviews, 2015, 115 (17): 9277-9306; (d) Bolm C, Rantanen T, Schiffers I, et al. Protonated Chiral Catalysts: Versatile Tools for Asymmetric Synthesis [J]. Angewandte Chemie International Edition, 2005, 44 (12): 1758-1763.

[35] Parmar D, Sugiono E, Raja S, et al. Complete Field Guide to Asymmetric BINOL-Phosphate Derived Brønsted Acid and Metal Catalysis: History and Classification by Mode of Activation; Brønsted Acidity, Hydrogen Bonding, Ion Pairing, and Metal Phosphates [J]. Chemical Reviews, 2014, 114 (18): 9047-9153.

[36] Doyle A G, Jacobsen E N. Small-Molecule H-Bond Donors in Asymmetric Catalysis [J]. Chemical Reviews, 2007, 107 (12): 5713-5743.

[37] Akiyama T, Itoh J, Yokota K, et al. Enantioselective Mannich-Type Reaction Catalyzed by a Chiral Brønsted Acid [J]. Angewandte Chemie International Edition, 2004, 43 (12): 1566-1568.

[38] Uraguchi D, Terada M, Chiral Brønsted Acid-Catalyzed Direct Mannich Reactions via Electrophilic Activation [J]. Journal of the American Chemical Society, 2004, 126 (17): 5356-5357.

[39] Uraguchi D, Sorimachi K, Terada M. Organocatalytic Asymmetric Aza-Friedel-Crafts Alkylation of Furan [J]. Journal of the American Chemical Society, 2004, 126 (38): 11804-11805.

[40] (a) Akiyama T, Stronger Brønsted Acids [J]. Chemical Reviews, 2007, 107 (12): 5744-5758; (b) Terada M. Binaphthol-derived Phosphoric Acid as a Versatile Catalyst for Enantioselective Carbon–Carbon Bond Forming Reactions [J]. Chemical Communications, 2008 (35): 4097-4112; (c) Zamfir A, Schenker S, Freund M, et al. Chiral BINOL-Derived Phosphoric Acids: Privileged Brønsted Acid Organocatalysts for C–C Bond Formation Reactions [J]. Organic & Biomolecular Chemistry, 2010, 8 (23): 5262-5276; (d) Rueping M, Kuenkel A, Atodiresei I. Chiral Brønsted Acids in Enantioselective Carbonyl Activations – Activation Modes and Applications [J]. Chemical Society Reviews, 2011, 40 (9): 4539-4549; (e) Yu J, Shi F, Gong L Z. Brønsted-Acid-Catalyzed Asymmetric Multicomponent Reactions for the Facile Synthesis of Highly Enantioenriched Structurally Diverse Nitrogenous Heterocycles [J]. Accounts of Chemical Research, 2011, 44 (11): 1156-1171.

[41] Simón L, Goodman J M. Theoretical Study of the Mechanism of Hantzsch Ester Hydrogenation of Imines Catalyzed by Chiral BINOL-Phosphoric Acids [J]. Journal of the American Chemical Society, 2008, 130 (27): 8741-8747.

[42] Storer R I, Carrera D E, Ni Y, et al. Enantioselective Organocatalytic Reductive Amination [J]. Journal of the American Chemical Society, 2006, 128 (1): 84-86.

[43] Nguyen T B, Bousserouel H, Wang Q, et al. Chiral Phosphoric Acid-Catalyzed Enantioselective Transfer Hydrogenation of ortho-Hydroxyaryl Alkyl N – H Ketimines [J]. Organic Letters, 2010, 12 (20): 4705-4707.

[44] Reid J P, Goodman J M. Transfer Hydrogenation of Ortho-Hydroxybenzophenone Ketimines Catalysed by BINOL-Derived Phosphoric Acid Occurs by a 14-Membered Bifunctional Transition Structure [J]. Organic & Biomolecular Chemistry, 2017, 15 (33): 6943-6947.

[45] Müller K, Faeh C, Diederich F. Fluorine in Pharmaceuticals: Looking Beyond Intuition [J]. Science, 2007, 317 (5846): 1881.

[46] (a) Török B, Abid M, London G, et al. Highly Enantioselective Organocatalytic Hydroxyalkylation

of Indoles with Ethyl Trifluoropyruvate [J]. Angewandte Chemie International Edition, 2005, 44 (20): 3086-3089; (b) Zhao J L, Liu L, Sui Y, et al. Catalytic and Highly Enantioselective Friedel – Crafts Alkylation of Aromatic Ethers with Trifluoropyruvate under Solvent-Free Conditions [J]. Organic Letters, 2006, 8 (26): 6127-6130; (c) Ogawa S, Shibata N, Inagaki J, et al. Cinchona-Alkaloid-Catalyzed Enantioselective Direct Aldol-Type Reaction of Oxindoles with Ethyl Trifluoropyruvate [J]. Angewandte Chemie International Edition, 2007, 46 (45): 8666-8669; (d) Motoki R, Tomita D, Kanai M, et al. Catalytic Enantioselective Alkenylation and Phenylation of Trifluoromethyl Ketones [J]. Tetrahedron Letters, 2006, 47 (46): 8083-8086; (e) Martina S L X, Jagt R B C, de Vries J G, et al. Enantioselective Rhodium-Catalyzed Addition of Arylboronic Acids to Trifluoromethyl Ketones [J]. Chemical Communications, 2006 (39): 4093-4095; (f) Tur; F, Saá J M. Direct, Catalytic Enantioselective Nitroaldol (Henry) Reaction of Trifluoromethyl Ketones: An Asymmetric Entry to α-Trifluoromethyl-Substituted Quaternary Carbons [J]. Organic Letters, 2007, 9 (24): 5079-5082; (g) Bandini M, Sinisi R, Umani-Ronchi A. Enantioselective Organocatalyzed Henry Reaction with Fluoromethyl Ketones [J]. Chemical Communications, 2008 (36): 4360-4362.

[47] (a) You S L, Cai Q, Zeng M. Chiral Brønsted Acid Catalyzed Friedel-Crafts Alkylation Reactions [J]. Chemical Society Reviews, 2009, 38 (8): 2190-2201; (b) Huang S, Li C, Yang P, et al. Luminescent $CaWO^4$:Tb^3+-Loaded Mesoporous Silica Composites for the Immobilization and Release of Lysozyme [J]. European Journal of Inorganic Chemistry, 2010, 2010 (18): 2655-2662.

[48] Fu A, Meng W, Li H, et al. A Density Functional Study of Chiral Phosphoric Acid-Catalyzed Direct Arylation of Trifluoromethyl Ketone and Diarylation of Methyl Ketone: Reaction Mechanism and the Important Role of the CF3 group [J]. Organic & Biomolecular Chemistry, 2014, 12 (12): 1908-1918.

[49] (a) Streith J, Defoin A. Hetero Diels-Alder Reactions with Nitroso Dienophiles: Application to the Synthesis of Natural Product Derivatives [J]. Synthesis, 1994, 1994 (11): 1107-1117; (b) Vogt P F, Miller M J. Development and Applications of Amino Acid-Derived Chiral Acylnitroso Hetero Diels-Alder Reactions [J]. Tetrahedron, 1998, 54 (8): 1317-1348; (c) Yamamoto H, Momiyama N. Rich Chemistry of Nitroso Compounds [J]. Chemical Communications, 2005 (28), 3514-3525; (d) Yamamoto Y, Yamamoto H. Recent Advances in Asymmetric Nitroso Diels-Alder Reactions [J]. European Journal of Organic Chemistry, 2006, 2006 (9): 2031-2043; (e) Yamamoto H, Kawasaki M. Nitroso and Azo Compounds in Modern Organic Synthesis: Late Blooming but Very Rich [J]. Bulletin of the Chemical Society of Japan, 2007, 80 (4): 595-607.

[50] (a) Bodnar B S, Miller M J. The Nitrosocarbonyl Hetero-Diels-Alder Reaction as a Useful Tool for Organic Syntheses [J]. Angewandte Chemie International Edition, 2011, 50 (25): 5630-5647; (b) Eschenbrenner-Lux V, Kumar K, Waldmann H. The Asymmetric Hetero-Diels-Alder Reaction in the Syntheses of Biologically Relevant Compounds [J]. Angewandte Chemie International Edition, 2014, 53 (42): 11146-11157; (c) Carosso S, Miller M J. Nitroso Diels-Alder (NDA) Reaction as an Efficient Tool for the Functionalization of Diene-Containing Natural Products [J]. Organic & Biomolecular Chemistry, 2014, 12 (38): 7445-7468.

[51] (a) Leach A G, Houk K N. Transition States and Mechanisms of the Hetero-Diels-Alder Reactions of Hyponitrous Acid, Nitrosoalkanes, Nitrosoarenes, and Nitrosocarbonyl Compounds [J]. The Journal of Organic Chemistry, 2001, 66 (15): 5192-5200; (b) Janey J M. Recent Advances in Catalytic, Enantioselective α Aminations and α Oxygenations of Carbonyl Compounds [J]. Angewandte Chemie International Edition, 2005, 44 (28): 4292-4300; (c) Galvani G, Lett R, Kouklovsky C. Regio- and Stereochemical Studies on the Nitroso-Diels-Alder Reaction with 1,2-Disubstituted Dienes [J]. Chemistry – A European Journal, 2013, 19 (46): 15604-15614.

[52] (a) Banks R E, Barlow M G, Haszeldine R N. 876. Perfluoroalkyl Derivatives of Nitrogen. Part XVI. Reaction of Trifluoronitrosomethane with Butadiene and with Isobutene [J]. Journal of the Chemical Society (Resumed), 1965 (0) 4714-4718; (b) Lightfoot A P, Pritchard R G, Wan H, et al. A Novel Scandium Ortho-Methoxynitrosobenzene-Dimer Complex: Mechanistic Implications for the Nitroso-Diels-Alder Reaction [J]. Chemical Communications, 2002 (18): 2072-2073; (c) Quek S K, Lyapkalo I

M, Huynh H V. New Highly Efficient Method for the Synthesis of Tert-Alkyl Nitroso Compounds [J]. Synthesis, 2006 (09): 1423-1426.

[53] Pous J, Courant T, Bernadat G, et al. Regio-, Diastereo-, and Enantioselective Nitroso-Diels-Alder Reaction of 1,3-Diene-1-carbamates Catalyzed by Chiral Phosphoric Acids [J]. Journal of the American Chemical Society, 2015, 137 (37):11950-11953.

PHOSPHORUS 磷科学前沿与技术丛书
计算磷化学

6

磷的生物化学理论计算方法与实例

岳岭[1]，廖黎丽[2]，贾师琦[3]

[1] 西安交通大学化学学院

[2] 重庆大学化学化工学院

[3] 郑州大学化学学院

6.1 含磷生物化学体系与过程

6.2 生物化学过程理论模拟方法

6.3 含磷生物化学体系理论计算实例

6.1 含磷生物化学体系与过程

磷元素是生命体最重要的化学元素之一，在人体内大约占体重的1%。磷是参与生命存在与延续所必需的元素。由碳 - 磷(C-P)键结合而成的分子是它们从强力的生物活性物质转为高级生命体的关键驱动力，同时 C-P 键也是这些能够在各种酶催化下保持稳定的关键。近年来，随着科学的发展，人们越来越认识到磷在生命化学中扮演着十分重要的角色。含磷化合物既能参与生物体内重要的氧化还原反应，比如辅酶和核苷酸，也是生物体的基础化学物质，比如核酸、磷脂。此外，蛋白质的磷酸化和去磷酸化调节着几乎所有生命活动过程，包括细胞的增殖、发育和分化，神经活动，肌肉收缩，新陈代谢，肿瘤的发生等。尤其在细胞应答外界刺激时，蛋白质的磷酸化是生命体重要的信号传导方式[1]。含磷生物分子主要包括核苷酸、各种含磷辅酶以及核酸和磷脂大分子，其中磷元素主要以磷酸基团形式存在。磷酸基团是生命体遗传物质核酸(RNA 和 DNA)的桥联基团，从化学的角度看，磷酸基团桥联了两个核苷基团，同时可以发生电离作用，这对于物种的存在与延续具有重要的意义。

6.1.1 核苷酸

核苷酸(nucleotide)，是一类由含氮碱基(嘌呤碱或嘧啶碱)、核糖(或脱氧核糖)以及磷酸三种物质组成的有机小分子化合物。核糖与有机碱合成核苷，核苷与磷酸合成核苷酸。核苷酸类化合物具有重要的生物学功能，它们参与了生物体内几乎所有的生物化学反应过程。核苷酸中的磷酸基团有一分子、两分子及三分子几种形式，其中核苷单磷酸(nucleoside monophosphate, NMP)和脱氧核苷单磷酸(deoxynucleoside monophosphate, dNMP)在生物体内最重要的作用之一是参与构成遗传物质核糖核酸(RNA)和脱氧核糖核酸(DNA)，而磷酸骨架则是维持核酸骨架稳定性的重要单元。核苷二磷酸和核苷三磷酸则参与了生物体内各种重要的能量代谢过程。

其中腺嘌呤核苷三磷酸(adenosine triphosphate，ATP)，由一分子腺嘌呤、一分子核糖和三分子磷酸基团组成，是生物体内主要的储能物质之一，在细胞能量代谢上起着极其重要的作用(图 6.1)。ATP 在细胞内水解时，高能磷酸键断裂生成腺嘌呤核苷二磷酸(adenosine diphosphate，ADP)，释放出能量较多，是生物体内最直接的能量来源。该反应可以与各种能量驱动的生物学反应互相配合，发挥生理功能，如物质的合成代谢、肌肉的收缩、吸收及分泌、体温维持以及生物电活动等。而植物细胞在发生光合作用时，叶绿素催化 ADP 发生光合磷酸化生成 ATP，将太阳能转化为 ATP 存储。该反应对实现自然界的能量转换、维持大气的碳-氧平衡具有重要意义。

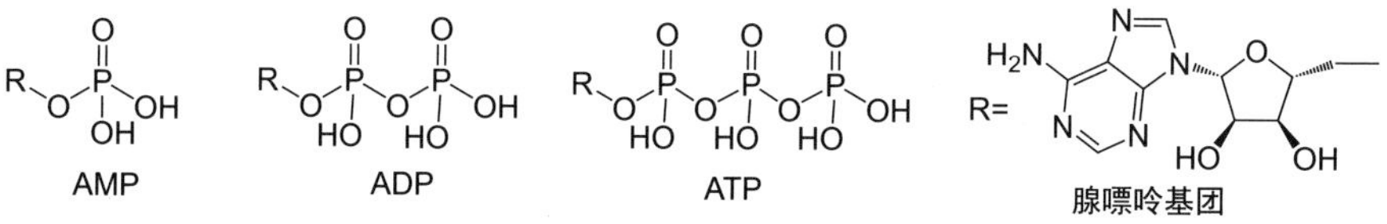

图 6.1　AMP、ADP 和 ATP 以及腺嘌呤基团的结构

磷酸腺苷同时是一种辅酶，有改善肌体代谢的作用，参与体内脂肪、蛋白质、糖、核酸及核苷酸的代谢，同时又是体内能量的主要来源。此外，能够提供能量推动生物体多种化学反应的核苷酸类分子除了 ATP 外，还有 GTP(三磷酸鸟苷)、UTP(三磷酸尿苷)以及 CTP(三磷酸胞苷)等。ATP 作为生物体内的最重要的储能物质，其主要的功能在于 ATP 水解为 ADP 以及其逆反应 ADP 磷酸化为 ATP 的过程。与辅酶Ⅱ不同，ATP 水解功能以及 ADP 磷酸化储能过程中磷酸基团都直接参与了反应，即反应中涉及高能磷酸键 P-O(或者 N-P 键)的生成和断裂。因此，对于此类反应的理论研究与模拟，使用高精度的量子力学方法，至少使用半经验量子化学方法描述磷酸基团或者整个 ATP 分子是必不可少的。

6.1.2 含磷辅酶

除了作为核酸的结构单元以及供能物质外，许多单核苷酸也具有多种重要的生物学功能，其中最重要的是由腺苷酸构成的几种辅酶，如辅酶 I（烟酰胺腺嘌呤二核苷酸，nicotinamide adenine dinucleotide，NAD^+）、辅酶 II（磷酸烟酰胺腺嘌呤二核苷酸，nicotinamide adenine dinucleotide phosphate, $NADP^+$）、黄素腺嘌呤二核苷酸（flavin adenine dinucleotide, FAD）及辅酶 A（coenzyme A, CoA）（图 6.2）。NAD^+、$NADP^+$ 及 FAD 是生物氧化体系的重要组成成分，参与了生物体内多种合成代谢反应，如脂类、脂肪酸和核苷酸的合成，在传递氢原子或电子中有着重要作用。NAD^+ 和 $NADP^+$ 的还原形式——还原型辅酶 I（NADH）和还原型辅酶 II（NADPH）常作为还原剂、氢负离子供体参与各种反应，比如植物叶绿体中，光合作用光反应电子链的最后一步以 $NADP^+$ 为原料，经铁氧还蛋白-$NADP^+$ 还原酶的催化而产生 NADPH。产生的 NADPH 接下来在碳反应中被用于二氧化碳的同化。NAD(H) 和 NADP(H) 的产生途径和生物功能都不相同，在 NADP(H) 上额外的磷酸基团虽然并不直接参与氧化还原过程，但可作为标记，以使有关的酶能区别这两类辅酶，这在细胞代谢调节和控制上是有重要意义的。对于动物来说，磷酸戊糖途径的氧化相是细胞中 NADPH 的主要来源，由它可以产生 60% 的所需 NADPH，是生物体内最重要的含磷生物小分子之一。CoA 作为有些酶的辅酶成分，参与糖类的有氧氧化及脂肪酸的氧化作用。此外，某些核苷酸（比如 ATP）也可以认为是一种辅酶。

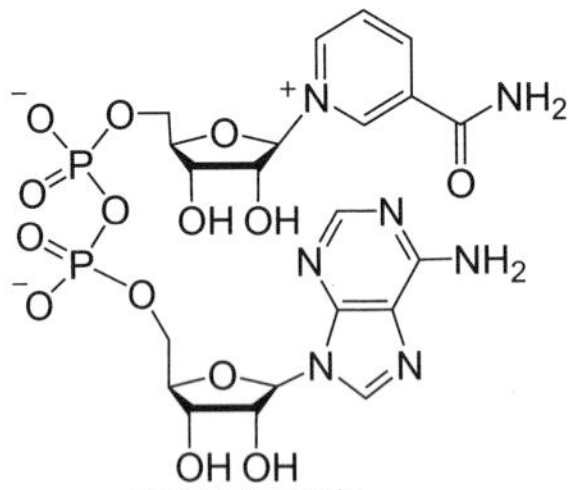

辅酶 I（NAD^+） 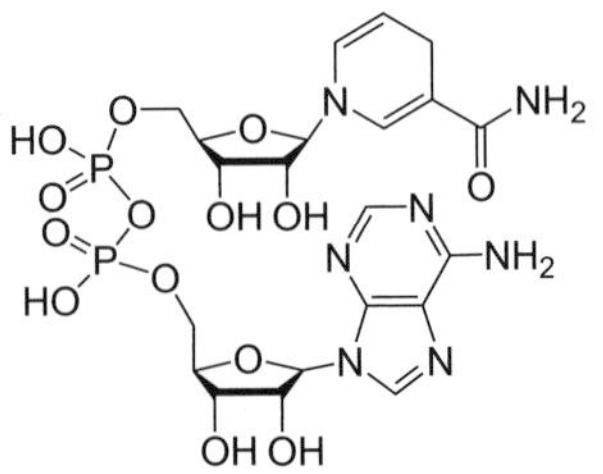　　　　还原型辅酶 I（NADH）

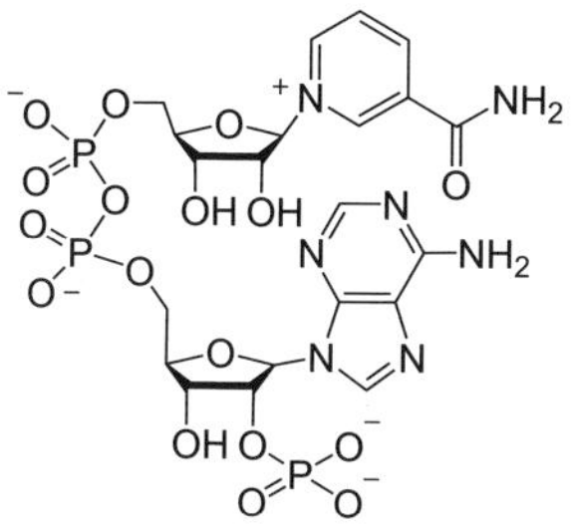

辅酶Ⅱ(NADP⁺)

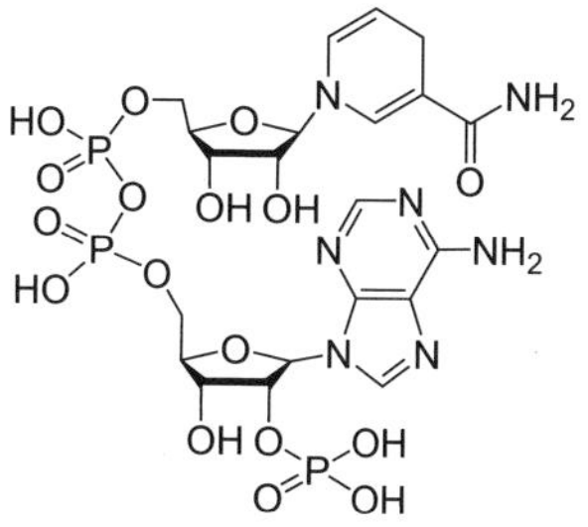

还原型辅酶Ⅱ(NADPH)

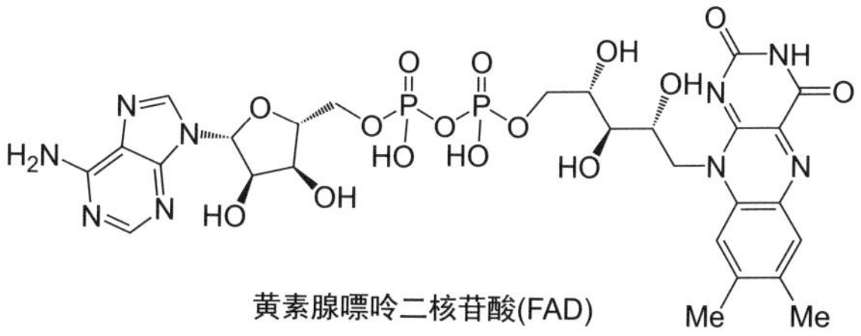

黄素腺嘌呤二核苷酸(FAD)

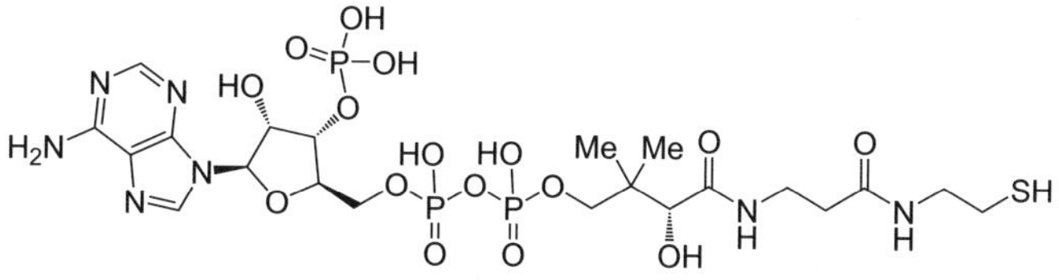

辅酶A(CoA)

图6.2　几种重要的含磷辅酶

6.1.3　核酸

核酸是脱氧核糖核酸(DNA)和核糖核酸(RNA)的总称，作为一类生物有机聚合物，是所有已知生命形式必不可少的组成物质。目前已知核酸作为生命体的遗传物质而广泛存在于所有动植物细胞、微生物体内。核酸由核苷酸单体按照一定的序列聚合而成，而核苷酸单体由戊糖、磷酸基和含氮碱基组成。如果5-碳糖是核糖，则形成的聚合物是RNA；如果5-碳糖是脱氧核糖，则形成的聚合物是DNA。根据碱基的不同，核苷酸与腺嘌呤(A)、鸟嘌呤(G)、胞嘧啶(C)、尿嘧啶(U)、胸腺嘧啶(T)等形成不同的核苷酸与脱氧核苷酸。其中与A、G、C、U形成的四种核糖核苷酸(AMP、GMP、CMP和UMP)是形成RNA的主要单体，而与A、

G、C、T 组成的四种脱氧核糖核苷酸(dAMP、dGMP、dCMP 和 dTMP)则是 DNA 的构成单元。核酸作为遗传信息载体参与了细胞内的各种生物学过程，其生物学功能与它们特定的三维空间结构和动态行为有关。因此，确定核酸分子的三维空间结构和动力学行为是理解核酸生物学功能的基础。值得一提的是，理论和计算方法是研究核酸分子三维空间结构和动力学行为的主要手段之一，可以和实验方法形成互补。

6.1.4 磷脂

磷脂(phospholipid)是含有磷酸基团的类脂化合物，是生命基础物质。磷脂是组成生物膜的主要成分，分为甘油磷脂与鞘磷脂两大类，分别由甘油和鞘氨醇构成。磷脂为两性分子，一端为亲水的含磷头部，另一端为疏水(亲油)的长烃基链尾部。由于此原因，磷脂分子亲水端相互靠近，疏水端相互靠近，常与蛋白质、糖脂、胆固醇等其他分子共同构成磷脂双分子层。由磷脂双分子层所构成的细胞膜是细胞的基本组成部分，一方面它具有物理隔离的作用，把细胞与周围环境分隔开来；另一方面，磷脂也参与了许多重要的生物学过程。生物膜是由上千种脂质分子形成的脂双层，其中大部分是磷脂形成的双分子层。因此在微观的分子、原子水平上认识磷脂双分子层的运动和变化规律，对于理解细胞的生物学功能具有重要的意义。然而，生物膜不仅结构复杂，而且在空间尺度上的运动和变化范围也很大，对于理论计算而言也是巨大的挑战。

6.1.5 磷酸化与脱磷酸化

磷酸化是指在生物体代谢中间产物或在蛋白质中加入磷酸基团的过程。蛋白质磷酸化可发生在许多种类的氨基酸残基上，其中以丝氨酸和苏氨酸为主，是调节和控制蛋白质活力和功能的最基本和最重要的机制。除了蛋白质以外，部分核苷酸，如三磷酸腺苷(ATP)或三磷酸鸟苷(GTP)的形成，也是经由二磷酸腺苷和二磷酸鸟苷的磷酸化而来，此过程称为氧化磷酸化。另外，在许多糖类的生化反应中(如糖解作用)，也可能包含氧化磷酸化作用。

磷酸化过程中引入的磷酸基团一般来自其他的含磷生物小分子，比如 ATP。这些含磷有机分子脱去磷酸基团的过程称为脱磷酸化，催化该过程的酶称为磷酸酶。生物体内最典型的脱磷酸化反应是 ATP 水解生成 ADP。脱磷酸化反应需要生物体内的水解酶参与，从而有效地打断磷氧酯键。脱磷酸化反应中最知名的水解酶是磷酸酶(phosphatase)。磷酸酶的作用是催化磷酸单酯水解为磷酸根离子和有机分子。可逆的磷酸化-脱磷酸化反应几乎在每个生理过程中都会出现，使有机体生存所必需的蛋白质磷酸酶发挥其适当的生物化学功能。由于蛋白质去磷酸化是细胞信号传导的关键过程，因此蛋白质磷酸酶与心脏病、糖尿病和阿尔茨海默病等疾病有关。因此了解生物分子磷酸化与脱磷酸化反应的动力来源也是研究磷的生物化学的主要目标之一。

6.2
生物化学过程理论模拟方法

各种含磷生物小分子和大分子通过物理和化学过程完成生物体内的各种生物学功能。对于含磷生物化学过程的研究有助于破解生命过程中的关键事件和理解相关的生物化学过程。目前实验研究可以提供有关酶催化反应机理、反应热力学和动力学的关键而必不可少的信息[2]。随着生命科学研究的工具和方法不断向微观层面深入，在生物分子水平上研究、解释甚至预测生物体内的物理和化学现象是生命科学的发展趋势。但是，实验数据通常提供间接证据，因此不足以确定详细的反应机理，也难以观察到反应过程中的微观结构和超快的反应过程。作为实验研究的替代，理论计算与模拟可以产生关于酶催化位点相互作用，模拟酶催化反应过程、反应路径和过渡态结构，同时可以给出目前实验研究难以观察到的关于微观的原子和电子结构的变化。理论计算方法作为人们深入研究生命科学微观物理和化学过程的重要工具[3]越来越受到生物和化学家的重视。

目前，含磷生物与化学过程的理论计算主要采用基于第一性原理的量子化学计算方法、基于牛顿经典力学的分子力场和分子动力学计算方以及基于统计力学的各种增强采样算法。对于生物化学体系而言，蛋白质、核酸等生物大分子无法使用准确的量子化学方法进行模拟。从头算QM方法的计算成本也限制了其在动力学和统计采样的应用。量子力学/分子力学(QM/MM)组合方法是当前最有效的模拟方法之一，可为分子系统提供准确而有效的理论描述。另外，确定溶液和酶中的自由能以及化学反应的机理对于理论计算而言是一项巨大的挑战。从头算QM/MM方法以及统计力学增强采样方法的最新进展也使得精确模拟溶液中和酶中反应的自由能成为了可能。根据这些理论方法的计算结果，从微观的角度出发来研究生物分子的微观性质、分子之间的相互作用机理，预测其空间结构和电子性质，解释和预测生物体内物理化学反应的机制以及生物学功能，最终通过设计和改变生物分子的性质来达到控制和改变某些生物过程的目的[4]。本节将对这几类方法的原理进行简单的介绍。下一节介绍具有代表性的含磷生物化学体系和过程的理论计算研究实例。

6.2.1 常用的理论计算研究方法

目前的量子化学计算，都是以Born–Oppenheimer(BO)近似作为基础，然后通过数学物理方法求解电子的静态Schrödinger方程。在BO近似中，分子的原子核被近似为经典粒子，其运动状态由其空间坐标和动量来描述，而电子运动则在量子力学水平下描述。

电子结构计算：在特定的原子核几何坐标下，通过求解电子的静态Schrödinger方程，得到在特定核几何坐标下体系的波函数、能量、偶极矩、电荷布居、电子结构等物理性质以及它们对于坐标的一阶、二阶和多阶导数，从而求解体系的其他物理化学性质。这种在特定核坐标下计算体系能量和性质的计算称为单点能量计算。大多数体系的电子静态Schrödinger方程目前都没有精确解，因此一般都采用数值方法进行求解。

Schrödinger方程数值求解计算量通常很大，因此发展出了多种近似的单点能量计算方法，其中包括使用经验参数的半经验方法以及将电子运动看作平均势场的分子力场方法。

势能面：在BO近似下，可以在每一个原子核坐标下通过求解当前核坐标下的电子静态Schrödinger方程，从而获得当前核坐标下电子的总能量。该能量加上原子核之间的排斥能，即为原子核在当前坐标下的势能。因此，在单点计算的基础上，在不同原子核坐标下进行单点能量计算，并将所得的能量对于原子核的坐标作图，即可得到关于分子能量随原子核坐标变化的势能曲线(一维)、势能面(多维)。通过一定的物理和数学近似(比如谐振子近似)，即可根据势能曲线和势能面上关键驻点(stationary point)的能量和电子结构等信息，推算分子相应的物理化学性质。这些关键驻点一般是指势能面上能量对于坐标的一阶导数为零的几何坐标，包括局域极小点和过渡态(一阶鞍点)。

几何优化：对于结构复杂，无法进行完全的势能面扫描获取全局势能面。此时，可以从一个给定的初始结构(该结构可以来自实验测量或者研究人员的化学经验)出发，通过一定的数学算法，搜索势能面上一阶导数为零的驻点(如局域极小点和鞍点)，从而推算分子相应的物理化学性质。而连接各个关键驻点的最小能量途径则被用于讨论和解释化学反应的微观变化过程和机理。因此，几何优化计算相当于在没有获取反应的全局势能面的情况下，通过势能面上的几个关键点去推测反应体系的势能面形貌，从而推测反应过程和机理，或者计算体系的物理化学性质。

分子动力学模拟：在BO近似下，如果将原子核近似为经典粒子处理，则其运动满足经典力学原理。因此可以通过牛顿运动方程求解原子核的运动状态(坐标和动量)随时间的变化。在给定一个原子核初始状态(坐标、动量以及所处的电子态)下，通过电子结构计算获得当前时刻的原子核势能以及势能对于坐标的一阶导数(梯度)后，数值求解牛顿运动方程获得下一时刻原子核的状态(坐标、动量以及所处的电子态)。再通过电子结构计算得到当前时刻原子核的势能和梯度，结合当前原子核的状态获得再下一时刻原子核的状态。以此类推，即可获得体系从给定的状态出发的动力学演化过程。这种模拟方法被称为分子动力学(molecular dynamics, MD)模拟。由于采用了BO近似，也称为BOMD。相比于单纯的几何结构优化，MD模拟可以给出反应过程中原子核变化的动态信息以及统计平均值，再结合统计力学的方法，可以计算体系的熵、自由能等与统计相关的物理化学性质。使用从头算和半经验量子化学计算每个模拟时刻原子核的势能和梯度进行的MD模拟，分别被称为从头算分子动力学模拟(ab initio MD, AIMD)和半经验分子动力学模拟(semiempirical MD, SEMD)。而使用分子力场计算势能和梯度的MD模拟方法则称为经典分子动力学模拟(classical MD)。

统计力学与分子模拟：宏观物体是由大量不可分辨的微观粒子(原子、电子和分子)所构成的。因此实验观测到的物理量实际是大量微观粒子物理性质的统计平均。目前电子结构计算、几何优化等可以给出微观粒子的性质和运动。统计力学方法则可以将粒子的微观性质和物质的宏观性质进行联系。统计力学计算体系宏观性质时，首先通过一定分子模拟方法——比如分子动力学和蒙特卡罗(Monte Carlo，MC)方法——对体系的构象进行采样，然后通过样本的系综统计平均值来计算宏观体系的各种物理和化学性质。由于微观粒子势能面可能存在着若干的势阱和势垒，因此MD和MC模拟中获取高能量样本的概率太低，导致取样和构象扫描的速度太慢。因此，当前分子模拟计算的一个重要并且核心的命题就是发展可靠而高效的增强采样方法，其中主要包括无特定坐标的采样方法(如副本交换)和给定坐标空间的增强采样方法(如热力学积分、自由能微扰、伞形采样等)以及其他增强采样方法。

6.2.2 第一性原理方法

6.2.2.1 从头算量子化学（ab initio quantum chemistry）方法

量子化学研究化学体系中原子核空间构型和电子结构及其随时间的演化过程与体系微观性质的关系。其核心内容是求解量子力学的基本方程。第一性原理方法是指根据微观粒子相互作用的原理及其量子力学基本运动规律，经过一些数学近似处理后直接求解Schrödinger方程的算法。当前的量子化学计算都是在特定原子核坐标(BO近似)下求解电子的静态

Schrödinger 方程，因此通常所说的量子化学计算方法一般指电子结构计算方法。其中从头计算分子轨道理论（ab initio MO theory）指基于量子力学基本原理直接求解 Schrödinger 方程从而获取分子的波函数、分子轨道、能量的方法。从头计算方法原则上没有经验参数，对体系不作过多的简化，并且对各种不同的化学体系可以用基本相同的方法进行处理。目前的从头计算法包括基于 Hartree-Fock（HF）方程的 Hartree-Fock 方法、在 Hartree–Fock 基础上引入电子相关作用校正而发展起来的后 Hartree-Fock 方法等。

变分法（variational method）和微扰法（perturbation method）是量子化学中求解多体体系 Schrödinger 方程最常用的两种基本处理方法。其中变分法是量子化学计算最基本的方法。根据变分原理（variational principle），Schrödinger 方程任意近似解的能量一定大于或者等于体系的精确能量，而能量相等时的解就是体系 Schrödinger 方程的精确解。因此，可以构造一个包含若干参数的尝试变分函数 Φ，将电子总能量 E 作为这些参数的函数。通过能量最小化，求得最优的参数，就可以得到在这种近似下 Schrödinger 方程的最优解。其中，Hartree-Fock 为代表的单粒子近似方法目前已经比较成熟，通过自洽场（self-consistent field, SCF）迭代可以准确计算几十甚至上百个原子的体系的波函数。目前，这类方法的困境和难点在于多体体系中电子相关能的计算。

电子相关能一般指电子的真实能量与 Hartree-Fock 能量之间的差值。虽然其在体系总能量中的占比不大，但是对于准确描述化学反应过程而言却非常重要、不能完全忽略。目前，基于 Hartree-Fock 自洽场迭代所得的单组态波函数，可以采用组态相互作用（configuration interaction, CI）、耦合簇（coupled cluster, CC）、多组态自洽场（multiconfigurational SCF, MCSCF）、多体微扰理论（many-body perturbation theory，MBPT）等方法，通过构造越来越精确的电子波函数来处理电子相关作用，实现对分子电子结构的精确计算。这类方法统称为后 Hartree-Fock（post Hartree-Fock）方法，其优点在于其可以很好地处理电子的静态和动态相关能、准确地体现各种电子激发态，并且计算精度可以得到系统改进。但其缺点则在于计算量和计算花费很大，只能用于中小体系的计算。含磷的生物分子通常都较大，因此用这类方法计算时可能需要进行一定的模型化处理。

相比于基于波函数的理论计算方法，基于电子密度的密度泛函理论可能更加适用于含磷生物分子的计算。与基于波函数的量子化学方法不同在于，密度泛函理论(density functional theory, DFT)是用电子密度代替波函数来描述体系的状态和计算体系性质，其理论基础是 Hohenberg 和 Kohn 于 1964 年证明的两个定理[5]。其一表明了体系的基态电子密度完全决定了基态电子性质并与体系所处的外势一一对应；其二表明体系的基态能量作为电子密度的泛函($E[\rho]$)服从变分原理。从 DFT 的这两个基本定理出发，应用变分法可导出与 Hartree-Fock 方程非常相似的 Kohn-Sham(KS)方程。KS 方程的数值求解方式与 HF 方程类似，也是在给定的基函数 ϕ_i 下，通过自洽场迭代求解。如果忽略交换相关能项，则该方程在形式上可以化简为 Hartree-Fock 方程。

使用 Kohn-Sham 方程计算电子结构需要知道交换相关泛函($E_{xc}[\rho]$)的确切表达式。对于一般体系，到目前为止都没有找到这个泛函的精确表达形式，所以需要采用近似的表达式进行处理。构建交换相关泛函的基本思想是在 Hartree-Fock 体系(包含精确的交换能)基础上不断添加新的 DFT 变量(如电子的密度和其密度的梯度等)，使得近似的交换相关泛函逐步逼近其真实的描述。这种构建方法一般称为“Jacob 天梯”[6](Jacob’s ladder)(图 6.3)。目前量子化学软件中所使用的泛函主要包括:

① 基于局域密度近似(local density approximation, LDA)的交换相关势函数。如采用 Slater 交换泛函与 Vosko、Wilk 和 Nusair 拟合出来的 VWN 相关能泛函的 SVWN 泛函[7, 8]。

② 包含广义密度梯度近似(generalized gradient approximation, GGA)校正的泛函。如Becke于1988年提出的加入梯度校正的交换能泛函B88[9]。

③ 超广义密度梯度近似(meta-GGA 或 mGGA)，是使用动能密度作为变量的能量密度泛函。如 Becke 和 Roussel 于 1989 年提出的交换能泛函 BR89[10]。

④ 杂化密度梯度泛函(hybrid-GGA)，是在近似交换-相关能泛函(如 GGA)中混入一定比例的 Hartree-Fock 精确交换能，从而得到的杂化型泛函。比如被广泛使用的 Becke 三参数泛函 B3LYP[8, 11-13]。

⑤ 完全非定域泛函(XYG3)，包含部分或全部的非占据轨道和全部的占据轨道，这使其可以描述静态相关效应。

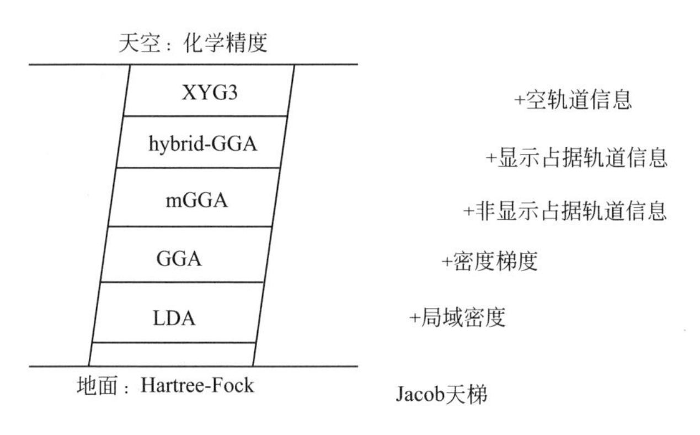

图 6.3　近似交换 – 相关泛函的 Jacob 天梯

虽然目前的 DFT 计算所使用的交换 - 相关泛函引入了部分实验或者经验参数，但是 DFT 方法的理论基础是严格来自量子化学基本原理，其数值处理方式与 Hartree-Fock 等从头算方法类似，而其含有经验参数的交换 - 相关泛函部分也有其物理依据，因此在不严格区分的时候，DFT 方法有时也被归于量子化学从头算方法。目前 DFT 计算的计算量和计算花费与 Hartree-Fock 方法相当，而在合适的交换 - 相关泛函下其计算精度可以达到 MP2 的水平。另外，由于 DFT 计算近乎黑箱(black box)操作，对于没有量子化学和理论计算背景的研究人员而言，其入门基础和计算要求显著低于基于波函数和 Hartree-Fock 方法的各种后 Hartree-Fock 方法。因此 DFT 方法在理论化学研究、材料模拟、生物酶催化过程、药物设计、电子输运、太阳能采集和转换等都具有广泛的应用。

此外，生物体内的磷元素主要以磷酸基团的形式存在，磷本身是处于 +5 价饱和状态，其静态电子相关效应本身并不明显，在外场作用下一般也不会被首先激发。因此，DFT 方法在处理含磷生物过程时具有显著的优势。基于效率和精度的最佳平衡 [14-16]，目前在磷生物化学的理论计算研究中，DFT 成为最受欢迎的理论计算方法。然而，含磷生物分子可能参与的各种生物化学过程中，可能涉及其他的活性原子和基团，因而可以有效处理各种电子相关能和电子激发态的方法，如组态相互作用方法、耦合簇方法、多组态自洽场方法等更适合于这类含磷生物化学过程的处理。

6.2.2.2 半经验量子化学方法

由于量子化学从头算方法耗时，需要很大的内存和硬盘空间，因此在HF方法的基础上进行计算简化。这类方法统称为半经验量子化学方法。半经验方法可以在波函数、Hamilton算法和电子积分三个层次上对Roothaan方程进行简化，比如完全不考虑双电子作用而使用等效的Hamilton量的扩展Hückel分子轨道(extended Hückel MO，EHMO)法，用统计平均模型计算交换势能的X_n方法，以及零微分重叠(ZDO)近似为基础的计算方法，比如AM1、PM3、CNDO/2、INDO、NNDO等。而目前常用的半经验近似方法一般是对从头算方法中最难计算的一些积分进行估算，并且忽略全部三中心、四中心双电子积分，使得Fock矩阵的计算量从M4约化为M2，从而大大简化了Schrödinger方程的求解计算。半经验方法主要用于有机和生物大分子的计算，可以极大地简化计算工作量。

半经验量子化学方法与从头算MO理论都基于相同的理论框架，但其目的是通过忽略或近似耗时的双电子积分来降低计算成本，这些积分可以拟合实验数据或用分析方法代替近似表达式。因此，与从头算方法不适用经验参数不同，半经验计算需要对分子系统中涉及的所有元素进行参数化。半经验方法在量子化学计算的早期阶段很普遍，在目前来说，对于像含磷生物大分子体系这样计算量需求非常大的体系而言仍然具有重要的使用价值。

除了基于Hartree-Fock方法的半经验近似之外，也可以在DFT的理论框架内引入半经验近似处理。比如目前在材料和生物模拟中常用的自洽电荷-密度泛函紧束缚(self-consistent charge density functional tight binding，SCC-DFTB)方法是采用了原子紧束缚近似，并通过用原子部分电荷代替量子力学中电子密度进行自洽场计算。与其他半经验方法相反，DFTB中的电子积分不是基于对实验数据的拟合，而是来源于DFT计算。相比于从头算方法而言，半经验方法的计算速度和花费使得直接进行分子动力学(MD)采样成为可能，因此可以执行常规的自由能采样和反应动力学计算。但是，半经验QM方法的固有缺陷导致模拟结果的可靠性较差，从而限制了半经验方法的适用范围。

6.2.3 分子力学方法

6.2.3.1 全原子分子力场

磷元素在核酸、生物膜、蛋白质等生物大分子中广泛存在，构成这些分子的官能团或者骨架。对于含磷的生物小分子，可以使用量子力学方法研究其结构、性质以及反应机理。然而，合理地描述和处理这些生物大分子也是量子化学理论计算研究的一个难点。在生物大分子体系的动力学和统计力学模拟过程中，最重要的部分是用来描述分子内和分子间相互作用的势能。原则上，通过量子化学计算可以提供精确可靠的分子相互作用能量。然而，这些生物大分子的尺寸一般都远远超过目前量子化学计算方法所能够处理的极限。因此无法使用量子化学方法处理整个生物大分子体系，只能采用近似的方法处理。分子力学理论模拟是目前研究生物大分子结构和动力学最重要的计算手段，其核心是用来描述分子内和分子间相互作用的分子力场。分子力学(molecular mechanics, MM)方法实际上也是采用 BO 近似，将原子核的运动经典化，然后用牛顿力学进行描述。在 Born-Oppenheimer 近似下，MM 方法将电子的运动对原子核产生的作用看成是一个静止的电势场对原子核的静电作用，并将系统的能量处理为原子核位置的函数，这个函数就称为分子力场(molecular force field)。

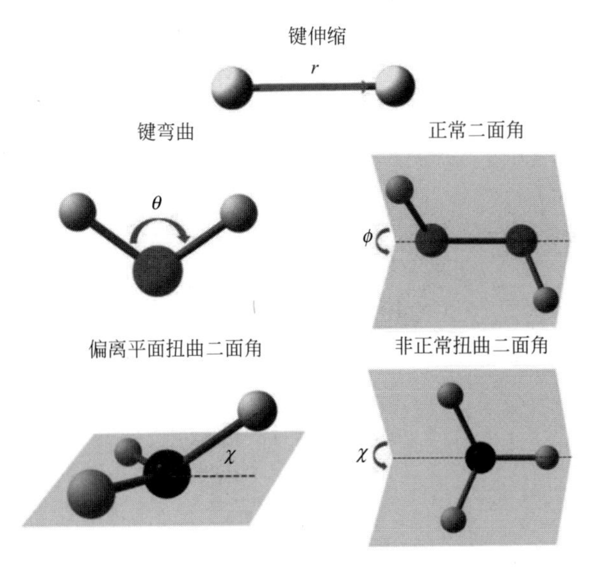

图 6.4　分子力场中的键伸缩、键弯曲以及二面角项

分子力场可以看成是对简单分子运动模型在基态绝热势能面上进行经验拟合得到的简单数学表达式。以经典的 Amber 力场为例，其包含的简单分子运动模型主要包括键伸缩、键弯曲、二面角扭转、偏离平面振动、原子间的静电相互作用和非键相互作用(图 6.4)。每种分子运动模型都可以用经典的势能函数来表示，分子总能量因而可以写成这些势能函数之和:

$$U = U_{\mathrm{b}} + U_{\theta} + U_{\phi} + U_{\chi} + U_{\mathrm{el}} + U_{\mathrm{nb}} \tag{6.1}$$

上式中各项的表达式如表 6.1 所示。

表6.1　分子力场式（6.1）中各项能量的数学表达式

键伸缩项	键弯曲项
$U_{\mathrm{b}}(r) = \sum_{\mathrm{bonds}} \frac{1}{2} k_i^{\mathrm{b}} (r_i - r_i^0)^2$	$U_{\theta}(\theta) = \sum_{\mathrm{angles}} \frac{1}{2} k_i^{\theta} (\theta_i - \theta_i^0)^2$
二面角扭曲项	偏离平面振动项或非正常二面角扭曲项
$U_{\phi}(\phi) = \sum_{\mathrm{torsions}} \frac{1}{2} k_i^{\phi} (1 - \cos\phi)^2$	$U_{\chi}(\chi) = \sum_{\mathrm{improper}} \frac{1}{2} k_i^{\chi} \chi^2$
库仑作用项	范德华作用项
$U_{\mathrm{el}} = \sum_{\mathrm{elec}} \frac{q_i q_j}{\varepsilon r_{ij}}$	$U_{\mathrm{nb}} = 4\epsilon_{ij} \sum_{\mathrm{LJ}} \left[\left(\frac{\sigma_{ij}}{r_{ij}} \right)^{12} - \left(\frac{\sigma_{ij}}{r_{ij}} \right)^{6} \right]$

U_{b} 为键伸缩项，描述成键的两个原子在其平衡位置附近的小幅度伸缩，一般用谐振子的势函数，如表 6.1 所示。其中 k_i^{b} 为键伸缩的弹力常数，r_i 和 r_i^0 分别代表第 i 个键的键长和其平衡键长。该函数形式在 Amber 和 Charmm 力场中被采用。除此之外，还有用四次函数和 Morse 函数形式表示的键伸缩项。

U_{θ} 为键弯曲项，表示连续键结的三个原子在平衡位置附近的小幅度弯曲，k_i^{θ} 为键弯曲的弹力常数，θ_i 和 θ_i^0 分别代表键角和其平衡键角。

U_{ϕ} 为二面角扭曲项，表示四个原子共价相连接形成二面角的扭转势能，k_i^{ϕ} 为二面角扭曲项的弹力常数，ϕ 为二面角的角度。

U_{χ} 为偏离平面振动项或者非正常二面角扭曲项，表示共平面的四个原子中，中心原子偏离平面的小幅振动。

分子中某些部分的原子有共平面的倾向，如芳香环上的碳氢原子，乙烯和丙烯中的碳氢原子等。这种情况可以使用面外键角振动项 U_{χ} 来描述。其角度定义为中心原子形成的三个化学键中任意一个化学键和其他三个原子构成的平面间夹角。其中 k_i^χ 为偏离平面项弹力常数，χ 为偏离平面的角度。

U_{el} 为库仑作用项，表示分子中带部分电荷的原子之间的静电相互作用。可以用经典库仑势表示。其中 q_i 和 q_j 分别为第 i 和 j 个原子所带的电荷，ε 为有效介电常数(effective dielectric constant)，r_{ij} 为原子间距。

U_{nb} 为范德华作用项，表示多于两个连接化学键的非键原子之间的范德华(van der Waals)作用。可以用 Lennard-Jones 势表示。其中 r 为非键原子间的距离，ϵ 和 σ 为势能参数，因原子的种类而异。

针对特定的目的，可以通过拟合实验或者量子化学计算结果(比如平衡的键长、键角和二面角等)得到各种不同形式的力场。由于分子力场数学表达形式简单，因此可以用来处理包含成千上万个原子的体系。不同的分子力场，会选取不同的函数形式来描述上述能量与体系构型之间的关系，因而适用于模拟和研究不同类型的目标体系。比如常用的 Amber 力场由 Kollman 课题组开发，是目前使用比较广泛的一种力场，适合处理较小的蛋白质、核酸、多糖等生化分子。而 Charmm 力场由 Karplus 课题组开发，其力场参数除了来自计算结果与实验值的对比之外，还参考了大量的量子化学计算结果。此力场可应用于研究许多分子系统，包括小的有机分子、溶液、聚合物、生化分子等。几乎除了有机金属分子外，通常都可以得到与实验结果相近的合理结果。这两种力场都常被用于含磷生物化学体系的理论模拟，而 CVFF 力场和 MMX 力场分别用于无机体系和有机小分子的计算。上述力场都采用的是式(6.1)表示的势能函数形式，常被称为传统力场或者第一代力场。

此外，不同的科研团队设计了很多适用于不同体系的力场函数，其包括了第二代力场以及通用原子力场。第二代力场的势能函数形式比传统力场要更加复杂，涉及的力场参数更多，计算量也更大，对于适合的体系而言一般也更加准确。通用力场也叫基于规则的力场，它所应用的力场参数是基于原子性质计算所得，用户可以通过自主设定一系列分子作为训练集来生成合用的力场参数。一般而言，这些力场函数形式和参数都是针对特定的体系进行开发和拟合的，因此只适用于特定的目标体系(比如材料体系、无机小分子、有机小分子或者高分子化合物等)。第二代力场中，适用于生物体系模拟的有 CFF 力场。CFF 力场是一个力场家族，包括了 CFF91、PCFF、CFF95 等很多力场，可以进行从有机小分子、生物大分子到分子筛等诸多体系的计算。

6.2.3.2 粗粒化模型

全原子分子动力学模拟广泛应用于生物大分子系统的研究中并取得了巨大的成功。由于许多重要的生物过程是多尺度的，即跨越从纳米到微米的空间尺度和从纳秒到分钟的时间尺度。例如，分子马达的运动与生物细胞中的基因复制、转录、翻译、转运、移动和分裂等功能息息相关。以三磷酸腺苷合成酶为例，它包含数十万个原子，整体运动的时间尺度在微秒到毫秒之间，对其周期运动进行全面的描述超过了目前全原子分子动力学模拟的能力范畴。然而，揭示分子马达的动态特性，如马达蛋白运动所呈现的模式，马达蛋白如何在附着物(如微丝、微管和核酸等)上运动，马达蛋白运动周期内构象及自由能的变化，ATP 等化学物质的水解如何与力产生偶联等，又必须借助理论计算，这就要求发展和利用更大尺度的模型来解决这些问题。

当前用来研究分子马达的理论模型包括机械化模型、马尔科夫模型、粗粒化动力学模拟、全原子动力学模拟和简正模分析(NMA)[17]。前两个属于唯象模型，能够很好地描述分子马达的动力学性质，但无法设计分子马达的结构细节。粗粒化模型可以从一定程度上保留体系的结构细节，同时由于自由度的减小，不考虑过多精细的相互作用，使得它能够达到比全原子模型大得多的时空尺度，所以非常适合研究分子马达的周期运动。配合全原子模型所得到的细节信息，可以对分子马达相关问题在多尺度上进行有效探索。

生物大分子(如蛋白质分子和生物膜)的粗粒化方式与粗粒化离子的粗粒度或研究人员的兴趣和目的有关。粒子的不同粗粒度决定了粗粒化模型的速度和精度，可以帮助研究人员对不同的生物学过程提出合理的解释。粗粒化的脂质力场用一个粒子代表若干原子，常用的粗粒化力场是 Martini 力场。虽然粗粒化力场丢失了一些细节，但计算时间尺度可以增加 2 ～ 3 个数量级，体系大小也可以达到 100nm，与脂筏的大小相当。

为了研究复杂的膜结构，如脂筏等的形成，首先必须检验模拟方法是否能够重现单一成分膜体系的基本结构和相变性质。而大量的研究表明粗粒化模拟可以跟全原子力场模拟一样得到可靠的相变信息。J.M. Rodgers 等用耗散离子动力学(dissipative particle dynamics)和 Martini 两种粗粒化模型模拟了一系列脂质膜的相变，表明粗粒化模型能够正确描述复杂的膜相变。然而在粗粒化模型中重现膜的复杂的相变性质需要包括多少化学细节并不清楚，因此需要更细致的工作去全面研究粗粒化对相变性质的描述。

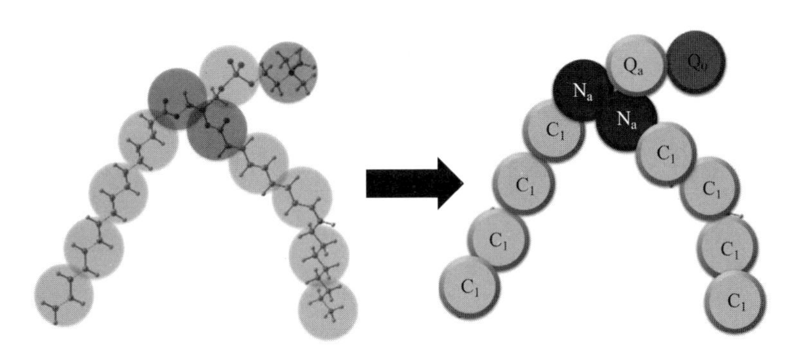

图 6.5　二棕榈酰磷脂酰胆碱的粗粒化模型

Martini 模型采用了四合一映射方法的方式，即除单个环状分子外，平均四个重原子及其连接的氢原子由一个相互作用中心(珠子，bead)表示。为了映射小的环状片段或分子(例如苯、胆固醇和几种氨基酸)的几何结构特异性，通常的四合一映射规则是不够的。因此，环状分子需要更高的分辨率(最多是二合一)来映射。该模型考虑了四种主要的相互作用类型：极性(polar, P)、非极性(non-polar, N)、无极性(apolar, C)、带电(charged, Q)。其中非极性(non-polar)和无极性(apolar)的主要区别在于前者具有亲水性(可溶于水和有机溶剂)，而后者具有很强的疏水性，在实际计算中，则表现为 Lennard-Jones(LJ) 参数不同。

每种粒子类型可进一步划分为几种亚型，这样可以准确地代表分子原子结构的化学本质。Q 和 N 珠子的亚型通过一个代表氢原子键合能力的字母(d= 供体，a= 受体，da=both，0= 无)来表示，C 和 P 珠子则包含五种亚型，分别由表示极性程度的数字(1= 低极性→ 5= 高极性)来区分。比如在 Martini 模型中，二棕榈酰磷脂酰胆碱

(dipalmitoylphosphatidylcholine，DPPC) 的甲基和亚甲基可以简化为 8 个 C_1 珠子，甘油基团可以简化为两个 N_a 珠子，磷酸胆碱基团可以用 Q_a 和 Q_0 珠子代替 (图 6.5)。出于计算效率的考虑，所有珠子的粗粒化 (CG) 珠子质量均设置为 72 amu (相当于 4 个水分子)，但环状结构的珠子的质量除外，设置为 45 amu。

与全原子力场类似，CG 力场的相互作用也分为成键相互作用和非键相互作用。比如 Martini 力场中除最邻近粒子之外，所有粒子对之间都有 Lennard-Jones 非键相互作用 (表 6.2)。其中，决定相互作用强度的参数，也就是 LJ 势阱深度 ε_{ij} 与相互作用的珠子的粗粒化类型有关。比如，对于两个强极性珠子，ε_{ij}=5.6 kJ/mol；极性和无极性珠子之间，ε_{ij}=2.0 kJ/mol。除了 LJ 相互作用外，主类型为带电 (Q) 的珠子之间还有库仑相互作用以及成键相互作用，如表 6.2 所示。式中 r_{ij} 表示粗粒化珠子对 i 和 j 之间的距离，而 d_{ij} 则表示相邻成键的粗粒化珠子对 i 和 j 之间的距离。其中相邻珠子之间不考虑 Lennard-Jones 势。类似地，φ_{ijk} 和 θ_{ijkl} 表示成键的三体和四体珠子间的夹角和二面角。力常数 K 的值一般很小，反映的是分子在粗粒化水平下的弹性。成键珠子间的谐振子势函数 V_b 用于反映珠子之间的化学连接；键角势函数 V_a 反映的是大分子链的刚性；正常二面角势函数 V_d 目前仅用于维持蛋白多肽链的二级结构；非正常二面角势函数 V_{id} 则是用于阻止平面结构发生偏离平面扭曲。

表6.2　Martini粗粒化力场中的各个能量项

LJ 相互作用项	库仑相互作用项
$V_{LJ}=4\varepsilon_{ij}\left[\left(\frac{\sigma_{ij}}{r_{ij}}\right)^{12}-\left(\frac{\sigma_{ij}}{r_{ij}}\right)^{6}\right]$	$V_{el}=\sum_{i,j}\frac{q_i q_j}{4\pi\varepsilon_0\varepsilon_{rel}r_{ij}}$
二体谐振子势函数项	三体键角势函数项
$V_b=\frac{1}{2}K_b(d_{ij}-d_b)^2$	$V_a=\frac{1}{2}K_a(\cos\varphi_{ijk}-\cos\varphi_a)^2$
四体二面角势函数项	非正常四体二面角势函数项
$V_d=K_d[1+\cos(\theta_{ijkl}-\theta_d)]$	$V_{id}=\frac{1}{2}K_{id}(\theta_{ijkl}-\theta_{id})^2$

CG 模型中非键相互作用参数可以通过与实验测量所得的热力学数据进行系统比较得到。成键作用参数可以直接从原子结构 (比如刚体结构的

键长）推导或者通过与精细动力学（全原子分子动力学）模拟的结构比较而获得。目前 Martini 的 CG 力场已经在多个分子动力学软件中实现，比如 GROMACS、NAMD、GROMOS 以及 Desmond。Martini 力场 2.0 及以上版本支持磷脂的 CG 模拟，2.1 及以上版本已经支持蛋白质大分子的 CG 模拟。

6.2.4 量子力学 / 分子力学组合方法

分子力场方法（包括全原子和粗粒化）可以达到介观尺度的模拟，已被广泛应用到生物体系的分子动力学和统计模拟之中。但是这些方法局限于对分子构象变化过程的描述，可以用于蛋白质、核酸、生物膜等大分子体系的构象和能量变化的描述，但是无法解决伴随有电子结构变化的化学过程，比如磷酸化、脱磷酸化以及各种含磷的酶催化反应。因此，一个简单而直接的想法就是用相同精度的理论方法（例如量子化学从头算）来处理生物分子系统的所有组成部分。这种处理方法尽管可以在体系的每个自由度上都能够得到严格和理想的结果，但由于其指数增长的计算资源消耗，对于大分子体系而言是不切实际的。然而，酶催化的磷化学或生物反应过程所包含的原子数通常超过数千，并且经常达到数十万。对于这种大小的生物系统，必须进行简化处理，以便进行有效的能量计算和更大尺度的相空间采样，这在实际计算过程中是有可能实现的。实际上，除了电子转移反应可以在分子系统中长距离发生外，在许多磷的化学反应中，只有少数原子直接参与局部键的形成。磷酸基团有时候甚至都不直接参与到反应过程中。因此，这些小原子和基团之间的相互作用必须要精确地描述。而对于系统的其他原子，它们的化合价态不会发生变化，因此对活性位点原子电子结构的变化几乎没有直接贡献。这些原子（例如溶液中的溶剂分子）通过充当空间和静电环境以影响活性位点的性质和反应性，确实有助于反应过程。这些环境原子的重要性可以通过许多有机反应对溶剂的化学和物理性质的敏感性来说明 [3]。

因此，要有一个用于模拟反应过程的良好理论，就必须在对活性部位中化学事件的准确描述与对复杂环境的影响进行有效建模之间取得平衡。实际上，一种有效的方法已被开发为多分辨率方法：分子系统的活性位点是用高度精确的量子理论QM描述的，而系统其余部分的贡献则是通过近似但有效的理论(例如分子力场)描述的MM。由Warshel和Levitt[18]首先开发的QM/MM组合方法，可以对酶反应进行可靠的电子结构计算，并具有对环境的真实描述。这种方法利用了QM方法在数十个原子的系统中进行化学反应的适用性和准确性，以及利用MM描述对于通常由数千个原子组成的其余酶和溶剂的计算效率。

QM/MM总能量：QM/MM方法的核心思想是分层计算，将复杂的化学体系划分为两个区域，分别用QM和MM方法进行处理。整个体系(S)被划分为两个子系统：用QM方法处理的内层区(inner region, I)和用MM处理的外层区(outer region, O)，内层和外层区因此也可以分别叫作QM和MM区。QM区域一般包含反应的活性位点，需要使用精度更高的QM方法处理，而分子系统中其余并未直接参与化学反应的部分则可以放入MM子系统使用精度较低的MM方法处理。由于QM和MM区有很强的相互作用，整个体系的总能量不能简单地写成QM和MM区能量之和，因而QM与MM的耦合项以及二者边界(特别是切断了化学键时)的处理则成为QM/MM方法的关键。当然，这种QM/MM分区方案可以扩展到两个以上的子系统。QM/MM系统的总势能可以用不同相互作用项的总和来表示，因此，根据总能量的表达方式，QM/MM的计算策略可以分为加法与减法两类。

QM/MM加法策略的总能量表达式可以写为：

$$E_{\mathrm{QM/MM}}^{\mathrm{add}} = E_{\mathrm{QM}}(r_{\mathrm{QM}}) + E_{\mathrm{MM}}(r_{\mathrm{MM}}) + E_{\mathrm{QM/MM}}(r_{\mathrm{QM}}, r_{\mathrm{MM}}) \tag{6.2}$$

其中，$E_{\mathrm{QM}}(r_{\mathrm{QM}})$和$E_{\mathrm{MM}}(r_{\mathrm{MM}})$分别表示用QM和MM方法计算的QM子系统和MM子系统的能量，$E_{\mathrm{QM/MM}}(r_{\mathrm{QM}}, r_{\mathrm{MM}})$表示QM子系统和MM子系统的相互作用能。QM-MM的相互作用能可以在QM水平下计算，也可以在MM水平下计算，因此衍生出不同的边界条件计算策略。

QM/MM减法策略的总能量表达式可以写为：

$$E_{\mathrm{QM/MM}}^{\mathrm{sub}} = E_{\mathrm{QM}}(r_{\mathrm{QM}}) + E_{\mathrm{MM}}(r_{\mathrm{QM}}, r_{\mathrm{MM}}) - E_{\mathrm{MM}}(r_{\mathrm{QM}}) \tag{6.3}$$

其中，$E_{\mathrm{QM}}(r_{\mathrm{QM}})$和$E_{\mathrm{MM}}(r_{\mathrm{QM}}, r_{\mathrm{MM}})$分别表示用QM和MM方法计算的QM子系统和整个系统的能量。由于$E_{\mathrm{MM}}(r_{\mathrm{QM}}, r_{\mathrm{MM}})$已经包含了QM子系统

在 MM 水平下的能量，因此需要从总能量中减去 $E_{MM}(r_{QM})$。Morokuma 及其合作者开发的 ONIOM(our n-layered integrated molecular orbital and molecular mechanics) 模型可以认为是一种典型的减法策略 QM/MM 方法。该方法将体系分为 n 层(通常是 2 层或者 3 层)，内层体系可以用不同水平的 QM 方法处理，外层体系用 MM 方法(或者较低水平的 QM 方法)处理。从概念上来讲，减法策略可以看成是某个区域的能量被 QM 能量代替后再进行 MM 计算的方法。减法策略的主要优点是形式简单，没有显式的 QM-MM 耦合项，因而不需要修改就可以直接使用标准的 QM 和 MM 过程进行计算。而缺点是 QM-MM 的相互作用，特别是 QM 与 MM 的静电相互作用完全是在 MM 水平下进行处理的。如果想在 QM 水平下计算 QM-MM 相互作用，则需要额外将 MM 水平下的 QM-MM 相互作用能减去。此时，减法测量的表达式与加法策略是一致的。

QM-MM 相互作用： QM-MM 建模的关键之一是内层(QM)区域与外层(MM)区域划分，以及随之而产生的二者之间的边界区域和相互作用的处理方式。对于内层与外层原子之间的相互作用，可以根据 QM 和 MM 之间静电相互作用处理水平的不同，分为力学嵌入(mechanical embedding)、静电嵌入(electrostatic embedding)和极化嵌入(polarized embedding)。在力学嵌入中，QM-MM 静电相互作用采用经典力学方法进行处理，QM 区采用与 MM 区一样的点电荷模型(典型的是刚性原子点电荷模型)。力学嵌入虽然概念简单、计算方便，但是会有一些问题:

① 内层(QM 区)的电子密度不会直接受到外层(MM 区)原子静电环境的影响;

② QM 区的电荷密度在反应过程中的瞬时变化，会对 MM 区域电荷的改变非常敏感，因而会使得势能面产生不连续性;

③ 定义内层原子的 MM 点电荷并不容易，也不能正确反映内层原子的电荷分布。

为了避免力学嵌入的缺陷，可以在内层区域进行 QM 计算时，将外层原子的 MM 点电荷作为单电子(one-electron)项加入 QM 的 Hamilton 算符中，也即是在 QM 水平下来计算 QM 和 MM 的静电相互作用，这种方法称之为静电嵌入，也叫电子嵌入(electronic embedding)。在静电嵌入方法中，内层的电子结构会随着外层静电环境的变化而发生改变(极化)，因而不需要任何电荷模型。由于静电作用是在 QM 水平处理，因而静电嵌入的计算结果比起力学嵌入更能够反映环境对于底物的电子极化作用。静电嵌入考虑了在刚性 MM 电荷环境下 QM 电子密度的可极化性，在此基础之上如果再考虑被 QM 电荷分布所极化的可变的 MM 电荷模型，这种方法称为极化嵌入。

如果内层与外层区域之间没有直接的共价键相连，则二者的相互作用就只有范德华作用和静电作用。比如用 QM/MM 计算溶剂效应，单个溶质分子采用 QM 处理，溶剂分子采用 MM 处理。但很多情况下，QM 和 MM 区域有共价键连接，这时就需要截断共价键(图 6.6)。

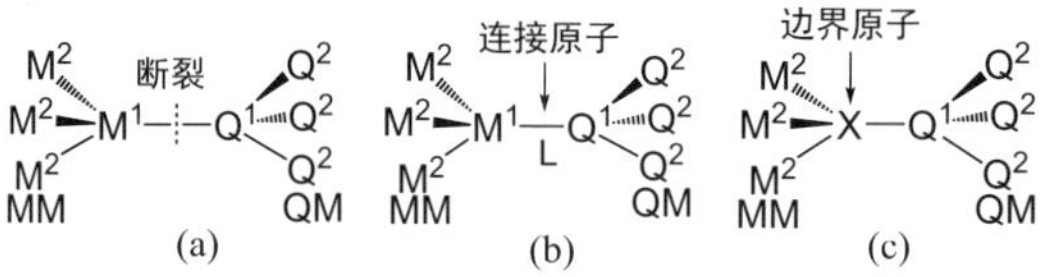

图 6.6 QM 和 MM 有共价键连接（a）及其连接原子（b）与边界原子（c）策略处理

此时，可以采取以下多种方法处理:

① 连接原子策略(link-atom schemes)：引入一个额外的原子中心 L(通常是氢原子)与原子 Q^1 共价相连使得 Q^1 饱和。

② 边界原子策略(boundary-atom schemes)：将 MM 区的 M^1 原子替换为一个特定的边界原子 X，并将这个边界原子同时放入 QM 和 MM 的计算值。在 QM 部分，边界原子模拟被截断的共价键以及与 Q^1 原子相连的 MM 部分的电子性质。而在 MM 部分，边界原子就是一个普通的 MM 原子。

③ 定域轨道策略(localized-orbital schemes)：根据需要将一个或多个被冻结的杂化轨道放在边界处代替被截断的共价键。包括局域自洽场(local self-consistent field, LSCF)法和广义杂化轨道(generalized hybrid orbitals, GHO)法，如图 6.7 所示。

连接原子的能量最后要从总能量中减去。

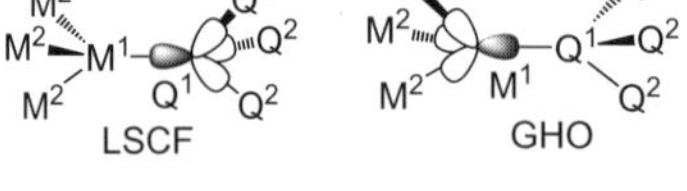

图 6.7 LSCF 和 GHO 方法中的冻结杂化轨道（实心轨道）

M与Q分别表示MM与QM原子

QM/MM 程序实现：实际计算过程中，执行 QM/MM 计算的流程与 QM 和 MM 并不完全相同，因此 QM/MM 计算的功能需要额外的程序实现。QM/MM 计算需要将量子化学软件与分子力学软件进行结合，让二者可以共享计算数据。目前，部分量子化学和分子力学软件开放了第三方的数据接口，可以方便地与彼此进行数据交换。从程序实现的角度来看，目前可以进行 QM/MM 计算的程序主要包含三类:

① 量子化学软件，含有 QM/MM 计算模块以及数据接口，可以接入第三方分子力学软件进行 QM/MM 计算。比如 Gaussian、Molcas、Orca、GAMESS 等。

② 分子力学和分子动力学软件，含有 QM/MM 计算模块以及数据接口，可以接入第三方量子化学软件进行 QM/MM 计算。比如 Amber, Gromacs 等。

③ QM/MM 软件平台，含有 QM/MM 执行代码并同时含有 QM 和 MM 软件的数据接口，可以将不同的 QM 和 MM 软件组合在一起，进行 QM/MM 计算。比如 Chemshell 软件。

不同的 QM/MM 软件实现的 QM/MM 模拟、连接原子策略以及相互作用方式并不完全相同，使用前可以参考软件用户手册和指南，选择合适的策略和方法。

6.2.5 分子模拟与自由能计算

对于一个处于正则系综的体系，配分函数为:

$$Q=\int \exp[-\beta E(X)]\,\mathrm{d}X \tag{6.4}$$

其中 $\beta=1/(kT)$，k 为 Bolzmann 常数，T 为热力学温度。根据统计热力学原理，自由能、焓和熵分别为:

$$A=-kT\ln Q \tag{6.5A}$$

$$H=\langle E(X)\rangle+PV \tag{6.5B}$$

$$S=(H-A)/T \tag{6.5C}$$

上述关系式 [式(6.4)和式(6.5)] 构成了许多重要的化学和生物过程的计算模拟基础。

对于一个反应过程，比如键断裂过程的自由能变化，中心焦点的物理量是自由能作为反应坐标的函数 $A(R)$，这一物理量也就是所谓的平均力势(potential of mean force, PMF)。对应的配分函数和 PMF 为：

$$Q(R)=\int \exp[-\beta E(X)]\delta[R(X)-R]\mathrm{d}X \tag{6.6A}$$

$$A(R)=-kT\ln Q(R) \tag{6.6B}$$

配分函数与宏观可观测量 R 的分布概率可通过下式关联：

$$P(R)=Q(R)/Q \tag{6.7}$$

可以通过在分子动力学或者蒙特卡罗模拟中测量 $P(R)$ 从而计算 PMF。直接计算自由能的绝对值要求在相空间中采样达到收敛。由于计算机资源的限制，这对于复杂的生物和化学分子体系而言几乎是不可能实现的。当然，实验上测量自由能的绝对值是有可能的，但是通常获取自由能的相对值对于研究磷的生物和化学过程已经完全足够了。热力学积分(thermodynamic integration, TI)和自由能微扰(free energy perturbation, FEP)是目前在生物分子应用中发挥重要作用的两个最基本的计算方法。常用于与配体结合的自由能的计算、蛋白质突变和药物设计等。

6.2.5.1 热力学积分

热力学积分(TI)最初是根据 Kirkwoods 的连续耦合策略所导出的。为了计算两个不同状态(状态 0 和状态 1)之间的自由能变化 $\Delta A=A_0-A_1$，需要在两个状态之间设计一条连续的热力学途径，该热力学途径由一系列参数 $\lambda_{0\to 1}$ 来定义。状态 0 的参数为 λ_0，而状态 1 的参数为 λ_1。因此，自由能变为：

$$\Delta A=A(\lambda_1)-A(\lambda_0)=\int_0^1 \partial A(\lambda)/\partial\lambda \mathrm{d}\lambda=\int_0^1 \left\langle \partial E(X,\lambda)/\partial\lambda \right\rangle_\lambda \mathrm{d}\lambda \tag{6.8}$$

其中 $\langle X\rangle_\lambda$ 表示由参数 λ 所指定状态的物理量 X 的系综平均值，积分可以采用数值积分方式求解。因为自由能是热力学状态函数，因此对于路径的设计并没有任何限制，只要始末状态 0 和 1 符合要求即可。由于我们经常感兴趣的是整个反应途径的自由能，因此可以计算反应途径中一些中间状态的自由能。此时，自由能模拟的路径与真实反应的途径可以保持一致，而参数 λ 可以与真实的反应坐标比如键长、键角、二面角相对应。根据上式，采用 TI 方法计算自由能需要知道势能 $E(X,\lambda)$ 对

于参数 λ 的梯度。如果采用体系某个真实的键长作为参数 λ，则计算该梯度可能并不容易。此外，$\partial E(X,\lambda)/\partial\lambda$ 可以用数值差分来近似计算：

$$\Delta A(\lambda_n \to \lambda_{n+1}) = \langle (E_{n+1} - E_n) \rangle / (\lambda_{n+1} - \lambda_n)\lambda_n \tag{6.9}$$

如果选择一条没有实际物理意义的热力学途径，此时能量函数 $E(X, \lambda)$ 通常可以写为两个状态的势函数的组合：

$$E(X,\lambda) = f(\lambda)E_0(X) + g(\lambda)E_1(X) \tag{6.10}$$

因此，求能量函数的梯度就转化为求梯度 $f'(\lambda)$ 和 $g'(\lambda)$。通过动力学模拟即可计算不同的 λ 状态下 $\partial E(X,\lambda)/\partial\lambda$ 及其系综平均值。函数 $f(\lambda)$ 和 $g(\lambda)$ 可以根据具体的情况（数值差分的精度、数值积分收敛的速度等）采用不同的形式。比如最简单的线性组合方式 $f(\lambda)=1-\lambda$，$g(\lambda)=\lambda$，此时 $\partial E(X,\lambda)/\partial\lambda=E_1(X)-E_0(X)$。因此，只需要知道两个状态的势能差值，即可求得状态 0 到状态 1 的 ΔA。由于每个 λ 状态是相互独立的，因此可以用不同的轨线进行并行模拟，每一个 λ 值的模拟轨线可以称为一个“窗口”。最后通过数值积分的方式得到最终的自由能变化值 ΔA。这种方法并没有对能量函数施加任何的限制，因此可以应用于任何用 MM、QM 或者 QM/MM 所模拟的体系。

6.2.5.2 自由能微扰

自由能微扰法最早由 Zwanzig 等人提出。该方法中，两个状态(状态 0 和状态 1)之间的自由能变化可以通过其中一个状态的能量变化的系综平均得到：

$$\begin{aligned}
\Delta A_{\mathrm{A}\to\mathrm{B}} &= A_{\mathrm{A}} - A_{\mathrm{B}} = -kT\ln(Q_{\mathrm{A}}/Q_{\mathrm{B}}) \\
&= -kT\ln[\int \exp(-\beta E_{\mathrm{A}})\mathrm{d}X]/\int \exp(-\beta E_{\mathrm{B}})\mathrm{d}X \\
&= -kT\ln\left\{\int \exp[-\beta(E_{\mathrm{A}}-E_{\mathrm{B}})]\exp(-\beta E_{\mathrm{B}})\mathrm{d}X / \int \exp(-\beta E_{\mathrm{B}})\mathrm{d}X\right\} \\
&= -kT\ln\langle \exp[-\beta(E_{\mathrm{A}}-E_{\mathrm{B}}]\rangle_{\mathrm{B}} \\
&= -kT\ln\langle \exp[-\beta\Delta E_{\mathrm{pert}}^{0\to1}]\rangle_{\mathrm{B}}
\end{aligned} \tag{6.11}$$

其中 $\beta=-1/(kT)$。尽管该方程在系综收敛极限下是正确的，但通常的模拟中需要限制两个状态间的自由能变化 $\Delta A \leqslant 2kT$，这样才能使两个状态的相空间有足够的重叠以保证模拟收敛。对于任何两个自由能变化值大于 $2kT$ 的过程，可以在始末状态之间构造一系列中间状态，然后采用 FEP

方法分别模拟和计算相邻的中间状态之间的 $\Delta A_{i\to i+1}$。与 TI 方法类似，每条模拟轨线可以称为一个“窗口”。最终的 ΔA 等于每个窗口模拟出的 $\Delta A_{i\to i+1}$ 之和。

$$\Delta A = \sum_{i=0}^{N-1} \Delta A_{i\to i+1} \tag{6.12}$$

使用 MM 方法进行 TI 和 FEP 模拟确实可以为生物化学研究提供丰富的结果，特别是理解配体与蛋白质的结合、许多蛋白质分子的稳定性以及其他物理性质。但是普通的分子力场以及力场参数一般很难用于涉及化学键生成和断裂的化学反应过程的计算和模拟，此时需要使用量子力学方法才能准确地描述化学反应过程。由于 QM 方法计算量所限，因此使用 QM 和 QM/MM 方法进行 MD 模拟从而求出物理量系综平均值要困难得多。特别是在 TI 模拟中，每个 λ 状态下都需要进行两次 QM 计算 [$E_0(X)$ 和 $E_1(X)$]，因此限制了 TI 方法在含磷化学过程的自由能模拟中的运用。

而 FEP 和 TI 模拟在技术上有很多相似之处。不同之处在于 TI 模拟需要计算能量函数对于参数 λ 的梯度$\partial E(X,\lambda)/\partial\lambda$，而 FEP 模拟则不用。因为这一特点，FEP 模拟反应过程时可以使用反应路径上离散的状态而无需连续的路径。这一特点是 FEP 独一无二的优势，特别是在使用 QM/MM 方法进行模拟时尤为明显。

由于 QM 部分的统计采样非常耗时，因此在 QM/MM 的 FEP 模拟中，一种近似的策略即将其能量的涨落忽略，用 QM 部分原子核的势能变化近似代表自由能的变化。比如 Walter Thiel 及其合作者发展的 QM/MM 的 FEP 模拟策略：①首先通过一定的方法(如 IRC 计算或者限制性几何优化)在 QM/MM 水平下计算获得一条反应路径的势能曲线；②该反应路径可以被划分为一系列有限的离散的窗口，每个窗口用反应坐标值 ξ_i 来标识；③固定 QM 区域原子坐标，在 MM 水平下进行动力学模拟采样，得到 $\Delta E_{\text{pert}}^{i\to i+1}$ 的系综平均值。

对于拥有两个不同构象的状态 i 和 i+1，根据 QM/MM 的能量分解式 (6.2) 可知，$E_{\text{QM/MM}}$ 表示二者的相互作用能，可以进一步分解为范德华作用、静电作用以及 QM 和 MM 直接的成键作用：

$$E_{\text{QM/MM}}(r_{\text{QM}}, r_{\text{MM}}) = E_{\text{VDW}} + E_{\text{Q}} + E_{\text{FF}} \tag{6.13}$$

在 Thiel 等人的策略中，MD 采样时 QM 原子的坐标被固定，QM 与 MM 原子的相互作用实际是被放在 MM 水平下进行处理(即力学嵌入策略)。此时，QM 原子可以近似使用 ESP(电荷)点电荷来表示。而 FEP 中的能量微扰则来自 QM 和 MM 原子间的相互作用：

$$\Delta E_{\text{pert}}^{i \to i+1} = E_{\text{QM/MM}}(r_{\text{QM}}^{i+1}, r_{\text{MM}}^{i}) - E_{\text{QM/MM}}(r_{\text{QM}}^{i}, r_{\text{MM}}^{i}) \tag{6.14}$$

上式等号右边第一项是微扰项，表示的是 MM 原子处于窗口 i 的坐标、QM 原子处于窗口 i+1 的坐标时，QM 与 MM 原子的相互作用能。右边第二项是未微扰项，表示 QM 和 MM 原子都处于窗口 i 的坐标时的相互作用能。因此，上式定义了一个“向前”的微扰。类似地，也可以定义一个“向后”的微扰：

$$\Delta E_{\text{pert}}^{i+1 \to i} = E_{\text{QM/MM}}(r_{\text{QM}}^{i}, r_{\text{MM}}^{i+1}) - E_{\text{QM/MM}}(r_{\text{QM}}^{i+1}, r_{\text{MM}}^{i+1}) \tag{6.15}$$

因此，窗口 i 和窗口 i+1 之间的自由能变化可以近似表示为：

$$\Delta A^{i \to i+1} \approx \Delta E_{\text{QM}}^{i \to i+1} + \Delta A_{\text{QM/MM}}^{i \to i+1} \tag{6.16}$$

上式右边第一项$\Delta E_{\text{QM}}^{i \to i+1}$表示 QM 原子分别处于窗口 i 和窗口 i+1 坐标时的能量差。第二项$\Delta A_{\text{QM/MM}}^{i \to i+1}$就包含根据 FEP 计算得到的 QM/MM 相互作用所产生的自由能的变化值：

$$\Delta A_{\text{QM/MM}}^{i \to i+1} = -kT \ln \left\langle \exp[-\beta \Delta E_{\text{pert}}^{i \to i+1}] \right\rangle_{\text{MM},i} \tag{6.17}$$

因此，在这一 QM/MM-FEP 模拟策略中，只需在 MM 水平下进行 MD 模拟和采样，即可求出$\Delta E_{\text{pert}}^{i \to i+1}$的系综平均值。由于 QM 部分原子的熵效应被忽略掉，因此该方法适用于 QM 原子的熵效应不明显的反应过程的自由能计算。

6.2.5.3 伞形采样方法

利用全原子力场以及 QM/MM 方法进行分子动力学模拟可以给出生物大分子相关的物理和化学细节。然而，目前分子动力学模拟能达到的时间尺度相比于人们所关心的实际问题而言仍然太多。同时，长时间动力学模拟也会造成数值误差的不断累积。由于较高的活化能垒的存在，许多生物大分子的构象转变对于微观的分子模拟而言时间太长，比如蛋白质、RNA 等高级结构的变化。分子模拟在时间尺度上的受限，在时间计算模拟中的表现为构型空间采样与构象扫描的速度太慢。最近几十年，为了克服分子模拟中的时间尺度问题，拓宽分子模拟的应用范围和提高其在热力学计算特别是自由能计算中的精度，研究人员发展了一系列的增强采样方法应用于分子动力学或者蒙特卡罗分子模拟中。其中影响最深远的就是 Torrie 和 Valleau 于 1977 年提出的伞形采样[19]（umbrella sampling, US）方法。

伞形采样方法是已知反应坐标下，计算一个给定反应的自由能变非常有用的方法。US 模拟的关键是计算给定反应坐标的概率分布。由于体系的反应坐标处于高能量的相空间的概率 $P(r)$ 很低，普通的动力学模拟很难对较高势能区域的结构进行采样。因此为了获取高能相空间的样品及其概率，伞形采样方法将对体系施加一个谐振子形式的偏执（biased）势能 $k(r-r_x)^2$。此时体系的能量对于反应坐标 r 的函数：$V(r)=V'(r)+k(r-r_0)^2$。反应坐标 r 的可观测的概率 $P'(r)$ 可以通过施加了有偏执势能的分子动力学模拟来计算。

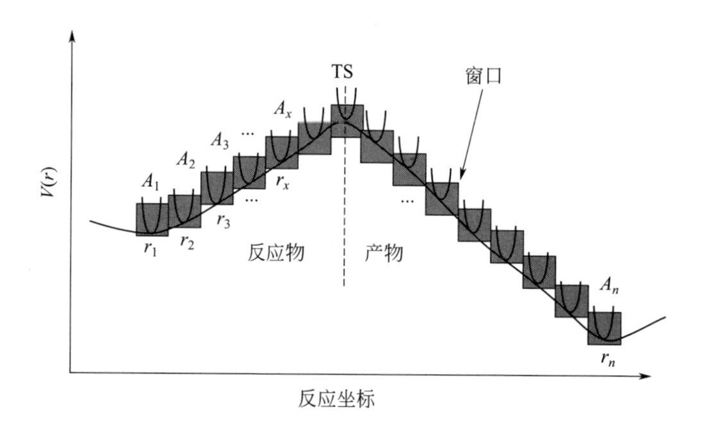

图 6.8　伞形采样原理

在实际的模拟中，将选定的反应坐标划分为若干个“窗口（window）”，每个窗口 x 上施加一个偏执势能 $V_x^{\text{bias}}(r)$，如图 6.8 所示。

$$V_x(r)=V'(r)+V_x^{\text{bias}}(r)=V'(r)+k(r-r_{0,x})^2 \tag{6.18}$$

则每个窗口的自由能 $A_x(r)$ 为：

$$A_x(r)=-kT\ln P_x'(r)-V_x^{\text{bias}}(r)-F_x \tag{6.19}$$

其中常数 F_x 的值由偏执势能$V_x^{\text{bias}}(r)$决定并且经常与其他模拟窗口相关。式中的自由能 $A_x(r)$ 相当于除了所选定的反应坐标外，体系的其余自由度对于自由能的平均贡献，也即平均力势(PMF)。

由于施加了偏执势能，因此模拟所得的反应坐标的概率分布 $P'_x(r)$ 并不是真实的概率分布 $P(r)$，而是有偏概率。为了获取反应坐标的真实概率分布函数，可以通过加权直方图分析法(weighted histogram analysis method, WHAM)对有偏采样下的反应坐标分布数据进行处理，获取反应坐标在没有偏执势能下的真实概率分布。

$$\exp[-F_x/(kT)]=\int P(r)\exp[-V_x^{\text{bias}}(r)/(kT)]\,\mathrm{d}r \tag{6.20}$$

全局的无偏概率 $P(r)$ 与有偏概率 $P'_x(r)$ 之间满足关系：

$$P(r)=\sum\nolimits_x^{\text{window}} p_x(r)P'_x(r) \tag{6.21}$$

其中 $p_x(r)$ 是有偏概率的权重，要使无偏概率 $P(r)$ 的统计误差最小，则满足：

$$p_x(r)=a_x(r)/\sum\nolimits_x a_x(r),\ a_x(r)=N_x\exp[-V_x^{\text{bias}}(r)/(kT)-F_x/(kT)] \tag{6.22}$$

式中 N_x 表示第 x 个窗口中总的采样步数。式(6.20)和式(6.21)迭代求解直到收敛即可求得常数 F_x 以及无偏概率 $P(r)$，进而求得体系的自由能和其他热力学性质。

与 TI 不同，US 在模拟过程中采用软约束代替约束，因此与 TI 中仅采样有限点相比，US 在本质上对整个 R 空间进行了采样。一个重要的区别是，无需使用 US 方法计算约束力，这在复杂的反应中可能会具有很大的优势。另外，使用 US 方法增强采样需要预先定义一个反应坐标，这对于反应机理未知或者复杂反应而言相当困难。

6.2.5.4 副本交换动力学

US 等增强采样方法提高了分子模拟热力学计算的能力，但是由于需要预先选定反应坐标，限制了其在许多实际体系的应用。因为预知反应坐标的要求对于很多实际应用而言非常苛刻，因此研究人员也发展了另一类方法。其中副本交换法是一个在分子动力学模拟中被广泛使用的方法，通过在多个温度下的并行计算以及不同副本间保持 Boltzmann 分布的交换，结合加权直方图(weighted histogram)技术，实现对构象和小概率事件的增强采样。

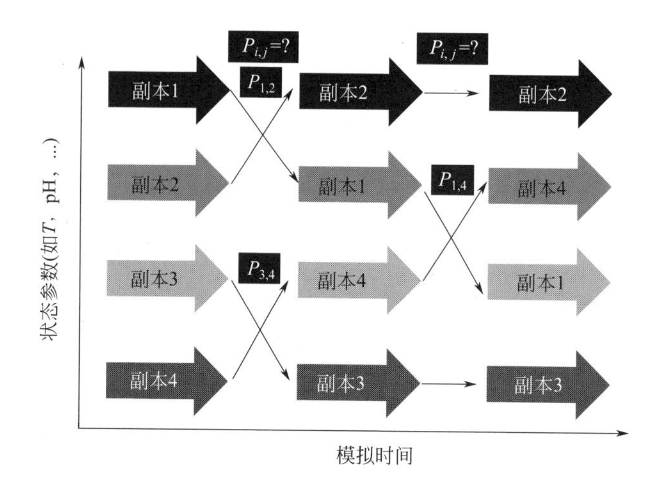

图 6.9　副本交换分子动力学模拟流程

副本交换分子动力学模拟(replica exchange molecular dynamics, REMD)是指单个系统的多个副本并行进行模拟，每个副本在模拟过程中可以根据某个状态参数区分各个副本，并且各个副本可以周期性地以某一概率交换该状态参数(图 6.9)。通常所说的 REMD 是指温度空间的副本交换分子动力学模拟，也可称为 temperature REMD(T-REMD)。T-REMD 是目前使用最广泛的增强采样算法之一。该方法通过对温度空间内单个系统的多个副本进行并行模拟，并根据一定的概率 $P_{i,j}$ 周期性地选择交换各个副本的温度:

$$P_{i,j}=\min\{1,\exp[-(\beta_i-\beta_j)(E_j-E_i)]\} \tag{6.23}$$

式中 $\beta=1/(kT)$。概率 $P_{i,j}$ 取决于副本之间的温度和能量差异。因此，T-REMD 模拟中低温度下的副本可以有机会在高温下搜索相空间，并将优势构象逐渐退火到低温环境下，从而快速获得所需温度下的结构系综。

T-REMD 的每个副本在模拟过程中除了周期性交换温度之外，完全是独立进行的，因此并行效率很高。T-REMD 的问题主要在于其计算量随着体系尺寸的增大而迅速增加，因而难以推广到大体系的研究。H-REMD(Hamiltonian-replica exchange MD)的思想与 T-REMD 类似，不同之处在于 H-REMD 不是在温度空间产生副本，而是对不同副本应用不同的哈密顿量。比如在较为平坦的势能面下采样，并将产生的优势构象逐渐“向下”传递到真实哈密顿量的副本。除此之外，常见的

REMD 模拟还有 constant pH-REMD（pH-REMD）和 redox potential REMD（E-REMD），前者在并行模拟中可以交换副本的溶液 pH 值，后者则交换体系的氧化还原势。

副本交换动力学的原理和程序实现都比较简单，目前在很多分子动力学软件，如 Amber 中都已经实现。另外，模拟体系的大小对于该方法使用的限制较小，是目前分子模拟中较为常用的方法，在物理、化学、生物和材料等领域都得到广泛的应用。REMD 方法的主要缺陷在于模拟所需的副本数目过多。尤其是对于研究原子数目极大的复杂体系而言，REMD 的计算量很多时候是无法达到的。

6.2.5.5 多元动力学

多元动力学 [20]（metadynamics，MetaD）方法是与传统有偏采样方法类似的针对小概率事件（如克服较高能垒）的增强采样方法。使用 MetaD 方法需要预先定义出若干能代表体系最慢的有效坐标（collective variables, CVs），通过这些坐标空间内叠加高斯形式的势能函数（V_G）的方式达到对小概率事件的快速采样和对自由能的快速计算。

$$S(r) = \{S_1(r), \ldots, S_d(r)\} \tag{6.24A}$$

$$V_G[S(r), t] \overset{t}{=} \int_0 \frac{\omega}{\tau_G} \exp\left(-\sum_{i=1}^{d} \frac{\{s_i(r) - s_i[r(t')]\}^2}{2\sigma_i^2}\right) \mathrm{d}t' \tag{6.24B}$$

式中，$S(r)$ 是一套有效变量，由 d 个微观坐标 r（比如原子的直角坐标）的显式函数组成，$S(r)$ 可以由一个或者多个键长、键角、二面角构成，或者配位数、势能函数等；ω 为高斯势能的高度；σ_i 为有效坐标单位空间（即高斯势能的“宽度”）；τ_G 为叠加新的高斯势能的间隔时间。

将 MetaD 与 US 的偏执势进行比较可以看出：US 施加的偏执势是谐振子形式，并且对于某个窗口而言其形式是固定的，与模拟时间无关。而 MetaD 施加的有偏势是高斯函数的偏执势，而其不同时刻 t 所施加的偏执势 V_G 的值是与其 t 时刻之前的有偏势的值相关的，即具有历史依赖性。如果研究的体系需要多个有效坐标来描述，比如两个键长。此时，US 首先需要预知自由能在有效坐标上的大致分布，然后在多个维度上进行采样，导致窗口数目以及计算花费成指数增加。与之相比，MetaD 的有偏势能函数是由多个有效坐标的函数共同组合而成的，$V_G[S(r), t]$ 相当于一个多元的势函数。且其本身是不断叠加的，所以不需要预知自由能在有效坐标上的大致分布。不断累加的有偏势本身就会不断推动体系去探索新的构象空间。模拟的过程中，相当于不断向反势阱中填入高斯函数形式的“势能砂子”，从而改变当前势阱内总的势函数的形状。当有效坐标空间上的势能函数形貌不再改变时，此收敛后的势能函数形貌大致等于同一有效坐标空间上的自由能形貌。

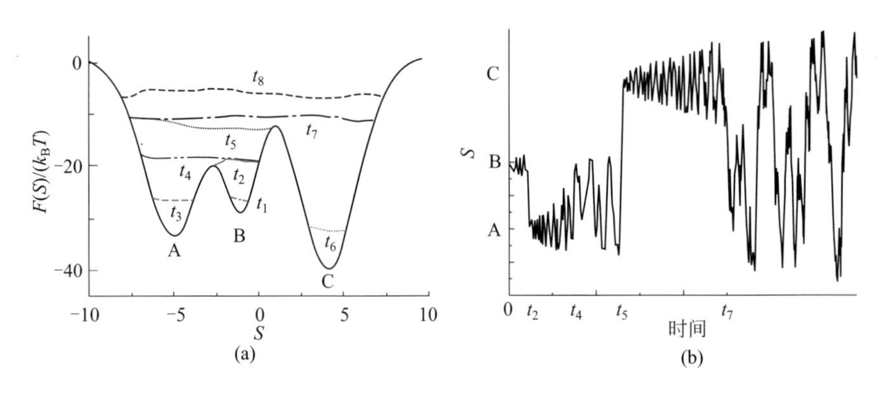

图 6.10　多元动力学模拟过程（图片出自参考文献 [20]）

我们可以用一个简单的例子来说明 MetaD 模拟的物理图像。如图 6.10(a) 所示，某个体系中有三个局域极小点 A($S\approx-5$)、B($S\approx0$) 和 C($S\approx5$)，分别表示可以用有效变量 S 进行粗略区别的三种状态。假设模拟开始时从状态 B 开始 [图 6.10(a) 中 $t=0$ 曲线]。在分子动力学模拟过程中，根据式(6.24)，对体系施加偏执势。该偏执势具有历史路径依赖性，相当于随着动力学的演化，不断在势阱 B 中“累计”加入高斯型的偏执势。类似于向一个势阱中不断加入“势能砂子”，将势阱填满。随着偏执势的加入，总的势函数(体系总的势函数 + 偏执势)形式将发生变化 [图6.10(a) 中 $t=t_1$ 曲线]，直到势阱 B 被填满 [图6.10(a) 中 $t=t_2$ 曲线]。此阶段有效变量变化范围主要集中在 $S\approx0$ 附近。此时体系可以很容易脱离势阱 B，进入势阱 A 区域。根据式(6.24B)，在 A 区域模拟加入的有偏势此时主要集中在 $S\approx-5$ 区域，相当于开始在 A 势阱区域中加入偏执势能，改变 A 区域的自由能面形貌 [图6.10(a) 中 $t=t_2$ 和 $t=t_3$ 曲线]，直到势阱 A 被填满 [图6.10(a) 中 $t=t_4$ 曲线]。此阶段体系主要在势阱 A 中运动 ($S\approx-5$)([图6.10(b) 中的 $t=t_2\sim t_4$ 阶段]。此时继续模拟则体系将会在 A

和 B 区域中弥散 [图 6.10(b) 中 $t=t_4 \sim t_5$ 阶段]，偏执势将会加入到 A 和 B 两个区域，直到 AB 势阱被填满(图 6.10(a) 中 $t=t_5$ 曲线)。然后体系将进入 C 区域 ($S \approx 5$)，在 C 区域运动 [图 6.10(b) 中 $t=t_5 \sim t_7$ 阶段] 并重复之前加入偏执势的过程，逐渐填充 C 区域 [图6.10(a) 中 $t=t_6$ 曲线]。直到 A、B、C 三个区域的势阱都被填满 [图 6.10(a) 中 $t=t_7$ 曲线]，此时可以认为 MetaD 模拟收敛。很明显，加入的偏执势的形貌就近似等于体系的自由能面形貌。因此，通过加入的历史路径依赖性的偏执势即可得到体系有效变量的自由能函数:

$$\lim_{t\to\infty} V_{\mathrm{G}}(S,t) \approx -F(S)+C \tag{6.25}$$

其中，C 是一个无关的加和常数。模拟收敛后，如果继续模拟将会对势阱过渡填充，体系将在整个 A、B、C 区域弥散 [图6.10(b) 中 $t>t_7$ 阶段]，如图 6.10(a) 中 $t=t_8$ 曲线。这一特点可用于判断模拟是否收敛。显然，MetaD 模拟中，有效坐标的选择直接关系到模拟的可靠性。有效坐标的选择需要符合三个条件:

① 使用有效变量应该可以清楚区分反应的初始状态、中间状态以及终止状态;

② 需要能够描述与感兴趣的反应或者过程相关的所有缓慢事件;

③ 有效坐标的数目不能太大，否则填满势能面需要很长的模拟时间。

很明显，后面两个要求很可能是互斥的，在很多情况下可能很难找到一组“优秀”的有效坐标。因此，有效变量的选择也是 MetaD 模拟的难点。

最简单的有效变量定义是直接使用与几何结构相关的坐标，比如键长、键角和二面角以及它们的组合，在研究化学反应和生物过程时使用得最多。除此之外，在 MetaD 中使用最多也是最有用的是基于配位数有效变量:

$$S(r)=\sum\nolimits_{i,j} f(r_{ij}) \tag{6.26A}$$

$$f(r_{ij})=\frac{1-(r_{ij}/r_0)^n}{1-(r_{ij}/r_0)^m} \tag{6.26B}$$

其中 r_{ij} 表示原子 i 和 j 之间的距离。当 $r_{ij}<r_0$ 时，定义的含时 $f(r_{ij})$ 近似等于 1，而当 $r_{ij}\gg r_0$ 时，$f(r_{ij}) \approx 1/(r_{ij}/r_0)^{m-n}$，趋近于 0。参数 m 和 n 的值用

于调节函数的平滑性和渐进线性质。配位数有效变量可以用于判断原子间是否成键或计算两个不同片段间的成键原子数目，常被用于搜索和区分化学反应中的不同途径。除此之外，还有基于势能、路径变量、简正模式以及蛋白质特定参数而定义的有效变量。对于 MetaD 而言，高维坐标系中的扩散很慢，因此通常只被用于 1 ～ 3 维的有效变量空间。

多元动力学方法目前已经在 PLUMED 中实现。该程序作为一个外部插件，可以接入许多目前流行的 MD 程序。使用 PLUMED 插件可以进行包含多有效变量的多元动力学模拟、伞形采样以及 steered MD。PLUMED 源代码可以从网络免费获取。此外，ORAC、CP2K、CPMD (IBM、Armonk、NY)、NAMD 等量子化学和动力学软件中也实现了一些简单的多元动力学模拟功能。

总之，伞形采样、多元动力学、副本交换动力学等增强采样方法都有各自的优势。由于含磷生物体系模拟过程以及研究人员感兴趣的物理和化学问题各不相同，因此需要根据实际情况选择合适的分子模拟方法。

6.3 含磷生物化学体系理论计算实例

含磷生物化学体系非常复杂，包含了很多不同的结构单元。本节将针对各类含磷的生物转化机制研究举例说明。

6.3.1 酶促 ATP 合成的自由基离子对机理：基于简化模型的 QM 计算

ATP 合成酶是生物体内非常重要的分子装置，它能够高效地产生能量载体 ATP 中的连续 P-O 化学键。目前比较认可且有充分证据支持的

ATP 合成机理是在 Mg^{2+} 催化下，无机磷酸盐(磷酸合成酶)或者磷酸化底物中的磷酸基团(磷酸激酶)被加成到 ADP 上。一般认为 Mg^{2+} 的主要功能就是与磷酸盐配位并在整个反应路径中维持配合物结构，同时通过配位作用改变其化学反应性，使电荷在配合物中重新分布。Mg^{2+} 一直被认为只是一种辅助试剂，因此并未作为反应试剂参与反应。另外，实验表明酶催化的 ATP 合成反应速率具有很强的同位素效应 [21]。在 ATP 合成酶、磷酸肌酸、丙酮酸和磷酸甘油酸激酶中，Mg 的磁性同位素 ^{25}Mg 比无自旋、非磁性 ^{24}Mg 或 ^{26}Mg 的反应活性高 2 ～ 3 倍。而使用 ^{24}Mg 和 ^{26}Mg 这两种同位素的酶生成 ATP 的产量则没有差异，表明了磁性同位素效应与原子核的质量效应无关。此外，实验结果表明同位素效应与 Mg^{2+} 的浓度有关。在低浓度下，没有同位素效应，此时，ATP 合成反应主要以经典的亲核反应机理为主导。而当 Mg^{2+} 的浓度超过细胞内 Mg^{2+} 的浓度 50 ～ 100 倍时，就会出现强烈的同位素效应。这表明 ATP 合成反应中开启了一种新的自旋依赖性离子-自由基机理，从而在酶催化反应中额外生成了大量的 ATP。肌酸激酶催化 ATP 合成反应也出现了类似的磁场依赖效应，为上述结论提供了强有力的佐证。

这种 Mg 原子核自旋依赖的 ATP 合成机理与过去人们所熟知的有机反应机理并不相符。这意味着除了传统的亲核反应机理之外，ATP 合成反应还存在另外一种与传统亲核反应截然不同的反应机制。Anatoly L. Buchachenko 与其合作者 [22] 提出了一种 ATP 合成的反应机理(图 6.11)。

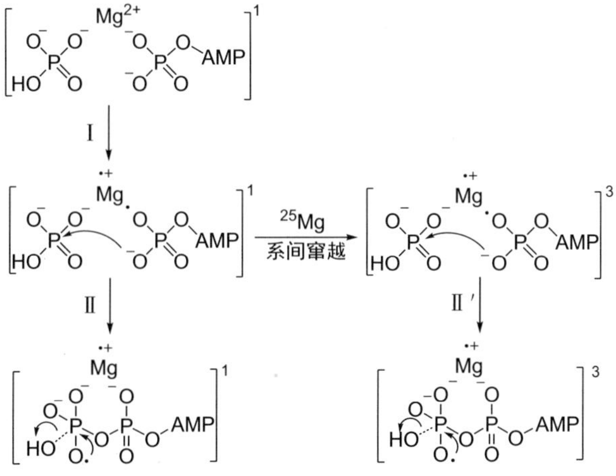

图 6.11

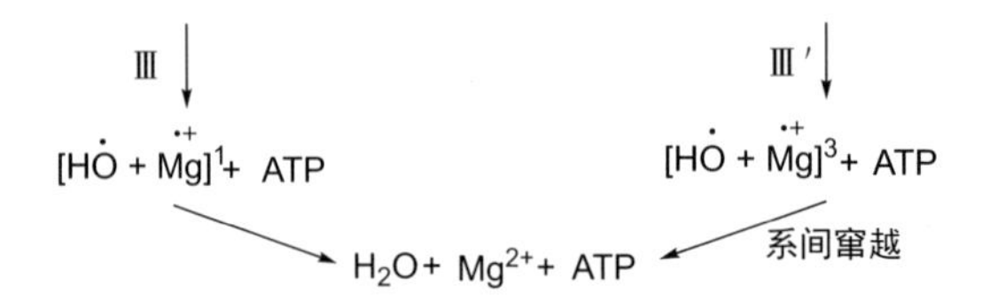

图 6.11　ATP 合成酶催化核自旋选择磷酸化机理

① 首先，Mg^{2+} 与磷酸基团以及 ADP 结合生成稳定配合物。然后通过电子转移生成一价 Mg^{+} 自由基和 ADP 自由基阴离子(图 6.11 反应Ⅰ)。由于总自旋守恒，二者结合生成单重态自由基离子对。同时，生成的自由基离子对可以进一步通过单 / 三态系间窜越生成三重态自由基离子对。

② 单重态和三重态的 ADP 自由基离子与磷酸基团发生亲核加成生成 ATP(图 6.11 中反应Ⅱ和Ⅱ′)。在此过程中，由于 P-O 键断裂而脱去的羟基自由基与 Mg^{+} 自由基通过反向电子转移发生自由基湮灭生成水和 Mg^{2+}(图 6.11 中反应Ⅲ和Ⅲ′)。由于自旋角动量守恒作用，因此生成单重态和三重态自由基离子对的反应活性会有差异，从而导致生成的单重态和三重态自由基离子对的产率不同，因而后续不同自旋电子态反应路径的比例也就不同。

③ 未配对的单电子与 ^{25}Mg(来自 Mg^{+})和 ^{31}P 原子核(来自磷酸自由基)会产生电子-核(超精细)磁耦合作用。该磁耦合作用控制了不同自旋反应途径对于生成 ATP 的贡献。这一效应可以引发单 / 三重态转化从而导致磷酸化反应过程中的核自旋选择性影响。因此，该机理中 Mg^{2+} 作为关键试剂参与了反应过程中的自由基或离子自由基步骤，其化学反应活性应取决于其水合物壳中水分子的数量。

在单重态反应通道中，第一步反应生成的 ADP 自由基阴离子也可以将电子反向转移给 Mg^{+} 自由基，重新生成初始的反应物。这一自旋允许的反向电子转移过程会影响到随后的磷酸化反应速率，从而降低 ATP 的产率。但是，在存在 $^{25}Mg^{2+}$ 的情况下，未配对的电子与 Mg^{+} 中的 ^{25}Mg 原子核的超精细耦合会促进生成的单重态自由基离子对发生系间窜越生成三重态自由基离子对。这一新的三重态磷酸化反应通道可以额外增加 ATP 的总产量约 2 ～ 3 倍，因而合理地解释了镁同位素和磁场效应对 ATP 产率的影响。

该机理中一个非常令人感兴趣的问题是图 6.11 中所示的 ATP 合成反应仅发生在酶蛋白中，而不发生在水溶液中。为解释这一现象，Buchachenko 等人[22] 使用密度泛函理论（DFT）方法计算了该反应机理中与 ATP 合成有关的 Mg^{2+} 配合物的关键结构和电子转移反应的能量，并根据理论计算结果分析讨论了反应中能量允许和禁阻的过程。在该研究中，作者主要研究的是反应的第一步，即电子转移反应生成自由基离子对的过程。研究的核心目标是 Mg^{2+} 的水合作用对于电子转移反应的能量的影响。在实际计算中，作者并没有在显式的蛋白环境中进行计算，而是采用了模型体系。由于没有氨基酸残基的作用，腺嘌呤核苷基团在该反应中的作用不大，因此作者用氢原子和甲基代替腺嘌呤核苷基团进行了简化计算，如图 6.12 中的反应 (1) 和 (2) 所示。由于在细胞和线粒体内，ADP 可能以质子化和脱质子化的形式存在，因此在上述模型的基础上优化了其质子化的类似物。总共有四个体系，如图 6.12 中的 (3) 和 (4)。对于每个体系，都在 Mg^{2+} 周围显式地添加了配体水分子。添加的水分子的数目用 m 和 n 表示。其中 m 表示添加到 $Mg^{2+}(ADP^{3-})_m$ 中的配体水分子数目，n 表示添加到自由的 Mg^{2+} 周围的配体水分子数目。作者对上述反应中所有的反应物和产物都使用密度泛函理论（B3LYP 泛函和 6-31G* 基组）进行了几何结构优化和能量计算。

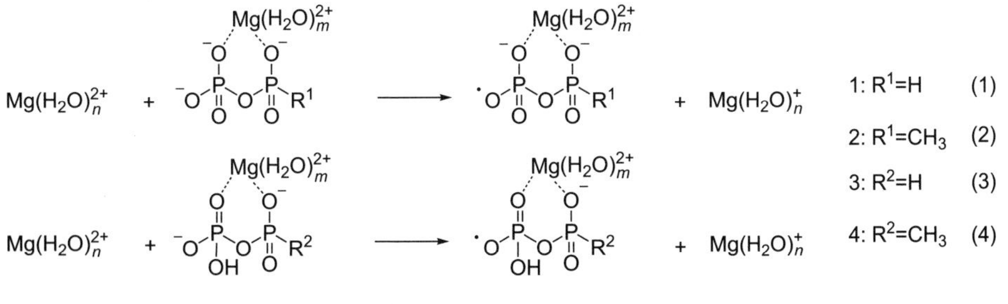

$Mg(H_2O)_n^{2+}$ + $Mg(H_2O)_m^{2+}$·ADP 模型 ⟶ · 自由基 + $Mg(H_2O)_n^{+}$

1: R^1=H (1)

2: R^1=CH_3 (2)

3: R^2=H (3)

4: R^2=CH_3 (4)

图 6.12 Mg^{2+} 与 $Mg^{2+}(ADP^{3-})_m$ 模型配合物的反应

为了考察在不同配体水分子数目下反应的可行性，作者将图 6.12 中所示的四个反应的总能量表示为反应物和产物能量之差。因此反应总共释放的能量 ΔE 的符号决定了反应在能量上是否有利。如果 ΔE 为正，即反应物能量超过产物能量，则反应是放热的，能量上是允许的。相反，如果 ΔE 为负，则该反应是吸热的，从能量角度是被禁阻的。在研究过程中作者忽略了熵效应，仅从分子势能角度进行了研究，这种定性的近似研究方法可以在一定程度上抵消掉偶然误差并补偿单个反应物和产物在计算中可能存在的误差。除此之外，作者也根据实验测量的数据[23]，计算除了 Mg^{2+} 完全水合（即 $n=\infty$）时反应的能量。因此，反应总能量可以表示为 m 和 n 的函数，如图 6.13(a) 所示。

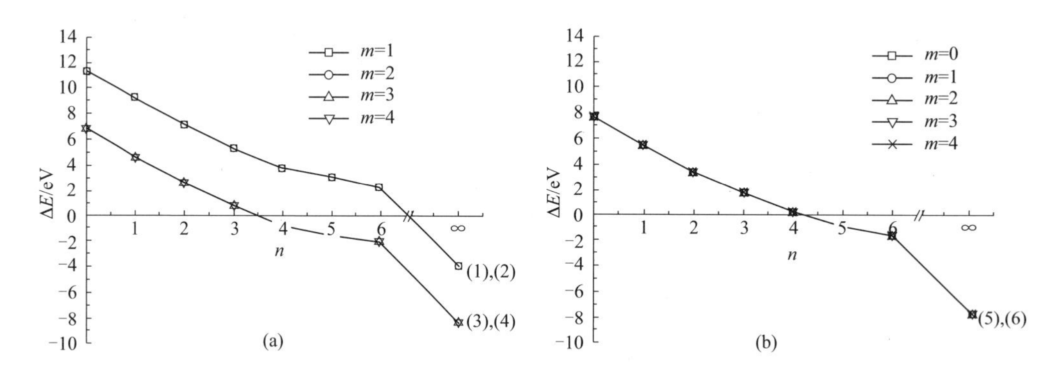

图 6.13　反应总能量随水合程度（m 和 n 值）的变化曲线

由图 6.13(a) 可以看出：①反应总能量并不取决于腺苷残基是被氢原子 [图 6.12 中反应 (1) 和 (3)] 还是被甲基 [图 6.12 中反应 (2) 和 (4)] 所取代。因此，反应的能量变化来自天然酶中 $Mg^{2+}(ADP^{3-})_m$ 的反应而与腺嘌呤核苷基团关系不大。②不同的 m 值下，反应的总能量几乎一致，因此反应几乎不依赖于 $Mg^{2+}(ADP^{3-})_m$ 配合物在催化位点中的水合情况。③影响反应总能量最明显的是自由的 Mg^{2+} 的水合程度 n。④为了使 ATP 合成在能量上是允许的，在酶催化活性位点中的自由 Mg^{2+} 只能结合部分水分子形成水合离子。对于反应 (1) 而言 n=0 ～ 6，对于反应 (2) 而言 n=0 ～ 4 都是能量上允许的。⑤因此，酶蛋白的存在可以限制活性位点中 $Mg(H_2O)_n^{2+}$ 的水合程度。而没有酶蛋白存在时，$Mg(H_2O)_n^{2+}$ 会完全水合（$n=\infty$），此时 $\Delta E<0$，因此反应在能量上是不利的，这与实验观察到的 ATP 合成反应在水溶液中不能发生的现象吻合。

Mg^{2+} 可以形成三种类型的配合物，并在酶活性部位发生反应：水合的 $Mg(H_2O)_n^{2+}$、$Mg^{2+}(ADP^{3-})_m$ 和 Mg^{2+}（底物）配合物。其中最后的底物可以是无机磷酸盐（在 ATP 合成酶中）或肌酸、甘油酸和丙酮酸磷酸盐（在磷酸化激酶中）。虽然在没有蛋白活性位点的晶体结构的情况下，无法知道底物是否以游离分子或镁配合物的形式存在于酶催化位点中。但是，考虑到镁离子与磷酸根阴离子结合的高强度，后一种可能性很高。原则上，$Mg(H_2O)_n^{2+}$ 与 Mg^{2+}(底物) 配合物也可能发生类似的单电子转移反应。该竞争反应会不会生成 ATP，从而降低了磷酸化酶的效率？为了弄清该竞争反应的可能性，Buchachenko 等人也用类似的方法计算了模拟 $Mg(H_2O)_n^{2+}$ 与 Mg^{2+}(底物) 配合物之间的反应能量。其中底物也被简化为磷酸和磷酸甲酯基团，前者代表 ATP 合成酶，而后者是丙酮酸激酶中 ATP 合成的简化模型(图 6.14)。

$$Mg(H_2O)_n^{2+} + Mg(H_2O)_m^{2+}(HPO_4^{2-}) \longrightarrow Mg(H_2O)_n^{+} + Mg(H_2O)_m^{2+}(HPO_4^{-}) \quad (5)$$
$$Mg(H_2O)_n^{2+} + Mg(H_2O)_m^{2+}(CH_3PO_4^{2-}) \longrightarrow Mg(H_2O)_n^{+} + Mg(H_2O)_m^{2+}(CH_3PO_4^{-}) \quad (6)$$

图 6.14　Mg^{2+} 与 Mg^{2+} (底物) 配合物的反应

类似地，作者计算了不同 m 和 n 值下反应的总能量 ΔE，如图 6.13(b) 所示。从图中可以看出，反应 (5) 和 (6) 的能量几乎相同，$n \leqslant 4$ 时该反应 $\Delta E>0$。然而，在所有的 m 和 n 值下，其总能量都比 $Mg(H_2O)_n^{2+}$ 与 $Mg^{2+}(ADP^{3-})_m$ 反应的总能量低得多(约 4eV)。因此，水合物 $Mg(H_2O)_n^{2+}$ 与 Mg^{2+}(底物) 配合物的反应几乎可以忽略，而作为离子自由基 ATP 合成的起始反应，主要发生的是电子从 $Mg^{2+}(ADP^{3-})_m$ 转移到 $Mg(H_2O)_n^{2+}$ 配合物的反应过程。

根据计算的结果，可以推测，当 Mg^{2+} 浓度较低时，Mg^{2+} 会与 ADP 偶联生成 $Mg^{2+}(ADP^{3-})_m$ 配合物。此时配合物与底物亲核加成生成 ATP。而第二个 Mg^{2+} 进入催化位点导致 Mg^{2+} 与底物的配位，后者在一定程度上降低了其化学反应性并抑制了 ATP 合成的亲核反应通道。但是，过量存在的 Mg^{2+} 又会引发另一个非常有效的 ATP 合成反应——自由基离子对反应，该反应会受镁同位素取代效应和外加磁场(永久性和振荡性)的影响和控制。简而言之，亲核加成和离子-自由基机制是同时存在并且独立发挥作用的。前者在低浓度的 Mg^{2+} 中占主导地位，后者在高浓度的镁离子中占主导地位。作为自旋选择性纳米反应器的离子自由基导致出现两个反应自旋通道：单重态和三重态。它们在 ATP 合成中的相对作用是由未配对电子与 ^{25}Mg 和 ^{31}P 的超精细磁耦合控制的，并导致 ^{25}Mg 磁性同位素和磁场效应。

在这一研究中，作者并未采用复杂的酶蛋白-底物体系，而是通过模型化的方式，将酶蛋白的作用简化为对于 Mg^{2+} 水合程度(m 和 n 值)的限制。然后通过系统计算不同结合水分子数目下单电子转移反应的能量变化，阐明了该反应在能量上运行所需要满足的条件(水分子数目 m 和 n 的取值范围)。而计算的结果很好地解释了提出的反应机理以及实验现象。

6.3.2 辅酶Ⅱ催化氧化脱羧反应机理：基于隐式溶剂模型的 QM 计算

6-磷酸葡萄糖酸脱氢酶(6PGDH)是一种依赖于 $NADP^+$ 的酶(enzyme, E)，可以催化 6-磷酸葡萄糖酸的氧化脱羧反应，生成 5-磷酸核酮糖(ribulose 5-phosphate，Ru5P)、CO_2 和还原型辅酶Ⅱ(NADPH)。6PGDH 有助于维持 NADPH 的稳定，从而保护寄生虫抵抗氧化应激作用，因而该反应成为了药物设计的重要目标[24]。提取自羊肝脏中的 6PGDH 的 X 射线晶体结构显示脱氢酶中存在 6-PG、$NADP^+$ 和 NADPH。Cook 等人通过不同的实验方法[25]，详细地研究了 6PGDH 催化反应的机理。实验上已有证据表明该反应可能通过三个步骤发生(如图 6.15 所示)：①体系中的碱性物质(赖氨酸 183 上的氨基)从 6-PG(6-磷酸葡萄糖酸酯)的 3-OH 上接受质子，同时氢负离子从 6-PG 的 C3 原子转移到 $NADP^+$ 的烟酰胺环的 C4 原子上，得到 3-酮中间体；②该碱性物质将质子送回到 C-3 羰基，并且将所得的 3-羰基化合物脱羧以得到 Ru5P 的烯二醇；③脱羧生成的 Ru5P 的烯二醇互变异构化为其酮式产物，附近的酸(Glu190 上的羧基)使 C1 原子质子化，碱性物质(Lys183)接受 2-OH 的质子。多重同位素效应数据表明，第一步质子转移发生在 cu6PGDH 的氢化物转移之前，但是这两个过程对于 sl6PGDH 都是一致的，并且此步骤限制了整个催化循环的速度。

南京大学黎叔华等人使用密度泛函理论计算了该催化反应相关的基元反应步骤[26]。为了研究该反应的微观过程，该作者基于来自羊肝中的 6-磷酸葡萄糖酸脱氢酶(6PGDH)构建了计算的研究模型。该模型中，底

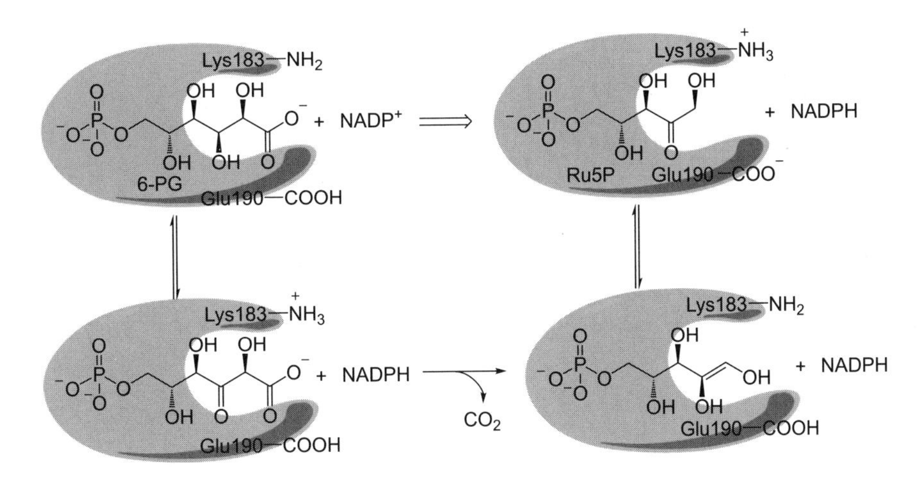

图 6.15　实验上提出的 6-磷酸葡萄糖酸氧化脱羧的大致机理

物 6-磷酸葡萄糖酸酯(6-PG)、辅酶(NADP$^+$ 和 NADPH)以及关键的氨基酸残基(Lys183 和 Glu190)使用了密度泛函理论方法显式地计算。而其他氨基酸残基的影响则近似用背景静电环境 [介电常数 2 ～ 4C^2/(N・M^2)] 模拟，通过隐式溶剂模型加入自洽场迭代中，也即是所谓的自洽反应场(self-consistent reaction field, SCRF) 方法。DFT 计算采用的是 B3LYP 泛函、6-31G** 基函数组以及 PCM 隐式溶剂模型。该计算的一个难点在于当时实验上并未测定出 E:6-PG:NADP$^+$ 三体复合物的晶体结构数据。因此，该作者采用了 E:6-PG 二体复合物的晶体结构 [PDB 代码：1PGP，图 6.16(a)] 作为基础，以 E:NADP$^+$ 二体复合物中 NADP$^+$ 的几何位置作为参考，构建了一个包含 6-PG、NADP$^+$(NADPH) 以及 Lys183 和 Glu190 的模型体系，用来模拟 6-PG 的催化氧化脱羧反应。

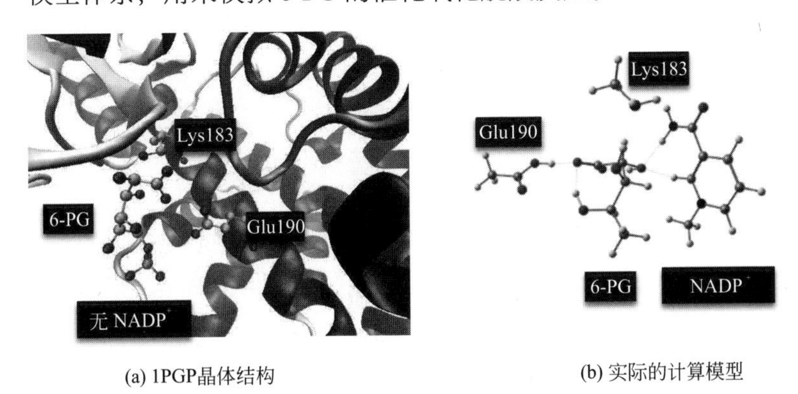

(a) 1PGP晶体结构　　(b) 实际的计算模型

图 6.16　6-磷酸葡萄糖酸脱氢酶 + 底物 (E:6-PG) 二体复合物的三维结构 [PDB 代码 (ID)：1PGP，H 原子并未显示出] 及实际的计算模型分子

为了减少计算量，作者进一步将模型体系进行了简化: Lys → CH_3NH_2; Glu → CH_3COOH; $NADP^+$ → *N*-甲基-2-甲酰胺吡啶正离子; 6-PG → CH_3-$(CHOH)_3$-COO^-。因此，实际的 DFT 计算所包含的体系和原子，如图 6.16(b) 所示。静态的量子化学计算研究反应机理的关键在于找到并优化出反应势能面上的关键几何结构，包括局域极小点、鞍点(过渡态)等。由于计算中并没有包含酶蛋白结构，因此模型体系中的部分原子在几何优化过程中被固定在其原始位置上，以模拟蛋白质骨架对于底物和残基的空间限制作用。

通过 DFT 水平下的几何结构优化，作者找到催化反应过程中经历的三个过渡态和两个中间体。根据过渡态和中间体的几何和电子结构，可以得出整个反应是分为三个基元反应进行。催化反应的第一步是由反应物 (**6-1**) 经过一个协同过渡态生成 3-羰基-6-PG 中间体 (**6-3**)。该过渡态同时完成了从 6-PG 中 3-CHOH 到 $NADP^+$ 的氢负离子转移以及从 6-PG 上的 3-OH 到 Lys183 的质子转移，反应活化能为 22.7 kcal/mol，如图 6.17 所示。

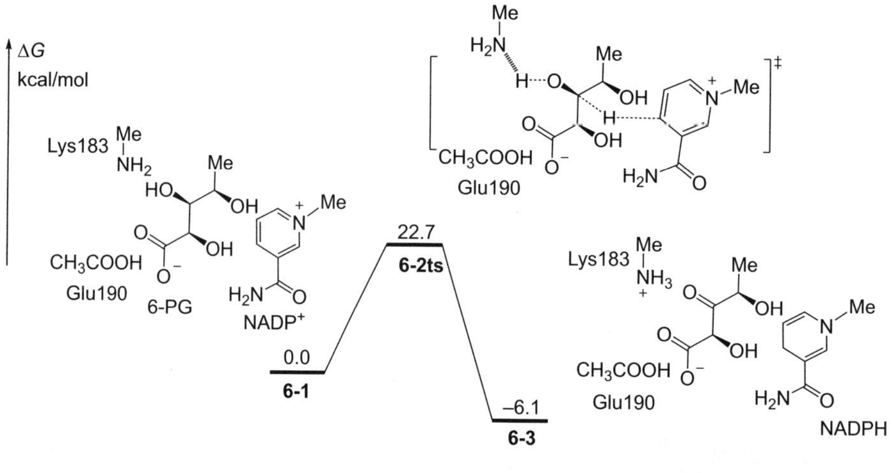

图 6.17　反应物 (**6-1**) 生成 3-羰基-6-PG 中间体 (**6-3**) 的基元反应能垒图

反应第二步是从 6-PG 上消除 CO_2 分子，同时将质子从 Lys183 转移回 6-PG 上的 3-羰基生成 Ru5P 烯二醇。第一步生成的 3-羰基-6-PG 中间体 (**6-3**) 经历了唯一的过渡态 (**6-4ts**) 脱去 CO_2 分子，同时质子从 Lys183 转移到 3-羰基上生成烯醇式中间产物 (**6-5**)，活化能为 8.3 kcal/mol (图 6.18)。

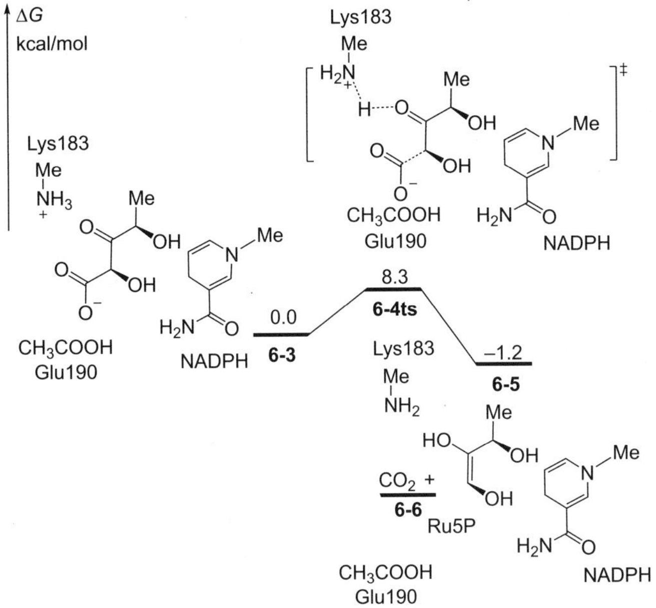

图6.18 3-羰基-6-PG中间体（**6−3**）生成烯醇式中间产物Ru5P（**6−5**）和CO_2的基元反应能垒图

在反应的最后一步中，将**6-5**中的CO_2(**6-6**)分子移除后，剩余的烯醇式中间体Ru5P(**6-7**)发生了一个协同的双质子转移（一个从Glu190到底物，另一个从底物到Lys183）生成最终产物**6-9**，即5-磷酸核糖（Ru5P）的酮形式。该过程也只有唯一的过渡态**6-8ts**，反应活化能为11.2 kcal/mol（图6.19）。

通过反应的Gibbs自由能变化（ΔG）可以看出，反应的决速步骤是形成3-羰基-6PG中间体的一步。根据理论计算估计该中间体在蛋白质环境中、在室温下的自由能垒为22.7 kcal/mol。根据理论计算可以发现，这三个步骤（能垒分别为22.7 kcal/mol、8.3 kcal/mol、11.2 kcal/mol）在动力学上都是允许的。根据反应总的Gibbs自由能变化（**6-1** → **6-9**，$\Delta G \approx -21.4$kcal/mol），也可以看出该反应在热力学上是有利的。此外，作者通过与气相反应的数据比较，发现由蛋白质静电环境引起的溶剂效应可以使每步基元反应的能垒以及自由能变化（ΔG）发生几千卡每摩尔的位移，但不会改变上述从气相计算获得的势能分布的基本特征。因此理论计算得出的6PGDH反应的广义酸/广义碱机理与之前实验推测的结果是能吻合的。

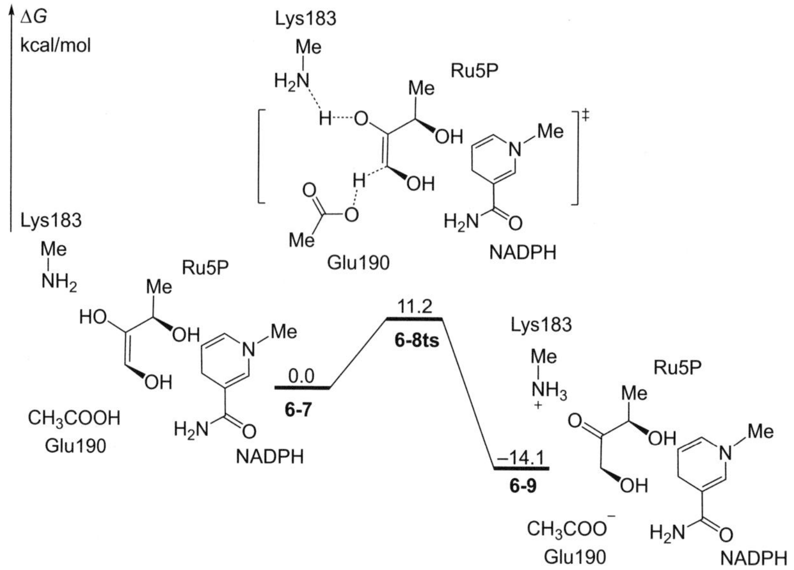

图 6.19　烯醇式中间体 Ru5P(**6-7**) 生成最终产物 (**6-9**) 的基元反应能垒图

不仅如此，理论计算还能够在分子水平上给出反应过程的更多细节(关于反应的微观细节以及关键点的结构可以参考原始文献[26]，在此不再详述)。

在这一理论研究中，虽然实验上并未获得 E:6-PG:NADP$^+$ 的三体复合物晶体结构，作者通过 E:6-PG 和 E:NADP$^+$ 两个二体复合物的晶体结构构建出了催化反应的模型体系，并采用限制性几何优化与 PCM 隐式溶剂模型成功地模拟和计算了 6-PG 的氧化脱羧反应机理，得到了与实验相符合的结论。为减小计算量，作者将目标体系进行了模型化，因而实际的计算中并未包含磷原子以及磷酸基团。当然这一研究也存在一些固有的局限性，比如作者使用的模型系统仅包括辅因子、底物和酶的主要部分，因此模拟的系统可能不够充分，无法定量估算某些步骤的能量。另外，由于蛋白质中带电基团和极性基团的位置可能会产生不均匀的静电环境，因此使用均匀的介电常数来近似模拟脱氢辅酶的静电环境也可能导致计算溶剂化自由能时出现较大的误差。作者根据二体复合物构建的活性位点与实际的三体复合物可能也存在一定的偏差。尽管如此，作者的研究思想和计算技巧对于磷化合物的计算和模拟具有很好的借鉴价值。

6.3.3 酶催化 Baeyer-Villiger 反应：QM/MM 模型的几何优化与微迭代

环己酮单加氧酶(CHMO)在还原型辅酶Ⅱ以及 O_2 存在下，可以催化环己酮发生 Baeyer-Villiger 反应，在六元环骨架上插入一个氧原子，生成具有高度立体选择性的产物(2-氧杂环庚酮)，如图 6.20 所示。因此 CHMO 是一种 Baeyer-Villiger 单加氧酶，通常用来氧化环酮生成具有立体选择性的内酯。弄清环己酮单加氧酶的催化机理对于研究不对称催化可以提供极有价值的理论参考，而且在手性药物的合成方面也具有很大的应用潜力。

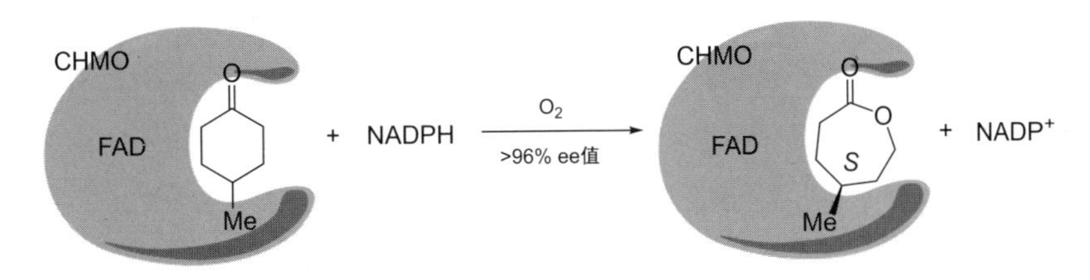

图 6.20 环己酮单加氧酶(CHMO)催化环己酮发生氧化反应

Polyak 等人采用量子力学 / 分子力学(QM/MM)组合计算的方法，通过理论计算研究了 CHMO 催化环己酮发生 Baeyer-Villiger 反应氧化生成 2-氧杂环庚酮的反应机理 [27]，验证了 Mirza 等人 [28] 提出的来自红球菌的 CHMO 氧化环己酮的反应途径(图 6.21)，同时确定了反应中生成的 Criegee 中间体和过渡态的结构。

相比于小分子体系的 QM 计算，QM/MM 计算涉及的体系一般更加复杂，因而需要的计算技巧和处理也更加复杂。进行 QM/MM 计算之前，关键的步骤是基于实验测定的晶体结构数据构建理论计算的分子模型。该研究中，作者在计算中使用了取自红球菌属的 HI-31 菌株的 CHMO 的 X 射线结构(PDB ID：3GWD)作为初始的参考结构(图 6.22)。由于 PDB 文件中只含有重原子的几何坐标，因此作者通过酸式解离常数值 pK_a 来确定三种可滴定氨基酸残基(His、Glu、Asp)在蛋白质中的质子化状态，并使用 H++ Web[29] 和 PROPKA 程序 [30] 自动添加 PDB 文件中缺少的 H 原子。根据 PDB 文件中 FAD 的结构，首先在气相中建立并优化了

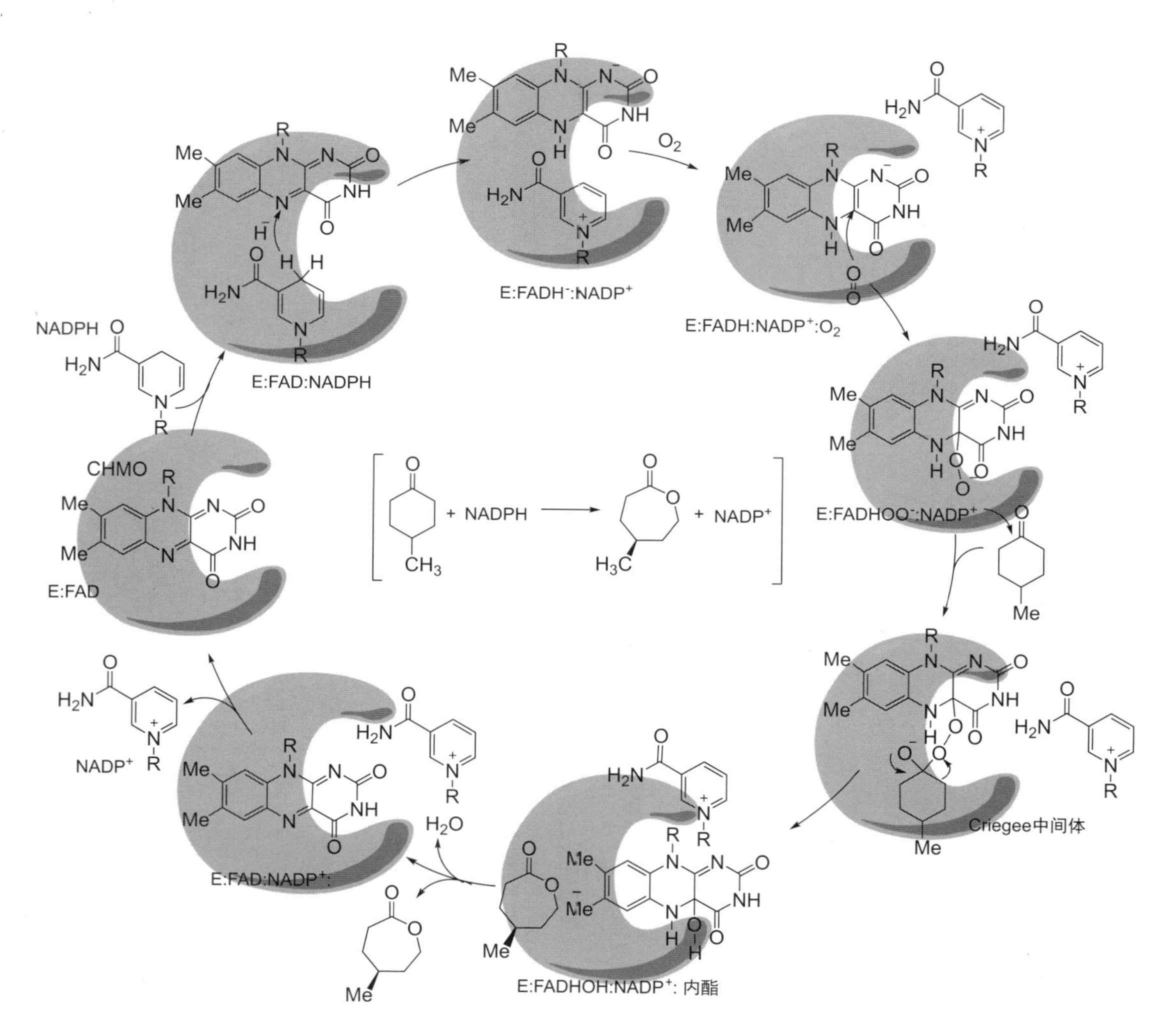

图 6.21 CHMO 催化环己酮单加氧反应循环过程

FADHOO$^-$几何结构。在气相优化的过程中，除了过氧原子和与其直接相连的异四噁嗪环的 C_{4a} 原子之外，其余原子的坐标都进行了强制冻结(即在几何优化中强制保持为初始值)。为模拟水溶液环境，将整个酶蛋白溶解在以 CHMO 的质心为中心的 45Å 半径的水球中。此时整个系统的总电荷为 $-30e$。为保证整个体系的电中性，将距离蛋白质原子 5.5Å 的溶剂水分子随机替换成 Mg^{2+} 和 Cl^-。同时，在水球上施加了一个外势场，以防止溶剂水分子被蒸发到真空中。

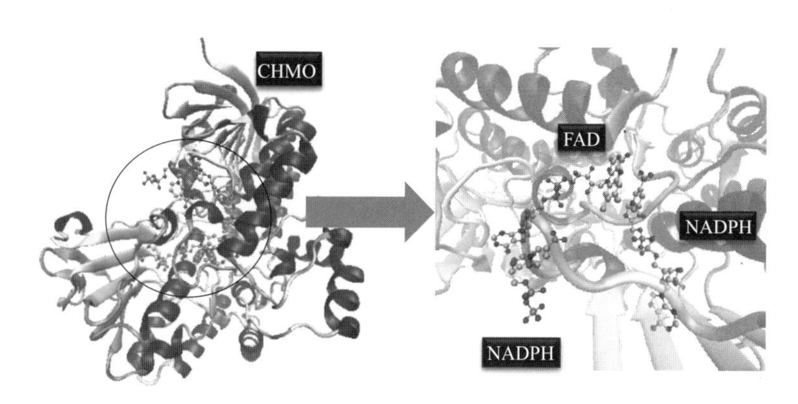

图 6.22　环己烷单加氧酶的三维结构 (PDB ID：3GWD) 及反应活性结合位点

溶剂化后的蛋白质系统先在分子力学级别进行能量最小化，再使用 CHARMM 程序 [31] 进行 MD 模拟，使用的分子力场为 CHARMM22 力场 [32]。在经典的能量最小化和 MD 模拟期间，除了 FADHOO$^-$ 和 NADP$^+$ 辅因子被固定之外，其他所有原子的几何坐标都可以自由变动。MD 模拟完成后，从 MD 轨线中随机选择一个快照结构作为 QM/MM 计算的初始结构。3GWD 的 PDB 文件中包含了 FAD 和 NADPH 的结构和活性位点，但并未包含环己酮底物。因此，作者使用了 AutoDock 程序 [33] 将环己酮与 CHMO 进行模拟分子对接(molecular docking)，并删除原 PDB 文件中与对接后的环己酮重叠的水分子。

分子对接完成后即可得到包含 39913 个原子的环己酮 - 酶的结合体系，作者将这些原子分别放入量子力学计算区(QM 区)和分子力学计算区(MM 区)进行 QM/MM 计算。其中 Arg329 的侧链、来自 4- 过氧黄素的异四噁嗪环(FADHOO$^-$)、NADP$^+$ 中的烟酰胺环及其相邻的核糖五元环以及环己酮被放入了 QM 区域，用 DFT 方法进行计算(图 6.23)，其余原子则被放入 MM 区用分子力学方法进行计算，因此 QM 区域的总电荷为 +1e。

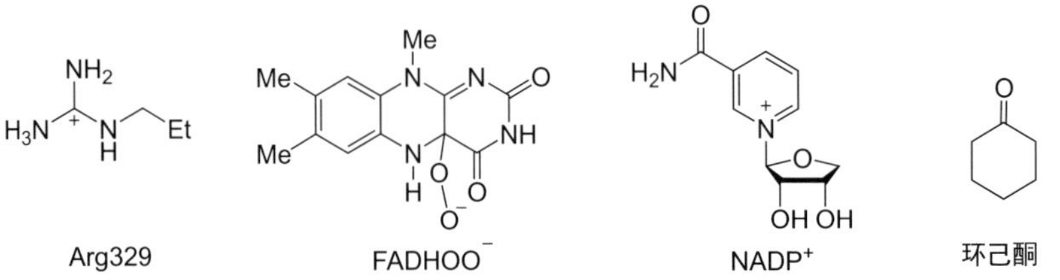

图 6.23　实际的 QM/MM 计算中 QM 区域所含的分子片段

在 QM/MM 计算中，QM 部分使用密度泛函理论(B3LYP 杂化泛函)处理，而 MM 部分仍然使用 CHARMM22 力场来描述。几何优化计算中，FADHOO$^-$ 上的 C_{4a} 原子 12Å 范围以外的水分子被固定，除此之外其余所有的 QM 和 MM 原子都进行完全的几何结构优化。对于 QM 和 MM 区域原子之间的相互作用，作者使用了静电嵌入(electrostatic embedding)方案，即将所有 MM 区域的原子作为背景点电荷加入到 QM 自洽场迭代中。实际的 QM/MM 和 MD 计算使用 ChemShell 程序包 [34] 自动完成。ChemShell 是一个第三方接口平台，可以将不同的量子化学、分子力学软件结合在一起进行联合计算。在 ChemShell 程序运行中将可以自动调用 Turbomole[35] 和 DL POLY 程序分别计算 QM 和 MM 系统的能量与原子核的受力。

对于 QM 和 QM/MM 反应机理研究而言，关键几何结构和反应路径的搜索是计算的重点和难点。为此，作者使用了一些计算上的技巧：为了获取一个较好的几何优化初始结构以加速收敛，作者先对反应路径进行了近似的势能曲线扫描。从扫描的结构中(能量极小点和极大点)选择后续几何优化的初始结构。此外，为了减少计算花费，作者先使用 SVP 基函数组进行初步的几何优化和反应路径搜索。然后在此基础上，使用了更大的 TZVP 基组重新优化了沿反应路径的关键几何结构。最后在 B3LYP/TZVP:CHARMM 几何优化的基础上，加入 DFT 经验色散校正(DFT-D2)进行单点能量计算，以考察色散效应对反应的影响。此外，还进一步使用 M06-2X 泛函结合 TZVP 基组对于关键的几何结构进行了额外的单点能量校正。M06-2X 泛函已经过测试，在计算主族元素的热力学和动力学性质方面有很好的表现[36]。

对于几何优化而言，收敛速度(收敛所需的优化步数)与体系的自由度(原子数目)密切相关。使用QM/MM模型的体系通常都含有大量的原子数目，因此完全的几何优化很难收敛。为了解决QM/MM几何优化收敛困难的问题，作者使用了微迭代(microiteration)技术。微迭代优化技术将整个优化过程分为宏迭代步骤和微迭代步骤。在一般的几何优化(宏迭代)步骤中[图6.24(a)]，优化程序首先计算整个体系(QM区域和MM区域)各个原子所受的力，判断体系是否处于固定点(力和位移小于收敛阈值)。如果体系受力没有收敛，则根据体系的受力调整体系的结构，然后再次计算体系的受力，判断收敛情况。以此方式不断循环，直到整个体系的受力收敛为止，称为宏迭代。当体系包含大量的原子数目，宏迭代所需的循环次数会非常巨大。由于每次宏迭代都需要进行QM水平下的自洽场计算，因此计算量和计算时间会非常庞大。为了解决这一问题，可以在每次宏迭代步骤中，先固定QM区域的原子，只优化MM区域的原子直到MM区域的原子受力收敛，然后再根据宏迭代算法调整QM区域原子的坐标。之后再次计算整个体系的能量和受力，判断整个体系受力是否收敛。不收敛则再进行下一次的宏迭代步骤，如图6.24(b)所示。由于MM区域在微迭代步骤中已经“收敛”，宏迭代步骤主要优化的仅仅是QM原子，从而极大地减少了宏迭代步骤的数目，也就减少了QM计算的次数。由于QM和MM区域的原子存在相互作用，因此经过一次宏迭代之后，原本在微迭代步骤中“收敛”的MM原子可能不再收敛。为使MM区域的原子在每个宏迭代步骤中尽量保持收敛状态，因此MM区域微迭代过程中一般要使用比宏迭代步骤更严格的收敛阈值。在实际计算中，宏迭代和微迭代可以选择不同的优化算法和优化器。例如本研究中，作者选择了消耗内存较小的Broyden-Fletcher-Goldfarb-Shanno(L-BFGS)算法进行微迭代优化，而宏迭代步骤则使用了partitioned rational function optimizer(P-RFO)算法优化反应的局域极小点和过渡态。优化器选择的是ChemShell软件包中的HDLCOpt程序。

实际的计算中，作者选择E:FADHOO$^-$:NADP$^+$:CYHM作为研究的起始反应物，并使用微迭代技术优化出两个过渡态与一个中间体(Ciregee

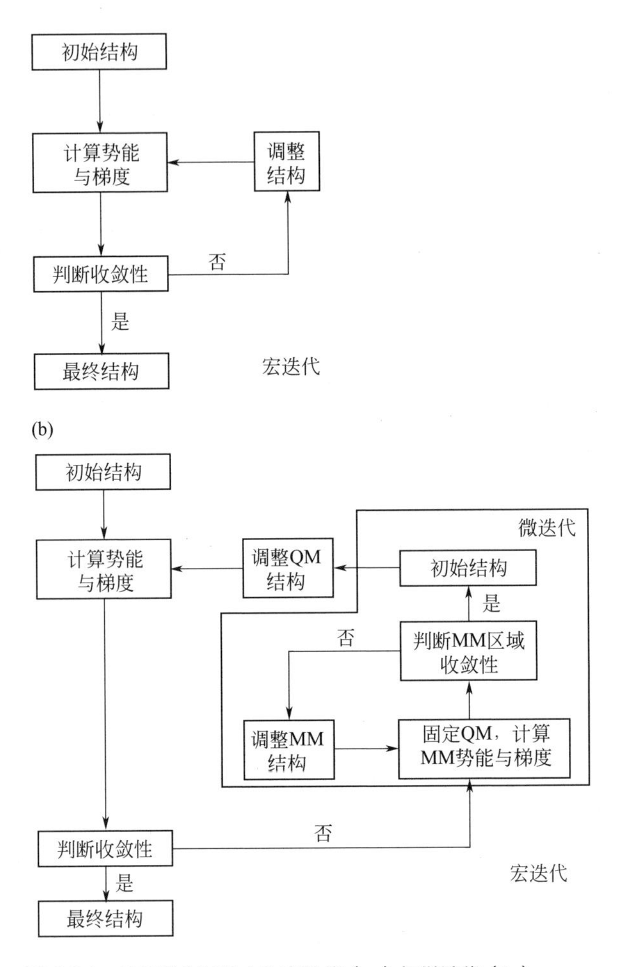

图 6.24　几何优化过程中的宏迭代（a）与微迭代（b）

中间体)。反应的过程以及能量如图 6.25 所示。从 QM/MM 计算结果来看，第一步加成反应必须克服约 8.7 kcal/mol 的能垒生成 Ciregee 中间体。该中间体并不十分稳定，经过第二个过渡态重排生成内酯产物(能垒 6.7 kcal/mol)。整个反应过程中，第二个过渡态作为反应路径上的能量最高点，是反应的决速步骤。最终得到的内酯产物的能量相对于反应起始点来说为 −66.9 kcal/mol，因此该反应是一个强烈的放热反应。此外，QM/MM 优化的结果表明 Arg329 残基的存在对于稳定 $FADHOO^-$ 过氧化物阴离子起着关键的作用，也影响了底物分子环己酮在活性位点的取向。很明显，这种取向对于环己酮的 Baeyer-Villiger 氧化反应的对映异

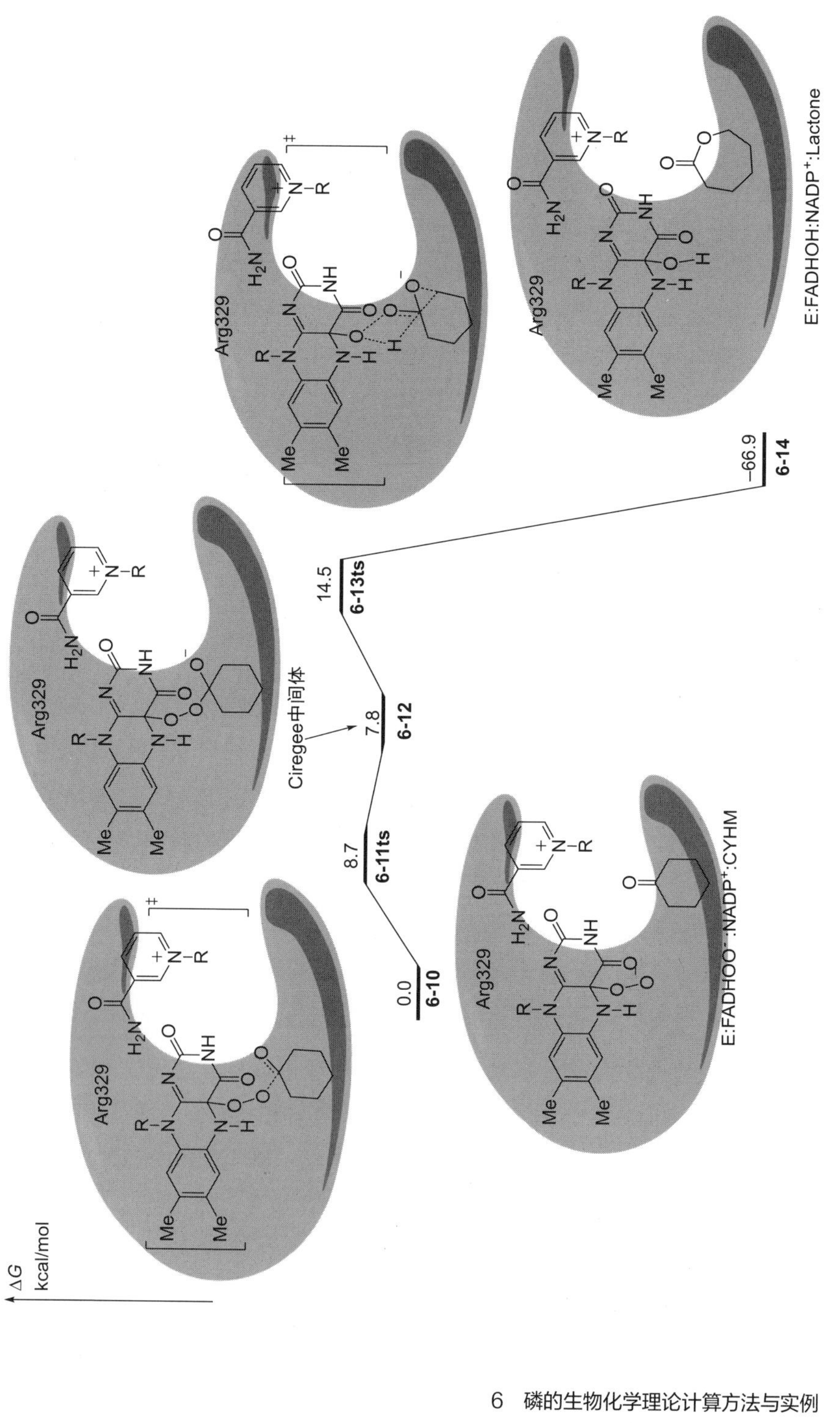

图 6.25　QM/MM 优化所得的反应能线图

构选择性起着关键的作用。Polyak 等人在这一研究的基础上，使用类似的 QM/MM 模型进一步研究了 CHMO 活性位点中的 Phe434 残基突变对生成 4-羟基环己酮反应的对映选择性的影响[37]，研究的结果与实验观测相符。

相比于单纯的中小分子 QM 计算而言，大体系的 QM/MM 计算以及几何结构优化要复杂很多。本例中基本包括了一般 QM/MM 计算所经历的大致流程，如图 6.26 所示。

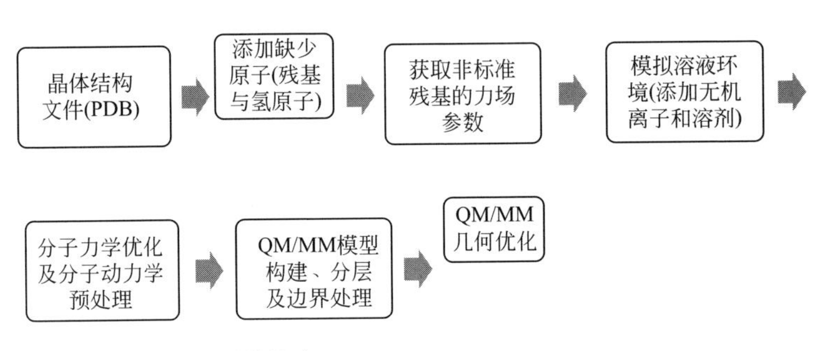

图 6.26　QM/MM 计算的流程

首先，从实验测量或者蛋白数据库获取的 PDB 文件通常缺少氢原子的坐标(有时也会缺少部分残基的坐标)。因此需要通过软件添加缺少的原子(比如本例中作者使用的 H++ Web 和 PROPKA)。如果晶体结构文件中没有底物和酶的活性位点，可以通过分子对接计算预测酶 - 底物结构。

其次，由于初始结构来自蛋白质或者核酸等大分子的晶体结构，与实际水溶液中的结构可能会有一定的差异。因此，在进行 QM/MM 计算之前，一般都需要加上溶液环境，然后在研究所需的温度和压力下进行分子力学和分子动力学预处理，从而模拟大分子在溶液中的弛豫过程。在进行分子力学和分子动力学预处理之前，因为底物分子通常属于非标准的片段，所以常用的程序中一般都没有其对应的力场参数。虽然 QM/MM 计算中底物一般放入 QM 区域，原则上不需要底物分子的成键力场参数，但是分子力学与分子动力学方法预处理中需要其对应的力场参数。对于底物分子而言，其成键作用一般对蛋白质和核酸的结构影响不大，因此可以使用一些通用参数代替。另外，如果 QM 与 MM 相互作用是在 QM 水平下考虑(静电嵌入方案)，则需要 QM 原子的非键参数。其中关键的静电作用参数可以根据量子力学计算进行拟合获取。

最后，对 MM 和 MD 预处理后的体系进行分层，进行实际的 QM/

MM 优化计算或者 QM/MM、MD 模拟。其中，将反应活性的原子放入 QM 区域，其余反应惰性的原子放入 MM 区域。也可以根据实际研究的需要，对于体系的部分残基或者取代基团进行修饰和处理，研究感兴趣的各种化学性质和过程。

6.3.4 焦磷酸激酶催化磷酸转移反应机理：基于 QM/MM 模型的机理

叶酸代谢途径包含了生成叶酸及其衍生物的多个生物合成反应，这些步骤包括激酶、醛缩酶、焦磷酸激酶和许多其他合成修饰。由于叶酸在细胞分裂过程中至关重要，因此叶酸代谢抑制剂是细菌感染(比如结核病、癌症和疟疾)的化学治疗法的重要组成部分。目前的治疗方法是通过使用与天然底物结构相似的抑制剂来抑制叶酸代谢过程中已知的两种重要的酶——二氢蝶呤合酶(DHPS)和二氢叶酸还原酶(DHFR)。然而，这类抗叶酸抑制剂的功效会随着时间的流逝而有所降低，特别在治疗由疾病引起的突变导致的疟疾的主要病因——恶性疟原虫的寄生虫方面[38]。因此，人们也努力寻找抑制叶酸途径中其他关键酶的抑制剂从而阻止寄生虫和细菌的叶酸代谢途径。其中包括 6-羟甲基-7,8-二氢蝶呤焦磷酸激酶(6-hydroxymethyl-7,8-dihydropterin pyrophosphokinase，HPPK)。HPPK 是微生物中必不可少的酶，可催化焦磷酸(PP)基团从三磷酸腺苷(ATP)转移至 6-羟甲基-7,8-二氢蝶呤(HP)，从而产生单磷酸腺苷(AMP)和 6-羟甲基-7, 8-焦磷酸二氢蝶呤[39](HPPP)(图 6.27)。

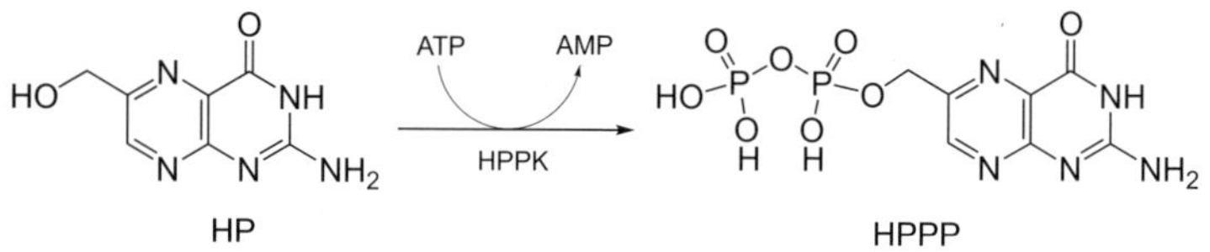

HP　ATP　AMP　HPPK　HPPP

图 6.27　6-羟甲基-7,8-二氢蝶呤(HP)和三磷酸腺苷(ATP)发生焦磷酸转移反应

在 HPPK 中，一般认为 HP 首先在广义碱作用下脱质子变为 HP 阴离子，而后发生如图 6.28 所示的亲核进攻反应生成 HPPP 和 AMP。虽然

已有文献报道与镁结合的水分子有可能作为反应中的广义碱[40]，但该反应中真正起催化作用的广义碱仍未确认。在蛋白质激酶的单磷酸化反应中，天冬氨酸(Asp)残基已被确定为广义碱[41]，而精氨酸和赖氨酸残基在许多催化蛋白中起着广义酸/碱的作用。此外HPPK突变数据[14]显示，R82A和R92A残基突变对蛋白质的催化活性影响很大(表6.3)，而其中Arg92比Arg82残基的影响更大。这一结果表明它们可能参与微观的催化过程。为了弄清HPPK反应的微观过程以及天冬氨酸残基突变的影响机理，M. Paul Gleeson等人应用量子力学/分子力学(QM/MM)组合方法研究了HPPK催化磷酸转移反应的机理[15]。

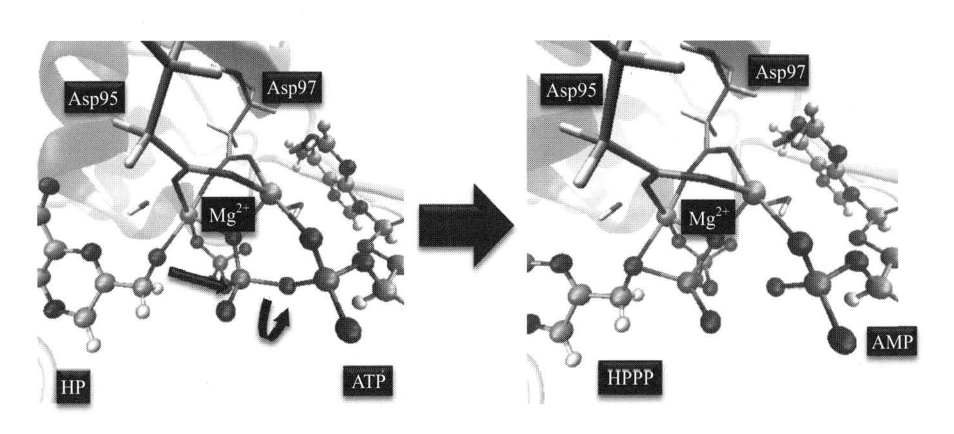

图6.28 焦磷酸转移反应前后HPPK酶活性位点附近的底物与残基结构(PDB代码：1Q0N)

表6.3 天然(WT)HPPK及其突变体R82A和R92A催化反应的速率常数[14]

HPPK	k_{cat}
WT	12～25 s^{-1}
R82A	0.066 s^{-1}
R92A	7.2×10^{-4} s^{-1}

如图6.29所示，QM/MM计算使用的初始结构(PDB代码：1Q0N)来自蛋白晶体结构数据库。该晶体结构中包含了158个氨基酸、1个ATP类似物、HP底物和2个Mg^{2+}。其中Mg^{2+}与ATP类似物、HP、Asp95、Asp97残基以及三个水分子配位。其中ATP类似物被修改为ATP(β-磷酸基团上的C原子被修改为O原子)。PDB文件中有部分残基缺失，因此作者使用了Discovery Studio 4.1(Accelrys Inc., San Diego, CA)软件将缺少的残基补上。PDB文件中一般只含有重原子的坐标，缺少氢原子坐标。

同时，组氨酸残基可能有多种质子化状态。因此作者根据氢键环境和 pH 值，手动将组氨酸残基 His72、His75、His 115 修改为 HIP（N_{ε} 和 N_{δ} 都被质子化），将 His148 修改为 HID（只有 N_{δ} 被质子化），并使用 PROPKA 程序自动补上了其他残基中缺少的氢原子。

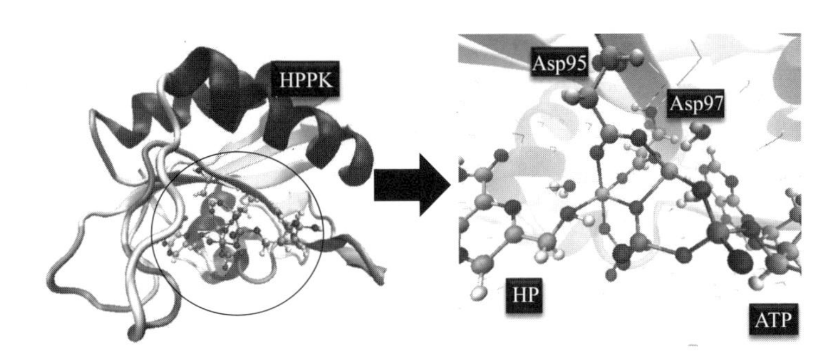

图 6.29　HPPK 蛋白 (PDB 代码：1Q0N) 的三维空间结构以及活性位点附近的底物与残基

在进行 QM/MM 优化之前，需要对 HPPK 三元配合物在分子力学水平下进行预处理（图 6.30），以产生初始的结构。首先，为了在分子动力学模拟中保持一个低应变的、具有催化活性的蛋白质构象，在分子力学优化过程中，除氢以外的所有原子都被施加了一个 1 kcal/(mol・Å^2) 的简谐振子势进行约束，直到所有原子上受到的均方根（RMS）力小于 10 kJ/(mol・nm)。然后，保留蛋白质骨架原子上的约束，放松其余原子再次优化。优化结束后，将体系在 100 ps 内，逐渐加热到 300 K 的温度。然后在恒温 300K 和恒压 1 atm（1atm=101325Pa）的限制下（NPT 系统），进行 200 ps 的分子动力学模拟使体系达到平衡。平衡之后再进行 1 ns 的分子动力学模拟生成最终的结构。

分子力学优化和分子动力学模拟采用了 Amber 力场和 Amber99SB 参数，并在 Gromacs 程序（4.5 版）中完成。HPPK 结构中，ATP 和 HP 等都属于非标准残基，Amber99SB 参数中并没有其对应的力场参数。因此，作者使用了 Amber 的通用原子力场参数（GAFF）生成了程序运行所需的成键参数和范德华非键参数。Amber 力场中，HP 分子的静电作用参数则采用 Hartree-Fock 计算出的约束静电势（restrained electrostatic potential, RESP）电荷，而 ATP 的静电参数则来自文献 [16]。为模拟水溶液环境，作者为蛋白质分子构建了一个 TIP3P 立方体溶剂水箱，并添加 Na^+ 和 Cl^-

来中和 HPPK 所带电荷。从蛋白质到水箱边缘的距离设置为 12 Å，共添加了 9835 个溶剂水分子。

在 MD 模拟中，长程的范德华作用采用了一个半径 1 nm 的截断值（即忽略距离大于 1 nm 以上的原子间的范德华作用）。在实际 MD 模拟中如果不考虑氢原子的解离，则可以将含有氢原子的化学键进行固定，使动力学模拟可以使用更长的时间步长对牛顿运动方程进行积分。常用的固定键长算法有 SHAKE 算法和 LINCS 算法。在本研究中，作者使用了 LINCS 算法固定了含氢原子键长，因此可以使用 2 fs 时间的步长。MD 模拟中为了维持恒温恒压，使用了 Berendsen 耦合恒温器（Berendsen coupling thermostat）算法和 particle mesh Ewald（PME）算法处理周期性边界条件。在 1ns 经典动力学模拟结束后，除了在活性位点中与底物直接接触的水分子以外，将体系中其余的溶剂水分子都除去。剩下的结构即作为 QM/MM 优化的初始结构。

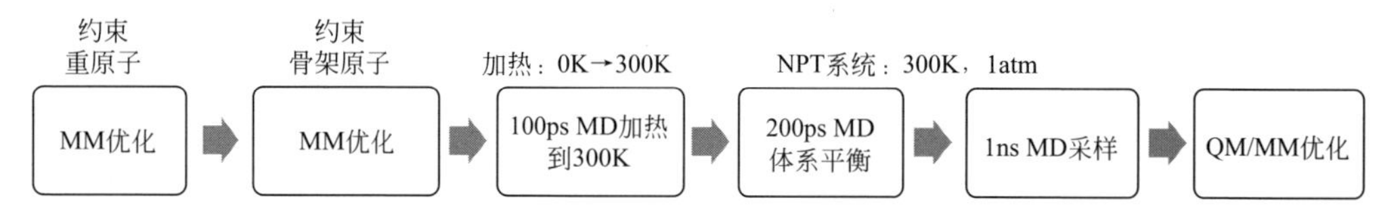

图 6.30　本研究中 QM/MM 优化过程的预处理步骤

为了研究 Asp 残基及其突变对于反应催化活性的影响，作者在分子动力学模拟后的天然 HPPK 结构基础上，构建了四个不同的酶催化体系。第一个体系由天然（wild type, WT）HPPK 蛋白组成，其中活性位点残基是按最初制备的（WT-R92$^+$）。第二个模型是在 WT-R92$^+$ 的基础上，将 Arg92 残基质子化得到（WT-R92^0）。第三个模型是将 WT-R92^0 模型中的 Arg82 残基突变为 Ala82 残基而得到（R82A-Arg92^0）。最后将 WT-R92^0 模型的 Arg92 残基突变为 Ala92 残基（即 R92A-Arg92^0）得到第四个模型。

对于上述的蛋白模型，整个体系分为 QM 和 MM 两个子体系。QM 子系统由在配体结合或催化中起直接作用的所有侧链或主链原子组成，包括底物 HP 和 ATP、2 个 Mg^{2+}、10 个水分子以及定义磷酸盐结合袋的残基（Arg88、Arg92、Asp95、Asp97、His115 和 Arg121）和 HP 结合袋（Pro43 骨架、Pro44 和 Leu45）。ATP 的核糖和腺嘌呤环被放入 MM 区域。10 个 QM 水分子包括 3 个 Mg 配位分子和另外 7 个与活性位点残基形成强氢键相互作用的溶剂分子。其中包括了与 HP 或 ATP 底物直接接触的水分子以及残基 Asn55、Glu77、Arg84、Arg88、Arg92 和 Asp97。最终 QM 区和 MM 区分别由 136 个和 2721 个原子组成。作者使用了 Gaussian 09 程序实现的 ONIOM 分层计算方法对上述四个模型进行了完全的 QM/MM 几何优化，搜索焦磷酸转移反应中的关键固定点，并通过振动频率分析来确认优化所得的固定点是否是局域极小点或者过渡态。其中 QM 区域采用了密度泛函理论计算，使用的泛函和基组分别为 M062X 和 6-31G*。QM 与 MM 区域之间的相互作用采用的是静电嵌入方案。为了验证基组的可靠性，作者在更高级别(M062X/6-31+G**)水平下进行了 QM/MM 单点能量计算，结果与在小基组下所得数据基本一致。

HPPK 催化 HP 反应生成 HPPP 的反应中，HP 上醇羟基首先需要在碱性基团的作用下去质子化形成亲核试剂。在活性位点，可以作为广义碱的有磷酸基团、Asp95 残基以及与 HP 醇羟基最接近的水分子。因此，作者首先使用了 WT-R92$^+$ 模型分别研究了磷酸基团和 Asp95 残基作为广义碱时的反应过程，并搜索反应过程的关键固定点(局域极小点和过渡态)。如图 6.31 和图 6.32 所示，无论是磷酸基团还是 Asp95 残基作为广义碱，HP 羟基脱质子和亲核进攻都是协同完成的，反应过程中只有唯一的过渡态。根据计算所得的势能与自由能(表 6.4)，WT-R92$^+$ 的反应需要吸收大量能量(45.8 kcal/mol 和 44.1 kcal/mol)，且活化能垒分别高达 59.3 kcal/mol 和 49.4 kcal/mol，无论是热力学还是动力学都是不利的。因此，磷酸基团和 Asp95 残基作为广义碱催化反应的可能性可以被排除。

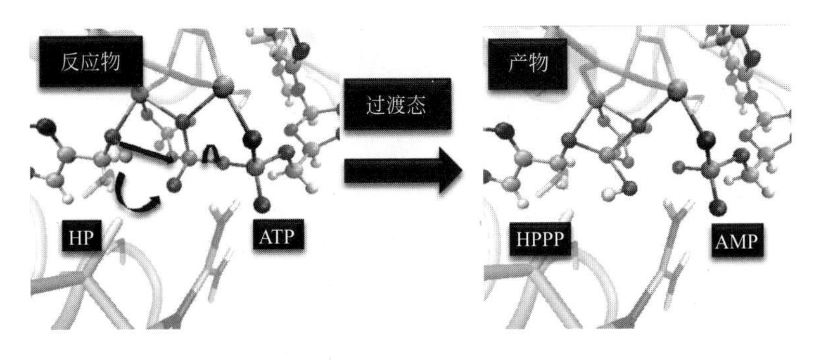

图 6.31　天然蛋白模型 WT-R92$^+$ 中磷酸基团作为广义碱催化焦磷酸基团转移反应

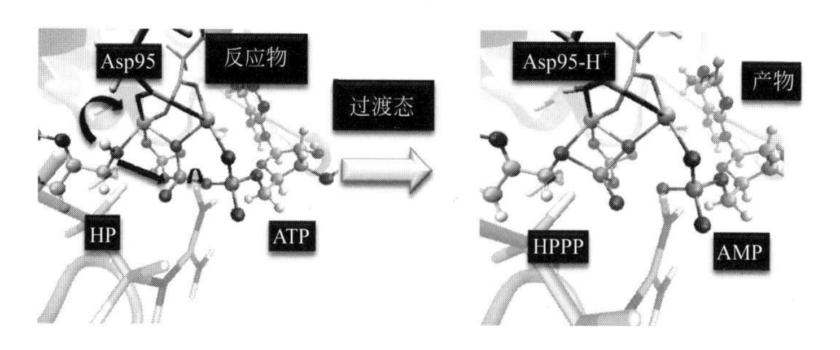

图 6.32 天然蛋白模型 WT-R92+ 中 Asp95 残基作为广义碱催化焦磷酸基团转移反应

表6.4 HPPK催化反应的能量（kcal/mol，其中Asp95和PP分别作为广义碱）

项目		WT-R92+		R92A	
名称		QM/MM Δ*E*	QM/MM Δ*G*	QM/MM Δ*E*	QM/MM Δ*G*
Asp95	反应物	0.0	0.0	0.0	0.0
	过渡态	60.2	59.3	48.0	49.3
	产物	47.3	45.8	47.6	49.1
PP	反应物	−1.4	0.0	—	—
	过渡态	47.3	49.4	—	—
	产物	46	44.1	—	—

作者根据实验观察到的精氨酸可以促进与蛋白质发生酸 / 碱反应的现象 [42] 以及突变数据等 [14]，进一步猜测靠近反应中心的 Arg92 残基也可以作为潜在的广义碱，而 HP 可以通过附近水分子的氢键网络将质子传递给 Arg92 残基。因此，作者用 WT-Arg92^0 模型研究了 Arg92 残基作为广义碱的反应。在此模型中，Arg92 残基以脱质子化的形式出现，可以通过氢键网络接受来自 HP 的质子(图 6.33)。

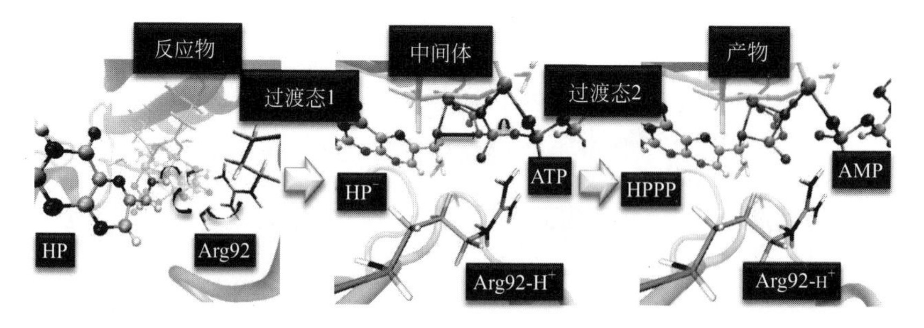

图 6.33 天然蛋白模型 WT-R92+ 中 Arg92 残基作为广义碱催化焦磷酸基团转移反应

根据 QM/MM 几何优化的结果，Arg92 残基作为广义碱时，反应是分步完成的。第一步是 HP 通过水分子的氢键网络，将质子传递到 Arg92 残基，生成了稳定的 $Arg92^+$ 阳离子和 HP 阴离子中间体，该中间体与反应物的能量几乎相等(ΔG = 1.3 kcal/mol)。生成的 HP 阴离子亲核进攻 ATP 上的 P_β 生成最终的产物 HPPP 和 AMP。预测产物的能量只比反应物高 9.7 kcal/mol，远低于磷酸基团和 Asp95 残基作为广义碱的反应。整个反应过程优化到两个过渡态(活化能垒分别为 6.8 kcal/mol 和 12.5 kcal/mol)，分别对应 HP 脱质子过程和 HP 阴离子亲核进攻过程。因此，反应从动力学角度而言是允许的。此外，作者认为整个反应的速率确定步骤涉及整个蛋白构象运动，而该研究中计算自由能所用的模型比较粗糙，因此计算所得的产物自由能高于反应物与实际观察的结果实际上并不矛盾。

表6.5　HPPK催化反应的能量（kcal/mol，其中Arg92作为广义碱）

名称	WT-$Arg92^0$ (Arg)			R82A-$Arg92^0$ (Arg)	
	QM ΔE	QM/MM ΔE	QM/MM ΔG	QM/MM ΔE	QM/MM ΔG
反应物	0.0	0.0	0.0	0.0	0.0
过渡态 1	3.5	8.1	6.8	4.2	2.3
中间体	0.4	0.4	1.3	−4.2	−4.5
过渡态 2	12.0	11.7	13.8	14.7	13.5
产物	3.1	7.6	9.7	12.4	12.2

作者同时也用 QM/MM 方法计算了 HPPK 蛋白的两个突变结构 R82A 和 R92A 的反应活性。在 R82A 中，Arg82 残基突变为 Ala82 后(R82A-$Arg92^0$ 模型)，反应过程仍然与天然的 HPPK 一致：以 Arg92 残基作为广义碱，HP 脱质子过程和 HP 阴离子亲核进攻过程分步完成。其中第二步的能垒为 18.0 kcal/mol，只比天然 HPPK 蛋白高 5.5 kcal/mol（表 6.5）。而当 Arg92 残基突变为 Ala92 时(R92A-$Arg92^0$ 模型)，QM/MM 优化发现仅 Asp95 作为广义碱能够形成稳定的产物。此时，与天然 HPPK 一样，HP 脱质子过程和亲核进攻过程协同完成。反应只有一个过渡态，能垒 49.3 kcal/mol(表 6.4)，比天然 HPPK 中需要克服的能量 36.4 kcal/mol 高得多。这些发现与实验结果吻合，实验结果表明 R82 和 R92 都对催化很重要，而 R92 在过渡态稳定中起着关键作用[14]。由于

R82A 失去了 Arg82 残基对于焦磷酸基团的稳定作用，因此只具有中等活性。而 R92A 突变体由于缺乏所需的通用碱，因此其活性低得多。

在这项研究中，M. Paul Gleeson 等人[15]首次通过 QM/MM 方法研究了 HPPK 与天然底物的详细反应机理。根据 QM/MM 计算的结果，Asp95 和 ATP 的 β- 磷酸基团都没有足够的碱性来充当催化反应中的广义碱。因此，作者推测中性形式存在的 Arg92 残基在与配体结合后可以作为广义碱催化反应的进行。为了验证 Arg92 残基的作用，作者还计算了另外两种 HPPK 酶突变体(R82A 和 R92A)中 HP 向 HPPP 转化的过程。根据 QM/MM 计算结果，由于失去 Asp82 残基的稳定作用，R82A 突变体的能垒比天然 HPPK 稍高。而 R92A 突变体由于失去广义碱 Asp92，因此其活化能垒明显高于 R82A 突变体和天然 HPPK，显示出很低的催化活性。因此，QM/MM 理论计算的结果很好反映了实验观察到的催化反应速率常数(表 6.3)，并且在分子水平上对这一现象进行了解释。

6.3.5 肌动蛋白丝中 ATP 水解机理：QM/MM 模型结合多元动力学模拟

球状肌动蛋白(globular actin，G-actin)，简称 G- 肌动蛋白，其表面上有一 ATP 结合位点。肌动蛋白单体一个接一个连成一串肌动蛋白链，两串这样的肌动蛋白链互相缠绕扭曲成一股微丝。这种肌动蛋白多聚体又被称为纤维状肌动蛋白(fibrous actin, F-actin)，如图 6.34 所示。肌动蛋白丝的组装和去组装使细胞能够执行诸如运动和分裂等重要的生物学功能，而 ATP 的水解则能调节肌动蛋白丝的动力学过程。当单体与 ATP 结合时，会有较高的相互亲和力，单体趋向于聚合成多聚体，就是组装。而当 ATP 水解成 ADP 后，单体亲和力就会下降，多聚体趋向解聚，即去组装。肌动蛋白丝组装的典型过程如下：ATP 结合的单体肌动蛋白(G-肌动蛋白)首先被添加到肌动蛋白丝(F-actin)的带刺末端，ATP 在微丝中水解后，结合了 ADP 的肌动蛋白在微丝末端解离。ATP 水解和无机磷酸盐(Pi)的释放在微丝中发生，从而调节微丝的物理性质和各种肌动蛋白结合蛋白的结合亲和力。肌动蛋白已经演化为通过以微丝而不是单体形式选择性水解 ATP 来实现这种运动功能。实验表明 F- 肌动蛋白中 ATP 水解速率常数为 $(0.3±0.1)s^{-1}$，而 G-肌动蛋白中 ATP 水解速率为 $7×10^{-6}s^{-1}$。相当于是肌动蛋白丝中的 ATP 水解在 310 K 时比在单体肌动蛋白中快上万倍 $[(4.3±2.2)×10^{4}]$。虽然实验上研究这种速率差异已经有 25 年的历史，但这种反应速率急剧增加的原因目前仍然未知，因此 Gregory A. Voth 等人使用 QM/MM 模型结合多元动力学(metadynamics，MetaD) 方法对 G-肌动蛋白和 F-肌动蛋白进行分子模拟，研究了该反应速率急剧提高的原因 [43]。

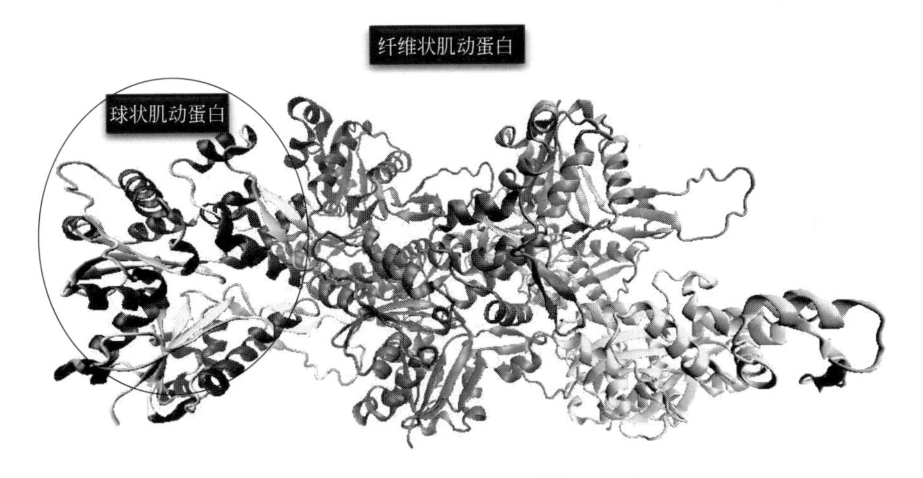

图 6.34　F 肌动蛋白与其单体 G 肌动蛋白的三维空间结构

在 QM/MM 组合模型中，G- 肌动蛋白和 F-肌动蛋白的初始结构来自 Voth 等人早前进行的经典动力学模拟 [44]。G-肌动蛋白和 F-肌动蛋白的初始结构分别提取自 PDB 晶体结构文件 1NWK 和 2ZWH。其中 F-肌动蛋白采用的是 Oda 等人提出的模型 [45]，在 2ZWH 中保存的是 F- 肌动蛋白 13 体丝状聚合体中一个单体的结构。由于 G-肌动蛋白聚合成 F-肌动蛋白丝过程中其构象会发生变化，因此作者在分子模拟过程中施加了一个粗粒化力场限制，从而让 2ZWH 蛋白文件中保持的 F- 肌动蛋白单体维持其在丝状聚合体中的构象。详细的计算方法和参数设置可以参考原始文献 [43]。

在 QM/MM 计算中，QM 区域和 MM 区域分别使用密度泛函理论以及分子力场方法处理。QM 区域中包含了 ATP、与其配位的 Mg^{2+} 和周围的水分子以及磷酸末端附近的10个氨基酸残基，包括Asp11、Gly13、Ser14、Gly15、Lys18、Gln137、Asp154、Gly156、Asp157以及His161。这些QM基团中，ATP被截断为三磷酸甲酯，而10个氨基酸残基中，非序列氨基酸残基在C_β或者C_γ原子处进行了截断并补上氢原子，而序列氨基酸残基则在肽键骨架处截断(在N端和C端分别补上氢原子)。因此，QM区域包含了接近200个原子(具体的原子数目取决于体系中的溶液环境)。DFT计算采用了PBE泛函和TZV2P基函数组。此外，Mg^{2+}还使用了GTH赝势。使用这一套泛函和基组的原因是其在模拟磷酸水解时平均误差比较低。MM区域使用了CHARMM27力场，同时根据正则系综(NVT恒定)的要求设置周期性边界条件，并使用PME(particle mesh Ewald)算法处理长程静电作用。对于F-肌动蛋白和G-肌动蛋白，系统由55806个原子、5831个蛋白原子、43个核苷酸原子、37个离子(1个Mg^{2+}、35个K^+、21个Cl^-)以及16625个水分子组成。动力学模拟的积分时间步长为0.5fs，总的模拟时间超过500ps。使用Nose Hoover thermostat算法保持模拟温度为310K。溶剂水箱的尺寸为92Å×70 Å×90 Å。

基于上述QM/MM模型，Voth等人使用了多元动力学对ATP水解反应过程进行增强采样。作者选择了两个有效变量来模拟ATP水解反应。MetaD模拟过程中使用的有效变量为两套配位数。一套有效变量是P_γ和O_β之间的配位数(如图6.35所示)，描述了P_γ-O_β键的形成和断裂，同时也允许P_γ与其他任何O_β原子重新组合。CV1的数学表达式为:

$$\mathrm{CV1}=\sum_{i\in \mathrm{O}_\beta}\left[\frac{1-(|r_i-r_{\mathrm{P}_\gamma}|/r_0)^{NN}}{1-(|r_i-r_{\mathrm{P}_\gamma}|/r_0)^{ND}}\right] \tag{6.27}$$

式中$|r_i-r_{\mathrm{P}_\gamma}|$表示第$i$个$O_\beta$原子与$P_\gamma$原子间的实际距离；$r_0$是$O_\beta$原子与$P_\gamma$原子间成键的参考距离，该模拟中其值设置为4.5Bohr。参数NN和ND的值用于调节函数的平滑性和渐进线性质，作者使用了CP2K程序包的默认值(NN=6，ND=12)。当$|r_i-r_{\mathrm{P}_\gamma}|<r_0$时，第$i$个$O_\beta$原子与$P_\gamma$原子间的配位数近似为1；反之$|r_i-r_{\mathrm{P}_\gamma}|\gg r_0$，则趋近于0。求和表示$P_\gamma$与所有$O_\beta$原子的配位数。CV2的定义与CV1类似，描述了$P_\gamma$与$O_\gamma$以及水分子氧$O_W$之间的配位数，其数学表达式与CV1类似:

$$\mathrm{CV2}=\sum_{i\in \mathrm{O}_\gamma,\mathrm{O}_\mathrm{W}}\left[\frac{1-(|r_i-r_{\mathrm{P}_\gamma}|/r_0)^{NN}}{1-(|r_i-r_{\mathrm{P}_\gamma}|/r_0)^{ND}}\right] \tag{6.28}$$

其中，$|r_i-r_{\mathrm{P}_\gamma}|$，表示第 i 个 O_γ 原子或者 O_W 与 P_γ 原子间的实际距离。很明显，对于反应物甲基三磷酸（或者 ATP）而言，配位数 CV1 和 CV2 的理想值分别为 1 和 3；而对于水解产物而言，CV1 和 CV2 的理想值分别为 0 和 4。MetaD 模拟相当于在自由能阱中不断加入势能“砂子”，也即山包。势垒山包高度为 1.0 kcal/mol，添加频率为 0.05 fs^{-1}，每个集体的宽度为 0.1 变量。每次模拟的时间尺度至少为 170 ps。QM/MM 计算以及多元动力学模拟采用了 CP2K 软件包 [46] 完成。

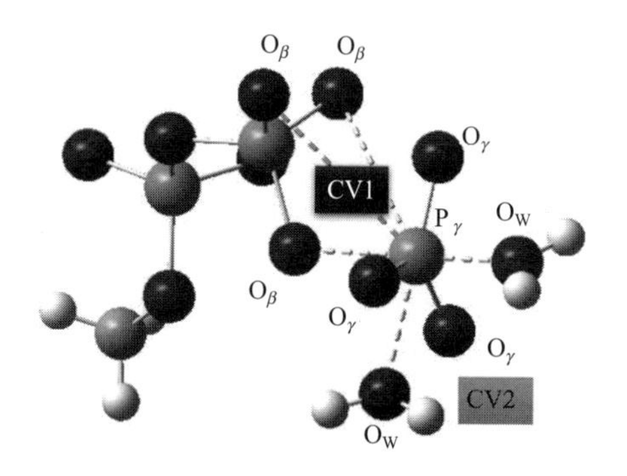

图 6.35　多元动力学模拟中使用的有效变量和对应的参数

根据 MetaD 模拟的结果，沿着两个有效变量坐标方向可以计算出 G- 肌动蛋白和 F-肌动蛋白中 ATP 水解的二维自由能面，如图 6.36 所示。图中的 x 轴给出了 P_γ-O_β 的配位数 CV1，该配位数从 ATP 状态下的 1 变为 ADP+Pi 状态下的 0。图中的 y 轴给出了 P_γ 与水分子 O_W 和 O_γ 之间的配位数 CV2，其取值范围从 3（ATP 状态）到 4（ADP + Pi 状态）。而观察到 CV1 大于 4 的值，这是由于氢与 γ 磷酸附近的其他水结合。因此，图 6.36(a) 和 (b) 中右下方的自由能陷阱区表示 ATP 状态（反应物），左上方的陷阱区是 ADP+Pi（产物）。根据陷阱的深度可以算出 F-肌动蛋白和 G-肌动蛋白内 ATP 水解反应过程释放的能量约为 5 kcal/mol 和 10 kcal/mol。从热力学角度而言，F-肌动蛋白和 G-肌动蛋白中 ATP 的水解是允许的。

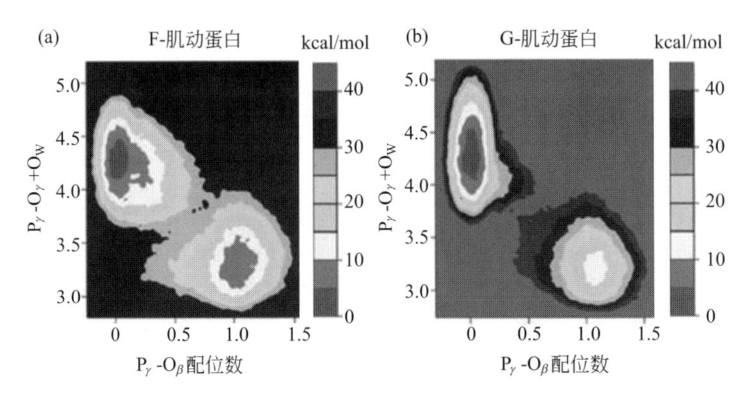

图 6.36　F-肌动蛋白和 G-肌动蛋白模拟的二维自由能面投影图（图片出自参考文献 [43]）

如图 6.36 所示，无论是 F-肌动蛋白还是 G-肌动蛋白，反应物和产物陷阱相连(或者接近)的区域都在自由能面的中部。因此 F-肌动蛋白和 G-肌动蛋白中 ATP 的水解都是协同反应过程，P_γ-O_β 断裂的同时，P_γ-O_W (或者 P_γ-O_γ)键同时生成。因此，协同反应的能垒差值决定了 F-肌动蛋白和 G- 肌动蛋白中 ATP 水解反应的速率差异。根据图 6.36 中的二维势能面，可以在连接反应物和产物两个区域的路径中，搜索出一条自由能最低的反应路径(可由 CV1 和 CV2 的组合来表示)，如图 6.37 所示。此处，x 轴仅表示反应进程，其中“0”表示 ATP 状态，“1”表示 ADP+Pi 状态。从图中可以看出，F-肌动蛋白的水解自由能垒(约 22 kcal/mol)显著地低于 G-肌动蛋白的自由能垒(约 30 kcal/mol)。F-肌动蛋白的势垒高度比 G-肌动蛋白的势垒高度低 (8±1) kcal/mol，这与实验观察到的在 310 K 时的 (7±1) kcal/mol 势垒高度差非常吻合。因此，MetaD 模拟准确地重现了实验测量的结果。

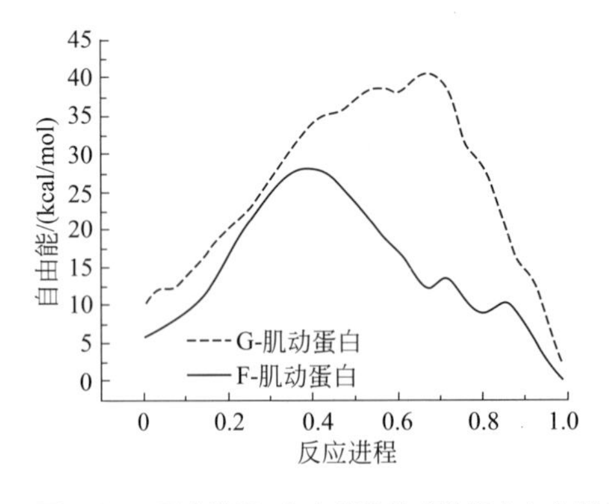

图 6.37　反应进程-自由能曲线（数据来自文献 [43]）

ATP 在肌动蛋白中的水解和肌动蛋白丝的生长以多尺度的方式耦合。ATP 的水解会影响肌动蛋白的聚合能力，而肌动蛋白的聚合会影响 ATP 的水解速率。在这项工作中，作者使用了多元动力学方法结合 QM/MM 模型研究了这些长度和时间尺度的耦合。通过模拟出的 G-肌动蛋白和 F-肌动蛋白中 ATP 水解的二维自由能面，计算出 G-肌动蛋白和 F-肌动蛋白之间的反应自由能垒高度差异(约 8 kcal/mol)也与在 310 K 时的实验测量值(约 7 kcal/mol)吻合得很好。此外，Voth 等人也基于动力学模拟给出的微观信息对 ATP 水解的速率差异给出了理论解释。多元动力学模拟的结果表明，聚合反应后关键氨基酸的位置会发生微小变化促进活性位点附近水分子的重排，从而促进 F-肌动蛋白中较短的水丝形成，将质子从 Asp154 转移到现已解离的 γ-磷酸酯中。因此，能垒高度的降低至少部分归因于在 F-肌动蛋白核苷酸结合袋中看到的有利的质子运输环境。详细的研究结果和讨论可以参考原始文献 [43]。

6.3.6 核酸聚合的自激活机理：Car-Parrinello MD 结合多元动力学模拟

核酸聚合是横跨生物系统三域(细菌域、古菌域和真核域)基因遗传的关键过程。这一过程是由一系列 DNA/RNA 聚合酶(DNA/RNA polymerases, Pols)所催化完成，因而是所有生物基因遗传的基础。这些聚合酶也是目前治疗癌症、细菌和病毒感染、神经退化疾病的有效药物靶向目标。Pols 通过双金属(Mg^{2+})离子机制运行，通过典型的类似 SN_2 型磷酸基转移反应，将进入的核苷酸 [(d)NTP] 掺入正在生长的核酸链中，并释放出焦磷酸盐(PPi)离去基团(图 6.38)。为在 Pols 中加成核苷酸所建立的双金属辅助磷酸基转移反应发生在 3′-末端脱氧核糖的 3′-羟基(3′-OH)脱质子化之前，这产生了活化的亲核 3′-羟基氧负离子。重要的是，Pols 中亲核试剂形成的机制尚不清楚，尚有争议。由于沃森克里克(Watson-Crick)新生碱基对的巨大构象改变，Pols 催化中 3′-羟基氧负离子的形成是亲核进攻核苷酸单体的第一步(图 6.38)。

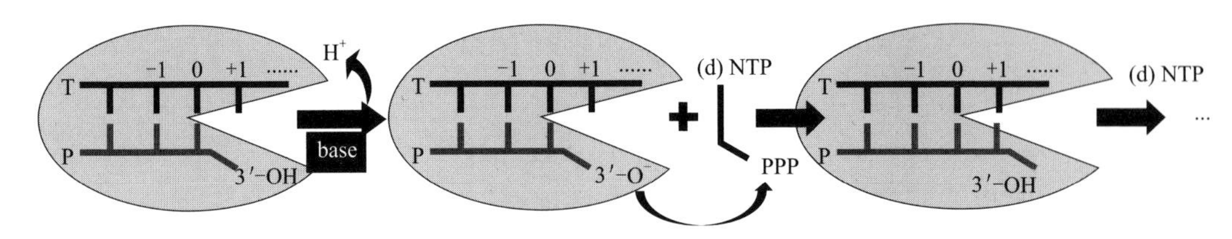

图 6.38 核酸聚合酶催化 RNA 或者 DNA 聚合反应

RNA 和 DNA 的聚合反应中，很明显 3′-OH 脱质子化是非常的一步，关于其机理目前有多种解释。首先提出的是“蛋白质激活机理”[47, 48]。该机理中，与 Pols 中两个催化金属离子配位的 DED 保守序列上的某个 Asp 残基作为广义碱，促进 3′-OH 脱质子化。而另一种水介导和底物辅助(water-mediated and substrate-assisted, WMSA)机理[49]认为 3′-OH 可以通过一个短暂进入活性空穴的水分子团脱质子化，这样水分子可以不断地将质子从核苷酸的 α-磷酸基团上传递出去。这两种机制假设了两个形式上独立的化学步骤(即亲核试剂形成和随后的 NTP 加成)组成的分步催化过程(图 6.39)。

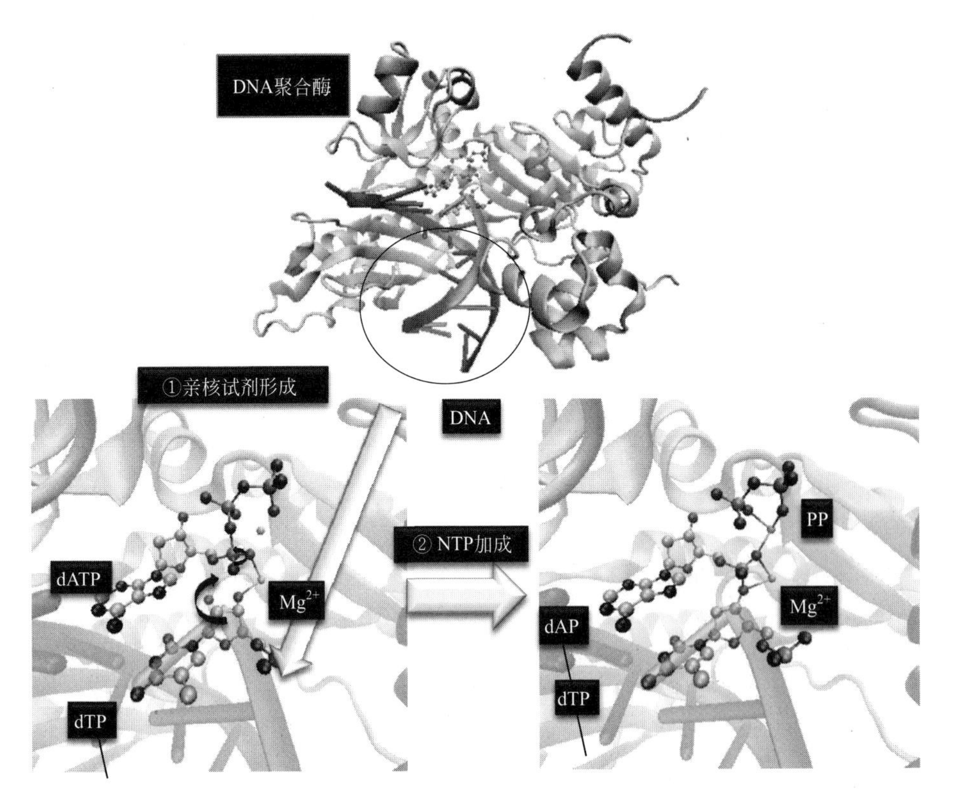

图 6.39 DNA 聚合酶的分步催化过程

生物信息学分析表明，进入的核苷酸单体底物在形成 Michaelis 复合物时总是在其 3′-OH 和 β-磷酸基团之间形成 H 键。Paolo Carloni 和 Marco De Vivo 等人基于先前未识别的这个 H 键提出了一个“自活化机理”（self-activated mechanism, SAM）[50]，如图 6.40 所示。首先，待加成的核苷酸单体进入酶催化活性位点与 Mg^{2+}B(MgB) 配位（图 6.40 中 **E** → **A**），引发亲核进攻，3′-O-P_γ 键形成、P_γ-O_β 键断裂。其中磷酸基团上的 O_β 原子与核酸链上的 3′-OH 形成氢键（图 6.40 中 **A**）。该氢键的形成将促进新加成的核苷酸上的 3′-OH 脱质子（图 6.40**B** → **C**）以及后续焦磷酸基团（PPi）的离去。而在后续 DNA 易位过程中，新形成的 3′-O^- 作为下一次加成反应的亲核试剂，缓慢移动到 Mg^{2+}A(MgA) 附近，形成容易发生

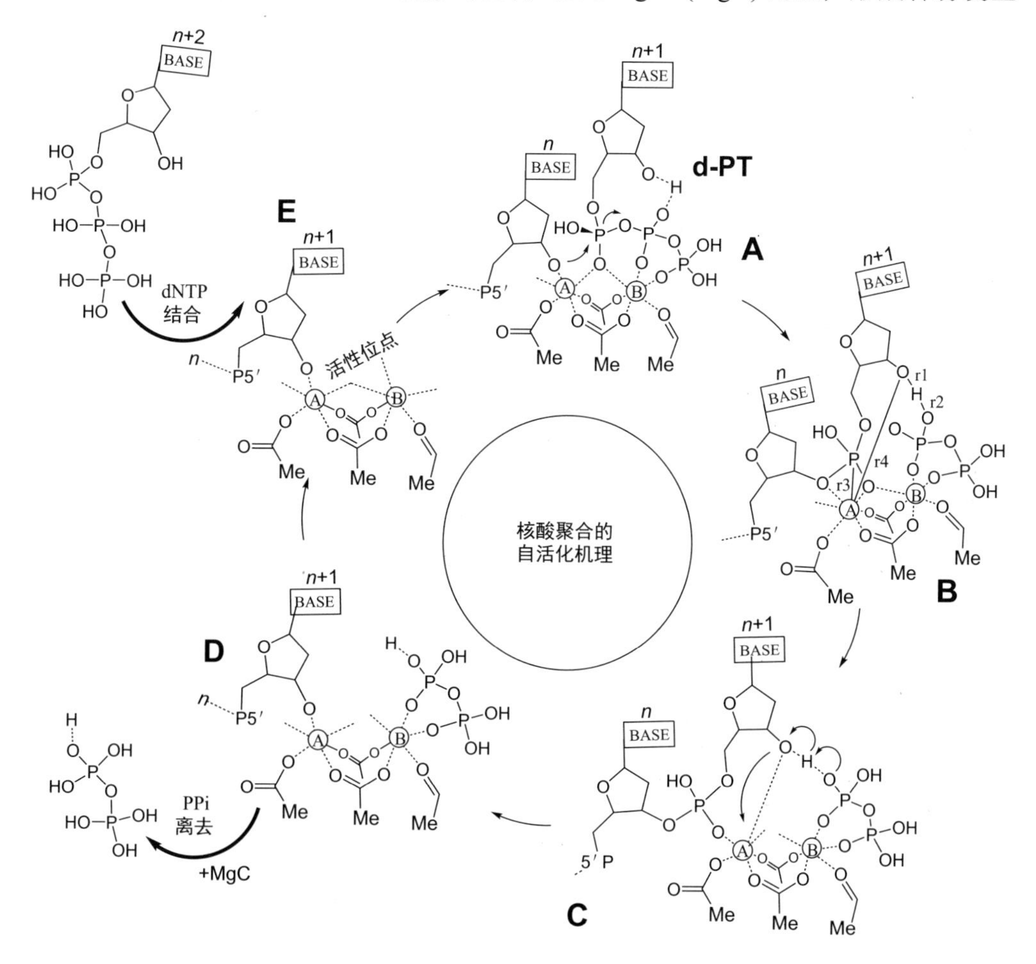

图 6.40　DNA 聚合酶的自活化机理

亲核进攻和亲核加成的配位结构(图 6.40 中 **C** → **D**)。焦磷酸基团离去(图 6.40 中 **D** → **E**)后，完成一次闭合的催化循环，准备进行下一次加成反应(图 6.40 中 **E** → **A**)。因此，该机理将原位亲核试剂的形成与随后的核苷酸加成、添加以及核酸易位(translocation)的协同作用联系在了一起。

为了进一步证实 SAM，Paolo Carloni 和 Marco De Vivo 等人[50] 采用从头算 Car-Parrinello MD 方法结合 QM/MM 模拟以及多元动力学模拟计算 Pol-η 催化 DNA 聚合反应的自由能，以此来确定 SAM 在 Pol-η 核酸增长中的动力学过程和所需的能量。Carloni 等人在此研究中使用的 Car-Parrinello MD(CPMD)是一种基于第一原理的分子动力学方法，该方法利用了赝势、平面波基矢和密度泛函理论(DFT)对原子(分子)间作用力进行计算。在 Born-Oppenheimer 分子动力学中，原子核(使用了赝势则为离子)的自由度是使用离子力(原子核势能梯度的负值)传播的，而电子波函数和总能(原子核势能)则需要在每一个核几何坐标下通过自洽场迭代求解得到[51]。Car-Parrinello MD 方法明确将电子自由度作为(虚拟)动态变量引入，然后为系统建立一个扩展的拉格朗日方程(Lagrangian equation)，从而可以导出原子核和电子运动的耦合方程组。CPMD 中使用的 DFT 方法，使用了赝势来表示原子的内层核心电子，同时使用了平面波基组代替常规 DFT 计算中所使用的原子轨道基组。在 CPMD 模拟的起始时刻，首先进行一次完整的 DFT 自洽场迭代计算给出电子的初始波函数，同时对原子核的坐标和速度进行初始采样，获得原子核和电子的初始状态。然后只需通过耦合方程组不断演化原子核(坐标和速度)和电子的运动(波函数)，而无须像 BOMD 在每个时间步骤上都进行显式的自洽场迭代求解 Schrödinger 方程，从而极大地节约计算时间和花费。与 BOMD 类似，CPMD 也可以与 QM/MM 模型以及各种增强采样方法结合，计算体系的各种统计信息。本研究模拟所有的蛋白结构来自蛋白晶体结构数据库(PDB 代码: 4ECW 和 4ECS)。

DNA 自组装过程中的第一步(图 6.40 中 **A**)，核苷酸发生 SN_2 型磷酸基转移反应已经被许多的理论研究所证实[52]。作者的主要目的是分析亲核试剂的形成和核酸易位的化学步骤和物理步骤之间的耦合(图 6.40 中 **B** → **D**)，因此，作者使用了多元动力学方法研究了沿 d-PT 的质子转移以及原位形成催化活性 $3'\text{-}O^-$ 的过程。MetaD 模拟中使用了两个有效变量

(CV1 和 CV2)。CV1 定义为 3′-OH 断裂(图 6.41 中 r_1)与形成 H-OPPi(r_2)键的长度之差，即 CV1 = r_1-r_2；CV2 是 P_α-MgA(r_3) 和 3′-O-MgA(r_4) 配位键的长度之差，即 CV2 = r_3-r_4。CV1 的值增大表示质子从新加成的核苷酸 (n+1) 上的 3′-OH 基团转移到焦磷酸基团，而 CV2 增大则表示核酸链上与 MgA 离子配位的磷酸基团逐渐离去，同时新加成的核苷酸 (n+1) 上的 3′-O^- 逐渐靠近 MgA 离子形成配位键。

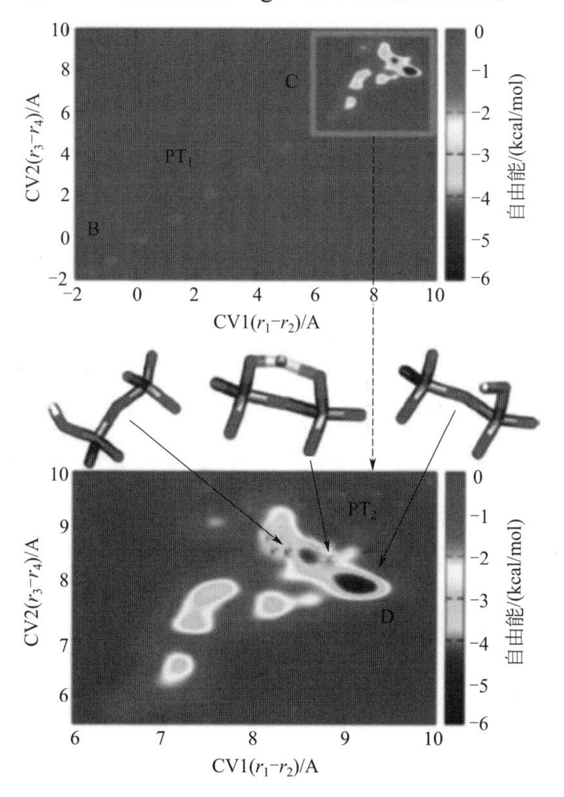

图 6.41　根据 MetaD 模拟结果绘制的二维自由能等高线图(图片出自参考文献 [50])

MetaD 模拟所得的二维自由能面在 CV1 和 CV2 上的投影如图 6.41 所示。根据 FES 可知，模拟开始时系统最初位于图 6.41 中的亚稳态 B。从图中可知亚稳态 B 的能量较高，会迅速进入更稳定的自由能陷阱区域 D(图 6.41 中 D)。在 D 区中 3′-OH 完全形成，而剩下的 PPi 则已经稳定地质子化。而体系从 B 区进入 D 区时，发生了两次质子转移过程：首先，质子从新加成的核苷酸(n+1) 上的 3′-OH 基团转移到焦磷酸基团(PT1)，此时 CV1 逐渐增大；然后，焦磷酸基团(PPi) 上的质子会发生分子内的质子转移(PT2)，最后进入稳定区域 D。在 B(CV1 ≈ −4.0 Å，CV2 ≈

−3.0 Å)中，体系的自由能大约只比周围的构象稳定 1.2 kcal/mol。但是，以 Mg^{2+} 为中心、结构良好的 H 键网络稳定了 Pol-η 催化部位的整体结构。在 B 中，r_3 为 3.28 Å，反映了稳定的 P_α-MgA 配位。距离 r_4 为 5.01 Å，接近在反应结束后测量所得的 X 射线结构(PDB 代码: 4ECW)中检测到的值 (r_4=7.05 Å)。从 B 到 PT1，体系只需克服一系列较小的能垒(每个约 1 kcal/mol)。然后，可以观察到 3′-OH 到 OPPi 质子转移过程 PT1，势垒约为 2.0 kcal/mol，生成最终的 3′-氢氧化物。

在此过程中，键长 r_1 和 r_2 分别从 B 中的 1.02 Å 和 2.58 Å 逐渐变为 PT1 中的 1.42 Å 和 1.07 Å，很好地反映了 3′-OH 去质子化的过程。与此同时，r_3 和 r_4 的变化(分别为 3.75 Å 和 3.55 Å)反映了新加成的 $3'\text{-}O^-$ 向着 MgA 缓慢移动，而 3′- 终端碱基上的磷酸基团则从 MgA 上离开(图 6.40 中 B → C)。总而言之，这表明伴随着新的亲核试剂 ($3'\text{-}O^-$) 的形成，DNA 发生了易位(translocation)。同样，进行 DNA 易位期间，两个催化金属 Mg^{2+} 的初始核间距离(r_{MgA}−r_{MgB})从 A 点的(3.36±0.14)Å 增加到 B 点约 4 Å。在 DNA 发生移位后，为了克服沿磷酸基转移的过渡态并添加核苷酸基团，两个离子缓慢又返回其初始核间距离大约 3.5 Å，即从图 6.40 中的 C 经过 D-E 返回到 A。

从 PT1 开始，体系开始向 PT2(CV1 ≈ 6.5 Å，CV2 ≈ 5.8 Å)演化。第二次分子内质子转移(PT2)是从 PPi 的 β-磷酸基团转移到相邻的 γ-磷酸基团，势垒约为 2.0 kcal/mol。PT2 过程也可以用 r_1 和 r_2 的变化来描述。在 PT2 中，r_1 和 r_2 分别约为 10.5 Å 和 4.0Å，而 r_3 和 r_4 约为 5.8 Å 和 3.5Å，进一步显示出发生了 DNA 易位。更准确地说，先前从 PT1 中的 3′-OH 转移到 OPPi 的质子相对于原本的质子供体而言旋转了大约 270°。这样，该质子刚好就指向 PPi 的 γ-磷酸盐上的非桥接的其中一个氧原子，因此可以很快转移到相邻的 γ-磷酸基团上(PT2)。PT2 之后，系统立即迅速下降到最稳定的自由能陷阱区域 D(CV1 ≈ 7.5 Å，CV2 ≈ 6.0 Å)，其自由能约为− 6.0 kcal/mol(图 6.41)。通过 25ps 时间尺度的无偏 QM/MM 动力学模拟也证实了该自由能陷阱区域 D 确实存在。因此，多元动力学模拟很好地重现了在 DNA 聚合酶中所发生的亲核试剂激活过程，包括两个质子转移反应的微观细节以及 DNA 易位。如果要更进一步理清 SAM 机理整个催化循环中所有化学和物理步骤的协同性，则还需要借助更加昂贵的模拟才能更好地进行。关于本研究的更多细节可以参考原始文献 [50]。

参考文献

[1] Hunter T. Protein Kinases and Phosphatases: The Yin and Yang of Protein Phosphorylation and Signaling [J]. Cell, 1995, 80 (2): 225-236.

[2] Schramm V L. Enzymatic Transition States and Transition State Analogues [J]. Current Opinion in Structural Biology, 2005, 15 (6): 604-613.

[3] Hu H, Yang W. Development and Application of Ab Initio QM/MM Methods for Mechanistic Simulation of Reactions in Solution and in Enzymes [J]. Journal of Molecular Structure: THEOCHEM, 2009, 898 (1): 17-30.

[4] 黎乐民 . 中国学科发展战略 · 理论与计算化学 [M]. 北京：科学出版社 , 2016.

[5] Kohn W, Sham L J. Self-Consistent Equations Including Exchange and Correlation Effects [J]. Physical Review, 1965, 140 (4A): A1133-A1138.

[6] Perdew J P, Schmidt K. Jacob' s Ladder of Density Functional Approximations for the Exchange-Correlation Energy [J]. AIP Conference Proceedings, 2001, 577 (1): 1-20.

[7] Dirac P A M. Note on Exchange Phenomena in the Thomas Atom [J]. Mathematical Proceedings of the Cambridge Philosophical Society, 1930, 26 (03): 376-385.

[8] Vosko S H, Wilk L, Nusair M. Accurate Spin-Dependent Electron Liquid Correlation Energies for Local Spin Density Calculations: A Critical Analysis [J]. Canadian Journal of Physics, 1980, 58 (8): 1200-1211.

[9] Becke A D. Density-Functional Exchange-Energy Approximation with Correct Asymptotic Behavior [J]. Physical Review A, 1988, 38 (6): 3098-3100.

[10] Becke A D, Roussel M R. Exchange Holes in Inhomogeneous Systems: A Coordinate-Space Model [J]. Physical Review A, 1989, 39 (8): 3761-3767.

[11] Becke A D. Density Functional Thermochemistry. Ⅲ . The Role of Exact Exchange [J]. Chem. Phys, 1993, 98 (7): 5648-5652.

[12] Lee C, Yang W, Parr R G. Development of the Colle-Salvetti Correlation-Energy Formula into a Functional of the Electron Density [J]. Physical Review B: Condensed Matter, 1988, 37 (2): 785-789.

[13] Stephens P J, Devlin F J. Chabalowski C F, et al. Ab Initio Calculation of Vibrational Absorption and Circular Dichroism Spectra Using Density Functional Force Fields [J]. The Journal of Physical Chemistry, 1994, 98 (45): 11623-11627.

[14] Li Y, Wu Y, Blaszczyk J, et al. Catalytic Roles of Arginine Residues 82 and 92 of Escherichia coli 6-Hydroxymethyl-7,8-dihydropterin Pyrophosphokinase: Site-Directed Mutagenesis and Biochemical Studies [J]. Biochemistry, 2003, 42 (6): 1581-1588.

[15] Jongkon N, Gleeson D, Gleeson M P. Elucidation of the Catalytic Mechanism of 6-Hydroxymethyl-7,8-dihydropterin Pyrophosphokinase Using QM/MM Calculations [J]. Organic & Biomolecular Chemistry, 2018, 16 (34): 6239-6249.

[16] Yang R, Lee M C, Yan H, et al. Loop Conformation and Dynamics of the Escherichia Coli HPPK Apo-Enzyme and Its Binary Complex with MgATP [J]. Biophysical Journal, 2005, 89 (1): 95-106.

[17] Kassem S, van Leeuwen T, Lubbe A S, et al. Artificial Molecular Motors [J]. Chemical Society Reviews, 2017, 46 (9): 2592-2621.

[18] Warshel A, Levitt M. Theoretical Studies of Enzymic Reactions: Dielectric, Electrostatic and Steric Stabilization of the Carbonium Ion in the Reaction of Lysozyme [J]. Journal of Molecular Biology, 1976, 103 (2): 227-249.

[19] Torrie G M, Valleau J P. Nonphysical Sampling Distributions in Monte Carlo Free-Energy Estimation: Umbrella Sampling [J]. Journal of Computational Physics, 1977, 23 (2): 187-199.

[20] Barducci A, Bonomi M, Parrinello M. Metadynamics [J]. Wiley Interdisciplinary Reviews: Computational Molecular Science, 2011, 1 (5): 826-843.

[21] Buchachenko A L, Kuznetsov D A. Magnetic Field Affects Enzymatic ATP Synthesis [J]. Journal of the American Chemical Society, 2008, 130 (39): 12868-12869.

[22] Buchachenko A L, Kuznetsov D A, Breslavskaya N N. Ion-Radical Mechanism of Enzymatic ATP

Synthesis: DFT Calculations and Experimental Control [J]. The Journal of Physical Chemistry B, 2010, 114 (6): 2287-2292.

[23] Berg C, Beyer M, Achatz U, et al. Stability and Reactivity of Hydrated Magnesium Cations [J]. Chemical Physics, 1998, 239 (1): 379-392.

[24] Dardonville C, Rinaldi E, Barrett M P, et al. Selective Inhibition of Trypanosoma Brucei 6-Phosphogluconate Dehydrogenase by High-Energy Intermediate and Transition-State Analogues [J]. Journal of Medicinal Chemistry, 2004, 47 (13): 3427-3437.

[25] Price N E, Cook P F. Kinetic and Chemical Mechanisms of the Sheep Liver 6-Phosphogluconate Dehydrogenase [J]. Archives of Biochemistry and Biophysics, 1996, 336 (2): 215-223.

[26] Wang J, Li S. Catalytic Mechanism of 6-Phosphogluconate Dehydrogenase: A Theoretical Investigation [J]. The Journal of Physical Chemistry B, 2006, 110 (13): 7029-7035.

[27] Polyak I, Reetz M T, Thiel W. Quantum Mechanical/Molecular Mechanical Study on the Mechanism of the Enzymatic Baeyer-Villiger Reaction [J]. Journal of the American Chemical Society, 2012, 134 (5): 2732-2741.

[28] Mirza I A, Yachnin B J, Wang S, et al. Crystal Structures of Cyclohexanone Monooxygenase Reveal Complex Domain Movements and a Sliding Cofactor [J]. Journal of the American Chemical Society, 2009, 131 (25): 8848-8854.

[29] Gordon J C, Myers J B, Folta T, et al. H++: A Server for Estimating pK_a s and Adding Missing Hydrogens to Macromolecules [J]. Nucleic Acids Research, 2005, 33 (suppl_2): W368-W371.

[30] Li H, Robertson A D, Jensen J H. Very Fast Empirical Prediction and Rationalization of Protein pKa Values [J]. Proteins: Structure, Function, and Bioinformatics, 2005, 61 (4): 704-721.

[31] Brooks B R, Brooks Ⅲ C L, Mackerell Jr A D, et al. CHARMM: The Biomolecular Simulation Program [J]. Journal of Computational Chemistry, 2009, 30 (10): 1545-1614.

[32] MacKerell A D, Bashford D, Bellott M, et al. All-Atom Empirical Potential for Molecular Modeling and Dynamics Studies of Proteins [J]. The Journal of Physical Chemistry, B 1998, 102 (18): 3586-3616.

[33] Morris G M, Goodsell D S, Halliday R S, et al. Automated Docking Using a Lamarckian Genetic Algorithm and an Empirical Binding Free Energy Function [J]. Journal of Computational Chemistry, 1998, 19 (14): 1639-1662.

[34] Metz S, Kästner J, Sokol A A, et al. ChemShell——a Modular Software Package for QM/MM Simulations [J]. Wiley Interdisciplinary Reviews: Computational Molecular Science, 2014, 4 (2): 101-110.

[35] Furche F, Ahlrichs R, Hättig C, et al. Turbomole [J]. Wiley Interdisciplinary Reviews: Computational Molecular Science, 2014, 4 (2): 91-100.

[36] Zhao Y, Truhlar D G. The M06 Suite of Density Functionals for Main Group Thermochemistry, Thermochemical Kinetics, Noncovalent Interactions, Excited States, and Transition Elements: Two New Functionals and Systematic Testing of Four M06-Class Functionals and 12 Other Functionals [J]. Theoretical Chemistry Accounts, 2008, 120 (1): 215-241.

[37] Polyak I, Reetz M T, Thiel W. Quantum Mechanical/Molecular Mechanical Study on the Enantioselectivity of the Enzymatic Baeyer-Villiger Reaction of 4-Hydroxycyclohexanone [J]. The Journal of Physical Chemistry B, 2013, 117 (17): 4993-5001.

[38] Sirawaraporn W, Sathitkul T, Sirawaraporn R, et al. Antifolate-Resistant Mutants of Plasmodium Falciparum Dihydrofolate Reductase [J]. Proceedings of the National Academy of Sciences, 1997, 94 (4): 1124-1129.

[39] Hennig M, Dale G E, D'Arcy A, et al. The Structure and Function of the 6-Hydroxymethyl-7,8-dihydropterin Pyrophosphokinase from Haemophilus Influenzae. Journal of Molecular Biology, 1999, 287 (2): 211-219.

[40] Li Y, Gong Y, Shi G, et al. Chemical Transformation Is Not Rate-Limiting in the Reaction Catalyzed by Escherichia coli 6-Hydroxymethyl-7,8-dihydropterin Pyrophosphokinase [J]. Biochemistry, 2002, 41 (27): 8777-8783.

[41] Ojeda-May P, Li Y, Ovchinnikov V, et al. Role of Protein Dynamics in Allosteric Control of the Catalytic Phosphoryl Transfer of Insulin Receptor Kinase [J]. Journal of the American Chemical Society, 2015, 137 (39): 12454-12457.

[42] Keenholtz R A, Mouw K W, Boocock M R, et al. Rice, P. A., Arginine as a General Acid Catalyst in Serine Recombinase-Mediated DNA Cleavage [J]. Journal of Biological Chemistry, 2013, 288 (40): 29206-29214.

[43] McCullagh M, Saunders M G, Voth G A. Unraveling the Mystery of ATP Hydrolysis in Actin Filaments [J]. Journal of the American Chemical Society, 2014, 136 (37): 13053-13058.

[44] Saunders M G, Voth G A. Water Molecules in the Nucleotide Binding Cleft of Actin: Effects on Subunit Conformation and Implications for ATP Hydrolysis [J]. Journal of Molecular Biology, 2011, 413 (1): 279-291.

[45] Oda T, Iwasa M, Aihara T, et al. The Nature of the Globular- to Fibrous-Actin Transition. Nature, 2009, 457 (7228): 441-445.

[46] Thomas D. Kühne, Marcella Iannuzzi, Mauro Del Ben, et al. CP2K: An Electronic Structure and Molecular Dynamics Software Package-Ouickstep: Efficient and Accurate Electronic Structure Calculations [J]. J. Chem. Phys., 2020, 152: 194103.

[47] Florián J, Goodman M F, Warshel A. Computer Simulation of the Chemical Catalysis of DNA Polymerases: Discriminating between Alternative Nucleotide Insertion Mechanisms for T7 DNA Polymerase [J]. Journal of the American Chemical Society, 2003, 125 (27): 8163-8177.

[48] Florián J, Goodman M F, Warshel A. Computer Simulations of Protein Functions: Searching for the Molecular Origin of the Replication Fidelity of DNA Polymerases [J]. Proceedings of the National Academy of Sciences of the United States of America, 2005, 102 (19): 6819-6824.

[49] Lior-Hoffmann L, Wang L, Wang S, et al. Preferred WMSA Catalytic Mechanism of the Nucleotidyl Transfer Reaction in Human DNA Polymerase κ Elucidates Error-Free Bypass of a Bulky DNA Lesion [J]. Nucleic Acids Research, 2012, 40 (18): 9193-9205.

[50] Genna V, Vidossich P, Ippoliti E, et al. A Self-Activated Mechanism for Nucleic Acid Polymerization Catalyzed by DNA/RNA Polymerases [J]. Journal of the American Chemical Society, 2016, 138 (44): 14592-14598.

[51] Kühne T D. Second Generation Car-Parrinello Molecular Dynamics [J]. Wiley Interdisciplinary Reviews: Computational Molecular Science, 2014, 4 (4): 391-406.

[52] Castro C, Smidansky E, Maksimchuk K R, et al. Two Proton Transfers in the Transition State for Nucleotidyl Transfer Catalyzed by RNA- and DNA-Dependent RNA and DNA Polymerases [J]. Proceedings of the National Academy of Sciences, 2007, 104 (11): 4267-4272.

7

含磷药物计算化学

魏东辉[1]，宋金帅[1]，李世俊[1,2,3]

[1] 郑州大学化学学院

[2] 平原实验室

[3] 抗病毒性传染病创新药物全国重点实验室

7.1 含磷药物分类

7.2 含磷药物与纳米材料配合物

7.3 含磷药物与酶作用的理论计算研究

磷元素是生命中不可或缺的元素之一，含磷化合物也有重要的药用价值。无机磷化合物用作药物的历史相当久远，例如金属磷酸盐可作为补钙药(如磷酸氢钙)、抗酸药(如磷酸镁等)、利尿药和缓泻药(如磷酸二氢钠)等。值得一提的是，磷酸与一些碱性药物制成磷酸盐的应用更加广泛，这些药物与磷酸成盐后可增加其水溶性，又很少干扰生理 pH，便于制备成针剂和口服液等。然而，有机磷化合物在作为药物使用的发展过程则比较曲折。早在二十世纪二三十年代，Fiske 等人就发现了三磷酸腺苷(ATP)。随后，人们发现部分有机磷化合物可以用作神经毒剂和强效杀虫剂，直接导致了“毒性有机磷”概念的诞生，这阻碍了含磷有机物成为药物。直到二十世纪五十年代末，环磷酰胺被成功用作抗肿瘤药，才为含磷药物的大力发展带来了希望。

近年来，随着具有生物活性的有机磷化合物的不断面世，现在含磷药物研究已由抗肿瘤、抗寄生虫逐渐延伸到抗病毒、抗菌、抗炎、抗骨质疏松、促进心脑血管循环等领域，其应用前景也越来越广泛。在此过程中，计算化学家也对能用作药物的有机磷化合物的结构、活性及其如何与酶靶标结合等诸多方面进行了理论研究，加深了人们对含磷药物分子的理化性质的深入了解，以下将系统总结含磷药物方面的理论计算研究工作。

7.1 含磷药物分类

7.1.1 磷酰胺类

环磷酰胺是最早被合成并成功应用于抗肿瘤的含磷药物之一。它在体外几乎没有活性，进入体内经肝脏中酶活化后才体现出生物活性，能选择性地杀死肿瘤细胞。由于其具有抗肿瘤谱广、副作用小等优点，现已成为广泛用于临床的一线药物。环磷酰胺是最常用于抗肿瘤化疗中的药物之一，能用于多种恶性肿瘤的治疗，包括白血病、淋巴瘤、生殖细胞肿瘤、髓母细胞瘤、乳腺癌、肺癌、宫颈癌的治疗，同时环磷酰胺也是最重要的免疫抑制剂之一。

在环磷酰胺的结构和电子特性的理论计算研究方面有不少报道。如图 7.1 所示为环磷酰胺的二维和三维结构，此三维结构是 Frner 等人在 DFT-B3-LYP 和 MP2/6-311G(d, p) 计算级别下得到的环磷酰胺的最稳定构象而绘制出的[1]；另外 Bruno 和 Monajjemi 等人也通过理论研究报道了使用从头算方法和 DFT 方法对其原子电荷、偶极矩、前线分子轨道、静电势等值面等电子结构和特性方面[2]，这些理论计算结果可以预测和解释该含磷药物分子的相关生物活性位点的理化性质。

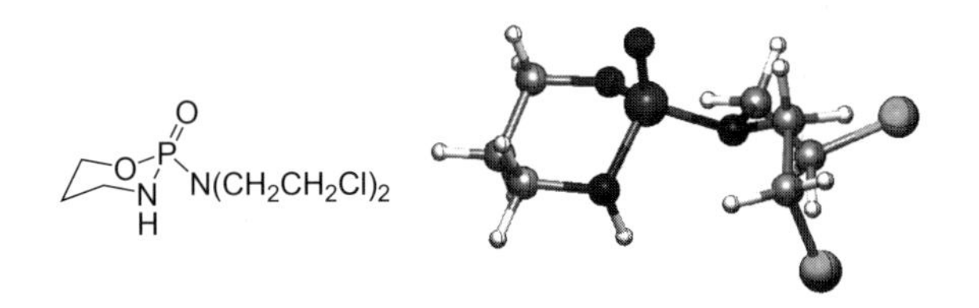

图 7.1 环磷酰胺的二维和三维结构

作为另一种磷酰胺衍生物，噻替哌是亚乙基亚胺类抗肿瘤药物中的佼佼者。其亚乙基亚胺基能开环与癌细胞内的 DNA 核碱基结合，进而通过改变 DNA 结构和功能来阻止新癌细胞的产生和增殖。它们常用来治疗白血病、卵巢癌、乳腺癌等多种癌症，具有不错的疗效。如图 7.2 所示，Eigner 等人运用 DFT 方法的 B3-LYP 泛函对替哌(tepa)和噻替哌(thiotepa)的结构及其与水分子的反应路径进行了系统的理论计算研究[3]。H_2O 和 THF 等溶剂效应的模拟则采用 CPCM 极化连续模型。在优化好噻替哌和替哌结构的基础上，该工作深入探究了水分子亲核进攻磷原子导致氮丙啶三元环脱除的反应机理，而后也对氮丙啶与 DNA 碱基反应的可能机理进行了初步推测和计算。从三维结构图可以看出，水分子与噻替哌 / 替哌的反应分为两个步骤，第一步是水分子加成到 P＝O/S 双键上，第二步则是氮丙啶的离去。理论计算结果表明水分子对磷原子的亲核加成是决速步，且使用替哌发生亲核加成的能垒(32.8 kcal/mol)明显低于使用噻替哌的能垒(57.1 kcal/mol)，因此替哌作为反应底物对反应更有利。需要注意的是，反应能垒较高很可能是因为没有考虑生物体内酶催化环境对反应路径的影响。

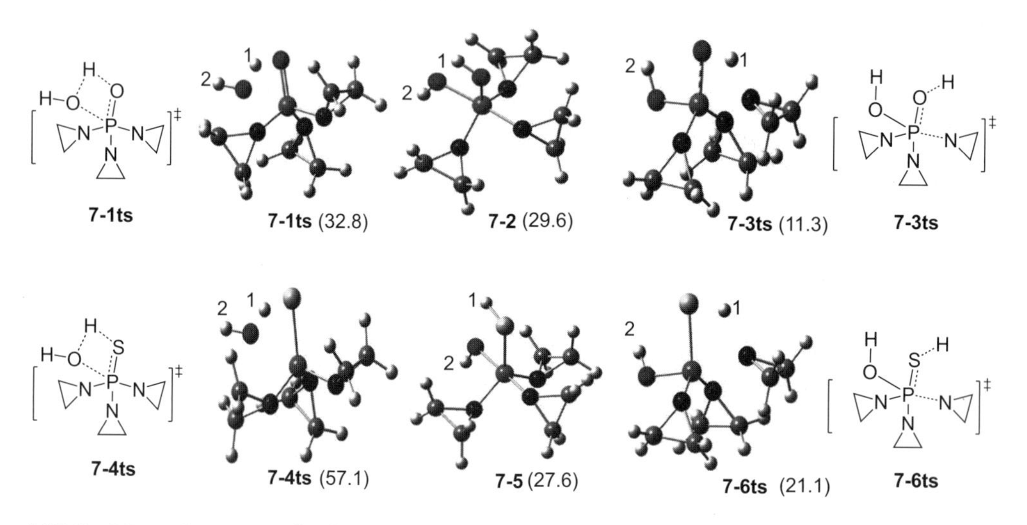

图 7.2 B3LYP/6-311++G(d,p) 级别下优化得到的替哌（tepa）和噻替哌（thiotepa）的结构及其与水分子的反应路径中所涉及的中间体和过渡态结构（能量单位：kcal/mol。图片出自参考文献 [3]）

7.1.2 双膦酸类

双膦酸盐可以与骨骼稳定结合，能抑制破骨细胞对骨的重吸收，降低骨周转频率并减缓骨质流失，可用于抗骨质疏松和治疗高钙血症、变形性骨炎或骨痛等疾病。自从 1969 年瑞士 Fleisch 等人发现双膦酸盐对骨质疏松的抑制作用以来，对双膦酸盐构效关系的研究一直是药物研究的热点，目前已历经三代产品上市。第一代药物是侧链结构较简单的双膦酸衍生物，如偕碳原子上有甲基和羟基取代的依替膦酸或有两个氯原子取代的氯膦酸。其作用机理主要是与骨骼结合，被破骨细胞摄取代谢为 ATP 类似物，进而拮抗 ATP 导致破骨细胞凋亡。如图 7.3 所示 B3LYP/6-31G(d,p) 级别下优化得到的双膦酸酯衍生物的三维结构，计算结果表明卤素原子的加入可增加含磷化合物的偶极矩和极性，从而影响其生物活性 [4]。

而后两代双膦酸药物则有不同作用机制。含氮的双膦酸衍生物主要与甲羟戊酸通道的法尼基焦磷酸合成酶及异戊烯焦磷酸结合形成稳定的三元复合物，抑制法尼基焦磷酸合成酶，从而抑制法尼基焦磷酸及牻牛儿基焦磷酸的合成，干扰了三磷酸腺苷结合蛋白质的功能化(法尼基和牻牛儿基化)反应。该过程对破骨细胞的生存及分化起了非常重要的调控作用。

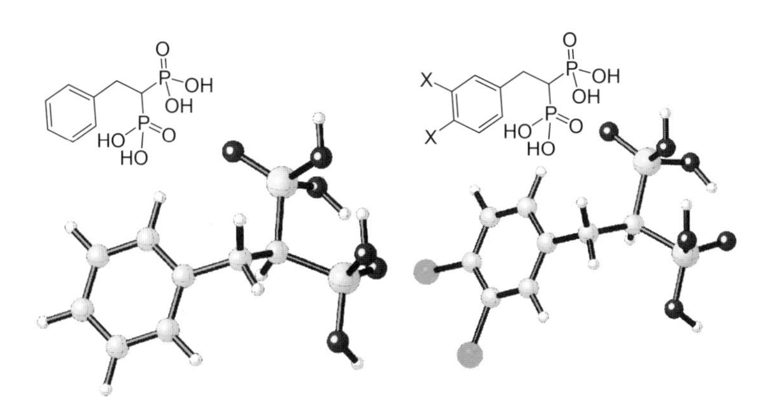

图 7.3　B3LYP/6-31G(d,p) 级别下优化得到的双膦酸酯衍生物的三维结构（X=Cl、Br 等）

7.1.3　磷酸酯类

磷酸酯类化合物经常用作抗病毒药，如常见的阿德福韦酯。阿德福韦酯进入人体后，其脂基才转化为膦酸基，变为真正的抗病毒结构——阿德福韦，这样可以避免阿德福韦游离膦酸基结构因极性过大在胃肠道中吸收率低的问题，生物利用度较之直接口服阿德福韦大大提高。阿德福韦从结构上看属于 5′-单膦酸脱氧阿糖腺苷衍生化合物，对于非环状核苷膦类逆转录酶有很强的抑制作用，可抑制逆转录病毒 DNA 链的复制和合成。如图 7.4 所示，Huq 等人采用分子力学、半经验(PM3)和 DFT[在 B3LYP/6-31G(d) 级别] 方法计算了阿德福韦酯及其代谢物的结构和电子特性[5]，阿德福韦酯及其代谢物在 LUMO-HOMO 能级上有不小的差异，因此在生物活性上也有明显不同(如表 7.1 所示)。

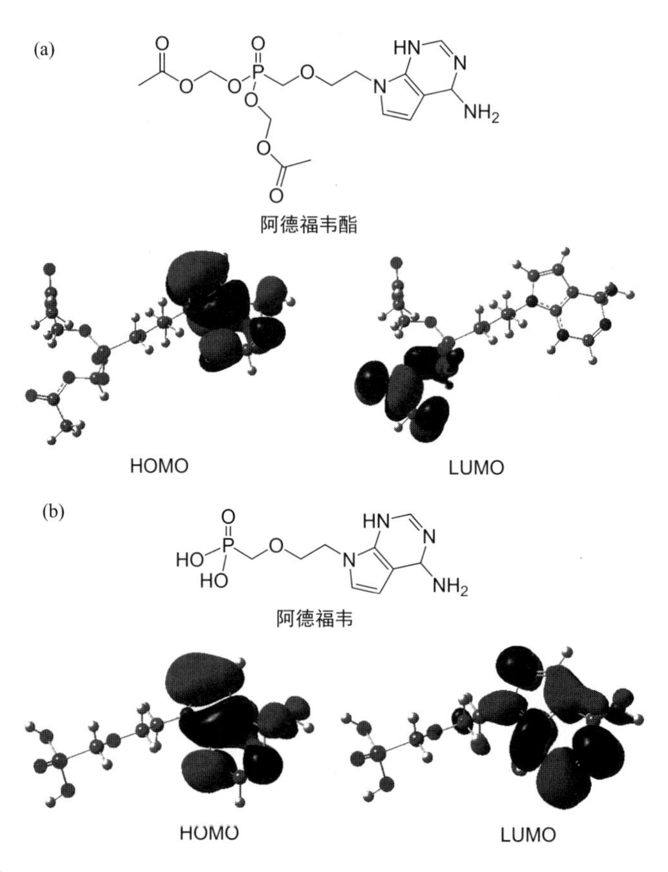

图 7.4　B3LYP/6-31G(d) 级别下的阿德福韦酯 (a) 以及阿德福韦 (b) 的结构及 HOMO 和 LUMO 轨道

表7.1　B3LYP / 6-31G(d)方法下的阿德福韦酯与阿德福韦的LUMO- HOMO能级差异

分子	HOMO/eV	LUMO/eV	LUMO-HOMO/eV
阿德福韦酯	-5.90	-0.50	5.40
阿德福韦	-6.00	-0.57	5.43

诚然，随着有机合成技术的发展，每年有层出不穷的新型含磷化合物合成出来，这大大加快了有机含磷药物的研发过程。与此同时，含磷药物结构及其电子特性的理论计算研究目前还比较少。现有研究只集中于以上几类含磷有机物，而对于含金属离子的含磷药物的结构的系统性理论模拟仍然比较欠缺，这大大影响了人们对于药物分子结构特征及其生物活性的相关性方面的认知。希望理论计算研究能为此领域的发展发挥更大作用，在将来为理性设计含磷药物分子提供必要的理论指导。

7.2
含磷药物与纳米材料配合物

含磷药物结合纳米材料以后通常能增强其生物活性，尤其是含磷的抗癌药物(如环磷酰胺)与纳米材料结合以后会增强其传递能力和抗癌活性。因此，在理论上研究环磷酰胺与不同纳米材料吸附与结合的报道比较常见。

7.2.1 富勒烯

Shariatinia 等人使用 B3LYP 和 B3PW91 等密度泛函方法研究了一系列环磷酰胺药物衍生物的磷酰基的氧原子与富勒烯形成配合物的构象、前线分子轨道、电子结构等性质，并通过计算和比对不同环磷酰胺与富勒烯体系的结合能给出了最具潜在价值的药物前体和载体的传递体系[6](如图 7.5 所示)。

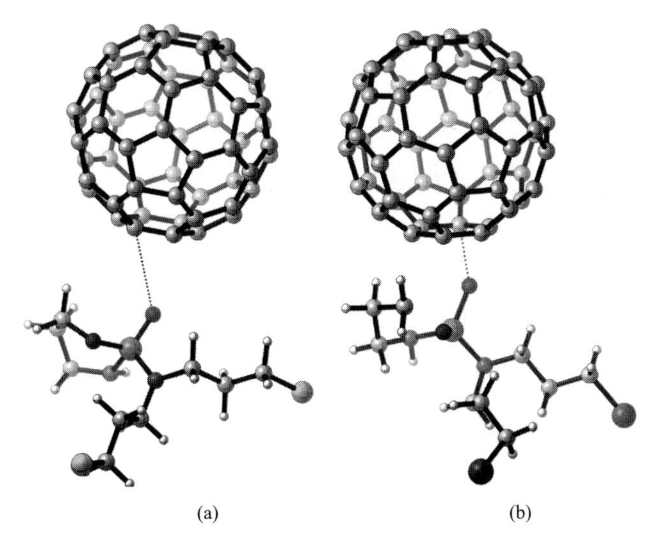

图 7.5 环磷酰胺、富勒烯及其配合物的二维结构（a）；在 B3LYP/6-31G(d) 级别下优化的最有潜力的药物前体和载体的传递体系（b）

7.2.2 单壁碳纳米管

如图 7.6 所示，Felegari 等人[7] 在 B3LYP/6-31G(d) 级别下研究了单壁碳纳米管(SWCNT)、环磷酰胺和环磷酰胺 - 单壁碳纳米管配合物的分子结构并计算了它们的最高占据分子轨道(HOMO)、最低未占分子轨道(LUMO)和能隙(HOMO-LUMO)。另外，计算出的各向同性(σ)和各向异性($\Delta\sigma$)化学位移证实了环磷酰胺和单壁碳纳米管之间的相互作用。值得一提的是，分子中的原子理论(AIM)分析结果表明，它们之间的氢键有部分共价键的性质。

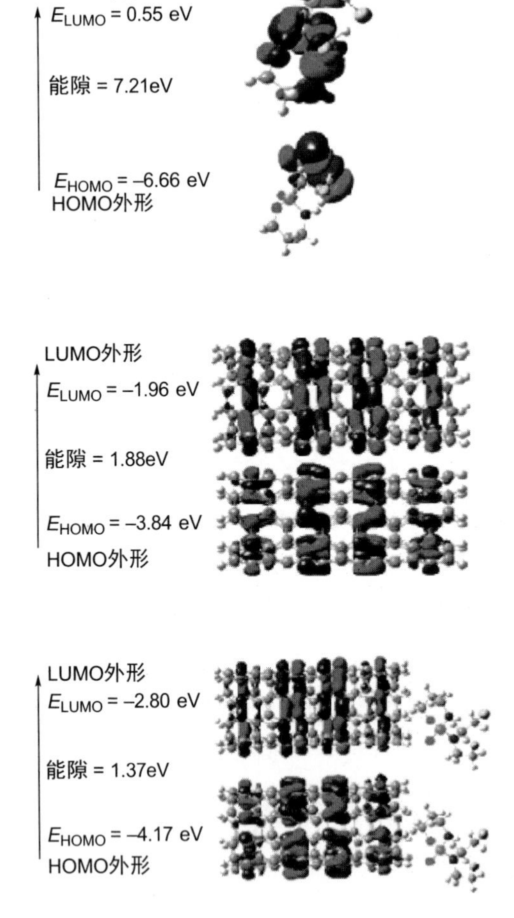

图7.6 环磷酰胺、单壁碳纳米管及两者配合物的前线轨道形状及其能隙(图片出自参考文献[7])

随着目前纳米材料制备和应用的高速发展，高性能纳米材料领域的变化可谓是日新月异。在可以预见的将来，相信含磷药物与纳米材料之间的结合并将其应用于医药领域的报道也会越来越多，而理论计算研究会在该领域发挥更重要的作用。

7.3 含磷药物与酶作用的理论计算研究

不同类型的含磷药物通过抑制对应酶靶标来发挥药效，因此深入系统地探讨和总结其能作用于哪些酶靶标将有助于人们理解其生物活性和潜在用途。以下讨论从含磷药物与生物体内的功能性酶的配位作用的理论研究着手，介绍和总结其结构与生物活性的关联。

7.3.1 溶菌酶

溶菌酶(lysozyme)是一条质量为14.6 kDa的单链蛋白质，由129个氨基酸残基组成，包含6个色氨酸、4个二硫键和3个酪氨酸。溶菌酶作为一种水解酶，可有效地水解细菌细胞壁的肽聚糖，同时对不含细胞壁的人体细胞的危害较小，因此可作为天然的防腐剂。另外，它还可用作抗菌、抗病毒和消肿药物等。在自然界中，鸡蛋蛋清中含有许多溶菌酶，这些溶菌酶含有许多芳香性氨基酸残基，可适用于研究药物分子与酶的相互作用。有趣的是，溶菌酶还有一个重要功能是携带配体，因此其多作为药物载体或食品添加剂。

环磷酰胺本身在生物体内和体外的抗癌活性并不高，它主要是通过进入体内后被肝脏中的细胞色素P450酶激活，产生了活性烷基化代谢产物而发挥药效。其烷基化代谢物可以与各种生物活性分子(包括氨基酸、蛋白质、肽、DNA 等)发生作用。其中，最重要的作用位点是导致突变和肿瘤发生交联的 DNA。在大多数情况下，药物与蛋白质配位作用将使得药物在体内存在的时间更长，更容易到达需要作用的酶靶标所在器官组织，进而提高药物的生物利用度。迄今为止，对蛋白质与药物分子之间相互作用的研究提供了决定药物治疗效果的重要信息，因此相关理论和实验研究受到人们的广泛关注，而且已经成为生命科学、化学和临床医学等领域的一个热门研究领域。

举例来说，Bozorgmehr 等人通过光谱和理论计算研究了环磷酰胺和阿司匹林两种药物分子与溶菌酶的活性残基之间的相互作用 [8]。计算溶菌酶关键残基与环磷酰胺复合物的结合能的结果表明，溶菌酶的 62 号色氨酸残基与环磷酰胺的结合能力更强，进一步的分析结果表明，色氨酸残基的五元环芳香结构与环磷酰胺之间的相互作用对结合能的贡献比较大。

7.3.2 1-脱氧-2-木酮糖-5-磷酸还原异构酶

2-甲基-D-赤藻糖醇-4-磷酸途径是病原微生物合成自身所需萜类化合物的必需途径之一。该途径中的第二个关键限速酶——1-脱氧-D-木酮糖-5-磷酸还原异构酶，可以作为筛选抗生素和抗疟疾药物分子的酶靶标。另外，1-脱氧-2-木酮糖-5-磷酸还原异构酶也是抗疟疾药物的新靶点之一。如图 7.7 所示，Blatch 等人在 B3LYP/3-21G(d)//B3LYP/3-21G(d,p) 和 B3LYP/3-21Gd)//MP2/3-21G(d,p) 级别下对该还原异构酶的活性底物(1-脱氧-2-木酮糖-5-磷酸)和抑制剂(即磷霉素)的结构和电荷分布进行了优化和计算，这为将来进一步研究该酶与其抑制剂的结合作用模式提供了一些有用的参考数据 [9]。理论上优化得到的键长与以前实验文献报道的结构数值非常吻合，局部电荷计算使用 Mulliken 和 NPA 原子电荷。计算得到的分子结构和局域电荷分布可以用于进一步帮助开发该酶抑制剂的制备以及分子对接计算的参数。

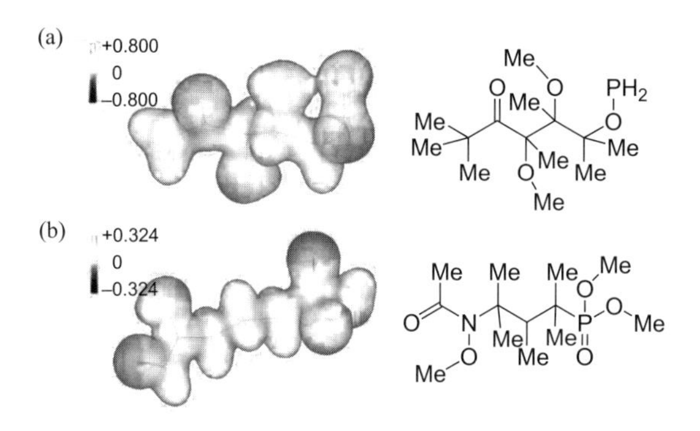

图 7.7　1-脱氧-2-木酮糖-5-磷酸和磷霉素的静电势图（图片出自参考文献 [9]）

7.3.3　HIV-1 逆转录酶

HIV-1 逆转录酶是一种人类免疫缺陷病毒的多功能酶，可催化单链病毒 RNA 基因组向双链 DNA 复制的多步转化反应，然后可将其整合到宿主基因组中。由于其在人类免疫缺陷病毒生命周期中的关键作用，该逆转录酶是抗病毒药在治疗获得性免疫缺陷综合征（艾滋病）中的重要靶标。HIV-1 逆转录酶同时展示了 DNA 聚合酶和 RNaseH 的活性以完成逆转录过程，如图 7.8 所示，其 DNA 聚合酶活性中心部分的一个 Mg^{2+} 与 DNA 末端的 3′-羟基相互作用，并降低其 pK_a 值，以促进对三磷酸脱氧胸苷（dTTP）的 α-磷酸的攻击，实现在 DNA 末端的 3′- 羟基引入脱氧核糖核苷三磷酸（dNTP），然后进一步形成 3′-5′ 磷酸二酯键和分离的焦磷酸盐。这就导致 DNA 多出一个新核苷酸结构而被延长。

目前可用于治疗艾滋病的 HIV-1 逆转录酶抑制剂有核苷酸类 HIV 逆转录酶抑制剂（NRTI）和非核苷酸类 HIV 逆转录酶抑制剂（NNRTI）、HIV 蛋白酶抑制剂（PI）等多个种类。其中核苷类抑制剂通过胸苷激酶、胸苷酸激酶的磷酸化作用形成三磷酸体进入 DNA 聚合酶活性部分的反应位点后，可取代三磷酸脱氧胸苷（dTTP）与病毒 DNA 链 3′ 末端结合。然而，由于结合后的抑制剂的 3′ 位结构上缺乏羟基，此后将不能再进行 5′-3′ 磷酸二酯键的结合，而直接导致病毒 DNA 链的延长和复制过程的终止。本质上讲，抗艾滋病药物作用机制即是含有三磷酸结构体在 HIV-1 逆转录酶活性中心与 DNA 的作用机制，因此研究该酶抑制作用机制有非常重要的意义。

Hannongbua 等人通过分子动力学、量子力学 / 分子力学(QM/MM)相结合的计算方法模拟了 HIV-1 逆转录酶 /DNA/ 三磷酸脱氧胸苷(dTTP)的三元复合物的活性位点结构及其构象 [10]。他们对三种不同的三元体系分别进行了研究，探讨了 dTTP 的不同质子化状态(去质子化和 dTTP 在活性位点的两个不同单质子化的三磷酸形式)对活性位点结构和具有催化活的性天冬氨酸残基(Asp185 和 Asp186)的影响。其中一个质子化形态的 dTTP 底物的结合模型是最稳定的，而且它的结合方向与 X 射线晶体结构非常吻合。在结构优化中，两个不同的半经验 QM/MM(AM1/CHARMM 和 PM3/CHARMM)方法被用于该三元复合系统的计算模拟。计算结果表明，这两种 QM/MM 方法结合分子动力学模拟的结果可以给出合理的酶复合物的催化活性中心的结构模型。这些结果提供了这一重要酶的活性位点与其底物和 DNA 之间相互作用的三维结构，不仅可以帮助人们理解酶催化作用机制，而且有助于 HIV-1 逆转录酶抑制剂(即抗艾滋病药物)的设计。此外，Carloni 等人使用 QM/MM 和 QM/MM MD 的方法研究了次膦酸盐和膦酸酯衍生物与同源的天冬氨酸蛋白酶的结合和作用模式 [11]。结果揭露了活性位点的天冬氨酸催化两联体的质子化模式和其氧原子与次膦 / 膦酸基之间的可能氢键作用模式。

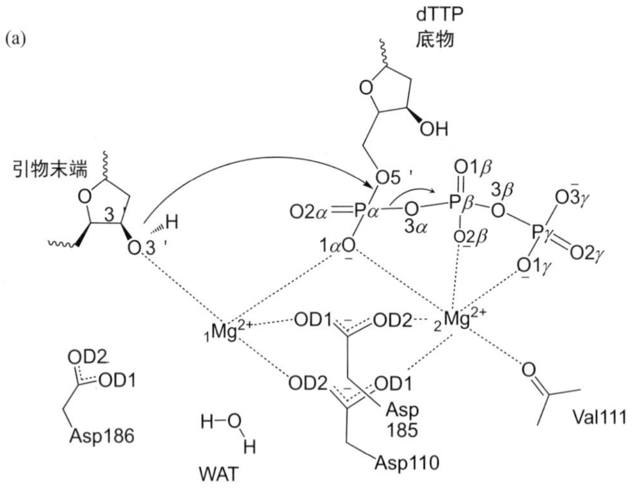

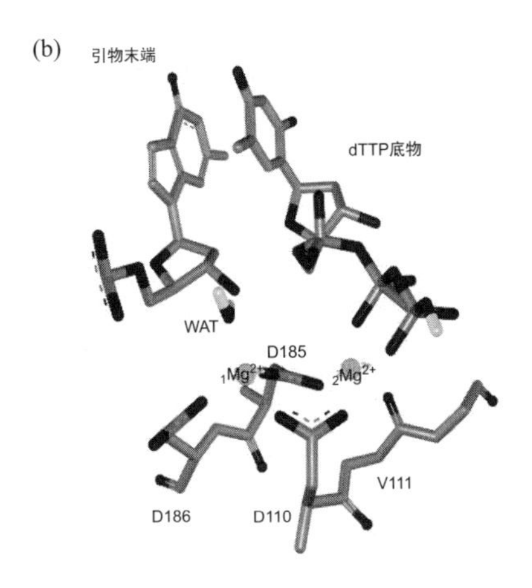

图 7.8　HIV-1 逆转录酶 /DNA/ 三磷酸脱氧胸苷（dTTP）的三元复合物的活性位点 (a) 及其计算模拟得到的活性位点结构 (b)（图片出自参考文献 [10]）

7.3.4　细胞周期依赖性蛋白激酶 CDK9

CDK9 是细胞周期蛋白激酶(CDKs)家族的一员，主要参与细胞循环周期中的转录调节过程。由于肿瘤细胞分裂过程中常伴随有细胞周期蛋白激酶活性增强，因此其常被认为是抗肿瘤和其他细胞增殖疾病的理想靶点之一。最近，以转录调控 CDK9 为靶点的抗肿瘤研究受到越来越多的关注，自 2003 年第一个嘧啶类 CDK9 抑制剂报道以来，一系列嘧啶类抑制剂相继出现。人们发现含磷的氨基嘧啶类化合物不仅对 CDK9 具有良好的抑制活性作用，而且在此类抑制剂中具有最好的选择性。

基于此，重庆理工大学的唐光辉等人选取 64 个有潜力的含磷嘧啶类小分子，采用分子对接方法研究了它们与 CDK9 的结合模式。结果表明 Cys106 残基、分子构象、氢键作用、疏水性结构特征等因素在含磷嘧啶抑制剂与 CDK9 的结合过程中有很大影响[12]。在结构叠合比对的基础上，他们使用多种分析方法研究了含磷嘧啶分子的结构与其抑制 CDK9 活性的关系，提出了显示含磷嘧啶类化合物的活性与其结构关系的三维等值线模型图(如图 7.9 所示)，并预测和设计了 10 个具有新含磷嘧啶类抑制剂的结构。分子对接和分子动力学模拟结果表明，预测的新含磷嘧啶类抑制剂结构的结合模式与代表性化合物(编号 64)相同，且其中编号为 64d 的化合物有比 64 化合物更强的 CDK9 酶抑制活性。进一步的分析结果表明含磷基团与 ASP109 残基之间的静电能在化合物与 CDK9 酶作用过程中有重要贡献。

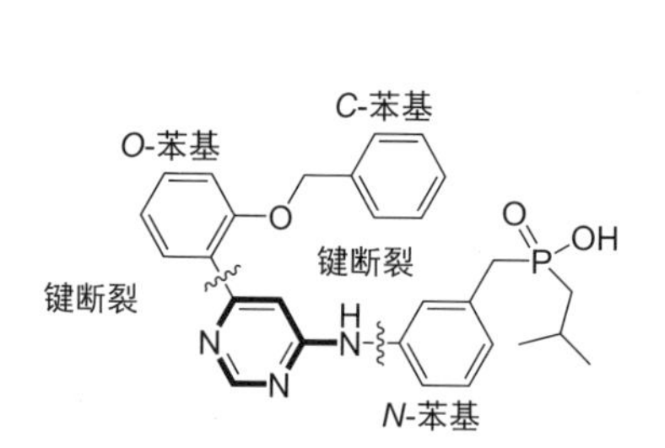

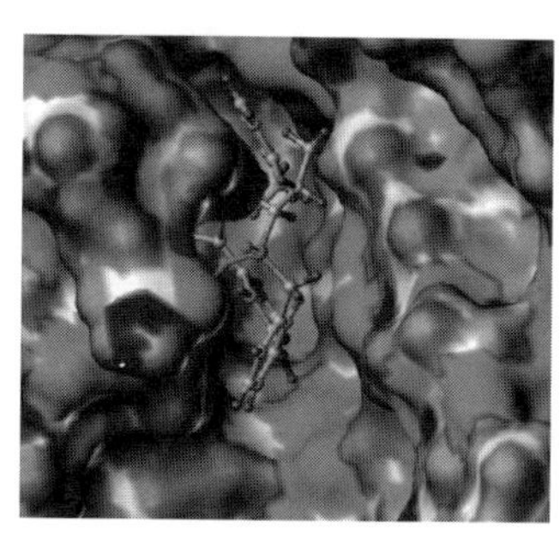

图 7.9 有代表性的含磷嘧啶抑制剂结构及其与 CDK9 的结合模式（图片出自参考文献 [12]）

7.3.5 乙酰胆碱酯酶

乙酰胆碱酯酶(简称 AChE)，该酶按功能来说属于水解酶，可将乙酰胆碱水解为胆碱和乙酸两部分。其酶活性位点由丝氨酸的羟基(布朗斯特酸作用点)和组氨酸咪唑环(布朗斯特碱作用点)组成催化两联体。两者通过氢键结合增强了丝氨酸羟基氧原子的亲核活性，使之在酶活性位点易于亲核进攻神经递质乙酰胆碱，并能通过进一步水解来调控其浓度，保证神经信号在生物体内的正常传递。另外，乙酰胆碱酯酶参与细胞的发育和成熟，能促进神经元发育和神经再生。该酶的具体催化水解流程分三步：第一步乙酰胆碱分子中的羰基碳与乙酰胆碱酯酶酯解部位的丝氨酸的羟基氧原子以共价键形式结合形成碳四面体中间体，第二步裂解为胆碱和乙酰化胆碱酯酶复合物，第三步在水分子作用下脱去乙酸的同时复原丝氨酸的羟基。

含磷的神经毒气如沙林可以通过与丝氨酸羟基氧原子成共价键来抑制乙酰胆碱酯酶，破坏神经递质乙酰胆碱在体内的平衡，使得神经系统不能正常工作，并导致短时间内肌肉和呼吸系统功能丧失，进而威胁生命安全。如图 7.10 所示，Oliveira 等人在总结神经毒气与酶活性中心普遍反应机制的基础上，用半经验和 DFT[B3LYP/6-31G(d,p)] 的方法计算并比较了 *R*/*S* 异构体的沙林和索曼(Soman)、塔宾(Tabun)和 VX 的偶极矩、HOMO 与 LUMO 的差值(能隙)及其他热化学性质等，并探讨了不同异构体及其能隙对神经毒气的影响[13]。这为使用量子化学计算方法研究含磷有机化合物的生物活性(毒性)提供了很好的思路。

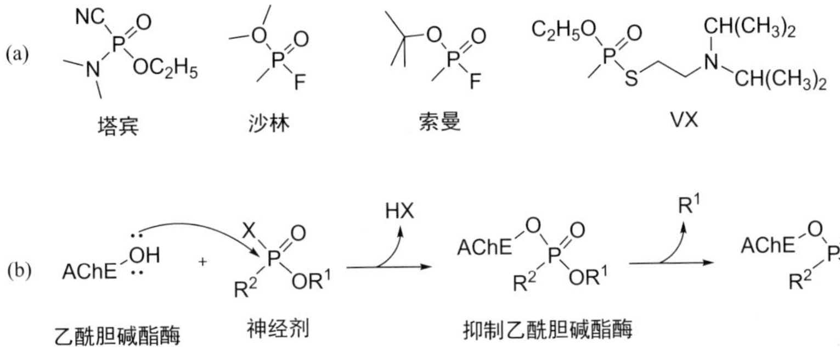

(a) 塔宾　沙林　索曼　VX

(b) 乙酰胆碱酯酶　神经剂　HX　抑制乙酰胆碱酯酶　R^1

图 7.10　塔宾 (Tabun)、沙林 (Sarin)、索曼 (Soman) 和 VX 的结构 (a) 及其与乙酰胆碱酯酶活性残基丝氨酸的羟基的反应机制 (b)

7.3.6　新型氨基磷酸酯作为潜在脲酶抑制剂的 DFT 研究

脲酶是存在于多种生物中的一种含镍金属酶，可催化尿素水解为氨和二氧化碳。这些反应产生的高浓度氨与定植期间的幽门螺杆菌在酸性的胃部中的耐受性有关。幽门螺杆菌是一种公认有较大危害的病原体，可引起诸如胃炎、消化性溃疡和胃癌等疾病。目前，由幽门螺杆菌引起的感染可通过多种药物联合治疗，因为该类细菌表现出了高水平的抗生素抗性，这凸显了开发用于治疗幽门螺杆菌感染的新型抗菌药物的需求。由于脲酶在此类胃肠道疾病的发病机理中起的重要作用，针对这种细菌产生的脲酶的抑制剂研究成为治疗该类疾病的一个重要的研究方向。

在已知的几类脲酶抑制剂中，氨基磷酸酯类化合物是抑制活性最高的化合物。另外，氨基磷酸酯类化合物由于其广泛的生物活性而受到了大量关注，例如用作杀虫剂、逆转录酶抑制剂、抗疟疾、丙型肝炎病毒抑制剂等。如图 7.11 所示，Barbosa 等人制备了新的氨基磷酸酯类化合物并研究了其作为脲酶抑制剂的活性，其中含环己胺基的磷酸酯类化合物显示出更高的脲酶抑制活性 [14]。此外，他们在计算机上探讨了所评估化合物的理化性质，使用 DFT 方法优化了这些化合物，并计算了它们的偶极矩、静电势(MEP)以及前线分子轨道，因为这些特征可能与分子和其靶标的相互作用有关。

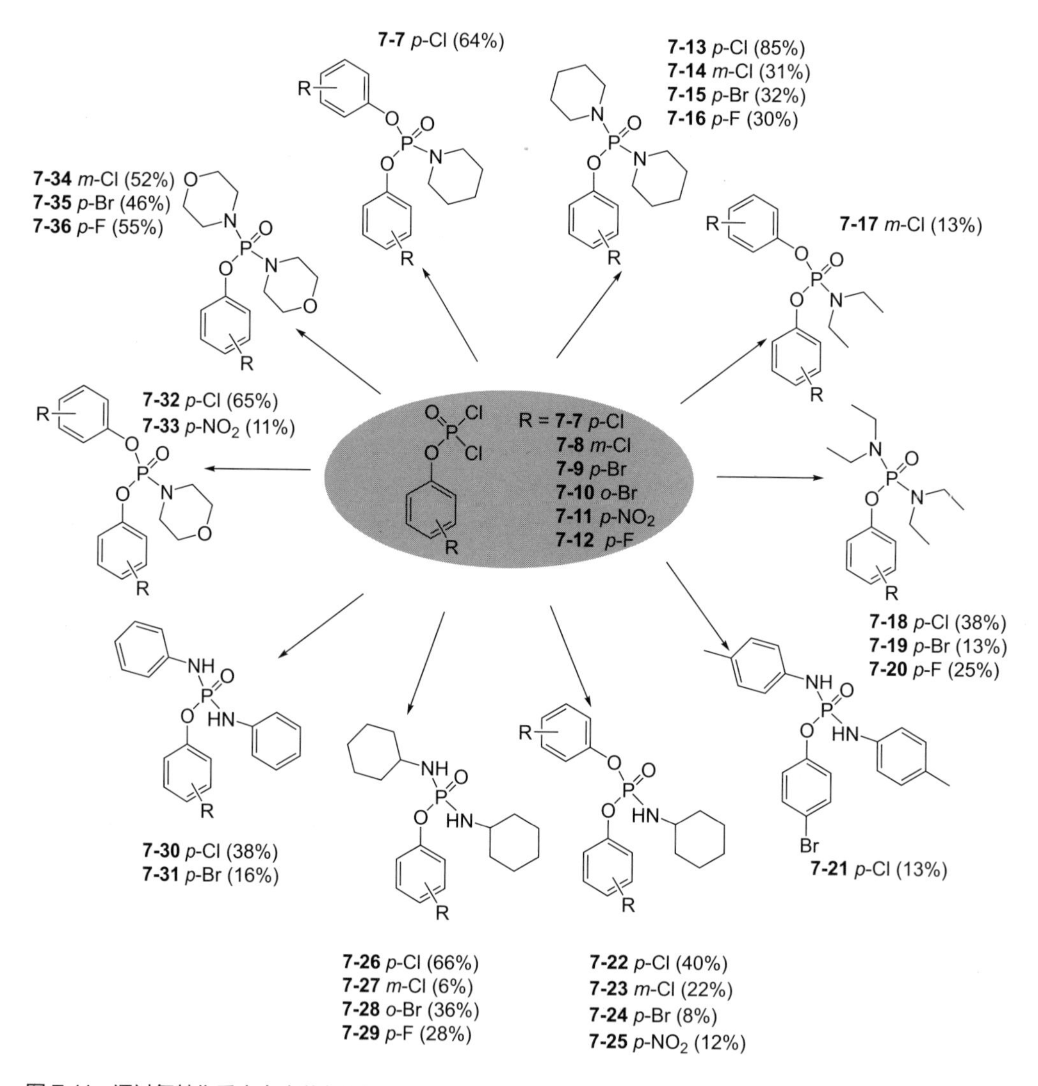

图 7.11　通过氨基化反应合成潜在的氨基磷酸酯类脲酶抑制剂

7.3.7 基质金属蛋白酶

在人类体内中鉴定出的565种蛋白酶构成了人类基因组编码区的1.7%。因此，作为抗癌靶标的特定蛋白酶的鉴定和验证及其合适抑制剂的开发是艰巨的任务。基质金属蛋白酶(matrix metalloproteinase)是一个蛋白酶家族，因其需要钙、锌等金属离子作为辅因子而得名。人们发现，基质金属蛋白酶活性的改变与原发性和转移性肿瘤的生长病理、血管生成以及细胞外基质成分(例如胶原蛋白和层粘连蛋白)的降解有关。实际上，早在几十年前科学家们就已观察到肿瘤细胞提取物破坏胶原蛋白的情况。19世纪80年代，科学家们开始开发基质金属蛋白酶抑制剂，并使用细胞外基质成分的破坏作为抑制剂设计的模型。这些研究中的大多数都评估了基质金属蛋白酶抑制剂用于治疗癌症或其他如关节炎的发炎性疾病。

由于胶原蛋白的水解是细胞外基质转换中的重要步骤之一，Fields等人设想了对胶原蛋白水解活性的调节作为创建选择性基质金属蛋白酶抑制剂的策略[15]。他们发现次膦酸酯的结构属于蛋白质底物水解反应的四面体过渡态类似物，因此对于多个基质金属蛋白酶可产生抑制作用。然而遗憾的是，确切的含磷化合物抑制剂与基质金属蛋白酶作用的理论计算研究至今仍然十分匮乏，具体的抑制反应机理尚不清楚。

以上简要总结了能用于治疗人类疾病的相关酶靶标与其含磷类化合物抑制剂的作用模式。希望这部分内容让人们对于含磷药物在人体内的作用机理有一个大致的了解，并为未来含磷药物的设计和发展提供一些参考思路。随着越来越多的酶靶标的发现，相信含磷有机物以其特殊的结构和理化活性将在生物医药领域发挥更重要的作用。

本章小结

能用于医药领域的含磷化合物一般具有高生物活性，这主要因为其化学结构中的磷原子中心是四面体结构，该结构使其作为稳定的过渡态类似物通常可以抑制酶的活性，且磷酰基不仅容易形成氢键，还易于与金属离子配位进而调控体内的金属离子。有趣的是，不同类型的含磷化合物可以通过抑制多种酶靶标来达到治疗不同疾病如肿瘤、炎症等疾病的目标，在医药领域有广泛和巨大的应用前景。通过理论计算研究，人们可以深入研究含磷化合物与这些酶靶标的结合模式与作用机制，揭示化合物结构与其生物活性的内在联系，从而为含磷药物的设计提供可行的方案。在未来，随着计算机软硬件技术和人工智能的高速发展，理论计算研究在高效和高选择性的含磷药物的筛选和设计方面将会发挥越来越重要的作用。

参考文献

[1] Badawi H M, Förner W. DFT and MP2 Study of the Molecular Structure and Vibrational Spectra of the Anticancer Agent Cyclophosphamide [J]. Z. Naturforsch. B, 2012, 67 (12): 1305-1313.

[2] Bruno G. Ab Initio and DFT Study on Cyclophosphamide: Anticancer and Immunomodulating Agents [J]. Austral. J. Chem, 2018, 71 (7): 511-523.

[3] Torabifard H, Fattahi A. Mechanisms and Kinetics of Thiotepa and Tepa Hydrolysis: DFT Study [J]. J. Mol. Model, 2012, 18 (8): 3563-3576.

[4] Aghabozorg H, Sohrabi B, Mashkouri S, et al. Ab Initio DFT Study of Bisphosphonate Derivatives as a Drug for Inhibition of Cancer: NMR and NQR Parameters [J]. J. Mol. Model, 2012, 18 (3): 929-936.

[5] Huq F. Molecular Modelling Analysis of the Metabolism of Adefovir Dipivoxil [J]. J. Pharm. Toxicol, 2006, 1(4): 362-368.

[6] Shariatinia Z, Shahidi S. A DFT Study on the Physical Adsorption of Cyclophosphamide Derivatives on the Surface of Fullerene C60 Nanocage [J]. J. Mol. Graph. Model, 2014, 52: 71-81.

[7] Felegari Z, Monajjemi M. AIM and NBO Analyses on the Interaction between SWCNT and Cyclophosphamide as an Anticancer Drug: A Density Functional Theory Study [J]. J. Theor. Comput. Chem, 2015, 14 (03): 1550021.

[8] Bozorgmehr M R, Chamani J, Moslehi G. Spectroscopic and DFT Investigation of Interactions between Cyclophosphamide and Aspirin with Lysozyme as Binary and Ternary Systems [J]. J. Biomol. Struct. Dyn, 2015, 33 (8): 1669-1681.

[9] Blatch G L, Zubrzycki I Z. DFT Study of a Substrate and Inhibitors of 1-Deoxy-2-xylulose-5-phosphate Reductoisomerase ? The Potential Novel Target Molecule for Anti-Malaria Drug Development [J]. J. Mol. Model, 2001, 7 (10): 378-383.

[10] Rungrotmongkol T, Mulholland A J, Hannongbua S. Active Site Dynamics and Combined Quantum Mechanics/Molecular Mechanics (QM/MM) Modelling of a HIV-1 Reverse Transcriptase/DNA/dTTP Complex [J]. J. Mol. Graph. Model, 2007, 26 (1): 1-13.

[11] Vidossich P, Carloni P. Binding of Phosphinate and Phosphonate Inhibitors to Aspartic Proteases: A First-Principles Study [J]. J. Phys. Chem. B, 2006, 110 (3): 1437-1442.

[12] 唐光辉，张娅，张玉萍，等．含磷嘧啶类 CDK9 抑制剂的分子对接，3D-QSAR 和分子动力学模拟 [J]. 高等学校化学学报，2017, 38 (11): 2061-2069.

[13] de Oliveira O V, Cuya T, Ferreira E C, et al. Theoretical Investigations of Human Acetylcholinesterase Inhibition Efficiency by Neurotoxic Organophosphorus Compounds [J]. Chem. Phys. Lett, 2018, 706: 82-86.

[14] Oliveira F M, Barbosa L C, Demuner A J, et al. Synthesis, Molecular Properties and DFT Studies of New Phosphoramidates as Potential Urease Inhibitors [J]. Med. Chem. Res, 2014, 23 (12): 5174-5187.

[15] Lauer-Fields J, Brew K, Whitehead J K, et al. Triple-Helical Transition State Analogues: A New Class of Selective Matrix Metalloproteinase Inhibitors [J]. J. Am. Chem. Soc, 2007, 129: 10408-10417.

PHOSPHORUS 磷科学前沿与技术丛书
计算磷化学

8

含磷农药计算化学

魏东辉[1]，李世俊[1,2,3]，单春晖[4]

[1] 郑州大学化学学院

[2] 平原实验室

[3] 抗病毒性传染病创新药物全国重点实验室

[4] 重庆师范大学化学学院

8.1 含磷农药活性

8.2 含磷农药降解机理

8.3 含磷农药与 β- 环糊精

8.4 含磷农药在无机纳米结构上吸附分离

8.5 含磷农药与 DNA 作用

含磷农药在世界农药发展史上占据重要地位，可以说是影响最广的农药产品种类之一。新中国成立不久，为了保证粮食产量和社会稳定，企业大量生产和使用高毒有机磷农药。高毒含磷农药具有效率高、成本低、杀虫谱广等特点使得含磷农药得到高速发展，且起到了农业保产效果，但同时也造成了国内环境和农田的污染，甚至农产品农药残留严重超标造成了不可估计的负面影响。低毒性农药替代高毒性的含磷农药在我国农药工业发展史上留下了不可磨灭的一笔，也是我国农药工业发展的必然趋势。做好这项战略性举措，不仅关乎人与环境的和谐发展，也关乎我国农产品在国际市场上的竞争力和在国际上的信誉。目前，含磷的高效低毒杀虫剂、除草剂、杀菌剂甚至非农用药需求稳步增长，因此研发对环境友好、自主创新的含磷农药已成为并将持续作为我国发展的重大需求之一。

常见含磷农药为磷酸酯类或硫代磷酸酯类化合物，结构不同且毒性不尽相同，可用于防治植物病、虫害、草害。国内生产的含磷农药大部分为杀虫剂，如对硫磷(*O*, *O*-二乙基 *O*-4-硝基苯基硫代磷酸酯)、乐果、敌敌畏及敌百虫等。近年来也有含磷杀菌剂、杀鼠剂等农药产品问世。由于部分含磷有机化合物的毒性非常高，其常被人们用来制作农药和化学战争试剂(如沙林毒气)，因此开发含磷有机化合物的检测和解毒新策略引起了越来越多的关注。目前，人们对于研发更有用的含磷农药残留的测量及其分解技术，甚至研究相关有机磷化合物的(热)化学性质/行为的需求仍然非常大，而相关含磷化合物的理化性质研究也引起了越来越多的重视。

8.1
含磷农药活性

由于在农药制备和使用过程中存在的规范性等问题，含磷农药不慎进入人体内后，会使胆碱酯酶的活性残基被磷酰官能团化进而失去水解活性，致使组织内乙酰胆碱过量蓄积而引起中毒症状，重者将危及生命。因此开发检测有机磷农药残留的生物传感器一直是一个关注度较高的研究领域。值得一提的是，开发以胆碱酯酶和有机磷水解酶等作为生物活性识别元件的传感器已成为该领域的研究主流，所以研究含磷农药与胆碱酯酶的作用和结合模式、找出毒性最高的含磷农药分子构象有相当重要的理论意义。

如图 8.1 所示，Green 及其合作者使用密度泛函理论（DFT）的 B3LYP 方法和 MP2 方法，并采用 6-31G(d, p) 基组在极化连续体模型（PCM）的水溶剂中对对硫磷进行了构象搜索研究，并探索了该分子的不同构象之间转换的最低能量路径 [1]（MEP）。计算结果表明，对硫磷在气相以及在水介质中均具有较高的构象柔韧性，并且在热力学上允许其过渡到不同的分子构象。随后，他们探讨了不同构象与抑制胆碱酯酶活性的相关性因素。通过比较结构发现，其中一个稳定的对硫磷构象有可能是活性构象，因为该对硫磷构象的两个乙氧基和 P ═ S 键的取向及角度与 BChE（丁酰胆碱酯酶）- 硫代硫酸盐配合物的结构中的对应参数非常相似，且其芳香环的取向更有利于与活性空腔的芳香基团部分结合。这为理论上探索和预测含磷农药分子与胆碱酯酶结合作用模式提供了有价值的线索。

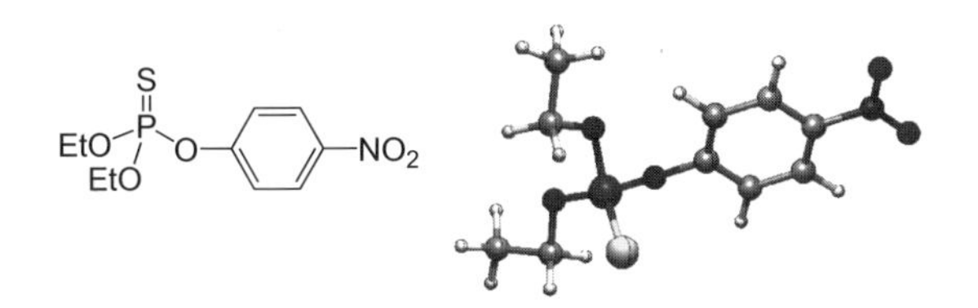

图 8.1　对硫磷结构式及其三维结构

8.2 含磷农药降解机理

随着含磷农药在农业大国的大量使用，农药污染已成为破坏环境的罪魁祸首之一。大多数含磷农药分子都溶于水溶液，因此系统研究其在水溶液中的降解反应机制是处理残留在土壤和水中的含磷化合物污染的关键，且其应用可产生巨大的经济和社会效益。然而，直接用实验的手段去研究这些毒性较大的含磷农药分子的可能降解反应路径是非常危险的，因此理论计算逐渐成为研究这些反应机理的重要手段。在实验室中，使用模型或模拟物代替实际毒性极高的有机磷神经毒剂和杀虫剂，其重要性是众所周知的。在以下例子中，理论模拟的强大功效也将通过直接与有毒有机磷化合物的实验现象进行比较进而得到充分证明。

8.2.1 杀螟硫磷的亲核降解反应机理

在水溶液中发生的碱水解反应是含磷农药降解的主要途径，系统研究此类磷酸酯或硫代磷酸酯化合物的可能降解反应路径是非常迫切需要解决的一项任务。以杀螟松为例，杀螟松也叫杀螟硫磷 [*O*, *O*-二甲基-*O*-(3-甲基-4-硝基苯基)硫代磷酸酯]，是一种常见的有机磷杀虫剂。因为它对环境有害，故被视为污染物。如图 8.2 所示，Das 课题组在 MP2/6-311++G(2d, 2p)//B3LYP/6-31+G(d) 水平下研究了气相和水相中亲核试剂(简写为 Nu，包括 OH^-、HOO^-、NH_2O^-)进攻杀螟硫磷使其降解的可能反应途径。计算结果发现，通过亲核试剂攻击破坏 P-OAr 键 [路径 (3)] 被认为是杀螟硫磷在碱性水相中的主要降解途径 [2]。以软/硬酸碱理论的角度来看，这里的所有亲核试剂 O^- 离子均为“硬”亲核试剂，与“软”亲电脂肪 C 中心相比，它们与“硬”亲电的 P 中心反应的可能性更大。对于能量最低的反应路径(3)，三个不同亲核试剂的相对反应活性顺序为 $HOO^- > NH_2O^- > OH^-$，同时在水相中 S_N2 亲核取代反应的能垒分别为 18.7 kcal/mol、19.4 kcal/mol 和 20.5 kcal/mol。自然键轨道(NBO)和分子中原子(AIM)分析表明亲核试剂的亲核性的相对顺序同样为 $HOO^- > NH_2O^- > OH$，所有计算结果跟实验现象都符合。

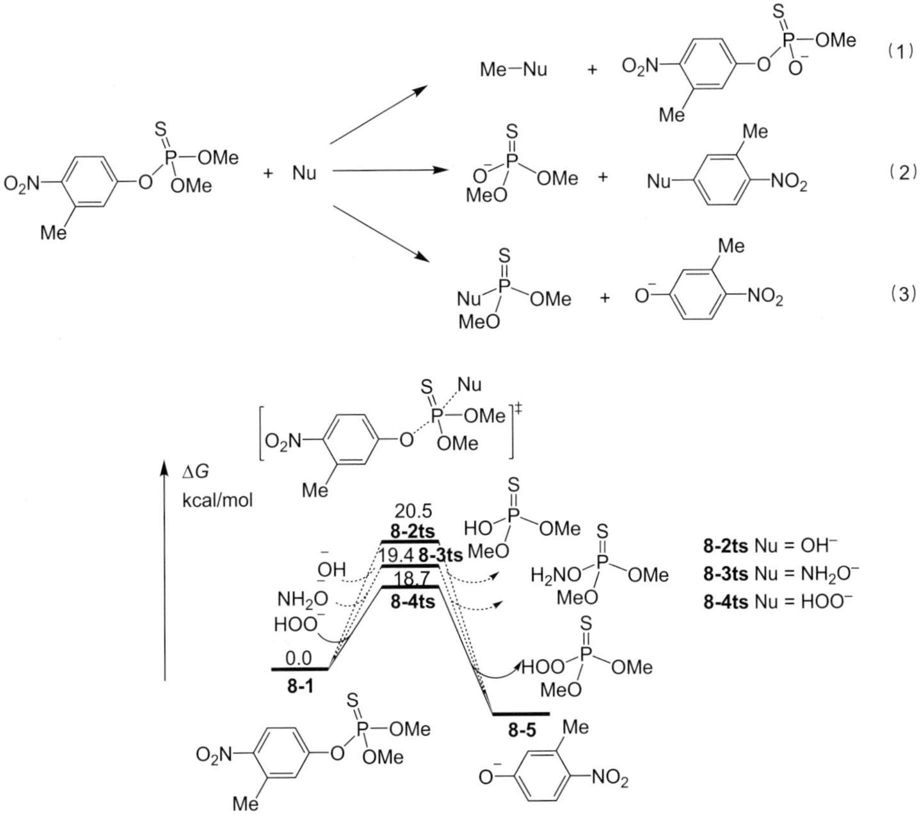

图 8.2　亲核试剂进攻杀螟硫磷的可能降解途径

8.2.2　对硫磷的亲核降解反应机理

对硫磷是一种高毒广谱性的植物杀虫剂，能渗透植物体内而后起到杀虫杀螨效果，可用于防治棉花、苹果、柑橘、梨、桃等经济作物的虫螨害。对硫磷喷洒在作物上消失很快，但比其他有机磷农药稳定，在自然环境中它可分解为无毒物质，而在光照条件下少量对硫磷易进行光氧化反应在短期内生成毒性更大的对氧磷。

如图 8.3 所示，Das 课题组在 M062X/6-311++G(2d, 2p)//M062X/6-31++G(d, p) 水平下研究了亲核试剂如羟胺阴离子（NH_2O^-）、过氧化氢阴离子（HOO^-）和甲硫醇阴离子（CH_3S^-）进攻对硫磷，使其在气相或水相中发生降解反应过程。降解过程为亲核加成 - 消除机理[3]。亲核试剂进攻的位点依然是 P-OAr 键的 P 原子，首先在磷中心形成三角双锥中间体，然后再消除离去基团 ArO^-。其中，反应速率决定步骤是第一步亲核进攻形成三角双锥中间体步骤。计算结果表明，水相中的降解反应能垒分别是 11.7 kcal/mol（NH_2O^-）、11.5 kcal/mol（HOO^-）和 18.7 kcal/mol（CH_3S^-）。这些物种的亲核进攻活性排序为 $NH_2O^- \approx HOO^- > CH_3S^-$，与实验观测是一致的。值得一提的，计算结果发现亲核试剂在水相中的反应活性顺序与气相中的计算结果相矛盾，这是因为溶剂分子对阴离子的结构有一定的稳定作用。因此，对于上述计算结果的合理解释是亲核试剂的亲核性强弱和离去基团的稳定性对于该类含磷农药的亲核降解反应的速率产生了很重要的影响。这些计算结果将可进一步加深人们对含磷农药分子的亲核降解反应活性和路径的认识，并为进一步的实验和理论研究提供有价值的参考数据。

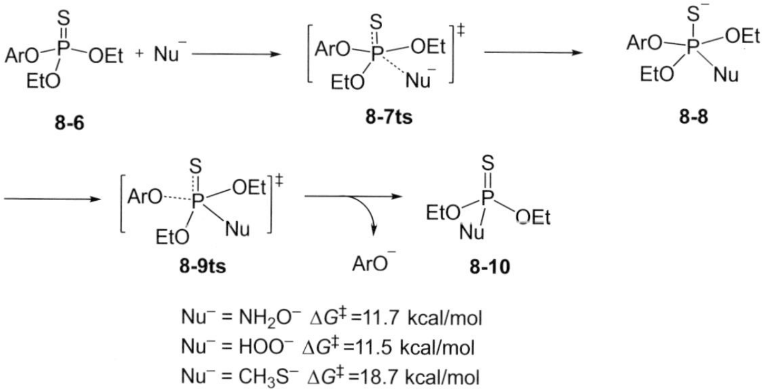

8-6 8-7ts 8-8

8-9ts 8-10

$Nu^- = NH_2O^-$ $\Delta G^{\ddagger}$ =11.7 kcal/mol

$Nu^- = HOO^-$ $\Delta G^{\ddagger}$ =11.5 kcal/mol

$Nu^- = CH_3S^-$ $\Delta G^{\ddagger}$ =18.7 kcal/mol

图 8.3 在 M062X/6-31++G(d, p) 水平上优化得出的对硫磷的亲核降解反应机理

另一个例子如图 8.4 所示，Ganguly 等人在 MP2/6-311+G(d)//B3LYP/6-311+ G(d) 级别下通过计算在水溶剂中 OH^- 亲核进攻三个含磷农药化合物对氧磷（4-乙基硝基苯基磷酸二乙酯）、对硫磷（*O*, *O*-二乙基-*O*-4-硝基苯基硫代磷酸酯）和 PNPDPP（4- 硝基苯基磷酸二硝基苯酯）的碱性水解反应的势能面，研究了反应机理 [4,5]。其中水溶剂的影响采用可极化连续体模型（IEF-PCM）模拟。这些有机磷化合物的碱性水解反应机理同图 8.3 中所示的机理相似，首先通过在 OH^- 进攻磷中心时从而形成五配位三角双锥中间体，而后 ArO^- 基团离去。亲核进攻步骤依然是反应决速步骤，通过该步骤的反应能垒分别是 21.8 kcal/mol（对氧磷）、

22.9 kcal/mol（对硫磷）和 20.8 kcal/mol（PNPDPP），与对氧磷和对硫磷化合物相比，PNPDPP 相对容易水解。福井（Fukui）函数分析发现亲核与亲电试剂的反应性强弱顺序为 PNPDPP > 对氧磷 > 对硫磷，这与上述的能垒计算结果是一致的。另外，计算得到的对氧磷和对硫磷的碱性水解活化自由能与实验报道的活化自由能趋势也是一致的。通过比较结果可以看出，毒性较小的 PNPDPP 可以用作对氧磷和对硫磷等含磷农药分子的模拟类似物，以避免这些高毒性的化合物在实验室中暴露。

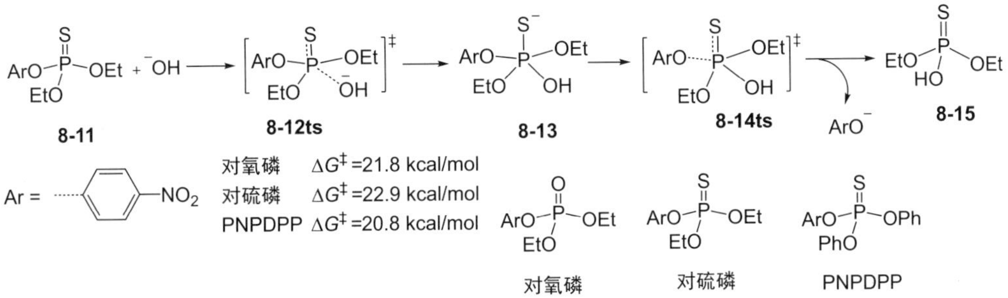

图 8.4　在 MP2/6-311+G(d)//B3LYP/6-311+ G(d) 级别下 OH^- 进攻三个含磷农药化合物的反应机理，及对氧磷、对硫磷和 4- 硝基苯基磷酸二硝基苯酯（PNPDPP）的结构示意图

8.2.3　沙林毒气的亲核降解反应机理

沙林 (Sarin)，又名沙林毒气，分子式为 $(CH_3)_2CHOOPF(CH_3)$，是常见的军用中枢神经毒气。类似于其他的含磷农药分子，沙林进入体内后同样作用于胆碱酯水解酶，主要破坏生物体内的神经传递物质乙酰胆碱与乙酰胆碱酯酶（AChE）之间的平衡，进而使生物体内所有自主或非自主肌肉运动失效。中毒后生物体的肌肉只能收缩而失去了扩张能力，可直接导致呼吸功能瘫痪，并引起肠胃痉挛剧痛等症状，在数分钟内即可使活体死亡。

如图 8.5 所示，Ganguly 课题组在 MP2/6-31+G(d)//MPW1K/MIDI 级别下研究了过氧化氢阴离子（HOO^-）和羟胺阴离子（NH_2O^-）分别亲核进攻沙林使其降解的反应机理[6]。反应分为三个步骤：第一步仍然是亲核阴离子进攻 P 中心形成五配位中间体，第二步经过一个旋转过渡态导致中间体构象变化，第三步是脱去离去基团 F^-。其中，第三步脱去 F^- 基团是反应的速率决定步骤，且计算的羟胺阴离子的反应活化焓比过氧化氢阴离子的反应活化焓低 9.6 kcal/mol。这说明羟胺阴离子可以更好地亲核进攻沙林使其更快降解，所以羟胺阴离子可作为更有效的沙林解毒剂。另外，福井(Fukui)函数计算的亲核试剂活性的预测结果与能量计算的结果非常吻合。分子中原子理论(AIM)和自然键轨道(NBO)分析考察了分子间氢键作用的影响。

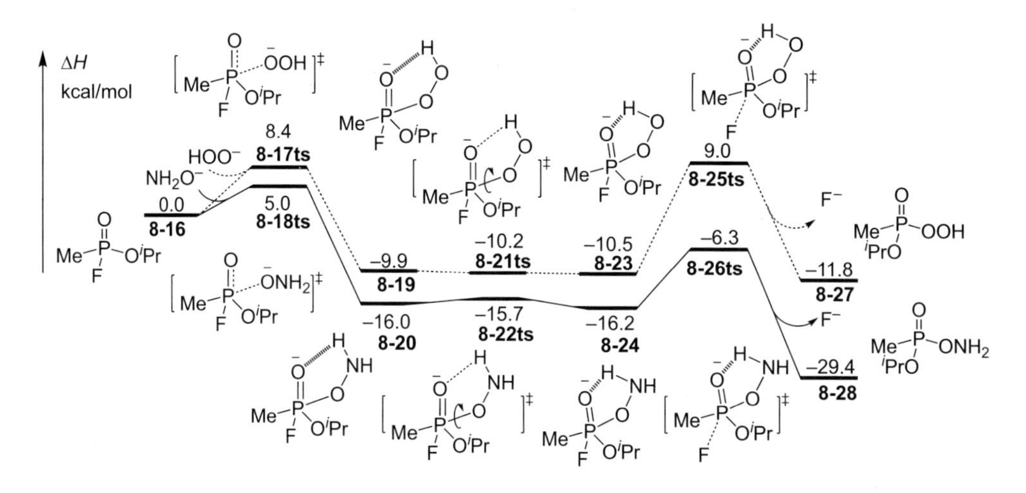

图 8.5 MPW1K/MIDI 水平下优化得到的过氧化氢阴离子和羟胺阴离子亲核进攻降解沙林的反应势能面

8.2.4 吸附金属离子促进含磷农药的亲核降解反应

最近，科学家们发现加入金属离子添加物可促进含磷农药分子的碱水解反应过程。为了探讨金属离子对该反应的影响，如图 8.6 所示，Koo 课题组通过 ^{31}P 核磁(NMR)实验与理论计算相结合的方法研究了 Cu^{2+} 与杀螟硫磷 (FN) 分子配位的可能构象[6]。计算得出的 Cu^{2+} 与杀螟硫磷配合物的 ^{31}P 核磁化学位移与实验化学位移相吻合，计算结果为有机磷农药分子与金属离子配合物的可能配位结构及其构象提供了重要的信息(如表 8.1 所示)。通过质谱测量实验与计算研究对 Cu^{2+} 与杀螟硫磷分子配合物结构的质量进行比对，可以深入了解金属离子结合位点并明确降解反应的可能中间体和产物。更重要的是，这些直接的实验和理论证据表明在金属离子存在下有机磷农药的亲核降解反应速率明显提高。通过 Cu^{2+} 与相邻硫原子的配位，将导致被亲核进攻的缺电子磷原子具有更强的亲电性，从而促进反应的速率决定步骤(即亲核进攻)发生。

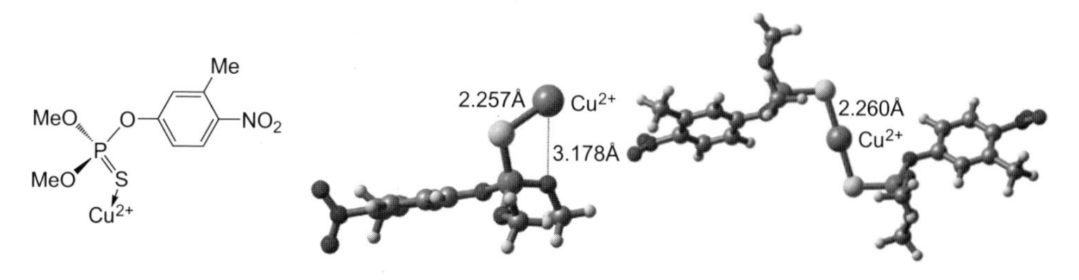

图 8.6 Cu^{2+} 与单个杀螟硫磷(FN)配合物的二维结构和三维结构及其与两个杀螟硫磷配合物的三维结构(图片出自参考文献[6])

表8.1 GIAO计算^{31}P(ppm)的绝对核屏蔽以及磷和硫原子的净原子电荷

FN 及其配合物	电荷 (P, S)①	σ (δ)②	σ (δ)③	Exp(δ)([Mn^+]/[FN])④
FN	0.394, −0.170	261.9(84.4)	205.3(82.5)	66.03
FN-Cu	0.292, 0.253	262.8(83.5)	206.6(81.2)	65.80(1 : 2.8)
FN-Cu-FN	0.583, −0.089	267.1(79.2)	209.7(78.1)	
H_3PO_4		346.3(0)	287.8(0)	0.0 (标准)

① HF/6-311+G(d)。

② HF/6-311+G(2d, p)。

③ B3LYP/6-311+G(2d, p)。

④ 实验值。

无独有偶，如图 8.7 所示，Koo 课题组通过 ^{31}P 核磁实验与理论计算相结合的方法研究了 Hg^{2+} 与杀螟硫磷分子配位结合的可能构象[7]。计算得出的 Hg^{2+} 与杀螟硫磷配合物的 ^{31}P 核磁化学位移值与实验中化学位移值相吻合，计算结果为有机磷农药分子与金属离子配合物的可能配位结构及其构象提供了重要的信息(如表 8.2 所示)。通过质谱测量实验与计算研究对 Hg^{2+} 与杀螟硫磷分子配合物结构的质量进行比对，可以深入了解金属离子结合位点并明确降解反应的可能中间体和产物。更重要的是，这些直接的实验和理论证据表明金属离子的存在能够提高有机磷农药的亲核降解反应速率。因为通过 Hg^{2+} 与相邻硫原子的配位，将导致被亲核进攻的缺电子的磷原子具有更强的亲电性，从而促进反应的速率决定步骤(即亲核进攻)发生。

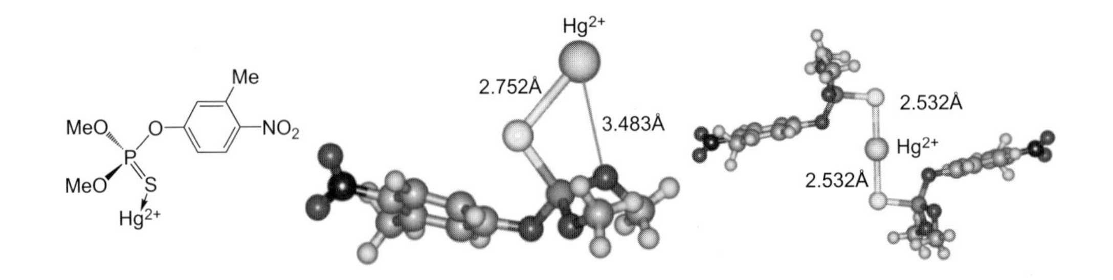

图 8.7 Hg^{2+} 与单个杀螟硫磷配合物的二维结构和三维结构、Hg^{2+} 与两个杀螟硫磷配合物的三维结构（图片出自参考文献 [7]）

表8.2 GIAO计算^{31}P(ppm)的绝对核屏蔽以及磷和硫原子的净原子电荷

FN 及其配合物	电荷 (P, S)①	σ (δ)	Exp(δ)([Mn^+]/[FN])③
FN	0.394, −0.170	261.9(84.4)	64.67
FN-Hg	0.196, 0.480	282.1(64.2)	64.51(1 : 2.5)
FN-Hg-FN②	0.368, −0.107	281.3(65.0)	
H_3PO_4		346.3(0)	0.0(标准)

① HF/6-311+G(d)。
② C_2 对称点群。
③ 实验值。

8.2.5 含磷农药的其他降解反应机理

最近，人们也发展了新的策略来促使含磷农药分子的降解反应发生。质谱实验结合理论计算也成为推测含磷农药分子的可能降解反应路径的有力工具。例如，刘红霞及其合作者采用零价铁粉(Fe^0)活化过硫酸盐(PS)在水溶液中降解杀螟硫磷(FN)，并结合实验和理论研究了降解产物的结构及其相关反应路径[8, 9]。如图 8.8 所示，作者通过质谱研究首先确定了杀螟硫磷的多种降解产物，并通过密度泛函理论计算和分子描述符预测了杀螟硫磷的局域反应活性，以进一步推测可能的反应路径及其产物。通过生态结构 - 活性关系模型(ECOSAR)预测，杀螟硫磷及其降解产物的毒性在 Fe^0/PS 降解过程中降低，所以该工作证明杀螟硫磷在水溶液中可以被 Fe^0 活化的过硫酸盐有效地降解。这为未来对其他有机磷农药的降解研究提供了可借鉴的思路。

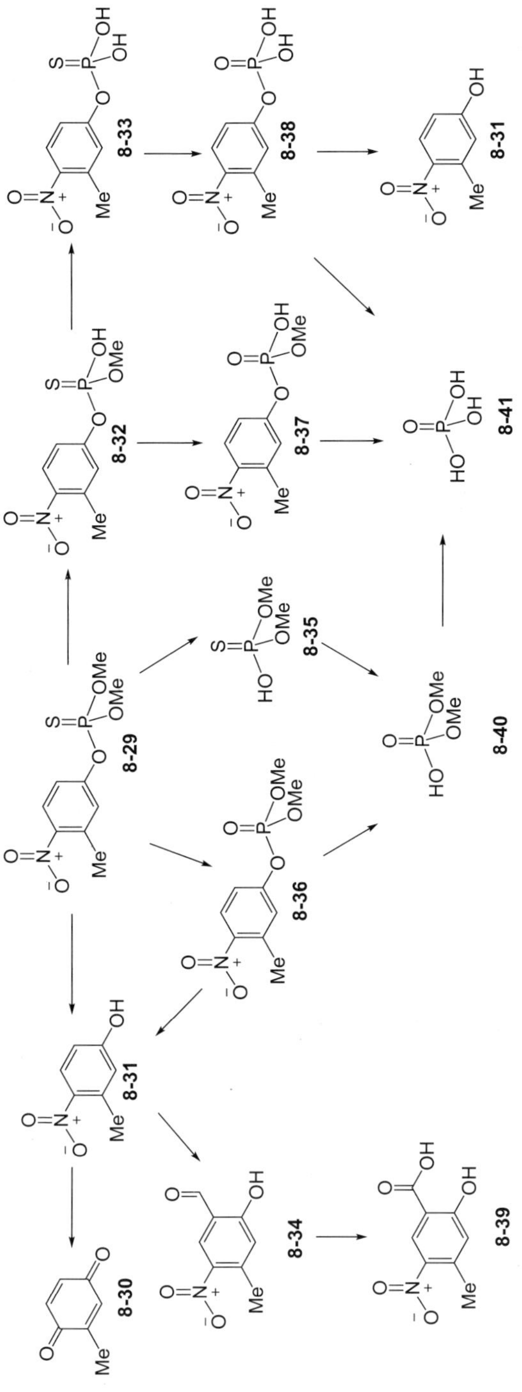

图 8.8 杀螟硫磷在 Fe^0/PS 系统中的可能降解途径

8.3

含磷农药与β-环糊精

8.3.1 β- 环糊精对含磷农药的分子识别

β-环糊精(β-CD)是一类锥形中空筒环状结构分子，具有特殊的亲 / 疏水特性。β-环糊精可通过主客体分子间的弱相互作用的不同实现对含磷有机化合物的 *R* 或 *S* 对映体的分子识别。例如，Manunza 等人曾采用分子动力学(MD)方法对 β-环糊精与敌敌畏 [*O*,*O*-二甲基 -*O*-(2,2-二氯乙烯基) 磷酸酯] 的不同对映体的选择性结合机理进行了理论计算研究[10]。首先通过分子对接的方法构建了敌敌畏不同对映体进入 β-环糊精空洞的结构模型，这些构型作为分子动力学模拟的初始构型(表 8.3 列出了敌敌畏等三个分子与 β-CD 结合后的 *S* 构型比 *R* 构型所降低的能量)。然后采用 DLPOLY2 程序对该复合物模型体系分别进行了 200 ps 的平衡和 1000 ps 的抽样动力学研究。计算结果表明，由于更强的氢键作用，β-环糊精与 *S* 构型的敌敌畏分子结合得更强更稳定。径向分布函数表明，敌敌畏分子的 *R* 构型和 *S* 构型异构体与 β-环糊精形成了不同强度的氢键，从而导致其结合能有所不同。这些计算结果与实验上在 70℃ 7 h 后(室温下 24 h 后)观测到的敌敌畏与 β-环糊精形成稳定配合物的现象是相符的。

表8.3 敌敌畏等三个分子与β-CD结合后的*S*构型比*R*构型所降低的能量
（表中数据出自参考文献[11]）

单位: kcal/mol

$$E_{conf} = E_{b+a+t} + E_{vdw} + E_{coul}$$
$$E_{b+a+t} = E_{bonds} + E_{angles} + E_{torsions}$$

2-苯氧基丙酸　　敌敌畏　　蔬果磷

续表

项目	2-苯氧基丙酸	敌敌畏	蔬果磷
E_{conf}	−4.78	−7.78	−34.83
E_{b+a+t}	−5.16	−6.89	−30.51
E_{vdw}	+1.56	+0.67	−1.92
E_{coul}	−0.73	−1.56	−2.4

值得一提的是，其他类型的环糊精也开始逐渐应用于含磷农药的分子识别领域，所以该方面的理论研究也越来越多，对环糊精类化合物与含磷农药的结合和作用模式的理解也越来越深刻。例如，Churchill 等人利用核磁实验和理论计算相结合的方法研究了有机磷农药二嗪农与 α-环糊精、β-环糊精和 γ-环糊精的结合作用和结构，如图 8.9 所示。结果表明，通过 ^{1}H 和 ^{31}P 核磁测定的结合能力强弱遵循 γ-环糊精 > α-环糊精 = β-环糊精的顺序，且二嗪农中异丙基的空间效应是影响结合能力的重要因素。另外，通过分子动力学-分子力学（MD-MM）和密度泛函理论在 B3LYP/6-31G(d) 水平下的计算研究，如图 8.9 所示，提供了二嗪农与不同尺寸环糊精的相互作用构象 [12]。计算结果表明，结合中最有利的取向对应于二嗪农的疏水性杂环残基被拉入环糊精空腔最深，这与实验测定的结合能力顺序一致。此外，计算表明仅在 γ-环糊精下，二嗪农的杂环和磷酰基基团在环糊精空腔内，其与磷酰基基团大部分在 α-环糊精和 β-环糊精的空腔外有明显的区别。因此，计算结果与实验所测的结合常数和能力顺序基本一致，其中 γ-环糊精的结合能力最强，更有潜力广泛应用于含磷农药的分子识别领域。

8.3.2 β-环糊精改变含磷有机农药分子的生物活性

随着 β-环糊精的成本不断降低，且使用 β-环糊精有可能增强含磷有机物分子的生物活性，这使 β-环糊精在农药制剂中的应用越来越多。例如人们发现 β-环糊精可以抑制三种有机磷农药（即杀螟硫磷、对硫磷和甲基对硫磷）的碱性水解反应，从而保持农药的活性。随后 Coscarello 等人使用分子力学和 PM3 半经验方法在 Hyperchem-7 程序中分析了这些

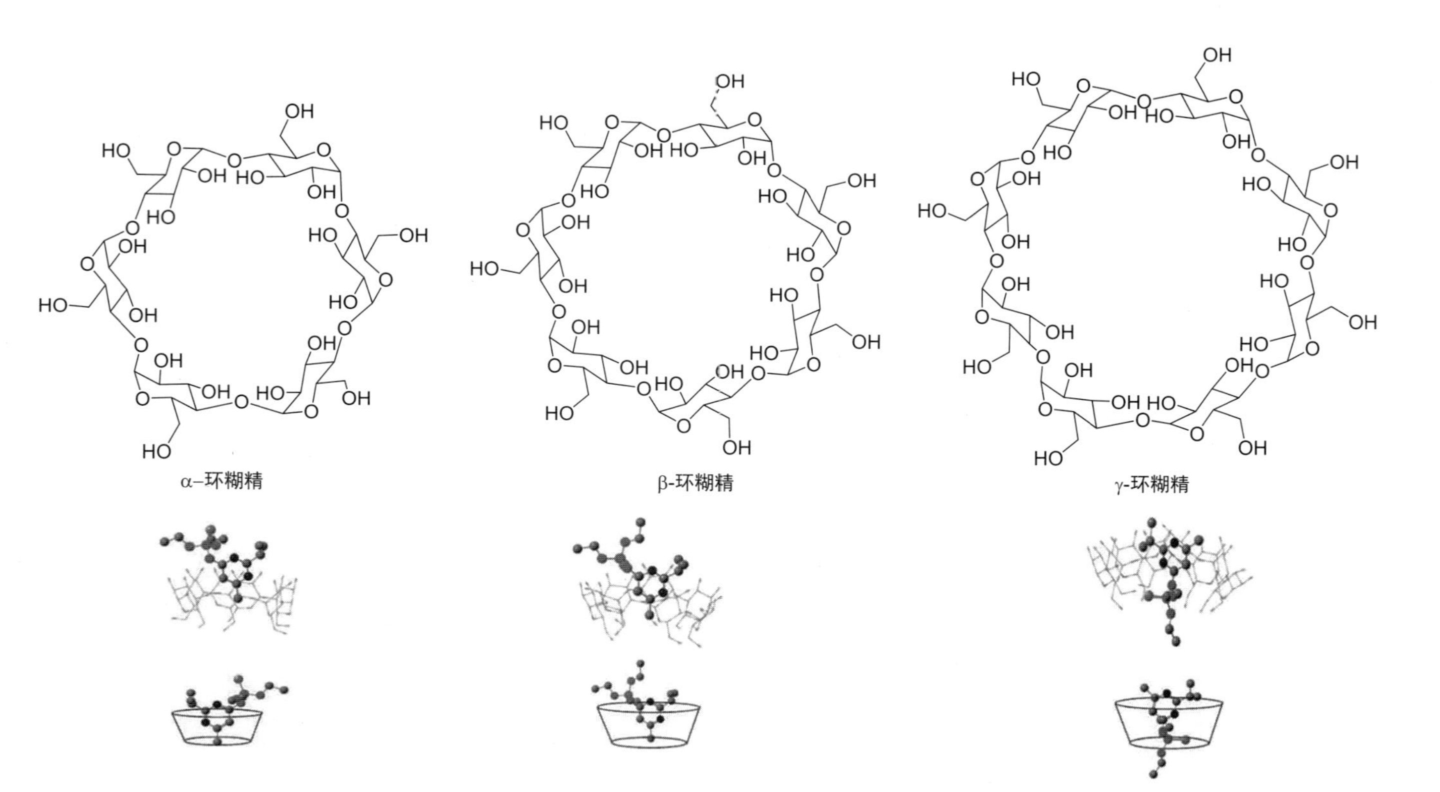

图 8.9　二嗪农与 α-环糊精、β-环糊精和 γ-环糊精的配合物构象以及分别与二嗪农相互作用构象（图片出自参考文献 [12]）

农药分子与β-环糊精的配位作用来解释实验现象。计算结果表明，涉及羧酸酯的复杂结构能够实现羰基与β-环糊精边缘之间的有效相互作用（主要是氢键作用）。相对于杀螟硫磷，对硫磷和甲基对硫磷可进入β-环糊精空洞的更深入位置，因此导致碱性水解反应的亲核进攻过程在β-环糊精存在条件下较难发生。然而，杀螟硫磷与β-环糊精空洞结合较浅，产生了不同的配合物构型，从而更有利于外部的氢氧负离子基团靠近，这与实验上检测杀螟硫磷的碱性水解反应受到的抑制较小的现象是一致的。

8.4 含磷农药在无机纳米结构上吸附分离

有趣的是，虽然有些含磷农药也能溶于水溶液，但其碱水解反应却较难发生，所以开发新策略使其从水中分离出来，可大大改良治理含磷有机物的水源污染的效果。以梭曼为例，梭曼的学名是甲氟磷酸频哪酯，在水中发生水解但作用缓慢，故梭曼比沙林展示出更大的水源毒性。但需要注意的是，它们俩都是剧毒的有机磷化合物，也常被用作神经毒剂，因此研究其理化吸附性质具有重要的意义。

8.4.1 含磷农药在地开石表面的吸附

近年来，随着纳米结构材料的层出不穷，使用纳米材料对含磷农药进行识别和吸附已受到越来越多的关注。Leszczynski 课题组在 ONIOM[B3LYP/6-31G(d, p):PM3] 和 ONIOM[B3LYP/6-31G(d, p):HF/3-21G] 级别下模拟研究了沙林、异甲基磷酸异丙酯、梭曼、3,3-二甲基-2-丁基甲基磷酸酯在地开石四面体或八面体表面的吸附结构（图 8.10 和

图 8.11)[13]。在吸附于地开石(dickite)八面体表面上的情况下，他们优化了外部—OH 基团的六个氢原子的位置和吸附含磷农药分子的几何结构。在地开石四面体表面上吸附的情况下，矿物碎片的几何结构在优化的过程中被固定。在地开石的四面体和八面体表面上发现了沙林和梭曼分子的吸附位置和结构取向。随后在 B3LYP/6-31G(d, p) 理论水平上分析了地开石-沙林和地开石-梭曼配位结构的内部电子密度分布的拓扑图像，计算结果表明矿物表面的吸附是由于沙林和梭曼与羟基(八面体面)和基底氧原子(四面体面)之间形成多个氢键作用。在八面体表面上吸附时，这些氢键是在八面体的羟基氧原子与沙林和梭曼的甲基之间形成的；而在四面体表面上吸附时，这些氢键在四面体基底氧原子与沙林和梭曼的甲基氢原子之间形成。这种吸附作用导致矿物表面上沙林和梭曼的极化作用和电子密度的重新分布变化，并有可能影响其反应活性。

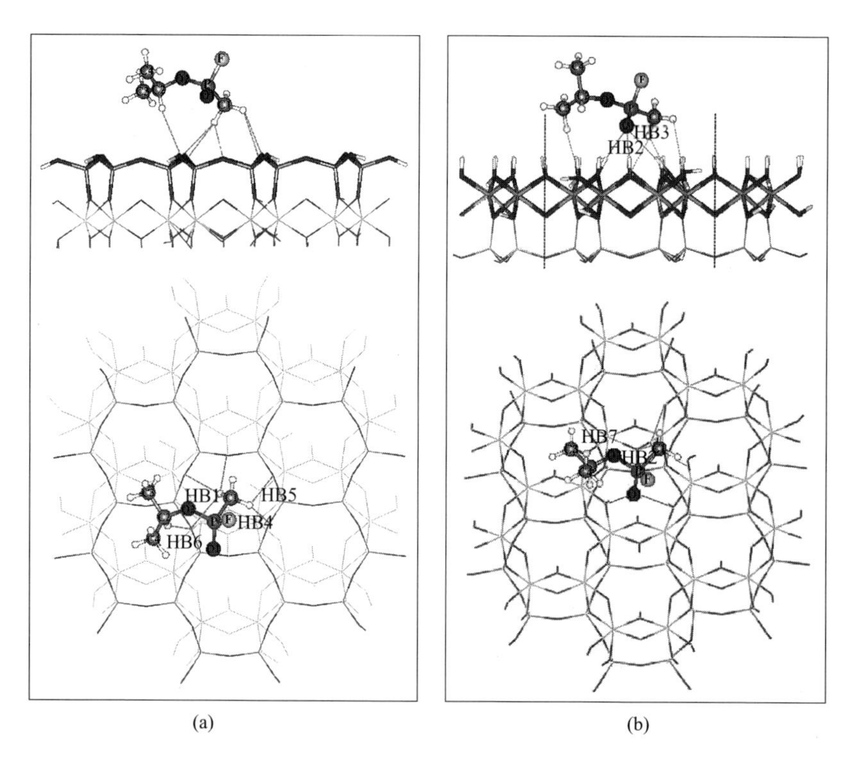

图 8.10　沙林吸附地开石四面体（a）和八面体（b）表面的优化视图（图片出自参考文献 [13]）

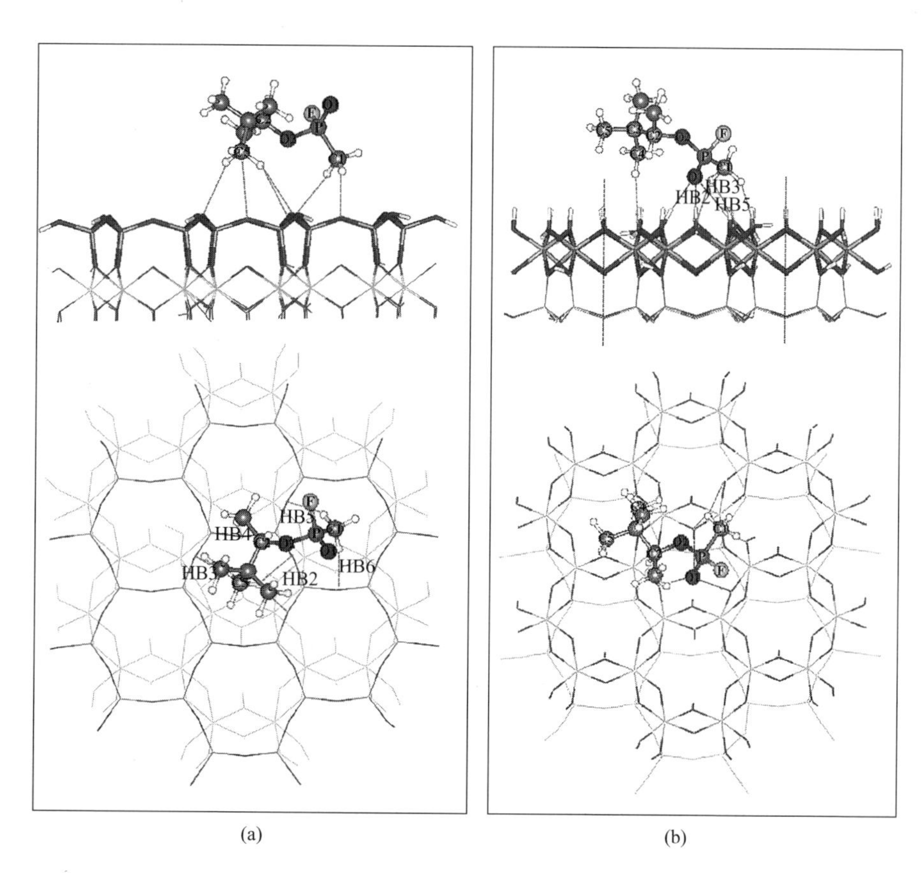

图 8.11 梭曼吸附在地开石四面体（a）和八面体（b）表面的优化视图（图片出自参考文献 [13]）

在 ONIOM[B3LYP/6-31G(d, p):PM3] 理论水平上，他们模拟了地开石八面体表面上吸附沙林和梭曼的吸附能分别约为 −16.0 kcal/mol 和 −15.0 kcal/mol；在四面体表面吸附的情况下，吸附沙林和梭曼的相互作用能分别约为 −7.0 kcal/mol 和 −9.0 kcal/mol。通过比较，可以发现八面体表面吸附能几乎是四面体表面吸附能的 2 倍。因此，沙林和梭曼将优先吸附在地开石的八面体表面上。在八面体表面吸附的情况下，进一步对弱相互作用能成分的分析表明，静电和电子离域能对结合能有较大的贡献。

8.4.2 含磷农药在菱镁矿制备的分层多孔氧化镁微球上的吸附

毒死蜱的化学式为 $C_9H_{11}Cl_3NO_3PS$，主要用于防治棉花棉铃虫。它属于中等毒性杀虫剂，同属胆碱酯酶抑制剂，对鱼类及水生生物毒性较高，对蜜蜂有毒，对眼睛、皮肤有刺激性。由于其溶于水中毒性较大，且属于持久性有机污染物，因此探讨其在水溶液中发生降解反应的意义不大，而通过物理或者化学吸附作用则可以有效去除该类有机磷化合物在水源中的污染。

如图 8.12 所示，Kakkar 课题组用密度泛函理论(DFT)研究了毒死蜱的不同构象[14]，并发现基于菱镁矿通过一种简便的沉淀方法随后煅烧制备的分层多孔氧化镁(Hr-MgO)微球可有效吸附毒死蜱，其最大吸附容量为 3974 mg/g。Hr-MgO 微球由数个纳米片层结构块组成，两个片层之间可以将吸附的毒死蜱进一步降解。结合质谱实验推测和 DMol3/DNP 级别的 DFT 计算，在 MgO 表面的 Mg 原子和夹层中水分子的作用下，通过 S-P、Cl-C 和 P-OAr 键的接连断裂可最终导致毒死蜱降解，这表明分层结构的 Hr-MgO 微球作为一种有效的吸附剂，用于去除毒死蜱污染物具有潜在的应用前景。另外，该类分层结构 Hr-MgO 微球是一种很有前途的吸附剂，也可用于吸附其他含磷农药和有机污染物的废水处理。

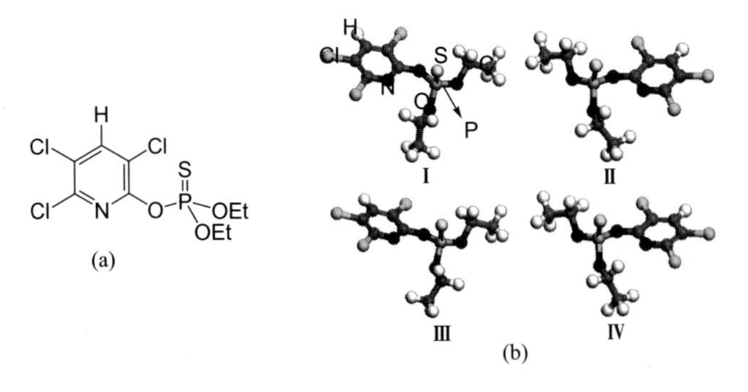

图 8.12　毒死蜱二维结构式（a）和不同三维构象（b）

8.5
含磷农药与DNA作用

当今时代，高毒性的含磷农药滥用情况仍然十分突出。而研究其进入生物体内后对遗传基因结构影响仍然是一个很有挑战性的问题。Ahmadi 课题组通过实验光谱和 ONIOM 计算相结合的方法提出了一个杀螟硫磷与小牛胸腺 DNA 相互作用的模型[15]。实验结果表明，杀螟硫磷确实可以与 DNA 结合，并引起 DNA 构象的改变。基于 Gaussian03 软件的 ONIOM[6-31++G(d, p)/UFF] 方法模拟结果（图 8.13），杀螟硫磷可以与 DNA 的不同碱基对的边缘之间形成氢键等弱相互作用，且主要通过其—NO_2 基团与 DNA 有更多弱相互作用。另外，模拟的结果发现杀螟硫磷以非嵌入模式与 DNA 的碱基对作用，这与实验观测的核磁谱图的结论一致。此外，对于不同的 DNA 碱基序列，杀螟硫磷与其之间的弱相互作用也略有不同。

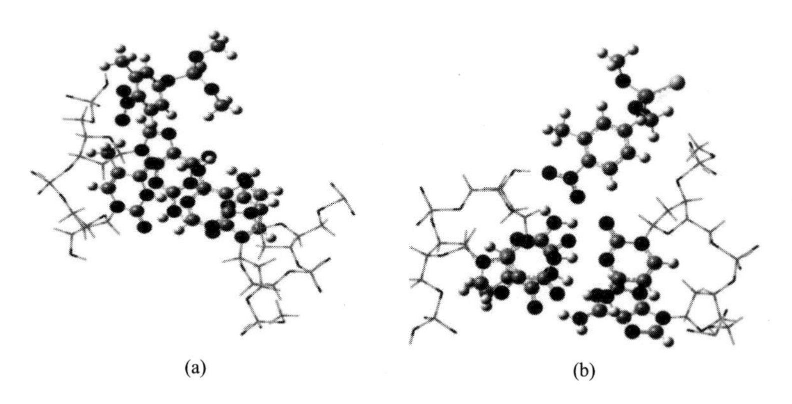

图 8.13　杀螟硫磷与不同 DNA碱基对之间的弱相互作用图（图片出自参考文献 [15]）

本章小结

含磷农药分子大多具有磷酸酯和硫代磷酸酯结构，其毒性的强弱主要体现在与生物体内的胆碱酯酶［如乙酰胆碱酯酶（AChE）和丁酰胆碱酯酶（BChE）］的结合与抑制能力的高低。不过，含磷农药分子作为除草剂的机理和作用靶标酶尚不清楚，因此其构象与毒性的理论研究仍较少见报道。总的来说，由于现代农业与含磷农药已经密不可分，所以在理论上探讨含磷农药分子的结构和毒性、降解反应活性、对映体的分子识别以及吸附分离等方面显得越来越重要，这对于理性设计更有潜力和选择性更高的含磷农药分子奠定了理论基础。可以预见的是，理论计算研究在未来仍将在高效低毒含磷农药领域的高速发展过程中继续发挥重要作用。

参考文献

[1] Jason Ford-green, D Majumdar, Jerzy Leszczynski. Conformational Studies on Parathion [J]. International Journal of Quantum Chemistry, 2006, 106: 2356-2365.

[2] Debasish Mandal, Bhaskar Mondal, Abhijit K Das. Nucleophilic Degradation of Fenitrothion Insecticide and Performance of Nucleophiles: A Computational Study[J]. J Phys Chem A, 2012, 116: 2536-2546.

[3] Chandan Sahu, Abhijit K Das. Solvolysis of Organophosphorus Pesticide Parathion with Simple and α Nucleophiles: a Theoretical study [J]. Journal of Chemical Sciences, 2017, 129: 1301-1317.

[4] Md Abdul Shafeeuulla Khan, Tusar Bandyopadhyay, Bishwajit Ganguly, Probing the Simulant Behavior of PNPDPP toward Parathion and Paraoxon: A Computational Study [J]. Journal of Molecular Graphics and Modelling, 2012, 34: 10-17.

[5] Coscarello E N, Barbiric D A, Castro E A, et al. Comparative Analysis of Complexation of Pesticides (Fenitrothion, Methylparathion, Parathion) and Their Carboxylic Ester Analogues by β-cyclodextrin. Theoretical Semiempirical Calculations [J]. Struct. Chem., 2009, 50: 671-679.

[6] Md Abdul Shafeeulla Khan, Manoj K Kesharwani, Tusar Bandyopadhyay, et al. Remarkable Effect of Hydroxylamine Anion towards the Solvolysis of Sarin: A DFT Study[J]. Journal of Molecular Structure: THEOCHEM, 2010, 944: 132-136.

[7] Hojune Choi, Kiyull Yang, Jong Keun Park, et al.^{31}P NMR and ESI-MS Study of Fenitrothion-Copper Ion Complex: Experimental and Theoretical Study[J]. Bull Korean Chem Soc, 2010, 31:1339-1342.

[8] In Sun Koo, Dildar Ali, Kiyull Yang, et al.Theoretical and Experimental ^{31}P NMR and ESI-MS Study of Hg^{2+} Binding to Fenitrothion, Bull Korean Chem Soc, 2009, 30: 1257-1261.

[9] 0Hongxia Liu, Jiayi Yao, Lianhong Wang, et al.Effective Degradation of Fenitrothion by Zero-Valent Iron Powder (Fe^0) Activated Persulfate in Aqueous Solution: Kinetic Study and Product Identification[J]. Chem Engineering J, 2019, 358: 1479-1488.

[10] Ethel N Coscarello, Ruth Hojvat, Dora A Barbiric, et al. The Contribution of Molecular Modeling to the Knowledgc of Pesticides. Prof. Margarita Stoytcheva (Ed.), 2011, ISBN: 978-953-307-531-0.

[11] Manunza B, Deiana S, Pintore M, et al. A Molecular Dynamics Investigation on the Inclusion of Chiral Agrochemical Molecules in β-Cyclodextrin. Complexes with Dichlorprop, 2-Phenoxypropionic Acid and Dioxabenzofos[J]. Pestic Sci, 1998, 54: 68-74.

[12] Churchill D, Cheung J C F, Park Y S, et al. Complexation of Diazinon, an Organophosphorus Pesticide, with α-, β-, and γ-Cyclodextrin-NMR and Computational Studies[J]. Can J Chem, 2006, 84: 702-708.

[13] Michalkova A, Gorb L, Ilchenko M, et al. Adsorption of Sarin and Soman on Dickite: An ab Initio ONIOM Study[J].J Phys Chem B, 2004, 108: 1918-1930.

[14] Lekha Sharma, Rita Kakkar. Hierarchical Porous Magnesium Oxide (Hr-MgO) Microspheres for Adsorption of an Organophosphate Pesticide: Kinetics, Isotherm, Thermodynamics and DFT Studies[J]. ACS Appl Mater Interfaces, 2017, 9: 38629-38642.

[15] Farhad Ahmadi, Batool Jafari, Mehdi Rahimi-Nasrabadi, et al. Proposed Model for in Vitro Interaction between Fenitrothion and DNA, by Using Competitive Fluorescence, ^{31}P NMR, ^{1}H NMR, FT-IR, CD and Molecular Modeling[J]. Toxicology in Vitro, 2013, 27: 641-650.

PHOSPHORUS 磷科学前沿与技术丛书
计算磷化学

9

含磷材料计算化学

师迁迁[1,2,3]，崔乘幸[4,5]，马英钊[6]

[1] 郑州大学化学学院

[2] 平原实验室

[3] 抗病毒性传染病创新药物全国重点实验室

[4] 河南科技学院化学化工学院

[5] 郑州航空港机数新材料数字智造研究院

[6] 重庆师范大学化学学院

9.1 含磷材料概述

9.2 黑磷类材料的理论研究

9.3 磷纳米类材料的理论研究

9.4 含磷聚合物类材料的理论研究

9.5 磷掺杂类材料的理论研究

9.1
含磷材料概述

磷(phosphorus)一词来自古希腊“光”(phos)和“带来”(phorus)。在21世纪之前，许多磷衍生物具有高反应活性和毒性，因此在词源上与“磷”和“磷光”相关联的元素几乎没有用于发光器件中。时过境迁，近年来人们对含磷材料的合成、光学性质以及电化学性质等相关领域的研究取得了长足的进展，使得含磷材料的合成及应用得到了飞速的发展。

目前，通过光谱分析等实验表征的手段可以初步探索含磷材料结构与性质的关系以及相关分子体系的反应机理。另外，随着计算机科学技术的快速发展，理论计算研究已经成为深入探究结构和机理的强有力工具，特别是对于复杂体系，理论计算研究的结果已经成为必不可少的证据。由于含磷材料的研究过程中，合成材料的结构性质通常需要大量的实验来验证、表征。基于理论计算化学可以以数学模型的方法来预测分子的各种性质、模拟化学反应的各种途径、探究结构与性质的关系的特点，化学家们将其应用到了各种类型的高价值含磷材料的结构性能表征中，推动了理论计算化学在材料科学领域的应用。

因此，本章将详细介绍含磷材料包含黑磷、磷纳米、磷聚合物以及磷掺杂等高价值材料的理论计算研究。通过对这些材料结构性质的理论计算探索，总结各类含磷材料的结构性能规律，以更好地指导磷材料在光电器件、催化、新能源等研究领域的应用。

9.2 黑磷类材料的理论研究

黑磷(BP)是磷的同素异形体，其基本单元是一个相互连接的六元环，每个原子都与其他三个原子相连。黑磷材料按照层数分为单层黑磷、双层黑磷(双层磷烯)和少层黑磷等。单层黑磷称作黑磷烯、磷烯，是一种新型的二维半导体材料。如图 9.1 所示，理论模拟的黑磷烯薄层面内呈现六角蜂窝状结构，在 x 和 y 方向上分别形成扶手椅型和锯齿型黑磷烯两种最稳定的状态[1]。它和 MoS_2 的过渡金属二卤化物(TMDs)层状结构类似，表现出优异的机械、电学和光学性能[2]，在催化[3]、储能[4]、阻燃[5]以及生物医疗[6]等领域有很大的应用前景。

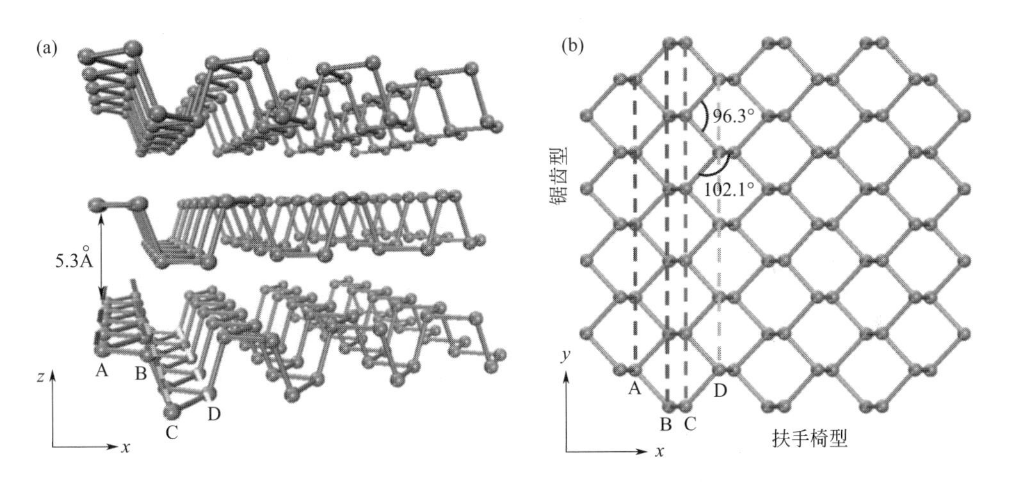

图 9.1　三层黑磷结构的理论模拟（a）；单层黑磷构型图（b）（图片出自参考文献 [1]）

9.2.1　层数依赖电子结构性质

2014 年，复旦大学张远波课题组采用第一性原理计算，研究了少层黑磷的层数与带隙的对应关系[2a]。结果显示，少层黑磷的带隙与层数和层内应变有关，当层数从 5 层减少到单层，其带隙约从 0.59 eV 增加到

1.51 eV。随后，季威课题组对少层黑磷的构型和电子结构进行了详细的理论研究，并预测了其电学和光学性质。结果表明带隙变化的根本原因是少层黑磷层间的相互作用所导致的能带劈裂造成的，因此可以通过控制层的厚度来调节高载流子迁移率和高传输各向异性。这些结果表明黑磷可以成为未来电子学和光电子学中极具发展前景的高价值材料 [2c]。

黑磷为一种接近直接带隙的半导体，其估算禁带宽度为 0.70 ～ 2.0 eV。结合 1.45 eV 的实验光致发光(PL)谱峰，黑磷显示出作为光催化剂的潜在可能性。2014 年，李延龄课题组基于密度泛函理论计算，展示了磷烯作为光催化剂在裂解水制氢中的反应机理 [7]。通过计算磷烯在不同应变下的声子色散曲线(图 9.2)，作者发现磷烯在不同的应变下表现不同。磷烯在压缩应变下晶格动力学是不稳定的，不适用于光催化应用，但在拉伸应变下却表现出非常好的晶格稳定性。因此，无压缩应变或拉伸应变的磷烯满足光催化的稳定性要求。

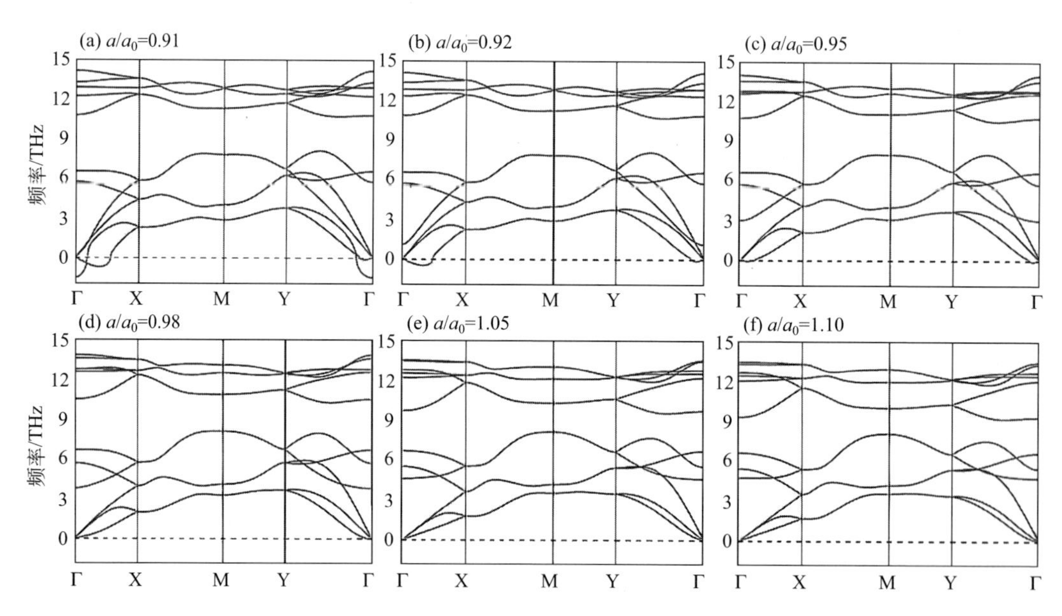

图 9.2　磷在 9%（a）、8%（b）、5%（c）和 2%（d）压缩应变以及 5%（e）和 10%（f）拉伸应变下沿 a 轴和 b 轴的声子色散曲线（图片出自参考文献 [7]）

图 9.3 显示了磷烯在 pH = 8.0 溶液中的能带排列。可以看出，价带最大值(VBM)比 H_2/H^+ 的电位更正，而导带最小值(CBM)比 H_2O/O_2 的电位更负，这一特征是光催化剂分解水的关键。在拉伸应变为 7% 的情

况下，磷烯沿 a 轴的带隙为 1.79 eV；在拉伸应变为 7% 的情况下，磷烯沿 b 轴的带隙为 1.82 eV。这种带隙位于可见光波长范围内，可以非常高效地获取可见光。因此，通过调整带隙可以改善其光催化性能，从而促进可见光的吸收，进一步提高光催化分解水的效率。

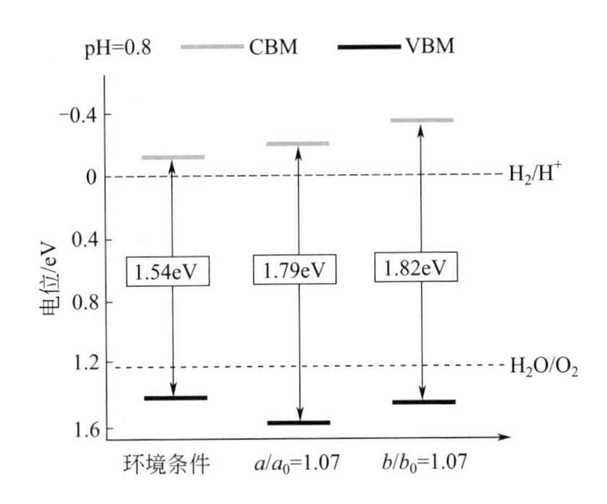

图 9.3　pH = 8.0 时，在环境条件下，沿 a 轴拉伸应变为 7%且沿 b 轴拉伸应变为 7%的情况下磷的能量取向（虚线是 pH = 8.0 溶液中的水氧化还原电势。图片出自参考文献 [7]）

黑磷具有与层数相关的直接带隙，其范围在 0.30 ～ 1.50 eV 之间。该特点使得它在太阳能电池领域具有广阔的应用前景。2014 年，曾晓成课题组在密度泛函理论计算的基础上，研究了具有不同堆积顺序的双层磷烯的电子性质 [8]。作者计算了三种不同的堆积方式，发现堆积方式会影响离域态间的 π-π 相互作用距离，从而影响相互作用强度和禁带宽度。层膜的直接禁带宽度可以从 0.78 eV 提升至 1.04 eV（图 9.4）。另外，垂直电场（场强为 0.5V/Å）还可以使带隙进一步减小到 0.56 eV。结合堆积顺序和电场，双层磷膜的带隙可以在较宽的 0.56 ～ 1.04 eV 范围内进行协调，从而提高了其在纳米电子学中潜在应用的可调性。作者还通过 HSE06 方法计算验证了双层磷烯作为很好的太阳能电池主材料的可行性。结果显示 AA 和 AC 叠层的光吸收范围较宽，为 1.0 ～ 4.0 eV，AB 叠层的光吸收范围为 1.4 ～ 4.0 eV，这是提高太阳能电池效率的关键因素。更重要的是，作者发现当 MoS_2 的单层与 p 型 AA 或 AB 堆积的双层磷烯叠加时，组合的三层膜可以成为一种有效的Ⅱ型异质结排列的太阳能电池材料。对于 AA 或 AB 堆叠的双层磷烯，其功率转换效率预计为 18% 或 16%，高于最先进的三层石墨烯 / 过渡金属二卤化合物太阳能电池的报道效率。

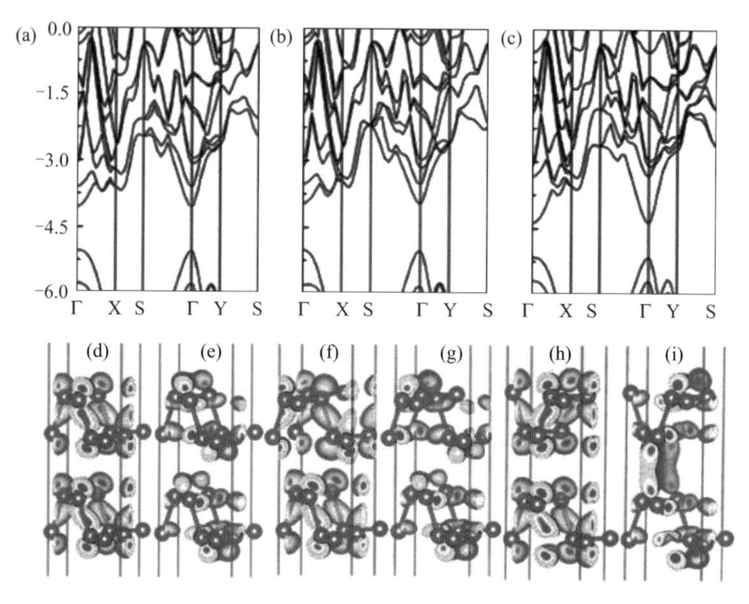

图 9.4 AA（a）、AB（b）和 AC（c）堆积的双层磷烯的计算能带结构（基于 HSE06）；AA（d）、AB（f）和 AC（h）堆积的双层磷烯的 VBM 的电荷密度等值面图；AA（e）、AB（g）和 AC（i）堆积的双层磷烯的 CBM 的电荷密度（图片出自参考文献 [8]）

9.2.2 黑磷降解机理及解决办法

尽管黑磷有很多优点，但它的稳定性不强、易降解[9]。它们在有氧气和水的环境下容易降解，并且随着黑磷层数的减少，稳定性越来越差。这已成为基于黑磷的设备的主要障碍，因此如何解决它易被氧化的问题，成为影响黑磷发展的关键问题。为了了解黑磷的降解机理，寻找保护黑磷免受降解的方法。2016 年，王金兰课题组基于从头算（ab-initio）分子动力学模拟方法，提供了有关黑磷在环境中降解的三步图（图 9.5）：在光下氧分子产生超氧化物，在水的作用下超氧化物解离和最终分解[9b]。同时发现在表面形成超氧阴离子是至关重要的，它会加速稀释较薄的黑磷的氧化。此外，还发现 P-O-P 键的形成可以极大地稳定黑磷框架。因此，作者提出了一种使用完全氧化的黑磷层作为天然覆盖层的潜在的保护策略。这种完全氧化的层可以有效地使黑磷与水隔离，从而防止进一步降解，同时，保证黑磷完好无损并保持黑磷的空穴迁移率。

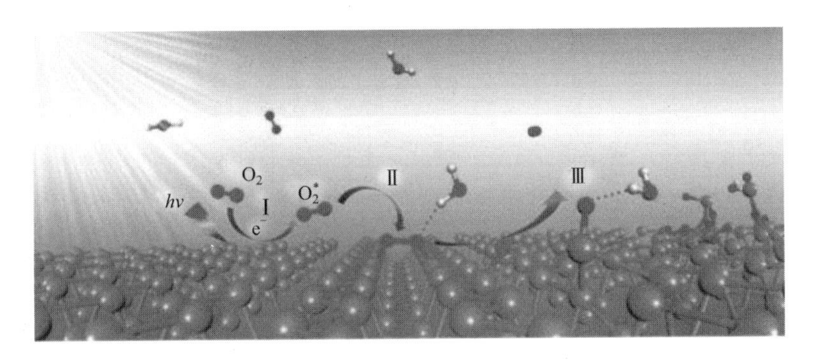

图 9.5　光诱导的环境降解磷的过程（图片出自参考文献 [9b]）

除了上述方法，在黑磷表面掺入其他合适的原子或者化合物也有可能增强其抗氧化的能力，进而解决稳定性的问题[10]。2018 年，雷双瑛课题组基于高通量密度泛函理论计算，研究了元素周期表上多种元素在多层黑磷上的吸附特性[10b]。使用吸附能(E_{ads})与整体内聚能(E_{coh})之比(E_{ads}/E_{coh})大于 1 的标准，筛选出适合吸附于多层黑磷表面的修饰原子，如 Li、Na、K、Rb、Cs、Ca、Sr、Ba、Ni、Tl、La、O、S、F 和 Cl 等。这些元素被黑磷吸附可能会大大降低黑磷导带最小值(CBM)，这表明如果 CBM 可以移动到 O_2/O_2^- 氧化还原电势以下，则有可能防止黑磷被氧化。如图 9.6(a) 所示，当单层黑磷吸附了原子 Li、Na、K、Rb、Cs、Ca、Sr、Ba、Ni、Tl、La、O、S、F 或 Cl，CBM 发生了偏移，并显著提高相对于 O_2/O_2^- 氧化还原电位。其中六个吸附原子，即 Ca、Sr、Ba、Cs、La 和 Cl，使 CBM 迁移到 O_2/O_2^- 氧化还原电位以下。根据上面的讨论，有修饰原子的单分子层黑磷较难被氧化。图 9.6(b) 显示出了原始的和修饰的双层黑磷的化合价和导带边缘。除 F 之外，由所有这些吸附原子修饰的双层黑磷的 CBM 都移到 O_2/O_2^- 氧化还原电位以下。同时所有这些吸附原子都有望使三层黑磷的 CBM 降低到 O_2/O_2^- 氧化还原电位以下。除 F 外，其他所有 14 个原子对于双层黑磷具有相同的作用。由于单层黑磷的带隙相对较大，因此仅 Ca、Sr、Ba、Cs、La 和 Cl 有望将其 CBM 降低到 O_2/O_2^- 氧化还原电位以下。此研究提供了一种有效的方法，可通过表面修饰来增强其在环境中的稳定性，从而克服少层黑磷在实际应用中的技术障碍。

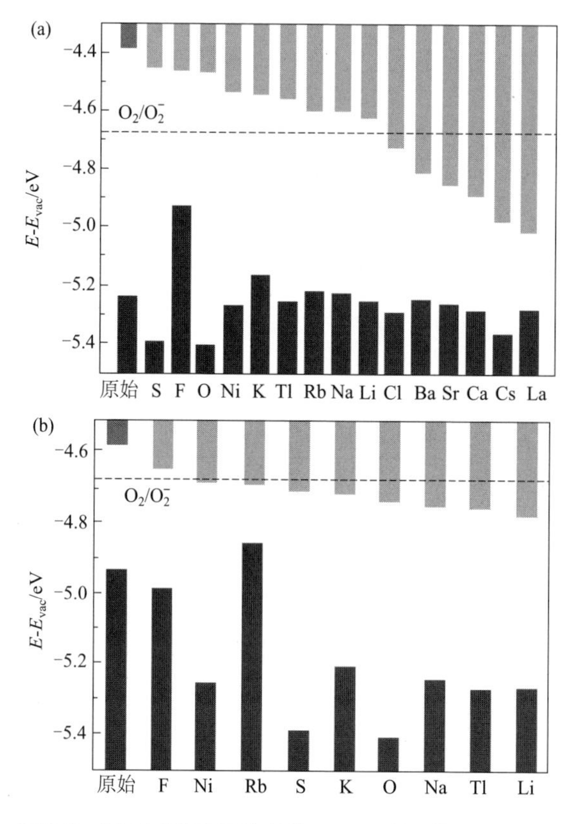

图 9.6 原始和吸附原子的单分子层 BP 的导带边缘与 O_2/O_2^- 氧化还原电位对齐（a）；原始和吸附原子的双层 BP 的能带排列（b）（图片出自参考文献 [10b]）

9.3
磷纳米类材料的理论研究

含磷纳米材料因可以通过改变层数来调节带隙的特性，使其成为发展高效光电设备的可靠材料。黑磷、蓝磷和金属磷纳米材料等已经在纳米机电设备和纳米光电器件等方面发挥着重要作用。理论计算方法可以用于研究含磷纳米材料的结构、能量、电子等信息，指导并促进含磷纳米材料的发展和应用[11]。

9.3.1 黑磷类纳米材料

由于磷烯具有直接带隙半导体特性、层厚相关带隙调控、高载流子迁移率和各向异性的力学和输运性质等优异表现，其在纳米器件中具有广泛的潜在应用价值。2000 年，E Hernández 课题组通过基于密度泛函理论的紧束缚程序(DFTB)对磷纳米管(PNT)进行了参数化[11a]。作者通过计算预测黑磷最稳定的结构是键距为 2.24 Å，所有键角的值为 98.2°(图 9.7)。作者还发现基于黑磷层状结构的纳米管确实是稳定的，对于直径超过 1.25 nm 的纳米管，应变能低于每个原子 0.10 eV。通过理论计算预测，如果合成该纳米管，它将是均匀的半导体，并将具有约 300 GPa 的弹性模量。根据这些结果，证实了 PNTs 确实是一种可能存在的潜在纳米材料。

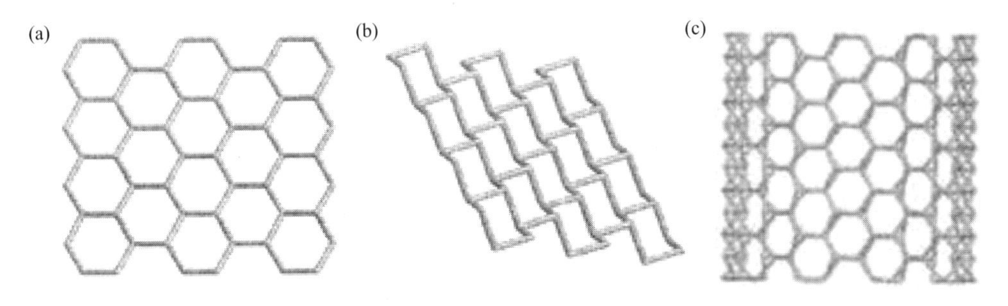

图 9.7 DFTB 计算所预测的黑磷层的结构（a）和（b）; PNTs 的结构（c）(图片出自参考文献 [11a])

2016 年，Xi Chen 课题组进行了分子动力学(MD)模拟研究了扶手椅型磷纳米管(arm-PNT)和锯齿型磷纳米管(zig-PNT)的结构稳定性和力学稳定性[12]。图 9.8(a) 和 (b) 是通过改变温度和管径大小来计算预测其稳定区域。随着管径的增大，所有 PNTs 的热稳定性都有提高的趋势。以(0, 10)arm-PNT 和(0, 20)arm-PNT 为例，前者能抵抗 T=175K，低于后者的 T=410K。图 9.8(c) 和 (d) 解释了产生这种现象的原因。结果表明，能量最小化后，在较高的热载荷下，直径较小的 PNT 中储存了较高的应变能。应变能随曲率的变化趋势与 MD 模拟和第一性原理计算所研究的趋势一致。基于稳定的扶手椅型磷纳米管和锯齿型磷纳米管结构，作者还观察到弹性模量和断裂强度的大小相关性(图 9.9)。在轴向压缩时，随着管径的增加，作者发现扶手椅型磷纳米管从柱屈曲到壳体屈曲的转变，此结果为未来基于 PNT 纳米材料的器件的应变可调性等提供了积极的理论数据指导。

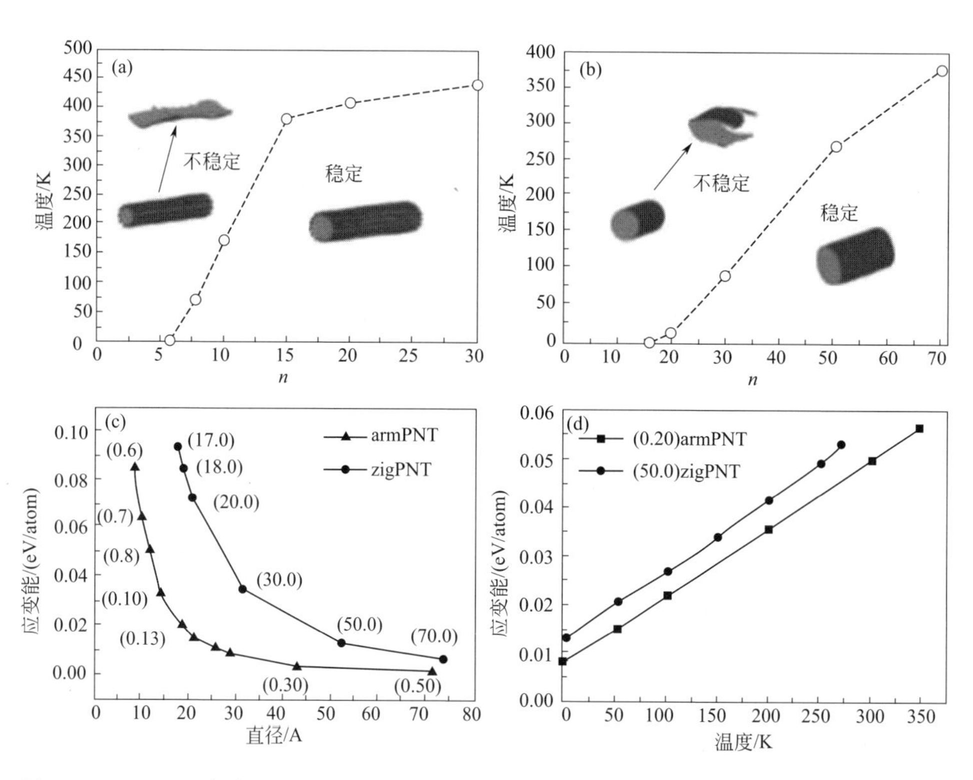

图 9.8　arm-PNT（a）和 zig-PNT（b）在不同温度和纳米管包裹的情况下热稳定性的图；在 $T=0$ K 时，包裹在 PNT 中的应变能是 arm-PNT（三角形）和 zig-PNT（圆圈）直径的函数（c）；（50，0）zig-PNT（圆圈）的应变能和（0，20）arm-PNT（矩形）的应变能与温度的关系（d）（图片出自参考文献 [12]）

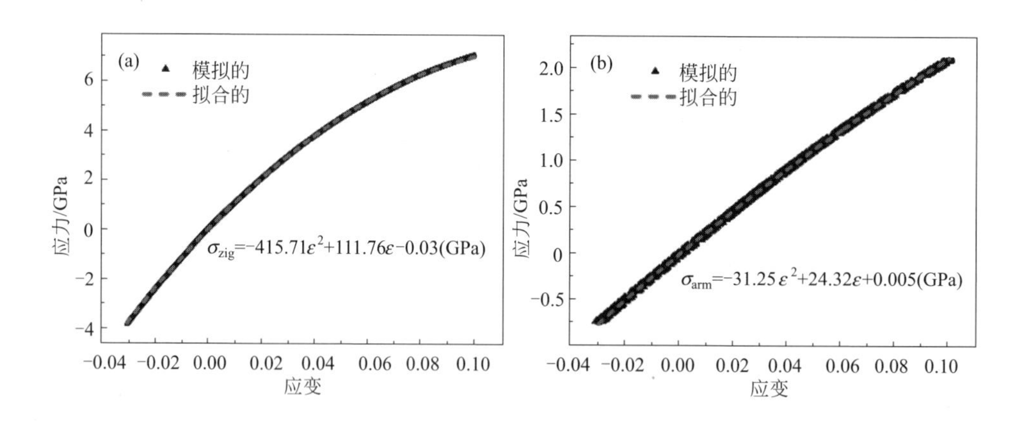

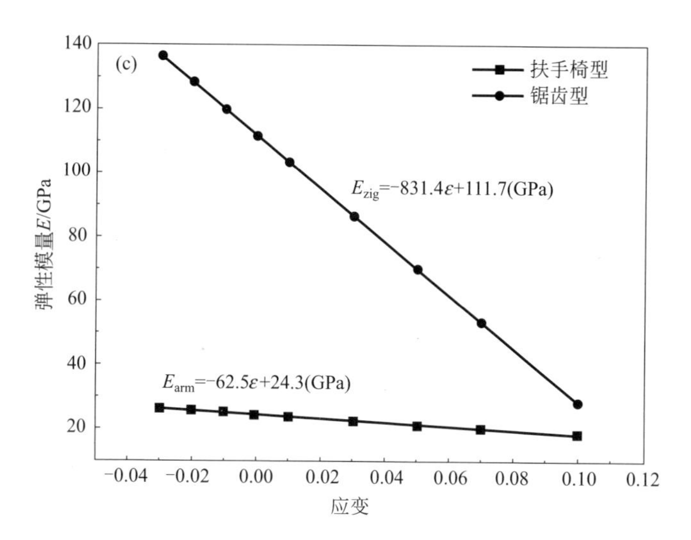

图 9.9　分子动力学模拟的磷烯薄板在 T=0K 沿 zig 方向（a）和 arm 方向（b）的非线性应力 - 应变曲线。数据用二次函数（虚线）拟合，并给出了表达式；根据拟合函数的导数，推导并绘制了磷烯 zig 方向（圆圈）和 arm 方向（矩形）的弹性模量与施加应变的函数关系（c）（图片出自参考文献 [12]）

Xi Chen 课题组还通过分子动力学模拟研究了黑色磷纳米管(PNTs)的尺寸、应变和SV缺陷的影响[13]。如图9.10所示，作者对优化的α-PNT进行了尺寸依赖的热导率的研究。随着 n 的增加，κ 急剧增加，然后在 n = 20 之后逐渐增加。随着特征尺寸缩小到纳米量级，声子约束导致声子群速度降低和声子平均自由程(MFP)减小，从而削弱了热传递，表现出明显的尺寸效应。另外，作者还通过计算证明了压缩应变由于增强

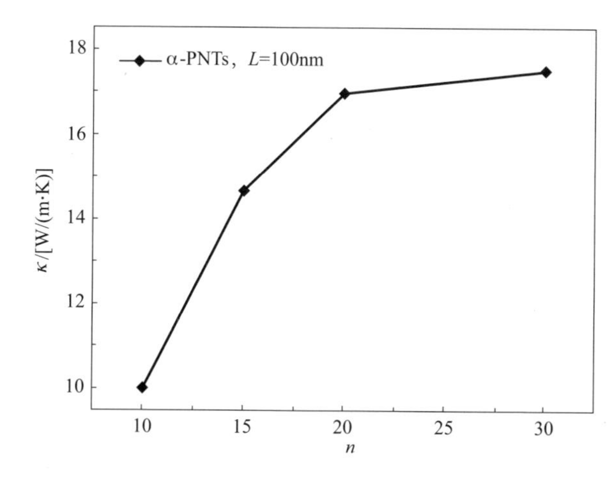

图 9.10　长度为 100 nm 的 α-PNT 的直径依赖性热导率（图片出自参考文献 [13]）

了纳米管屈曲周围的声子散射而削弱了热输运。与压缩应变的影响相反，α-PNT 的热导率随拉伸应变的增加而增加。单个空位尤其是高缺陷浓度的空位会显著降低热导率。这些计算结果可以为黑磷及其同素异形体作为热电材料提供理论数据指导。

9.3.2 蓝磷类纳米材料

二维蓝磷作为磷烯的同素异形体具有热力学稳定性。二维蓝磷可以承受大的应变强度，同时具有大的调控空间。这些特点使二维蓝磷材料在纳米材料领域具有很高的研究价值。2021 年，陈乾课题组采用从头算的方法发现将二维蓝磷卷起来形成的自封装蓝磷纳米卷(bPNS)在能量上(室温下)是有利的[14]。这些蓝磷纳米卷都是半导体，具有不同的滚动厚度和滚动方向，宽带隙范围从 0.02 eV 到 1.80 eV(图 9.11)。在扶手椅型双层蓝磷纳米卷中，电子迁移率高达 6620 $cm^2/(V \cdot s)$，比二维蓝磷的电子迁移率约高 20 倍。这些性质为双层蓝磷纳米卷应用于未来光电器件提供了重要启示。

9.3.3 金属磷类纳米材料

金属三卤化三金属磷(MPT)作为新型的二维层状材料，引起了研究人员的研究兴趣。2017 年，何军课题组所制备的 $NiPS_3$ 六角形纳米片的原子层薄至只有几层(≤ 3.5 nm)，其横向尺寸大于 15 μm[15]。这些超薄的 $NiPS_3$ 晶体可以作为光催化材料，在阳光下直接从水中产生氢气。作者所制备的 $NiPS_3$ 超薄晶体的磁滞回线显示出弱的铁磁性质。作者进行了一系列的密度泛函理论(DFT)计算来解释弱铁磁性与 S 空位之间的关联，计算模型如图 9.12 所示，单层 $NiPS_3$ 的 S 空位浓度为 8%，接近实验值 7.6%。为了进一步阐明磁矩的来源，作者计算了 S 空位存在和完善的单层 $NiPS_3$ 的局域态密度(LDOS)。不饱和 Ni 原子的自旋多数 d 轨道和自旋少数 d 轨道是不对称的，与完美 $NiPS_3$ 的 d 轨道不同。因此，不饱和 Ni 原子的 d 轨道形成自旋极化带，导致铁磁现象。作者还通过计

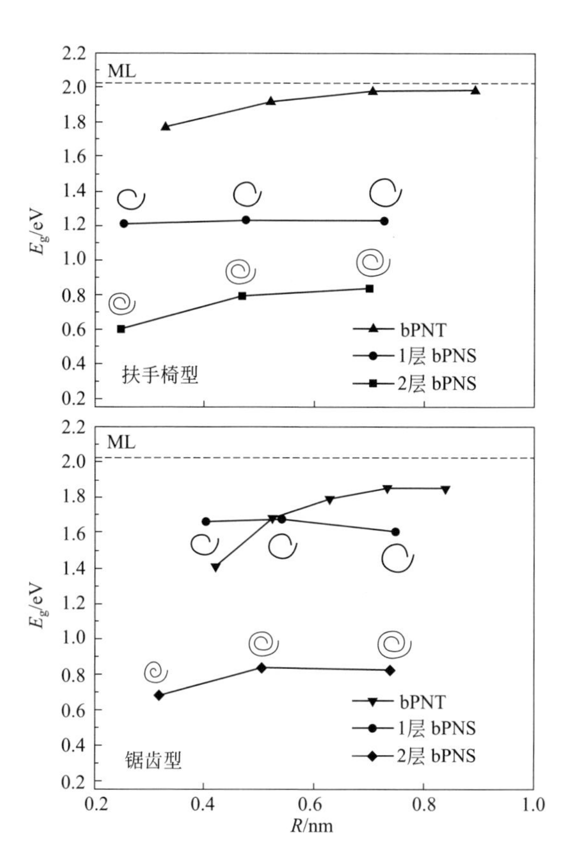

图 9.11　扶手椅型和锯齿型方向上 bPNT 和 bPNS 的带隙（如 bPNT 和 bPNS 作为半径 R 的函数）（图片出自参考文献 [14]）

算系统地研究了 $NiPS_3$ 上的 S 空位对 O 原子的吸附能、电荷密度差和态局部密度。结果证实了表面氧化现象的存在。位于 S 空位位置附近的 P 或 S 位点与 O 原子之间存在强相互作用。这些理论计算为开发潜在的太阳能转换催化剂提供了指导。

过渡金属磷化物是一种新型催化材料。其中，Ni_2P 具有氢活化能力，可以加快制氢反应的速率。但是 Ni_2P 存在氢解吸慢、化学选择性低等缺点。为了解决这一问题，2008 年，邹吉军课题组将磷化镍纳米团簇与 P 掺杂碳结合使用来提高 Ni_2P 对硝基芳烃氢化的选择性和活性[16]。作者通过密度泛函理论(DFT) 计算来探究 P 掺杂的作用。在图 9.13(a) 中，Ni_2P/PC 中 Ni 的 d 带中心(−1.88 eV) 比 Ni_2P 中的态密度(−1.42 eV) 更远离费米能级，表明 P 掺杂碳向 Ni_2P 团簇的电子转移会导致 Ni 的 d 带中心下移。相应地，如图 9.13(b) 所示，H 在 Ni_2P/PC 上的脱附

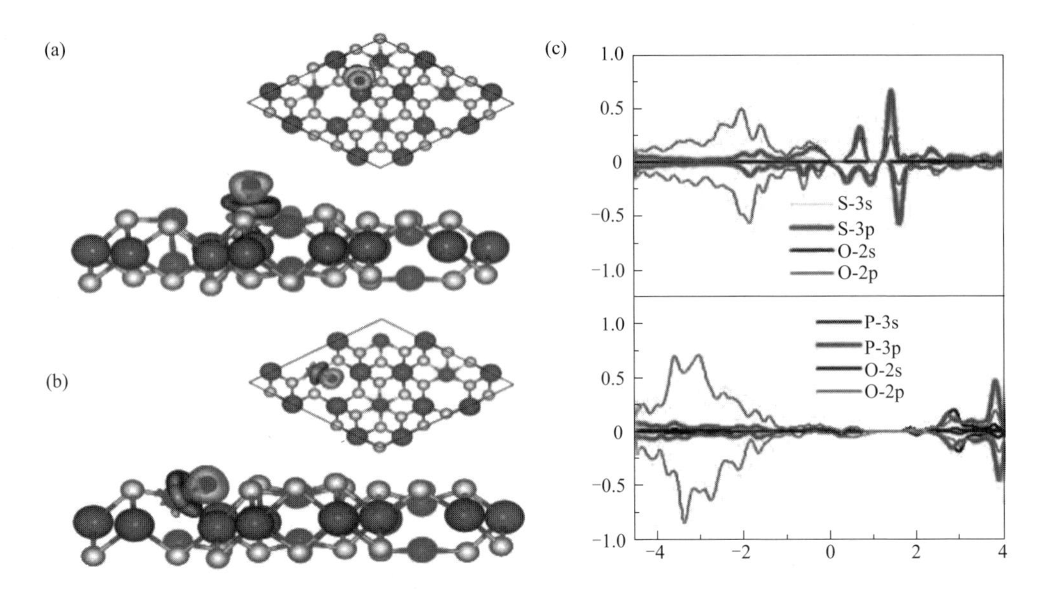

图 9.12　O 的电子结构以 S 空位吸附在 $NiPS_3$ 上。S 位（a）和 P 位（b）的电荷密度差（等值面值为 0.005 e/Å）；S 位点和 P 位点状态的局部密度（费米能量设为零。图片出自参考文献 [15]）

能(−0.56 eV) 远低于在 Ni_2P 上的脱附能(−1.12 eV)，表明 H 在 Ni_2P/PC 上脱附更可行。在此理论计算结果的基础上，作者制备了高分散度(81.3%)的磷掺杂碳负载 Ni_2P 催化剂。该催化剂对硝基芳烃的化学选择性加氢具有高活性和选择性，其性能优于各种贵金属和过渡金属催化剂。通过表征揭示了催化剂性能优越的原因，证实了密度泛函理论计算的结论。优化的催化剂(Ni_2P/PC-2)在硝基芳烃的氢化反应中显示出优异的活性、选择性和稳定性。

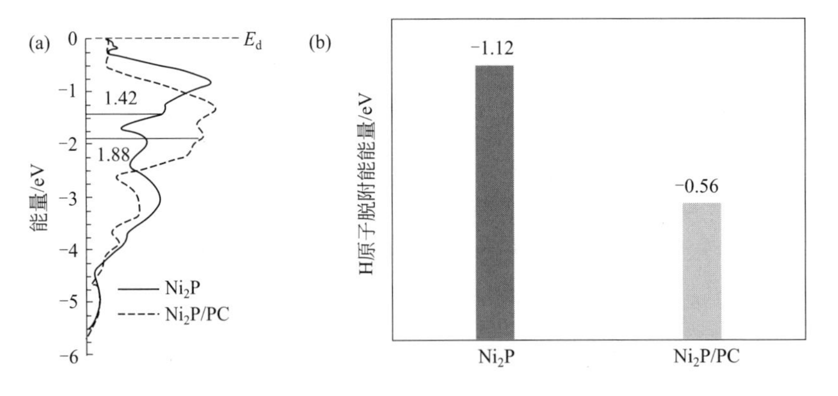

图 9.13　Ni_2P 和 Ni_2P/PC 中 Ni 离子的态密度曲线（a）（在态密度曲线中突出了 Ni 的 d 带中心）；解离的 H 原子在体相 Ni_2P 和 Ni_2P/PC 上的脱附能（b）（图片出自参考文献 [16]）

9.4
含磷聚合物类材料的理论研究

含磷聚合物不仅可以用于电子、运输和建筑行业[17]，而且还可用作钢的防腐蚀抑制剂来防止基材的腐蚀，是一种重要的高分子材料。理论计算可以提供聚合物及单体的结构和性质，帮助认知含磷聚合物的单体的聚合反应，进而对该类材料的实际应用提供重要信息。

9.4.1 单体的结构对聚合反应的影响

2005 年，Duygu Avci 课题组以亚磷酸三乙酯为原料，合成了含磷丙烯酸酯和甲基丙烯酸羟乙酯单体[18]，然后这些单体与甲基丙烯酸 2-羟乙酯发生共聚反应。作者用量子力学工具研究了这些合成单体的聚合反应机理。表 9.1 是在 B3LYP/6-31G(d) 水平下计算的向单体中甲基加成和从单体中吸氢的活化势垒以及加成和吸氢反应的聚合热。图 9.14 描述了在 B3LYP/6-31G(d) 水平上计算的单体 **9-2** 的甲基加成势能面。在甲基加成至单体过渡态(**9-4ts**)中，在羧基和膦酸基之间形成分子内氢键，这些分子内氢键使单体的加成过渡态稳定。单体的基态几何结构中以类似的方式在羧基和膦酸基团之间存在氢键。作者发现单体的反应活性随空间位阻的减小和氢键能力的增加而增加。作者还用量子力学方法模拟了单体的自由基聚合过程，发现高活性单体的加成反应放热会更多，聚合性能较好的单体的甲基加成活化能垒低于聚合性能较差的单体。同时，作者还发现单体的结构对聚合反应的聚合速率和聚合物的分子量都产生着不同程度的影响。

表9.1 在B3LYP/6-31G(d)水平上计算的活化能垒和反应焓（单位：kcal/mol）

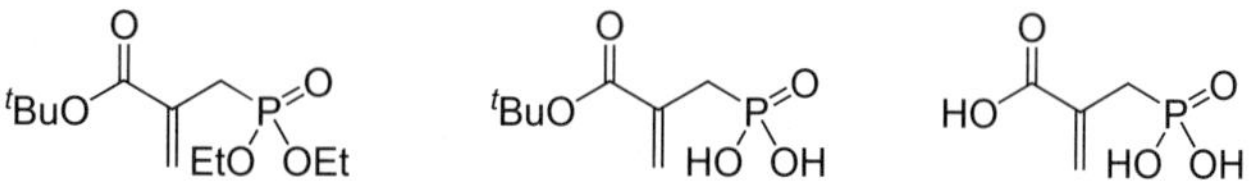

9-1 **9-2** **9-3**

续表

单体	甲基加成能垒 E_{a1}	吸氢能垒 E_{a2}	甲基加成的反应焓 ΔH_1	吸氢的反应焓 ΔH_2
9-1	4.9	6.0	−31.9	−21.4
9-2	1.2	9.9	−32.4	−18.7
9-3	0.6	9.2	−32.8	−18.4

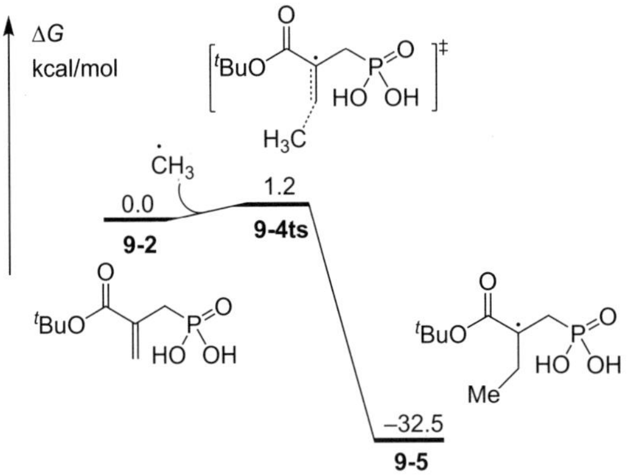

图 9.14　在 B3LYP/6 - 31G(d) 水平上计算的单体 **9−2** 的加成反应势能面（图片出自参考文献 [18]）

9.4.2　间隙能对磷聚合物用作腐蚀抑制剂的影响

2021 年，Rachid Hsissou 课题组通过实验检测和理论计算研究了磷聚合物对碳钢在腐蚀性溶液中的腐蚀抑制作用[19]。如图 9.15 所示，作者优化了五缩水甘油基醚五双酚 A（PGEPBAP）磷聚合物结构并且计算了前线分子轨道（FMO）的最高占据分子轨道分布密度（E_{HOMO}）和最低空分子轨道分布密度（E_{LUMO}）。如图所示，HOMO 的电子密度分别集中在芳环、磷原子和缩水甘油基团键氧杂原子上，而 LUMO 电子密度则分布在芳环表面。含电子的芳香族取代基、氧杂原子和环氧基可以导致抑制性磷聚合物的高抑制性。同时还测定了 PGEPBAP 的其他量子化学参数，如能隙能（ΔE_{gap}）、化学硬度（η）、化学柔软度（σ）和转移电子高度（ΔN_{110}）等。较高的间隙能 ΔE_{gap}（3.64 eV）值表明聚合物的缓蚀性能更高，反映了更高的保护效果。此外，转移电子数 $\Delta N<3.6$，表明大分子在金属表面被赋予电

子，缓蚀效率提高。这些结果表明，碳钢表面的活性中心吸附PGEPBAP磷聚合物会大幅度提升其化学性能。此外，为了探究缓蚀磷聚合物的活性部位，作者通过计算研究了分子静电势(ESP)，证实了活性部位位于环氧基、氧原子和磷原子。此外，环氧基、氧原子和磷原子是与铁表面结合能力最强的活性中心。这些结果为评估聚合物抑制剂及其潜在机理提供了帮助。

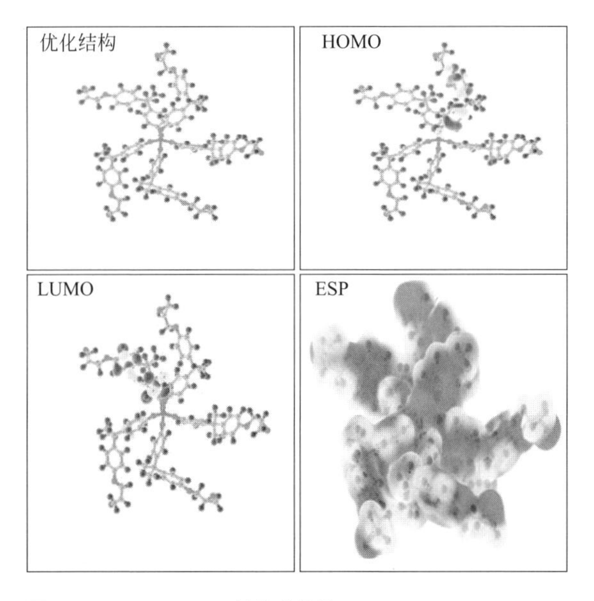

图9.15 PGEPBAP的优化结构、HOMO、LUMO和ESP（图片出自参考文献[19]）

9.4.3 磷聚合物机理的研究

聚磷酸乙烯是一种极具发展前景的生物医用聚合物。催化环状乙烯磷酸酯单体(CEPM)的开环聚合(ROP)转化是获得此类聚合物最有效的方法，但是该反应的机制并不是很清楚。2018年，Ilya Nifant'ev课题组利用DFT计算探讨了配合物 $[(BHT)Mg(\mu\text{-}OBn)(THF)]_2$ (BHT = 2,6-di-tert-butyl-4-methylphenolate) 的二聚体和单体催化甲基亚乙基磷酸酯(methyl ethylene phosphate, MeOEP)聚合的反应机理[20]（图9.16）。通过理论计算发现单核Mg配合物优先催化MeOEP的ROP，而且用对比聚合实验证实了这一结论。MeOEP 的 ROP 以极高的速率进行，计算结果显示单核的活化势垒要比没有 BHT-Mg 的双核低得多。单核反应机理更有利于磷酸甲基乙烯的聚合。因此，乙烯磷酸酯可作为二聚体 BHT-Mg 单组分催化剂的“单体”，在合成具有生物医学应用前景的磷酸乙烯共聚物中起到了重要作用。

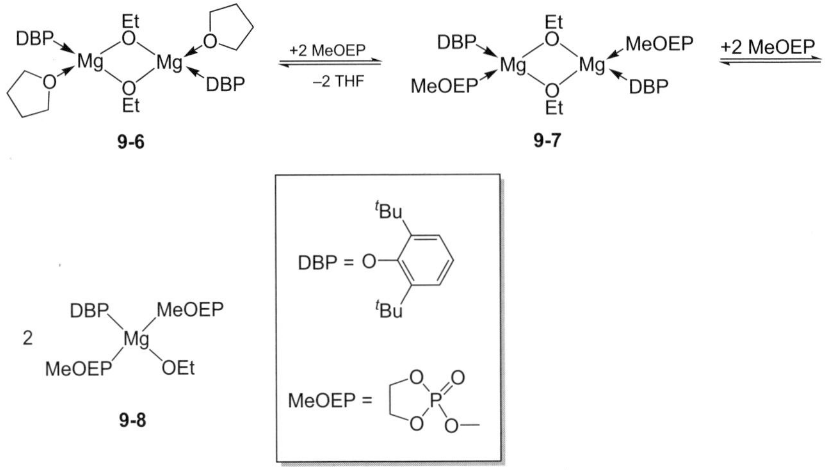

图 9.16　Mg 配合物的配体交换和解离，形成二聚体和单体引发剂

9.5
磷掺杂类材料的理论研究

磷掺杂通常是指有目的地在某种材料中掺入磷元素（或磷化物）来改善材料的性能。通过掺杂可以使材料产生特定的电学、磁学和光学等性能，从而使其具有特定的价值或用途[21]。使用理论计算方法探究材料的态密度、带隙等性质，在材料的应用方面提供更多的数据信息[22]。

9.5.1 磷掺杂石墨烯提高石墨烯电极材料电化学性能

磷掺杂石墨烯催化剂是一类低成本且具有良好催化性能的催化剂[23]。2016年，吴泽佳课题组通过理论计算研究了单个P原子掺杂的石墨烯结构和性能。作者考虑了三种包含P掺杂的单空位石墨烯($P\text{-}G_{MV}$)、P掺杂的双空位石墨烯($P\text{-}G_{DV}$)和具有Stone-Wales缺陷的P掺杂石墨烯($P\text{-}G_{SW}$)(图9.17)[22a]。从图9.17中可以看出$P\text{-}G_{DV}$(−4.58 eV)最稳定，而对于$P\text{-}G_{MV}$和$P\text{-}G_{SW}$，其形成能为正，表明它们是不稳定的。因此，选择双空位的掺磷石墨烯($P\text{-}G_{DV}$)为催化剂，对可能的反应机理进行了系统的研究。计算表明，氧还原反应(ORR)动力学上最有利途径是O_2分子加氢生成OOH，然后OOH加氢生成H_2O+O。因此，$P\text{-}G_{DV}$的ORR机制可能是一个四电子过程。ORR自由能图预测$P\text{-}G_{DV}$催化剂的最有利反应路径的工作电位为0.27 V。因此，该类型催化剂有望成为高效的燃料电池催化剂。

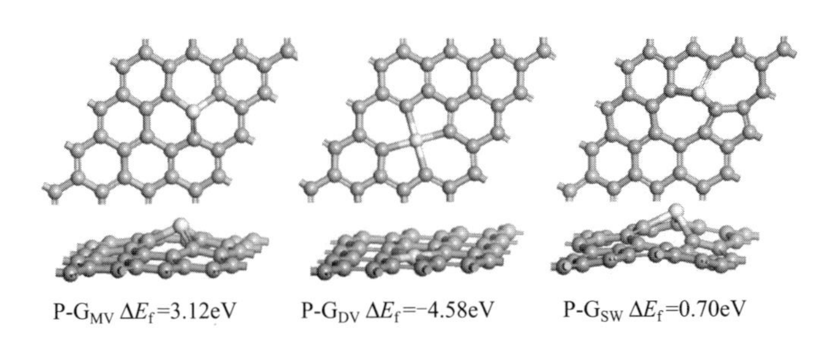

图9.17 三种P掺杂石墨烯的几何结构和形成能(ΔE_f)(MV表示单空位，DV表示双空位，SW表示Stone-Wales缺陷。图片出自参考文献[22a])

9.5.2 磷掺杂钙钛矿改善ORR和OER活性

另外，磷掺杂$LaFeO_3$钙钛矿也可以改善其在碱性溶液中较差的ORR和析氧反应(OER)活性。2018年，王春栋课题组计算了LF(原始的$LaFeO_{3-\delta}$)和LFP(磷掺杂的$LaFeO_{3-\delta}$)的态密度和投影态密度[22b](图9.18)。在P掺杂后，Fe的$3d_{yz}$轨道被部分占据[见图9.18(d)]，其中增加的空穴态增强了吸附O的亲电性，促进了—OH在催化活性中心的吸收。证明了 Fe 离子的价态增加主要是由于磷掺杂引起的。因此，添加少量 Fe^{4+} ($T_{2g}^3e_g^1$ 构型)可能是其具有显著氧化还原活性的主要原因。此外，作者还证明了这种 P 掺杂对 ORR 和 OER 电催化活性的提高也可以推广到其他掺磷的钙钛矿氧化物，如 $LaNiO_3$ 和 $LaCoO_3$，表明磷掺杂在提高钙钛矿电催化活性方面具有普遍性。

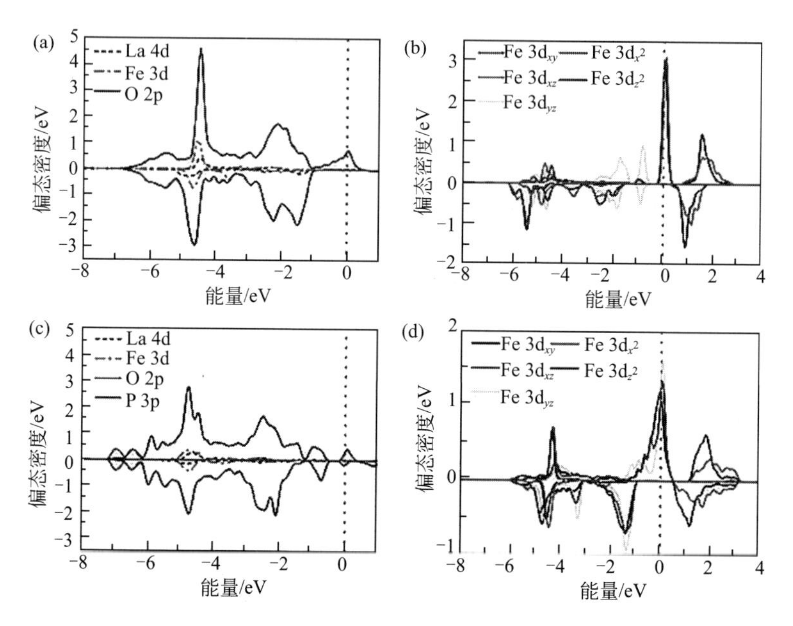

图 9.18 LF(a)和 Fe 元素(b)的偏态密度；LFP(c)及其对应的 Fe 元素(d)的偏态密度(图片出自参考文献 [22b])

9.5.3 磷掺杂 TiO_2 调节 TiO_2 的带隙

磷掺杂还可以在光催化剂领域起到重要作用[22c, 24]。将磷原子掺杂到 TiO_2 中可以调节 TiO_2 的带隙，进而将 TiO_2 的光谱响应扩展到可见光区域，有效地提高光催化量子效率。2020 年，高勇军课题组制备了一种磷掺杂 TiO_2 (P-TiO_2)。在蓝色发光二极管(LED)的照射下，以空气中氧气为氧化剂，成功地实现了苄胺的氧化偶联(转化率 >95%，选择性 >99%)[22c]。该光催化剂对各种苄胺衍生物表现出良好的循环稳定性和广泛的适用性。为了理解 P-TiO_2 具有比纯 TiO_2 更高的光催化性能的本质原因，作者用密度泛函理论(DFT)计算了氧在 P-TiO_2 和 TiO_2 模型上的吸附(图 9.19)。结果表明，与纯 TiO_2 相比，氧分子更容易以 P-O 键的形式吸附在 P-TiO_2 表面，有利于光催化过程中活性氧物种的生成。

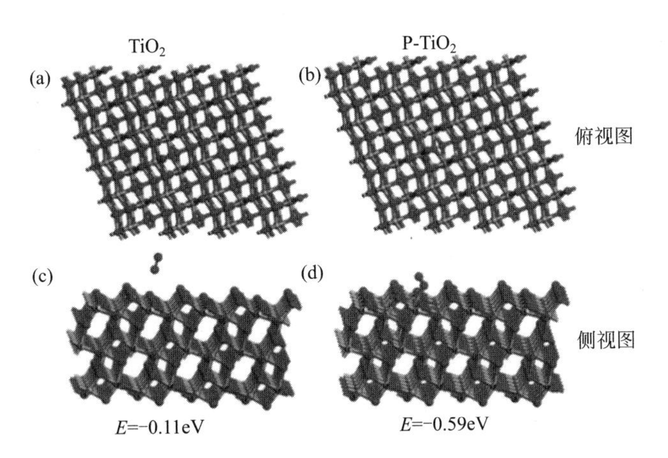

图 9.19　吸附氧分子的 TiO_2 的俯视图（a）; TiO_2 吸附氧分子的俯视图（b）; 吸附氧分子的 TiO_2 的侧视图（c）; TiO_2 吸附氧分子的侧视图（d）（图片出自参考文献 [22c]）

本章小结

本章通过将各类磷材料分为黑磷类、磷纳米类、磷聚合物类以及磷掺杂类材料四类，总结归纳了密度泛函理论计算对各种磷材料的结构、性质以及用途等方面的研究。通过各种理论计算方法和计算软件，研究了磷材料的直接带隙半导体特性、层厚相关带隙调控、高载流子迁移率和各向异性的力学和输运性质等性质，为含磷材料的光电器件、催化剂以及相关的新能源开发等领域提供了理论指导。

参考文献

[1] Ling X, Wang H, Huang S, et al. The Renaissance of Black Phosphorus[J]. Proceedings of the National Academy of Sciences, 2015, 112(15):4523-4530.

[2] (a) Liu H, Neal A T, Zhu Z, et al. Phosphorene: An Unexplored 2D Semiconductor with a High Hole Mobility[J]. ACS Nano, 2014, 8: 4033-4041; (b) Li L, Yu Y, Ye G J, et al. Black Phosphorus Field-Effect Transistors[J]. Nature Nanotechnology, 2014, 9: 372-377; (c) Qiao J, Kong X, Hu Z X, et al. High-Mobility Transport Anisotropy and Linear Dichroism in Few-Layer Black Phosphorus[J]. Nat. Commun, 2014, 5: 4475; (d) Tran V, Soklaski R, Liang Y, et al. Layer-Controlled Band Gap and Anisotropic Excitons in Few-Layer Black Phosphorus[J]. Physical Review B, 2014, 89: 235319.

[3] Jiang Q, Xu L, Chen N, et al. Facile Synthesis of Black Phosphorus: an Efficient Electrocatalyst for the Oxygen Evolving Reaction[J]. Angew. Chem., Int. Ed, 2016, 55: 13849-13853.

[4] Sun J, Lee H W, Pasta M, et al. A Phosphorene-Graphene Hybrid Material as a High-Capacity Anode for Sodium-ion Batteries[J]. Nature Nanotechnology, 2015, 10: 980-985.

[5] Sun Z, Xie H, Tang S, et al. Ultrasmall Black Phosphorus Quantum Dots: Synthesis and Use as Photothermal Agents[J]. Angew. Chem., Int. Ed, 2015, 54: 11526-11530.

[6] Ren X, Mei Y, Lian P, et al. A Novel Application of Phosphorene as a Flame Retardant[J]. Polymers, 2018, 10(3):227.

[7] Sa B, Li Y L, Qi J, et al. Strain Engineering for Phosphorene: The Potential Application as a Photocatalyst[J]. The Journal of Physical Chemistry C, 2014, 118: 26560-26568.

[8] Dai J, Zeng X C. Bilayer Phosphorene: Effect of Stacking Order on Bandgap and Its Potential Applications in Thin-Film Solar Cells[J]. The Journal of Physical Chemistry Letters, 2014, 5: 1289-1293.

[9] (a) Castellanos-Gomez A, Vicarelli L, Prada E, et al. Isolation and Characterization of Few-Layer Black Phosphorus[J]. 2D Materials, 2014, 1: 025001; (b) Zhou Q, Chen Q, Tong Y, et al. Light-Induced Ambient Degradation of Few-Layer Black Phosphorus: Mechanism and Protection. Angew. Chem., Int. Ed, 2016, 55: 11437-11441.

[10] (a) Illarionov Y Y, Waltl M, Rzepa G, et al. Highly-Stable Black Phosphorus Field-Effect Transistors with Low Density of Oxide Traps[J]. npj 2D Materials and Applications, 2017, 1: 23; (b) Lei S Y, Shen H Y, Sun Y Y, et al. Enhancing the Ambient Stability of Few-Layer Black Phosphorus by Surface Modification[J]. RSC Advances, 2018, 8: 14676-14683.

[11] (a) Seifert G, Hernández E. Theoretical Prediction of Phosphorus Nanotubes[J]. Chemical Physics Letters, 2000, 318: 355-360; (b) Zhu Z, Tománek D. Semiconducting Layered Blue Phosphorus: A Computational Study[J]. Physical Review Letters, 2014, 112: 176802; (c) Xie J, Si M S, Yang D Z, et al. A Theoretical Study of Blue Phosphorene Nanoribbons Based on First-Principles Calculations[J]. Journal of Applied Physics, 2014, 116: 073704; (d) Li B, Ren C C, Zhang S F, et al. Electronic Structural and Optical Properties of Multilayer Blue Phosphorus: A First-Principle Study[J]. Journal of Nanomaterials, 2019, 2019: 4020762; (e) Ding Y, Wang Y. Structural, Electronic, and Magnetic Properties of Adatom Adsorptions on Black and Blue Phosphorene: A First-Principles Study[J]. The Journal of Physical Chemistry C, 2015, 119: 10610-10622.

[12] Liao X, Hao F, Xiao H, et al. Effects of Intrinsic Strain on the Structural Stability and Mechanical Properties of Phosphorene Nanotubes[J]. Nanotechnology, 2016, 27: 215701.

[13] Hao F, Liao X, Xiao H, et al. Thermal Conductivity of Armchair Black Phosphorus Nanotubes: A Molecular Dynamics Study[J]. Nanotechnology, 2016, 27: 155703.

[14] Wang Y, Tang X, Zhou Q, et al. Blue Phosphorus Nanoscrolls[J]. Physical Review B, 2020, 102: 165428.

[15] Wang F, Shifa T A, He P, et al. Two-Dimensional Metal Phosphorus Trisulfide Nanosheet with Solar Hydrogen-Evolving Activity[J]. Nano Energy, 2017, 40: 673-680.

[16] Gao R, Pan L, Wang H, et al. Ultradispersed Nickel Phosphide on Phosphorus-Doped Carbon with Tailored d-Band Center for Efficient and Chemoselective Hydrogenation of Nitroarenes[J]. ACS Catal,

2018, 8: 8420-8429.

[17] Lindsay C I, Hill S B, Hearn M, et al. Mechanisms of Action of Phosphorus Based Flame Retardants in Acrylic Polymers[J]. Polymer International, 2000, 49: 1183-1192.

[18] Salman S, Albayrak A Z, Avci D, et al. Synthesis and Modeling of New Phosphorus-Containing Acrylates[J]. Journal of Polymer Science Part A: Polymer Chemistry, 2005, 43: 2574-2583.

[19] Hsissou R, Abbout S, Seghiri R, et al. Evaluation of Corrosion Inhibition Performance of Phosphorus Polymer for Carbon Steel in [1 M] HCl: Computational Studies (DFT, MC and MD Simulations)[J]. Journal of Materials Research and Technology, 2020, 9: 2691-2703.

[20] Nifant'ev I, Shlyakhtin A, Kosarev M, et al. Mechanistic Insights of BHT-Mg-Catalyzed Ethylene Phosphate's Coordination Ring-Opening Polymerization: DFT Modeling and Experimental Data[J]. Polymers, 2018, 10: 1105.

[21] (a) McIlroy D N, Hwang S D, Yang K, et al. The Incorporation of Nickel and Phosphorus Dopants into Boron-Carbon Alloy Thin Films[J]. Applied Physics A, 1998, 67: 335-342; (b) Wang X, Sun G, Routh P, et al. Heteroatom-Doped Graphene Materials: Syntheses, Properties and Applications[J]. Chem. Soc. Rev, 2014, 43: 7067-7098; (c) Kuo M T, May P W, Gunn A, et al. Studies of Phosphorus Doped Diamond-Like Carbon Films[J]. Diamond and Related Materials, 2000, 9: 1222-1227.

[22] (a) Bai X, Zhao E, Li K, et al. Theoretical Insights on the Reaction Pathways for Oxygen Reduction Reaction on Phosphorus Doped Graphene[J]. Carbon, 2016, 105: 214-223; (b) Li Z, Lv L, Wang J, et al. Engineering Phosphorus-Doped $LaFeO_{3-\delta}$ Perovskite Oxide as Robust Bifunctional Oxygen Electrocatalysts in Alkaline Solutions[J]. Nano Energy, 2018, 47: 199-209; (c) Zhang Z, Zhao C, Duan Y, et al. Phosphorus-Doped TiO_2 for Visible Light-Driven Oxidative Coupling of Benzyl Amines and Photodegradation of Phenol[J]. Applied Surface Science, 2020, 527: 146693; (d) Dai J, Yuan J. Modulating the Electronic and Magnetic Structures of P-Doped Graphene by Molecule Doping[J]. Journal of Physics: Condensed Matter, 2010, 22: 225501.

[23] Li R, Wei Z, Gou X, et al. Phosphorus-Doped Graphene Nanosheets as Efficient Metal-Free Oxygen Reduction Electrocatalysts[J]. RSC Advances, 2013, 3: 9978-9984.

[24] Zhang J, Kong L B, Cai J J, et al. Nano-Composite of Polypyrrole/Modified Mesoporous Carbon for Electrochemical Capacitor Application[J]. Electrochimica Acta, 2010, 55: 8067-8073.

索引

B

变形能..134

D

电荷分析..144
电子效应..104
电子圆二色.....................................049
对硫磷...341
对映异构体.....................................172
顿效应...052

F

反式效应..151
非共价相互作用分析......................023
NCI 分析..159
分子轨道对称守恒原则..................004
分子中的原子理论.........................023

G

高能磷酸键....................................243
各向异性..362
σ-供电子体....................................100

H

含磷聚合物....................................373
含磷药物..318
含时密度泛函理论..........................074
核苷酸..242
黑磷..361
化学选择性....................................131
还原氢化..014
还原消除..130

J

极性反转..180
极性反转反应.................................179
P-X 键..013
Wiberg 键指数...............................184
交叉偶联..016
焦磷酸激酶....................................295
金属磷..370

K

空间效应..104

L

拉曼光学活性……049
蓝磷……370
立体选择性……127
两性离子……184
量子力学 / 分子力学 ……248
磷-氮键 ……027
磷-磷双键 ……035
磷-硫键 ……026
磷-氯键 ……032
磷-氢键 ……010
磷-碳键 ……016
磷-氧键 ……024
磷纳米管……367
磷纳米类材料……366
磷酸化……246
磷酸腺苷……243
磷烷……010
磷烯……362
磷掺杂……376
磷叶立德……020
磷脂……246
膦 ……103
膦配体……100
流子迁移率……362

M

密度泛函理论……004

Q

前线分子轨道……182
前线轨道理论……004
亲电加成……203
亲核加成……180, 203
氢化反应……144
区域选择性……105
全局反应性指数……207

R

然布局分析……156

S

三价磷配体……152
声子平均自由程……369
声子群速度……369
手性立体微环境……102
手性磷酸……218
π-受电子体 ……100
叔膦……103, 178
Brønsted 酸 / 碱……178
Lewis 酸 / 碱……178

W

无机含磷化合物............................015

X

烯烃插入..130

相对亲顶性原则............................047

相互作用能....................................134

小环取向原则................................047

旋光色散..049

Y

亚磷酸酯..103

氧化加成..139

氧化膦..011

有机磷..016

有机磷酸..165

圆偏振发射....................................049

圆锥角..101

Rydberg 跃迁.................................077

Z

振动圆二色....................................049

自然咬合角....................................101

最低非占据分子轨道....................132

最低能量路径................................339